AutoCAD 2022 中文版 入门与提高

室内设计

CAD/CAM/CAE技术联盟◎编著

清華大学出版社
北京

内容简介

本书以 AutoCAD 2022 为软件平台，讲述各种 CAD 室内设计的绘制方法。全书共 13 章，以单元住宅楼和别墅室内装潢设计为例，全面介绍室内装潢 CAD 设计方法。全书所论述的知识和案例内容既翔实、细致，又丰富、典型，所论述的内容主要包括室内设计基本概念，AutoCAD 2022 入门，二维绘图命令，基本绘图工具，文本、表格与尺寸标注，编辑命令，高级绘图和编辑命令，图块及其属性，住宅平面图绘制，住宅顶棚布置图绘制，住宅楼地面装饰图绘制，住宅立面图绘制和某别墅室内设计图的绘制等。

为了方便广大读者更加形象、直观地学习，本书提供了电子资料，包含全书实例操作过程、上机实验录屏讲解 AVI 文件、实例源文件以及 AutoCAD 操作技巧集锦，可通过扫二维码获得，总教学时长达 1400 分钟。

图书在版编目(CIP)数据

AutoCAD 2022 中文版入门与提高．室内设计/CAD/CAM/CAE 技术联盟编著．—北京：清华大学出版社，2022.8

(CAD/CAM/CAE 入门与提高系列丛书)

ISBN 978-7-302-61242-1

Ⅰ．①A…　Ⅱ．①C…　Ⅲ．①室内装饰设计－计算机辅助设计－AutoCAD 软件　Ⅳ．①TP391.72 ②TU238.2-39

中国版本图书馆 CIP 数据核字(2022)第 110264 号

责任编辑：秦　娜　赵从棉
封面设计：李召霞
责任校对：王淑云
责任印制：朱雨萌

出版发行：清华大学出版社
网　　址：http://www.tup.com.cn，http://www.wqbook.com
地　　址：北京清华大学学研大厦 A 座　　**邮　　编**：100084
社 总 机：010-83470000　　**邮　　购**：010-62786544
投稿与读者服务：010-62776969，c-service@tup.tsinghua.edu.cn
质量反馈：010-62772015，zhiliang@tup.tsinghua.edu.cn
印 装 者：北京同文印刷有限责任公司
经　　销：全国新华书店
开　　本：185mm×260mm　　**印　　张**：25　　**字　　数**：573 千字
版　　次：2022 年 10 月第 1 版　　**印　　次**：2022 年 10 月第1 次印刷
定　　价：99.80 元

产品编号：097121-01

前 言

Foreword

室内是指建筑物的内部空间，而室内设计就是对建筑物的内部空间进行环境和艺术设计。室内设计是一门独立的综合性学科，从20世纪60年代初开始，世界范围内出现室内设计概念，强调室内空间装饰的功能性，追求造型单纯化，并考虑经济、实用和耐久的特性。室内装饰设计是建筑的内部空间环境设计，与人们的生活关系最为密切，室内设计水平的高低直接反映居住与工作环境质量的好与坏。现代室内设计是根据建筑空间的使用性质和所处环境，运用物质技术手段和艺术处理手法，从内部把握空间，设计其形状和大小。为了满足人们在室内环境中舒适地生活和活动的需要，要整体考虑环境和用具的布置设施。室内设计的根本目的，在于创造满足物质与精神两方面需要的空间环境，因此具有物质功能和精神功能的两重性，在满足物质功能合理的基础上，更重要的是要满足精神功能的要求，要用创造风格、意境和情趣来满足人们的审美要求。

AutoCAD不仅具有强大的二维平面绘图功能，而且具有出色的、灵活可靠的三维建模功能，是进行室内装饰图形设计最为有力的工具与途径之一。使用AutoCAD绘制建筑室内装饰图形，不仅可以利用人机交互界面实时地进行修改，快速地把人们的意见反映到设计中，而且可以感受修改后的效果，从多个角度进行观察，AutoCAD是室内装饰设计的得力工具。

AutoCAD室内设计是计算机辅助设计与室内设计结合的交叉学科。虽然在现代室内设计中，应用AutoCAD辅助设计是顺理成章的事，但国内针对利用AutoCAD进行室内设计的方法和技巧讲解的书很少。本书根据室内设计在各学科和专业中的应用实际，全面、具体地对各种室内设计的AutoCAD设计方法和技巧进行深入细致的讲解。

一、本书特点

☑ 作者权威

本书由Autodesk中国认证考试管理中心首席专家胡仁喜博士领衔的CAD/CAM/CAE技术联盟编写，所有编者都是高校从事计算机辅助设计教学研究多年的一线人员，具有丰富的教学实践经验与教材编写经验，通过多年的教学工作，他们能够准确地把握学生的心理与实际需求，前期出版的一些相关书籍很受读者欢迎。本书是作者总结多年的设计经验以及教学的心得体会，历时多年的精心之作，力求全面、细致地展现AutoCAD在室内设计应用领域的各种功能和使用方法。

☑ 实例丰富

对于AutoCAD这类专业软件在室内设计领域应用的工具书，本书力求避免空洞的介绍和描述，而是步步为营，采用室内设计实例演绎逐个知识点。这样，读者在实例操作过程中可以牢固地掌握软件功能。书中实例的种类也非常丰富，有知识点讲解的小实例，有几个知识点或全章知识点综合的实例，有练习提高的上机实例，最后有完整

实用的工程案例。各种实例交错讲解，以达到巩固读者理解的目的。

☑ **突出提升技能**

本书从全面提升 AutoCAD 实际应用能力的角度出发，结合大量的案例来讲解如何利用 AutoCAD 软件进行室内设计，使读者了解 AutoCAD 并能够独立地完成各种室内设计与制图。

本书有很多室内设计项目案例，经过作者精心提炼和改编，不仅可保证读者能够学好知识点，更重要的是能够帮助读者掌握实际的操作技能，同时培养室内设计实践能力。

二、本书的基本内容

本书重点介绍 AutoCAD 2022 中文版在室内设计领域的具体应用。全书共 13 章，以单元住宅楼和别墅室内装潢设计为例，全面介绍室内装潢 CAD 设计方法。全书所论述的知识和案例内容既翔实、细致，又丰富、典型，所论述的内容主要包括室内设计基本概念，AutoCAD 2022 入门，二维绘图命令，基本绘图工具，文本、表格与尺寸标注，编辑命令，高级绘图和编辑命令，图块及其属性，住宅平面图、住宅顶棚布置图、住宅楼地面装饰图、住宅立面图和某别墅室内设计图的绘制等。

三、本书的配套资源

本书通过二维码提供了极为丰富的学习配套资源，期望读者能在最短的时间内学会并精通这门技术。

1. 配套教学视频

本书提供 36 个经典中小型案例，22 个大型综合工程应用案例，专门制作了 62 节教材实例同步微视频，时长总计 706 分钟。读者可以先看视频，像看电影一样轻松愉悦地学习本书内容，然后对照课本进行实践和练习，从而可以大大提高学习效率。

2. AutoCAD 应用技巧、疑难问题解答等资源

(1) AutoCAD 应用技巧大全：汇集了 AutoCAD 绘图的各类技巧，对提高作图效率很有帮助。

(2) AutoCAD 疑难问题解答汇总：疑难问题解答的汇总，对入门者来讲非常有用，可以扫除学习障碍，让学习少走弯路。

(3) AutoCAD 经典练习题：额外精选了不同类型的练习题，读者只要认真去练，到一定程度就可以实现从量变到质变的飞跃。

(4) AutoCAD 常用图库：作者工作多年，积累了内容丰富的图库，可以拿来就用，或者稍加改动就可以用，对于提高作图效率极为重要。

(5) AutoCAD 快捷命令速查手册：汇集了 AutoCAD 常用快捷命令，熟记可以提高作图效率。

(6) AutoCAD 快捷键速查手册：汇集了 AutoCAD 常用快捷键，绘图高手通常会直接使用快捷键。

(7) AutoCAD 常用工具按钮速查手册：熟练掌握 AutoCAD 工具按钮的使用方法也是提高作图效率的方法之一。

(8) 软件安装过程详细说明文本和教学视频：利用此说明文本或教学视频，可以解决让人烦恼的软件安装问题。

(9) AutoCAD 官方认证考试大纲和模拟考试试题：本书完全参照官方认证考试大纲编写，模拟试题利用作者独家掌握的考试题库编写而成。

3. 10 套大型图纸设计方案及长达 12 小时的同步教学视频

为了帮助读者拓展视野，特意赠送 10 套设计图纸集、图纸源文件、视频教学录像（动画演示，总长 12 小时）。

4. 全书实例的源文件和素材

本书附带了很多实例，包含实例及练习实例的源文件和素材，读者可以安装 AutoCAD 2022 软件，打开并使用它们。

四、关于本书的服务

1. 关于本书的技术问题或有关本书信息的发布

如果读者遇到有关本书的技术问题，可以将问题发到邮箱 714491436@qq.com，我们将及时回复。

2. 安装软件的获取

按照本书上的实例进行操作练习，以及使用 AutoCAD 进行室内设计与制图时，需要事先在计算机上安装相应的软件。读者可从网络下载相应软件，或者从软件经销商处购买。图书学习交流群也会提供下载地址和安装方法教学视频，需要的读者可以关注。

本书由 CAD/CAM/CAE 技术联盟编著。CAD/CAM/CAE 技术联盟是一个集 CAD/CAM/CAE 技术研讨、工程开发、培训咨询和图书创作于一体的工程技术人员协作联盟，包括 20 多位专职和众多兼职 CAD/CAM/CAE 工程技术专家。

CAD/CAM/CAE 技术联盟负责人由 Autodesk 中国认证考试中心首席专家担任，他全面负责 Autodesk 中国官方认证的考试大纲制定、题库建设、技术咨询和师资力量培训工作，CAD/CAM/CAE 技术联盟的成员精通 Autodesk 系列软件。其创作的很多教材成为国内具有领导性的旗帜作品，在国内相关专业方向图书创作领域具有举足轻重的地位。

书中主要内容来自编者几年来使用 AutoCAD 的经验总结，也有部分内容取自国内外有关文献资料。虽然编者几易其稿，但由于时间仓促，加之水平有限，书中纰漏与失误在所难免，恳请广大读者批评指正。

作　者

2022 年 1 月

0-1

目 录

Contents

Note

Note

Note

Note

Note

第1章

室内设计基本概念

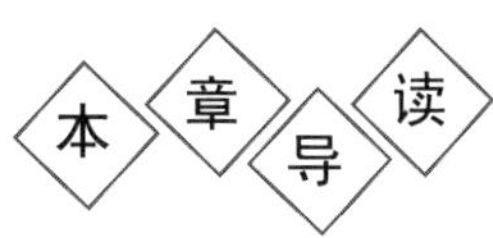

本章介绍关于室内设计的基本概念和基本理论。在掌握基本概念的基础上,才能理解和领会室内设计布置图中的内容和安排方法,从而更好地学习室内设计的知识。

学习要点

- 概述
- 室内设计原理
- 室内设计制图的内容

1.1 概　　述

Note

1.1.1 室内设计的意义

所谓设计，通常是指人们通过调查研究、分析综合、头脑加工，发挥自己的创造性，做出某种有特定功能的系统、成品或生产某种产品的构思过程，具有高度的精确性、先进性和科学性。经过严格检测，达到预期标准后，即可依据此设计蓝本，进入系统建立或产品生产的实践阶段，最终达到该项系统的建成或产品生产的目的。

随着当代社会的飞速发展及生活水平的提高，人们对于居住环境的要求也越来越高。随着品位的不断提高，建筑室内设计越来越被人们重视，也迎来了自身发展的最好时机。人们对建筑结构内部的要求逐渐向形态多样化、实用功能多极化和内部构造复杂化的方向发展。室内设计是美学与功能的结合，在室内空间的“整合”和“再造”方面发挥了巨大的作用。

1.1.2 当前我国室内设计状况

我国室内设计行业正蓬勃发展，但还存在一定的问题，值得广大设计人员重视，以促进行业健康发展。

(1) 人们对于室内设计的重要性不够重视。随着社会的发展，社会分工越来越细，越来越明确。建筑业也应如此，过去由建筑设计师总揽的情况已不适应现阶段建筑行业的发展。而许多建筑业内人士并没有认识到这一点，认为建筑室内设计是可有可无的行业，没有足够的重视。随着人们对建筑结构内部使用功能、视觉要求的不断提高，建筑设计和室内设计的分离是不可避免的。因此室内设计人员要有足够的信心，并积极摄取各方面的知识，丰富自己的创意，提高设计水平。

(2) 室内设计管理机制不健全。由于我国室内设计尚处于发展阶段，相应的管理体制、规范、法规不够健全，未形成体系，设计人员从业过程中缺乏依据，管理不规范，导致许多问题现今还不能有效解决。

(3) 我国建筑设计及室内设计人员素质偏低，设计质量不高。目前我国建筑师不断增加，但并非全部受过专门教育，有些并不具备室内建筑师学历，设计水平偏低。许多略懂美术、不通建筑的人滥竽充数，影响了设计质量的提高。同时，我国相关主管部门尚未建立完善的管理体制和法规规范，致使设计过程的监督、设计作品分类、文件编制不规范，也是我国室内设计质量偏低的重要原因之一。

(4) 我国室内设计行业并没有形成良好的学术氛围，对外交流和借鉴也相当不足，大家都满足于现状。同时，为了适应工程工期的需要，建筑设计、结构设计及室内设计缩短设计时间，不能做到精心设计，导致设计水平下降，作品参差不齐。

1.2 室内设计原理

1.2.1 引言

在进行室内设计的过程中，要始终以使建筑的使用功能和精神功能达到理想要求，创建完美统一的使用空间为目标。室内设计的原理是指导室内建筑师进行室内设计最重要的理论技术依据。

室内设计原理包括以下三方面：

➢ 室内设计主体——人。

➢ 室内设计构思。

➢ 创造理想室内空间。

人是室内设计的主体。室内空间创造的目的首先是满足人的生理需求，其次是心理因素的要求。两者区分主次，但是密不可分，缺一不可。因此室内设计原理的基础就是围绕人的活动规律制定出的理论，其内容包括空间使用功能的确定、人的活动流线分析、室内功能区分和虚拟界定及人体尺寸等。

设计构思是室内设计活动中的灵魂。一套好的建筑室内设计，应是通过使用有效的设计构思方法得到的。好的构思能够给设计提供丰富的创意和无限的生机。构思阶段包括初始阶段、深化阶段、设计方案的调整阶段，以及对空间创造境界升华时的各种处理规则和手法。

创造理想室内空间，是一种以严格的科学技术建立的完备作用功能和高度审美法则创造的诗画意境。它有以下两个标准。

➢ 对于使用者，它应该是使用功能和精神功能达到完美统一的理想生活环境。

➢ 对于空间本身，它应该是由形、体、质高度统一的有机空间构成。

1.2.2 室内设计主体——人

人的活动决定了室内设计的目的和意义，人是室内环境的使用者和创造者。有了人，才区分出了室内和室外。

➢ 人的活动规律之一是在动态和静态间交替进行的：动态—静态—动态—静态。

➢ 人的活动规律之二是个人活动与多人活动交叉进行。

人们在室内空间活动时，按照一般的活动规律，可将活动空间分为三种功能区：静态功能区、动态功能区、静动双重功能区。

根据人们的具体活动行为，又可更加详细地划分。例如，静态功能区包括睡眠区(图 1-1)、休息区、学习办公区等；动态功能区包括运动区、走道(图 1-2)、大厅等；静动双重功能区包括会客区(图 1-3)、车站候车室、生产车间等。

同时，要明确使用空间的性质。空间性质通常是由其使用功能决定的。虽然许多空间中设置了具有其他使用功能的设施，但要明确其主要的使用功能。如在起居室内设置酒吧台、视听区等，但其主要功能仍然是起居室的性质。

Note

图 1-1　静态功能区

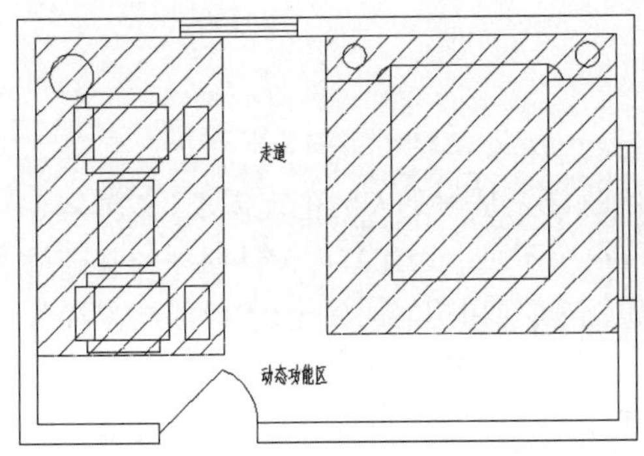

图 1-2　动态功能区

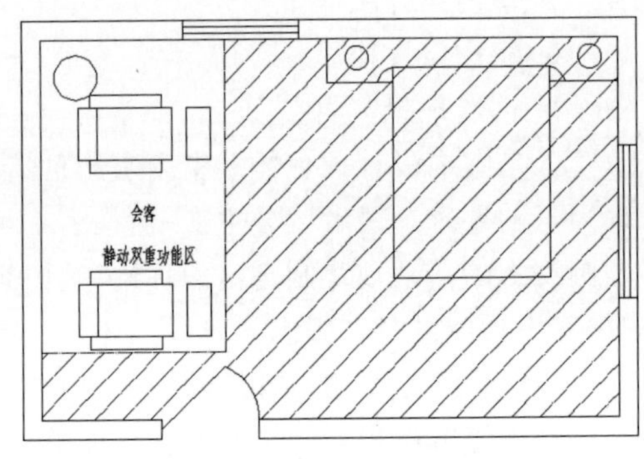

图 1-3　静动双重功能区

空间流线分析是室内设计中的重要步骤，其目的如下：

- 明确空间主体——人的活动规律和使用功能的参数，如数量、体积、常用位置等。
- 明确设备、物品的运行规律、摆放位置、数量、体积等。
- 分析各种活动因素的平行、互动、交叉关系。
- 经过以上三部分分析，提出初步设计思路。

空间流线分析从构成情况分为水平流线和垂直流线；从使用状况上，可分为单人流线和多人流线；从流线性质上，可分为单一功能流线和多功能流线；流线交叉可形成室内空间厅、场。例如，某单人水平流线图如图 1-4 所示，某大厅多人水平流线图如图 1-5 所示。

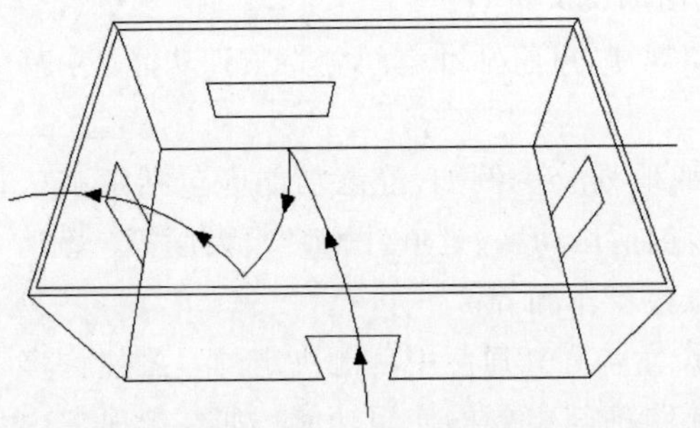

图 1-4　单人水平流线图

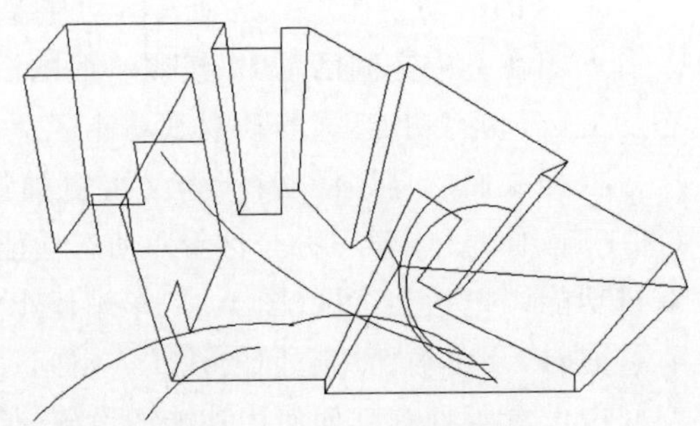

图 1-5　多人水平流线图

功能流线组合形式分为中心型、自由型、对称型、簇型和线型等，如图 1-6 所示。

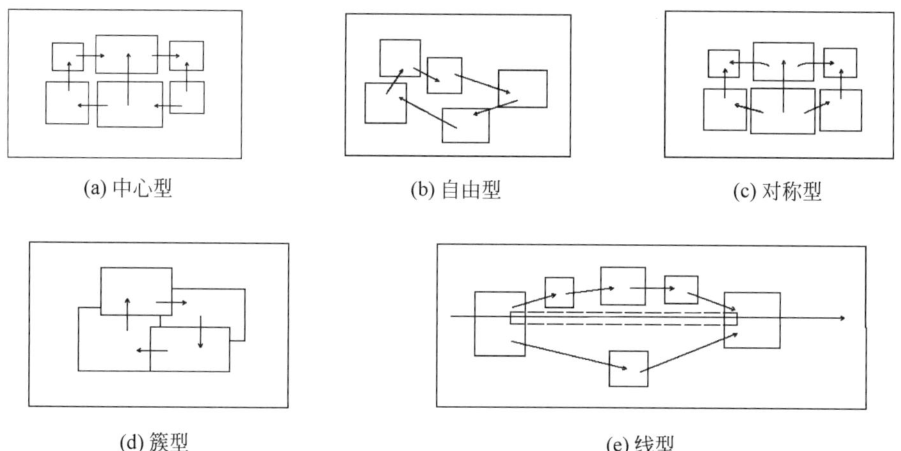

(a) 中心型　(b) 自由型　(c) 对称型

(d) 簇型　(e) 线型

图 1-6　功能流线组合形式

1.2.3　室内设计构思

1. 初始阶段

室内设计的构思在设计过程中起着举足轻重的作用。因此在设计初始阶段，就要进行一系列的构思设计，使后续工作能够有效、完美地进行。构思的初始阶段主要包括以下内容。

(1) 空间性质和使用功能。室内设计是在建筑主体完成后的原型空间内进行。因此，室内设计的首要工作就是要认定原型空间的使用功能，也就是原型空间的使用性质。

(2) 空间流线组织。当原型空间认定之后，构思第一步是做流线分析和组织，包括水平流线和垂直流线。流线可能是单一流线，也可能是多种流线。

(3) 功能分区图式化。空间流线组织之后，即进行功能分区图式化布置，进一步接近平面布局设计。

(4) 图式选择。选择最佳图式布局作为平面设计的最终依据。

(5) 平面初步组合。经过前面几个步骤的操作，最后形成了空间平面组合的形式，待进一步深化。

2. 深化阶段

经过初始阶段的室内设计构成了最初构思方案，在此基础上进行构思深化阶段的设计。深化阶段的室内设计构思内容和步骤如图 1-7 所示。

结构技术对室内设计构思的影响主要表现在两个方面：一是原型空间墙体结构方式；二是原型空间屋盖结构方式。

墙体结构方式关系到室内设计内部空间改造的饰面所采用的方法和材料。基本的原型空间墙体结构方式有板柱墙、砌块墙、柱间墙、轻隔断墙。

屋盖结构的原型屋顶(屋盖)结构关系到室内设计的顶棚做法。屋盖结构主要分为

Note

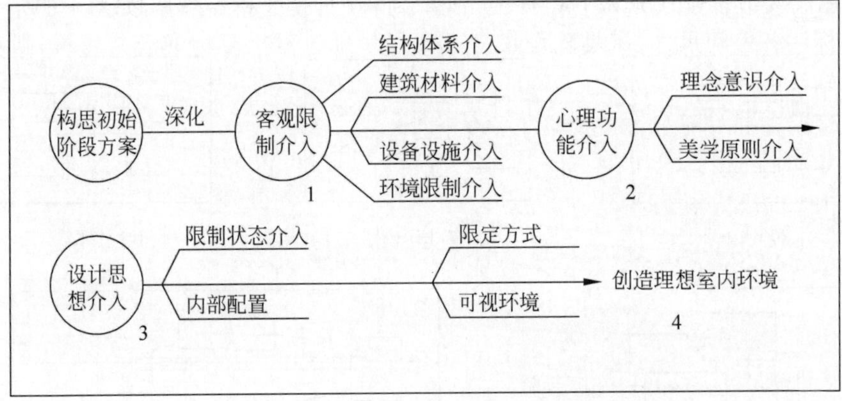

图 1-7　深化阶段的室内设计构思内容与步骤

构架结构体系、梁板结构体系、大跨度结构体系、异型结构体系。

另外，室内设计要考虑建筑所用材料对设计内涵和色彩、光影、情趣的影响；室内外露管道和布线的处理；通风条件、采光条件、噪声和温度的影响等。

随着人们对室内设计要求的提高，还要结合个人喜好，定好室内设计的基调。人们对室内的格调要求一般有三种类型，即现代新潮观念、怀旧情调观念、随意舒适观念(折中型)。

1.2.4　创造理想室内空间

经过前面两个构思阶段的设计，已形成较完美的设计方案。创建室内空间的第一个标准就是要使其具备形态、体量、质量，即形、体、质三个方向的统一协调。第二个标准是使用功能和精神功能的统一。如在住宅的书房中除了布置写字台、书柜，还布置绿化等装饰物，使室内空间在满足书房的使用功能的同时，也活跃气氛，净化空气，满足人们的精神需要。

一个完美的室内设计作品，是经过初始构思阶段和深化构思阶段，最后又通过设计师对各种因素和功能的协调平衡创造出来的。要提高室内设计的水平，就要综合利用各个领域的知识和深入的构思设计。最终，室内设计方案形成最基本的图纸方案，一般包括设计平面图、设计剖面图和室内透视图。

1.3　室内设计制图的内容

如前所述，一套完整的室内设计图一般包括室内平面图、室内顶棚图、室内立面图、构造详图和透视图。下面简述各种图样的概念及内容。

1.3.1　室内平面图

室内平面图是以平行于地面的切面在距地面 1.5mm 左右的位置将上部切去而形成的正投影图。室内平面图应表达如下内容。

➢ 墙体、隔断及门窗、各空间大小及布局、家具陈设、人流交通路线、室内绿化等。

若不单独绘制地面材料平面图，则应该在平面图中表示地面材料。

- 标注各房间尺寸、家具陈设尺寸及布局尺寸。对于复杂的公共建筑，则应标注轴线编号。
- 注明地面材料名称及规格。
- 注明房间名称、家具名称。
- 注明室内地坪标高。
- 注明详图索引符号、图例及立面内视符号。
- 注明图名和比例。
- 若需要辅助文字说明的平面图，还要注明文字说明、统计表格等。

1.3.2 室内顶棚图

室内顶棚图是根据顶棚在其下方假想的水平镜面上的正投影绘制而成的镜像投影图。顶棚图应表达如下内容。

- 顶棚的造型及材料说明。
- 顶棚灯具和电器的图例、名称、规格等说明。
- 顶棚造型尺寸标注，灯具、电器的安装位置标注。
- 顶棚标高标注。
- 顶棚细部做法的说明。
- 详图索引符号、图名、比例等。

1.3.3 室内立面图

以平行于室内墙面的切面将前面部分切去后，剩余部分的正投影图即室内立面图。立面图应表达以下内容。

- 墙面造型、材质及家具陈设在立面上的正投影图。
- 门窗立面及其他装饰元素立面。
- 立面各组成部分尺寸、地坪吊顶标高。
- 材料名称及细部做法说明。
- 详图索引符号、图名、比例等。

1.3.4 构造详图

为了放大个别设计内容和细部做法，多以剖面图的方式表达局部剖开后的情况，这就是构造详图。它主要表达以下内容。

- 以剖面图的方法绘制出各材料断面、构配件断面及其相互关系。
- 用细线表示剖视方向上看到的部位轮廓及相互关系。
- 标出材料断面图例。
- 用指引线标出构造层次的材料名称及做法。
- 标出其他构造做法。
- 标注各部分尺寸。
- 标注详图编号和比例。

Note

1.3.5 透视图

透视图是根据透视原理在平面上绘制出能够反映三维空间效果的图形。它与人的视觉空间感受相似。室内设计常用的绘制方法有一点透视、两点透视(成角透视)、鸟瞰图三种。

透视图可以通过人工绘制,也可以使用计算机绘制。它能直观表达设计思想和效果,故也称作效果图或表现图,是一个完整的设计方案不可缺少的部分。鉴于本书重点是介绍使用 AutoCAD 2022 绘制二维图形,因此本书中不包含这部分内容。

1.4 室内设计制图的要求及规范

1.4.1 图幅、图标及会签栏

1. 图幅

图幅即图面的大小。根据国家规范的规定,按图面的长和宽确定图幅的等级。室内设计常用的图幅有 A0(也称 0 号图幅,其余类推)、A1、A2、A3 及 A4,每种图幅的长宽尺寸如表 1-1 所示,表中的尺寸代号意义如图 1-8 和图 1-9 所示。

表 1-1 图幅标准

尺寸代号	图幅代号				
	A0	A1	A2	A3	A4
$b\times l$	841mm×1189mm	594mm×841mm	420mm×594mm	297mm×420mm	210mm×297mm
c	10mm			5mm	
a	25mm				

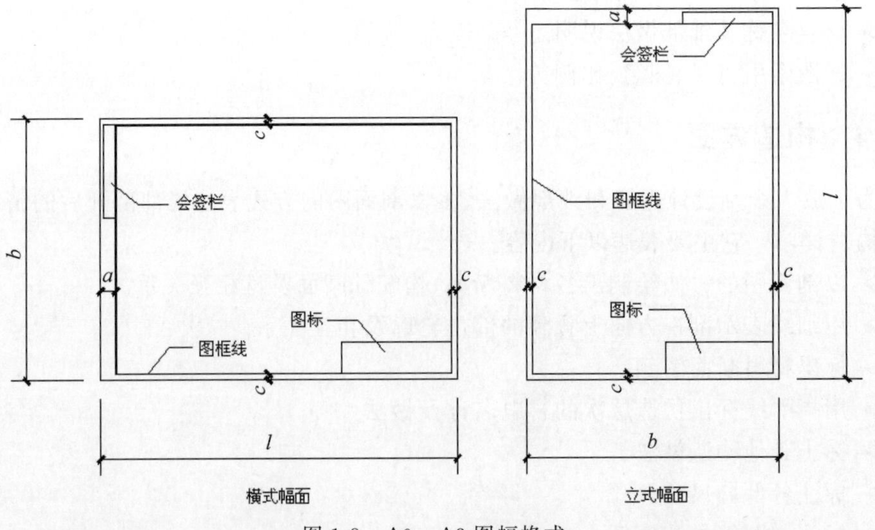

图 1-8 A0～A3 图幅格式

2. 图标

图标即图纸的图标栏，包括设计单位名称区、工程名称区、签字区、图名区及图号区等内容。一般图标格式如图1-10所示。如今不少设计单位采用个性化的图标格式，但是仍必须包括上述几项内容。

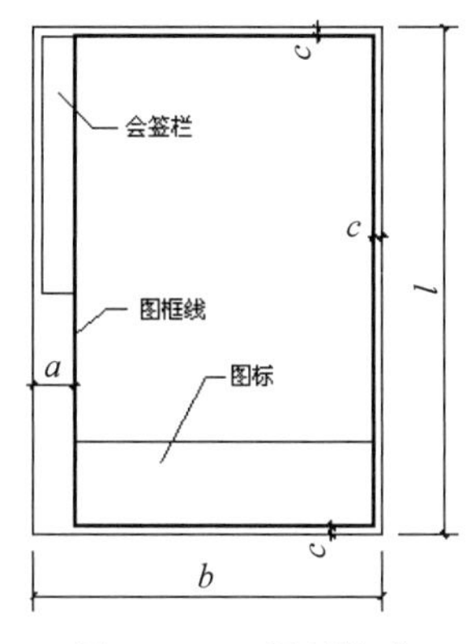

图1-9 A4图幅格式

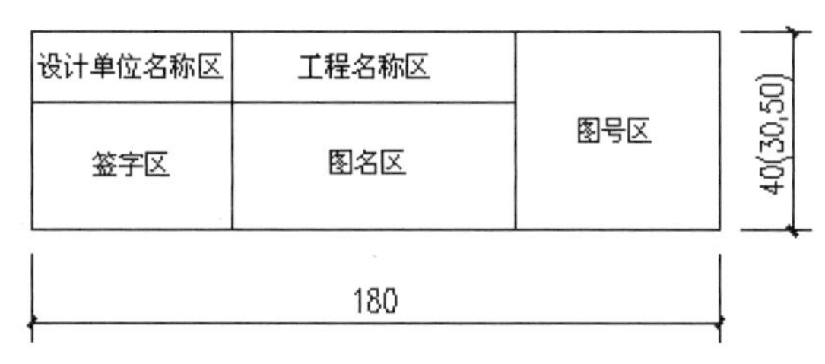

图1-10 图标格式

3. 会签栏

会签栏是为各工种负责人审核后签名用的表格。它包括专业、实名、签名、日期等内容，具体根据需要进行设置。图1-11所示为其中一种格式。对于不需要会签的图样，可以不设此栏。

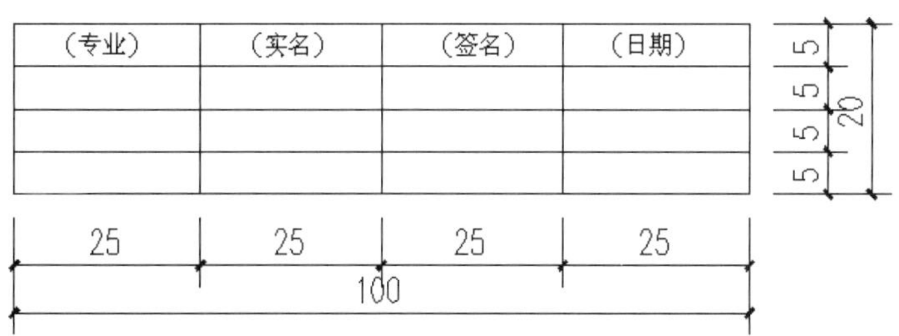

图1-11 会签栏格式

1.4.2 线型要求

室内设计图主要由各种线条构成，不同的线型表示不同的对象和不同的部位，代表着不同的含义。为了使图面能够清晰、准确、美观地表达设计思想，工程实践中采用了一套常用的线型，并规定了它们的使用范围，如表1-2所示。在AutoCAD 2022中，可以通过“图层”中“线型”“线宽”的设置来选定所需线型。

Note

表 1-2 常用线型

名称		线型	线宽	适用范围
实线	粗	————	b	建筑平面图、剖面图、构造详图的被剖切截面的轮廓线；建筑立面图、室内立面图外轮廓线；图框线
	中	————	$0.5b$	室内设计图中被剖切的次要构件的轮廓线；室内平面图、顶棚图、立面图、家具三视图中构配件的轮廓线等
	细	————	$\leqslant 0.25b$	尺寸线、图例线、索引符号、地面材料线及其他细部刻画用线
虚线	中	- - - - - -	$0.5b$	主要用于构造详图中不可见的实物轮廓
	细	- - - - - -	$\leqslant 0.25b$	其他不可见的次要实物轮廓线
点划线	细	—-—-—	$\leqslant 0.25b$	轴线、构配件的中心线、对称线等
折断线	细	—\/\—	$\leqslant 0.25b$	画图样时的断开界线
波浪线	细	～～～	$\leqslant 0.25b$	构造层次的断开界线，有时也表示省略画出时的断开界线

注：标准实线宽度 $b=0.4\sim0.8$mm。

1.4.3 尺寸标注

在对室内设计图进行标注时，应遵循下面的标注原则。

- 尺寸标注应力求准确、清晰、美观、大方。同一张图样中，标注风格应保持一致。
- 尺寸线应尽量标注在图样轮廓线以外，从内到外依次标注从小到大的尺寸，不能将大尺寸标在内，而小尺寸标在外，如图 1-12 所示。

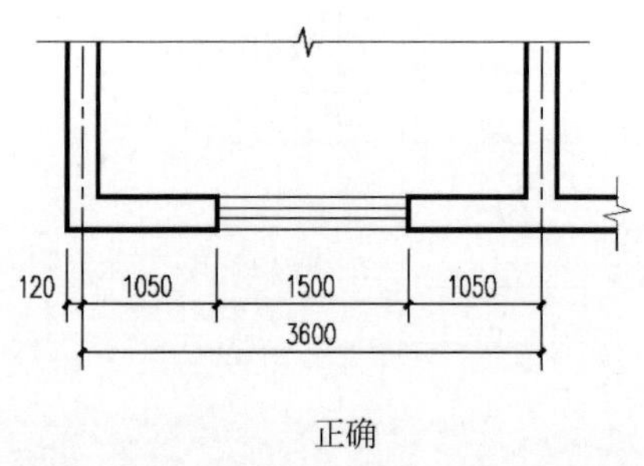

正确

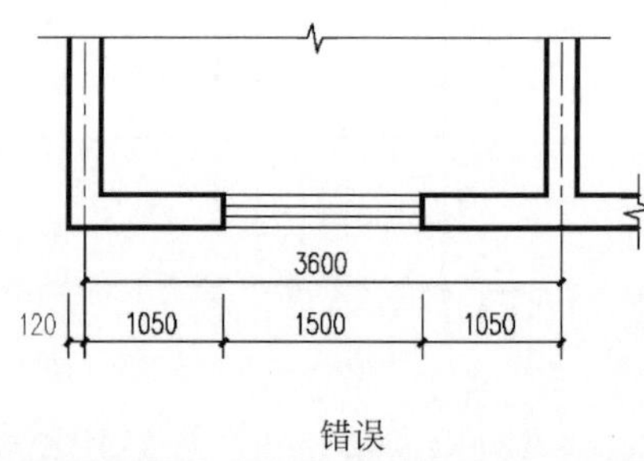

错误

图 1-12 尺寸标注正误对比

- 最内一道尺寸线与图样轮廓线之间的距离不应小于 10mm，两道尺寸线之间的距离一般为 7～10mm。
- 尺寸界线朝向图样的端头距图样轮廓的距离不应小于 2mm，不宜直接与之相连。
- 在图线拥挤的地方，应合理安排尺寸线的位置，但不宜与图线、文字及符号相交；可以考虑将轮廓线用作尺寸界线，但不能作为尺寸线。
- 对于连续相同的尺寸，可以用“均分”或“(EQ)”字样代替，如图 1-13 所示。

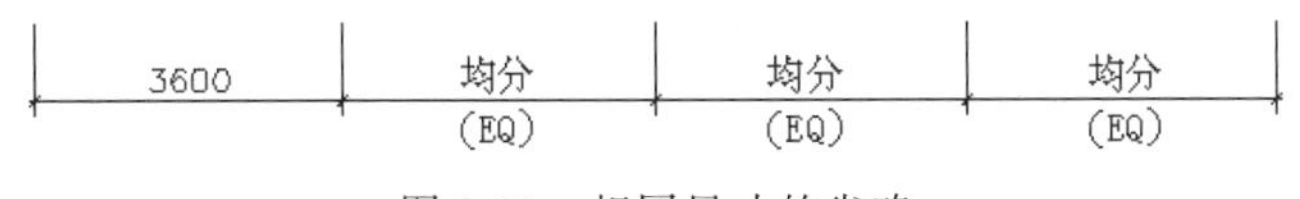

图 1-13　相同尺寸的省略

1.4.4　文字说明

在一幅完整的图样中，用图线方式表现得不充分和无法用图线表示的地方，就需要进行文字说明，如材料名称、构配件名称、构造做法、统计表及图名等。文字说明是图样内容的重要组成部分，制图规范对文字说明中的字体、字的大小、字体字号搭配等方面作了一些具体规定。

(1) 一般原则：字体端正，排列整齐，清晰准确，美观大方，避免过于个性化的文字标注。

(2) 字体：一般标注推荐采用仿宋字，标题可用楷体、隶书、黑体字等。

仿宋：室内设计(小四)室内设计(四号)室内设计(二号)

黑体：室内设计(四号)室内设计(小二)

楷体：室内设计(四号)室内设计(二号)

隶书：室内设计(三号)室内设计(一号)

字母、数字及符号：0123456789abcdefghijk% @ 或

0123456789abcdefghijk% @

(3) 字的大小：标注的文字高度要适中。同一类型的文字应采用同一大小的字。较大的字用于较概括性的说明内容，较小的字用于较细致的说明内容。

(4) 字体及字号的搭配注意体现层次感。

1.4.5　常用图示标志

1. 详图索引符号及详图符号

室内平、立、剖面图中，应在需要另设详图表示的部位标注一个索引符号，以表明该详图的位置，这个索引符号就是详图索引符号。详图索引符号采用细实线绘制，圆圈直径 10mm。如图 1-14 所示，当详图就在本张图样上时，采用如图 1-14(a)所示的形式；详图不在本张图样上时，采用如图 1-14(b)～(g)所示的形式；图中(d)～(g)用于索引剖面详图。

详图符号即详图的编号，用粗实线绘制，圆圈直径 14mm，如图 1-15 所示。

2. 引出线

由图样引出一条或多条线段指向文字说明，该线段就是引出线。引出线与水平方向的夹角一般采用 0°、30°、45°、60°、90°。常见的引出线形式如图 1-16 所示。图 1-16 的(a)～(d)为普通引出线，(e)～(h)为多层构造引出线。使用多层构造引出线时，应注意

构造分层的顺序要与文字说明的分层顺序一致。文字说明可以放在引出线的端头，如图 1-16(a)～(h)所示；也可放在引出线水平段之上，如图 1-16(i)所示。

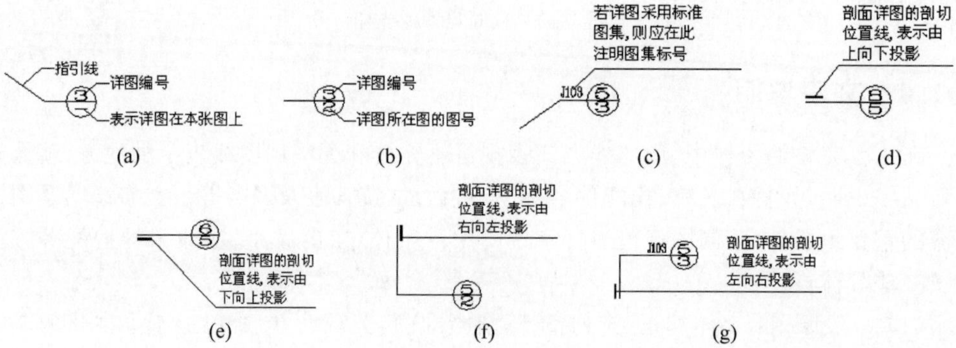

Note

图 1-14　详图索引符号

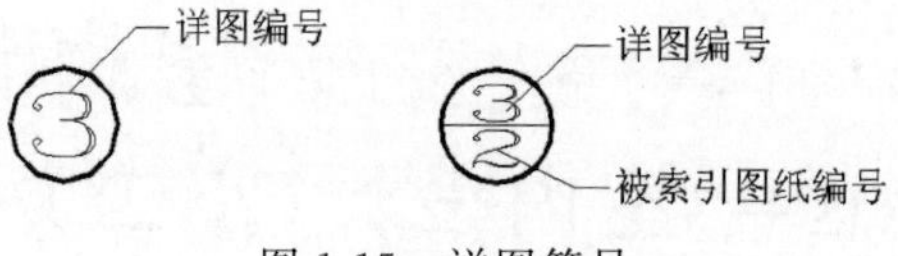

图 1-15　详图符号

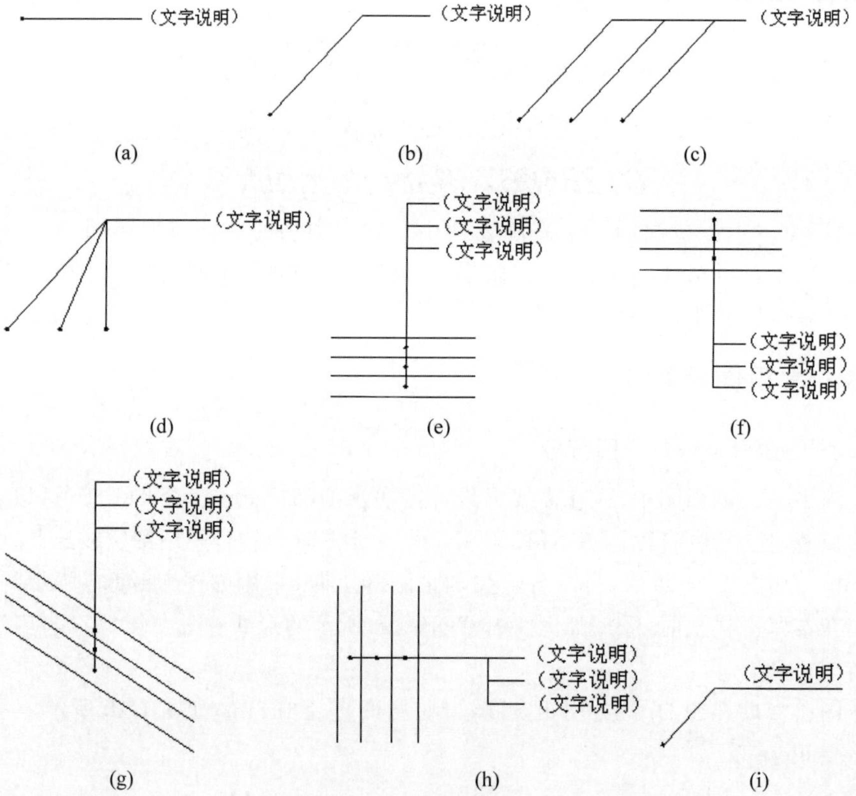

图 1-16　引出线形式

3. 内视符号

在房屋建筑中，一个特定的室内空间领域总存在竖向分隔(隔断或墙体)。因此，根据具体情况，就有可能绘制一个或多个立面图来表达隔断、墙体及家具、构配件的设计情况。内视符号标注在平面图中，包含视点位置、方向和编号三个信息，建立平面图和室内立面图之间的联系。内视符号的形式如图 1-17 所示，图中立面图编号可用英文字母或阿拉伯数字表示，黑色的箭头指向表示立面的方向：图(a)为单向内视符号；图(b)为双向内视符号；图(c)为四向内视符号，A、B、C、D 顺时针标注。

(a)

(b)

(c)

图 1-17　内视符号

为了方便读者查阅，将其他常用符号及其意义列表，如表 1-3 所示。

表 1-3　室内设计图常用符号图例

符　号	说　明
3.600 3.600	标高符号。线上数字为标高值，单位为 m。 下面一种在标注位置比较拥挤时采用
i=5%	表示坡度
1　1	标注剖切位置的符号。标数字的方向为投影方向。“1”与剖面图的编号“3—1”对应
2　2	标注绘制断面图的位置。标数字的方向为投影方向。“2”与断面图的编号“3—2”对应
	对称符号。在对称图形的中轴位置画此符号，可以省画另一半图形
	指北针
	楼板开方孔
	楼板开圆孔
@	表示重复出现的固定间隔，例如“双向木格栅@500”
ϕ	表示直径，如 ϕ30
平面图 1：100	图名及比例
1 1：5	索引详图名及比例
	单扇平开门
	旋转门
	双扇平开门

Note

续表

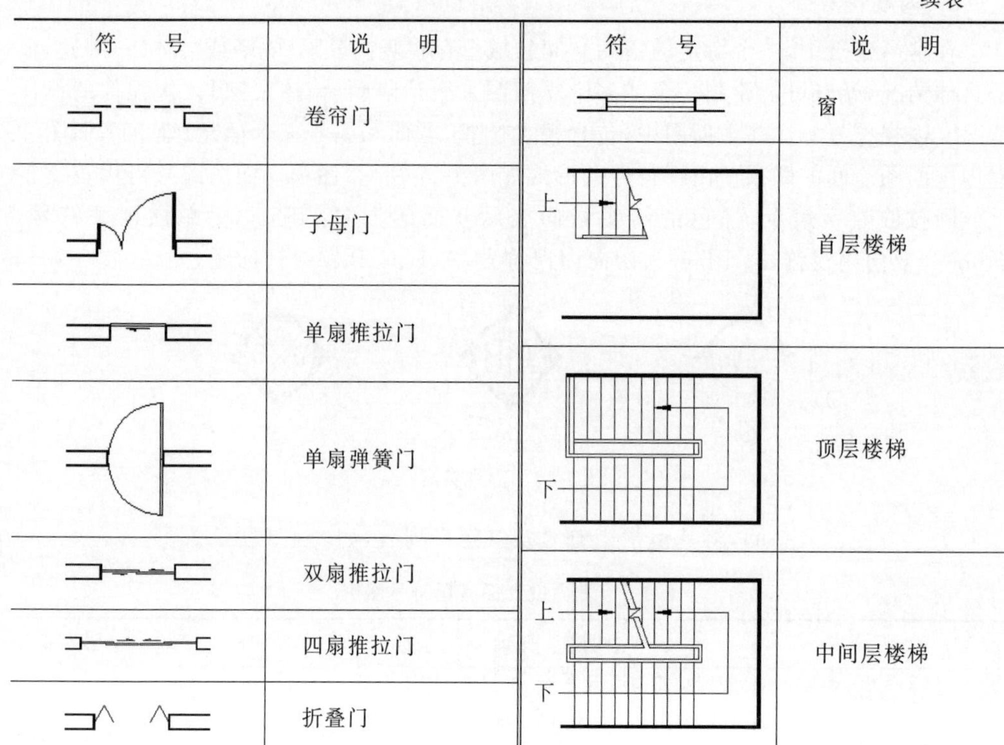

符　号	说　明	符　号	说　明
	卷帘门		窗
	子母门	上	首层楼梯
	单扇推拉门		
	单扇弹簧门	下	顶层楼梯
	双扇推拉门	上	中间层楼梯
	四扇推拉门		
	折叠门	下	

1.4.6　常用材料符号

室内设计图中经常应用材料图例来表示材料，在无法用图例表示的地方也采用文字说明。

为了方便读者，将常用的材料图例汇集，如表 1-4 所示。

表 1-4　常用材料图例

材料图例	说　明	材料图例	说　明
	自然土壤		砂、灰土
	夯实土壤		空心砖
	毛石砌体		松散材料
	普通砖		混凝土
	石材		钢筋混凝土

Note

续表

符　　号	说　　明	符　　号	说　　明
	多孔材料		纤维材料
	金属		防水材料上下两种,根据绘图比例大小选用
	矿碴、炉碴		木材
	玻璃		液体,须注明液体名称

1.4.7　常用绘图比例

下面列出常用绘图比例,读者根据实际情况灵活使用。

➢ 平面图:1∶50,1∶100 等。

➢ 立面图:1∶20,1∶30,1∶50,1∶100 等。

➢ 顶棚图:1∶50,1∶100 等。

➢ 构造详图:1∶1,1∶2,1∶5,1∶10,1∶20 等。

1.5　室内装饰设计手法

室内设计要美化环境是毋庸置疑的。要达到美化的目的,可使用以下不同的手法。

(1) 现代室内设计手法。该手法即是在满足功能要求的情况下,将材料、色彩、质感、光影等有序地进行布置来创造美。

(2) 空间分割手法。组织和划分平面与空间,是室内设计的一个主要手法。利用该设计手法,巧妙地布置平面和利用空间,有时可以突破原有的建筑平面、空间的限制,满足室内需要。在另一种情况下,设计又能使室内空间流通、平面灵活多变。

(3) 民族特色手法。在表达民族特色方面,应采用设计手法,使室内充满民族韵味,而不是民族符号、民族语言的堆砌。

(4) 其他设计手法。如突出主题、人流导向、制造气氛等,都是室内设计的手法。

说明: 他山之石,可以攻玉。多看、多交流,有助于提高设计水平和鉴赏能力。

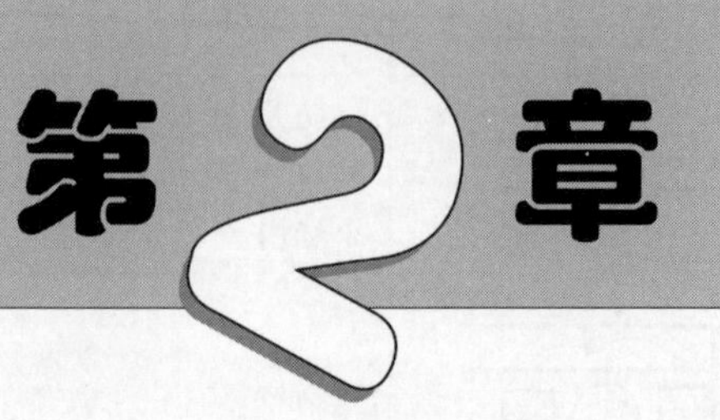

第2章 AutoCAD 2022入门

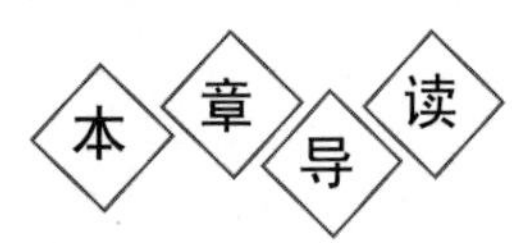

本章中开始介绍 AutoCAD 2022 绘图的有关基本知识，了解如何设置图形的系统参数、样板图，熟悉建立新的图形文件、打开已有文件的方法等，为后面进入系统学习准备必要的前提知识。

学习要点

- ◆ 操作环境设置
- ◆ 文件管理
- ◆ 基本输入操作
- ◆ 缩放与平移

Note

2.1 操作环境设置

AutoCAD 2022 为用户提供了交互性良好的 Windows 风格操作界面，也提供了方便的系统定制功能，用户可以根据需要和喜好灵活地设置绘图环境。

2.1.1 操作界面

AutoCAD 操作界面是 AutoCAD 显示、编辑图形的区域，一个完整的 AutoCAD 操作界面如图 2-1 所示，包括标题栏、十字光标、快速访问工具栏、绘图区、功能区、坐标系、命令行、状态栏、布局标签、导航栏等。

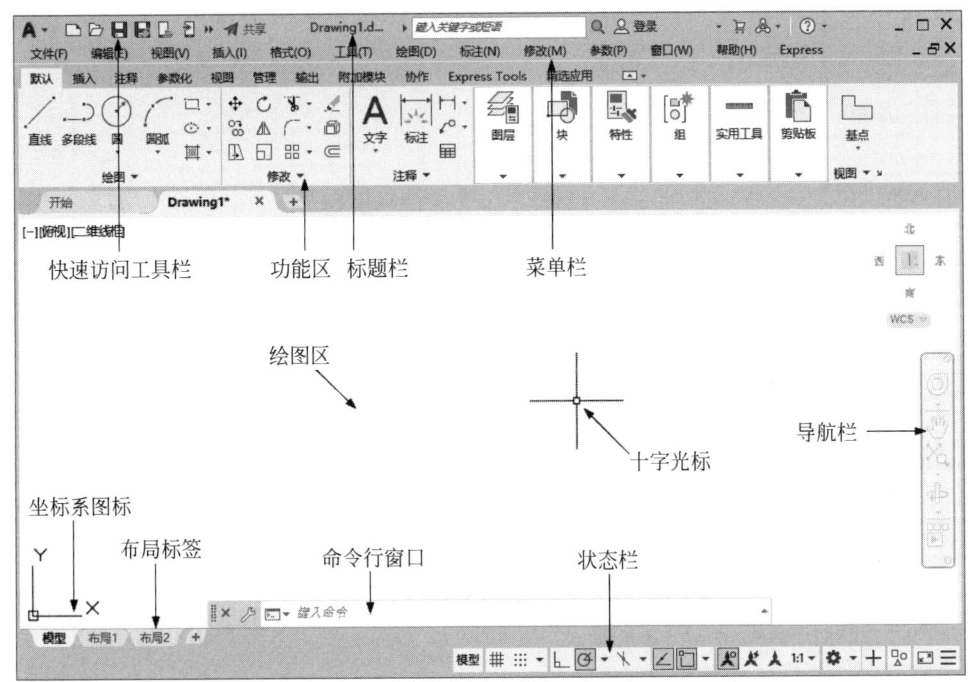

图 2-1 AutoCAD 2022 中文版的操作界面

注意： 安装 AutoCAD 后，默认的界面如图 2-1 所示，在绘图区中右击鼠标，打开快捷菜单，如图 2-2 所示，选择“选项”命令❶，打开“选项”对话框，选择“显示”选项卡，如图 2-3 所示，在窗口元素对应的“配色方案”中设置为“明”❷，单击“确定”按钮❸，退出对话框，其操作界面如图 2-4 所示。

2.1.2 配置绘图系统

由于每台计算机所使用的显示器、输入设备和输出设备的类型不同，用户喜好的风格及计算机的目录设置也是不同的，因此每台计算机都是独特的。一般来讲，使用 AutoCAD 2022 的默认配置就可以绘图。但为了使用用户的定点设备或打印机，以及为提高绘图的效率，AutoCAD 建议用户在开始作图前先进行必要的配置。

图 2-2　快捷菜单

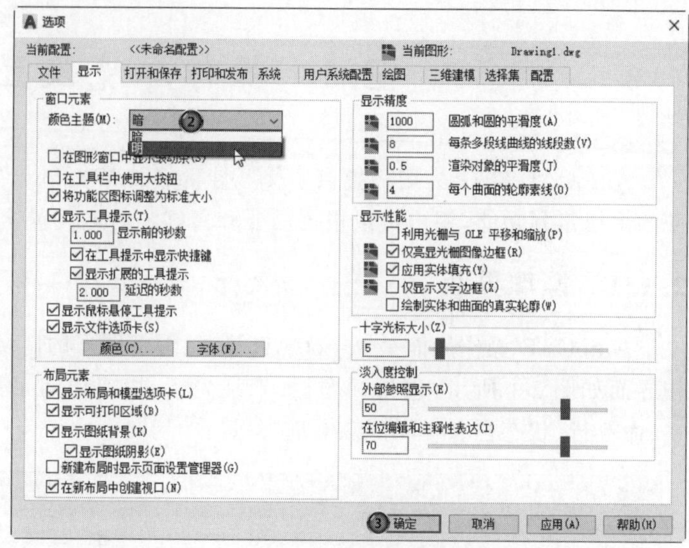

图 2-3　“选项”对话框

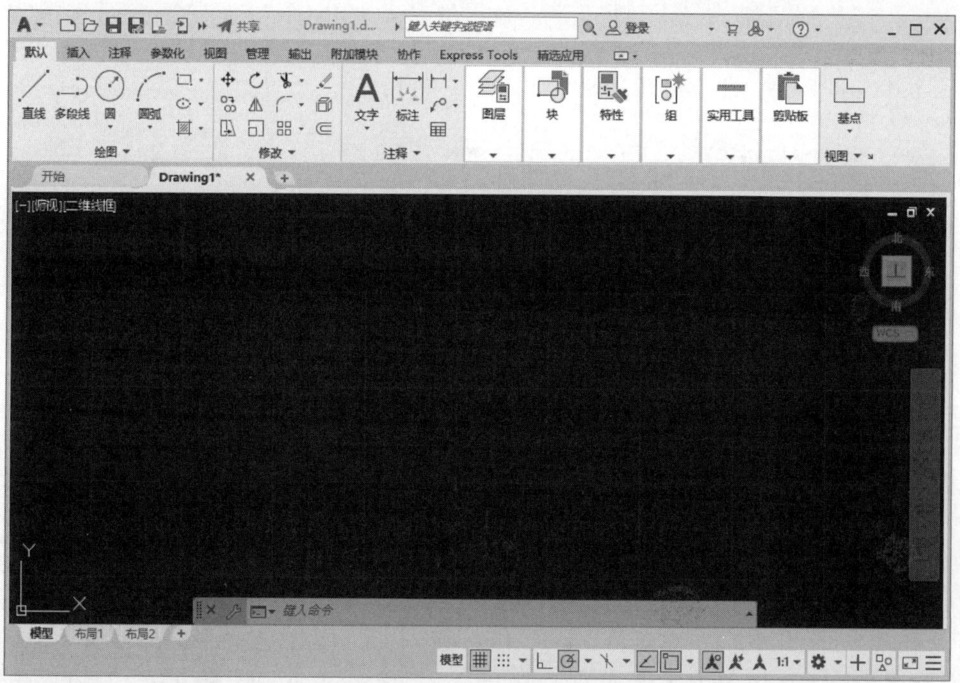

图 2-4　AutoCAD 2022 中文版的“明”操作界面

1. 执行方式

命令行：PREFERENCES。

菜单栏：选择菜单栏中的“工具”→“选项”命令(其中包括一些最常用的命令，如图 2-5 所示)。

快捷菜单：选项(右击，弹出快捷菜单，其中包括一些最常用的命令，如图 2-6 所示)。

Note

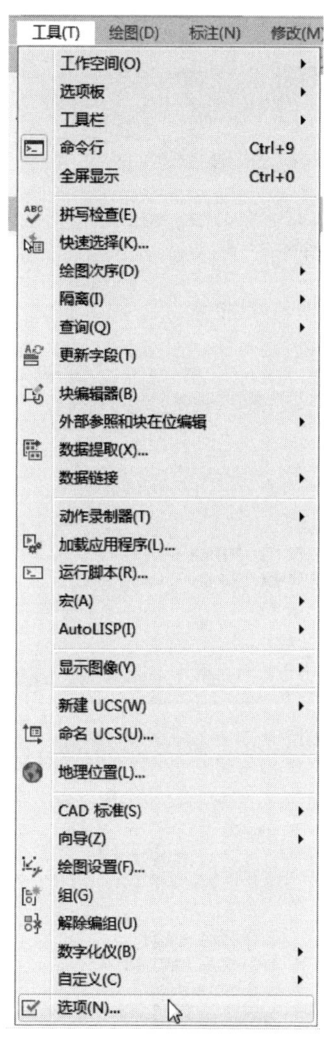

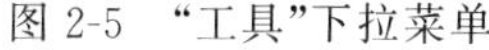

图 2-5 “工具”下拉菜单

图 2-6 “选项”右键菜单

2. 操作步骤

执行上述操作之一后，系统自动打开“选项”对话框。可以在该对话框中选择有关选项，对系统进行配置。下面只就其中主要的选项卡作一下说明，其他配置选项在后面用到时再作具体说明。

1. 系统配置

“选项”对话框中的第五个选项卡为“系统”，如图 2-7 所示。该选项卡用来设置 AutoCAD 系统的有关特性。其中“常规选项”选项组确定是否选择系统配置的有关基本选项。

2. 显示配置

“选项”对话框中的第二个选项卡为“显示”，该选项卡控制 AutoCAD 窗口的外观，如图 2-8 所示。该选项卡用于设定屏幕菜单和滚动条显示与否、固定命令行窗口中文

Note

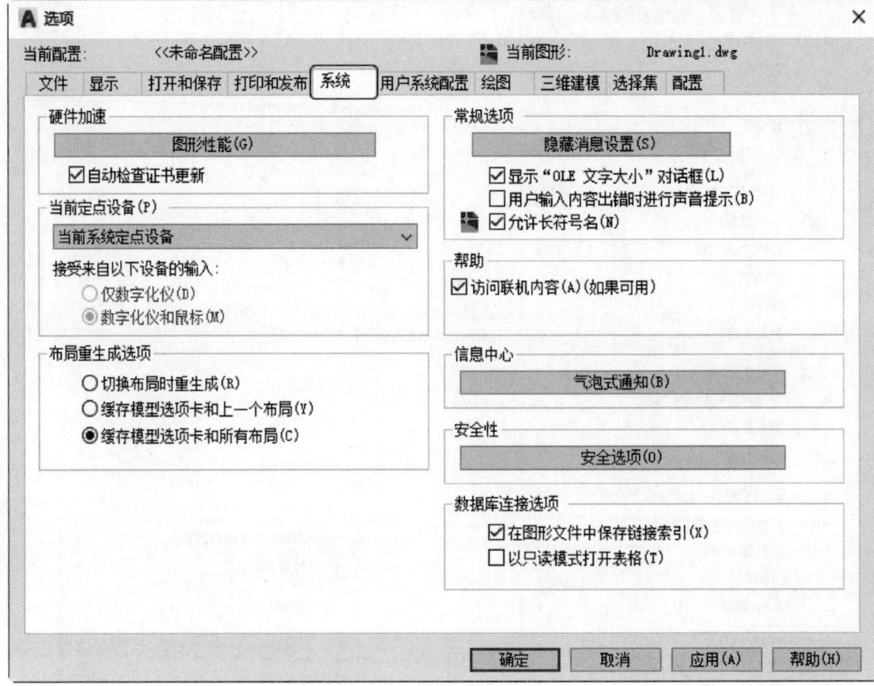

图 2-7 “系统”选项卡

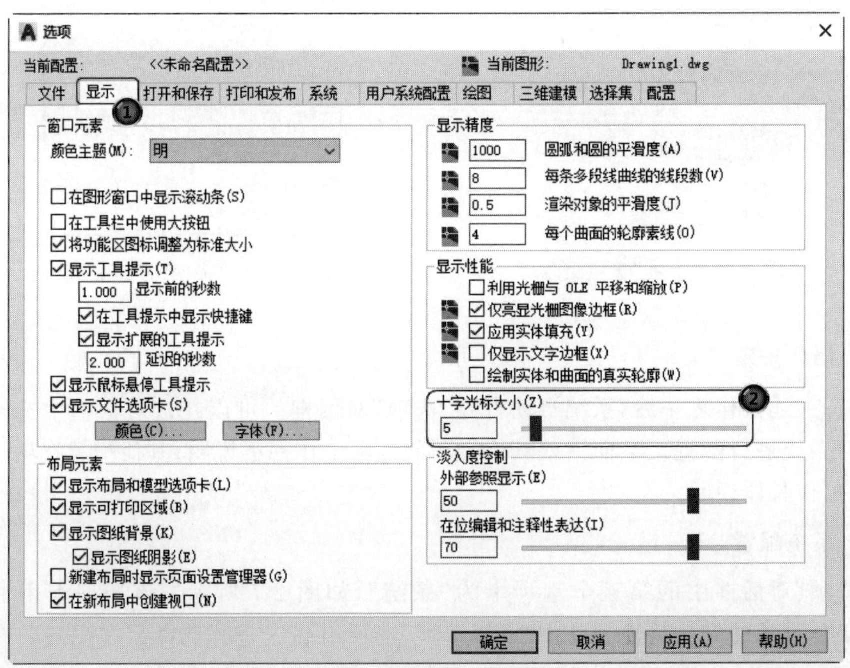

图 2-8 “选项”对话框中的“显示”选项卡

字行数、AutoCAD 的版面布局设置、设置各实体的显示分辨率，以及设置 AutoCAD 运行时的其他各项性能参数等。其中部分设置如下。

1）修改图形窗口中十字光标的大小

光标的长度系统预设为屏幕大小的百分之五，用户可以根据绘图的实际需要更改其大小。改变光标大小的方法为：

在绘图窗口中选择工具菜单中的“选项”命令，屏幕上将弹出系统配置对话框。打开“显示”选项卡❶，在“十字光标大小”区域中的编辑框中直接输入数值，或者拖动编辑框后的滑块❷，即可以对十字光标的大小进行调整，如图 2-8 所示。

此外，还可以通过设置系统变量 CURSORSIZE 的值，实现对其大小的更改。方法是在命令行输入：

```
命令：↙
输入 CURSORSIZE 的新值 <5>:
```

在提示下输入新值即可。默认值为 5%。

2）修改绘图窗口的颜色

在默认情况下，AutoCAD 的绘图窗口是黑色背景、白色线条，这不符合绝大多数用户的习惯，因此修改绘图窗口颜色是大多数用户都需要进行的操作。

修改绘图窗口颜色的步骤为：

（1）选择“工具”下拉菜单中的“选项”项，打开“选项”对话框，打开如图 2-8 所示的“显示”选项卡，单击“窗口元素”区域中的“颜色”按钮，将打开如图 2-9 所示的“图形窗口颜色”对话框。

（2）在“界面元素”中选择要更换颜色的元素，这里选择“统一背景”元素❶，单击“颜色”下拉列表框右侧的下拉箭头，在打开的下拉列表中，选择需要的窗口颜色❷，然后单击“应用并关闭”按钮，此时 AutoCAD 的绘图窗口变成了窗口背景色，通常按视觉习惯选择白色为窗口颜色。

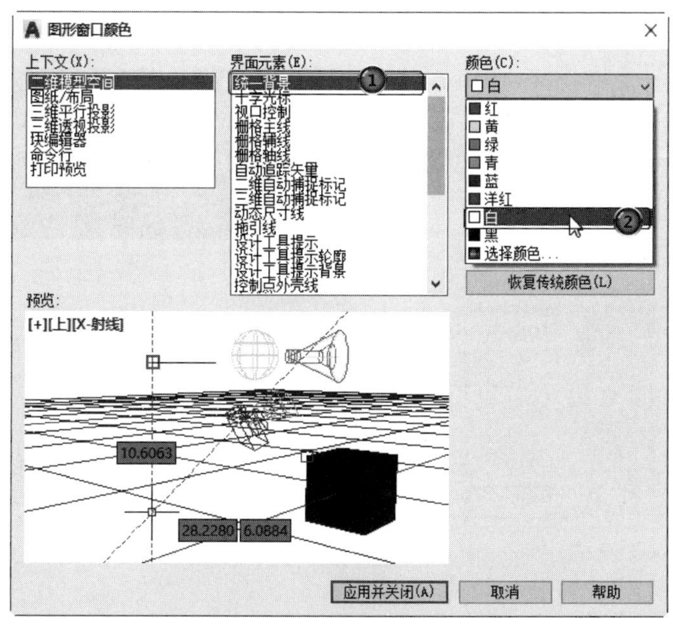

图 2-9 “图形窗口颜色”对话框

注意：在设置实体显示分辨率时，请务必记住，显示质量越高，即分辨率越高，计算机计算的时间越长，千万不要将其设置太高。显示质量设定在一个合理的程度上是很重要的。

Note

2.2 文件管理

本节将介绍有关文件管理的一些基本操作方法，包括新建文件、打开已有文件、保存文件、删除文件等，这些都是进行 AutoCAD 2022 操作最基础的知识。

2.2.1 新建文件

1. 执行方式

命令行：NEW。

菜单栏：选择菜单栏中的"文件"→"新建"命令。

工具栏：单击"标准"工具栏中的新建按钮 。

2. 操作步骤

执行上述命令后，❶系统打开如图 2-10 所示的"选择样板"对话框，❷在"文件类型"下拉列表框中有 3 种格式的图形样板，扩展名分别是 dwt、dwg 和 dws。一般情况下，dwt 文件是标准的样板文件，通常将一些规定的标准性的样板文件设成 dwt 文件；dwg 文件是普通的样板文件；而 dws 文件是包含标准图层、标注样式、线型和文字样式的样板文件。

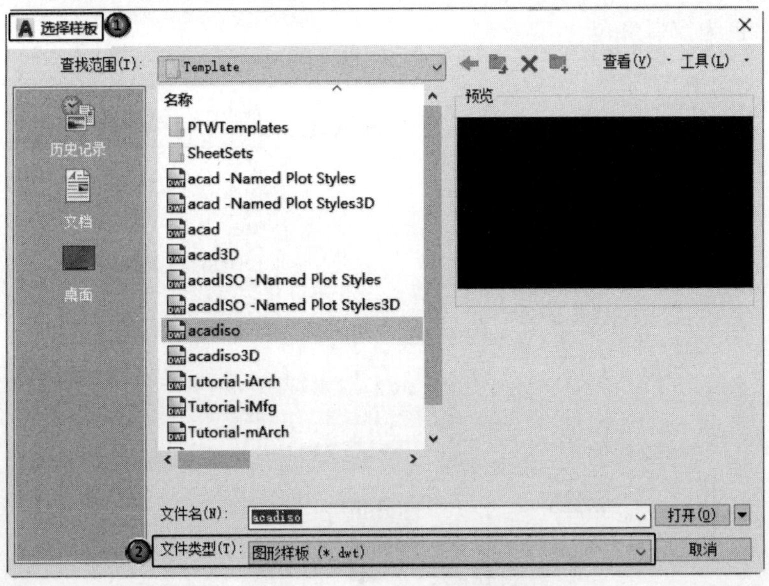

图 2-10 "选择样板"对话框

2.2.2　打开文件

1. 执行方式

命令行：OPEN。

菜单栏：选择菜单栏中的“文件”→“打开”命令。

工具栏：单击“标准”工具栏中的“打开”按钮。

2. 操作步骤

执行上述操作之一后，系统打开如图2-11所示的“选择文件”对话框。在“文件类型”下拉列表框中可选择dwg文件、dwt文件、dxf文件和dws文件。dxf文件是用文本形式存储的图形文件，能够被其他程序读取，许多第三方应用软件都支持dxf格式。

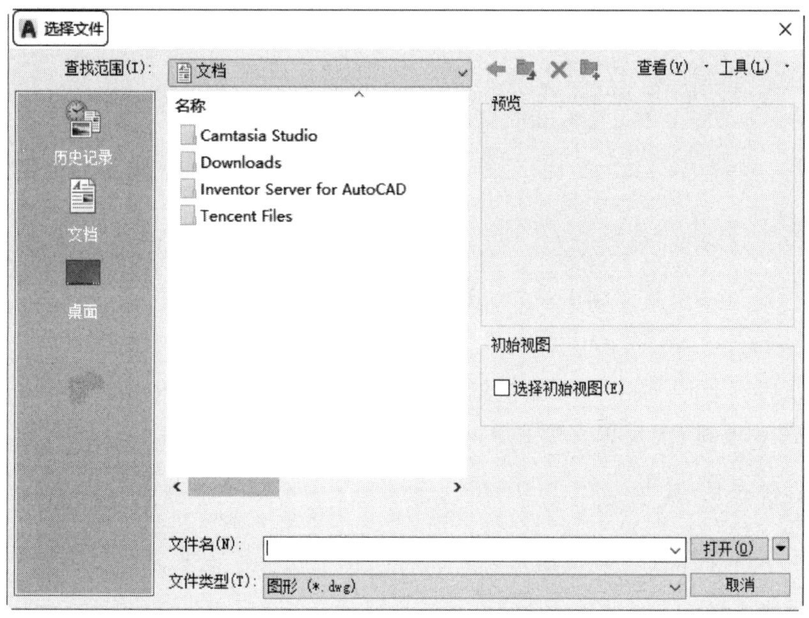

图2-11　“选择文件”对话框

2.2.3　保存文件

1. 执行方式

命令行：QSAVE或SAVE。

菜单栏：选择菜单栏中的“文件”→“保存”命令。

工具栏：单击“标准”工具栏中的“保存”按钮。

2. 操作步骤

执行上述操作之一后，若文件已命名，则AutoCAD会进行自动保存；若文件未命名(即为默认名Drawing1.dwg)，则系统打开“图形另存为”对话框，如图2-12所示，可以命名保存。在“保存于”下拉列表框中，可以指定保存文件的路径；在“文件类型”下

拉列表框中,可以指定保存文件的类型。

Note

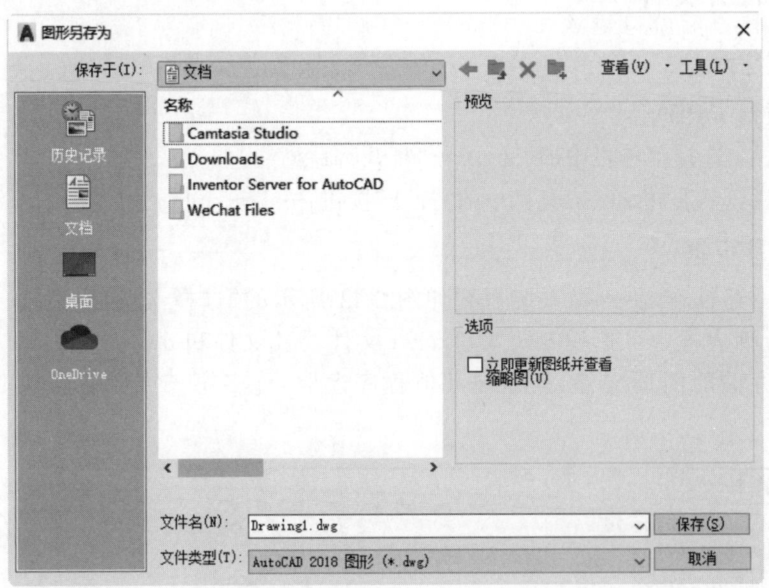

图 2-12 "图形另存为"对话框

2.3 基本输入操作

在 AutoCAD 中,有一些基本的输入操作方法,这些基本方法是进行 AutoCAD 绘图的必备知识基础,也是深入学习 AutoCAD 功能的前提。

2.3.1 命令输入方式

AutoCAD 交互绘图必须输入必要的指令和参数。有多种 AutoCAD 命令输入方式(以画直线为例)。

1. 在命令行窗口输入命令名

命令字符可不区分大小写。例如,命令:LINE↙。执行命令时,在命令行提示中经常会出现命令选项。输入绘制直线命令"LINE"后,命令行中的提示与操作如下。

```
命令: LINE↙
指定第一个点:(在屏幕上指定一点或输入一个点的坐标)
指定下一点或[放弃(U)]:
```

选项中不带括号的提示为默认选项,因此可以直接输入直线段的起点坐标或在屏幕上指定一点,如果要选择其他选项,则应该首先输入该选项的标识字符,如"放弃"选项的标识字符"U",然后按系统提示输入数据即可。在命令选项的后面,有时还带有尖括号,尖括号内的数值为默认数值。

2. 在命令行窗口输入命令缩写字

可在命令行窗口输入 L(Line)、C(Circle)、A(Arc)、Z(Zoom)、R(Redraw)、M(More)、CO(Copy)、PL(Pline)、E(Erase)等打开相应命令。

3. 选择“绘图”菜单中的命令

选取该选项后,在状态栏中可以看到对应的命令说明及命令名。

4. 选取工具栏中的对应图标

选取该图标后,也可以在状态栏中看到对应的命令说明及命令名。

5. 在绘图区打开右键快捷菜单

如果在前面刚使用过要输入的命令,可以在绘图区打开右键快捷菜单,在“最近的输入”子菜单中选择需要的命令,如图 2-13 所示。“最近的输入”子菜单中存储最近使用的几个命令,如果需要选择经常重复使用的命令,这种方法就比较快速。

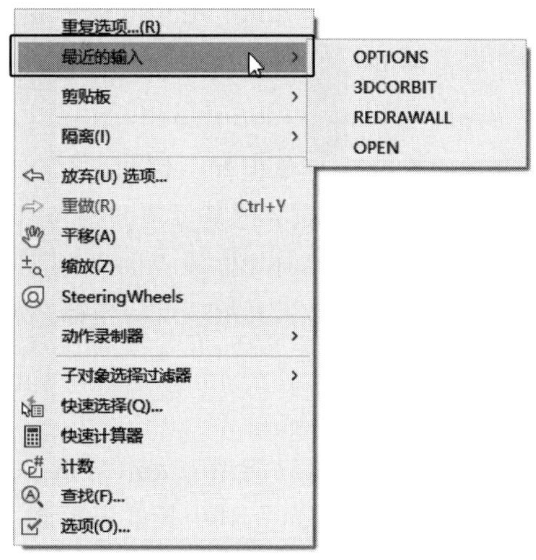

图 2-13　绘图区右键快捷菜单

2.3.2　命令的重复、撤销、重做

1. 命令的重复

在命令行窗口中按 Enter 键,可重复调用上一个命令,不管上一个命令是完成了还是被取消了。

2. 命令的撤销

在命令执行的任何时刻,都可以取消和终止命令的执行。

执行方式如下。

命令行:UNDO。

菜单栏:选择菜单栏中的“编辑”→“放弃”命令。

快捷键:Esc。

Note

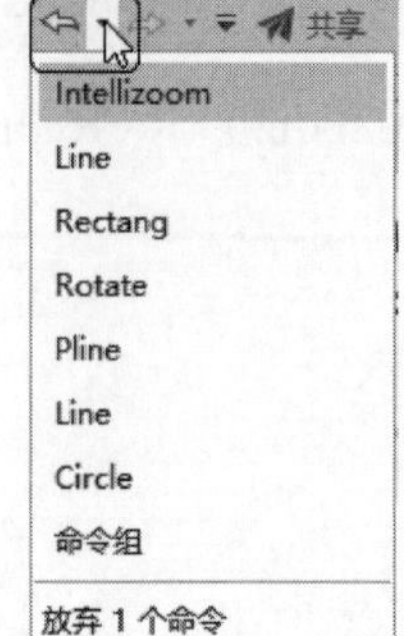

图 2-14　多重放弃或重做

3. 命令的重做

已被撤销的命令还可以恢复重做。只能恢复撤销的最后一个命令。

执行方式如下。

命令行：REDO。

菜单栏：选择菜单栏中的"编辑"→"重做"命令。

AutoCAD 2022 可以一次执行多重放弃和重做操作。单击 UNDO 或 REDO 列表箭头，可以选择要放弃或重做的操作，如图 2-14 所示。

2.3.3　数据的输入方法

在 AutoCAD 2022 中，点的坐标可以用直角坐标、极坐标、球面坐标和柱面坐标表示，每一种坐标又分别具有两种坐标输入方式：绝对坐标和相对坐标。其中直角坐标和极坐标最为常用，下面主要介绍它们的输入方法。

1. 直角坐标法

用点的 X、Y 坐标值表示的坐标为直角坐标。例如：在命令行中输入点的坐标提示下，输入"15,18"，则表示输入了一个 X、Y 的坐标值分别为"15、18"的点，此为绝对坐标输入方式，表示该点的坐标是相对于当前坐标原点的坐标值，如图 2-15(a)所示。如果输入"@10,20"，则为相对坐标输入方式，表示该点的坐标是相对于前一点的坐标值，如图 2-15(b)所示。

2. 极坐标法

用长度和角度表示的坐标为极坐标，只能用来表示二维点的坐标。在绝对坐标输入方式下，表示为"长度<角度"，如"25<50"，其中长度表示该点到坐标原点的距离，角度为该点至原点的连线与 X 轴正向的夹角，如图 2-15(c)所示。

在相对坐标输入方式下，表示为"@长度<角度"，如"@25<45"，其中长度为该点到前一点的距离，角度为该点至前一点的连线与 X 轴正向的夹角，如图 2-15(d)所示。

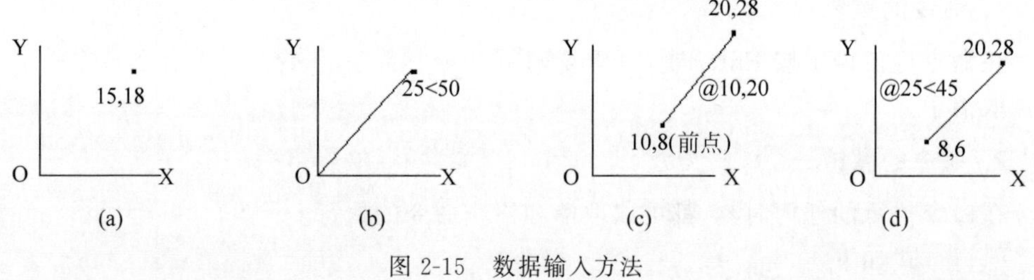

图 2-15　数据输入方法

3. 动态数据输入

单击状态栏中的"DYN"按钮，系统打开动态输入功能，可以在屏幕上动态地输入某些参数。例如，绘制直线时，在光标附近会动态地显示"指定第一个点"，后面的坐标

框中显示的是光标所在位置，可以输入数据，两个数据之间以逗号隔开，如图 2-16 所示。指定第一点后，系统动态显示直线的角度，同时要求输入线段长度值，如图 2-17 所示，其输入效果与“@长度<角度”方式相同。

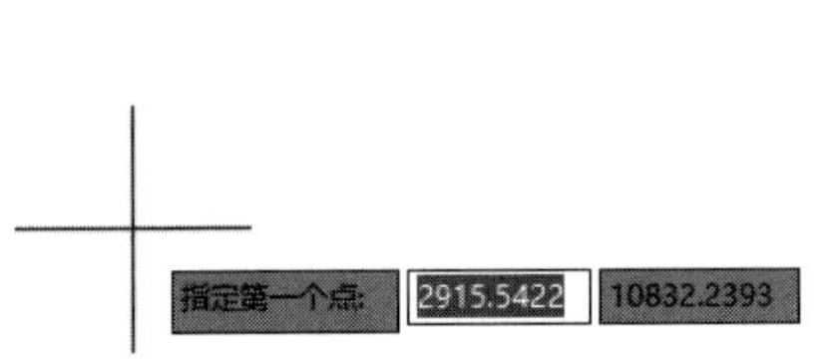

图 2-16　动态输入坐标值

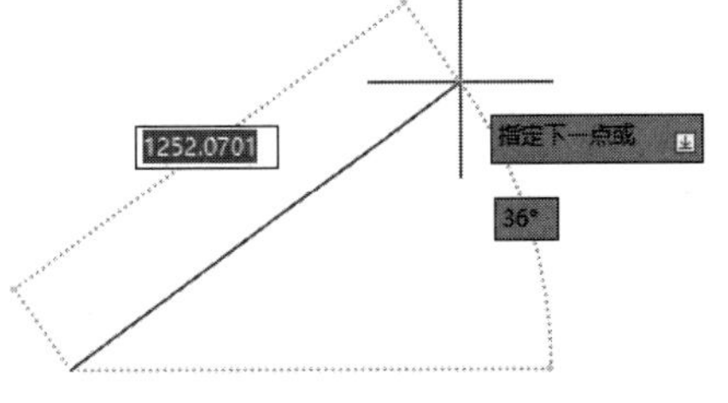

图 2-17　动态输入长度值

下面分别讲述点与距离值的输入方法。

1）点的输入

在绘图过程中，常需要输入点的位置，AutoCAD 提供了如下几种输入点的方式。

（1）用键盘直接在命令行窗口中输入点的坐标。

- 直角坐标有两种输入方式：“x,y”（点的绝对坐标值，例如“100,50”）和“@x,y”（相对于上一点的相对坐标值，例如“@50,－30”）。坐标值均相对于当前的用户坐标系。
- 极坐标的输入方式：“长度<角度”（其中，长度为点到坐标原点的距离，角度为原点至该点连线与 X 轴的正向夹角，例如“20<45”）或“@长度<角度”（相对于上一点的相对极坐标，例如“@50<－30”）。

（2）用鼠标等定位设备在屏幕上直接取点。

（3）用目标捕捉方式捕捉屏幕上已有图形的特殊点（如端点、中点、中心点、插入点、交点、切点、垂足点等）。

（4）直接距离输入：先用光标拖曳出橡筋线确定方向，然后用键盘输入距离。这样有利于准确控制对象的长度等参数。例如，要绘制一条 10mm 长的线段，方法如下。

```
命令:LINE ↙
指定第一个点:(在屏幕上指定一点)
指定下一点或[放弃(U)]:
```

这时在屏幕上移动鼠标指针指明线段的方向，但不要单击确认，如图 2-18 所示；然后在命令行输入 10，这样就在指定方向上准确地绘制了长度为 10mm 的线段。

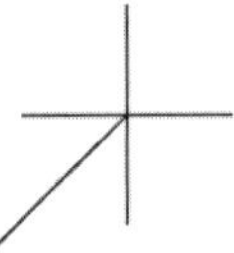

图 2-18　绘制直线

2）距离值的输入

在 AutoCAD 命令中，有时需要提供高度、宽度、半径、长度等距离值。AutoCAD 提供了两种输入距离值的方式：一种是用键盘在命令行窗口中直接输入数值；另一种是在屏幕上拾取两点，以两点的距离值定出所需数值。

Note

2.4 缩放与平移

改变视图最一般的方法就是利用缩放和平移命令。通过这些命令,可以在绘图区域放大或缩小图像显示,或者改变观察位置。

2.4.1 实时缩放

AutoCAD 2022 为交互式的缩放和平移提供了可能。有了实时缩放,就可以通过垂直向上或向下移动光标来放大或缩小图形。利用实时平移,能移动光标以重新放置图形。

在实时缩放命令下,可以通过垂直向上或向下移动光标来放大或缩小图形。

1. 执行方式

命令行:ZOOM。

菜单栏:选择菜单栏中的“视图”→“缩放”→“实时”命令。

工具栏:单击“标准”工具栏中的“实时缩放”按钮±。

2. 操作步骤

按住鼠标左键垂直向上或向下移动。从图形的中点向顶端垂直地移动光标,就可以放大图形;向底部垂直地移动光标,就可以缩小图形。

2.4.2 动态缩放

动态缩放会在当前视区中根据选择不同而进行不同的缩放或平移显示。

1. 执行方式

命令行:ZOOM。

菜单栏:选择菜单栏中的“视图”→“缩放”→“动态”命令。

工具栏:单击“标准”工具栏中的“动态缩放”按钮。

2. 操作步骤

```
命令: ZOOM↙
指定窗口角点,输入比例因子(nX 或 nXP),或者[全部(A)/中心(C)/动态(D)/范围(E)/上一个(P)/比例(S)/窗口(W)/对象(O)/] <实时>: D↙
```

执行上述命令后,系统打开一个图框。动态缩放前的画面呈绿色点线。如果要动态缩放的图形显示范围与选取动态缩放前的范围相同,则此框与白线重合而不可见。重生成区域的四周有一个蓝色虚线框,用以标记虚拟屏幕。

这时,如果线框中有一个“×”出现,如图 2-19(a)所示,就可以拖动线框把它平移到另外一个区域。如果要放大图形到不同的放大倍数,按下鼠标左键,“×”就会变成一个箭头,如图 2-19(b)所示。这时左右拖动边界线,就可以重新确定视区的大小。缩放后的图形如图 2-19(c)所示。

Note

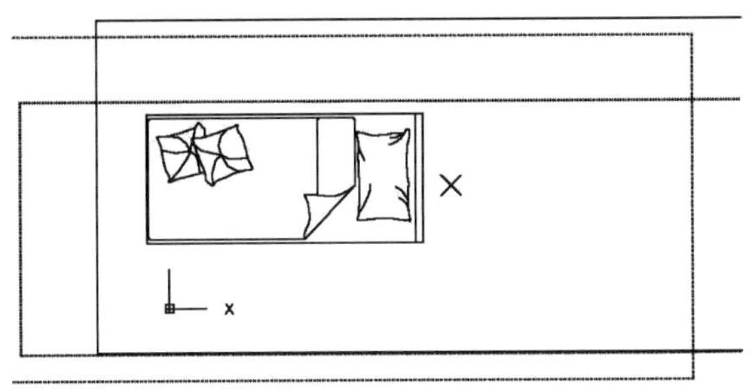

(a) 带“×”的视框

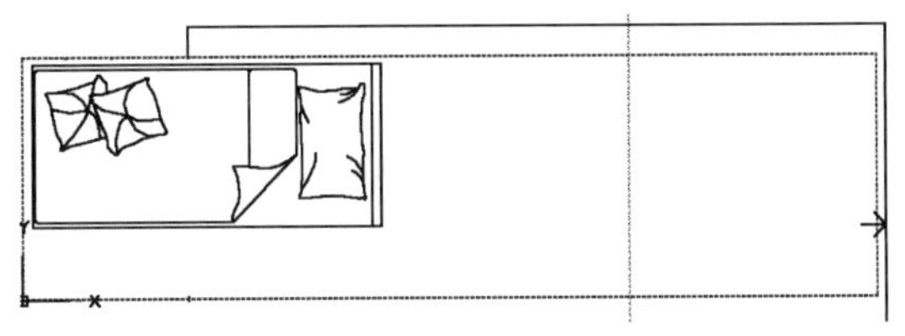

(b) 带箭头的视框

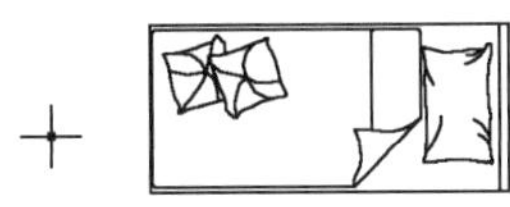

(c) 缩放后的图形

图 2-19　动态缩放

另外，还有放大、缩小、窗口缩放、比例缩放、中心缩放、全部缩放、对象缩放、缩放上一个和最大图形范围缩放等操作，其方法与动态缩放类似，不再赘述。

2.4.3　实时平移

1. 执行方式

命令行：PAN。

菜单栏：选择菜单栏中的“视图”→“平移”→“实时”命令。

工具栏：单击“标准”工具栏中的“实时平移”按钮 。

2. 操作步骤

执行上述操作之一后，用鼠标指针按下选择钮，然后移动手形光标就可以平移图形了。当移动到图形的边沿时，光标就变成一个三角形。

另外，AutoCAD 为显示控制命令设置了一个右键快捷菜单，如图 2-20 所示。利用该菜单，可以在显示命令执行的过程中透明地进行切换。

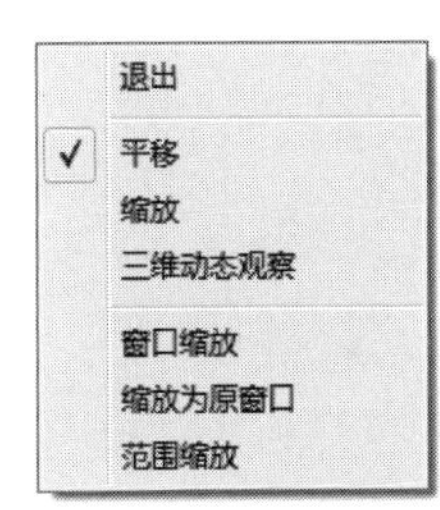

图 2-20　右键快捷菜单

2.5 上 机 实 验

Note

2.5.1　实验 1　熟悉操作界面

操作界面是用户绘制图形的平台，操作界面的各个部分都有其独特的功能，熟悉操作界面有助于用户方便、快速地进行绘图。本实验要求读者了解操作界面各部分的功能，掌握改变绘图窗口颜色和光标大小的方法，能够熟练地打开、移动、关闭工具栏。

2.5.2　实验 2　管理图形文件

图形文件管理包括文件的新建、打开、保存、加密、退出等。本实验要求读者熟练掌握 dwg 文件的保存、自动保存及打开的方法。

第3章

二维绘图命令

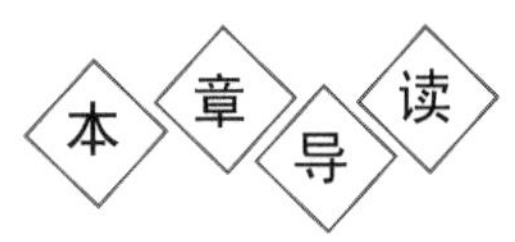

二维图形是指在二维平面空间绘制的图形。AutoCAD 提供了大量的绘图工具，可以帮助用户完成二维图形的绘制。AutoCAD 还提供了许多的二维绘图命令，利用这些命令，可以快速、方便地完成某些图形的绘制。本章主要包括以下内容：点、直线，圆和圆弧、椭圆和椭圆弧，平面图形，图案填充。

学习要点

- 直线类命令
- 圆类图形命令
- 平面图形
- 图案填充

Note

3.1 直线类命令

3.1.1 点

1. 执行方式

命令行：POINT。

菜单栏：选择菜单栏中的“绘图”→“点”→“单点”或“多点”命令。

工具栏：单击“绘图”工具栏中的“多点”按钮。

功能区：单击“默认”选项卡“绘图”面板中的“多点”按钮。

2. 操作步骤

```
命令：POINT↙
当前点模式： PDMODE = 0  PDSIZE = 0.0000
指定点:(指定点所在的位置)
```

3. 选项说明

“点”命令各选项含义如表 3-1 所示。

表 3-1 “点”命令各选项含义

选项	含义
多点	通过菜单方法操作时(图 3-1)，“单点”命令表示只输入一个点，“多点”命令表示可输入多个点
对象捕捉	可以打开状态栏中的“对象捕捉”开关设置点捕捉模式，帮助用户拾取点
点样式	点在图形中的表示样式共有 20 种。可通过“DDPTYPE”命令或菜单栏“格式”→“点样式”命令，打开“点样式”对话框来设置，如图 3-2 所示

3.1.2 直线

1. 执行方式

命令行：LINE。

菜单栏：选择菜单栏中的“绘图”→“直线”命令。

工具栏：单击“绘图”工具栏中的“直线”按钮。

功能区：单击“默认”选项卡“绘图”面板中的“直线”按钮(图 3-3)。

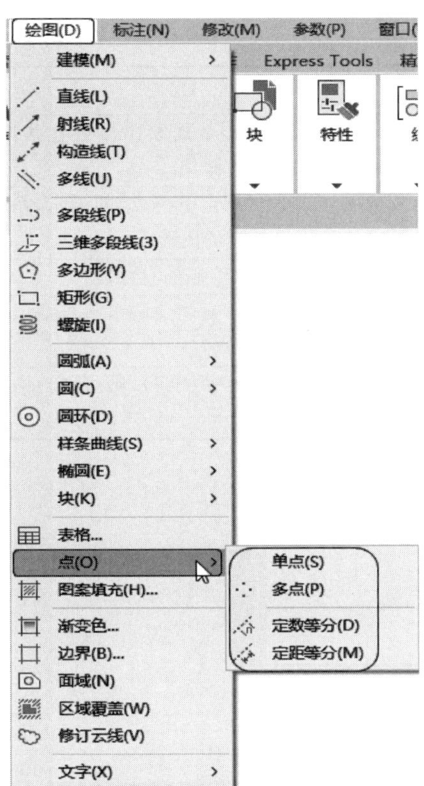

图 3-1　“点”子菜单

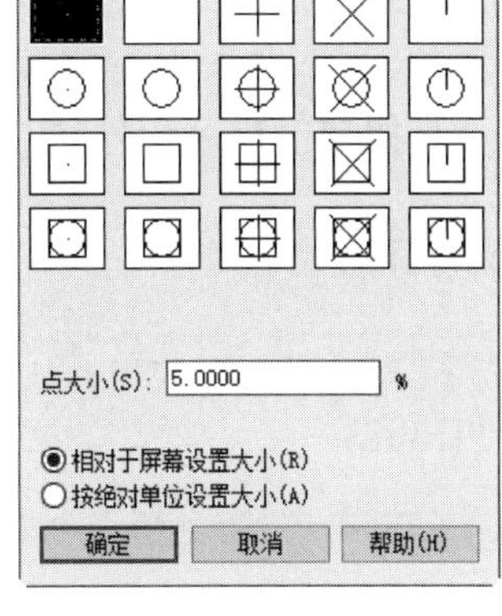

图 3-2　“点样式”对话框

2. 操作步骤

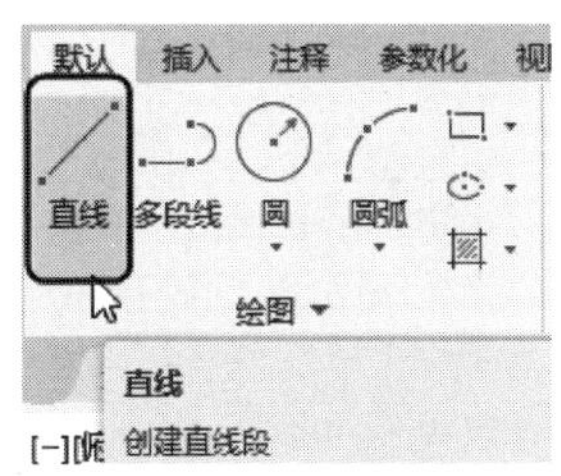

图 3-3　绘图面板

命令：LINE↙
指定第一个点：(输入直线段的起点，用鼠标指定点或者给定点的坐标)
指定下一点或[放弃(U)]：(输入直线段的端点，也可以用鼠标指定一定角度后，直接输入直线的长度)
指定下一点或[放弃(U)]：(输入下一直线段的端点，输入选项"U"表示放弃前面的输入；右击或按 Enter 键，结束命令)
指定下一点或[闭合(C)/放弃(U)]：(输入下一直线段的端点，或输入选项"C"使图形闭合，结束命令)

3. 选项说明

“直线”命令各选项含义如表 3-2 所示。

表 3-2　“直线”命令各选项含义

选　　项	含　　义
直线段的起点	若采用按 Enter 键响应“指定第一个点：”的提示，系统会把上次绘线(或弧)的终点作为本次操作的起始点。特别地，若上次操作为绘制圆弧，按 Enter 键响应，会绘出通过圆弧终点的与该圆弧相切的直线段，该线段的长度由鼠标在屏幕上指定的一点与切点之间线段的长度确定

续表

选　项	含　义
直线段的端点	在"指定下一点"的提示下,可以指定多个端点,从而绘出多条直线段。每一段直线是一个独立的对象,可以单独进行编辑操作
下一直线段的端点	绘制两条以上直线段后,若输入选项"C"响应"指定下一点"的提示,系统会自动连接起始点和最后一个端点,从而绘出封闭的图形
	若采用输入选项"U"响应提示,则擦除最近一次绘制的直线段
	若设置正交方式(按下状态栏中的"正交"按钮),只能绘制水平直线或垂直线段
	若设置动态数据输入方式(按下状态栏中的"DYN"按钮),则可以动态输入坐标或长度值

Note

3-1

3.1.3　上机练习——公园方桌

练习目标

通过实例重点掌握"直线"命令的使用方法。

设计思路

首先利用"直线"命令根据命令行提示绘制图形,然后保存图形。

操作步骤

(1) 单击"默认"选项卡"绘图"面板中的"直线"按钮 ╱,绘制连续线段。命令行中的提示与操作如下。

```
命令: _line↙
指定第一个点: 0,0↙
指定下一点或[放弃(U)]: 1200,0↙
指定下一点或[放弃(U)]: 1200,1200↙
指定下一点或[闭合(C)/退出(X)/放弃(U)]: 0,1200↙
指定下一点或[闭合(C)/退出(X)/放弃(U)]: c↙
```

绘制的图形如图 3-4 所示。

☎ **注意**:输入坐标时,逗号必须是在英文状态下输入,否则会出现错误。

(2) 单击"默认"选项卡"绘图"面板中的"直线"按钮 ╱。命令行中的提示与操作如下。

```
命令: _line↙
指定第一个点: 20,20↙
指定下一点或[放弃(U)]: 1180,20↙
指定下一点或[放弃(U)]: 1180,1180↙
指定下一点或[闭合(C)/放弃(U)]: 20,1180↙
指定下一点或[闭合(C)/放弃(U)]: c↙
```

绘制的图形如图 3-5 所示,一个简易的公园方桌就绘制完成了。

图 3-4　绘制连续线段

图 3-5　公园方桌

(3) 单击"快速访问"工具栏中的"保存"按钮 ,保存图形。命令行中的提示与操作如下。

```
命令: SAVEAS↙  (将绘制完成的图形以"公园方桌.dwg"为文件名保存在指定的路径中)
```

3.2　圆类图形命令

圆类图形命令主要包括"圆""圆弧""圆环""椭圆""椭圆弧"等命令,这几个命令是 AutoCAD 中最简单的曲线命令。

3.2.1　圆

1. 执行方式

命令行: CIRCLE。

菜单栏: 选择菜单栏中的"绘图"→"圆"命令。

工具栏: 单击"绘图"工具栏中的"圆"按钮 。

功能区: 单击 ❶"默认"选项卡"绘图"面板中的 ❷"圆"下拉菜单(如图 3-6 所示)。

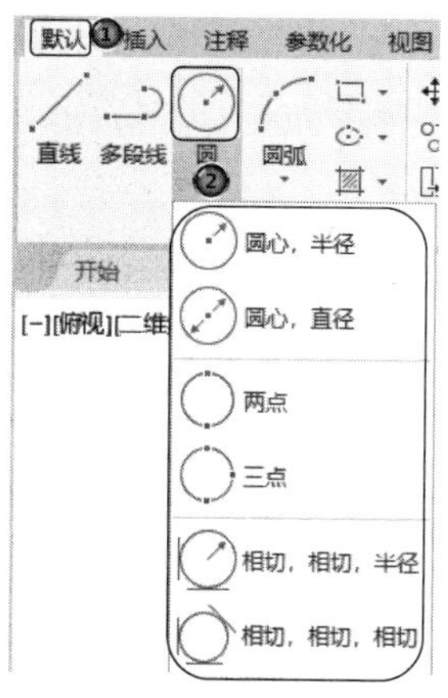

图 3-6　"圆"下拉菜单

2. 操作步骤

```
命令: CIRCLE↙
指定圆的圆心或[三点(3P)/两点(2P)/切点、切点、半径(T)]: (指定圆心)
指定圆的半径或[直径(D)]: (直接输入半径数值或用鼠标指定半径长度)
指定圆的直径<默认值>: (输入直径数值或用鼠标指定直径长度)
```

3. 选项说明

"圆"命令各选项含义如表 3-3 所示。

表 3-3　"圆"命令各选项含义

选　　项	含　　义
三点(3P)	用指定圆周上三点的方法画圆
两点(2P)	指定直径的两端点画圆

Note

续表

选　　项	含　　义
切点、切点、半径(T)	按先指定两个相切对象,后给出半径的方法画圆。如图 3-7 所示,(a)～(d)给出了以“相切、相切、半径”方式绘制圆的各种情形(其中加黑的圆为最后绘制的圆)。 选择菜单栏中的❶“绘图”→❷“圆”命令,❸有一种“相切、相切、相切”的绘制方法。当选择此方式时(图 3-8),系统提示如下。 指定圆上的第一个点: _tan 到: (指定相切的第一个圆弧) 指定圆上的第二个点: _tan 到: (指定相切的第二个圆弧) 指定圆上的第三个点: _tan 到: (指定相切的第三个圆弧)

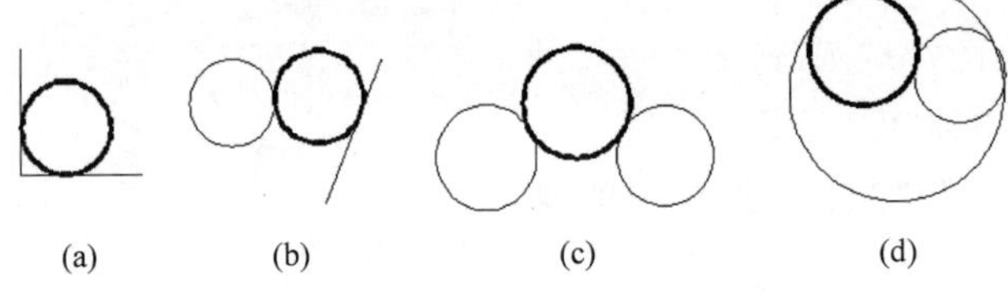

图 3-7　圆与另外两个对象相切的各种情形

图 3-8　绘制圆的方法

3-2

3.2.2　上机练习——圆餐桌

练习目标

通过实例重点掌握“圆”命令的使用方法。

设计思路

首先设置绘图环境,然后利用“圆”命令绘制图形,最后保存绘制的图形。

操作步骤

(1) 设置绘图环境。用“LIMITS”命令设置图幅：297×210。

(2) 单击“默认”选项卡“绘图”面板中的“圆”按钮 ,绘制圆。命令行中的提示与操作如下。

```
命令：CIRCLE↙
指定圆的圆心或[三点(3P)/两点(2P)/切点、切点、半径(T)]： 100,100↙
指定圆的半径或[直径(D)]：50↙
```

结果如图 3-9 所示。

重复“圆”命令，以(100,100)为圆心，绘制半径为 40 的圆。结果如图 3-10 所示。

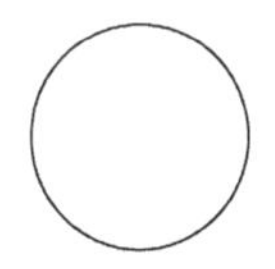

图 3-9　绘制圆

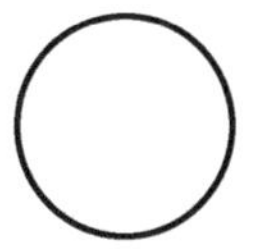

图 3-10　圆餐桌

(3) 单击“快速访问”工具栏中的“保存”按钮，保存图形。命令行提示如下。

```
命令：SAVEAS↙
```

将绘制完成的图形以“圆餐桌.dwg”为文件名保存在指定的路径中。

3.2.3　圆弧

1. 执行方式

命令行：ARC(缩写：A)。

菜单栏：选择菜单栏中的“绘图”→“圆弧”命令。

工具栏：单击“绘图”工具栏中的“圆弧” 按钮。

功能区：单击❶“默认”选项卡❷“绘图”面板中的❸“圆弧”下拉菜单(见图 3-11)。

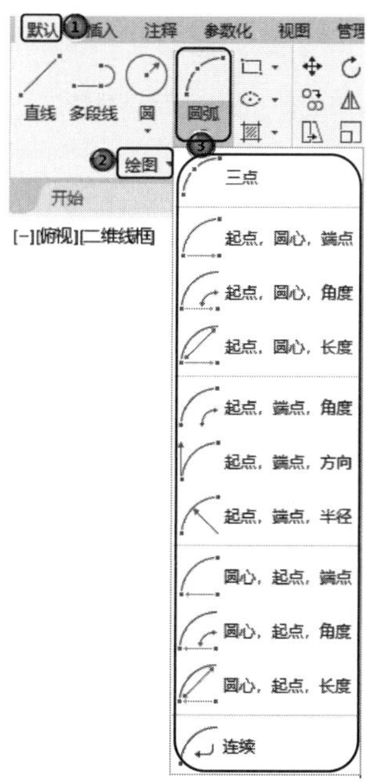

图 3-11　“圆弧”下拉菜单

Note

2. 操作步骤

```
命令: ARC↙
指定圆弧的起点或[圆心(C)]:(指定起点)
指定圆弧的第二个点或[圆心(C)/端点(E)]:(指定第二点)
指定圆弧的端点:(指定端点)
```

3. 选项说明

"圆弧"命令各选项含义如表 3-4 所示。

表 3-4 "圆弧"命令各选项含义

选　项	含　义
圆弧的起点	用命令行方式画圆弧时，可以根据系统提示选择不同的选项，具体功能和用"绘制"菜单的"圆弧"子菜单提供的 11 种方式相似。这 11 种方式如图 3-12(a)～(k)所示
连续	用"连续"方式绘制的圆弧与上一线段或圆弧相切，继续画圆弧段时，提供端点即可

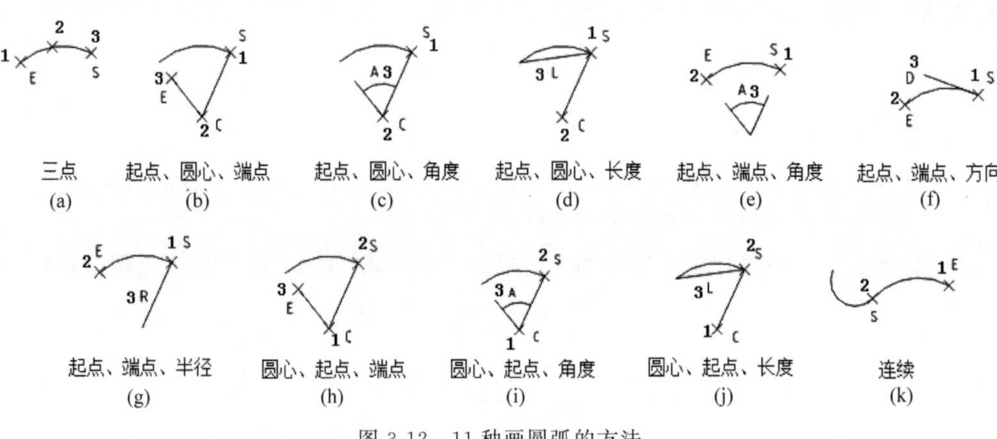

图 3-12　11 种画圆弧的方法

3.2.4 上机练习——椅子

3-3

练习目标

通过实例重点掌握"圆弧"命令的使用方法。

设计思路

首先利用"直线"命令绘制轮廓，然后利用"圆弧"命令绘制剩余的图形。

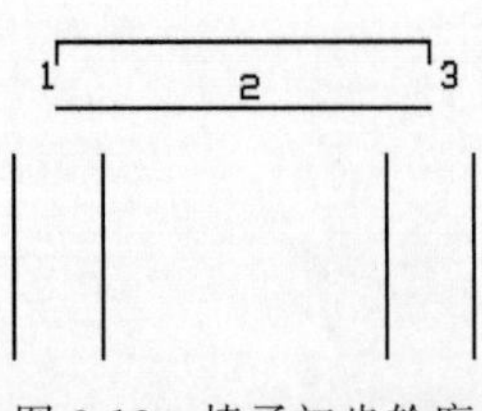

图 3-13　椅子初步轮廓

操作步骤

(1) 单击"默认"选项卡"绘图"面板中的"直线"按钮 ，绘制初步轮廓。结果如图 3-13 所示。

Note

(2) 单击“默认”选项卡“绘图”面板中的“圆弧”按钮 ⌒，绘制弧线。命令行中的提示与操作如下。

```
命令: ARC↙
指定圆弧的起点或[圆心(C)]:(用鼠标指定左上方竖线段端点 1)
指定圆弧的第二个点或[圆心(C)/端点(E)]:(用鼠标在上方两竖线段正中间指定一点 2)
指定圆弧的端点:(用鼠标指定右上方竖线段端点 3)
```

(3) 单击“默认”选项卡“绘图”面板中的“直线”按钮 ／。

在圆弧上指定一点为起点，向下绘制两条竖线段。再以图 3-13 中 1、3 两点下面的水平线段的端点为起点各向下适当距离绘制两条竖直线段，如图 3-14 所示。

同样方法绘制扶手剩余的图形。

最后完成的图形如图 3-15 所示。

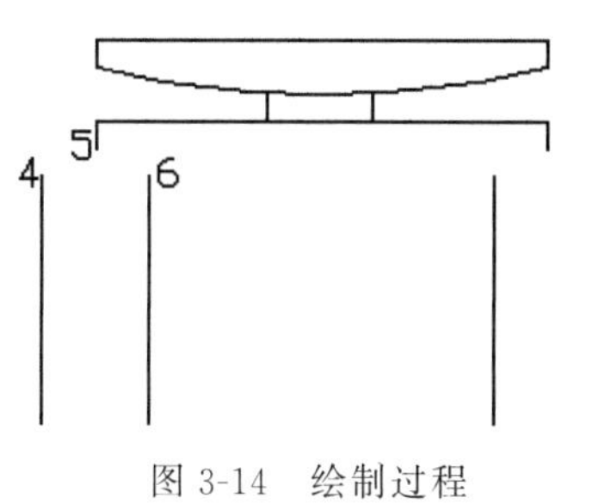

图 3-14 绘制过程

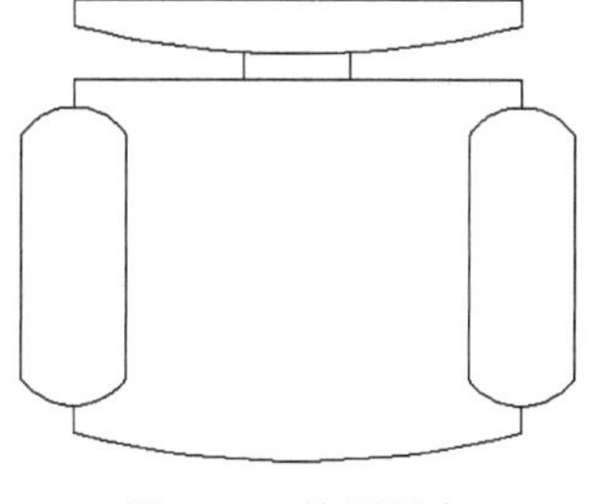

图 3-15 椅子图案

(4) 保存图形。

```
命令: SAVEAS↙ (将绘制完成的图形以"椅子.dwg"为文件名保存在指定的路径中)
```

3.2.5 椭圆与椭圆弧

1. 执行方式

命令行：ELLIPSE。

菜单栏：选择菜单栏中的“绘图”→“椭圆”→“圆弧”命令。

工具栏：单击“绘图”工具栏中的椭圆按钮 ◌ 或单击“绘图”工具栏中的“椭圆弧”按钮 ◌ 。

功能区：单击❶“默认”选项卡❷“绘图”面板中的❸“椭圆”下拉菜单(如图 3-16 所示)。

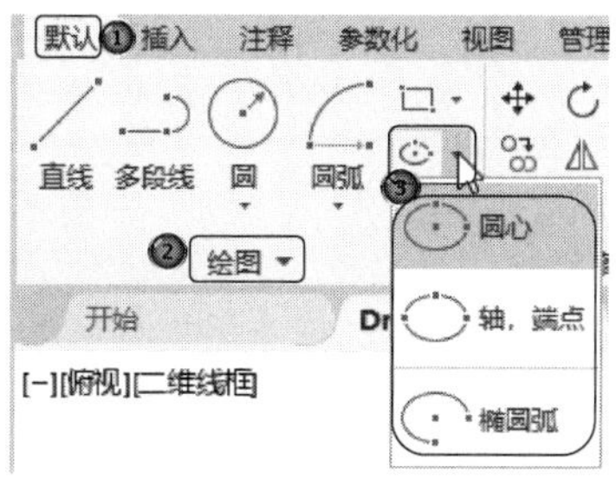

图 3-16 “椭圆”下拉菜单

2. 操作步骤

```
命令: ELLIPSE↙
指定椭圆的轴端点或[圆弧(A)/中心点(C)]: (指定轴端点 1,如图 3-17(a)所示)
指定轴的另一个端点: (指定轴端点 2,如图 3-17(a)所示)
指定另一条半轴长度或[旋转(R)]:
```

Note

3. 选项说明

“椭圆”与“椭圆弧”命令各选项含义如表 3-5 所示。

表 3-5 “椭圆”与“椭圆弧”命令各选项含义

选　项	含　义
指定椭圆的轴端点	根据两个端点定义椭圆的第一条轴，它的角度确定了整个椭圆的角度。第一条轴既可定义椭圆的长轴，也可定义椭圆的短轴
旋转(R)	通过绕第一条轴旋转圆来创建椭圆，相当于将一个圆绕椭圆轴翻转一个角度后的投影视图
中心点(C)	通过指定的中心点创建椭圆
圆弧(A)	该选项用于创建一段椭圆弧，与工具栏“绘制”→“椭圆弧”功能相同。其中第一条轴的角度确定了椭圆弧的角度。第一条轴既可定义椭圆弧长轴，也可定义椭圆弧短轴。选择该项，系统继续提示如下。 指定椭圆弧的轴端点或[中心点(C)]:(指定端点或输入 C) 指定轴的另一个端点:(指定另一端点) 指定另一条半轴长度或[旋转(R)]:(指定另一条半轴长度或输入 R) 指定起点角度或[参数(P)]:(指定起始角度或输入 P) 指定端点角度或[参数(P)/夹角(I)]: 其中各选项含义如下。 (1) 角度：指定椭圆弧端点的两种方式之一，光标与椭圆中心点连线的夹角为椭圆端点位置的角度，如图 3-17(b)所示。 (2) 参数(P)：指定椭圆弧端点的另一种方式，该方式同样是指定椭圆弧端点的角度，但通过以下矢量参数方程式创建椭圆弧。 $p(u)=c+a\cos u+b\sin u$ 式中，c 是椭圆的中心点，a 和 b 分别是椭圆的长轴和短轴，u 为光标与椭圆中心点连线的夹角。 (3) 夹角(I)：定义从起始角度开始的包含角度

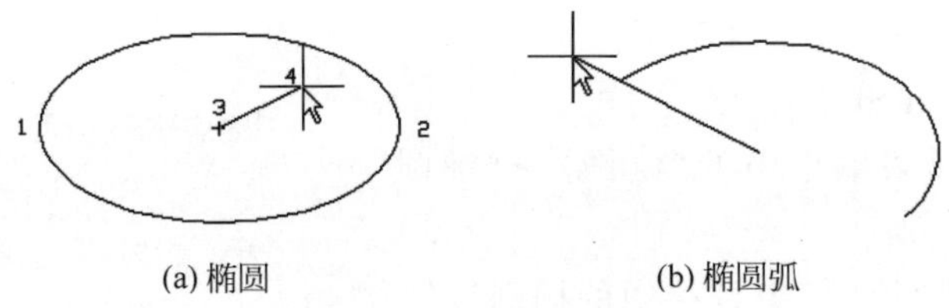

(a) 椭圆　　(b) 椭圆弧

图 3-17 椭圆和椭圆弧

3-4

3.2.6 上机练习——洗脸盆

练习目标

通过实例重点掌握“椭圆”与“椭圆弧”命令的使用方法。

设计思路

利用“直线”命令、“圆”命令、“椭圆”命令和“圆弧”命令绘制图形，然后保存文件。

操作步骤

（1）单击“默认”选项卡“绘图”面板中的“直线”按钮 ╱，绘制水龙头图形，方法同前。结果如图 3-18 所示。

（2）单击“默认”选项卡“绘图”面板中的“圆”按钮 ⊘，绘制两个水龙头旋钮，方法同前。结果如图 3-19 所示。

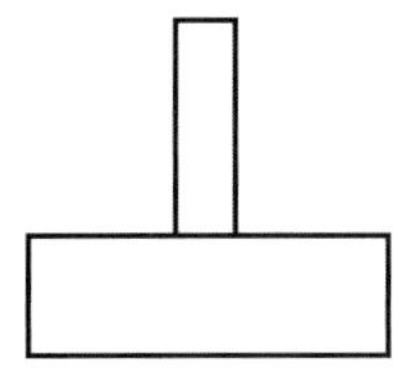

图 3-18　绘制水龙头

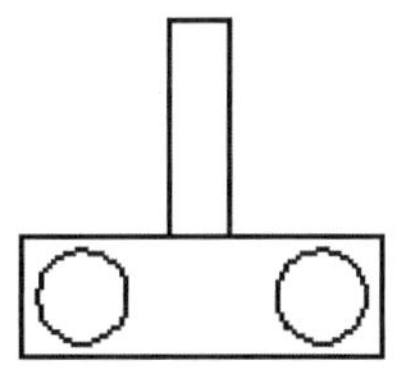

图 3-19　绘制旋钮

（3）单击“默认”选项卡“绘图”面板中的“椭圆”按钮 ⬭，绘制脸盆外沿。命令行中的提示与操作如下。

```
命令: _ellipse↙
指定椭圆的轴端点或[圆弧(A)/中心点(C)]:(用鼠标指定椭圆轴端点)
指定轴的另一个端点:(用鼠标指定另一个端点)
指定另一条半轴长度或[旋转(R)]:(用鼠标在屏幕上拉出另一条半轴长度)
```

结果如图 3-20 所示。

（4）单击“默认”选项卡“绘图”面板中的“椭圆”按钮 ⬭，绘制脸盆的部分内沿。命令行中的提示与操作如下。

```
命令: _ellipse↙
指定椭圆的轴端点或[圆弧(A)/中心点(C)]: a
指定椭圆弧的轴端点或[中心点(C)]: C↙
指定椭圆弧的中心点:(捕捉上步绘制的椭圆中心点)
指定轴的端点:(适当指定一点)
指定另一条半轴长度或[旋转(R)]: R↙
指定绕长轴旋转的角度:(用鼠标指定椭圆轴端点)
指定起点角度或[参数(P)]:(用鼠标拉出起始角度)
指定端点角度或[参数(P)/夹角(I)]:(用鼠标拉出终止角度)
```

结果如图 3-21 所示。

（5）单击“默认”选项卡“绘图”面板中的“圆弧”按钮 ⌒，绘制脸盆内沿其他部分。最终结果如图 3-22 所示。

（6）单击“快速访问”工具栏中的“保存”按钮 💾，保存图形。命令行中的提示与操作如下。

```
命令: SAVEAS↙(将绘制完成的图形以"洗脸盆.dwg"为文件名保存在指定的路径中)
```

Note

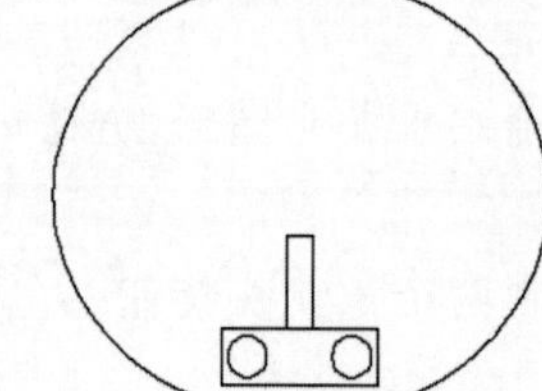

图 3-20　绘制脸盆外沿

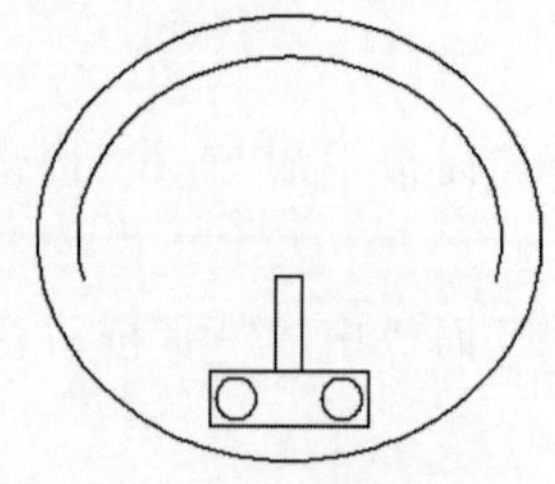

图 3-21　绘制脸盆部分内沿

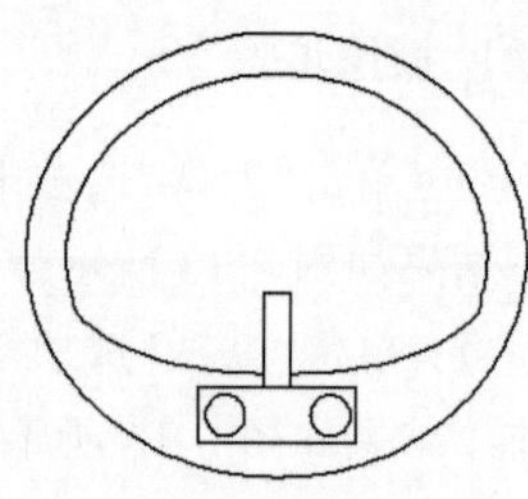

图 3-22　浴室洗脸盆图形

3.3 平面图形

3.3.1　矩形

1. 执行方式

命令行：RECTANG(缩写：REC)。

菜单栏：选择菜单栏中的"绘图"→"矩形"命令。

工具栏：单击"绘图"工具栏中的"矩形"按钮 。

功能区：单击"默认"选项卡"绘图"面板中的"矩形"按钮 。

2. 操作步骤

```
命令：RECTANG↙
指定第一个角点或[倒角(C)/标高(E)/圆角(F)/厚度(T)/宽度(W)]:
指定另一个角点或[面积(A)/尺寸(D)/旋转(R)]:
```

3. 选项说明

"矩形"命令各选项含义如表 3-6 所示。

表 3-6　"矩形"命令各选项含义

选　　项	含　　义
第一个角点	通过指定两个角点确定矩形，如图 3-23(a)所示
倒角(C)	指定倒角距离，绘制带倒角的矩形(图 3-23(b))，每一个角点的逆时针和顺时针方向的倒角可以相同，也可以不同，其中第一个倒角距离是指角点逆时针方向倒角距离，第二个倒角距离是指角点顺时针方向倒角距离
标高(E)	指定矩形标高(Z 坐标)，即把矩形画在标高为 Z、与 XOY 坐标面平行的平面上，并作为后续矩形的标高值
圆角(F)	指定圆角半径，绘制带圆角的矩形，如图 3-23(c)所示
厚度(T)	指定矩形的厚度，如图 3-23(d)所示
宽度(W)	指定线宽，如图 3-23(e)所示

续表

选　　项	含　　义
尺寸(D)	使用长和宽创建矩形。第二个指定点将矩形定位在与第一角点相关的四个位置之一内
面积(A)	指定面积和长或宽创建矩形。选择该项，系统提示如下。 输入以当前单位计算的矩形面积<20.0000>:(输入面积值) 计算矩形标注时依据[长度(L)/宽度(W)] <长度>:(按 Enter 键或输入 W) 输入矩形长度<4.0000>: (指定长度或宽度) 指定长度或宽度后，系统自动计算另一个维度后绘制出矩形。如果矩形被倒角或圆角，则长度或宽度计算中会考虑此设置，如图 3-24 所示
旋转(R)	旋转所绘制的矩形的角度。选择该项，系统提示如下。 指定旋转角度或[拾取点(P)] <135>:(指定角度) 指定另一个角点或[面积(A)/尺寸(D)/旋转(R)]: (指定另一个角点或选择其他选项，如图 3-25 所示)

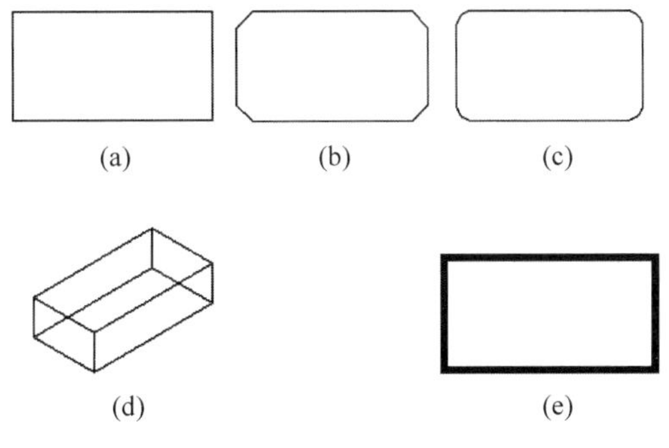

图 3-23　绘制矩形

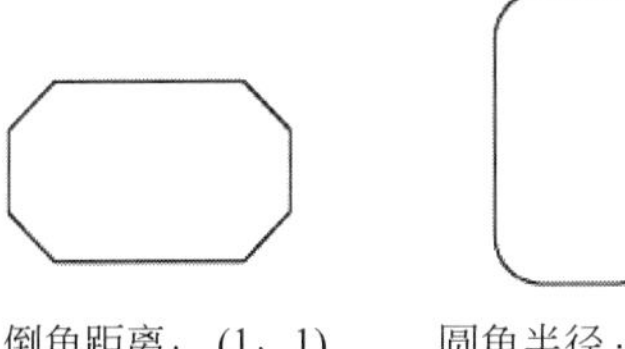

图 3-24　按面积绘制矩形

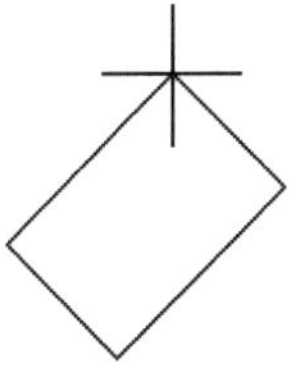

图 3-25　按指定旋转角度创建矩形

3-5

3.3.2　上机练习——办公桌

练习目标

通过实例重点掌握“矩形”命令的使用方法。

Note

设计思路

首先设置绘图环境，然后利用“矩形”命令绘制图形，最后保存图形。

操作步骤

(1) 单击“默认”选项卡“绘图”面板中的“直线”按钮 ╱，指定坐标点(0,0)(@150,0)(@0,70)(@－150,0)绘制外轮廓线。结果如图 3-26 所示。

(2) 单击“默认”选项卡“绘图”面板中的“矩形”按钮 ▭，绘制内轮廓线。命令行中的提示与操作如下。

```
命令：RECTANG↙
指定第一个角点或[倒角(C)/标高(E)/圆角(F)/厚度(T)/宽度(W)]: 2,2↙
指定另一个角点或[面积(A)/尺寸(D)/旋转(R)]: @146,66↙
```

结果如图 3-27 所示。

图 3-26　绘制外轮廓线

图 3-27　办公桌

(3) 单击“快速访问”工具栏中的“保存”按钮 💾，保存图形。命令行中的提示与操作如下。

```
命令：SAVEAS↙  (将绘制完成的图形以"办公桌.dwg"为文件名保存在指定的路径中)
```

3.3.3　多边形

1. 执行方式

命令行：POLYGON。

菜单栏：选择菜单栏中的“绘图”→“多边形”命令。

工具栏：单击“绘图”工具栏中的“多边形”按钮 ⬠。

功能区：单击“默认”选项卡“绘图”面板中的“多边形”按钮 ⬠。

2. 操作步骤

```
命令：POLYGON↙
输入侧面数<4>:(指定多边形的边数，默认值为 4)
指定正多边形的中心点或[边(E)]:(指定中心点)
输入选项[内接于圆(I)/外切于圆(C)]<I>:(指定是内接于圆或外切于圆:I 表示内接，如图 3-28(a)所示；C 表示外切，如图 3-28(b)所示)
指定圆的半径:(指定外切圆或内接圆的半径)
```

3-6

3. 选项说明

“多边形”命令各选项含义如表 3-7 所示。

表 3-7　“多边形”命令各选项含义

选　　项	含　　义
多边形	如果选择“边”选项，则只要指定多边形的一条边，系统就会按逆时针方向创建该正多边形，如图 3-28(c)所示

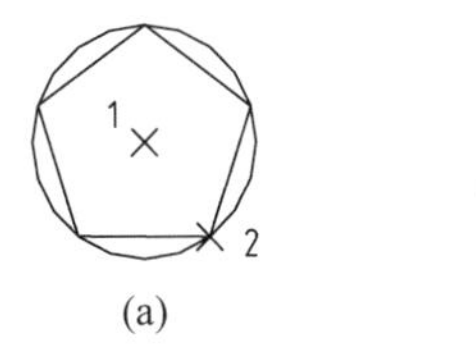

(a)

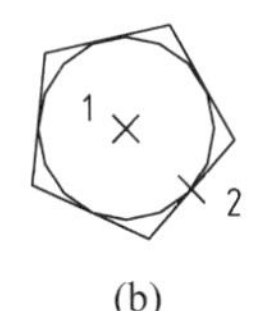

(b)

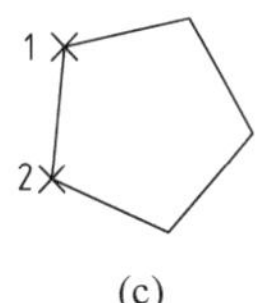

(c)

图 3-28　画正多边形

3.3.4　上机练习——八角凳

练习目标

通过实例重点掌握“多边形”命令的使用方法。

设计思路

首先设置绘图环境，然后利用“多边形”命令绘制图形，最后保存图形。

操作步骤

(1) 设置图幅。在命令行中输入“LIMITS”命令。命令行中的提示与操作如下。

```
命令: LIMITS↙
重新设置模型空间界限:
指定左下角点或[开(ON)/关(OFF)]<0.0000,0.0000>: 0,0↙
指定右上角点<420.0000,297.0000>: 297,210↙
```

(2) 单击“默认”选项卡“绘图”面板中的“多边形”按钮⌂，绘制外轮廓线。命令行中的提示与操作如下。

```
命令: _polygon↙
输入侧面数<8>: 8↙
指定正多边形的中心点或[边(E)]: 0,0↙
输入选项[内接于圆(I)/外切于圆(C)]<I>: c↙
指定圆的半径: 100↙
```

结果如图 3-29 所示。

(3) 单击“默认”选项卡“绘图”面板中的“多边形”按钮⌂，绘制中心点为(0,0)、半径为 95 的正八边形作为内轮廓线。结果如图 3-30 所示。

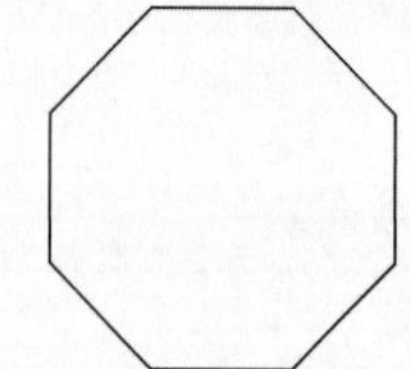

图 3-29　绘制外轮廓线

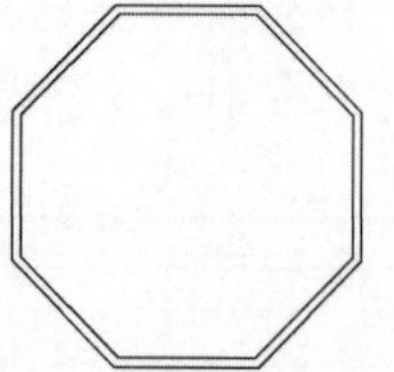

图 3-30　公园座椅

Note

(4) 单击“快速访问”工具栏中的“保存”按钮，保存图形。命令行中的提示与操作如下。

```
命令: SAVEAS↙ (将绘制完成的图形以"八角凳.dwg"为文件名保存在指定的路径中)
```

3.4 图案填充

当需要用一个重复的图案填充一个区域时，可以使用 BHATCH 命令建立一个相关联的填充阴影对象，即所谓的图案填充。

3.4.1 基本概念

1. 图案边界

当进行图案填充时，首先要确定填充图案的边界。定义边界的对象只能是直线、双向射线、单向射线、多义线、样条曲线、圆弧、圆、椭圆、椭圆弧、面域等对象或用这些对象定义的块，而且作为边界的对象在当前屏幕上必须全部可见。

2. 孤岛

在进行图案填充时，把位于总填充域内的封闭区域称为孤岛，如图 3-31 所示。在用 BHATCH 命令填充时，AutoCAD 允许用户以选取点的方式确定填充边界，即在希望填充的区域内任意选取一点，AutoCAD 会自动确定填充边界，同时也确定该边界内的岛。如果是以选取对象的方式确定填充边界的，则必须确切地选取这些岛。

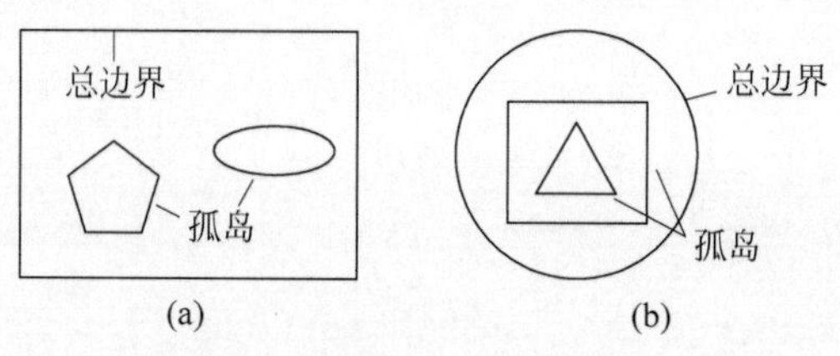

图 3-31　孤岛

3. 填充方式

在进行图案填充时，需要控制填充的范围。AutoCAD 系统设置了 3 种填充方式实现对填充范围的控制。

(1) 普通方式：如图 3-32(a)所示，该方式从边界开始，由每条填充线或每个填充

Note

符号的两端向里画，遇到内部对象与之相交时，填充线或符号断开；直到遇到下一次相交时再继续画。采用这种方式时，要避免剖面线或符号与内部对象的相交次数为奇数。该方式为系统内部的默认方式。

(2) 最外层方式：如图 3-32(b)所示，该方式从边界向里画剖面符号，只要在边界内部与对象相交，剖面符号由此断开，而不再继续画。

(3) 忽略方式：如图 3-32(c)所示，该方式忽略边界内的对象，所有内部结构都被剖面符号覆盖。

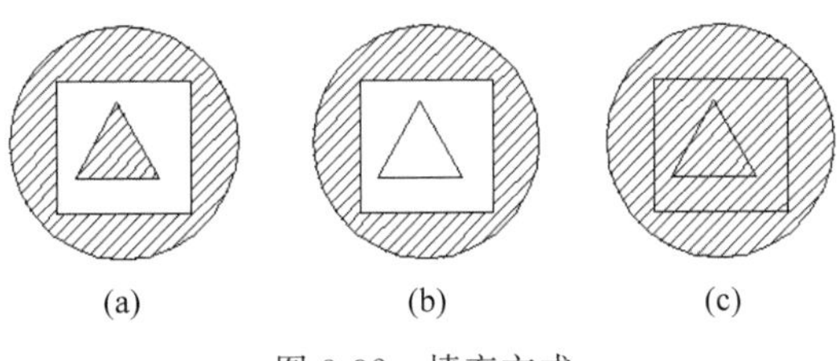

图 3-32　填充方式

3.4.2　图案填充的操作

1. 执行方式

命令行：BHATCH。

菜单栏：选择菜单栏中的"绘图"→"图案填充"命令。

工具栏：单击"绘图"工具栏中的"图案填充"按钮 或单击"绘图"工具栏中的"渐变色"按钮 。

2. 操作步骤

执行上述命令后，系统打开如图 3-33 所示的"图案填充创建"选项卡。

图 3-33　"图案填充创建"选项卡

3. 选项说明

"图案填充创建"选项卡各选项含义如表 3-8 所示。

表 3-8　"图案填充创建"选项卡各选项含义

选　项	含　义	
"边界"面板	拾取点	通过选择由一个或多个对象形成的封闭区域内的点，确定图案填充边界(图 3-34)。指定内部点时，可以随时在绘图区域中右击以显示包含多个选项的快捷菜单
	选择边界对象	指定基于选定对象的图案填充边界。使用该选项时，不会自动检测内部对象，必须选择选定边界内的对象，以按照当前孤岛检测样式填充这些对象(图 3-35)

Note

续表

<table>
<tr><th>选　项</th><th colspan="2">含　义</th></tr>
<tr><td rowspan="4">“边界”面板</td><td>删除边界对象</td><td>从边界定义中删除之前添加的任何对象，如图 3-36 所示</td></tr>
<tr><td>重新创建边界</td><td>围绕选定的图案填充或填充对象创建多段线或面域，并使其与图案填充对象相关联(可选)</td></tr>
<tr><td>显示边界对象</td><td>选择构成选定关联图案填充对象的边界的对象，使用显示的夹点可修改图案填充边界</td></tr>
<tr><td>保留边界对象</td><td>指定如何处理图案填充边界对象。选项包括如下几个。
➢ 不保留边界：不创建独立的图案填充边界对象。
➢ 保留边界——多段线：创建封闭图案填充对象的多段线。
➢ 保留边界——面域：创建封闭图案填充对象的面域对象。
➢ 选择新边界集：指定对象的有限集(称为边界集)，以便通过创建图案填充时的拾取点进行计算</td></tr>
<tr><td>“图案”面板</td><td colspan="2">显示所有预定义和自定义图案的预览图像</td></tr>
<tr><td rowspan="9">“特性”面板</td><td>图案填充类型</td><td>指定是使用纯色、渐变色、图案还是用户定义的填充</td></tr>
<tr><td>图案填充颜色</td><td>替代实体填充和填充图案的当前颜色</td></tr>
<tr><td>背景色</td><td>指定填充图案背景的颜色</td></tr>
<tr><td>图案填充透明度</td><td>设定新图案填充或填充的透明度，替代当前对象的透明度</td></tr>
<tr><td>图案填充角度</td><td>指定图案填充或填充的角度</td></tr>
<tr><td>填充图案比例</td><td>放大或缩小预定义或自定义填充图案</td></tr>
<tr><td>相对图纸空间</td><td>(仅在布局中可用)相对于图纸空间单位缩放填充图案。使用此选项，可很容易地做到以适合于布局的比例显示填充图案</td></tr>
<tr><td>双向</td><td>(仅当“图案填充类型”设定为“用户定义”时可用)将绘制第二组直线，与原始直线成 90°角，从而构成交叉线</td></tr>
<tr><td>ISO 笔宽</td><td>(仅对于预定义的 ISO 图案可用)基于选定的笔宽缩放 ISO 图案</td></tr>
<tr><td rowspan="8">“原点”面板</td><td>设定原点</td><td>直接指定新的图案填充原点</td></tr>
<tr><td>左下</td><td>将图案填充原点设定在图案填充边界矩形范围的左下角</td></tr>
<tr><td>右下</td><td>将图案填充原点设定在图案填充边界矩形范围的右下角</td></tr>
<tr><td>左上</td><td>将图案填充原点设定在图案填充边界矩形范围的左上角</td></tr>
<tr><td>右上</td><td>将图案填充原点设定在图案填充边界矩形范围的右上角</td></tr>
<tr><td>中心</td><td>将图案填充原点设定在图案填充边界矩形范围的中心</td></tr>
<tr><td>使用当前原点</td><td>将图案填充原点设定在 HPORIGIN 系统变量中存储的默认位置</td></tr>
<tr><td>存储为默认原点</td><td>将新图案填充原点的值存储在 HPORIGIN 系统变量中</td></tr>
<tr><td rowspan="4">“选项”面板</td><td>关联</td><td>图案填充对象与图案填充边界相关联，当修改图案填充对象时，图案填充的边界也会随之发生改变</td></tr>
<tr><td>注释性</td><td>指定图案填充为注释性。此特性会自动完成缩放注释过程，从而使注释能够以正确的大小在图纸上打印或显示</td></tr>
<tr><td>特性匹配</td><td>➢ 使用当前原点：使用选定图案填充对象(除图案填充原点外)设定图案填充的特性
➢ 使用源图案填充的原点：使用选定图案填充对象(包括图案填充原点)设定图案填充的特性</td></tr>
<tr><td>允许的间隙</td><td>设定将对象用作图案填充边界时可以忽略的最大间隙。默认值为 0，此值指定对象必须封闭区域而没有间隙</td></tr>
</table>

续表

选　　项		含　　义
"选项"面板	创建独立的图案填充	控制当指定了几个单独的闭合边界时,是创建单个图案填充对象,还是创建多个图案填充对象
	孤岛检测	普通孤岛检测:从外部边界向内填充。如果遇到内部孤岛,填充将关闭,直到遇到孤岛中的另一个孤岛。 外部孤岛检测:从外部边界向内填充。此选项仅填充指定的区域,不会影响内部孤岛。 忽略孤岛检测:忽略所有内部的对象,填充图案时将通过这些对象
	绘图次序	为图案填充或填充指定绘图次序。选项包括不更改、后置、前置、置于边界之后和置于边界之前
"关闭"面板	关闭"图案填充创建"	退出 HATCH 并关闭上下文选项卡。也可以按 Enter 键或 Esc 键退出 HATCH

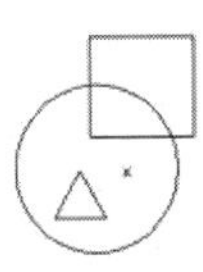
选择一点

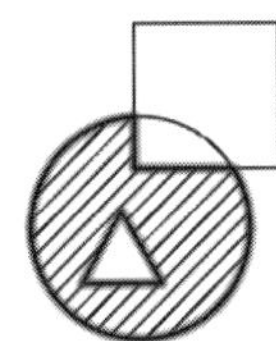
填充区域

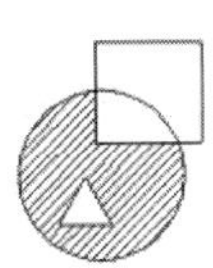
填充结果

图 3-34　边界确定

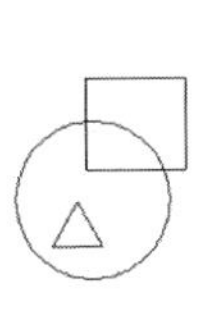
原始图形

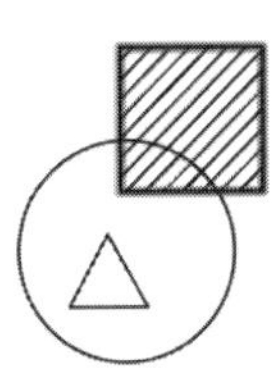
选取边界对象

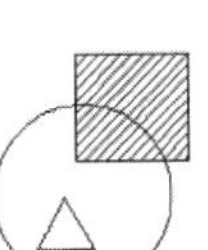
填充结果

图 3-35　选择边界对象

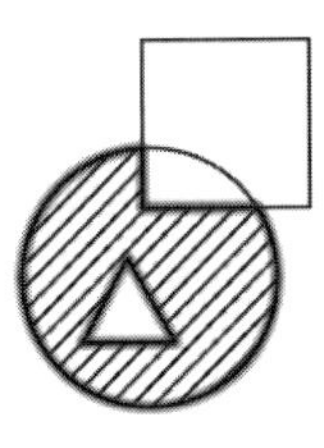
选取边界对象

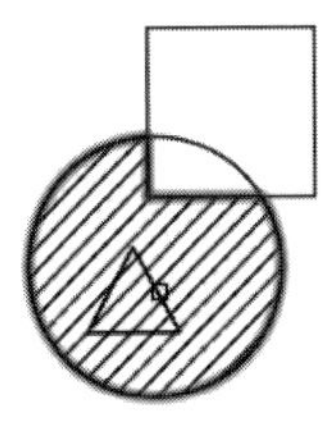
删除边界

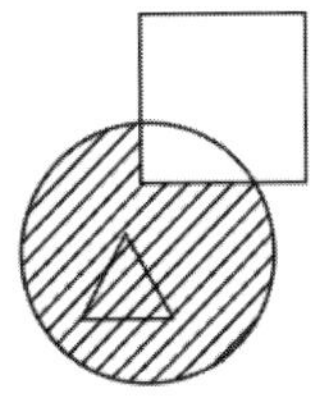
填充结果

图 3-36　删除"岛"后的边界

3.4.3　编辑填充的图案

利用 HATCHEDIT 命令,可以编辑已经填充的图案。

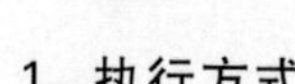

Note

1. 执行方式

命令行：HATCHEDIT。

菜单栏：选择菜单栏中的"修改"→"对象"→"图案填充"命令。

工具栏：单击"修改Ⅱ"工具栏中的"编辑图案填充"按钮。

功能区：单击"默认"选项卡"修改"面板中的"编辑图案填充"按钮。

2. 操作步骤

执行上述命令后，AutoCAD 会给出下面的提示。

```
选择关联填充对象：
```

选取关联填充物体后，系统打开如图 3-37 所示的"图案填充编辑器"选项卡。

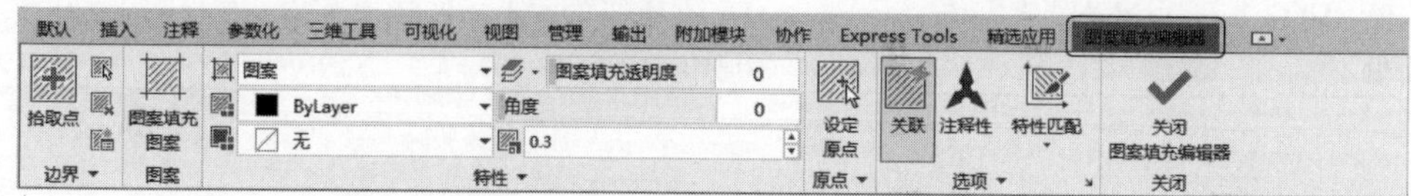

图 3-37 "图案填充编辑器"选项卡

在图 3-37 中，只有正常显示的选项才可以对其进行操作。该选项卡中各项的含义与"图案填充创建"选项卡中各项的含义相同。利用该选项卡，可以对已打开的图案进行一系列编辑和修改。

3-7

3.4.4 上机练习——小屋

练习目标

通过实例重点掌握"图案填充"命令的使用方法。

设计思路

首先利用"矩形""直线""多段线"命令绘制图形，然后利用"图案填充"命令填充图案。

操作步骤

(1) 绘制房屋外框。单击"默认"选项卡"绘图"面板中的"矩形"按钮，先绘制一个矩形，角点坐标为(210,160)和(400,25)。

单击"默认"选项卡"绘图"面板中的"直线"按钮，坐标为(210,160)(@80<45)(@190<0)(@135<−90)(400,25)。重复"直线"命令，绘制另一条直线，坐标为(400,160)(@80<45)。

(2) 绘制窗户。单击"默认"选项卡"绘图"面板中的"矩形"按钮，一个矩形的两个角点坐标为(230,125)和(275,90)，另一个矩形的两个角点坐标为(335,125)和(380,90)。

(3) 绘制门。单击"默认"选项卡"绘图"面板中的"多段线"按钮，绘制门。命令行中的提示与操作如下。

```
命令：PL↙
指定起点：288,25↙
当前线宽为 0.0000
指定下一点或[圆弧(A)/闭合(C)/半宽(H)/长度(L)/放弃(U)/宽度(W)]：288,76↙
指定下一点或[圆弧(A)/闭合(C)/半宽(H)/长度(L)/放弃(U)/宽度(W)]：a↙
指定圆弧的端点(按住 Ctrl 键以切换方向)或[角度(A)/圆心(CE)/闭合(CL)/方向(D)/半宽(H)/直线(L)/半径(R)/第二点(S)/放弃(U)/宽度(W)]：a↙(用给定圆弧角度的方式画圆弧)
指定夹角(按住 Ctrl 键以切换方向)：-180↙(角度值为负,则顺时针画圆弧；反之,则逆时针画圆弧)
指定圆弧的端点(按住 Ctrl 键以切换方向)或[圆心(CE)/半径(R)]：322,76↙(给出圆弧端点的坐标值)
指定圆弧的端点(按住 Ctrl 键以切换方向)或[角度(A)/圆心(CE)/闭合(CL)/方向(D)/半宽(H)/直线(L)/半径(R)/第二点(S)/放弃(U)/宽度(W)]：l↙
指定下一点或[圆弧(A)/闭合(C)/半宽(H)/长度(L)/放弃(U)/宽度(W)]：@51<-90↙
指定下一点或[圆弧(A)/闭合(C)/半宽(H)/长度(L)/放弃(U)/宽度(W)]：↙
```

(4) 单击"默认"选项卡"绘图"面板中的"图案填充"按钮，❶弹出"图案填充创建"选项卡，❷选择 GRASS 图案，❸设置填充角度 0，❹填充比例为 0.5，如图 3-38 所示，❺单击"拾取点"按钮，选择屋顶进行图案填充。命令行提示与操作如下：

```
命令：BHATCH↙
选择内部点：(单击"拾取点"按钮,用鼠标在屋顶内拾取一点,如图 3-39 所示点 1)
```

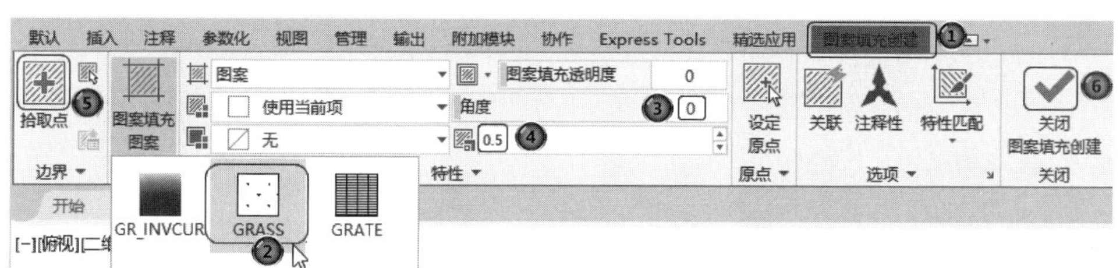

图 3-38　"图案填充创建"选项卡

❻单击"关闭图案填充创建"按钮，关闭选项卡，系统以选定的图案进行填充。

(5) 重复"图案填充"命令，选择"ANGLE"图案，角度为 0，比例为 1，拾取如图 3-40 所示 2、3 两个位置的点填充窗户。

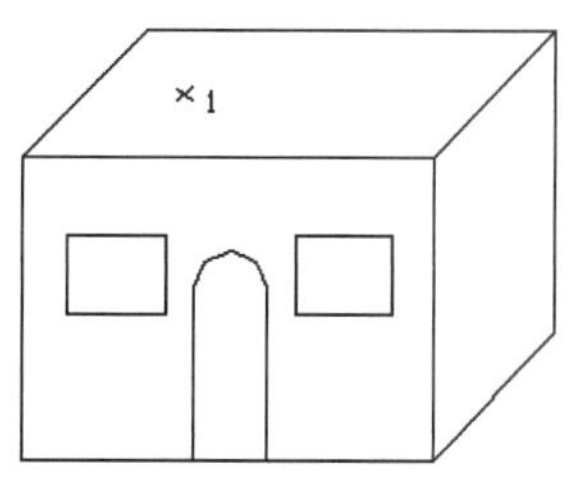

图 3-39　拾取点 1

(6) 单击"默认"选项卡"绘图"面板中的"图案填充"按钮，选择预定义的"BRSTONE"图案，角度为 0，比例为 0.25，拾取如图 3-41 所示 4 位置的点填充小屋前面的砖墙。

(7) 单击"默认"选项卡的"绘图"面板中的"渐变色"按钮，❶弹出"图案填充创建"选项卡，按照图 3-42 所示进行设置，❷设置填充的颜色，❸启用渐变明暗，数值为 100%，❹设置填充的图案，❺单击居中和关联按钮，❻单击拾取点按钮，选择如图 3-43 所示 5 位置的点填充小屋前面的砖墙，❼单击"关闭图案填充创建"按钮，关闭选项卡。最终结果如图 3-44 所示。

图 3-40　拾取点 2、点 3

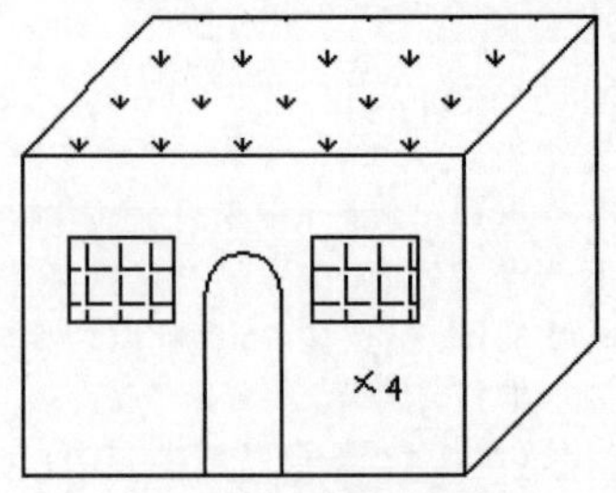

图 3-41　拾取点 4

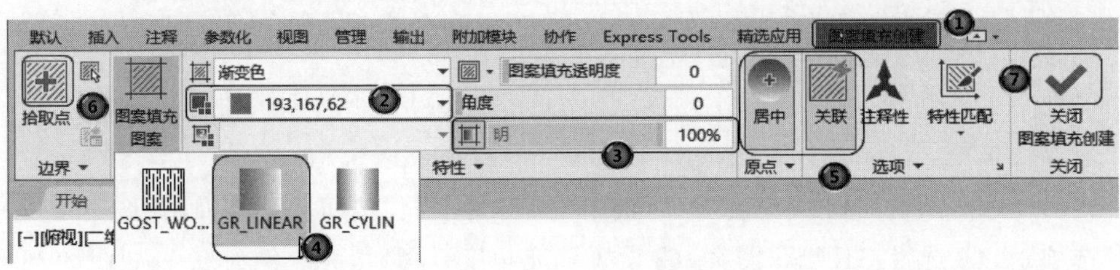

图 3-42　“渐变色”选项卡

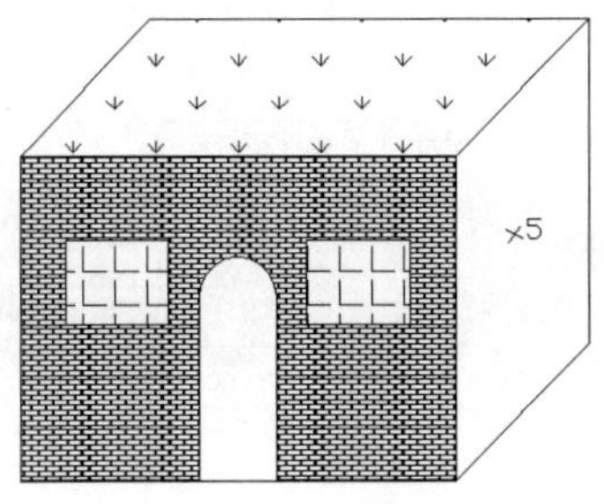

图 3-43　拾取点 5

图 3-44　田间小屋

(8) 单击“快速访问”工具栏中的“保存”按钮，保存图形。命令行中的提示与操作如下。

```
命令: SAVEAS↙ (将绘制完成的图形以"小屋.dwg"为文件名保存在指定的路径中)
```

3.5　上机实验

3.5.1　实验 1　绘制椅子平面图

绘制如图 3-45 所示的椅子平面图。

操作提示

(1) 利用“圆”命令绘制椅座。

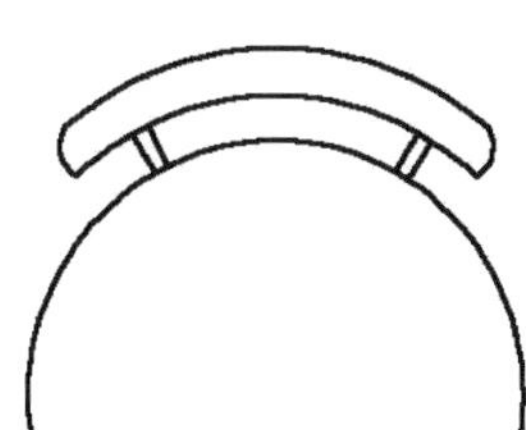

图 3-45　椅子平面图

(2) 利用"圆弧"和"直线"命令绘制椅子平面图。

3.5.2　实验 2　绘制马桶

绘制如图 3-46 所示的马桶。

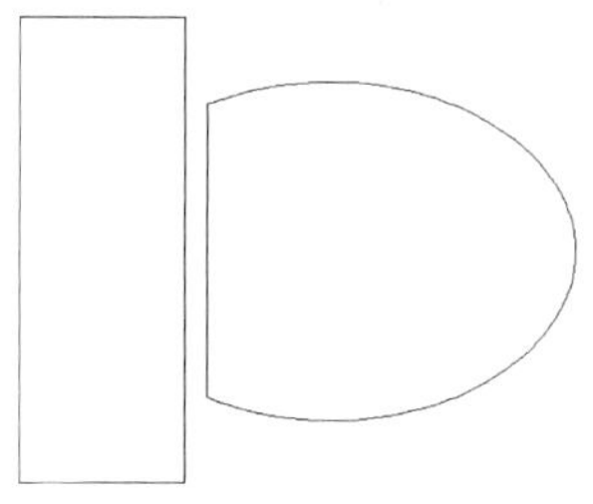

图 3-46　马桶

操作提示

利用"多段线"命令绘制马桶。

第4章

基本绘图工具

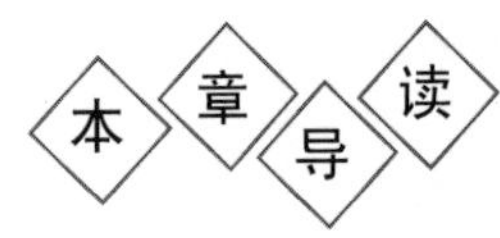

AutoCAD提供了图层工具，对每个图层规定其颜色和线型，并把具有相同特征的图形对象放在同一层上绘制，绘图时不用分别设置对象的线型和颜色，这样不仅方便绘图，而且存储图形时只需存储其几何数据和所在图层，既可节省存储空间又可提高工作效率。为了快捷、准确地绘制图形，AutoCAD还提供了多种必要的和辅助的绘图工具，如工具栏、对象选择工具、对象捕捉工具、栅格和正交模式等。利用这些工具，可以方便、迅速、准确地实现图形的绘制和编辑，不仅可提高工作效率，而且能更好地保证图形的质量。

学 习 要 点

- 图层设计
- 精确定位工具
- 对象捕捉工具
- 实例精讲——小靠背椅

4.1　图 层 设 计

图层的概念类似投影片，将不同属性的对象分别画在不同的投影片（图层）上。例如，将图形的主要线段、中心线、尺寸标注等分别画在不同的图层上，每个图层可设定不同的线型、线条颜色，然后把不同的图层堆在一起成为一张完整的视图，如此可使视图层次分明、有条理，方便图形对象的编辑与管理。一个完整的图形，就是它所包含的所有图层上的对象叠加在一起，如图 4-1 所示。

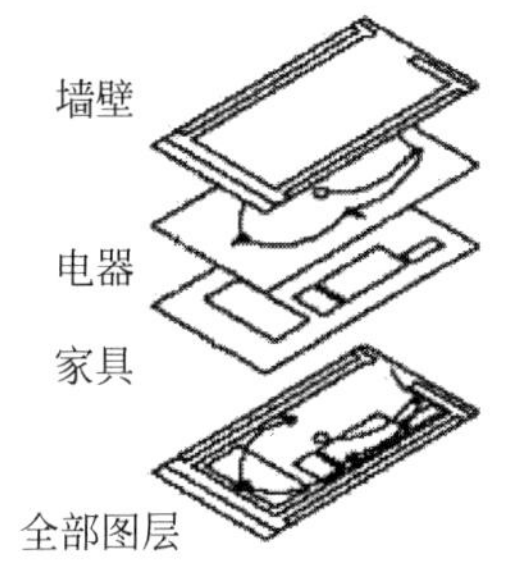

图 4-1　图层效果

在用图层功能绘图之前，首先要对图层的各项特性进行设置，包括建立和命名图层、设置当前图层、设置图层的颜色和线型，以及图层是否关闭、设置图层是否冻结、是否锁定、图层是否删除等。本节主要对图层的这些相关操作进行介绍。

4.1.1　设置图层

AutoCAD 2022 提供了详细直观的“图层特性管理器”选项板，可以方便地通过对该选项板中的各选项及其二级对话框进行设置，从而实现建立新图层、设置图层颜色及线型等各种操作。

1. 执行方式

命令行：LAYER。

菜单栏：选择菜单栏中的“格式”→“图层”命令。

工具栏：单击“图层”工具栏中的“图层特性管理器”按钮。

2. 操作步骤

```
命令：LAYER↙
```

系统打开如图 4-2 所示的“图层特性管理器”选项板。

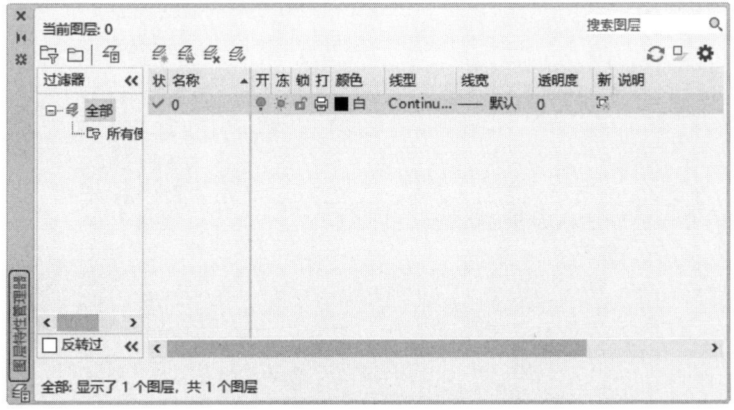

图 4-2　“图层特性管理器”选项板

Note

3. 选项说明

（1）“新建特性过滤器”按钮：显示“图层过滤器特性”对话框（图 4-3），从中可以基于一个或多个图层特性创建图层过滤器。

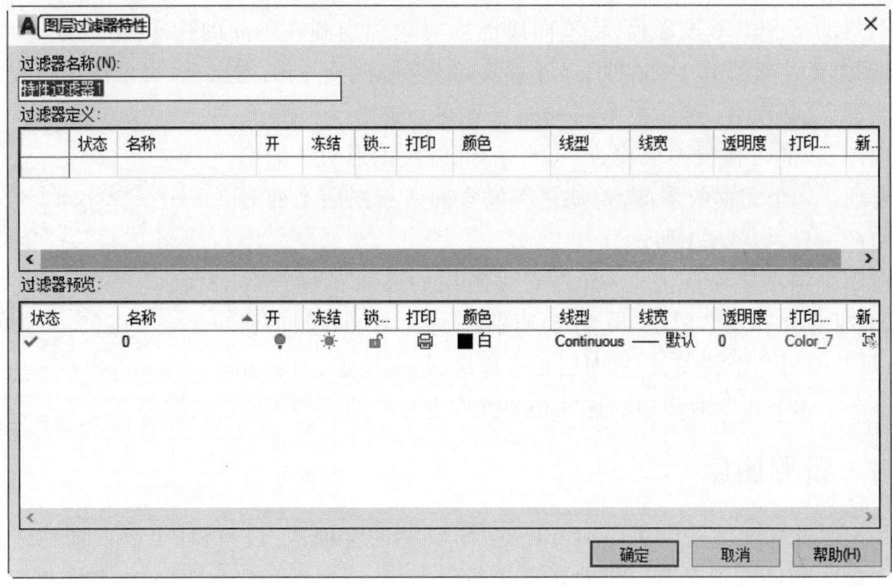

图 4-3 “图层过滤器特性”对话框

（2）“新建组过滤器”按钮：创建一个图层过滤器，其中包含用户选定并添加到该过滤器的图层。

（3）“图层状态管理器”按钮：显示“图层状态管理器”对话框（图 4-4），从中可以将图层的当前特性设置保存到命名图层状态中，以后可以再恢复这些设置。

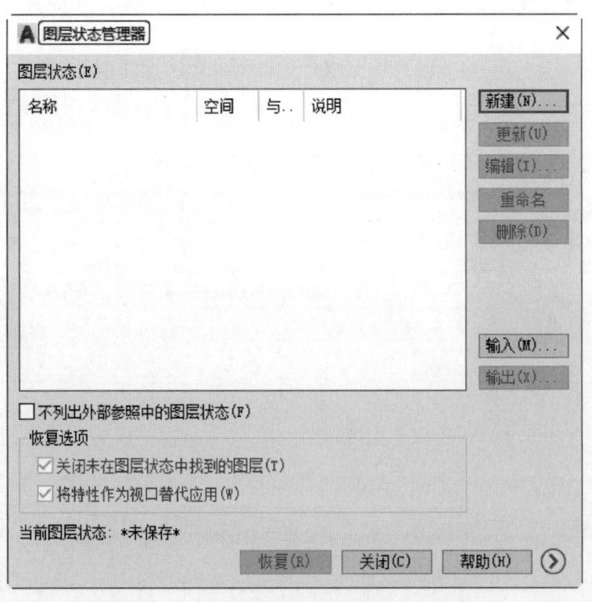

图 4-4 “图层状态管理器”对话框

(4)“新建图层”按钮：建立新图层。单击此按钮，图层列表中出现一个新的图层名字“图层 1”，用户可使用此名字，也可改名。要想同时产生多个图层，可选中一个图层名后，输入多个名字，各名字之间以逗号分隔。图层的名字可以包含字母、数字、空格和特殊符号，AutoCAD 2022 支持长达 255 个字符的图层名字。新的图层继承了建立新图层时所选中的已有图层的所有特性(颜色、线型、ON/OFF 状态等)。如果新建图层时没有图层被选中，则新图层具有默认的设置。

(5)“删除图层”按钮：删除所选图层。在图层列表中选中某一图层，然后单击此按钮，则把该层删除。

(6)“置为当前”按钮：设置当前图层。在图层列表中选中某一图层，然后单击此按钮，则把该层设置为当前层，并在“当前图层”栏中显示其名字。当前图层的名字存储在系统变量 CLAYER 中。另外，双击图层名，也可把该层设置为当前层。

(7)“搜索图层”文本框：输入字符时，按名称快速过滤图层列表。关闭图层特性管理器时，并不保存此过滤器。

(8)“反向过滤器”复选框：打开此复选框，显示所有不满足选定图层特性过滤器中条件的图层。

(9)图层列表区：显示已有的图层及其特性。要修改某一图层的某一特性，单击它所对应的图标即可。右击空白区域或利用快捷菜单，可快速选中所有图层。列表区中各列的含义如下：

① 名称：显示满足条件的图层的名字。如果要对某层进行修改，首先要选中该层，使其反相显示。

② 状态转换图标：在“图层特性管理器”窗口的“名称”栏后有一行图标，移动指针到图标上，单击可以打开或关闭该图标所代表的功能，或从详细数据区中选中或取消、关闭(/)、锁定(/)、在所有视口内冻结(/)及不打印(/)等项目，各图标功能说明如表 4-1 所示。

表 4-1　各图标功能

图　示	名　　称	功能说明
	打开/关闭	将图层设定为打开或关闭状态。当呈现关闭状态时，该图层上的所有对象将隐藏不显示，只有打开状态的图层会在屏幕上显示或由打印机中打印出来。因此，绘制复杂的视图时，先将不编辑的图层暂时关闭，可降低图形的复杂性。图 4-5(a)和(b)分别表示文字标注图层打开和关闭的情形
	解锁/锁定	将图层设定为解锁或锁定状态。被锁定的图层仍然显示在画面上，但不能用编辑命令修改被锁定的对象，只能绘制新的对象，如此可防止重要的图形被修改
	解冻/冻结	将图层设定为解冻或冻结状态。当图层呈现冻结状态时，该图层上的对象均不会显示在屏幕或由打印机打印，而且不会执行重生(REGEN)、缩放(ROOM)、平移(PAN)等命令的操作，因此若将视图中不编辑的图层暂时冻结，可加快执行绘图编辑的速度。而 / (打开/关闭)功能只是单纯将对象隐藏，因此并不会加快执行速度
	打印/不打印	设定该图层是否可以打印

Note

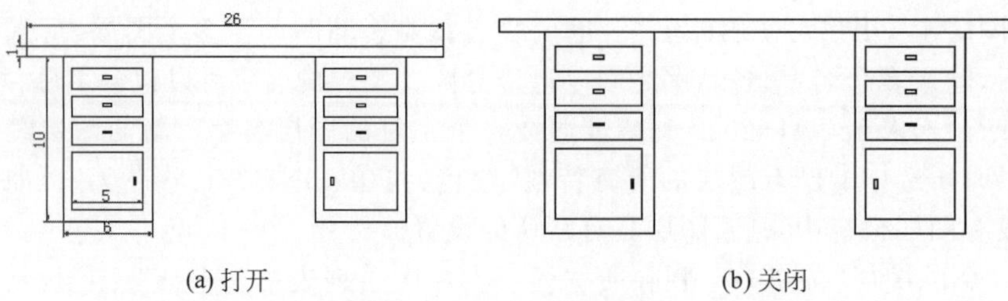

(a) 打开　　(b) 关闭

图 4-5　打开或关闭文字标注图层

③ 颜色：显示和改变图层的颜色。如果要改变某一层的颜色，单击其对应的颜色图标，AutoCAD 打开如图 4-6 所示的"选择颜色"对话框，用户可从中选取需要的颜色。

④ 线型：显示和修改图层的线型。如果要修改某一层的线型，单击该层的"线型"项，打开"选择线型"对话框，如图 4-7 所示，其中列出了当前可用的线型，用户可从中选取。

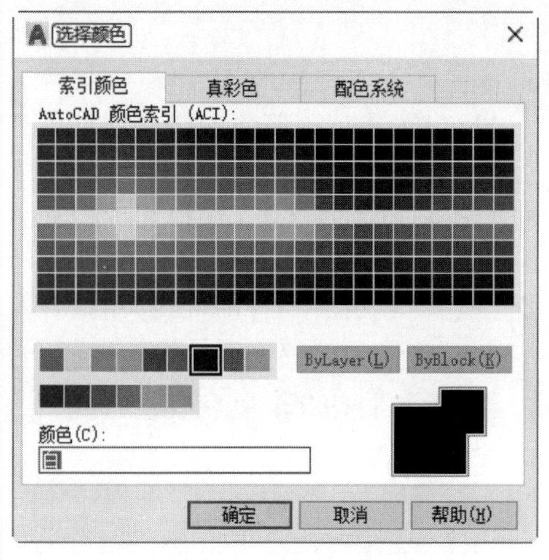

图 4-6　"选择颜色"对话框

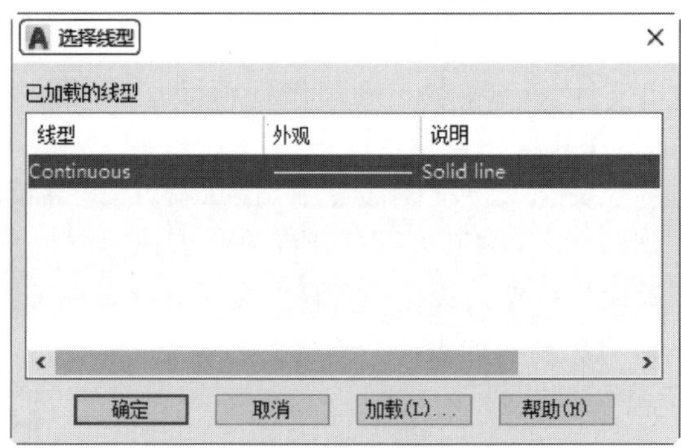

图 4-7　"选择线型"对话框

⑤ 线宽：显示和修改图层的线宽。如果要修改某一层的线宽，单击该层的"线宽"项，打开"线宽"对话框，如图 4-8 所示，其中"线宽"列表框显示可以选用的线宽值，包括一些绘图中经常用到的线宽，用户可从中选取需要的线宽。"旧的"显示行显示前面赋予图层的线宽。当建立一个新图层时，采用默认线宽(其值为 0.01in，即 0.25mm)，默认线宽的值由系统变量 LWDEFAULT 设置。"新的"显示行显示赋予图层的新的线宽。

⑥ 打印样式：修改图层的打印样式。所谓打印样式，是指打印图形时各项属性的设置。

(10) AutoCAD 提供了一个"特性"面板，如图 4-9 所示。用户能够控制和使用面板上的工具图标快速地查看和改变所选对象的图层、颜色、线型和线宽等特性。"特性"面板上的图层颜色、线型、线宽和打印样式的控制增强了查看和编辑对象属性的命令。在绘图屏幕上选择任何对象，都将在工具栏上自动显示它所在图层、颜色、线型等属性。下面简单说明"特性"面板各部分的功能。

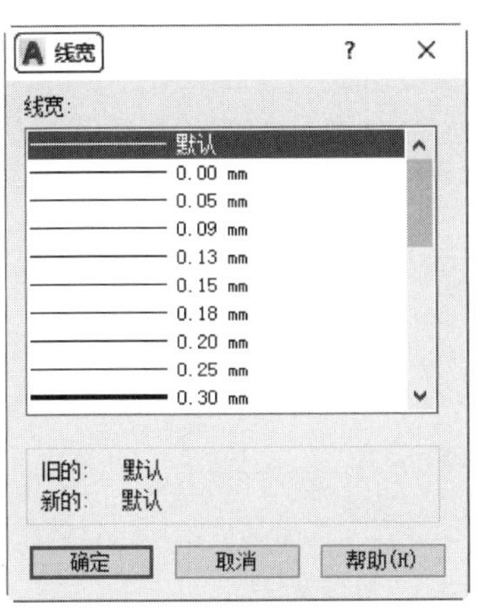

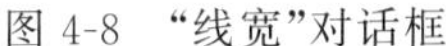

图 4-8 “线宽”对话框

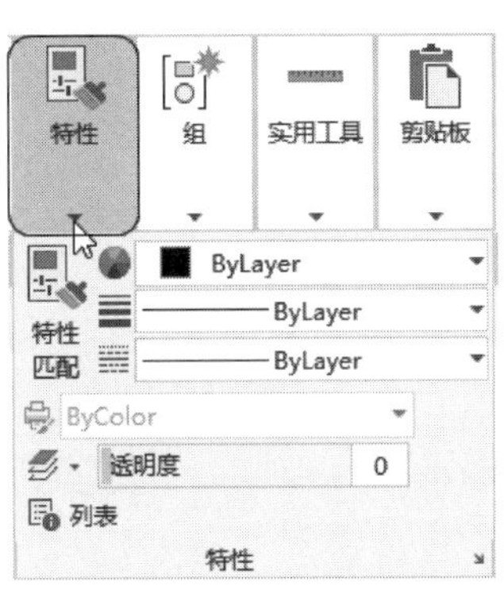

图 4-9 “特性”面板

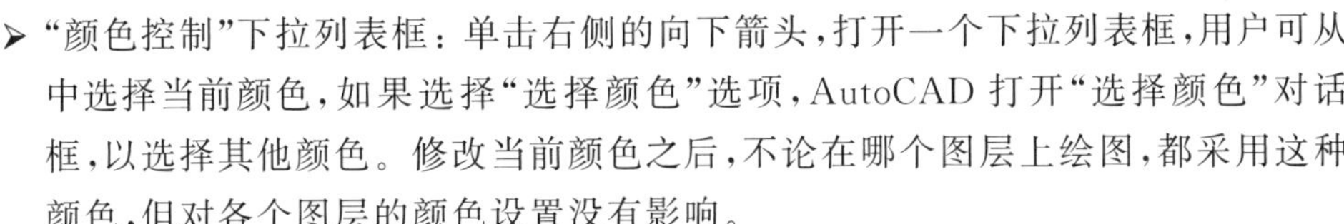

- “颜色控制”下拉列表框：单击右侧的向下箭头，打开一个下拉列表框，用户可从中选择当前颜色，如果选择“选择颜色”选项，AutoCAD 打开“选择颜色”对话框，以选择其他颜色。修改当前颜色之后，不论在哪个图层上绘图，都采用这种颜色，但对各个图层的颜色设置没有影响。
- “线型控制”下拉列表框：单击右侧的向下箭头，打开一个下拉列表框，用户可从中选择某一线型使之成为当前线型。修改当前线型之后，不论在哪个图层上绘图，都采用这种线型，但对各个图层的线型设置没有影响。
- “线宽”下拉列表框：单击右侧的向下箭头，打开一个下拉列表框，用户可从中选择一个线宽，使之成为当前线宽。修改当前线宽之后，不论在哪个图层上绘图，都采用这种线宽，但对各个图层的线宽设置没有影响。
- “打印类型控制”下拉列表框：单击右侧的向下箭头，打开一个下拉列表框，用户可从中选择一种打印样式，使之成为当前打印样式。

4.1.2 图层的线型

在国家标准《机械制图　图样画法　图线》(GB/T 4457.4—2002)中，对使用的各种图线的名称、线型、线宽及在图样中的应用作了规定(表 1-2)。图线分为粗、细两种，粗线的宽度 b 应按图样的大小和图形的复杂程度在 0.5～2mm 之间选择，细线的宽度约为 $b/2$。

打开“图层特性管理器”选项板，如图 4-2 所示。在图层列表的“线型”项下单击线型名，系统打开“选择线型”对话框，如图 4-7 所示。对话框中的选项含义如下。

(1)“已加载的线型”列表框：显示在当前绘图过程中加载的线型，可供用户选用，其右侧显示出线型的形式。

(2)“加载”按钮：单击此按钮，打开“加载或重载线型”对话框，如图 4-10 所示。可通过此对话框加载线型，并把它添加到“线型”列表中，不过加载的线型必须在线型库(LIN)文件中定义过。标准线型都保存在 acad.lin 文件中。

设置图层线型的方法如下。

Note

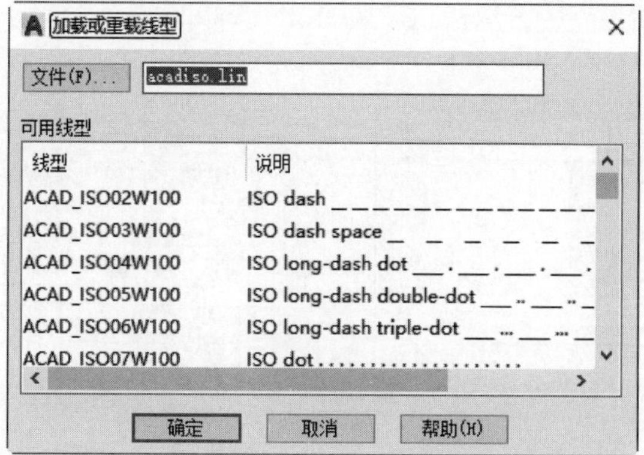

图 4-10 “加载或重载线型”对话框

命令行：LINETYPE↙

执行上述命令后，系统打开“线型管理器”对话框，如图 4-11 所示。该对话框与前面讲述的相关知识相同，不再赘述。

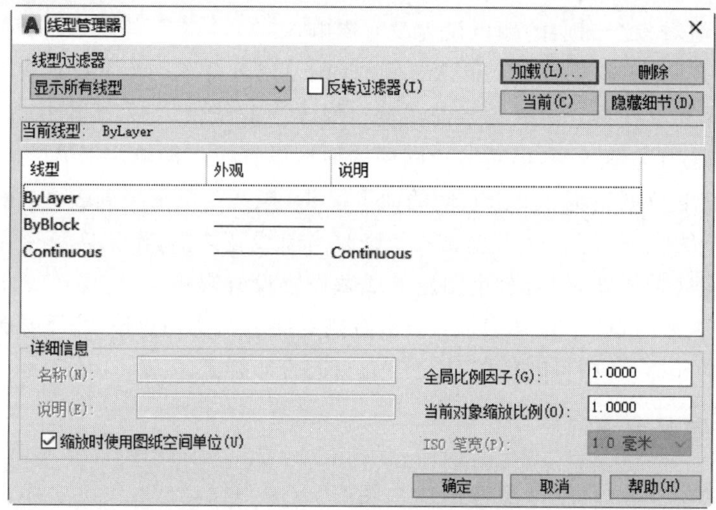

图 4-11 “线型管理器”对话框

4.1.3 颜色的设置

AutoCAD 绘制的图形对象都具有一定的颜色。为使绘制的图形清晰明了，可把同一类的图形对象用相同的颜色绘制，而不同类的对象具有不同的颜色。为此，需要适当地对颜色进行设置。AutoCAD 允许用户为图层设置颜色，为新建的图形对象设置当前颜色，还可以改变已有图形对象的颜色。

1. 执行方式

命令行：COLOR。

菜单栏：选择菜单栏中的“格式”→“颜色”命令。

2. 操作步骤

```
命令：COLOR↙
```

Note

单击相应的菜单项或在命令行输入 COLOR 命令后按 Enter 键，AutoCAD 打开如图 4-6 所示的“选择颜色”对话框；也可在图层操作中打开此对话框，具体方法上节已讲述。

4.2　精确定位工具

精确定位工具是指能够快速准确地定位某些特殊点(如端点、中点、圆心等)和特殊位置(如水平位置、垂直位置)的工具，包括“坐标”“模型空间”“栅格”“捕捉模式”“推断约束”“动态输入”“正交模式”“极轴追踪”“等轴测草图”“对象捕捉追踪”“二维对象捕捉”“线宽”“透明度”“选择循环”“三维对象捕捉”“动态 UCS”“选择过滤”“小控件”“注释可见性”“自动缩放”“注释比例”“切换工作空间”“注释监视器”“单位”“快捷特性”“锁定用户界面”“隔离对象”“图形特性”“全屏显示”“自定义”等功能按钮，如图 4-12 所示。

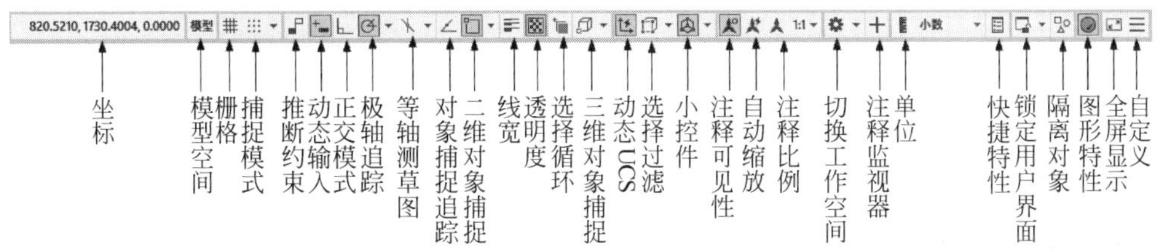

图 4-12　状态栏

4.2.1　捕捉工具

为了准确地在屏幕上捕捉点，AutoCAD 提供了捕捉工具，可以在屏幕上生成一个隐含的栅格(捕捉栅格)，这个栅格能够捕捉光标，约束它只能落在栅格的某一个节点上，使用户能够高精确度地捕捉和选择这个栅格上的点。本节介绍捕捉栅格的参数设置方法。

1. 执行方式

菜单栏：选择菜单栏中的“工具”→“绘图设置”命令。

状态栏：⠿(仅限于打开与关闭)。

功能键：F9(仅限于打开与关闭)。

2. 操作步骤

执行上述命令后，❶系统打开“草图设置”对话框，❷选择“捕捉与栅格”选项卡，如图 4-13 所示。

Note

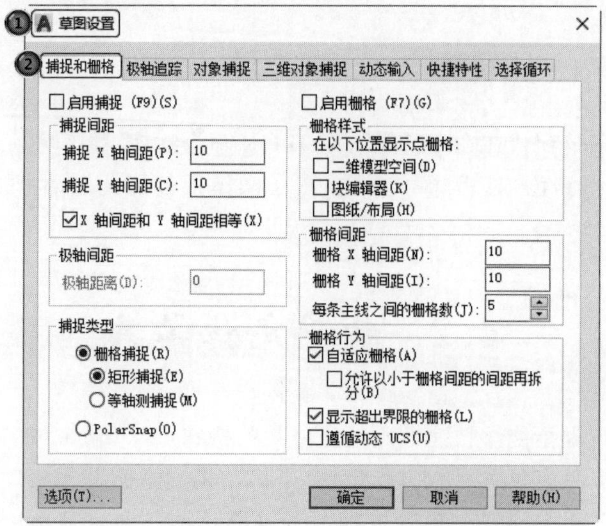

图 4-13 “草图设置”对话框

3. 选项说明

1)“启用捕捉”复选框

该复选框用于控制捕捉功能的开关,与 F9 功能键或状态栏中的“捕捉”按钮功能相同。

2)“捕捉间距”选项组

该选项组用于设置捕捉各参数。其中,“捕捉 X 轴间距”与“捕捉 Y 轴间距”文本框用于确定捕捉栅格点在水平和垂直两个方向上的间距。

3)“极轴间距”选项组

该选项组只有在“极轴捕捉”类型时才可用,可在“极轴距离”文本框中输入距离值。也可以通过命令行命令 SNAP 设置捕捉有关参数。

4)“捕捉类型”选项组

该选项组用于确定捕捉类型,包括“栅格捕捉”“矩形捕捉”“等轴测捕捉”“PolarSnap”等方式。“栅格捕捉”是指按正交位置捕捉位置点。在“矩形捕捉”方式下,捕捉栅格是标准的矩形;在“等轴测捕捉”方式下,捕捉栅格和光标十字线不再互相垂直,而是成绘制等轴测图时的特定角度,这种方式对于绘制等轴测图是十分方便的。

4.2.2 栅格工具

用户可以应用显示栅格工具使绘图区域上出现可见的网格。它是一个形象的画图工具,就像传统的坐标纸一样。本节介绍控制栅格的显示及设置栅格参数的方法。

1. 执行方式

菜单栏:选择菜单栏中的“工具”→“绘图设置”命令。

状态栏:井(仅限于打开与关闭)。

功能键:F7(仅限于打开与关闭)。

2. 操作步骤

执行上述操作之一后，系统打开“草图设置”对话框，其中的“捕捉和栅格”选项卡如图4-13所示。“启用栅格”复选框用于控制是否显示栅格。“栅格X轴间距”和“栅格Y轴间距”文本框用来设置栅格在水平与垂直方向的间距。如果“栅格X轴间距”和“栅格Y轴间距”设置为0，则AutoCAD会自动将捕捉栅格间距应用于栅格，且其原点和角度总是与捕捉栅格的原点和角度相同。还可通过Grid命令在命令行设置栅格间距，不再赘述。

Note

4.2.3　正交模式

在用AutoCAD绘图的过程当中，经常需要绘制水平直线和垂直直线。但是用鼠标拾取线段的端点时，很难保证两个点严格沿水平或垂直方向。为此，AutoCAD提供了正交功能。当启用正交模式时，画线或移动对象时只能沿水平方向或垂直方向移动光标，因此只能画平行于坐标轴的正交线段。

1. 执行方式

命令行：ORTHO。

状态栏：⊾。

功能键：F8。

2. 操作步骤

```
命令：ORTHO↙
输入模式[开(ON)/关(OFF)] <开>:(设置开或关)
```

4.3　对象捕捉工具

在利用AutoCAD画图时，经常要用到一些特殊的点，如圆心、切点、线段或圆弧的端点、中点等。如果用鼠标拾取的话，要准确地找到这些点是十分困难的。为此，AutoCAD提供了对象捕捉工具，通过这些工具可轻易找到这些点。

4.3.1　特殊位置点捕捉

在用AutoCAD绘制图形时，有时需要指定一些特殊位置的点，比如圆心、端点、中点、平行线上的点等，可以通过对象捕捉功能来捕捉这些点(表4-2)。

表4-2　特殊位置点捕捉

捕捉模式	功　　能
临时追踪点	建立临时追踪点
两点之间的中点	捕捉两个独立点之间的中点
自	建立一个临时参考点，作为指出后继点的基点
点过滤器	由坐标选择点

Note

续表

捕捉模式	功能
端点	线段或圆弧的端点
中点	线段或圆弧的中点
交点	线、圆弧或圆等的交点
外观交点	图形对象在视图平面上的交点
延长线	指定对象的延伸线
圆心	圆或圆弧的圆心
象限点	距光标最近的圆或圆弧上可见部分的象限点，即圆周上 0°、90°、180°、270°位置上的点
切点	最后生成的一个点到选中的圆或圆弧上引切线的切点位置
垂足	在线段、圆、圆弧或它们的延长线上捕捉一个点，使之与最后生成的点的连线与该线段、圆或圆弧正交
平行线	绘制与指定对象平行的图形对象
节点	捕捉用 POINT 或 DIVIDE 等命令生成的点
插入点	文本对象和图块的插入点
最近点	离拾取点最近的线段、圆、圆弧等对象上的点
无	关闭对象捕捉模式
对象捕捉设置	设置对象捕捉

AutoCAD 提供了命令行、工具栏和右键快捷菜单三种执行特殊点对象捕捉的方法。

1. 命令行方式

绘图过程中，当在命令行中提示输入一点时，输入相应特殊位置点命令(表 4-3)，然后根据提示操作即可。

2. 工具栏方式

使用如图 4-14 所示的“对象捕捉”工具栏，可以更方便地实现捕捉点的目的。当命令行提示输入一点时，从“对象捕捉”工具栏中单击相应的按钮。当把鼠标指针放在某一图标上时，会显示出该图标功能的提示，然后根据提示操作即可。

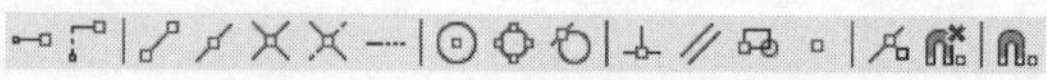

图 4-14 “对象捕捉”工具栏

3. 快捷菜单方式

快捷菜单可通过同时按下 Shift 键和鼠标右键来激活。菜单中列出了 AutoCAD 提供的对象捕捉模式，如图 4-15 所示。操作方法与工具栏相似，只要在 AutoCAD 提示输入点时单击快捷菜单中相应的菜单项，然后按提示操作即可。

Note

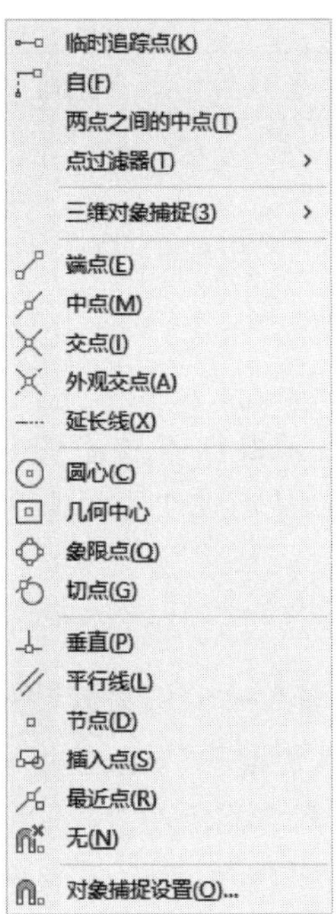

图 4-15　对象捕捉快捷菜单

4-1

4.3.2　上机练习——线段

练习目标

通过实例熟悉对象捕捉工具的使用。

设计思路

利用“对象捕捉”命令绘制中点到圆的圆心的线段。

操作步骤

从图 4-16(a)中线段的中点到圆的圆心画一条线段。

单击“默认”选项卡“绘图”面板中的“直线”按钮 ╱，绘制从线段的中点到圆的圆心的线段。命令行中的提示与操作如下。

```
命令: LINE↙
指定第一个点: MID↙
于:(把十字光标放在线段上,如图 4-16(b)所示,在线段的中点处出现一个三角形的中点捕捉标记,单击,拾取该点)
指定下一个点或[放弃(U)]:CEN↙
于:(把十字光标放在圆上,如图 4-16(c)所示,在圆心处出现一个圆形的圆心捕捉标记,单击拾取该点)
指定下一个点或[放弃(U)]: ↙
```

结果如图 4-16(d)所示。

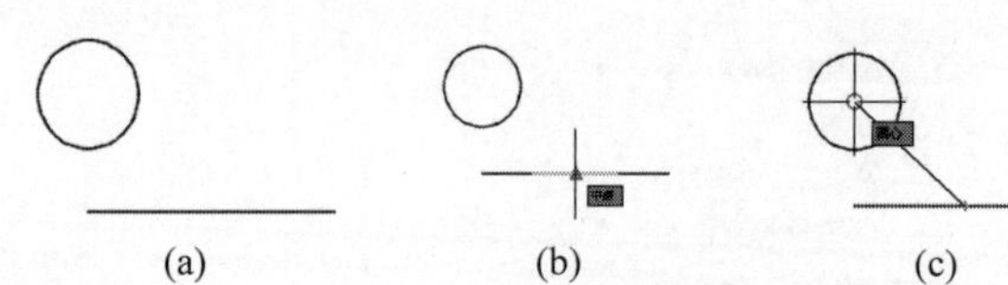

图 4-16　利用对象捕捉工具绘制线

Note

4.3.3　设置对象捕捉

在用 AutoCAD 绘图之前，可以根据需要事先运行一些对象捕捉模式，绘图时 AutoCAD 能自动捕捉这些特殊点，从而加快绘图速度，提高绘图质量。

1. 执行方式

命令行：DDOSNAP。

菜单栏：选择菜单栏中的“工具”→“绘图设置”命令。

工具栏：单击“对象捕捉”工具栏中的“对象捕捉设置”按钮 。

状态栏：对象捕捉（仅限于打开与关闭功能）。

功能键：F3（仅限于打开与关闭功能）。

快捷菜单：对象捕捉设置（图 4-15）。

2. 操作步骤

```
命令:DDOSNAP↙
```

执行上述命令后，系统打开“草图设置”对话框。单击该对话框中的“对象捕捉”标签，打开“对象捕捉”选项卡，如图 4-17 所示。利用此选项卡，可以设置对象捕捉方式。

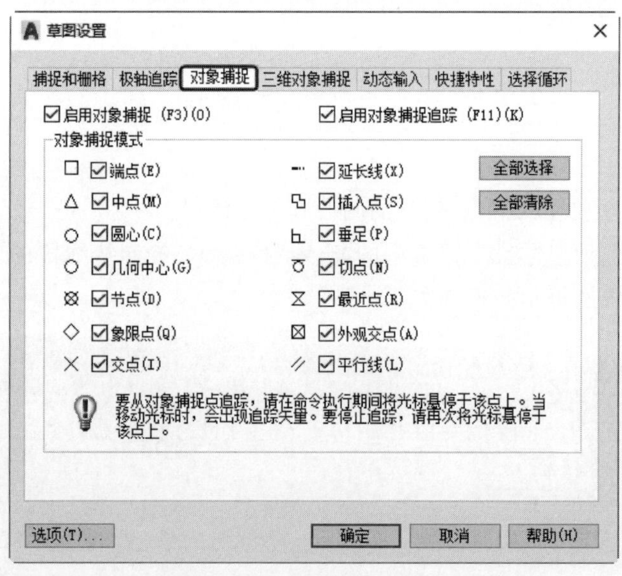

图 4-17　“草图设置”对话框中的“对象捕捉”选项卡

3. 选项说明

“对象捕捉”选项卡各选项含义如表 4-3 所示。

表 4-3 “对象捕捉”选项卡各选项含义

选　　项	含　　义
“启用对象捕捉”复选框	用于设置打开或关闭对象捕捉方式。当选中此复选框时，在“对象捕捉模式”选项组中选中的捕捉模式处于激活状态
“启用对象捕捉追踪”复选框	用于设置打开或关闭自动追踪功能
“对象捕捉模式”选项组	其中列出了各种捕捉模式，选中则该模式被激活。单击“全部清除”按钮，则所有模式均被清除；单击“全部选择”按钮，则所有模式均被选中。 在对话框的左下角有一个“选项”按钮，单击它可打开“选项”对话框的“草图”选项卡。利用该选项卡，可决定捕捉模式的各项设置

4-2

4.3.4 上机练习——花朵

练习目标

通过实例重点掌握“对象捕捉”命令的使用方法。

设计思路

首先设置“对象捕捉”选项卡，然后利用“圆”命令、“多边形”命令、“圆弧”命令和“多段线”命令绘制图形，最后利用“特性”命令更改图形颜色。

操作步骤

（1）选择菜单栏中的“工具”→“绘图设置”命令，在“草图设置”对话框中❶选择“对象捕捉”选项卡命令，如图 4-18 所示。❷单击“全部选择”按钮，选择所有的对象捕捉模式，❸单击“确定”按钮，确认后退出。

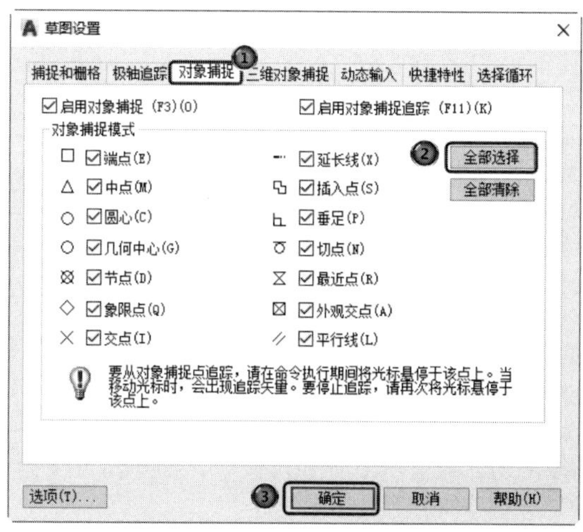

图 4-18 “草图设置”对话框

Note

(2) 单击“默认”选项卡“绘图”面板中的“圆”按钮，绘制花蕊，如图 4-19 所示。

(3) 单击“默认”选项卡“绘图”面板中的“多边形”按钮，按下状态栏上的“对象捕捉”按钮，打开对象捕捉功能。捕捉圆心，绘制内接于圆的正五边形。绘制结果如图 4-20 所示。

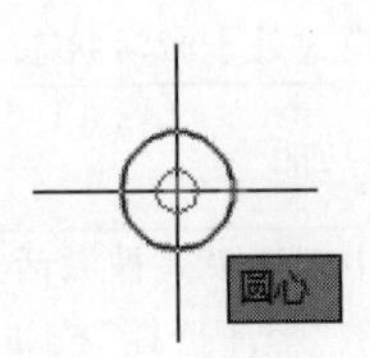

图 4-19　捕捉圆心

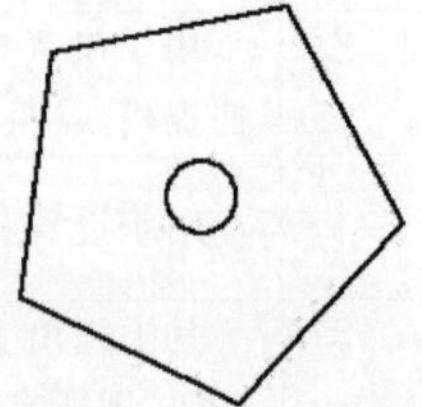
图 4-20　绘制正五边形

(4) 单击“默认”选项卡“绘图”面板中的“圆弧”按钮，捕捉最上斜边的中点为起点、最上顶点为第二点、左上斜边中点为端点绘制花朵。绘制结果如图 4-21 所示。用同样方法绘制另外 4 段圆弧，结果如图 4-22 所示。

最后删除正五边形，结果如图 4-23 所示。

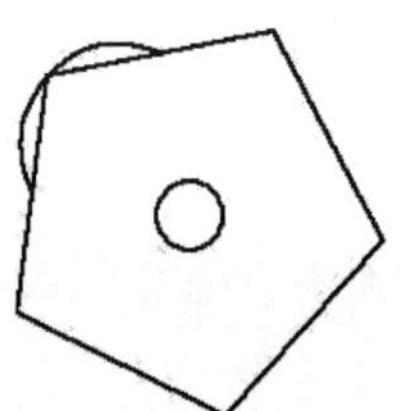
图 4-21　绘制一段圆弧

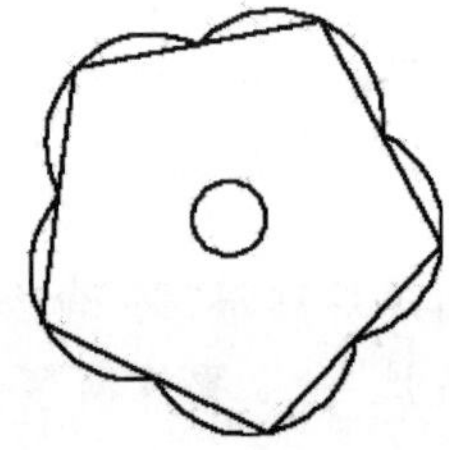
图 4-22　绘制所有圆弧

图 4-23　绘制花朵

(5) 单击“默认”选项卡“绘图”面板中的“多段线”按钮，绘制花枝。命令行中的提示与操作如下。

```
命令: _pline↙
指定起点:(捕捉圆弧右下角的交点)
当前线宽为 0.0000
指定下一个点或[圆弧(A)/半宽(H)/长度(L)/放弃(U)/宽度(W)]: W↙
指定起点宽度<0.0000>: 4↙
指定端点宽度<4.0000>:↙
指定下一个点或[圆弧(A)/半宽(H)/长度(L)/放弃(U)/宽度(W)]: A↙
指定圆弧的端点(按住 Ctrl 键以切换方向)或[角度(A)/圆心(CE)/方向(D)/半宽(H)/直线(L)/
半径(R)/第二个点(S)/放弃(U)/宽度(W)]: S↙
指定圆弧上的第二个点:(指定第二点)
指定圆弧的端点:(指定第三点)
指定圆弧的端点(按住 Ctrl 键以切换方向)或[角度(A)/圆心(CE)/闭合(CL)/方向(D)/半宽(H)/
直线(L)/半径(R)/第二个点(S)/放弃(U)/宽度(W)]: ↙(完成花枝绘制)
```

(6) 单击“绘图”工具栏中的“多段线”按钮，绘制花叶。命令行中的提示与操作

如下。

```
命令: _pline↙
指定起点:(捕捉花枝上一点)
当前线宽为 4.0000
指定下一个点或[圆弧(A)/半宽(H)/长度(L)/放弃(U)/宽度(W)]: H↙
指定起点半宽<2.0000>: 12↙
指定端点半宽<12.0000>: 3↙
指定下一个点或[圆弧(A)/半宽(H)/长度(L)/放弃(U)/宽度(W)]: A↙
指定圆弧的端点(按住 Ctrl 键以切换方向)或[角度(A)/圆心(CE)/方向(D)/半宽(H)/直线(L)/
半径(R)/第二个点(S)/放弃(U)/宽度(W)]: S↙
指定圆弧上的第二个点:(指定第二点)
指定圆弧的端点:(指定第三点)
指定圆弧的端点(按住 Ctrl 键以切换方向)或[角度(A)/圆心(CE)/闭合(CL)/方向(D)/半宽(H)/
直线(L)/半径(R)/第二个点(S)/放弃(U)/宽度(W)]: ↙
```

重复"多段线"命令,绘制另两片叶子。结果如图 4-24 所示。

图 4-24　绘制花朵图案

(7) 选择枝叶,枝叶上显示夹点标志。在一个夹点上右击,打开右键快捷菜单,选择其中的"特性"命令,如图 4-25 所示。系统打开"特性"选项板,在"颜色"下拉列表框中选择"绿",如图 4-26 所示。

同样方法修改花朵颜色为红色,花蕊颜色为洋红色。最终结果如图 4-27 所示。

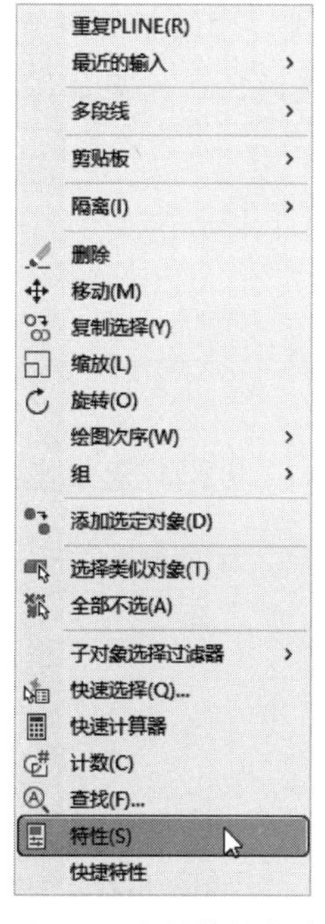

图 4-25　右键快捷菜单

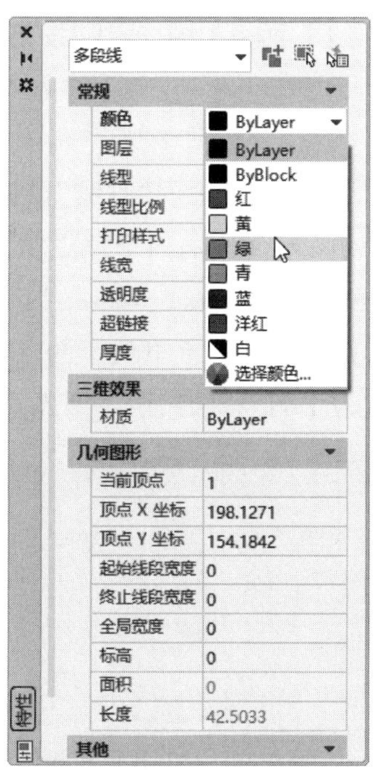

图 4-26　修改枝叶颜色

图 4-27　花朵

4.4 实例精讲——小靠背椅

Note

4-3

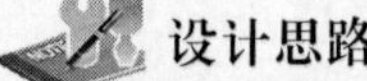

设计思路

首先利用"直线"与"圆弧"命令绘制出靠背，然后再利用"圆弧"命令绘制坐垫。

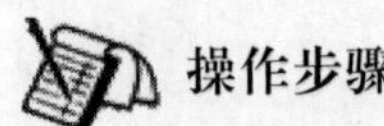

操作步骤

(1) 单击"默认"选项卡"绘图"面板中的"直线"按钮 ╱，任意指定一点为线段起点，以点(@0,－140)为终点绘制一条线段。

(2) 单击"默认"选项卡"绘图"面板中的"圆弧"按钮 ⌒，绘制圆弧。

① 在命令行提示"指定圆弧的起点或[圆心(C)："后＜打开对象捕捉＞捕捉以直线的端点为起点。

② 在命令行提示"指定圆弧的第二个点或[圆心(C)/端点(E)]："后在适当位置单击鼠标左键确认第二点。

③ 在命令行提示"指定圆弧的端点："后在与第一点水平方向的适当位置单击确认端点。

(3) 单击"默认"选项卡"绘图"面板中的"直线"按钮 ╱，以刚绘制圆弧右端点为起点，以点(@0,140)为终点绘制一条线段。结果如图 4-28 所示。

(4) 单击"默认"选项卡"绘图"面板中的"直线"按钮 ╱，分别以刚绘制的两条线段的上端点为起点，以点(@50,0)和(@－50,0)为终点绘制两条线段。结果如图 4-29 所示。

(5) 单击"默认"选项卡"绘图"面板中的"直线"按钮 ╱ 和"圆弧"按钮 ⌒，以刚绘制的两条水平线的两个端点为起点和终点绘制线段和圆弧。结果如图 4-30 所示。

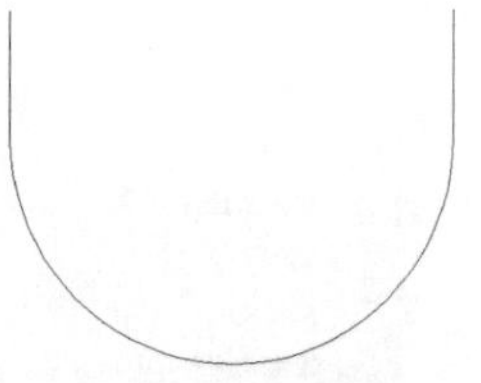

图 4-28 绘制直线

(6) 再以图 4-30 中内部两条竖线的上下两个端点分别为起点和终点，以适当位置一点为中间点，绘制两条圆弧，最终结果如图 4-31 所示。

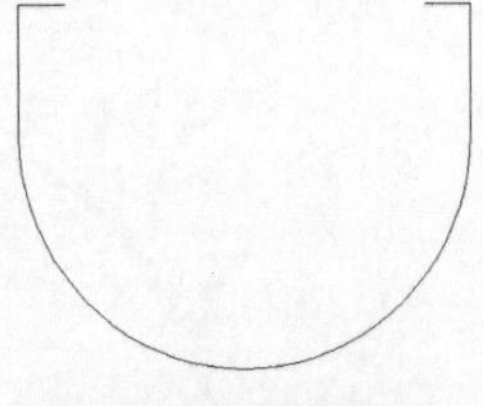

图 4-29 绘制线段

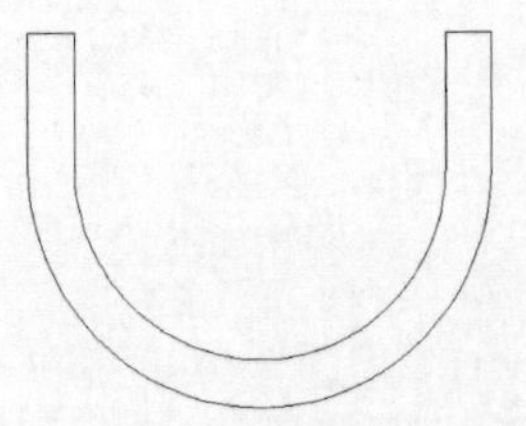

图 4-30 绘制线段和圆弧

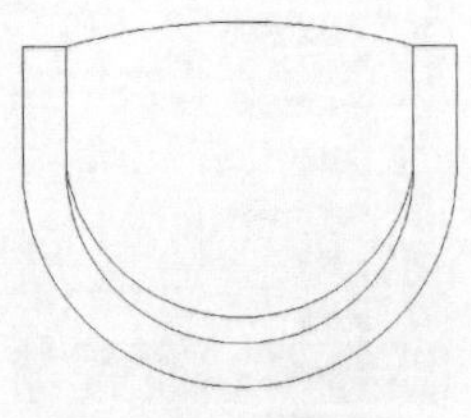

图 4-31 小靠背椅

4.5 上机实验

4.5.1 实验 1 绘制水晶吊灯

绘制如图 4-32 所示的水晶吊灯。

4.5.2 实验 2 绘制图徽

利用精确定位工具绘制如图 4-33 所示的图徽。

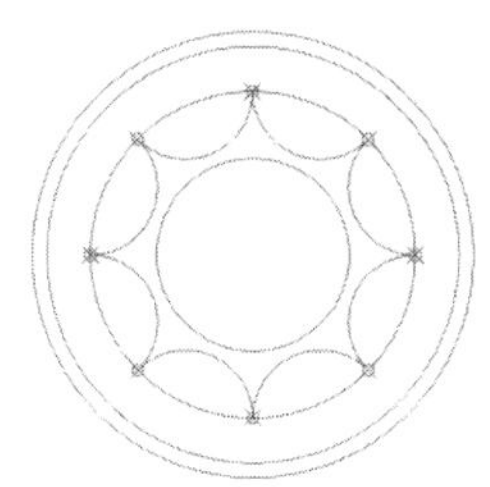

图 4-32 水晶吊灯

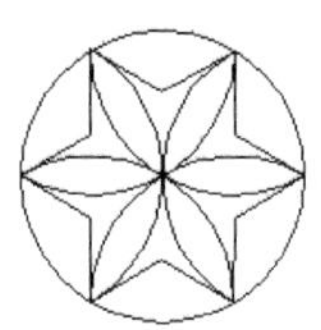

图 4-33 图徽

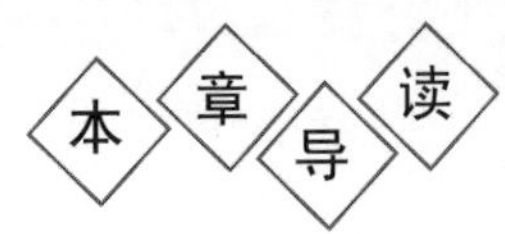

第5章 文本、表格与尺寸标注

本章导读

文字注释是图形中很重要的一部分内容。在进行各种设计时，通常不仅要绘制出图形，还要在图形中标注一些文字，如技术要求、注释说明等，对图形对象加以解释。AutoCAD 提供了多种写入文字的方法，本章将介绍文本标注和编辑功能。另外，表格在 AutoCAD 图形中也有大量的应用，如明细表、参数表和标题栏等，AutoCAD 的表格功能使绘制表格变得方便快捷。尺寸标注是绘图设计过程中相当重要的一个环节。由于图形的主要作用是表达物体的形状，而物体各部分的真实大小和各部分之间的确切位置只能通过尺寸标注来表达，因此，没有正确的尺寸标注，绘制出的图纸对于加工制造就没什么意义。AutoCAD 2022 提供了方便、准确的尺寸标注功能。

学习要点

- ◆ 文字样式
- ◆ 文本标注
- ◆ 文本编辑
- ◆ 表格
- ◆ 尺寸标注样式
- ◆ 尺寸标注

5.1 文字样式

AutoCAD 2022 提供了“文字样式”对话框。通过这个对话框，可方便直观地设置需要的文字样式，或是对已有样式进行修改。

1. 执行方式。

命令行：STYLE 或 DDSTYLE。

菜单栏：选择菜单栏中的“格式”→“文字样式”命令。

工具栏：单击菜单栏中的“文字”工具栏中的“文字样式”按钮 A。

功能区：单击“默认”选项卡“注释”面板中的“文字样式”按钮 A（图 5-1），或单击“注释”选项卡“文字”面板中的“文字样式”下拉菜单中的“管理文字样式”按钮（图 5-2），或单击“注释”选项卡“文字”面板中的“对话框启动器”按钮 ↘。

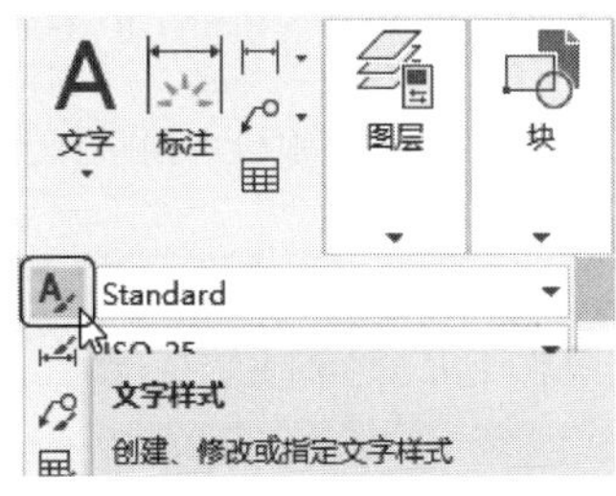

图 5-1　“注释”面板

图 5-2　“文字”面板

2. 操作步骤

命令：STYLE↙

执行上述命令后，AutoCAD 打开“文字样式”对话框，如图 5-3 所示。

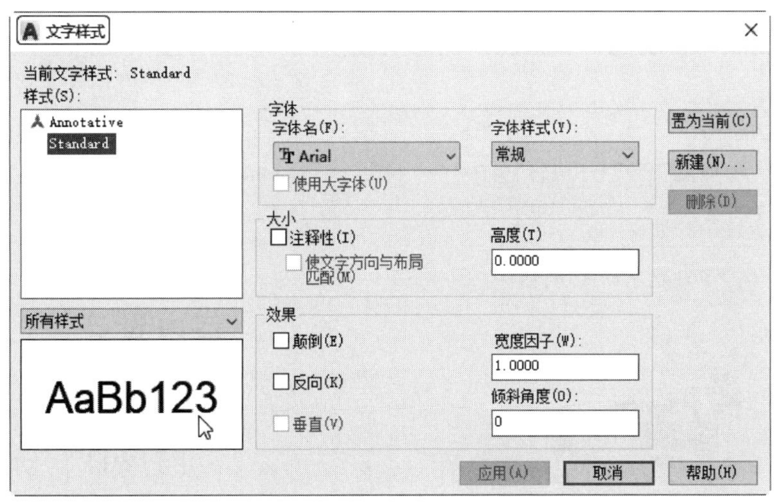

图 5-3　“文字样式”对话框

Note

3. 选项说明

“文字样式”对话框各选项含义如表 5-1 所示。

表 5-1 “文字样式”对话框各选项含义

选　项	含　义
“样式”选项组	该选项组主要用于命名新样式或对已有样式名进行相关操作。单击“新建”按钮，AutoCAD 打开如图 5-4 所示的“新建文字样式”对话框。在此对话框中，可以为新建的样式输入名字。从文本样式列表框（图 5-3）中选中要改名的文本样式，单击右键，打开如图 5-5 所示的快捷菜单，在此可以为所选文字样式更改名字
“字体”选项组	用于确定字体样式。在 AutoCAD 中，除了它固有的 SHX 字体，还可以使用 TrueType 字体（如宋体、楷体、Italic 等）。一种字体可以设置不同的效果，从而被多种文字样式使用，例如图 5-6 所示的就是同一种字体（宋体）的不同样式
“大小”选项组	➢ “注释性”复选框：指定文字为注释性文字。 ➢ “使文字方向与布局匹配”复选框：指定图纸空间视口中的文字方向与布局方向匹配。如果取消选中“注释性”复选框，则此选项不可用。 ➢ “高度”文本框：设置文字高度。如果输入 0.0，则每次用该样式输入文字时，文字默认值为 0.2 高度
“效果”选项组	用于设置字体的特殊效果。 ➢ “颠倒”复选框：选中此复选框，表示将文本文字倒置标注，如图 5-7(a)所示。 ➢ “反向”复选框：确定是否将文本文字反向标注。图 5-7(b)给出了这种标注效果。 ➢ “垂直”复选框：确定文本是水平标注还是垂直标注。选中此复选框时为垂直标注，否则为水平标注，如图 5-8 所示。 ➢ “宽度因子”文本框：设置宽度系数，确定文本字符的宽高比。当比例系数为 1 时，表示将按字体文件中定义的宽高比标注文字。当此系数小于 1 时，字会变窄，反之变宽。 ➢ “倾斜角度”文本框：用于确定文字的倾斜角度。角度为 0 时不倾斜，为正时向右倾斜，为负时向左倾斜

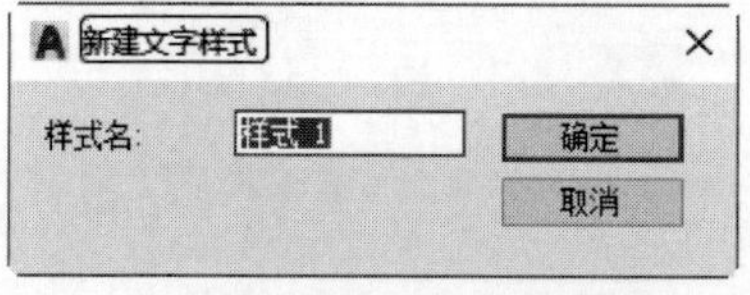

图 5-4 “新建文字样式”对话框

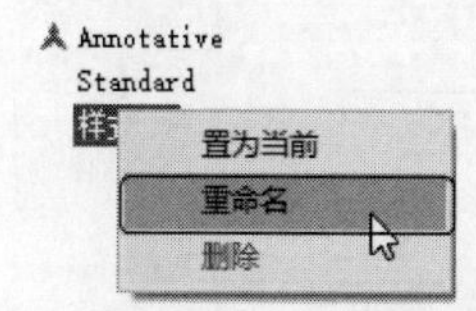

图 5-5 “重命名”快捷菜单

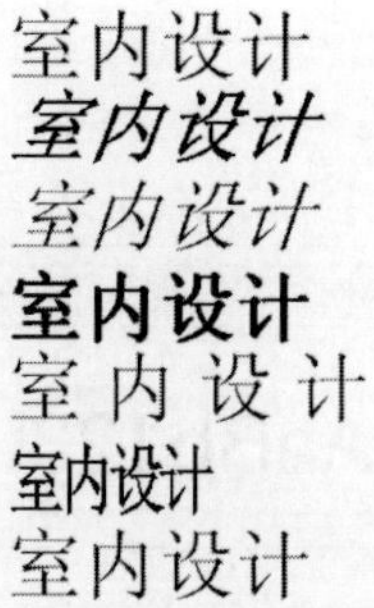

室内设计
室内设计
室内设计
室内设计
室 内 设 计
室内设计
室内设计

图 5-6 同一种字体的不同样式

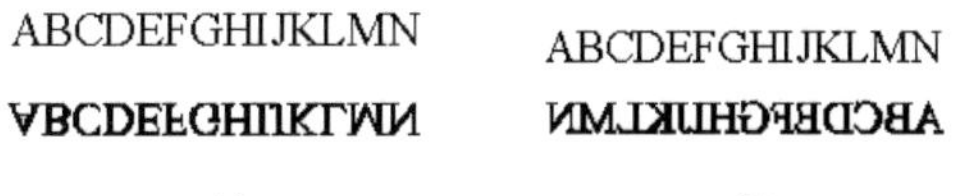

ABCDEFGHIJKLMN
ABCDEFGHIJKLMN

(a)

ABCDEFGHIJKLMN
ABCDEFGHIJKLMN

(b)

图 5-7　文字倒置标注与反向标注

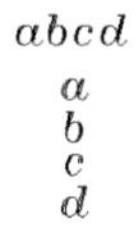

abcd
a
b
c
d

图 5-8　水平和垂直标注文字

Note

5.2　文本标注

在制图过程中,文字传递了很多设计信息。它可能是一个很长、很复杂的说明,也可能是一个简短的文字信息。当需要标注的文本不太长时,可以利用 TEXT 命令创建单行文本;当需要标注很长、很复杂的文字信息时,可以用 MTEXT 命令创建多行文本。

5.2.1　单行文本标注

1. 执行方式

命令行:TEXT 或 DTEXT。

菜单栏:选择菜单栏中的"绘图"→"文字"→"单行文字"命令。

工具栏:单击"文字"工具栏中的"单行文字"按钮 A 。

功能区:单击"默认"选项卡"注释"面板中的"单行文字"按钮 A ,或单击"注释"选项卡"文字"面板中的"单行文字"按钮 A 。

2. 操作步骤

```
命令: TEXT↙
```

选择相应的菜单项或在命令行输入 TEXT 命令后按 Enter 键,AutoCAD 提示如下。

```
当前文字样式: Standard 当前文字高度: 0.2000 注释性: 否
指定文字的起点或[对正(J)/样式(S)]:
```

注意:只有当前文本样式中设置的字符高度为 0,在使用 TEXT 命令时,AutoCAD 才出现要求用户确定字符高度的提示。

AutoCAD 允许将文本行倾斜排列,如倾斜角度可以是 0°、45°和−45°。在"指定文字的旋转角度<0>:"提示下,输入文本行的倾斜角度或在屏幕上拉出一条直线来指定倾斜角度。

3. 选项说明

"单行文本标注"命令各选项含义如表 5-2 所示。

表 5-2 “单行文本标注”命令各选项含义

选　　项	含　　义
指定文字的起点	在此提示下直接在屏幕上选取一点作为文本的起始点，AutoCAD 提示如下。 指定高度<0.2000>:(确定字符的高度) 指定文字的旋转角度<0>:(确定文本行的倾斜角度) 在此提示下输入一行文本后按 Enter 键，可继续输入文本，待全部输入完成后直接按 Enter 键，则退出 TEXT 命令。可见，由 TEXT 命令也可创建多行文本，只是这种多行文本每一行是一个对象，不能对多行文本同时进行操作，但可以单独修改每一单行的文字样式、字高、旋转角度和对齐方式等
对正(J)	在上面的提示下输入 J，用来确定文本的对齐方式，决定文本的哪一部分与所选的插入点对齐。执行此选项，AutoCAD 提示如下。 输入选项[对齐(A)/调整(F)/中心(C)/中间(M)/右(R)/左上(TL)/中上(TC)/右上(TR)/左中(ML)/正中(MC)/右中(MR)/左下(BL)/中下(BC)/右下(BR)]: 在此提示下选择一个选项作为文本的对齐方式。当文本串水平排列时，AutoCAD 为标注文本串定义了如图 5-9 所示的顶线、中线、基线和底线；各种对齐方式如图 5-10 所示，图中大写字母对应上述提示中的各命令。 下面以“对齐”为例进行简要说明。 选择此选项，要求用户指定文本行基线的起始点与终止点的位置，AutoCAD 提示如下。 指定文字基线的第一个端点:(指定文本行基线的起点位置) 指定文字基线的第二个端点:(指定文本行基线的终点位置) 执行结果：所输入的文本字符均匀地分布于指定的两点之间，如果两点间的连线不水平，则文本行倾斜放置，倾斜角度由两点间的连线与 X 轴夹角确定；字高、字宽根据两点间的距离、字符的多少及文字样式中设置的宽度系数自动确定。指定了两点之后，每行输入的字符越多，字宽和字高越小。 其他选项与“对齐”类似，不再赘述。 实际绘图时，有时需要标注一些特殊字符，例如直径符号、上划线或下划线、温度符号等。由于这些符号不能直接从键盘上输入，AutoCAD 提供了一些控制码，用来实现这些要求。控制码用两个百分号(%%)加一个字符构成。常用的控制码如表 5-3 所示。其中，%%O 和%%U 分别是上划线和下划线的开关，第一次出现此符号时开始画上划线和下划线，第二次出现此符号时上划线和下划线终止。例如在“输入文字:”提示后输入“I want to %%U go to Beijing%%U.”，则得到如图 5-11(a)所示的文本行；输入“50%%D+%%C75%%P12”，则得到如图 5-11(b)所示的文本行。 用 TEXT 命令可以创建一个或若干个单行文本，也就是说用此命令可以标注多行文本。在“输入文字:”提示下输入一行文本后按 Enter 键，可输入第二行文本，以此类推，直到文本全部输完，再在此提示下直接按 Enter 键，结束文本输入命令。每一次按 Enter 键就结束一个单行文本的输入，每一个单行文本是一个对象，可以单独修改其文本样式、字高、旋转角度和对齐方式等。 用 TEXT 命令创建文本时，在命令行输入的文字同时显示在屏幕上，而且在创建过程中可以随时改变文本的位置，只要将光标移到新的位置单击，则当前行结束，随后输入的文本出现在新的位置上。用这种方法可以把多行文本标注到屏幕的任何地方

图 5-9 文本行的底线、基线、中线和顶线

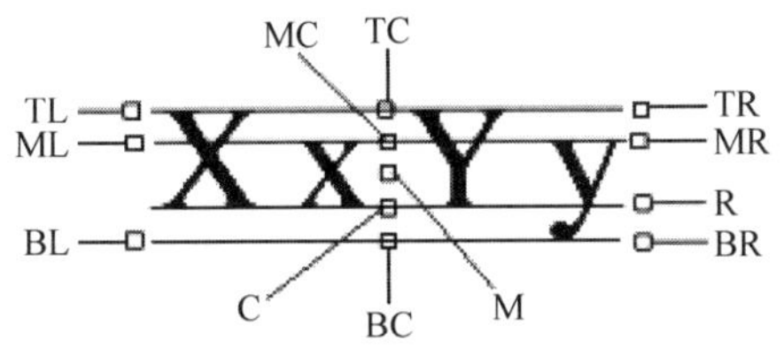

图 5-10 文本的对齐方式

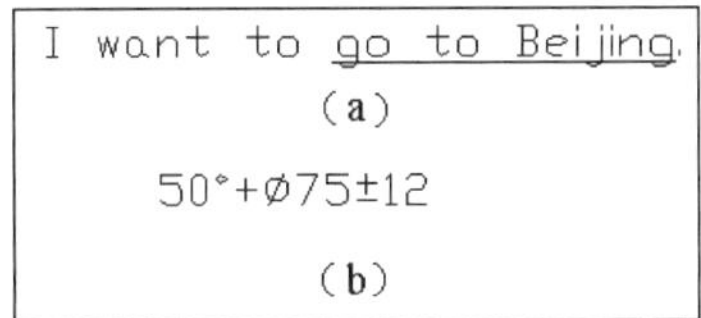

图 5-11 文本行

表 5-3 AutoCAD 常用控制码

符　　号	功　　能	符　　号	功　　能
%%O	上划线	\u+0278	电相位
%%U	下划线	\u+E101	流线
%%D	"度"符号	\u+2261	标识
%%P	正负符号	\u+E102	界碑线
%%C	直径符号	\u+2260	不相等
%%%	百分号%	\u+2126	欧姆
\u+2248	几乎相等	\u+03A9	欧米伽
\u+2220	角度	\u+214A	低界线
\u+E100	边界线	\u+2082	下标平方
\u+2104	中心线	\u+00B2	上标平方
\u+0394	差值		

5.2.2 多行文本标注

1. 执行方式

命令行：MTEXT。

菜单栏：选择菜单栏中的"绘图"→"文字"→"多行文字"命令。

工具栏：单击"绘图"工具栏中的"多行文字"按钮 A 或单击"文字"工具栏中的"多行文字"按钮 A 。

功能区：单击"默认"选项卡"注释"面板中的"多行文字"按钮 A ，或单击"注释"选项卡"文字"面板中的"多行文字"按钮 A 。

2. 操作步骤

```
命令：MTEXT↙
```

选择相应的菜单项或单击相应的工具按钮，或在命令行输入 MTEXT 命令后按 Enter 键，AutoCAD 提示如下。

```
当前文字样式:Standard  当前文字高度: 2.5  注释性:  否
指定第一角点:(指定矩形框的第一个角点)
指定对角点或[高度(H)/对正(J)/行距(L)/旋转(R)/样式(S)/宽度(W)/栏(C)]:
```

Note

3. 选项说明

“多行文本标注”命令各选项含义如表 5-4 所示。

表 5-4 “多行文本标注”命令各选项含义

选　　项	含　　义
指定对角点	直接在屏幕上选取一个点作为矩形框的第二个角点，AutoCAD 以这两个点为对角点形成一个矩形区域，其宽度作为将来要标注的多行文本的宽度，而且第一个点作为第一行文本顶线的起点。响应后，AutoCAD 打开“文字编辑器”选项卡和“多行文字编辑器”，可利用此编辑器输入多行文本并对其格式进行设置。关于该对话框中各项的含义及编辑器功能，稍后再详细介绍
对正(J)	确定所标注文本的对齐方式。执行此选项后，AutoCAD 提示如下。 输入对正方式[左上(TL)/中上(TC)/右上(TR)/左中(ML)/正中(MC)/右中(MR)/左下(BL)/中下(BC)/右下(BR)]<左上(TL)>: 这些对齐方式与 Text 命令中的各对齐方式相同，不再重复。选取一种对齐方式后按 Enter 键，AutoCAD 回到上一级提示
行距(L)	确定多行文本的行间距，这里所说的行间距是指相邻两文本行的基线之间的垂直距离。执行此选项后，AutoCAD 提示如下。 输入行距类型[至少(A)/精确(E)]<至少(A)>: 在此提示下有两种方式确定行间距：“至少”方式和“精确”方式。在“至少”方式下，AutoCAD 根据每行文本中最大的字符自动调整行间距；在“精确”方式下，AutoCAD 给多行文本赋予一个固定的行间距。可以直接输入一个确切的间距值，也可以输入“nx”的形式，其中，n 是一个具体数，表示行间距设置为单行文本高度的 n 倍，而单行文本高度是本行文本字符高度的 1.66 倍
旋转(R)	确定文本行的倾斜角度。执行此选项后，AutoCAD 提示如下。 指定旋转角度<0>:(输入倾斜角度) 指定对角点或[高度(H)/对正(J)/行距(L)/旋转(R)/样式(S)/宽度(W)/栏(C)]:
样式(S)	确定当前的文本样式
宽度(W)	指定多行文本的宽度。可以在屏幕上选取一点，与前面确定的第一个角点组成矩形框，将此矩形框的宽作为多行文本的宽度。也可以输入一个数值，精确设置多行文本的宽度。 在创建多行文本时，只要给定了文本行的起始点和宽度后，AutoCAD 就会打开“文字编辑器”选项卡和“多行文字编辑器”，该编辑器包含一个“文字格式”对话框和一个右键快捷菜单。可以在编辑器中输入和编辑多行文本，包括设置字高、文本样式以及倾斜角度等

续表

选　　项	含　　义
栏(C)	根据栏宽、栏间距宽度和栏高组成矩形框，打开如图 5-12 所示的“文字编辑器”选项卡和“多行文字”编辑器。 “文字编辑器”选项卡用来控制文本文字的显示特性。可以在输入文本文字前设置文本的特性，也可以改变已输入的文本文字特性。要改变已有文本文字显示特性，首先应选择要修改的文本。选择文本的方式有以下三种： ➢ 将光标定位到文本文字开始处，按住鼠标左键，拖到文本末尾； ➢ 双击某个文字，则该文字被选中； ➢ 三次单击，则选中全部内容。 下面介绍选项卡中部分选项的功能。 ➢ “高度”下拉列表框：确定文本的字符高度，可在文本编辑框中直接输入新的字符高度，也可从下拉列表框中选择已设定过的高度。 ➢ “**B**”和“*I*”按钮：设置加粗或斜体效果，只对 TrueType 字体有效。 ➢ “删除线”按钮 A：用于在文字上添加水平删除线。 ➢ “下划线”按钮 U 与“上划线”按钮 Ō：设置或取消上(下)划线。 ➢ “堆叠”按钮：层叠/非层叠文本按钮，用于层叠所选的文本，也就是创建分数形式。当文本中某处出现“/”“^”或“#”这三种层叠符号之一时可层叠文本。方法是选中需层叠的文字，然后单击此按钮，则符号左边的文字作为分子，右边的文字作为分母。AutoCAD 提供了三种分数形式，如果选中“abcd/efgh”后单击此按钮，得到如图 5-13(a)所示的分数形式；如果选中“abcd^efgh”后单击此按钮，则得到如图 5-13(b)所示的形式，此形式多用于标注极限偏差；如果选中“abcd # efgh”后单击此按钮，则创建斜排的分数形式，如图 5-13(c)所示。如果选中已经层叠的文本对象后单击此按钮，则恢复到非层叠形式。 ➢ “倾斜角度”下拉列表框 0/：设置文字的倾斜角度。倾斜角度与斜体效果如图 5-14 所示。 ➢ “符号”按钮 @：用于输入各种符号。单击该按钮，系统打开符号列表，如图 5-15 所示，可以从中选择符号输入到文本中。 ➢ “插入字段”按钮：插入一些常用或预设字段。单击该按钮，系统打开“字段”对话框，如图 5-16 所示，可以从中选择字段插入到标注文本中。 ➢ “追踪”按钮 a•b：增大或减小选定字符之间的空隙 ➢ “多行文字对正”按钮 A：显示“多行文字对正”菜单，有 9 个对齐选项可用。 ➢ “宽度因子”按钮：扩展或收缩选定字符。 ➢ “上标”按钮 X^2：将选定文字转换为上标，即在输入线的上方设置稍小的文字。 ➢ “下标”按钮 X_2：将选定文字转换为下标，即在输入线的下方设置稍小的文字。 ➢ “清除格式”下拉列表框：删除选定字符的字符格式，或删除选定段落的段落格式，或删除选定段落中的所有格式。 • 关闭：如果选择此选项，将从应用了列表格式的选定文字中删除字母、数字和项目符号。不更改缩进状态。

Note

续表

选　项	含　义
栏(C)	• 以数字标记：应用将带有句点的数字用于列表中的项的列表格式。 • 以字母标记：应用将带有句点的字母用于列表中的项的列表格式。如果列表含有的项多于字母中含有的字母，可以使用双字母继续序列。 • 以项目符号标记：应用将项目符号用于列表中的项的列表格式。 • 启动：在列表格式中启动新的字母或数字序列。如果选定的项位于列表中间，则选定项下面的未选中的项也将成为新列表的一部分。 • 继续：将选定的段落添加到上面最后一个列表然后继续序列。如果选择了列表项而非段落，选定项下面的未选中的项将继续序列。 • 允许自动项目符号和编号：在输入时应用列表格式。以下字符可以用作字母和数字后的标点，并不能用作项目符号：句点(.)、逗号(,)、右括号())、右尖括号(>)、右方括号(])和右花括号(})。 • 允许项目符号和列表：如果选择此选项，列表格式将应用到外观类似列表的多行文字对象中的所有纯文本。 • 拼写检查：确定输入时拼写检查处于打开还是关闭状态。 • 编辑词典：显示“词典”对话框，从中可添加或删除在拼写检查过程中使用的自定义词典。 • 标尺：在编辑器顶部显示标尺。拖动标尺末尾的箭头可更改文字对象的宽度。列模式处于活动状态时，还显示高度和列夹点。 ➢ 段落：为段落和段落的第一行设置缩进。指定制表位和缩进，控制段落对齐方式、段落间距和段落行距，如图5-17所示。 ➢ 输入文字：选择此项，系统打开“选择文件”对话框，如图5-18所示。选择任意ASCII或RTF格式的文件。输入的文字保留原始字符格式和样式特性，但可以在多行文字编辑器中编辑和格式化输入的文字。选择要输入的文本文件后，可以替换选定的文字或全部文字，或在文字边界内将插入的文字附加到选定的文字中。输入文字的文件必须小于32KB

提示：倾斜角度与斜体效果是两个不同的概念，前者可以设置任意倾斜角度，后者是在任意倾斜角度的基础上设置斜体效果，如图5-14所示。其中，第一行倾斜角度为0°，非斜体；第二行倾斜角度为6°，斜体；第三行倾斜角度为12°。

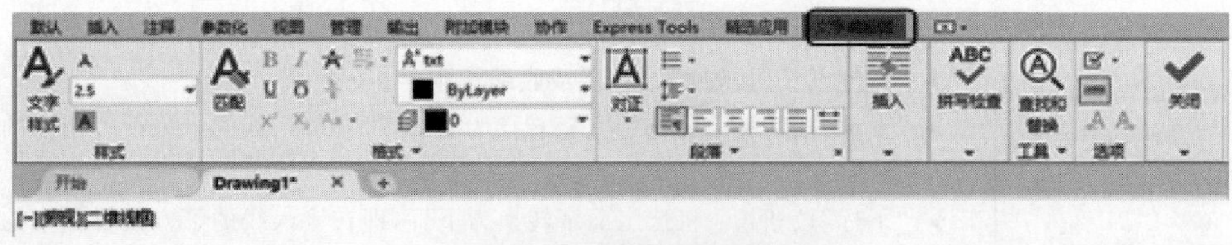

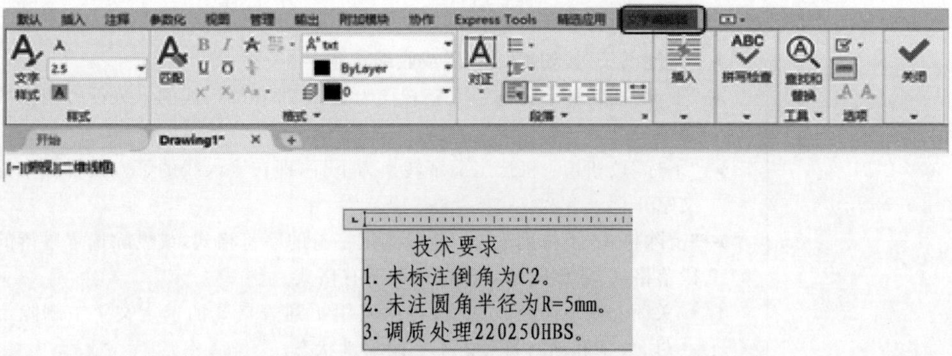

图5-12　“文字编辑器”选项卡和“多行文字”编辑器

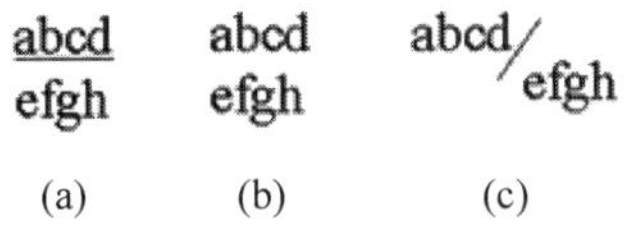

abcd　　abcd　　abcd/efgh
efgh　　efgh

(a)　　(b)　　(c)

图 5-13　文本层叠

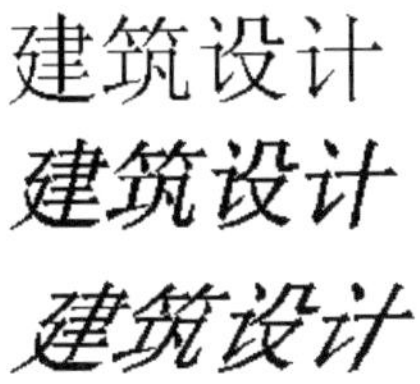

建筑设计
建筑设计
建筑设计

图 5-14　倾斜角度与斜体效果

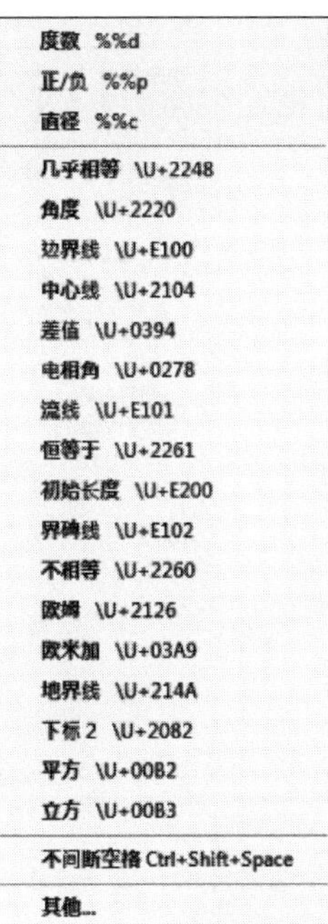

图 5-15　符号列表

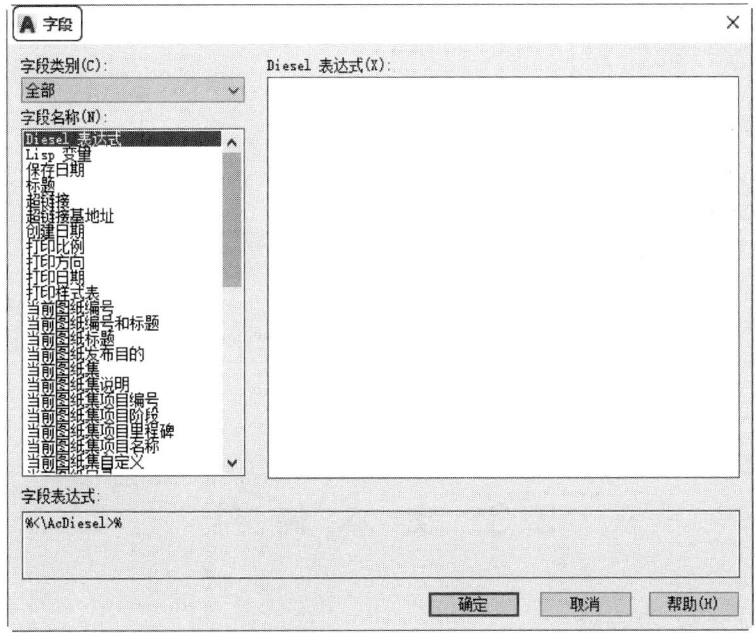

图 5-16　“字段”对话框

Note

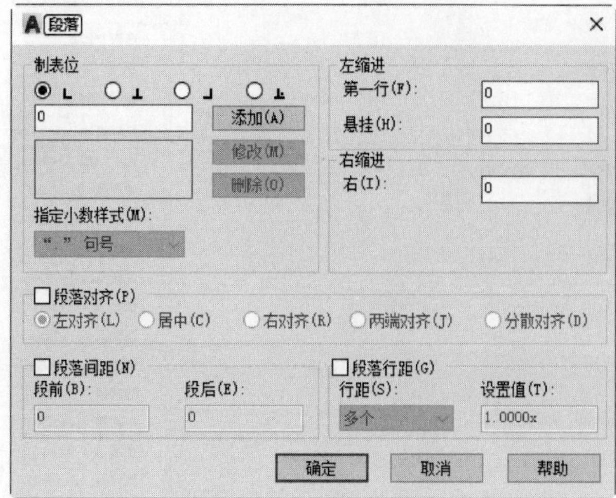

图 5-17 “段落”对话框

图 5-18 “选择文件”对话框

5.3 文本编辑

5.3.1 文本编辑命令

1. 执行方式

命令行：DDEDIT。

菜单栏：选择菜单栏中的“修改”→“对象”→“文字”→“编辑”命令。

Note

工具栏：单击“文字”工具栏中的“编辑”按钮 。

快捷菜单：编辑多行文字或编辑文字。

2. 操作步骤

选择相应的菜单项，或在命令行输入 DDEDIT 命令后按 Enter 键，AutoCAD 提示如下。

```
命令: DDEDIT↙
选择注释对象或[放弃(U)]:
```

要求选择想要修改的文本，同时光标变为拾取框。用拾取框单击对象，如果选取的文本是用 TEXT 命令创建的单行文本，则亮显该文本，此时可对其进行修改；如果选取的文本是用 MTEXT 命令创建的多行文本，选取后则打开多行文字编辑器，可根据前面的介绍对各项设置或内容进行修改。

5.3.2 上机练习——酒瓶

5-1

练习目标

通过实例重点掌握文本编辑命令的使用方法。

设计思路

首先设置图层，然后利用二维绘图命令绘制图形，最后利用文本编辑命令创建文字。

操作步骤

(1) 单击“默认”选项卡“图层”面板中的“图层特性”按钮 ，新建 3 个图层：

- “1”图层，颜色为绿色，其余属性默认；
- “2”图层，颜色为黑色，其余属性默认；
- “3”图层，颜色为蓝色，其余属性默认。

(2) 将“3”图层设置为当前图层。单击“默认”选项卡“绘图”面板中的“多段线”按钮 绘制多段线。命令行中的提示与操作如下。

```
命令: _pline↙
指定起点: 40,0↙
当前线宽为 0.0000
指定下一个点或[圆弧(A)/半宽(H)/长度(L)/放弃(U)/宽度(W)]: @-40,0↙
指定下一个点或[圆弧(A)/闭合(C)/半宽(H)/长度(L)/放弃(U)/宽度(W)]: @0,119.8↙
指定下一个点或[圆弧(A)/闭合(C)/半宽(H)/长度(L)/放弃(U)/宽度(W)]: a↙
指定圆弧的端点(按住 Ctrl 键以切换方向)或[角度(A)/圆心(CE)/闭合(CL)/方向(D)/半宽(H)/
直线(L)/半径(R)/第二个点(S)/放弃(U)/宽度(W)]: 22,139.6↙
指定圆弧的端点(按住 Ctrl 键以切换方向)或[角度(A)/圆心(CE)/闭合(CL)/方向(D)/半宽(H)/
直线(L)/半径(R)/第二个点(S)/放弃(U)/宽度(W)]: l↙
指定下一个点或[圆弧(A)/闭合(C)/半宽(H)/长度(L)/放弃(U)/宽度(W)]: 29,190.7↙
指定下一个点或[圆弧(A)/闭合(C)/半宽(H)/长度(L)/放弃(U)/宽度(W)]: 29,222.5↙
指定下一个点或[圆弧(A)/闭合(C)/半宽(H)/长度(L)/放弃(U)/宽度(W)]: a↙
```

Note

```
指定圆弧的端点(按住 Ctrl 键以切换方向)或[角度(A)/圆心(CE)/闭合(CL)/方向(D)/半宽(H)/直线(L)/半径(R)/第二个点(S)/放弃(U)/宽度(W)]: s↙
指定圆弧上的第二个点: 40,227.6↙
指定圆弧的端点: 51.2,223.3↙
指定圆弧的端点(按住 Ctrl 键以切换方向)或[角度(A)/圆心(CE)/闭合(CL)/方向(D)/半宽(H)/直线(L)/半径(R)/第二个点(S)/放弃(U)/宽度(W)]: ↙
```

绘制结果如图 5-19 所示。

(3) 单击“默认”选项卡“修改”面板中的“镜像”按钮 ⚠，镜像绘制的多段线，指定镜像点为(40,0)(40,10)。绘制结果如图 5-20 所示。

(4) 单击“默认”选项卡“绘图”面板中的“直线”按钮 ╱，绘制坐标点在{(0,94.5)(@80,0)}{(0,48.6)(@80,0)}{(29,190.7)(@22,0)}{(0,50.6)(@80,0)}{(0,92.5)(@80,0)}。绘制结果如图 5-21 所示。

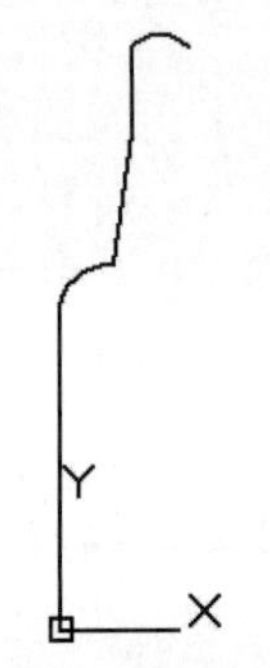

图 5-19　绘制多段线

图 5-20　镜像处理

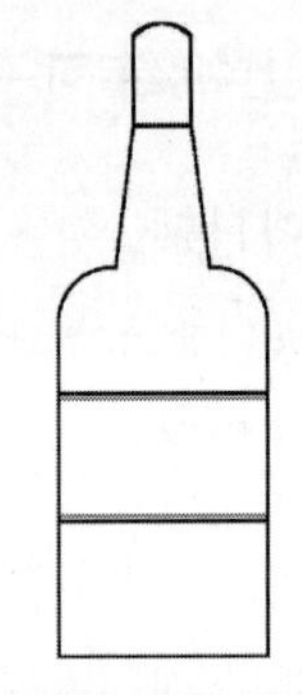
图 5-21　绘制直线

(5) 单击“默认”选项卡“绘图”面板中的“椭圆”按钮 ⬭，指定中心点为(40,120)，轴端点为(@25,0)，轴长度为 10。单击“默认”选项卡“绘图”面板中的“圆弧”按钮 ⌒，以三点坐标方式绘制点在(22,139.6)(40,136)(58,139.6)的圆弧。绘制结果如图 5-22 所示。

(6) 单击“默认”选项卡“注释”面板中的“多行文字”按钮 A，指定文字高度为 10 和 13，输入文字，如图 5-23 所示。

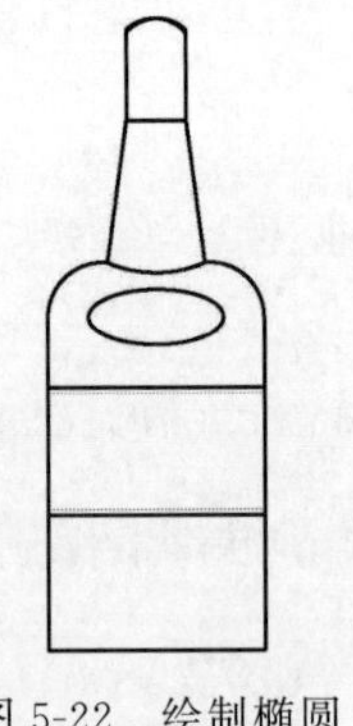
图 5-22　绘制椭圆

图 5-23　输入文字

5.4　表　　格

使用 AutoCAD 提供的“表格”功能，创建表格就变得非常容易，可以直接插入设置好样式的表格，而不用绘制由单独的图线组成的栅格。

5.4.1　定义表格样式

表格样式是用来控制表格基本形状和间距的一组设置。和文字样式一样，所有 AutoCAD 图形中的表格都有和其相对应的表格样式。当插入表格对象时，AutoCAD 使用当前设置的表格样式。模板文件 ACAD. DWT 和 ACADISO. DWT 中定义了名叫 STANDARD 的默认表格样式。

1. 执行方式

命令行：TABLESTYLE。

菜单栏：选择菜单栏中的“格式”→“表格样式”命令。

工具栏：单击“样式”工具栏中的“表格样式”按钮。

功能区：单击“默认”选项卡“注释”面板中的“表格样式”按钮（图 5-24），或单击“注释”选项卡“表格”面板中的“表格样式”下拉菜单中的“管理表格样式”按钮（图 5-25），或单击“注释”选项卡“表格”面板中的“对话框启动器”按钮。

图 5-24　“注释”面板　　　　图 5-25　“表格”面板

2. 操作步骤

```
命令：TABLESTYLE↙
```

执行上述命令后，AutoCAD 将打开“表格样式”对话框，如图 5-26 所示。

3. 选项说明

“表格样式”对话框各选项含义如表 5-5 所示。

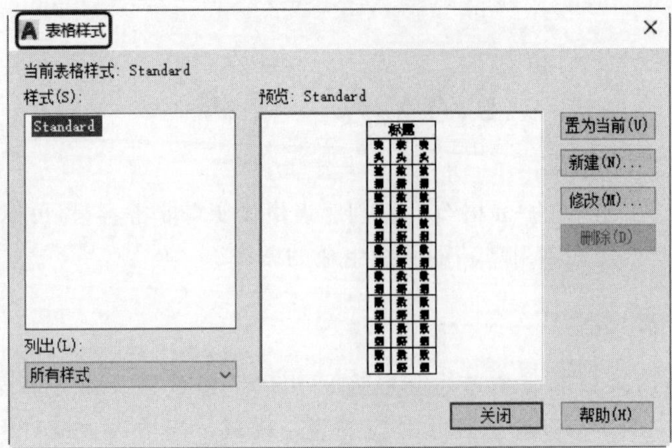

图 5-26 “表格样式”对话框

表 5-5 “表格样式”对话框各选项含义

<table>
<tr><th>选 项</th><th colspan="2">含 义</th></tr>
<tr><td rowspan="4">“新建”按钮</td><td colspan="2">单击该按钮,系统打开“创建新的表格样式”对话框,如图 5-27 所示。输入新的表格样式名后,单击“继续”按钮,系统打开“新建表格样式: Standard 副本”对话框,如图 5-28 所示,从中可以定义新的表格样式。
“新建表格样式: Standard 副本”对话框中有三个选项卡:“常规”“文字”“边框”,分别用于控制表格中的数据、表头和标题的有关参数,如图 5-29 所示</td></tr>
<tr><td>“常规”选项卡</td><td>➢“特性”选项组。
• 填充颜色:指定填充颜色。
• 对齐:为单元内容指定一种对齐方式。
• 格式:设置表格中各行的数据类型和格式。
• 类型:将单元样式指定为标签或数据,在包含起始表格的表格样式中插入默认文字时使用。也用于在工具选项板上创建表格工具的情况。
➢“页边距”选项组。
• 水平:设置单元中的文字或块与左右单元边界之间的距离。
• 垂直:设置单元中的文字或块与上下单元边界之间的距离。
➢“创建行/列时合并单元”复选框:将使用当前单元样式创建的所有新行或列合并到一个单元中</td></tr>
<tr><td>“文字”选项卡</td><td>➢ 文字样式:指定文字样式。
• 文字高度:指定文字高度。
• 文字颜色:指定文字颜色。
➢ 文字角度:设置文字角度</td></tr>
<tr><td>“边框”选项卡</td><td>➢ 线宽:设置要用于显示边界的线宽。
• 线型:通过单击边框按钮,设置线型以应用于指定边框。
• 颜色:指定颜色以应用于显示的边界。
• 双线:指定选定的边框为双线型。
• 间距:确定双线边界的间距,默认间距为 0.1800</td></tr>
<tr><td>“修改”按钮</td><td colspan="2">对当前表格样式进行修改,方法与新建表格样式相同</td></tr>
</table>

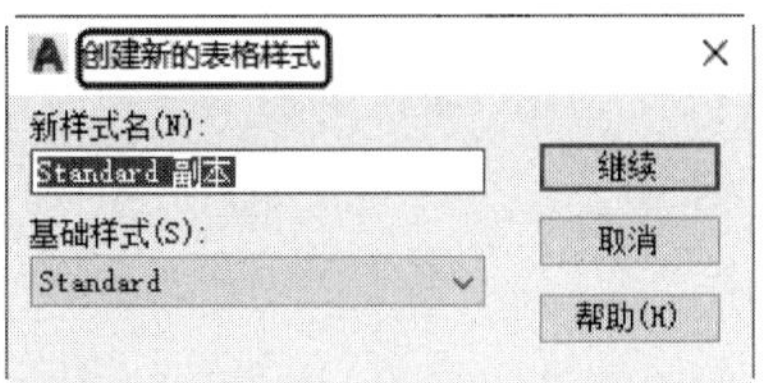

图 5-27 “创建新的表格样式”对话框

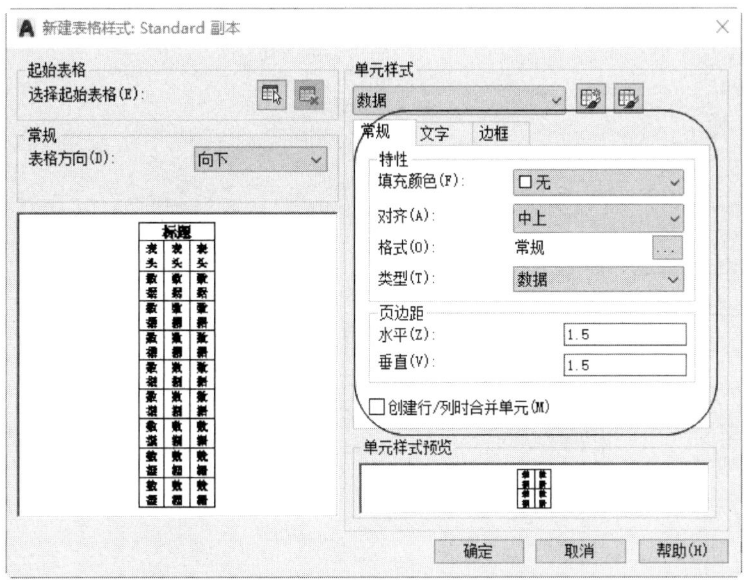

图 5-28 “新建表格样式：Standard 副本”对话框

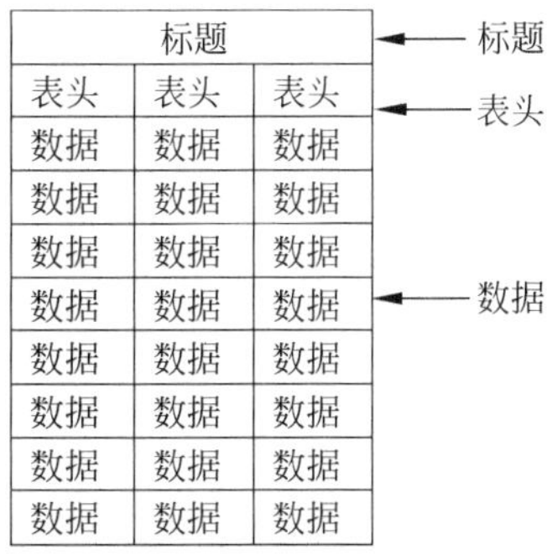

图 5-29 表格样式

5.4.2 创建表格

在设置好表格样式后，可以利用 TABLE 命令创建表格。

1. 执行方式

命令行：TABLE。

菜单栏：选择菜单栏中的“绘图”→“表格”命令。

工具栏：单击“绘图”工具栏中的“表格”按钮▦。

功能区：单击“默认”选项卡“注释”面板中的“表格”按钮▦，或单击“注释”选项卡“表格”面板中的“表格”按钮▦。

Note

2．操作步骤

```
命令:TABLE↙
```

执行上述命令后，系统打开“插入表格”对话框，如图 5-30 所示。

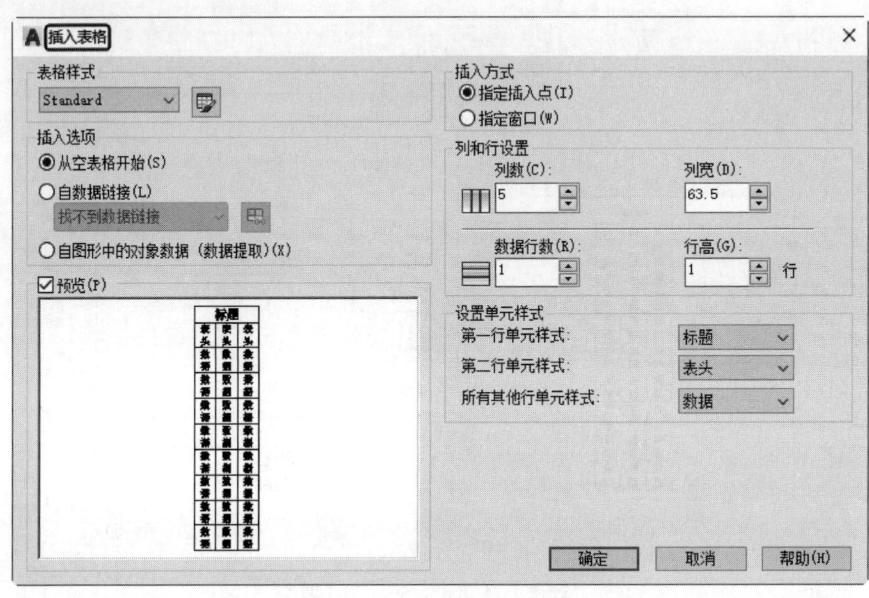

图 5-30 “插入表格”对话框

3．选项说明

“插入表格”对话框各选项含义如表 5-6 所示。

表 5-6 “插入表格”对话框各选项含义

选　项	含　义	
“表格样式”选项组	可以在“表格样式”下拉列表框中选择一种表格样式，也可以单击后面的按钮▦新建或修改表格样式	
“插入方式”选项组	“指定插入点”单选按钮	指定表格左上角的位置。可以使用定点设备，也可以在命令行中输入坐标值。如果表格样式将表的方向设置为由下而上读取，则插入点位于表的左下角
	“指定窗口”单选按钮	指定表格的大小和位置。可以使用定点设备，也可以在命令行中输入坐标值。选择此选项时，行数、列数、列宽和行高取决于窗口的大小，以及列和行的设置

续表

<table>
<tr><th>选　　项</th><th colspan="2">含　　义</th></tr>
<tr><td rowspan="4">“插入选项”选项组</td><td colspan="2">指定插入表格的方式</td></tr>
<tr><td>“从空表格开始”单选按钮</td><td>用于创建可以手动填充数据的空表格</td></tr>
<tr><td>“自数据链接”单选按钮</td><td>通过启动数据连接管理器来创建表格</td></tr>
<tr><td>“自图形中的对象数据(数据提取)”单选按钮</td><td>通过启动“数据提取”向导来创建表格</td></tr>
<tr><td>“列和行设置”选项组</td><td colspan="2">指定列和行的数目及列宽与行高</td></tr>
</table>

☎ **注意**：一个单位行高的高度为文字高度与垂直边距的和。列宽设置必须不小于文字宽度与水平边距的和，如果列宽小于此值，则实际列宽以文字宽度与水平边距的和为准。

在“插入表格”对话框中进行相应的设置后，单击“确定”按钮，系统在指定的插入点或窗口自动插入一个空表格，并打开“文字编辑器”选项卡，可以逐行、逐列输入相应的文字或数据，如图 5-31 所示。

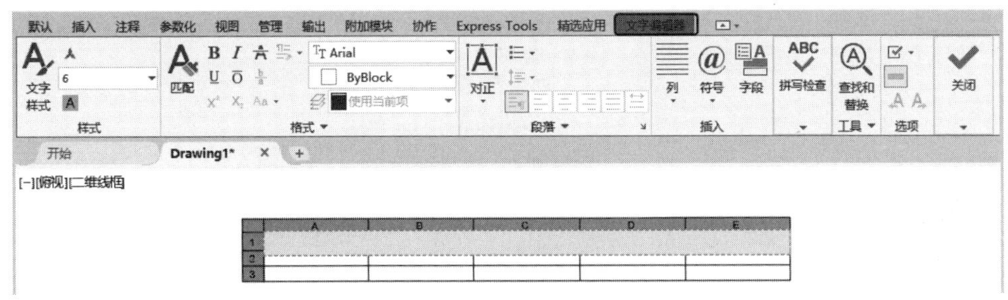

图 5-31　空表格和“文字编辑器”选项卡

5.4.3　表格文字编辑

1. 执行方式

命令行：TABLEDIT。

快捷菜单：选定表和一个或多个单元格后，右击并选择快捷菜单中的“编辑文字”命令(图 5-32)。

定点设备：在表单元格内双击。

2. 操作步骤

```
命令：TABLEDIT↙
```

系统打开“文字编辑器”对话框，可以对指定单元格中的文字进行编辑。

在 AutoCAD 2022 中,可以在表格中插入简单的公式,用于计算总和、计数和平均值,以及定义简单的算术表达式。要在选定的单元格中插入公式,可右击,然后选择"插入点"→"公式"命令,如图 5-33 所示。也可以使用文字编辑器来输入公式。选择一个公式项后,系统提示如下。

Note

```
选择表单元范围的第一个角点:(在表格内指定一点)
选择表单元范围的第二个角点:(在表格内指定另一点)
```

指定单元范围后,系统对范围内单元格的数值按指定公式进行计算,给出最终计算值。

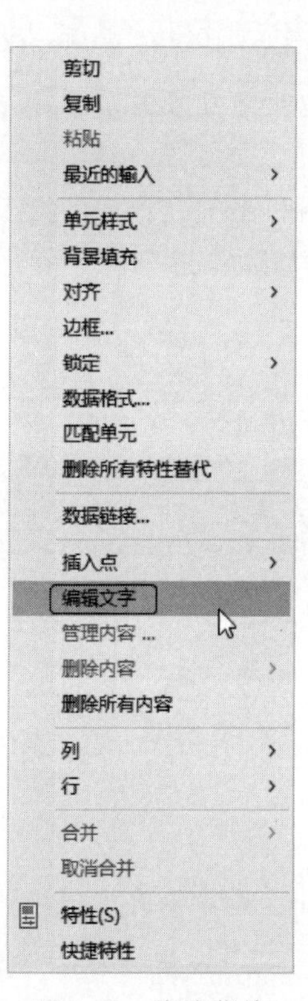

图 5-32 快捷菜单

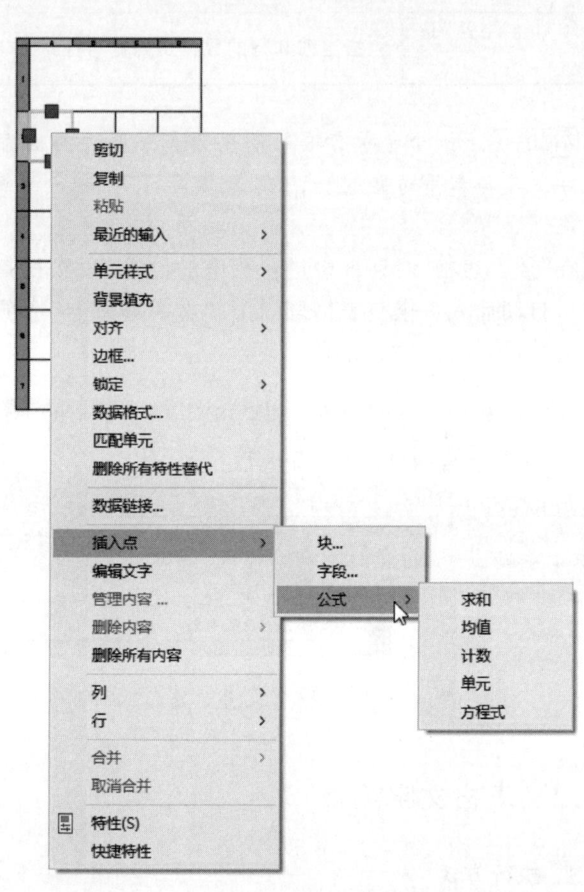

图 5-33 插入公式

5.5 尺寸标注样式

组成尺寸标注的尺寸界线、尺寸线、标注文字及箭头等可以采用多种多样的形式,实际标注一个几何对象的尺寸时,它的尺寸标注以什么形态出现,取决于当前所采用的尺寸标注样式。标注样式决定尺寸标注的形式,包括尺寸线、尺寸界线、箭头和中心标

记的形式，以及标注文字的位置、特性等。在 AutoCAD 2022 中，可以利用“标注样式管理器”对话框方便地设置自己需要的尺寸标注样式。下面介绍如何定制尺寸标注样式。

Note

5.5.1 新建或修改尺寸标注样式

在进行尺寸标注之前，要建立尺寸标注的样式。如果不建立尺寸样式而直接进行标注，系统使用默认的名称为 STANDARD 的样式。如果认为使用的标注样式有某些设置不合适，也可以修改标注样式。

1. 执行方式

命令行：DIMSTYLE。

菜单栏：选择菜单栏中的“格式”→“标注样式”命令或选择菜单栏中的“标注”→“标注样式”命令。

工具栏：单击“标注”工具栏中的“标注样式”按钮。

功能区：单击“默认”选项卡“注释”面板中的“标注样式”按钮（图 5-34），或单击“注释”选项卡“标注”面板中的“标注样式”下拉菜单中的“管理标注样式”按钮（图 5-35），或单击“注释”选项卡“标注”面板中的“对话框启动器”按钮。

图 5-34 “注释”面板

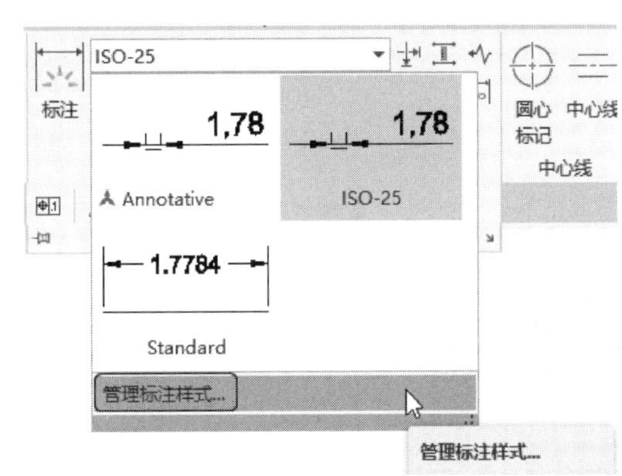

图 5-35 “标注”面板

2. 操作步骤

```
命令：DIMSTYLE↙
```

执行上述命令后，系统打开“标注样式管理器”对话框，如图 5-36 所示。利用此对话框，可方便直观地设置和浏览尺寸标注样式，包括建立新的标注样式、修改已存在的样式、设置当前尺寸标注样式、样式重命名，以及删除一个已存在的样式等。

3. 选项说明

“标注样式管理器”对话框各选项含义如表 5-7 所示。

Note

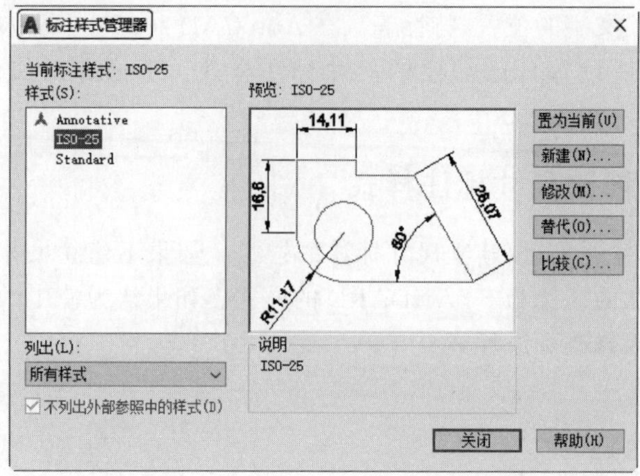

图 5-36 “标注样式管理器”对话框

表 5-7 “标注样式管理器”对话框各选项含义

<table>
<tr><th>选　项</th><th colspan="2">含　义</th></tr>
<tr><td>“置为当前”按钮</td><td colspan="2">单击此按钮，把在“样式”列表框中选中的样式设置为当前样式</td></tr>
<tr><td rowspan="4">“新建”按钮</td><td colspan="2">定义一个新的尺寸标注样式。单击此按钮，AutoCAD 打开“创建新标注样式”对话框，如图 5-37 所示。利用此对话框，可创建一个新的尺寸标注样式。下面介绍其中各选项的功能</td></tr>
<tr><td>新样式名</td><td>给新的尺寸标注样式命名</td></tr>
<tr><td>基础样式</td><td>选取创建新样式所基于的标注样式。单击右侧的下三角按钮，出现当前已有的样式列表，从中选取一个作为定义新样式的基础，新的样式是在这个样式的基础上修改一些特性得到的</td></tr>
<tr><td>用于</td><td>指定新样式应用的尺寸类型。单击右侧的下三角按钮，出现尺寸类型列表。如果新建样式应用于所有尺寸，则选“所有标注”；如果新建样式只应用于特定的尺寸标注(例如只在标注直径时使用)，则选取相应的尺寸类型</td></tr>
<tr><td rowspan="2">“修改”按钮</td><td>继续</td><td>各选项设置好以后，单击“继续”按钮，AutoCAD 打开“新建标注样式：副本 ISO-25”对话框，如图 5-38 所示。利用此对话框，可对新样式的各项特性进行设置。该对话框中各部分的含义和功能将在后面介绍</td></tr>
<tr><td colspan="2">修改一个已存在的尺寸标注样式。单击此按钮，AutoCAD 将打开“修改标注样式”对话框。该对话框中的各选项与“新建标注样式”对话框完全相同，可以在此对已有标注样式进行修改</td></tr>
<tr><td>“替代”按钮</td><td colspan="2">设置临时覆盖尺寸标注样式。单击此按钮，AutoCAD 打开“替代当前样式”对话框。该对话框中各选项与“新建标注样式”对话框完全相同，可改变选项的设置以覆盖原来的设置。但这种修改只对指定的尺寸标注起作用，而不影响当前尺寸变量的设置</td></tr>
<tr><td>“比较”按钮</td><td colspan="2">比较两个尺寸标注样式在参数上的区别，或浏览一个尺寸标注样式的参数设置。单击此按钮，AutoCAD 打开“比较标注样式”对话框，如图 5-39 所示。可以把比较结果复制到剪贴板中，然后再粘贴到其他的 Windows 应用软件中</td></tr>
</table>

Note

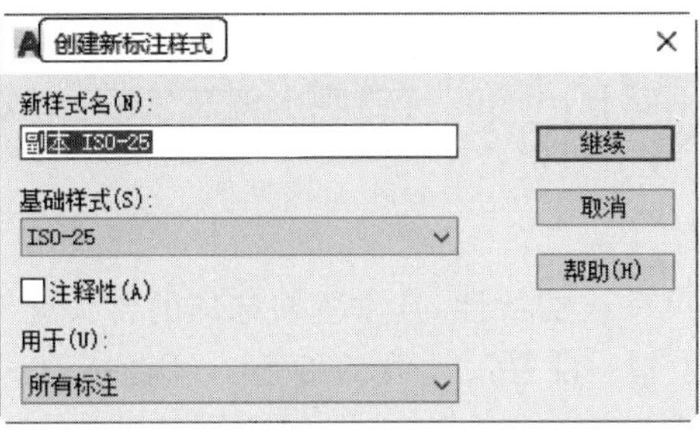

图 5-37 “创建新标注样式”对话框

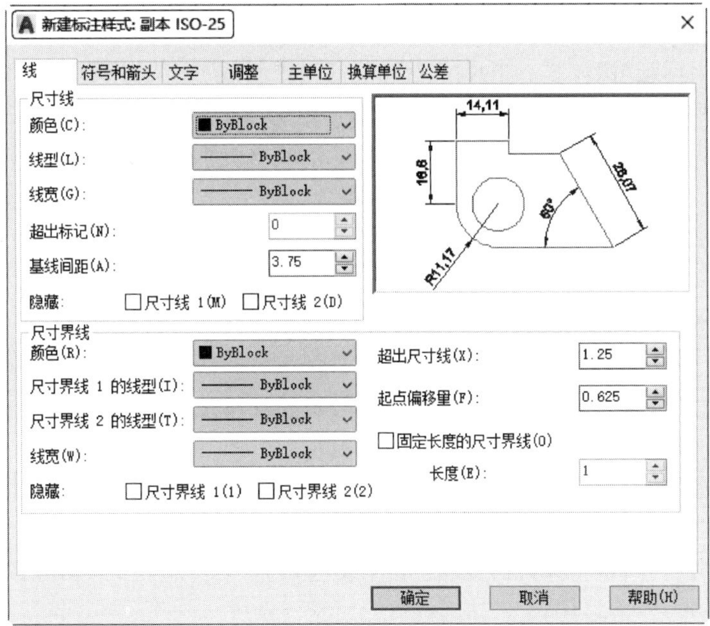

图 5-38 “新建标注样式：副本 ISO-25”对话框

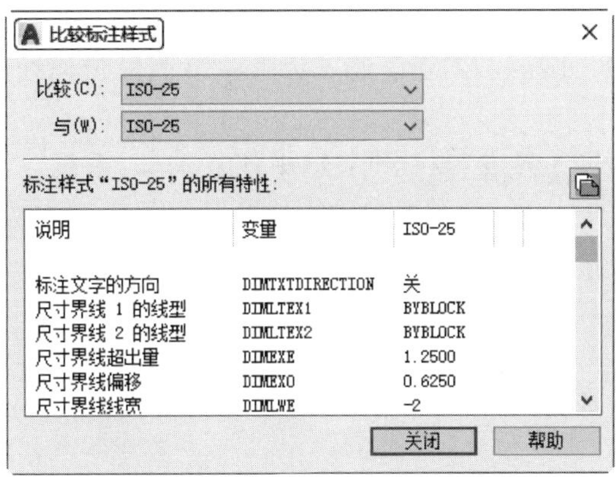

图 5-39 “比较标注样式”对话框

5.5.2 线

Note

在“新建标注样式”对话框中，第一个选项卡就是“线”。该选项卡用于设置尺寸线、尺寸界线的形式和特性，现分别进行说明。

1. “尺寸线”选项组

该选项组用于设置尺寸线的特性，其中主要选项的含义如下。

(1) “颜色”下拉列表框：设置尺寸线的颜色。可直接输入颜色名字，也可从下拉列表框中选择。如果选取“选择颜色”，AutoCAD 则打开“选择颜色”对话框供用户选择其他颜色。

(2) “线宽”下拉列表框：设置尺寸线的线宽。下拉列表框中列出了各种线宽的名字和宽度。AutoCAD 把设置值保存在 DIMLWD 变量中。

(3) “超出标记”微调框：当尺寸箭头设置为短斜线、短波浪线等，或尺寸线上无箭头时，可利用此微调框设置尺寸线超出尺寸界线的距离。其相应的变量是 DIMDLE。

(4) “基线间距”微调框：设置以基线方式标注尺寸时，相邻两尺寸线之间的距离。相应的变量是 DIMDLI。

(5) “隐藏”复选框组：确定是否隐藏尺寸线及相应的箭头。选中“尺寸线 1”复选框表示隐藏第一段尺寸线，选中“尺寸线 2”复选框表示隐藏第二段尺寸线。相应的变量为 DIMSD1 和 DIMSD2。

2. “尺寸界线”选项组

该选项组用于确定延伸线的形式，其中主要选项的含义如下。

(1) “颜色”下拉列表框：设置延伸线的颜色。

(2) “线宽”下拉列表框：设置延伸线的线宽，AutoCAD 把其值保存在 DIMLWE 变量中。

(3) “超出尺寸线”微调框：确定延伸线超出尺寸线的距离，相应的尺寸变量是 DIMEXE。

(4) “起点偏移量”微调框：确定尺寸界线的实际起始点相对于指定的延伸线的起始点的偏移量，相应的尺寸变量是 DIMEXO。

(5) “隐藏”复选框组：确定是否隐藏延伸线。选中“尺寸界线 1”复选框表示隐藏第一段延伸线，选中“尺寸界线 2”复选框表示隐藏第二段延伸线。相应的尺寸变量为 DIMSE1 和 DIMSE2。

(6) “固定长度的尺寸界线”复选框：选中该复选框，系统以固定长度的延伸线标注尺寸。可以在下面的“长度”微调框中输入长度值。

3. 尺寸样式显示框

在“新建标注样式”对话框的右上方，是一个尺寸样式显示框，该框以样例的形式显示用户设置的尺寸样式。

5.5.3 文字

在“新建标注样式：副本 ISO-25”对话框中，第三个选项卡是“文字”选项卡，如图 5-40 所示。该选项卡用于设置标注文字的形式、位置和对齐方式等。

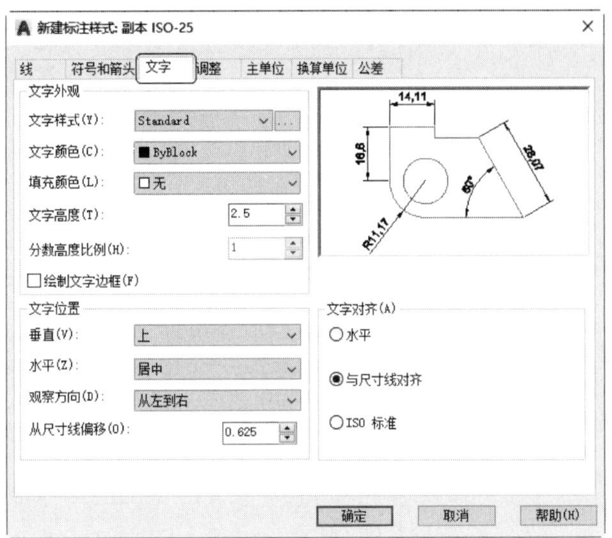

图 5-40　“新建标注样式副本 ISO-25”对话框中的“文字”选项卡

1. “文字外观”选项组

(1) “文字样式”下拉列表框：选择当前标注文字采用的文字样式。可在下拉列表框中选取一个样式，也可单击右侧的[...]按钮，打开“文字样式”对话框，从中可以创建新的文字样式或对文字样式进行修改。AutoCAD 将当前文字样式保存在 DIMTXSTY 系统变量中。

(2) “文字颜色”下拉列表框：设置标注文字的颜色，其操作方法与设置尺寸线颜色的方法相同。与其对应的变量是 DIMCLRT。

(3) “填充颜色”下拉列表框：用于设置标注中文字背景的颜色。

(4) “文字高度”微调框：设置标注文字的字高。相应的变量是 DIMTXT。如果选用的文字样式中已设置了具体的字高(不是 0)，则此处的设置无效；如果文字样式中设置的字高为 0，才以此处的设置为准。

(5) “分数高度比例”微调框：确定标注文字的比例系数，相应的变量是 DIMTFAC。

(6) “绘制文字边框”复选框：选中此复选框，AutoCAD 将在标注文字的周围加上边框。

2. “文字位置”选项组

(1) “垂直”下拉列表框：确定标注文字相对于尺寸线在垂直方向的对齐方式。相应的变量是 DIMTAD。在该下拉列表中可选择的对齐方式有以下五种。

- 居中：将标注文字放在尺寸线的两部分中间。
- 上：将标注文字放在尺寸线上方。
- 外部：将标注文字放在尺寸线上远离第一个定义点的一边。
- JIS：按照日本工业标准(JIS)放置标注文字。
- 下：将标注文字放在尺寸线下方。

上面这几种文本布置方式如图 5-41 所示。

(2) “水平”下拉列表框：用来确定标注文字相对于尺寸线和尺寸界线在水平方向

Note

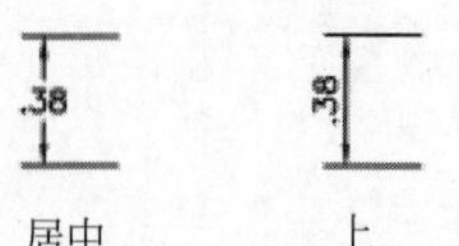

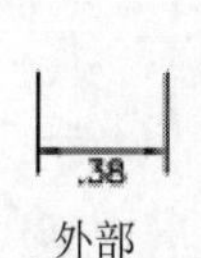

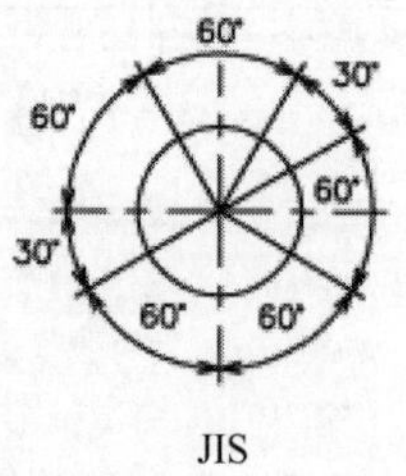

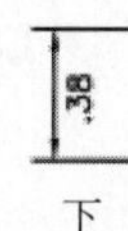

图 5-41　标注文字在垂直方向的放置

的对齐方式。相应的变量是 DIMJUST。在下拉列表框中，可选择的对齐方式有以下五种：居中、第一条尺寸界线、第二条尺寸界线、第一条尺寸界线上方、第二条尺寸界线上方，如图 5-42(a)～(e)所示。

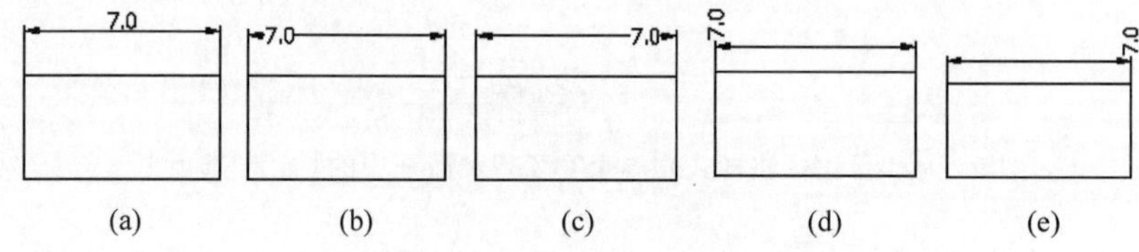

图 5-42　标注文字在水平方向的放置

(3)"观察方向"下拉列表框：用于控制标注文字的观察方向。

(4)"从尺寸线偏移"微调框：当标注文字放在断开的尺寸线中间时，此微调框用来设置标注文字与尺寸线之间的距离(标注文字间隙)。这个值保存在变量 DIMGAP 中。

3."文字对齐"选项组

用来控制标注文字排列的方向。当标注文字在尺寸界线之内时，与其对应的变量是 DIMTIH；当标注文字在尺寸界线之外时，与其对应的变量是 DIMTOH。

(1)"水平"单选按钮：标注文字沿水平方向放置。不论标注什么方向的尺寸，标注文字总保持水平。

(2)"与尺寸线对齐"单选按钮：标注文字沿尺寸线方向放置。

(3)"ISO 标准"单选按钮：当标注文字在尺寸界线之间时，沿尺寸线方向放置；当标注文字在尺寸界线之外时，沿水平方向放置。

5.6　尺寸标注

正确进行尺寸标注是设计绘图工作中非常重要的一个环节。AutoCAD 2022 提供了方便快捷的尺寸标注方法，可通过执行命令实现，也可利用菜单或工具图标实现。本节重点介绍如何对各种类型的尺寸进行标注。

5.6.1　线性

1. 执行方式

命令行：DIMLINEAR(缩写：DIMLIN)。

菜单栏：选择菜单栏中的“标注”→“线性”命令。

工具栏：单击“标注”工具栏中的“线性”按钮。

功能区：单击“默认”选项卡“注释”面板中的“线性”按钮（图 5-43），或单击“注释”选项卡“标注”面板中的“线性”按钮（图 5-44）。

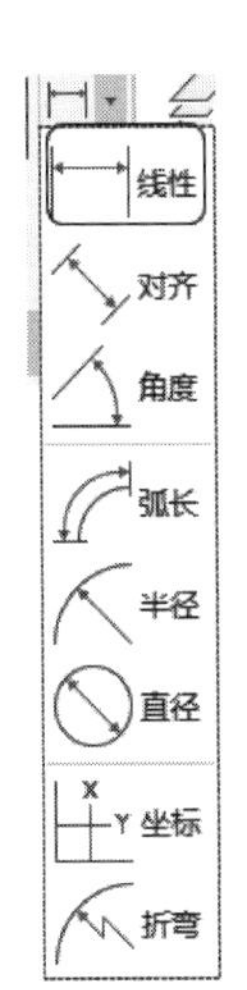

图 5-43 “注释”面板

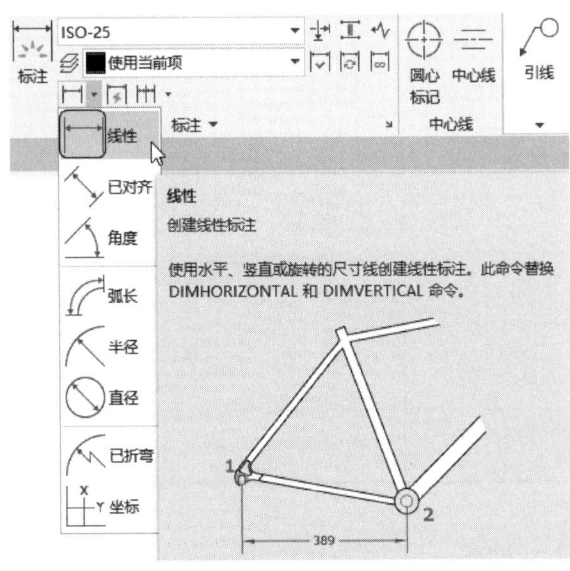

图 5-44 “标注”面板

2. 操作步骤

```
命令：DIMLIN↙
指定第一个尺寸界线原点或<选择对象>:
```

3. 选项说明

“线性”命令各选项含义如表 5-8 所示。

表 5-8 “线性”命令各选项含义

<table>
<tr><th>选　项</th><th colspan="2">含　义</th></tr>
<tr><td rowspan="3">直接按 Enter 键</td><td colspan="2">光标变为拾取框，并且在命令行提示如下。
选择标注对象：
用拾取框选取要标注尺寸的线段，AutoCAD 提示如下。
指定尺寸线位置或[多行文字(M)/文字(T)/角度(A)/水平(H)/垂直(V)/旋转(R)]:</td></tr>
<tr><td>指定尺寸线位置</td><td>确定尺寸线的位置。可移动鼠标指针选择合适的尺寸线位置，然后按 Enter 键或单击左键，AutoCAD 将自动测量所标注线段的长度并标注出相应的尺寸</td></tr>
<tr><td>多行文字(M)</td><td>用多行文字编辑器确定标注文字</td></tr>
</table>

Note

续表

选　项	含　义	
直接按 Enter 键	文字(T)	在命令行提示下输入或编辑标注文字。选择此选项后,AutoCAD 提示如下。 输入标注文字<默认值>: 其中的默认值是 AutoCAD 自动测量得到的被标注线段的长度,直接按 Enter 键即可采用此长度值,也可输入其他数值代替默认值。当标注文字中包含默认值时,可使用尖括号"<>"表示默认值
	角度(A)	确定标注文字的倾斜角度
	水平(H)	水平标注尺寸,不论标注什么方向的线段,尺寸线均水平放置
	垂直(V)	垂直标注尺寸,不论被标注线段沿什么方向,尺寸线总保持垂直
	旋转(R)	输入尺寸线旋转的角度值,旋转标注尺寸
指定第一个尺寸界线原点	指定第一条与第二条尺寸界线的起始点	

5.6.2　对齐

1. 执行方式

命令行：DIMALIGNED。

菜单栏：选择菜单栏中的"标注"→"对齐"命令。

工具栏：单击"标注"工具栏中的"对齐"按钮。

功能区：单击"默认"选项卡"注释"面板中的"对齐"按钮,或单击"注释"选项卡"标注"面板中的"对齐"按钮。

2. 操作步骤

```
命令: DIMALIGNED↙
指定第一个尺寸界线原点或<选择对象>:
```

这种命令标注的尺寸线与所标注轮廓线平行,标注的是起始点到终点之间的距离尺寸。

5.6.3　基线

基线用于产生一系列基于同一条延伸线的尺寸标注,适用于长度尺寸标注、角度标注和坐标标注等。在使用基线标注方式之前,应该先标注出一个相关的尺寸。

1. 执行方式

命令行：DIMBASELINE。

菜单栏：选择菜单栏中的"标注"→"基线"命令。

工具栏：单击"标注"工具栏中的"基线"按钮。

功能区：单击"注释"选项卡"标注"面板中的"基线"按钮。

2. 操作步骤

```
命令：DIMBASELINE↙
指定第二个尺寸界线原点或[放弃(U)/选择(S)] <选择>:
```

3. 选项说明

"基线"命令各选项含义如表 5-9 所示。

表 5-9 "基线"命令各选项含义

选　项	含　义
指定第二个尺寸界线	直接确定另一个尺寸的第二个尺寸界线的起点，AutoCAD 以上次标注的尺寸为基准标注出相应尺寸
选择(S)	在上述提示下直接按 Enter 键，AutoCAD 提示如下。 选择基准标注:(选取作为基准的尺寸标注)

5.6.4 连续

连续又叫尺寸链标注，用于产生一系列连续的尺寸标注，后一个尺寸标注均把前一个标注的第二个尺寸界线作为它的第一个尺寸界线。适用于长度尺寸标注、角度标注和坐标标注等。在使用连续标注方式之前，应该先标注出一个相关的尺寸。

1. 执行方式

命令行：DIMCONTINUE。

菜单栏：选择菜单栏中的"标注"→"连续"命令。

工具栏：单击"标注"工具栏中的"连续"按钮。

功能区：单击"注释"选项卡"标注"面板中的"连续"按钮。

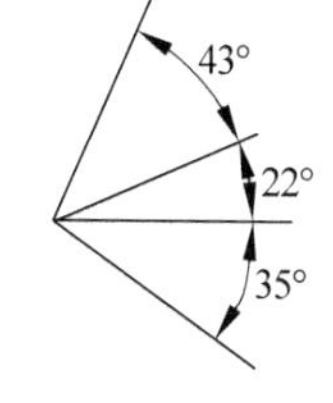

图 5-45 连续标注

2. 操作步骤

```
命令：DIMCONTINUE↙
指定第二个尺寸界线原点或[放弃(U)/选择(S)] <选择>:
```

在此提示下的各选项与基线中完全相同，不再赘述。连续标注的效果如图 5-45 所示。

5.6.5 上机练习——给居室平面图标注尺寸

5-2

设计思路

首先利用二维绘制和编辑命令绘制居室平面图，然后标注居室平面图。

操作步骤

（1）绘制图形。单击"默认"选项卡"绘图"面板中的"直线"按钮、"矩形"按钮和"圆弧"按钮，选择菜单栏中的"绘图"/"多线"命令，以及单击"默认"选项卡

“修改”面板中的“镜像”按钮、“复制”按钮、“偏移”按钮、“倒角”按钮和“旋转”按钮等绘制图形，或者直接打开“源文件\第5章\居室平面图”文件，结果如图5-46所示。

Note

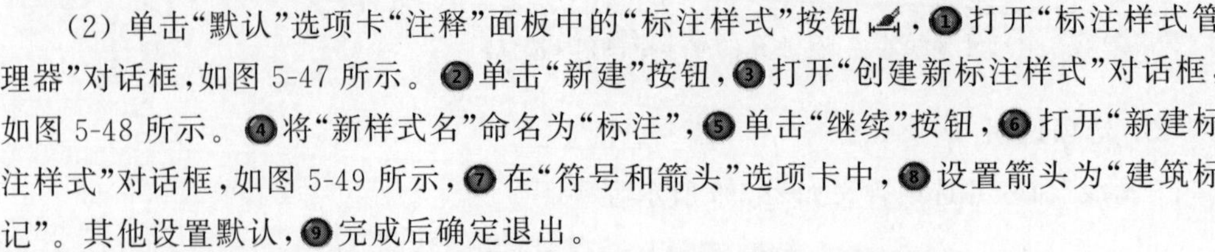

（2）单击“默认”选项卡“注释”面板中的“标注样式”按钮，❶打开“标注样式管理器”对话框，如图5-47所示。❷单击“新建”按钮，❸打开“创建新标注样式”对话框，如图5-48所示。❹将“新样式名”命名为“标注”，❺单击“继续”按钮，❻打开“新建标注样式”对话框，如图5-49所示，❼在“符号和箭头”选项卡中，❽设置箭头为“建筑标记”。其他设置默认，❾完成后确定退出。

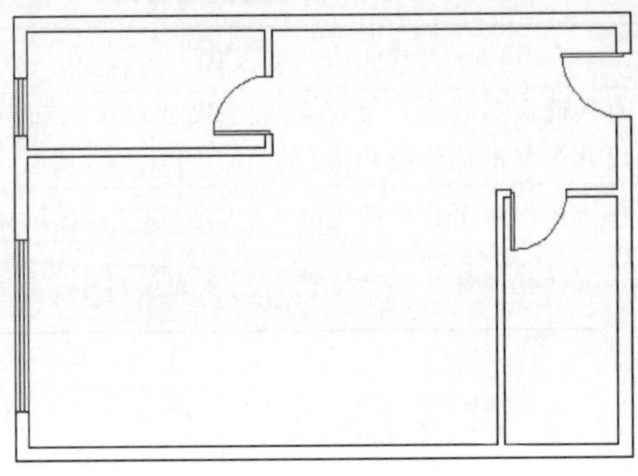

图5-46　居室平面图

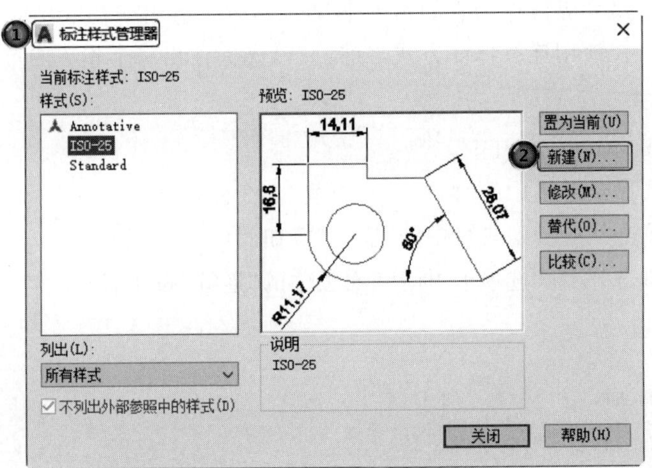

图5-47　“标注样式管理器”对话框

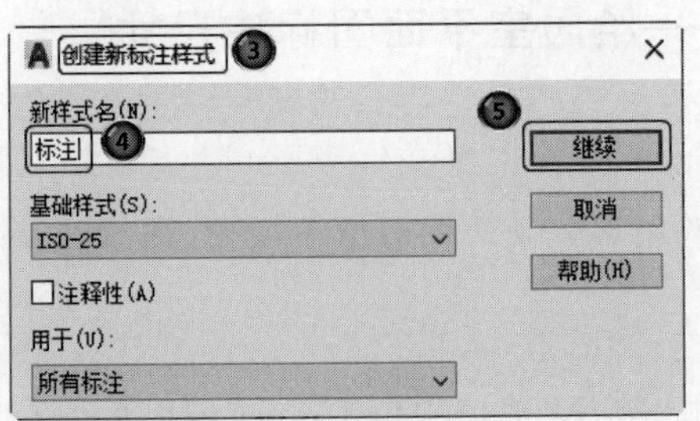

图5-48　“创建新标注样式”对话框

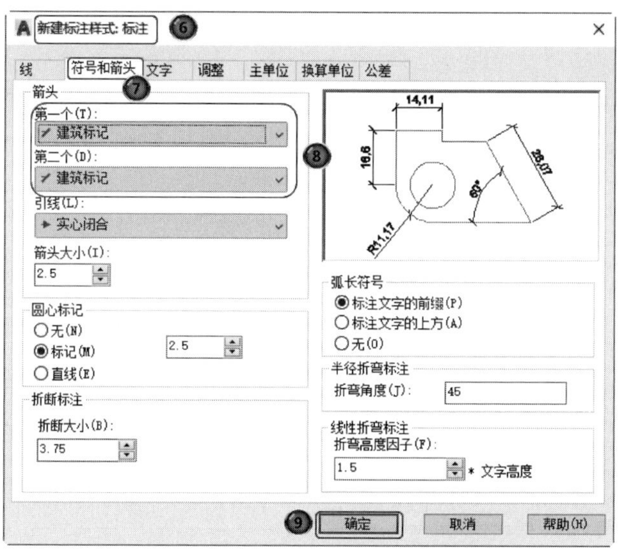

图 5-49 设置"符号和箭头"选项卡

(3) 标注水平轴线尺寸。首先将"标注"样式置为当前状态，并把墙体和轴线的上侧放大显示，如图 5-50 所示。然后单击"默认"选项卡"注释"面板中的"线性"按钮 ，标注水平方向上的尺寸，如图 5-51 所示。

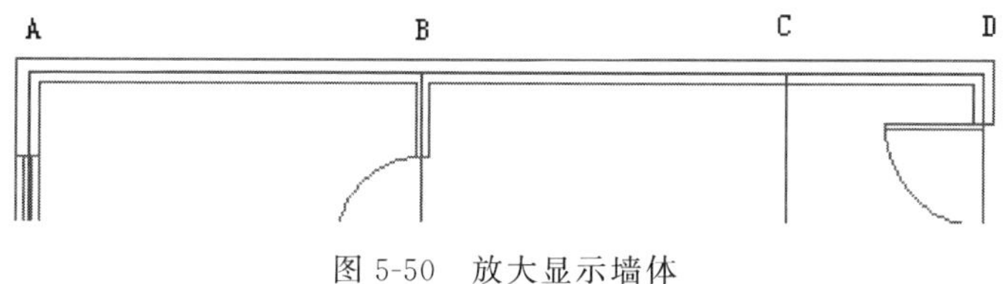

图 5-50 放大显示墙体

(4) 采用上步的标注方法完成竖向轴线尺寸的标注，结果如图 5-52 所示。

(5) 标注门窗洞口尺寸。对于门窗洞口尺寸，单击"默认"选项卡"注释"面板中的"线性"按钮 ，依次单击尺寸的两个界限源点，完成每一个需要标注的尺寸，结果如图 5-53 所示。

(6) 标注编辑。对于其中自动生成指引线标注的尺寸值，先选中尺寸值，将其逐个调整到适当位置，调整前如图 5-54 所示，调整后结果如图 5-55 所示。为了便于操作，在调整时可暂时将"对象捕捉"功能关闭。

提示： 处理字样重叠的问题，也可以在标注样式中进行相关设置，这样计算机会自动处理，但处理效果有时不太理想。也可以通过单击"标注"工具栏中的"编辑标注文字"按钮 来调整文字位置，读者可以试一试。

(7) 标注其他细部尺寸和总尺寸。按照第(6)步和第(7)步的方法完成其他细部尺寸和总尺寸的标注，结果如图 5-56 所示。注意总尺寸的标注位置。

最终的图形如图 5-56 所示。

Note

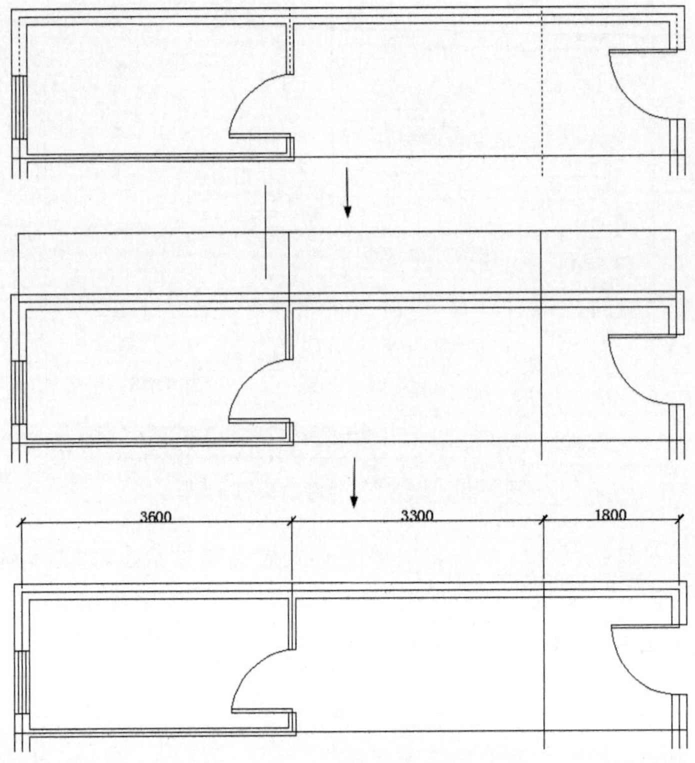

图 5-51　水平标注操作过程示意图

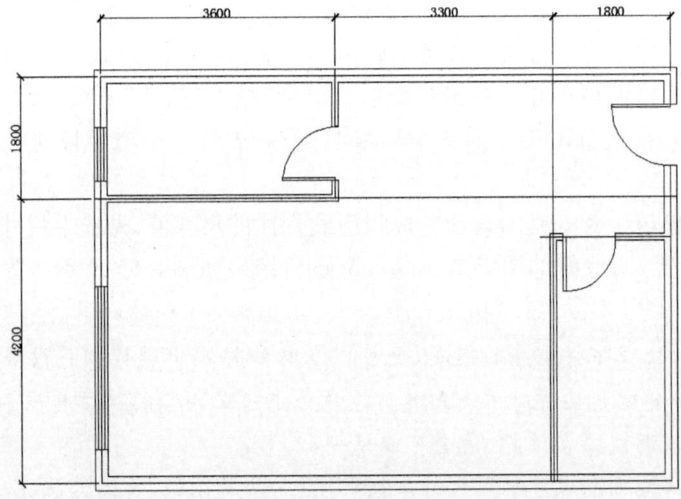

图 5-52　完成轴线标注

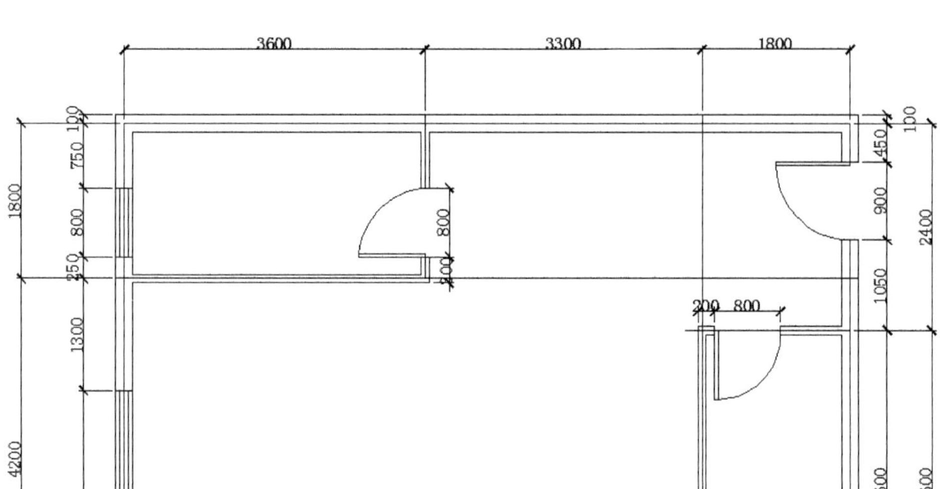

图 5-53　标注门窗洞口尺寸

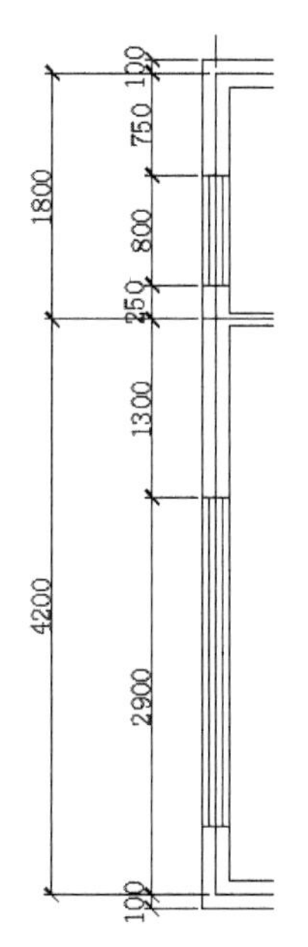

图 5-54　门窗尺寸标注

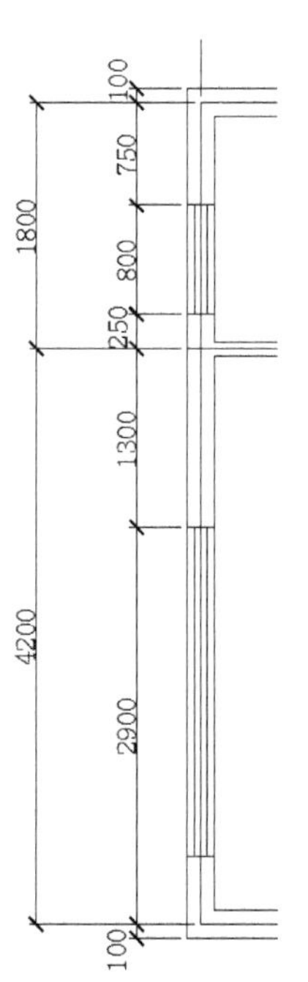

图 5-55　门窗尺寸调整

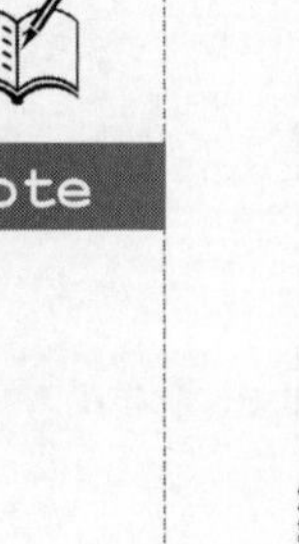
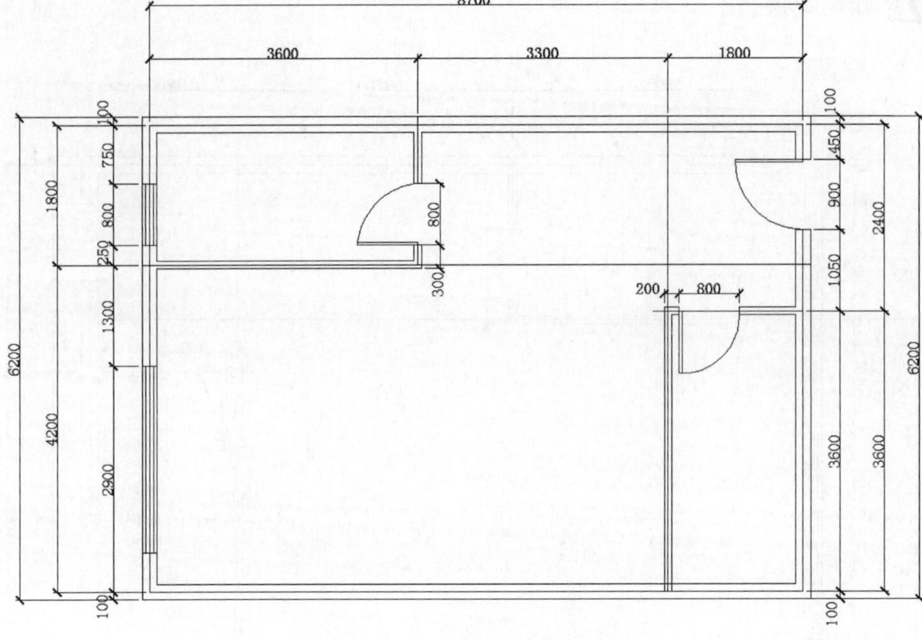

图 5-56　标注居室平面图尺寸

5-3

5.7　实例精讲——图签模板

设计思路

如图 5-57 所示，本例绘制建筑图中常用的图签模板。首先设置“绘图单位”和“图层”，然后利用二维绘图命令创建图形，最后利用“另存为”命令将图形保存。

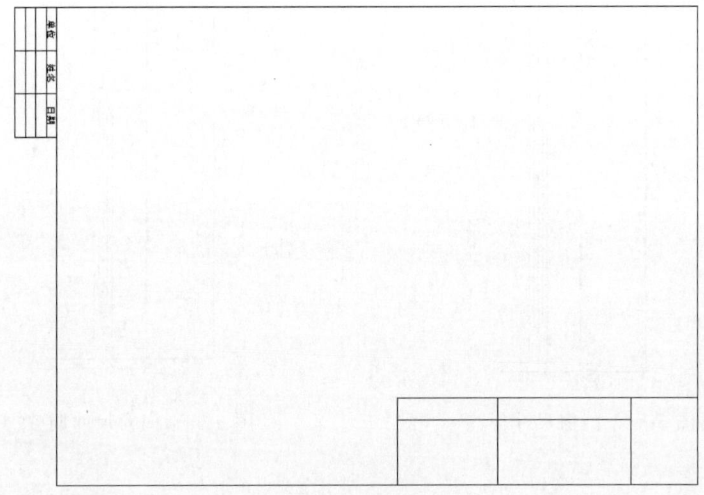

图 5-57　图签模板

操作步骤

1. 设置单位。

选择菜单栏中的“格式”→“单位”命令，AutoCAD 打开“图形单位”对话框，如图 5-58 所示。❶设置“长度”的类型为“小数”，“精度”为 0；❷“角度”的类型为“十进制度数”，“精度”为 0，❸系统默认逆时针方向为正，❹“插入时的缩放单位”设置为“毫米”。

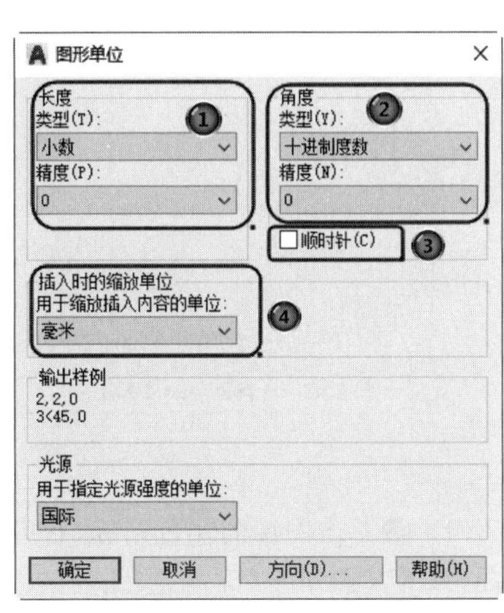

图 5-58　“图形单位”对话框

2. 设置图层。

(1) 单击“默认”选项卡“图层”面板中的“图层特性”按钮，打开“图层特性管理器”对话框，如图 5-59 所示。

(2) ❶单击新建按钮，新建一个图层，❷在图层列表框中出现一个默认名为“图层 1”的新图层，如图 5-60 所示，❸单击该图层名，将图层名改为“图框线”，如图 5-61 所示。

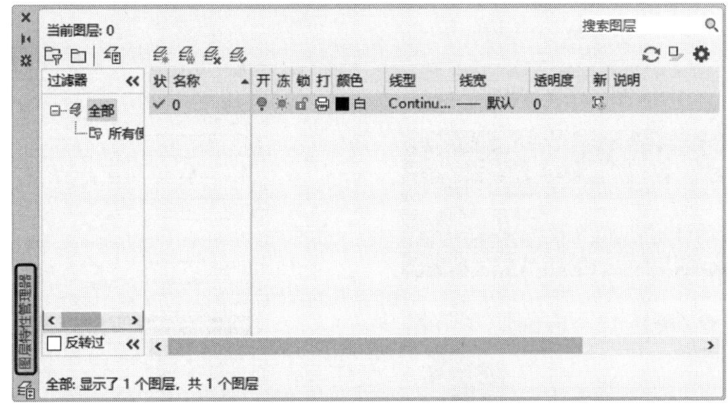

图 5-59　“图层特性管理器”对话框

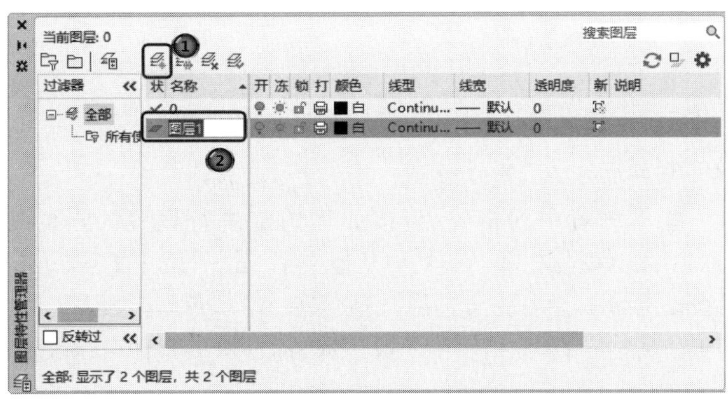

图 5-60　新建图层 1

Note

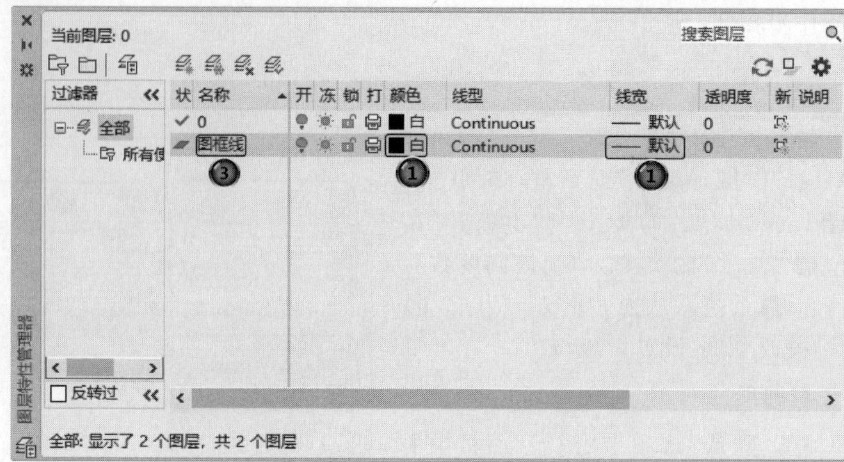

图 5-61　新建图层 2

(3) ❶单击图层的颜色图标,打开"选择颜色"对话框,如图 5-62 所示,❷将颜色设置为红色,❸单击"确定"按钮,在"图层特性管理器"选项板中可以发现图框线图层的颜色变成了红色。

(4) ❶单击图层所对应的线宽图标,打开"线宽"对话框,如图 5-63 所示,❷将线宽设置为 0.3mm,❸单击"确定"按钮。

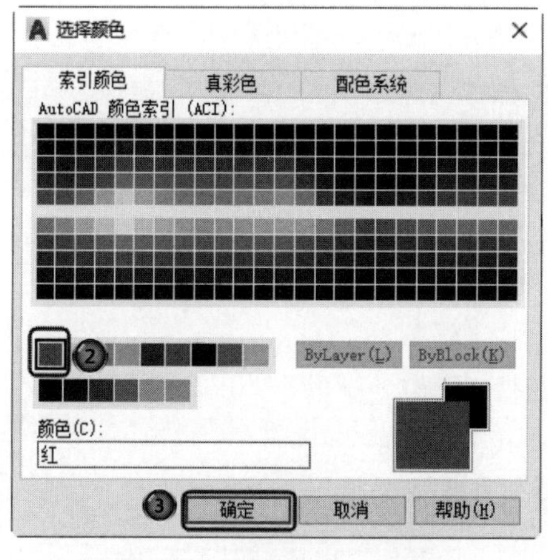

图 5-62　"选择颜色"对话框

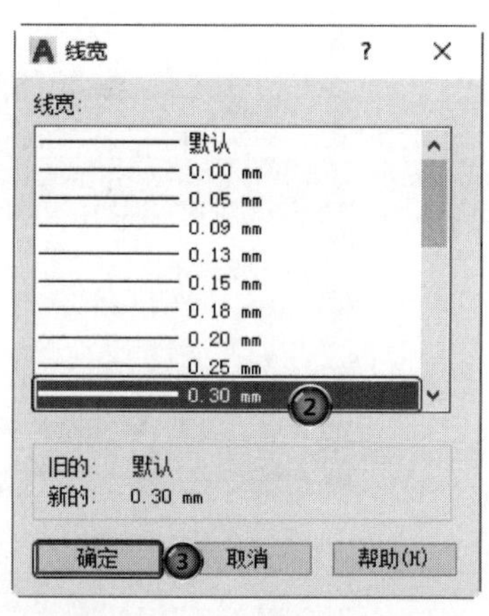

图 5-63　"线宽"对话框

(5) 采用相同的方法设置其余图层,结果如图 5-64 所示。

3. 设置文本样式

下面列出一些本练习中的格式,请按如下约定进行设置:文本高度一般注释 7mm,零件名称 10mm,图标栏和会签栏中其他文字 5mm,尺寸文字 5mm,线型比例为 1,图纸空间线型比例为 1,单位为十进制,小数点后 0 位,角度小数点后 0 位。

可以生成 4 种文字样式,分别用于一般注释、标题块中零件名、标题块注释及尺寸标注。

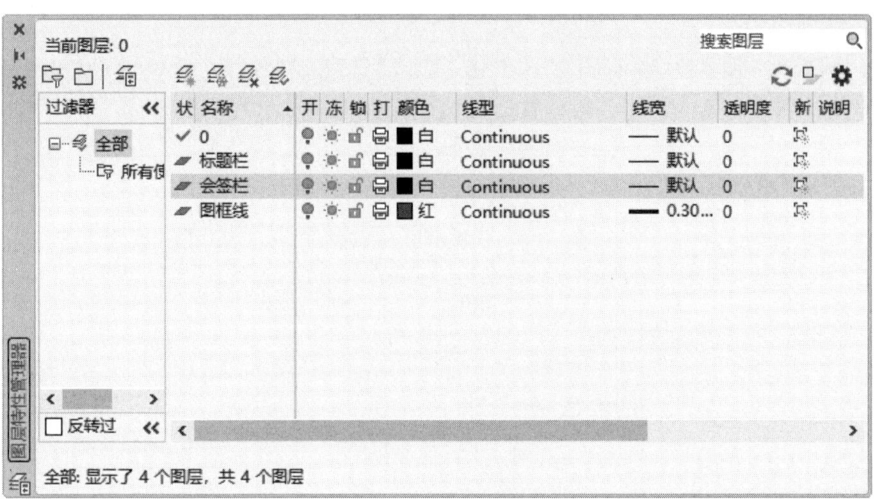

图 5-64　设置图层

单击“默认”选项卡“注释”面板中的“文字样式”按钮，打开如图 5-65 所示的“文字样式”对话框。❶单击“新建”按钮，❷打开如图 5-66 所示的“新建文字样式”对话框，❸在样式名中输入“样式 1” 文字样式名，❹单击“确定”按钮。❺在“文字样式”对话框中的“字体名”下拉列表框中选择“宋体”，❻文字高度为 5，❼将“宽度因子”设置为 0.7，❽单击“应用”按钮，❾然后单击“关闭”按钮，关闭对话框。其余文字样式设置类似。

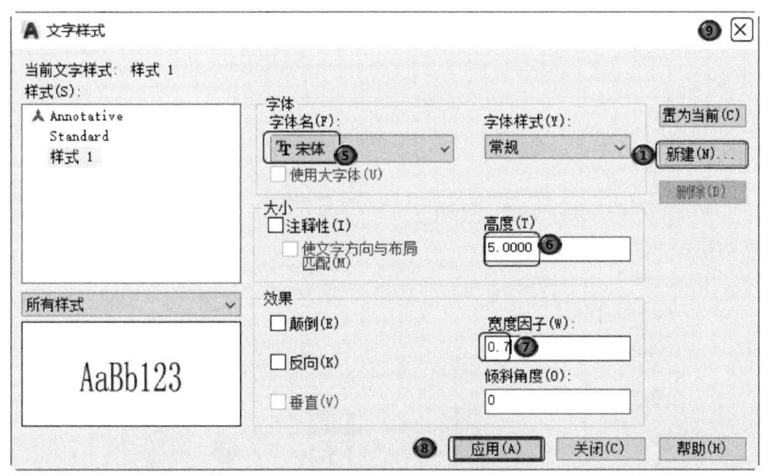

图 5-65　“文字样式”对话框

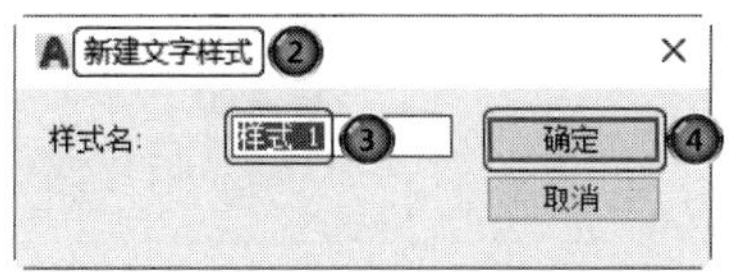

图 5-66　“新建文字样式”对话框

Note

4. 绘制图框

将“图框线”设置为当前图层。单击“默认”选项卡“绘图”面板中的“矩形”按钮 ▭，绘制角点坐标为(25,10)和(410,287)的矩形，如图 5-67 所示。

图 5-67　绘制矩形

提示：A3 图纸标准的幅面大小是 420×297，这里留出了带装订边的图框到纸面边界的距离。

5. 绘制标题栏

标题栏示意图如图 5-68 所示，由于分隔线并不整齐，所以可以先绘制一个 9×4(每个单元格的尺寸是 20×10)的标准表格，然后在此基础上编辑或合并单元格。

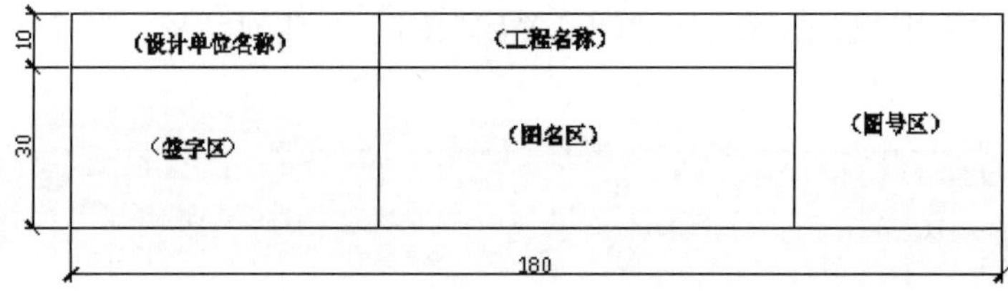

图 5-68　标题栏示意图

(1) 单击“默认”选项卡“注释”面板中的“表格样式”按钮 ▤，❶系统打开“表格样式”对话框，如图 5-69 所示。

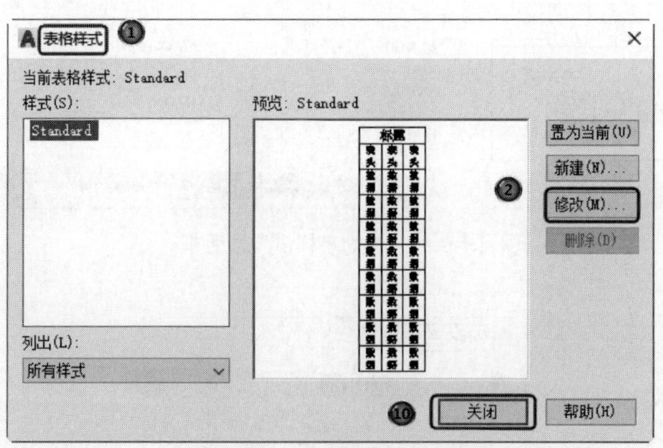

图 5-69　“表格样式”对话框

(2) 将“标题栏”图层设置为当前图层。❷单击“表格样式”对话框中的“修改”按钮，❸系统打开“修改表格样式”对话框，❹在“单元样式”下拉列表框中选择“数据”选项，❺在下面的“文字”选项卡中，❻将“文字高度”设置为6，如图5-70所示。❼再选择“常规”选项卡，❽将“页边距”选项组中的“水平”和“垂直”都设置为1，如图5-71所示。

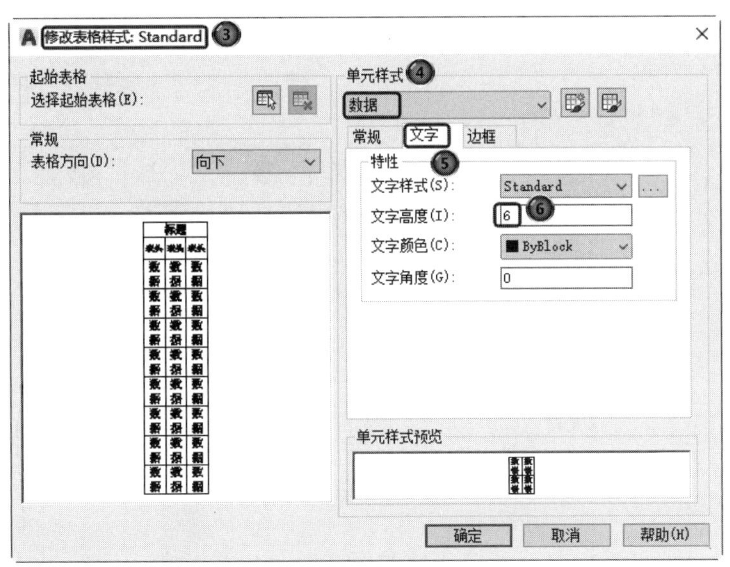

图5-70　“修改表格样式”对话框

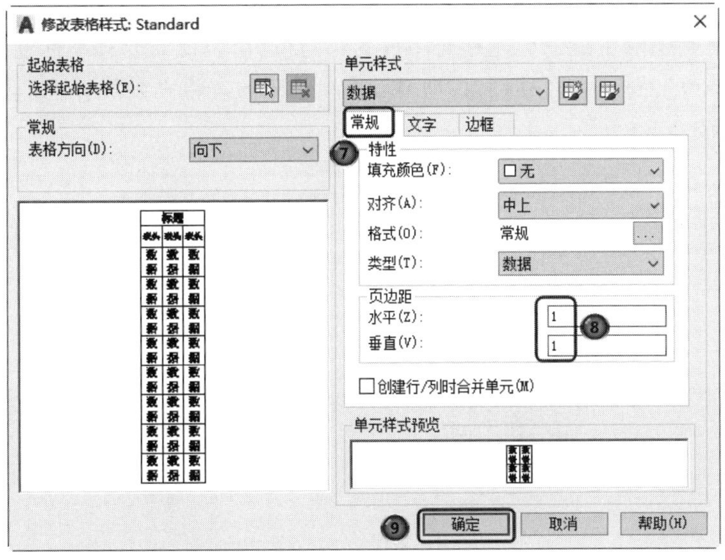

图5-71　设置“常规”选项卡

(3) ❾单击“确定”按钮，系统回到“表格样式”对话框，❿单击“关闭”按钮退出。

(4) 单击“默认”选项卡“注释”面板中的“表格”按钮▦，❶系统打开“插入表格”对话框。❷在“列和行设置”选项组中将“列数”设置为9，❸“列宽”设置为20，❹“数据

行数”设置为 2(加上标题行和表头行共 4 行),❺“行高”设置为 1 行(即为 10);❻在“设置单元样式”选项组中将“第一行单元样式”、“第二行单元样式”和“所有其他行单元样式”都设置为“数据”,❼单击“确定”按钮,如图 5-72 所示。

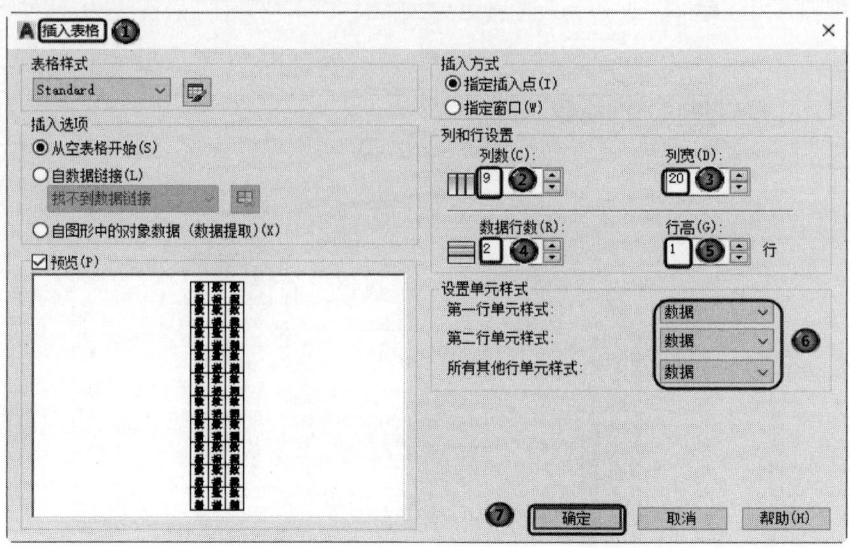

图 5-72 “插入表格”对话框

(5) 在图框线右下角附近指定表格位置,系统生成表格,不输入文字,如图 5-73 所示。

6. 移动标题栏

由于无法确定刚生成的标题栏与图框的相对位置,因此需要移动标题栏。单击“默认”选项卡“修改”面板中的“移动”按钮,将刚绘制的表格准确放置在图框的右下角,如图 5-74 所示。

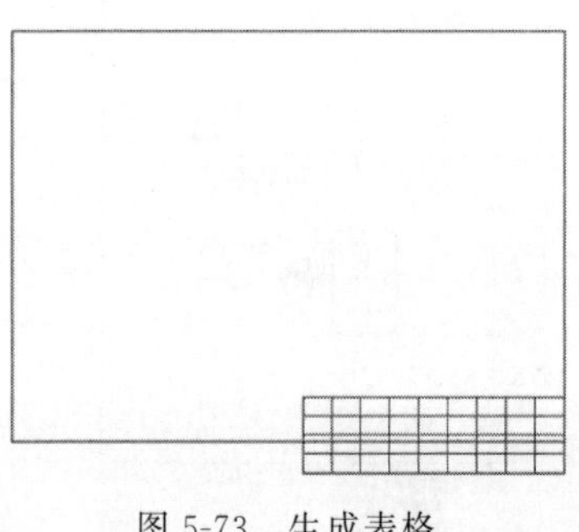

图 5-73 生成表格

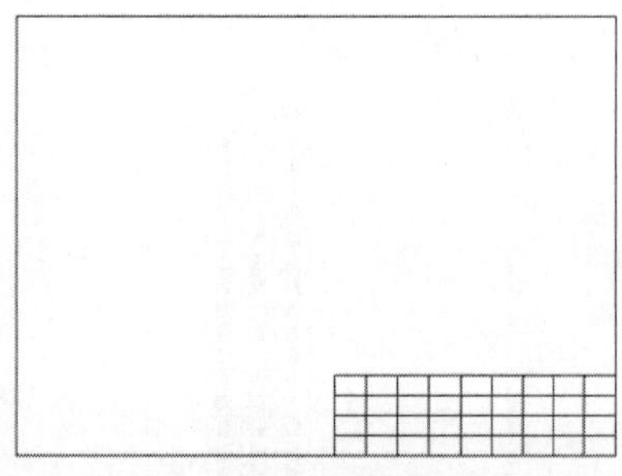

图 5-74 移动表格

7. 编辑标题栏表格

(1) 单击标题栏表格 A 单元格,按住 Shift 键,同时选择 B 和 C 单元格,软件将❶打开“表格单元”选项卡,❷选择“合并单元”下拉菜单中的❸“合并全部”选项,如图 5-75 所示。

(2) 重复上述方法,对其他单元格进行合并,结果如图 5-76 所示。

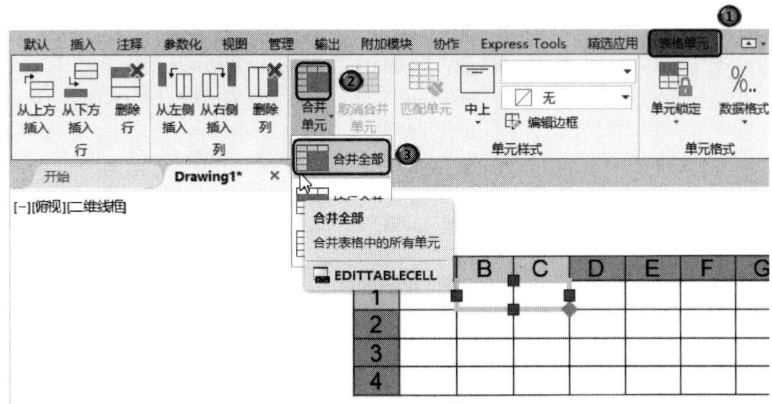

图 5-75　合并单元格

8. 绘制会签栏

会签栏具体大小和样式如图 5-77 所示。用户可以采取和标题栏相同的绘制方法来绘制会签栏。

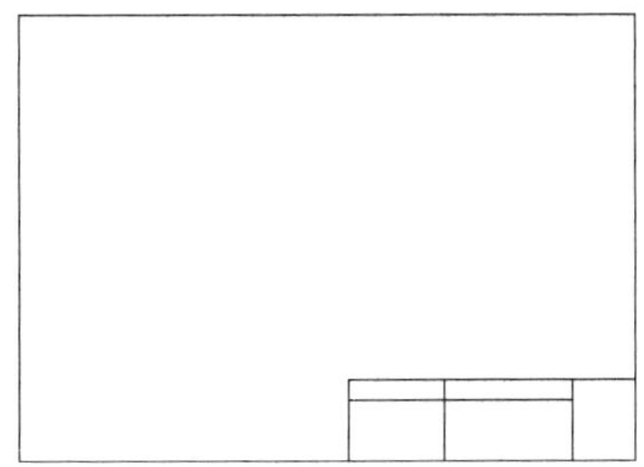

图 5-76　完成标题栏单元格编辑

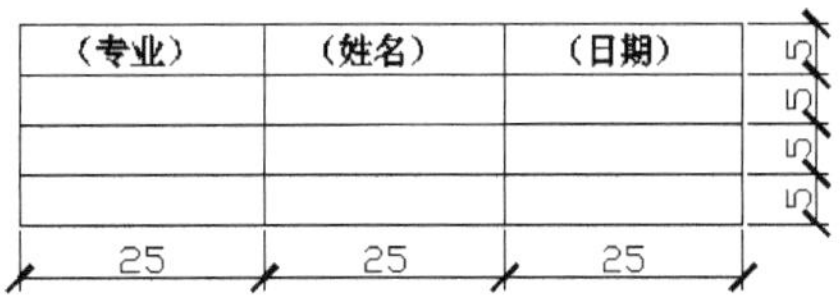

（专业）	（姓名）	（日期）

25　25　25；5　5　5　5

图 5-77　会签栏示意图

（1）将“会签栏”图层设置为当前图层。在“修改表格样式”对话框的“文字”选项卡中，将“文字高度”设置为 4，如图 5-78 所示；再把“常规”选项卡中的“页边距”选项组中的“水平”和“垂直”都设置为 0.5。

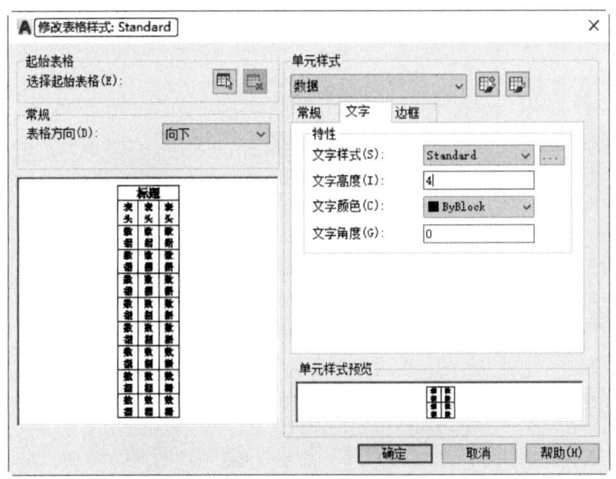

图 5-78　设置表格样式

Note

（2）单击“默认”选项卡“注释”面板中的“表格”按钮▦，❶系统打开“插入表格”对话框，在“列和行设置”选项组中，❷将“列数”设置为 3，❸“列宽”设置为 25，❹将“数据行数”设置为 2，❺将“行高”设置为 1 行；❻在“设置单元样式”选项组中，将“第一行单元样式”“第二行单元样式”和“所有其他行单元样式”都设置为“数据”，❼单击“确定”按钮，如图 5-79 所示。

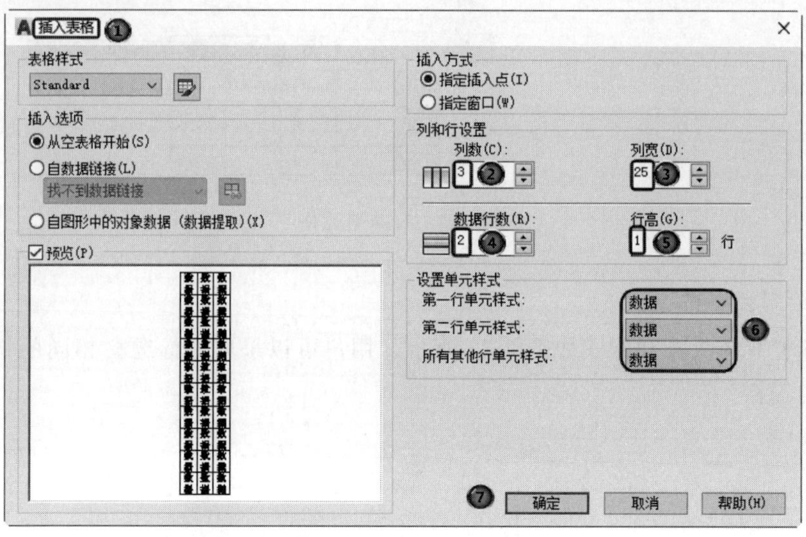

图 5-79　设置表格行和列

（3）在表格中输入文字，结果如图 5-80 所示。

9. 旋转和移动会签栏

（1）单击“默认”选项卡“修改”面板中的“旋转”按钮，旋转会签栏。

（2）单击“默认”选项卡“修改”面板中的“移动”按钮，将会签栏移动到图框的左上角，结果如图 5-81 所示。

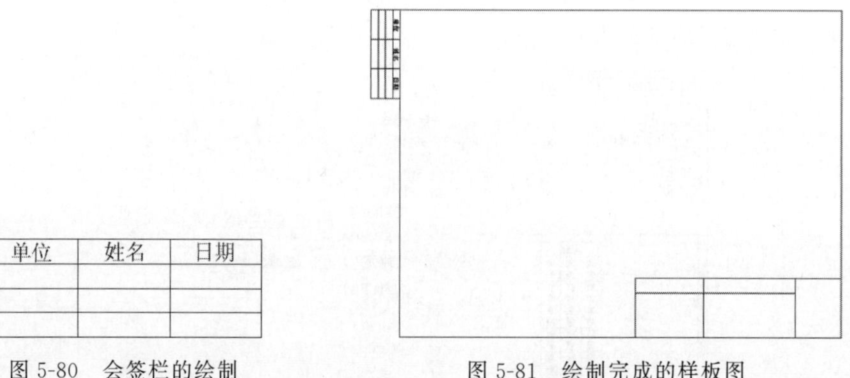

图 5-80　会签栏的绘制　　图 5-81　绘制完成的样板图

10. 保存样板图

选择菜单栏中的“文件”→“另存为”命令，❶在“文件类型”下拉列表框中选择“AutoCAD 图形样板（＊.dwt）”选项，如图 5-82 所示，❷输入文件名“图签模板”，❸单

击“保存”按钮，系统打开“样板选项”对话框，如图 5-83 所示，接受默认的设置，单击“确定”按钮，保存文件。

图 5-82　“图形另存为”对话框

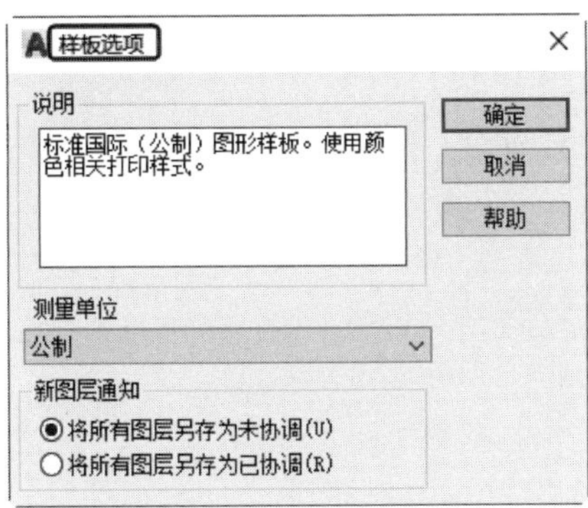

图 5-83　样板选项

5.8　上机实验

5.8.1　实验 1　绘制会签栏

绘制如图 5-84 所示的会签栏。

专业	姓名	日期

图 5-84　会签栏

Note

操作提示

（1）利用“表格”命令绘制表格。

（2）利用“多行文字”命令标注文字。

5.8.2 实验 2 绘制标题栏

绘制如图 5-85 所示的 A3 幅面的标题栏。

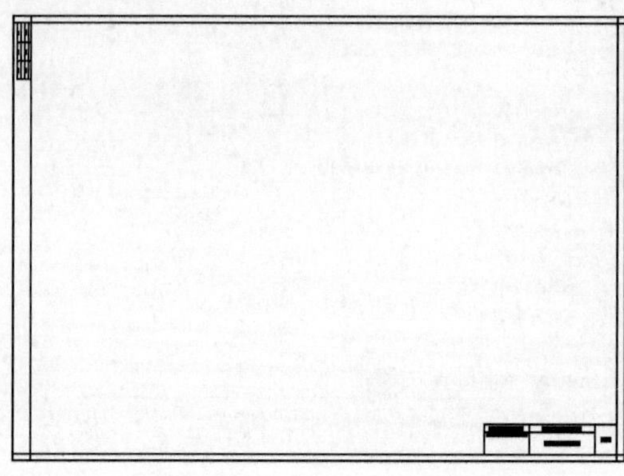

图 5-85　A3 幅面的标题栏

操作提示

（1）设置表格样式。

（2）插入空表格，并调整列宽。

（3）输入文字和数据。

第6章

编辑命令

二维图形编辑操作配合绘图命令的使用，可以进一步完成复杂图形对象的绘制工作，并可使用户合理安排和组织图形，保证作图准确，减少重复。因此，对编辑命令的熟练掌握和使用有助于提高设计和绘图的效率。本章主要介绍以下内容：删除及恢复类命令、复制类命令、改变位置类命令、改变几何特性类命令等。

学 习 要 点

- 选择对象
- 删除及恢复类命令
- 复制类命令
- 改变位置类命令
- 改变几何特性命令

6.1 选择对象

Note

AutoCAD 2022 提供两种编辑图形的途径。

➢ 先执行编辑命令,然后选择要编辑的对象。

➢ 先选择要编辑的对象,然后执行编辑命令。

这两种途径的执行效果是相同的,但选择对象是进行编辑的前提。AutoCAD 2022 提供了多种对象选择方法,如单击方法、用选择窗口选择对象、用选择线选择对象、用对话框选择对象等。AutoCAD 2022 可以把选择的多个对象组成整体(如选择集和对象组),进行整体编辑与修改。

选择集可以仅由一个图形对象构成;也可以是一个复杂的对象组,如位于某一特定层上具有某种特定颜色的一组对象。构造选择集可以在调用编辑命令之前或之后。

AutoCAD 2022 提供以下几种方法构造选择集。

➢ 先选择一个编辑命令,然后选择对象,按 Enter 键结束操作。

➢ 使用 SELECT 命令。在命令提示行中输入 SELECT,选择选项后,出现提示选择对象,按 Enter 键结束。

➢ 用选取设备选择对象,然后调用编辑命令。

➢ 定义对象组。

无论使用哪种方法,AutoCAD 2022 都将提示用户选择对象,并且光标的形状由十字光标变为拾取框。此时,可以用后面介绍的方法选择对象。

下面结合 SELECT 命令说明选择对象的方法。

SELECT 命令可以单独使用,也可以在执行其他编辑命令时被自动调用。此时屏幕提示如下。

```
选择对象:
```

等待用户以某种方式选择对象作为回答。AutoCAD 2022 提供多种选择方式,可以输入"?"查看这些选择方式。选择该选项后,出现如下提示。

```
需要点或窗口(W)/上一个(L)/窗交(C)/框(BOX)/全部(ALL)/栏选(F)/圈围(WP)/圈交(CP)/编组(G)/添加(A)/删除(R)/多个(M)/前一个(P)/放弃(U)/自动(AU)/单个(SI)/子对象(SU)/对象(O)
选择对象:
```

部分选项含义如下。

(1) 窗口(W):用由两个对角顶点确定的矩形窗口选取位于其范围内部的所有图形,与边界相交的对象不会被选中。指定对角顶点时,应该按照从左向右的顺序,如图 6-1 所示。

(2) 窗交(C):该方式与上述"窗口"方式类似,区别在于它不但选择矩形窗口内部的对象,也选中与矩形窗口边界相交的对象。选择的对象如图 6-2 所示。

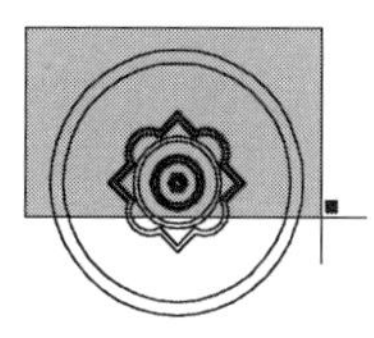

(a) 图中阴影覆盖为选择框

(b) 选择后的图形

图 6-1 “窗口”对象选择方式

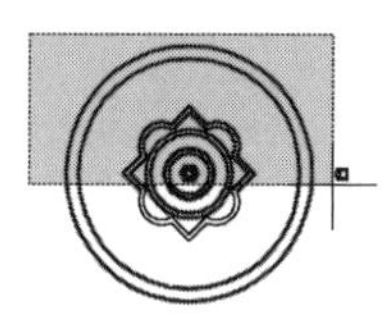

(a) 图中阴影为选择框

(b) 选择后的图形

图 6-2 “窗交”对象选择方式

(3) 框(BOX):使用时,系统根据用户在屏幕上给出的两个对角点的位置而自动引用“窗口”或“窗交”选择方式。若从左向右指定对角点,为“窗口”方式;反之,为“窗交”方式。

(4) 栏选(F):临时绘制一些直线,这些直线不必构成封闭图形,凡是与这些直线相交的对象均被选中。执行结果如图 6-3 所示。

(5) 圈围(WP):使用一个不规则的多边形来选择对象。根据提示,顺次输入构成多边形所有顶点的坐标,直到最后按 Enter 键做出空回答结束操作,系统将自动连接第一个顶点与最后一个顶点形成封闭的多边形,凡是被多边形围住的对象均被选中(不包括边界)。执行结果如图 6-4 所示。

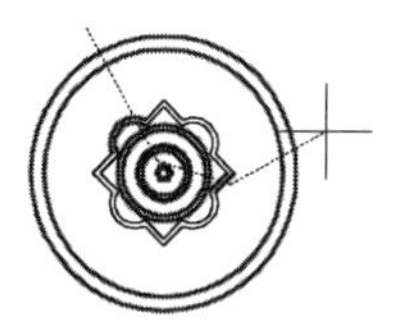

(a) 图中虚线为选择栏

(b) 选择后的图形

图 6-3 “栏选”对象选择方式

(a) 图中所显示的十字线所拉出多边形为选择框

(b) 选择后的图形

图 6-4 “圈围”对象选择方式

(6) 添加(A):添加下一个对象到选择集。也可用于从移走模式(Remove)到选择模式的切换。

6.2 删除及恢复类命令

删除及恢复类命令主要用于删除图形的某部分或对已被删除的部分进行恢复,包括删除、恢复、清除等命令。

6.2.1 删除命令

如果所绘制的图形不符合要求或不小心绘错了图形,可以使用删除命令 ERASE 把它删除。

Note

1. 执行方式

命令行：ERASE。

菜单栏：选择菜单栏中的“修改”→“删除”命令。

工具栏：单击“修改”工具栏中的“删除”按钮。

功能区：单击“默认”选项卡“修改”面板中的“删除”按钮。

快捷菜单：选择要删除的对象，在绘图区域右击，从打开的快捷菜单中选择“删除”命令。

2. 操作步骤

可以先选择对象后调用删除命令，也可以先调用删除命令然后再选择对象。选择对象时，可以使用前面介绍的选择对象的各种方法。

6-1

当选择多个对象时，多个对象都被删除；若选择的对象属于某个对象组，则该对象组的所有对象都被删除。

注意：在绘图过程中，如果出现了需要删除的绘制错误或者不太满意的图形，可以利用标准工具栏中的按钮，也可以用键盘上的Del键。提示“_erase：”后，单击要删除的图形，再单击右键即可。删除命令可以一次删除一个或多个图形，如果删除错误，可以利用按钮来补救。

6.2.2 上机练习——画框

练习目标

通过实例重点掌握“删除”命令的使用方法。

设计思路

首先设置图层，然后利用“直线”命令、“矩形”命令、“移动”命令和“删除”命令绘制图形，最后利用“修订云线”命令为画框添加装饰线。

操作步骤

(1) 图层设计。新建两个图层：

- “1”图层，颜色为绿色，其余属性默认。
- “2”图层，颜色为黑色，其余属性默认。

(2) 单击“默认”选项卡“绘图”面板中的“直线”按钮，指定坐标点为(0,0)，(@0,100)，绘制长为100的竖直直线，如图6-5所示。

(3) 单击“默认”选项卡“绘图”面板中的“矩形”按钮，指定坐标点为(100,100)，(@80,80)，绘制画框的外轮廓线。

(4) 单击矩形边的中点，将矩形移动到竖直直线上(移动命令后面章节有叙述)，如图6-6所示。

图6-5 绘制竖直直线

(5) 单击"默认"选项卡"绘图"面板中的"矩形"按钮 ▭，绘制一个小矩形，指定坐标点为(0,0)(@60,40)，作为画框的内轮廓线。

(6) 选择新绘制的矩形中点，移动到竖直直线上，如图 6-7 所示。

(7) 单击"默认"选项卡"修改"面板中的"删除"按钮 ，删除辅助线。命令行中的提示与操作如下。

```
命令: _erase 找到 1 个↙
```

(8) 单击"默认"选项卡"绘图"面板中的"徒手画修订云线"按钮 ，为画框添加装饰线，完成绘制如图 6-8 所示。

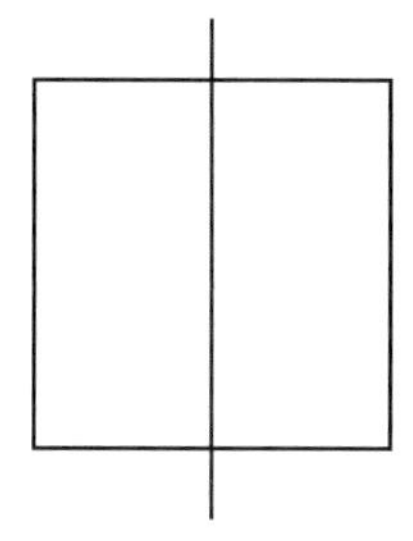

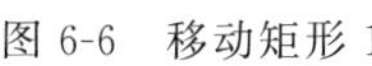

图 6-6　移动矩形 1

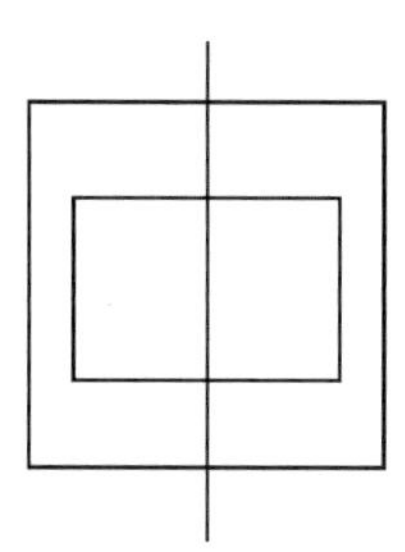

图 6-7　移动矩形 2

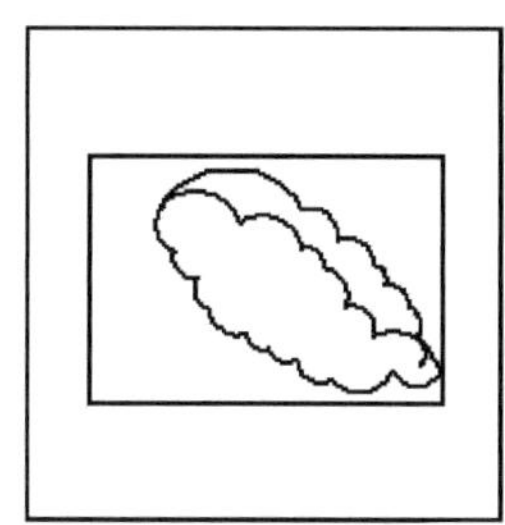

图 6-8　绘制画框

6.2.3　恢复命令

若不小心误删除了图形，可以使用恢复命令 OOPS 恢复误删除的对象。

1. 执行方式

命令行：OOPS 或 U。

工具栏：单击"标准"工具栏中的"放弃"按钮 。

快捷键：Ctrl+Z。

2. 操作步骤

在命令行窗口的提示行中输入 OOPS，按 Enter 键。

6.2.4　上机练习——恢复删除的线段

6-2

练习目标

通过实例重点掌握恢复命令的使用方法。

设计思路

利用恢复命令，恢复删除的图形。

操作步骤

(1) 打开上例的画框图形，如图 6-8 所示。

(2) 恢复删除的竖直辅助线，如图 6-9 所示。

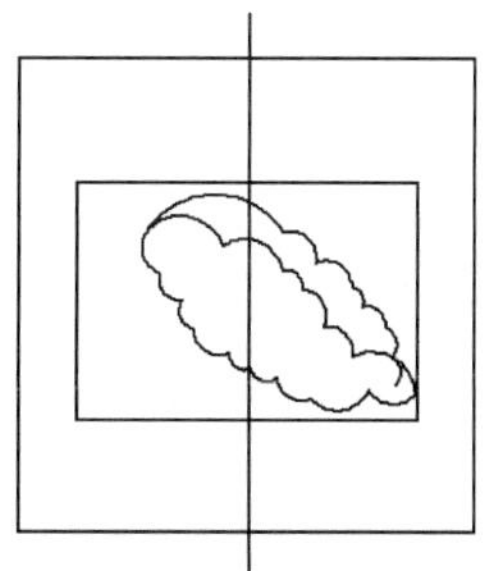

图 6-9　恢复删除的竖直直线

```
命令：OOPS↙
```

6.2.5 清除命令

Note

清除命令与删除命令功能完全相同。

1. 执行方式

菜单栏：选择菜单栏中的“编辑”→“删除”命令。

快捷键：Del。

2. 操作步骤

用菜单或快捷键输入上述命令后，系统提示如下。

```
选择对象：(选择要清除的对象，按 Enter 键执行清除命令)
```

6.3 复制类命令

本节详细介绍 AutoCAD 2022 的复制类命令。利用这些功能，可以方便地编辑绘制的图形。

6.3.1 复制命令

1. 执行方式

命令行：COPY。

菜单栏：选择菜单栏中的“修改”→“复制”命令。

工具栏：单击“修改”工具栏中的“复制”按钮。

功能区：单击“默认”选项卡“修改”面板中的“复制”按钮（图 6-10）。

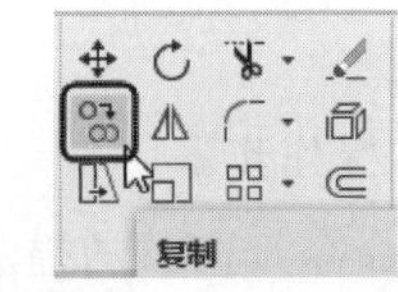

图 6-10 “修改”面板 1

快捷菜单：选择要复制的对象，在绘图区域右击，从打开的快捷菜单中选择“复制”命令。

2. 操作步骤

```
命令：COPY↙
选择对象：(选择要复制的对象)
```

用前面介绍的对象选择方法选择一个或多个对象，按 Enter 键结束选择操作。系统继续提示如下。

```
指定基点或[位移(D)/模式(O)] <位移>:(指定基点或位移)
```

3. 选项说明

“复制”命令各选项含义如表 6-1 所示。

Note

表 6-1　“复制”命令各选项含义

选　　项	含　　义
指定基点	指定一个坐标点后，AutoCAD 2022 把该点作为复制对象的基点，并提示如下。 指定第二个点或[阵列(A)] <使用第一个点作为位移>: 指定第二个点后，系统将根据这两点确定的位移矢量把选择的对象复制到第二个点处。如果此时直接按 Enter 键，即选择默认的“使用第一个点作为位移”，则第一个点被当作相对于 X、Y、Z 的位移。例如，如果指定基点为(2,3)并在下一个提示下按 Enter 键，则该对象从它当前的位置开始在 X 方向上移动 2 个单位，在 Y 方向上移动 3 个单位。复制完成后，系统会继续提示如下。 指定第二个点或[阵列(A)/退出(E)/放弃(U)] <退出>: 这时，可以不断指定新的第二个点，从而实现多重复制
位移(D)	直接输入位移值，表示以选择对象时的拾取点为基准，以拾取点坐标为移动方向，纵横比移动指定位移后确定的点为基点。例如，选择对象时拾取点坐标为(2,3)，输入位移为 5，则表示以(2,3)点为基准，沿纵横比为 3∶2 的方向移动 5 个单位所确定的点为基点
模式(O)	控制是否自动重复该命令，该设置由 COPYMODE 系统变量控制

6.3.2　上机练习——洗手盆

6-3

设计思路

本实例利用“矩形”、“椭圆”、“圆”和“直线”命令绘制初步图形，再利用“圆”命令绘制一个旋钮，最后利用“复制”命令复制旋钮，如图 6-11 所示。

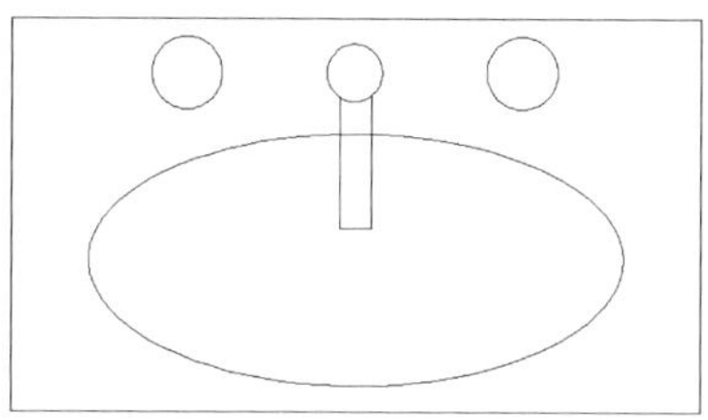

图 6-11　绘制洗手盆

操作步骤

(1) 单击“默认”选项卡“绘图”面板中的“矩形”按钮 和“椭圆”按钮 ，绘制初步图形，如图 6-12 所示。

(2) 单击“默认”选项卡“绘图”面板中的“直线”按钮 和“圆”按钮 ，配合对象捕捉功能绘制出水口，使其位置大约处于矩形中线上，如图 6-13 所示。

(3) 单击“默认”选项卡“绘图”面板中的“圆”按钮 ，以对象追踪功能捕捉圆心与刚绘制的出水口圆的圆心使其在一条直线上，以适当尺寸绘制左边旋钮，如图 6-14 所示。

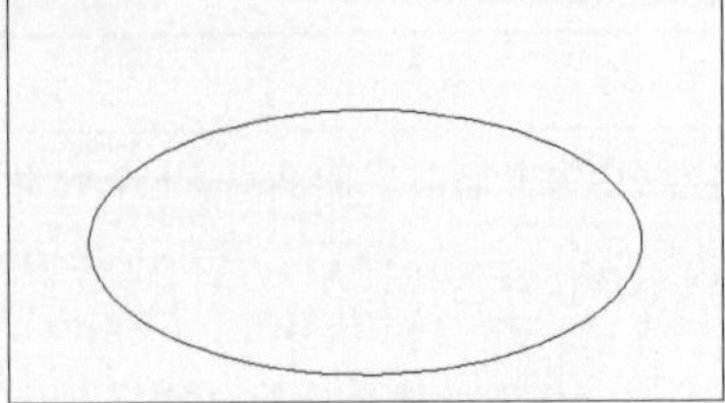

图 6-12　绘制初步图形

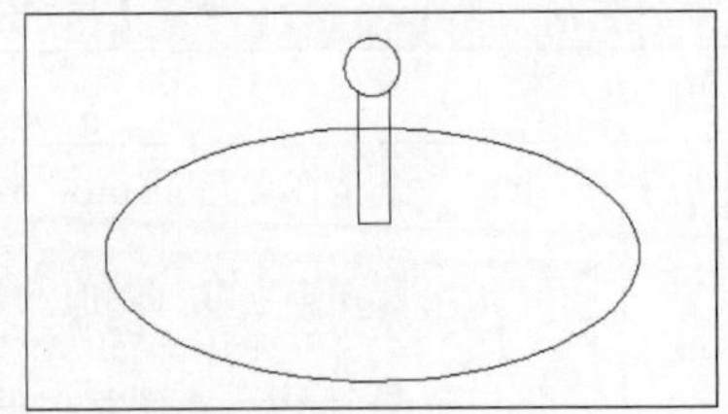

图 6-13　绘制出水口

(4) 单击“默认”选项卡“修改”面板中的“复制”按钮，复制绘制的圆。命令行提示与操作如下：

```
命令: _copy↙
选择对象: (选择刚绘制的圆)↙
选择对象: ↙
指定基点或位移,或者 [重复(M)]: (捕捉圆心)
指定第二个点或 [阵列(A)] <使用第一个点作为位移>: (在水平向右大约位置指定一点)
指定第二个点或 [阵列(A)/退出(E)/放弃(U)] <退出>: ↙
```

绘制结果如图 6-15 所示。

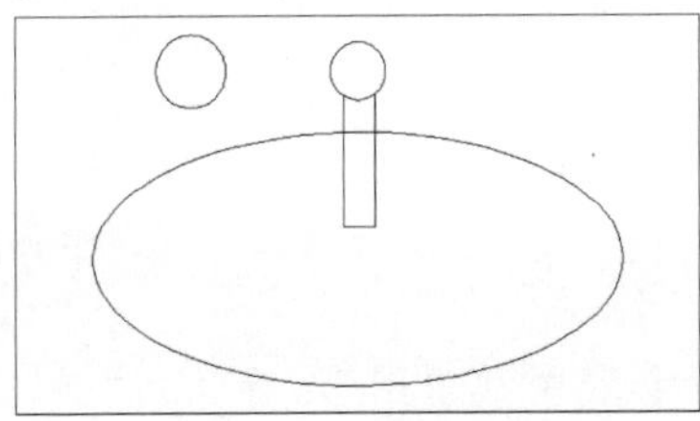

图 6-14　绘制旋钮

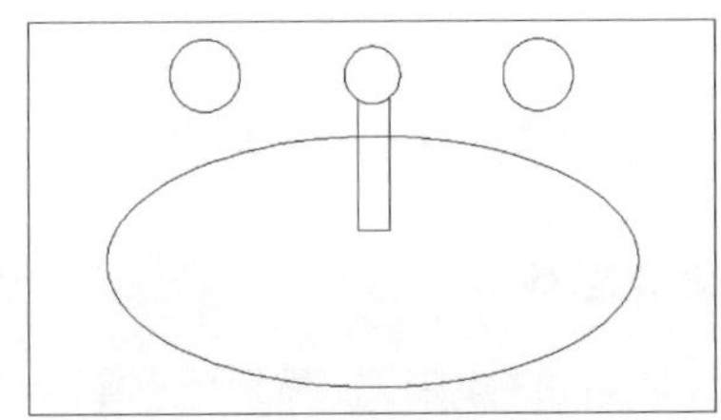

图 6-15　复制旋钮

6.3.3　偏移命令

偏移对象是指保持选择的对象的形状，在不同的位置、以不同的尺寸大小新建一个对象。

1. 执行方式

命令行：OFFSET。

菜单栏：选择菜单栏中的“修改”→“偏移”命令。

工具栏：单击“修改”工具栏中的“偏移”按钮。

功能区：单击“默认”选项卡“修改”面板中的“偏移”按钮。

2. 操作步骤

```
命令: OFFSET ↙
当前设置:删除源 = 否  图层 = 源  OFFSETGAPTYPE = 0
指定偏移距离或[通过(T)/删除(E)/图层(L)] <通过>:(指定距离值)
```

> 选择要偏移的对象,或[退出(E)/放弃(U)] <退出>:(选择要偏移的对象.按 Enter 键会结束操作)
> 指定要偏移的那一侧上的点,或[退出(E)/多个(M)/放弃(U)] <退出>:(指定偏移方向)
> 选择要偏移的对象,或[退出(E)/放弃(U)] <退出>:

3. 选项说明

“偏移”命令各选项含义如表 6-2 所示。

表 6-2　“偏移”命令各选项含义

选　　项	含　　义
指定偏移距离	输入一个距离值,或按 Enter 键使用当前的距离值,系统把该距离值作为偏移距离,如图 6-16(a)所示
通过(T)	指定偏移的通过点。选择该选项后,出现如下提示。 选择要偏移的对象,或[退出(E)/放弃(U)]:(选择要偏移的对象。按 Enter 键会结束操作) 指定通过点或[退出(E)/多个(M)/放弃(U)]:(指定偏移对象的一个通过点) 操作完毕后,系统根据指定的通过点绘出偏移对象,如图 6-16(b)所示
删除(E)	偏移源对象后将其删除,如图 6-17(a)所示。选择该项,系统提示如下。 要在偏移后删除源对象吗? [是(Y)/否(N)] <否>: (输入 y 或 n)
图层(L)	确定将偏移对象创建在当前图层上还是源对象所在的图层上,这样就可以在不同图层上偏移对象。选择该项,系统提示如下。 输入偏移对象的图层选项[当前(C)/源(S)] <源>: (输入选项) 如果偏移对象的图层选择为当前层,则偏移对象的图层特性与当前图层相同,如图 6-17(b)所示
多个(M)	使用当前偏移距离重复进行偏移操作,并接受附加的通过点,如图 6-18 所示

(a) 指定偏移距离　　(b) 通过点

图 6-16　偏移选项说明 1

(a) 删除源对象　　(b) 偏移对象的图层为当前层

图 6-17　偏移选项说明 2

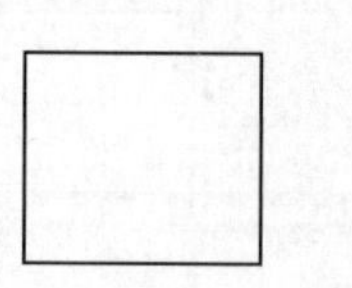
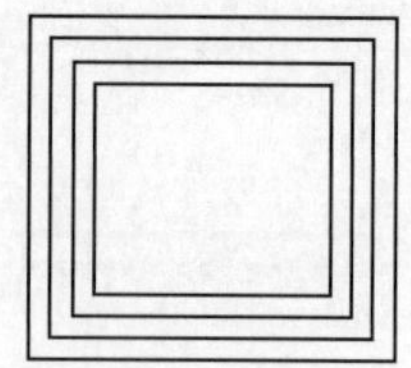

图 6-18 偏移选项说明 3

Note

注意：在 AutoCAD 2022 中，可以使用"偏移"命令对指定的直线、圆弧、圆等对象作定距离偏移复制。在实际应用中，常利用"偏移"命令的特性创建平行线或等距离分布图形，效果同"阵列"命令。默认情况下，需要先指定偏移距离，再选择要偏移复制的对象，然后指定偏移方向，以复制出对象。

6.3.4 上机练习——液晶显示器

6-4

练习目标

通过实例重点掌握"偏移"命令的使用方法。

设计思路

首先绘制显示屏，然后绘制底座，最后绘制显示开关。

操作步骤

(1) 单击"默认"选项卡"绘图"面板中的"矩形"按钮 □，先绘制显示器屏幕外轮廓，如图 6-19 所示。

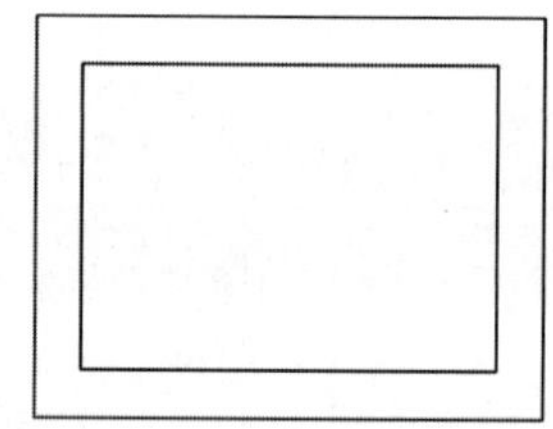

图 6-19 绘制显示器屏幕外轮廓

(2) 单击"默认"选项卡"修改"面板中的"偏移"按钮 ⊂，创建屏幕内侧显示屏区域的轮廓线，如图 6-20 所示。命令行中的提示与操作如下。

```
命令: OFFSET(偏移生成平行线)
当前设置:删除源 = 否  图层 = 源  OFFSETGAPTYPE = 0
指定偏移距离或[通过(T)/删除(E)/图层(L)] <通过>:(输入偏移距离或指定通过点位置)
选择要偏移的对象,或[退出(E)/放弃(U)] <退出>:(选择要偏移的图形)
指定通过点或[退出(E)/多个(M)/放弃(U)] <退出>:
选择要偏移的对象,或[退出(E)/放弃(U)] <退出>:(按 Enter 键结束)
```

(3) 单击"默认"选项卡"绘图"面板中的"直线"按钮 ╱，将内侧显示屏区域的轮廓线的交角处连接起来，如图 6-21 所示。

(4) 单击"默认"选项卡"绘图"面板中的"多段线"按钮 ⊃，绘制显示器矩形底座，如图 6-22 所示。

(5) 单击"默认"选项卡"绘图"面板中的"圆弧"按钮 ⌒，绘制底座的弧线造型，如图 6-23 所示。

图 6-20 绘制屏幕内侧矩形

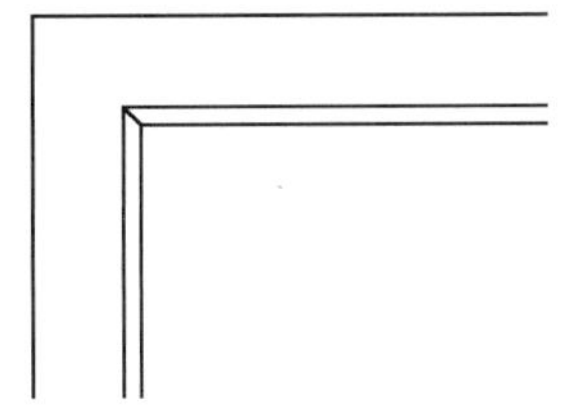

图 6-21 连接交角处

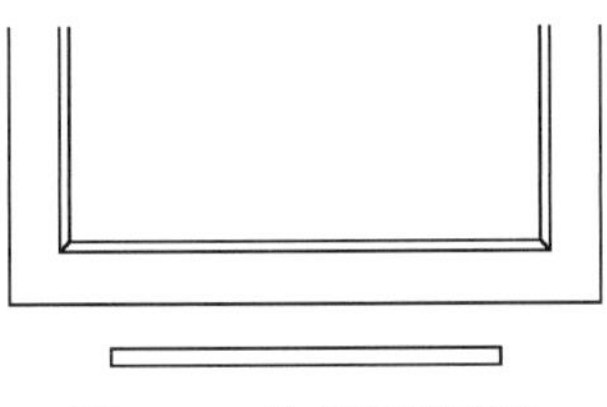

图 6-22 绘制矩形底座

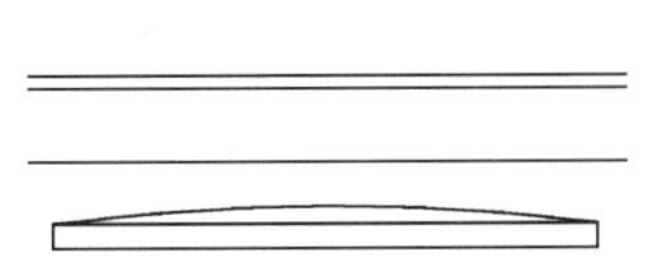

图 6-23 绘制连接弧线

(6) 单击“默认”选项卡“绘图”面板中的“直线”按钮 ╱，绘制底座与显示屏之间的连接线造型，如图 6-24 所示。

(7) 单击“默认”选项卡“绘图”面板中的“圆”按钮 ⊙，创建显示屏的由多个大小不同的圆形构成的调节按钮，如图 6-25 所示。

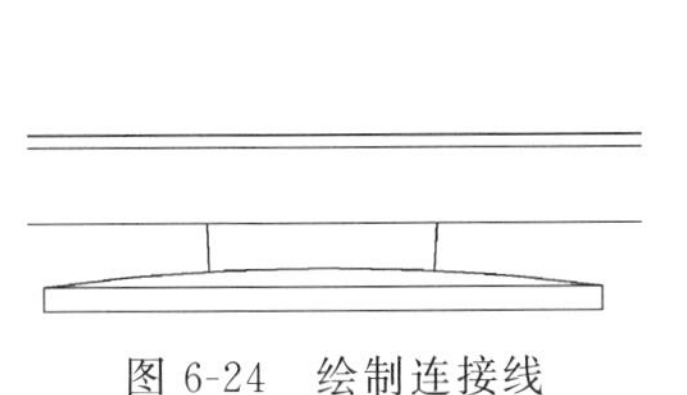

图 6-24 绘制连接线

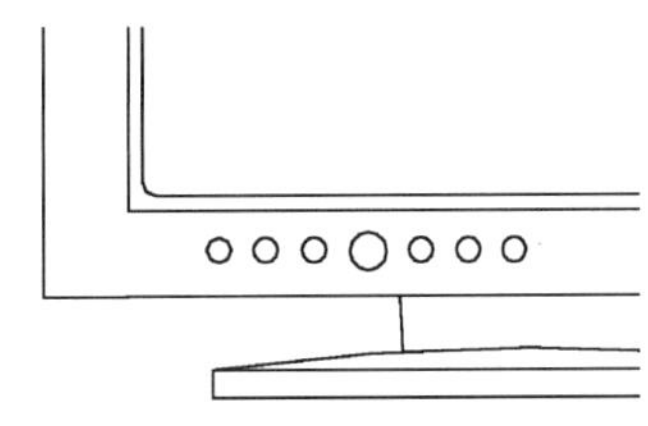

图 6-25 创建调节按钮

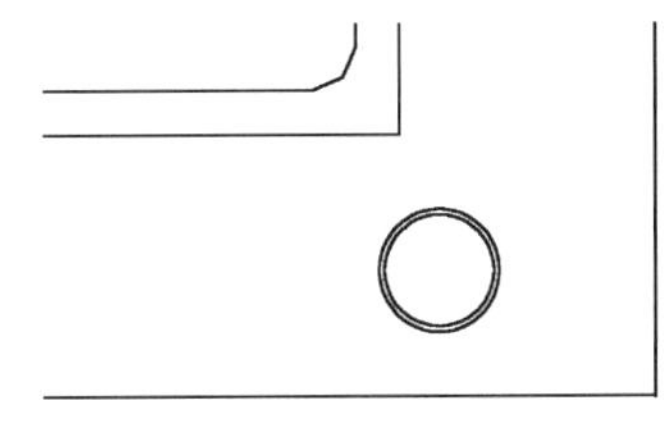

图 6-26 绘制圆形开关

(8) 单击“默认”选项卡“修改”面板中的“复制”按钮 ，复制图形。

注意： 显示器的调节按钮仅为示意造型。

(9) 在显示屏的右下角绘制电源开关按钮。单击“默认”选项卡“绘图”面板中的“圆”按钮 ⊙，先绘制一个适当大小的圆。

(10) 单击“默认”选项卡“修改”面板中的“偏移”按钮 ⊆，偏移图形，如图 6-26 所示。命令行中的提示与操作如下。

```
命令: OFFSET(偏移生成平行线)
当前设置:删除源 = 否  图层 = 源  OFFSETGAPTYPE = 0
指定偏移距离或[通过(T)/删除(E)/图层(L)] <通过>:(输入偏移距离或指定通过点位置)
选择要偏移的对象,或[退出(E)/放弃(U)] <退出>:(选择要偏移的图形)
指定通过点或[退出(E)/多个(M)/放弃(U)] <退出>:
选择要偏移的对象,或[退出(E)/放弃(U)] <退出>:(按 Enter 键结束)
```

Note

☎ **注意**：显示器的电源开关按钮由 2 个同心圆和 1 个矩形组成。

(11) 单击“默认”选项卡“绘图”面板中的“多段线”按钮 ，绘制开关按钮的矩形造型，如图 6-27 所示。

(12) 图形绘制完成，结果如图 6-28 所示。

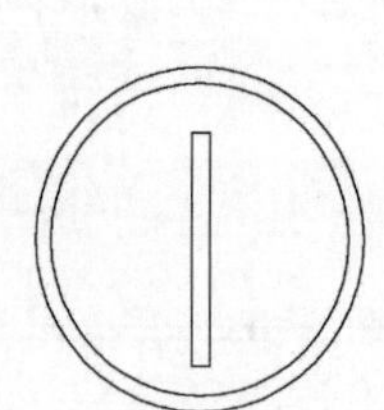

图 6-27　绘制按钮矩形造型

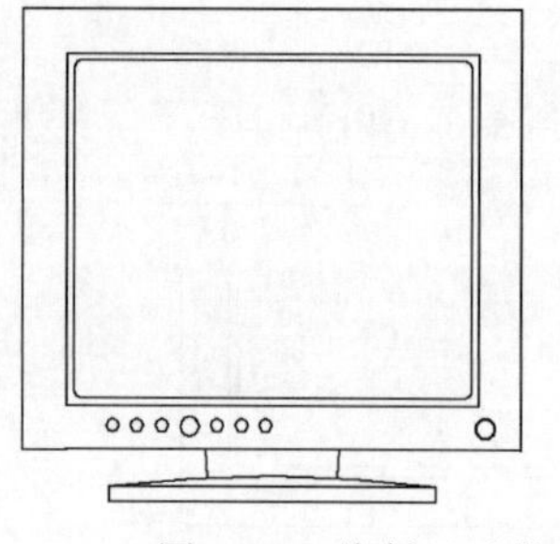

图 6-28　绘制显示器

6-5

6.3.5　镜像命令

镜像对象是指把选择的对象围绕一条镜像线作对称复制。镜像操作完成后，可以保留原对象，也可以将其删除。

1. 执行方式

命令行：MIRROR。

菜单栏：选择菜单栏中的“修改”→“镜像”命令。

工具栏：单击“修改”工具栏中的“镜像”按钮 。

2. 操作步骤

```
命令: MIRROR↙
选择对象:(选择要镜像的对象)
指定镜像线的第一个点:(指定镜像线的第一个点)
指定镜像线的第二个点:(指定镜像线的第二个点)
要删除源对象吗?[是(Y)/否(N)] <否>:(确定是否删除原对象)
```

这两点确定一条镜像线，被选择的对象以该线为对称轴进行镜像。包含该线的镜像平面与用户坐标系统的 XY 平面垂直，即镜像操作工作在与用户坐标系统的 XY 平面平行的平面上。

6.3.6　上机练习——办公椅

设计思路

利用“多段线”命令、“镜像”命令和“圆”命令绘制图形。

首先绘制椅背曲线，然后绘制扶手和边沿，最后通过“镜像”命令将左侧的图形进行镜像。

操作步骤

(1) 单击“默认”选项卡“绘图”面板中的“圆弧”按钮，绘制 3 条圆弧，采用“三点圆弧”的绘制方式，使 3 条圆弧形状相似，右端点大约在一条竖直线上，如图 6-29 所示。

(2) 单击“默认”选项卡“绘图”面板中的“圆弧”按钮，绘制两条圆弧，采用“起点/端点/圆心”的绘制方式，起点和端点分别捕捉为刚绘制圆弧的左端点，圆心适当选取，使造型尽量光滑过渡，如图 6-30 所示。

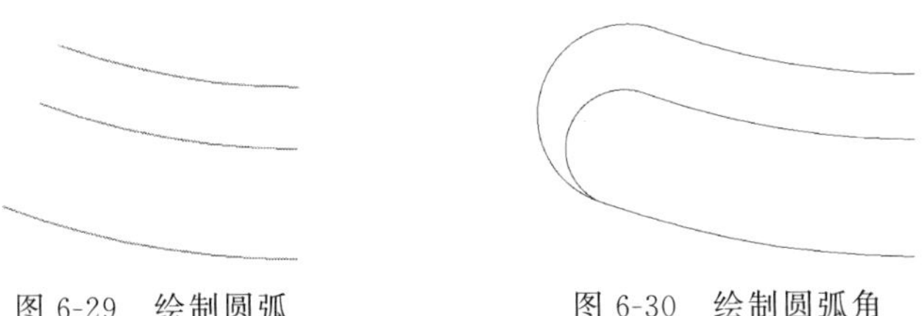

图 6-29 绘制圆弧　　　　图 6-30 绘制圆弧角

(3) 利用“矩形”“圆弧”“直线”等命令绘制扶手和外沿轮廓，如图 6-31 所示。

(4) 单击“默认”选项卡“修改”面板中的“镜像”按钮，镜像所有图形。命令行中的提示与操作如下：

```
命令: _mirror↙
选择对象:(选择绘制的所有图形)
选择对象:↙
指定镜像线的第一点:(捕捉最右边的点)
指定镜像线的第二点:(在竖直方向上指定一点)
是否删除源对象?[是(Y)/否(N)]<否>:↙
```

绘制结果如图 6-32 所示。

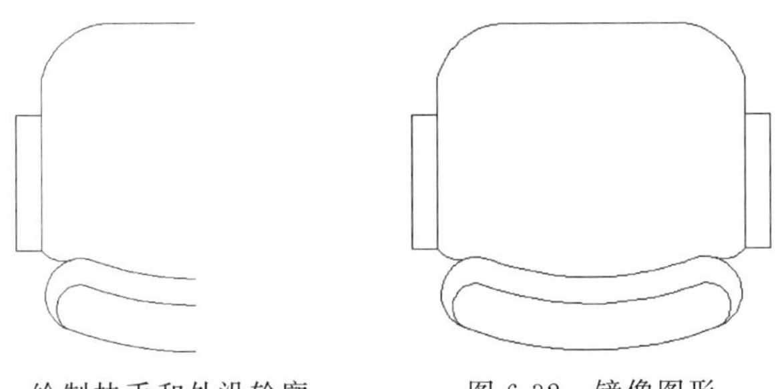

图 6-31 绘制扶手和外沿轮廓　　　　图 6-32 镜像图形

6.3.7 阵列命令

建立阵列是指多重复制选择的对象，并把这些副本按矩形或环形排列。把副本按矩形排列称为建立矩形阵列，把副本按环形排列称为建立极阵列。建立极阵列时，应该控制复制对象的次数和对象是否被旋转；建立矩形阵列时，应该控制行和列的数量及对象副本之间的距离。沿着整个路径或部分路径平均分布对象副本称为路径阵列，路径可以是直线、多段线、三维多段线、样条曲线、螺旋、圆弧、圆或椭圆。

AutoCAD 2022 提供 ARRAY 命令建立阵列。用该命令可以建立矩形阵列、极阵列(环形阵列)和旋转的矩形阵列。

Note

1. 执行方式

命令行：ARRAY。

菜单栏：选择菜单栏中的“修改”→“阵列”→“矩形阵列/路径阵列/环形阵列”命令。

工具栏：单击“修改”工具栏中的“阵列”按钮，路径阵列按钮或环形阵列按钮。

功能区：单击“默认”选项卡“修改”面板中的“矩形阵列”按钮/“路径阵列”按钮/“环形阵列”按钮(图 6-33)。

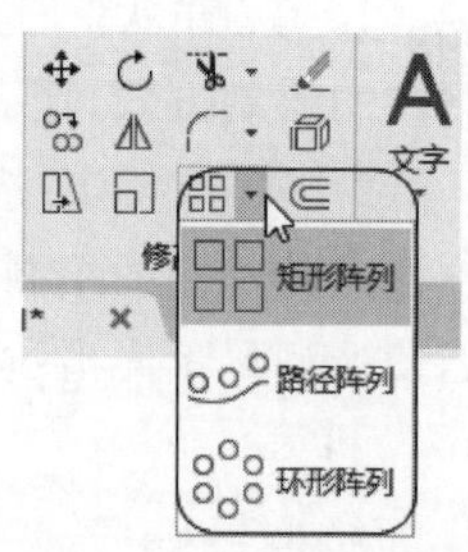

图 6-33 “修改”面板

2. 操作步骤

```
命令: ARRAY↙
选择对象:(使用对象选择方法)
输入阵列类型[矩形(R)/路径(PA)/极轴(PO)]<矩形>:
```

3. 选项说明

“阵列”命令各选项含义如表 6-3 所示。

表 6-3 “阵列”命令各选项含义

选项	含义
矩形(R)	将选定对象的副本分布到行数、列数和层数的任意组合。选择该选项后出现如下提示。 选择夹点以编辑阵列或[关联(AS)/基点(B)/计数(COU)/间距(S)/列数(COL)/行数(R)/层数(L)/退出(X)] <退出>:(通过夹点，调整阵列间距、列数、行数和层数；也可以分别选择各选项输入数值)
路径(PA)	沿路径或部分路径均匀分布选定对象的副本。选择该选项后出现如下提示。 选择路径曲线:(选择一条曲线作为阵列路径) 选择夹点以编辑阵列或[关联(AS)/方法(M)/基点(B)/切向(T)/项目(I)/行(R)/层(L)/对齐项目(A)/Z 方向(Z)/退出(X)] <退出>:(通过夹点，调整阵列行数和层数；也可以分别选择各选项输入数值)
极轴(PO)	在绕中心点或旋转轴的环形阵列中均匀分布对象副本。选择该选项后出现如下提示。 指定阵列的中心点或[基点(B)/旋转轴(A)]:(选择中心点、基点或旋转轴) 选择夹点以编辑阵列或[关联(AS)/基点(B)/项目(I)/项目间角度(A)/填充角度(F)/行(ROW)/层(L)/旋转项目(ROT)/退出(X)] <退出>:(通过夹点，调整角度，填充角度；也可以分别选择各选项输入数值)

Note

6-6

6.3.8 上机练习——VCD

练习目标

本例绘制的 VCD 如图 6-34 所示，重点掌握“阵列”命令的使用方法。

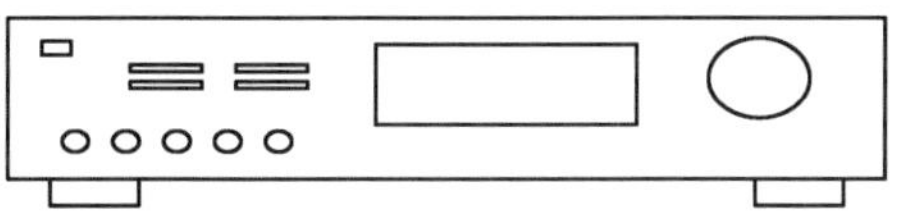

图 6-34 VCD

设计思路

利用“矩形”命令、“矩形阵列”命令和“圆”命令绘制图形。

操作步骤

(1) 单击“默认”选项卡“绘图”面板中的“矩形”按钮 ，指定角点坐标为{(0,15)(396,107)}{(19.1,0)(59.3,15)}{(336.8,0)(377,15)}绘制 3 个矩形，如图 6-35 所示。

(2) 单击“默认”选项卡“绘图”面板中的“矩形”按钮 ，指定角点坐标为{(15.3,86)(28.7,93.7)}{(166.5,45.9)(283.2,91.8)}{(55.5,66.9)(88,70.7)}绘制 3 个矩形，如图 6-36 所示。

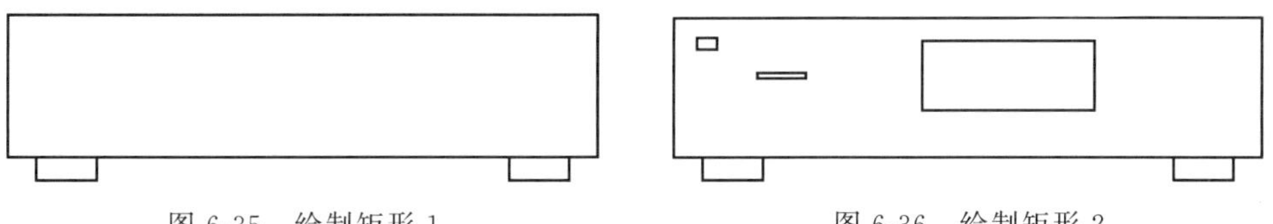

图 6-35 绘制矩形 1　　图 6-36 绘制矩形 2

(3) 单击“默认”选项卡“修改”面板中的“矩形阵列”按钮 ，阵列对象为上步绘制的第二个矩形，“行数”为 2，“列数”为 2，“行间距”为 9.6，“列间距”为 47.8。结果如图 6-37 所示。

(4) 单击“默认”选项卡“绘图”面板中的“圆”按钮 ，指定圆心为(30.6,36.3)、半径为 6，绘制一个圆。

(5) 单击“默认”选项卡“绘图”面板中的“圆”按钮 ，指定圆心为(338.7,72.6)、半径为 23，绘制一个圆，如图 6-38 所示。

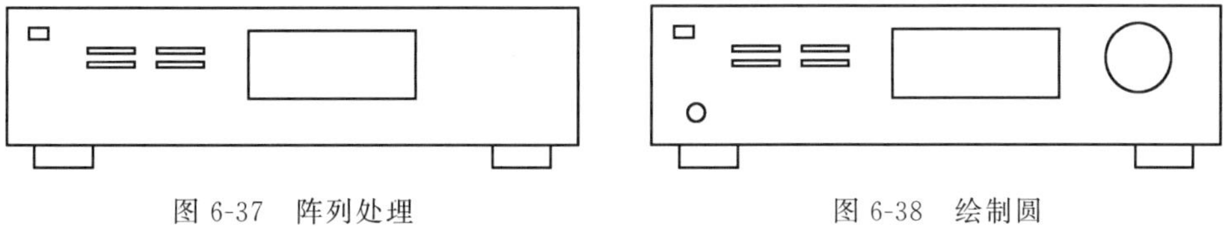

图 6-37 阵列处理　　图 6-38 绘制圆

(6) 单击“默认”选项卡“修改”面板中的“矩形阵列”按钮 ，阵列对象为第 4 步中绘制的第一个圆，“行数”为 1，“列数”为 5，“列间距”为 23。绘制结果如图 6-34 所示。

Note

6.4 改变位置类命令

改变位置类命令的功能是按照指定要求改变当前图形或图形的某个部分的位置，主要包括移动、旋转和缩放等命令。

6.4.1 移动命令

1. 执行方式

命令行：MOVE。

菜单栏：选择菜单栏中的“修改”→“移动”命令。

工具栏：单击“修改”工具栏中的“移动”按钮 。

功能区：单击“默认”选项卡“修改”面板中的“移动”按钮 。

快捷菜单：选择要复制的对象，在绘图区域右击，从打开的快捷菜单中选择“移动”命令。

2. 操作步骤

```
命令：MOVE↙
选择对象：(选择对象)
```

用前面介绍的对象选择方法选择要移动的对象，按 Enter 键结束选择。系统继续提示如下。

```
指定基点或位移：(指定基点或移至点)
指定基点或[位移(D)] <位移>：(指定基点或位移)
指定第二个点或<使用第一个点作为位移>:
```

命令选项功能与“复制”命令类似。

6-7

6.4.2 上机练习——餐桌

设计思路

利用矩形、复制命令绘制餐桌图形，如图 6-39 所示。

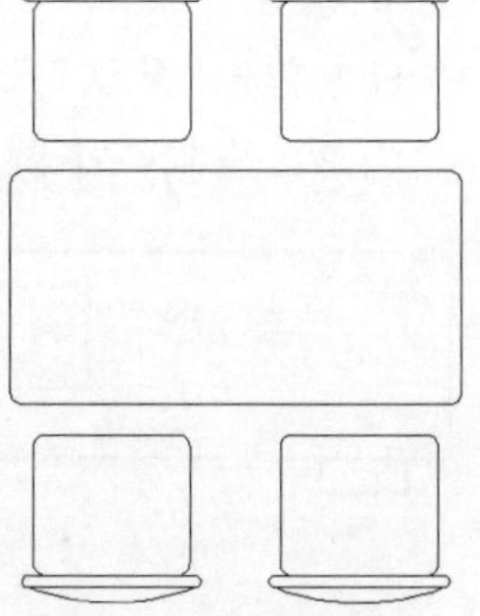

图 6-39 绘制餐桌

操作步骤

(1) 单击“默认”选项卡“绘图”面板中的“矩形”按钮 ，绘制 3 个圆角矩形，设置 1 和 2 的圆角为 30，3 的圆角为 10，尺寸分别为 1200×600、400×350 和 460×30，结果如图 6-40 所示。

(2) 单击“默认”选项卡“修改”面板中的“移动”按钮 ，将矩形 3 移动到矩形 2 上，命令行中的提示与操作如下：

```
命令：MOVE↙
选择对象：(选择电视图形)↙
指定基点或 [位移(D)] <位移>: (捕捉矩形 3 下面边中点)
指定第二个点或 <使用第一个点作为位移>：(捕捉矩形 2 上面边中点)
```

绘制结果如图 6-41 所示。

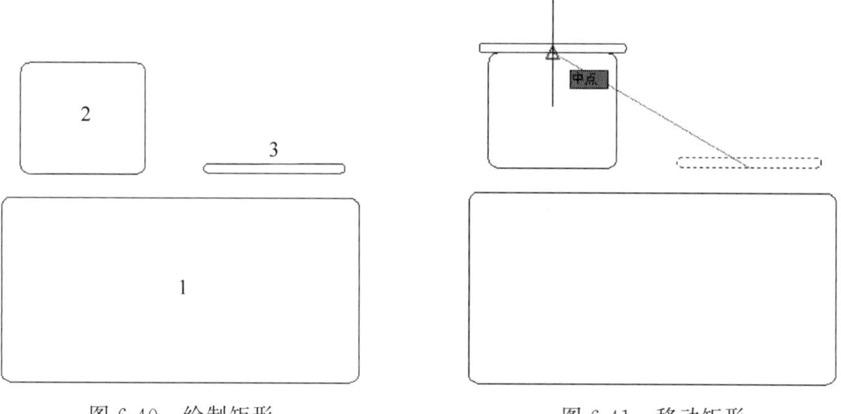

图 6-40 绘制矩形　　图 6-41 移动矩形

(3) 单击“默认”选项卡“绘图”面板中的“圆弧”按钮，在矩形 3 上画一条弧线，绘好椅子，如图 6-42 所示。

(4) 单击“默认”选项卡“修改”面板中的“复制”按钮，复制椅子到正右边适当位置。

结果如图 6-43 所示。

(5) 单击“默认”选项卡“修改”面板中的“镜像”按钮，将矩形上侧的两个椅子镜像到下侧，结果如图 6-44 所示。

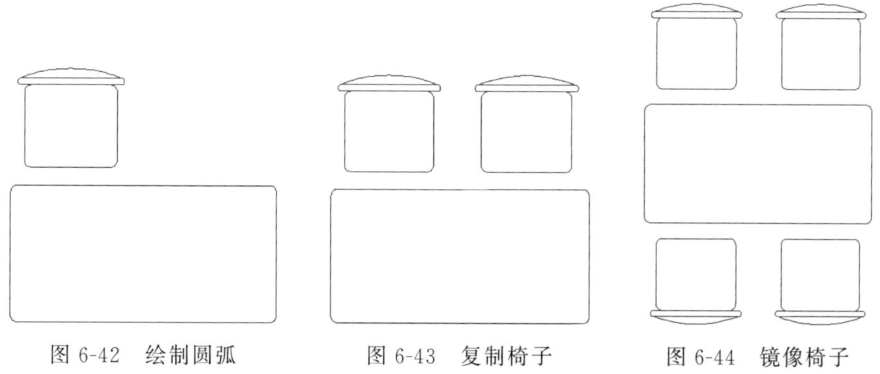

图 6-42 绘制圆弧　　图 6-43 复制椅子　　图 6-44 镜像椅子

6.4.3 旋转命令

1. 执行方式

命令行：ROTATE。

菜单栏：选择菜单栏中的"修改"→"旋转"命令。

工具栏：单击"修改"工具栏中的"旋转"按钮。

功能区：单击"默认"选项卡"修改"面板中的"旋转"按钮。

快捷菜单：选择要旋转的对象，在绘图区域右击，从打开的快捷菜单中选择"旋转"命令。

Note

2. 操作步骤

```
命令：ROTATE↙
UCS 当前的正角方向：  ANGDIR = 逆时针   ANGBASE = 0
选择对象：(选择要旋转的对象)
指定基点：(指定旋转的基点.在对象内部指定一个坐标点)
指定旋转角度，或[复制(C)/参照(R)] <0>:(指定旋转角度或其他选项)
```

3. 选项说明

"旋转"命令各选项含义如表 6-4 所示。

表 6-4 "旋转"命令各选项含义

选　　项	含　　义
复制(C)	选择该项，旋转对象的同时，保留原对象
参照(R)	采用参考方式旋转对象时，系统提示如下。 指定参照角<0>:(指定要参考的角度，默认值为 0) 指定新角度或[点(P)]<0>:(输入旋转后的角度值) 操作完毕后，对象被旋转至指定的角度位置

☎ **注意**：可以用拖动鼠标的方法旋转对象。选择对象并指定基点后，从基点到当前光标位置会出现一条连线，移动鼠标，选择的对象会动态地随着该连线与水平方向的夹角的变化而旋转，按 Enter 键确认旋转操作，如图 6-45 所示。

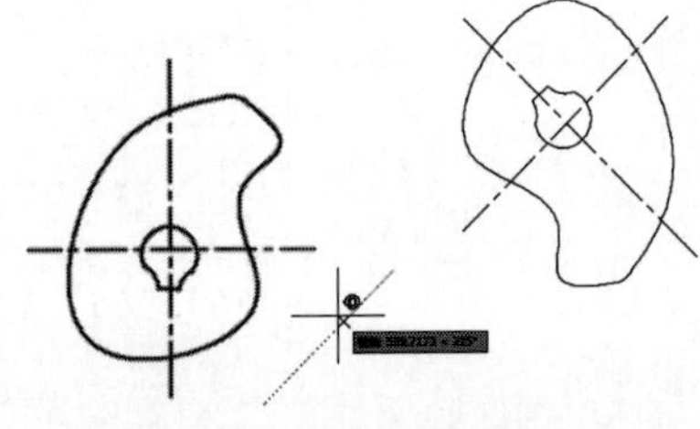

图 6-45　拖动鼠标旋转对象

6.4.4　上机练习——接待台

6-8

设计思路

本实例利用"矩形"与"多段线"命令绘制接待台主体，再利用"直线"与"阵列"命令细化接待台图形，最后利用"旋转"命令调整图形角度。

操作步骤

Note

（1）打开 6.3.6 节绘制的办公椅图形，将其另存为“接待台.dwg”文件。

（2）单击“默认”选项卡“绘图”面板中的“直线”按钮和“矩形”按钮，绘制桌面图形，如图 6-46 所示。

（3）单击“默认”选项卡“修改”面板中的“镜像”按钮，将桌面图形进行镜像处理，利用“对象追踪”功能将对称线捕捉为过矩形右下角的 45°斜线。绘制结果如图 6-47 所示。

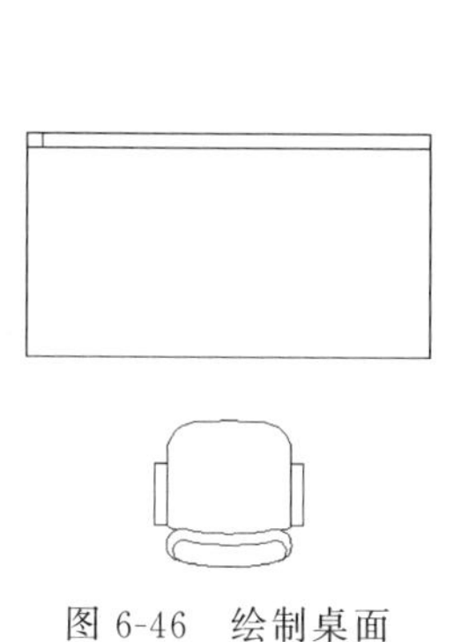

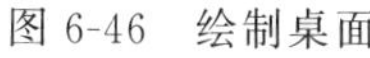

图 6-46　绘制桌面

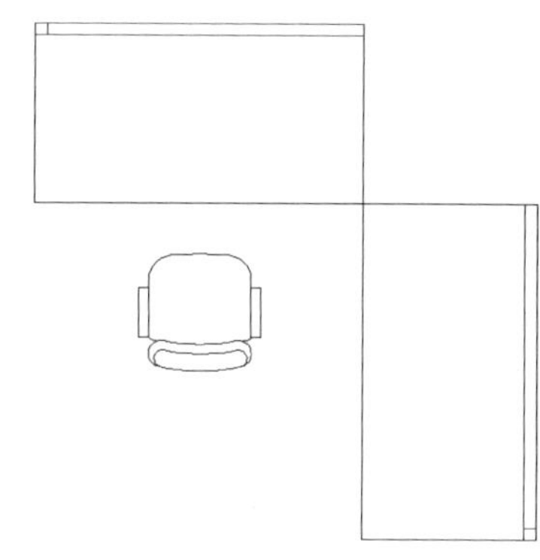

图 6-47　镜像处理

（4）单击“默认”选项卡“绘图”面板中的“圆弧”按钮，绘制两段圆弧，如图 6-48 所示。

（5）单击“默认”选项卡“修改”面板中的“旋转”按钮，旋转绘制的办公椅。命令行提示如下：

```
命令：_rotate↙
UCS 当前的正角方向： ANGDIR = 逆时针　ANGBASE = 0
选择对象：（选择办公椅）
指定基点：（指定椅背中点）
指定旋转角度，或 [复制(C)/参照(R)] <0>:　-45↙
```

绘制结果如图 6-49 所示。

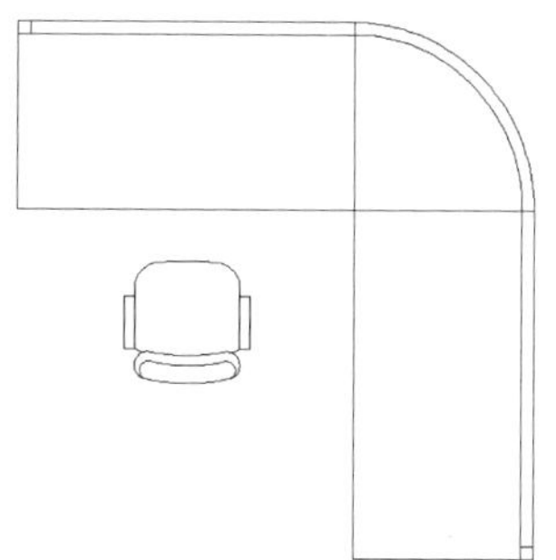

图 6-48　绘制圆弧

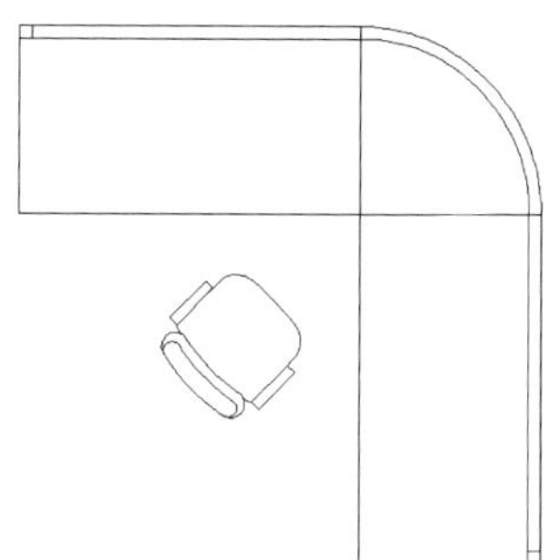

图 6-49　接待台

Note

6.4.5 缩放命令

1. 执行方式

命令行：SCALE。

菜单栏：选择菜单栏中的"修改"→"缩放"命令。

工具栏：单击"修改"工具栏中的"缩放"按钮 。

功能区：单击"默认"选项卡"修改"面板中的"缩放"按钮 。

快捷菜单：选择要缩放的对象，在绘图区域右击，从打开的快捷菜单中选择"缩放"命令。

2. 操作步骤

```
命令：SCALE↙
选择对象：(选择要缩放的对象)
指定基点：(指定缩放操作的基点)
指定比例因子或[复制(C)/参照(R)]<1.0000>:
```

3. 选项说明

"缩放"命令各选项含义如表 6-5 所示。

表 6-5 "缩放"命令各选项含义

选　　项	含　　义
点(P)	采用"参照"缩放对象时，系统提示如下。 指定参照长度<1>:(指定参考长度值) 指定新的长度或[点(P)]<1.0000>:(指定新长度值) 若新长度值大于参照长度值，则放大对象；否则，缩小对象。操作完毕后，系统以指定的基点按指定的比例因子缩放对象。如果选择"点(P)"选项，则指定两点来定义新的长度
参照(R)	可以用拖动鼠标的方法缩放对象。选择对象并指定基点后，从基点到当前光标位置会出现一条连线，线段的长度即为比例大小。移动鼠标，选择的对象会动态地随着该连线长度的变化而缩放，按 Enter 键确认缩放操作
复制(C)	选择"复制(C)"选项时，可以复制缩放对象，即缩放对象时，保留原对象。这是 AutoCAD 2022 新增功能，如图 6-50 所示

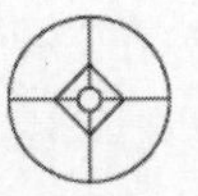

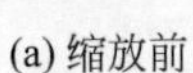

(a) 缩放前

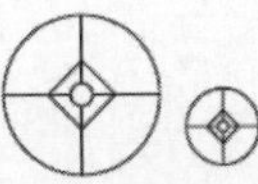

(b) 缩放后

图 6-50　复制缩放

6-9

6.4.6　上机练习——装饰盘

练习目标

通过实例重点掌握“缩放”命令的使用方法。

设计思路

本实例运用到了“圆”命令、“圆弧”命令、“镜像”命令和“环形阵列”命令绘制图形，最后利用“缩放”命令绘制装饰盘内圆。

操作步骤

(1) 单击“默认”选项卡“绘图”面板中的“圆”按钮 ，绘制一个圆心为(100,100)、半径为200的圆作为盘外轮廓线，如图6-51所示。

(2) 单击“默认”选项卡“绘图”面板中的“圆弧”按钮 ，绘制花瓣线，如图6-52所示。

(3) 单击“默认”选项卡“修改”面板中的“镜像”按钮 ，镜像花瓣线，如图6-53所示。

(4) 单击“默认”选项卡“修改”面板中的“环形阵列”按钮 ，选择花瓣为源对象，以圆心为阵列中心点阵列花瓣，如图6-54所示。

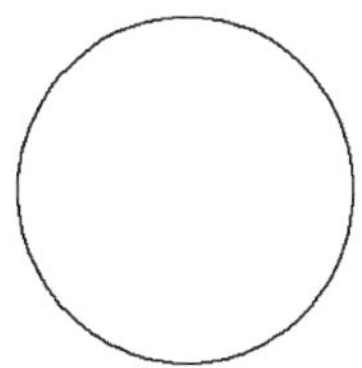

图6-51　绘制圆形

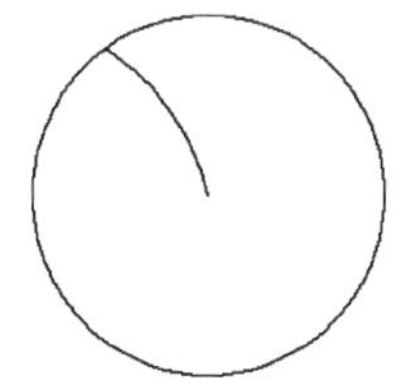

图6-52　绘制花瓣线

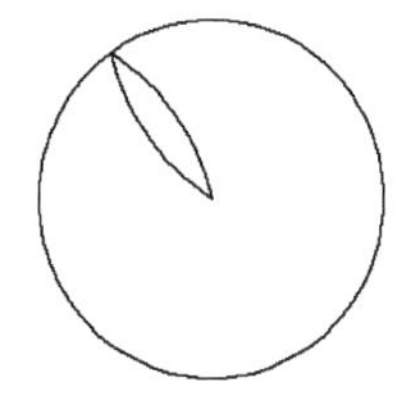

图6-53　镜像花瓣线

(5) 单击“默认”选项卡“修改”面板中的“缩放”按钮 ，缩放一个圆作为装饰盘内圆。命令行中的提示与操作如下。

```
命令: SCALE↙
选择对象:(选择圆)
指定基点:(指定圆心)
指定比例因子或[复制(C)/参照(R)]<1.0000>: C↙
指定比例因子或[复制(C)/参照(R)]<1.0000>:0.5↙
```

绘制完成的图形如图6-55所示。

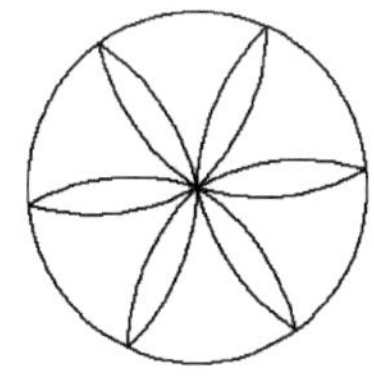

图6-54　阵列花瓣

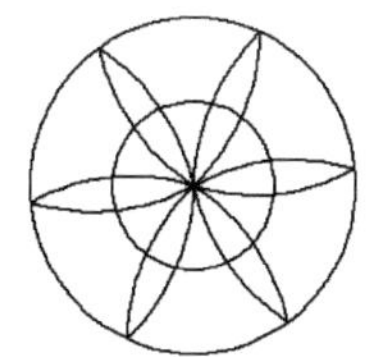

图6-55　装饰盘图形

6.5　改变几何特性类命令

Note

使用改变几何特性类命令在对指定对象进行编辑后，使编辑对象的几何特性发生改变，包括修剪、延伸、拉伸、拉长、圆角、倒角、打断、分解、合并等命令。

6.5.1　修剪命令

1. 执行方式

命令行：TRIM。

菜单栏：选择菜单栏中的“修改”→“修剪”命令。

工具栏：单击“修改”工具栏中的“修剪”按钮。

功能区：单击“默认”选项卡“修改”面板中的“修剪”按钮。

2. 操作步骤

```
命令: TRIM↙
当前设置:投影 = UCS,边 = 无
选择剪切边…
选择对象或<全部选择>:(选择用作修剪边界的对象)
```

按 Enter 键结束对象选择，系统提示如下。

```
选择要修剪的对象,或按住 Shift 键选择要延伸的对象,或[栏选(F)/窗交(C)/投影(P)/边(E)/
删除(R)/放弃(U)]:
```

3. 选项说明

“修剪”命令各选项含义如表 6-6 所示。

表 6-6　“修剪”命令各选项含义

<table>
<tr><th>选　项</th><th colspan="2">含　义</th></tr>
<tr><td>修剪</td><td colspan="2">在选择对象时，如果按住 Shift 键，系统就自动将“修剪”命令转换成“延伸”命令。“延伸”命令将在 6.5.3 节介绍</td></tr>
<tr><td rowspan="3">延伸的对象</td><td colspan="2">选择“边(E)”选项时，可以选择对象的修剪方式</td></tr>
<tr><td>延伸(E)</td><td>延伸边界进行修剪。在此方式下，如果剪切边没有与要修剪的对象相交，系统会延伸剪切边直至与对象相交，然后再修剪，如图 6-56 所示</td></tr>
<tr><td>不延伸(N)</td><td>不延伸边界修剪对象，只修剪与剪切边相交的对象</td></tr>
<tr><td rowspan="2">修剪的对象</td><td colspan="2">选择“栏选(F)”选项时，系统以栏选的方式选择被修剪对象，如图 6-57 所示</td></tr>
<tr><td colspan="2">选择“窗交(C)”选项时，系统以窗交的方式选择被修剪对象，如图 6-58 所示</td></tr>
<tr><td>边界</td><td colspan="2">被选择的对象可以互为边界和被修剪对象，此时系统会在选择的对象中自动判断边界</td></tr>
</table>

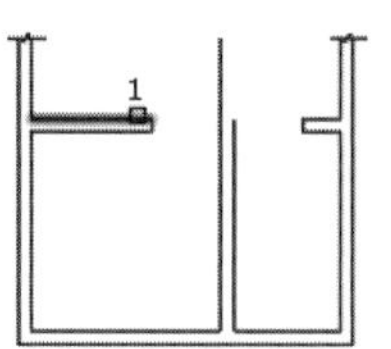

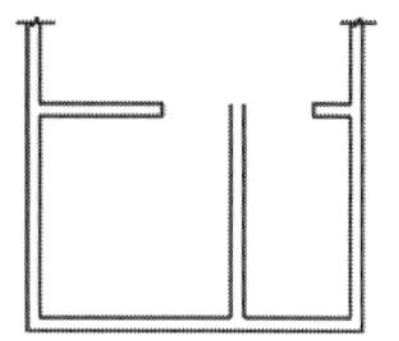

选择剪切边　　选择要修剪的对象　　修剪后的结果

图 6-56 延伸方式修剪对象

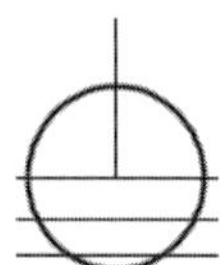
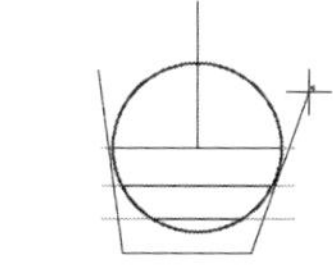
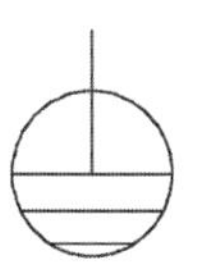

选定剪切边　　使用栏选选定的修剪对象　　结果

图 6-57 栏选修剪对象

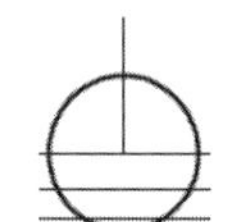
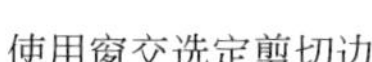
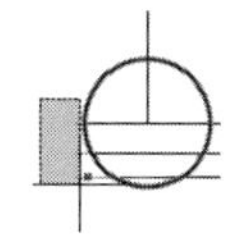
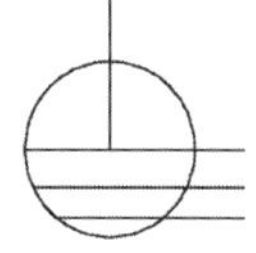

使用窗交选定剪切边　　选定要修剪的对象　　结果

图 6-58 窗交选择修剪对象

6.5.2 上机练习——床

6-10

练习目标

通过实例重点掌握"修剪"命令的使用方法。

设计思路

首先设置图层，然后利用"直线"命令、"矩形"命令、"矩形阵列"命令和"圆角"命令绘制图形，最后利用"修剪"命令修剪多余图形。

操作步骤

(1) 图层设计。新建 3 个图层，其属性如下。

➢ "1"图层，颜色为蓝色，其余属性默认。

➢ "2"图层，颜色为绿色，其余属性默认。

➢ "3"图层，颜色为白色，其余属性默认。

(2) 将"1"图层设置为当前图层。单击"默认"选项卡"绘图"面板中的"矩形"按钮 ▭，指定角点坐标为(0,0)(@1000,2000)绘制一个矩形，如图 6-59 所示。

(3) 将"2"图层设置为当前图层。单击"默认"选项卡"绘图"面板中的"直线"按钮 ╱，指定坐标点为{(125,1000) (125,1900)}{(875,1900)(875,1000)}{(155,1000)(155,1870)}{(845,1870)(845,1000)}绘制直线。重复"直线"命令绘制水平直线。

Note

(4) 将“3”图层设置为当前图层。单击“默认”选项卡“绘图”面板中的“直线”按钮 ╱，指定坐标点为(0,280)(@1000,0)绘制直线。绘制结果如图 6-60 所示。

(5) 单击“默认”选项卡“修改”面板中的“矩形阵列”按钮 ▦，将最近绘制的直线进行阵列，设置行数为 4、列数为 1，行间距为 30。绘制结果如图 6-61 所示。

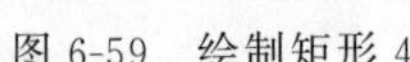

图 6-59 绘制矩形 4

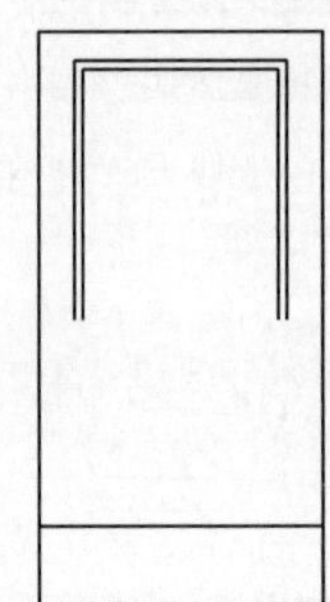

图 6-60 绘制直线

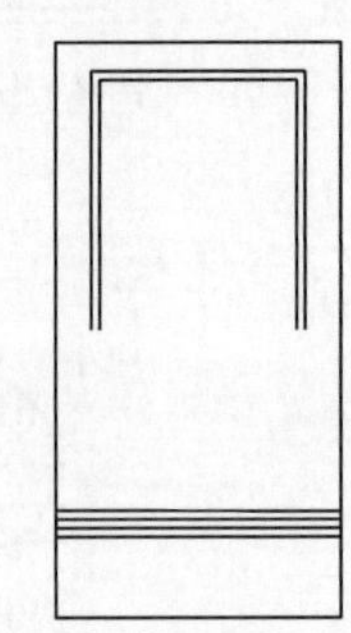

图 6-61 阵列处理

(6) 单击“默认”选项卡“修改”面板中的“圆角”按钮 ⌜，将外轮廓线的圆角半径设为 50，内衬圆角半径设为 40。绘制结果如图 6-62 所示。

(7) 将“2”图层设置为当前图层。单击“默认”选项卡“绘图”面板中的“直线”按钮 ╱，指定坐标点为(0,1500)(@1000,200)(@－800,－400)绘制直线。

(8) 单击“默认”选项卡“绘图”面板中的“圆弧”按钮 ⌒，指定起点为(200,1300)、第二点为(130,1430)、端点为(0,1500)绘制圆弧。绘制结果如图 6-63 所示。

(9) 单击“默认”选项卡“修改”面板中的“修剪”按钮 ✂，修剪图形。绘制结果如图 6-64 所示。

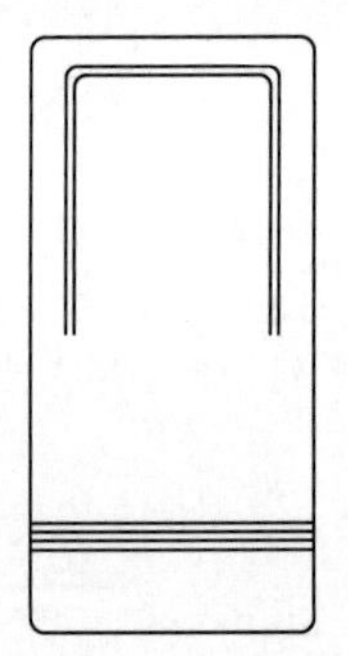

图 6-62 圆角处理

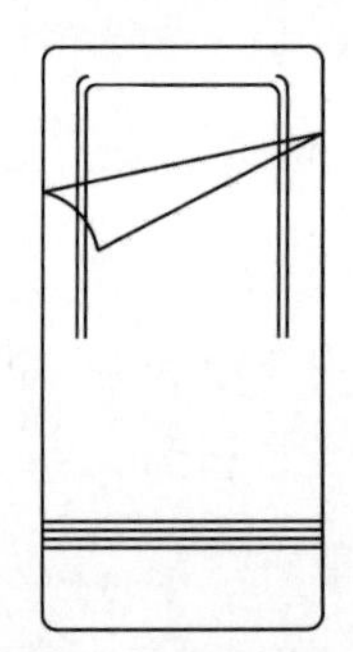

图 6-63 绘制直线与圆弧

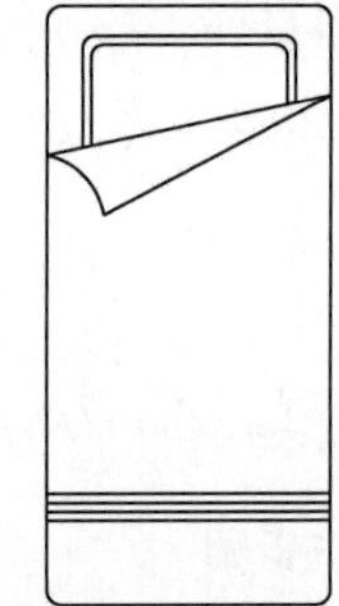

图 6-64 床

6.5.3 延伸命令

延伸命令是指延伸对象直至另一个对象的边界线，如图 6-65 所示。

1. 执行方式

命令行：EXTEND。

菜单栏：选择菜单栏中的“修改”→“延伸”命令。

工具栏：单击“修改”工具栏中的“延伸”按钮 ⇥。

选择边界

选择要延伸的对象

执行结果

图 6-65　延伸对象

功能区：单击“默认”选项卡“修改”面板中的“延伸”按钮。

2. 操作步骤

```
命令：EXTEND↙
当前设置:投影 = UCS,边 = 无
选择边界的边...
选择对象或<全部选择>:(选择边界对象)
```

此时可以选择对象来定义边界。若直接按 Enter 键，则选择所有对象作为可能的边界对象。系统规定可以用作边界对象的有直线段、射线、双向无限长线、圆弧、圆、椭圆、二维和三维多义线、样条曲线、文本、浮动的视口、区域。如果选择二维多义线作为边界对象，系统会忽略其宽度而把对象延伸至多义线的中心线。

选择边界对象后，系统继续提示如下。

```
选择要延伸的对象,或按住 Shift 键选择要修剪的对象,或[栏选(F)/窗交(C)/投影(P)/边(E)/
放弃(U)]:
```

3. 选项说明

“延伸”命令各选项含义如表 6-7 所示。

表 6-7　“延伸”命令各选项含义

选项	含　　义
延伸	如果要延伸的对象是适配样条多义线，则延伸后会在多义线的控制框上增加新节点。如果要延伸的对象是锥形的多义线，系统会修正延伸端的宽度，使多义线从起始端平滑地延伸至新终止端。如果延伸操作导致终止端宽度为负值，则取宽度值为 0，如图 6-66 所示
修剪	选择对象时，如果按住 Shift 键，系统就自动将“延伸”命令转换成“修剪”命令

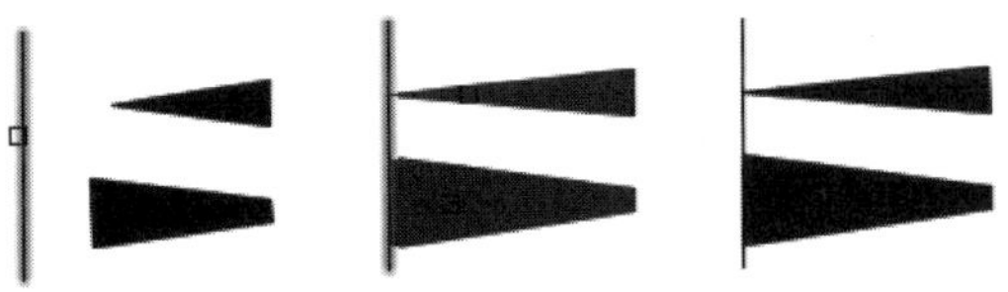

选择边界对象　　选择要延伸的多义线　　延伸后的结果

图 6-66　延伸对象

Note

6-11

6.5.4 上机练习——窗户

练习目标

通过实例重点掌握“延伸”命令的使用方法。

设计思路

利用“矩形”命令和“直线”命令绘制大体轮廓，最后利用“延伸”命令绘制剩余图形。

操作步骤

(1) 单击“默认”选项卡“绘图”面板中的“矩形”按钮 ▭，指定角点坐标为(100,100)(@300,500)绘制窗户外轮廓线，如图 6-67 所示。

(2) 单击“默认”选项卡“绘图”面板中的“直线”按钮 ／，指定坐标点为(200,100)(200,200)分割矩形，如图 6-68 所示。

图 6-67 绘制矩形 5

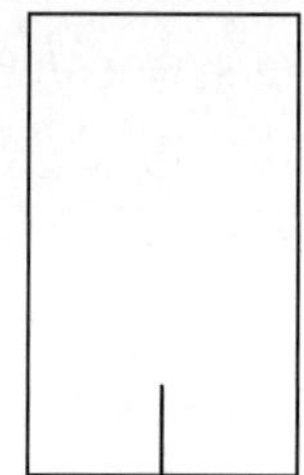

图 6-68 绘制窗户分割线

(3) 单击“默认”选项卡“修改”面板中的“延伸”按钮 →|，将直线延伸至矩形最上面的边。命令行中的提示与操作如下。

```
命令: _extend↙
当前设置:投影 = UCS,边 = 无
选择边界的边...
选择对象或<全部选择>:(选择矩形最上面的边)
选择对象: ↙
选择要延伸的对象,或按住 Shift 键选择要修剪的对象,或[栏选(F)/窗交(C)/投影(P)/边(E)/放弃(U)]:(选择直线)
```

绘制完成的图形如图 6-69 所示。

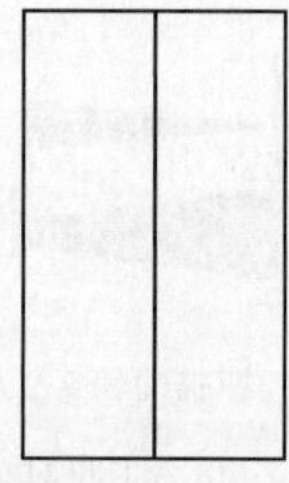

图 6-69 窗户图形

6.5.5 拉伸命令

拉伸对象是指拖曳选择的对象，且对象的形状发生改变。拉伸对象时，应指定拉伸的基点和移至点。利用一些辅助工具，如捕捉、钳夹功能及相对坐标等，可以提高拉伸的精度。

1. 执行方式

命令行：STRETCH。

菜单栏：选择菜单栏中的"修改"→"拉伸"命令。

工具栏：单击"修改"工具栏中的"拉伸"按钮。

功能区：单击"默认"选项卡"修改"面板中的"拉伸"按钮。

2. 操作步骤

```
命令: STRETCH↙
以交叉窗口或交叉多边形选择要拉伸的对象...
选择对象: C↙
指定第一个角点:
指定对角点:(采用交叉窗口的方式选择要拉伸的对象)
指定基点或[位移(D)] <位移>:(指定拉伸的基点)
指定第二个点或<使用第一个点作为位移>:(指定拉伸的移至点)
```

此时，若指定第二个点，系统将根据这两点决定的矢量拉伸对象。若直接按 Enter 键，系统会把第一个点作为 X 轴和 Y 轴的分量值。

STRETCH 移动完全包含在交叉窗口内的顶点和端点，部分包含在交叉窗口内的对象将被拉伸。

6.5.6 拉长命令

1. 执行方式

命令行：LENGTHEN。

菜单栏：选择菜单栏中的"修改"→"拉长"命令。

功能区：单击"默认"选项卡"修改"面板中的"拉长"按钮。

2. 操作步骤

```
命令:LENGTHEN↙
选择要测量的对象或[增量(DE)/百分比(P)/总计(T)/动态(DY)] <总计(T)>:(选定对象)
当前长度: 30.5001(给出选定对象的长度,如果选择圆弧,则还将给出圆弧的包含角)
选择要测量的对象或[增量(DE)/百分比(P)/总计(T)/动态(DY)] <总计(T)>: DE↙(选择拉长或缩短的方式.如选择"增量(DE)"方式)
输入长度增量或[角度(A)] <0.0000>: 10↙(输入长度增量数值。如果选择圆弧段,则可输入选项"A"给定角度增量)
选择要修改的对象或[放弃(U)]:(选定要修改的对象,进行拉长操作)
选择要修改的对象或[放弃(U)]:(继续选择,按 Enter 键结束命令)
```

3. 选项说明

"拉长"命令各选项含义如表 6-8 所示。

表 6-8 "拉长"命令各选项含义

选　项	含　义
增量(DE)	用指定增加量的方法改变对象的长度或角度
百分比(P)	用指定占总长度的百分比的方法改变圆弧或直线段的长度
总计(T)	用指定新的总长度或总角度值的方法来改变对象的长度或角度
动态(DY)	打开动态拖曳模式。在这种模式下,可以使用拖曳鼠标的方法来动态地改变对象的长度或角度

6.5.7 上机练习——挂钟

6-12

练习目标

通过实例重点掌握"拉长"命令的使用方法。

设计思路

利用"圆"命令和"直线"命令绘制大体轮廓,最后利用"拉长"命令细化图形。

操作步骤

(1) 单击"默认"选项卡"绘图"面板中的"圆"按钮,绘制一个圆心为(100,100)、半径为 20 的圆作为挂钟的外轮廓线。绘制结果如图 6-70 所示。

(2) 单击"默认"选项卡"绘图"面板中的"直线"按钮,绘制 3 条坐标点为{(100,100)(100,118)}{(100,100)(86,100)}{(100,100)(105,94)}的直线作为挂钟的指针。绘制结果如图 6-71 所示。

(3) 单击"默认"选项卡"修改"面板中的"拉长"按钮,将秒针拉长至圆的边。命令行中的提示与操作如下。

```
命令: LENGTHEN↙
选择要测量的对象或[增量(DE)/百分比(P)/总计(T)/动态(DY)] <总计(T)>:(选择直线)
当前长度: 20.0000
选择要测量的对象或[增量(DE)/百分比(P)/总计(T)/动态(DY)] <总计(T)>: de↙
输入长度增量或[角度(A)] <2.7500>: 2↙
```

绘制挂钟完成的图形如图 6-72 所示。

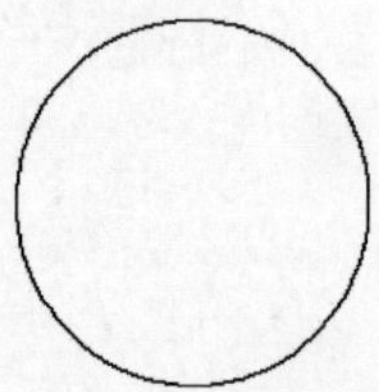

图 6-70　绘制圆形

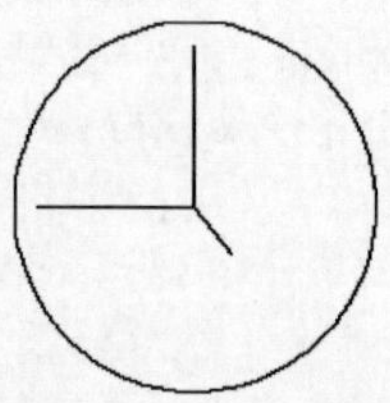

图 6-71　绘制指针

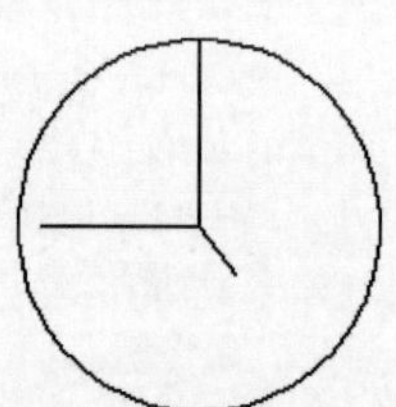

图 6-72　挂钟图形

Note

6.5.8 圆角命令

圆角命令是指用指定的半径决定的一段平滑的圆弧连接两个对象。系统规定，可以圆滑连接一对直线段、非圆弧的多义线段、样条曲线、双向无限长线、射线、圆、圆弧和椭圆。可以在任何时刻圆滑连接多义线的每个节点。

1. 执行方式

命令行：FILLET。

菜单栏：选择菜单栏中的"修改"→"圆角"命令。

工具栏：单击"修改"工具栏中的"圆角"按钮 。

功能区：单击"默认"选项卡"修改"面板中的"圆角"按钮 。

2. 操作步骤

```
命令: FILLET↙
当前设置:模式 = 修剪,半径 = 0.0000
选择第一个对象或[放弃(U)/多段线(P)/半径(R)/修剪(T)/多个(M)]:(选择第一个对象或别的选项)
选择第二个对象,或按住 Shift 键选择对象以应用角点或[半径(R)]:(选择第二个对象)
```

3. 选项说明

"圆角"命令各选项含义如表 6-9 所示。

表 6-9 "圆角"命令各选项含义

选 项	含 义
多段线(P)	在一条二维多段线的两段直线段的节点处插入圆滑的弧。选择多段线后，系统会根据指定的圆弧的半径把多段线各顶点用圆滑的弧连接起来
修剪(T)	决定在圆滑连接两条边时，是否修剪这两条边，如图 6-73 所示
多个(M)	同时对多个对象进行圆角编辑，而不必重新启用命令
Shift 键	按住 Shift 键并选择两条直线，可以快速创建零距离倒角或零半径圆角

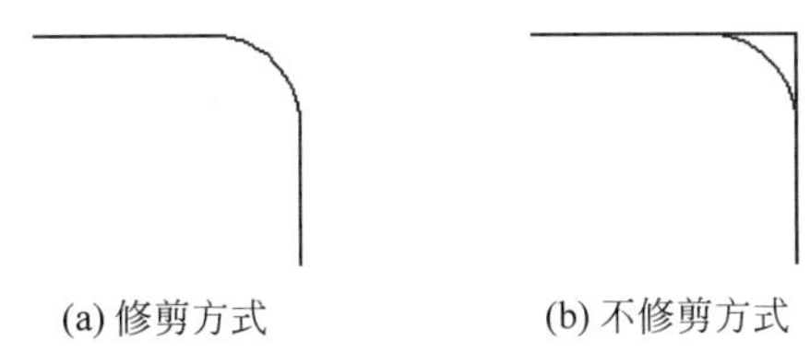

图 6-73 圆角连接

6.5.9 上机练习——坐便器

6-13

练习目标

本例绘制如图 6-74 所示的坐便器，重点掌握"圆角"命令的使用方法。

设计思路

利用之前学到的知识绘制图形，然后将图形圆角处理。

操作步骤

(1) 单击“默认”选项卡“绘图”面板中的“直线”按钮 ╱，绘制一条长度为50的水平直线。继续绘制一条垂直的直线，并移动到合适的位置，作为绘图的辅助线，如图6-75所示。

(2) 单击“默认”选项卡“绘图”面板中的“直线”按钮 ╱，单击水平直线的左端点，输入坐标点(@6，－60)，如图6-76所示。

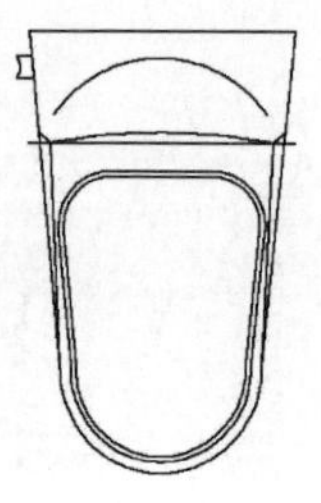

图6-74　坐便器

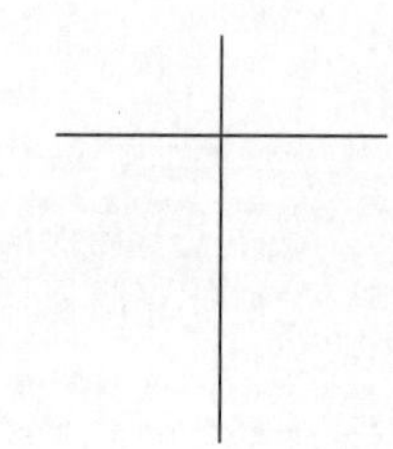

图6-75　绘制辅助线

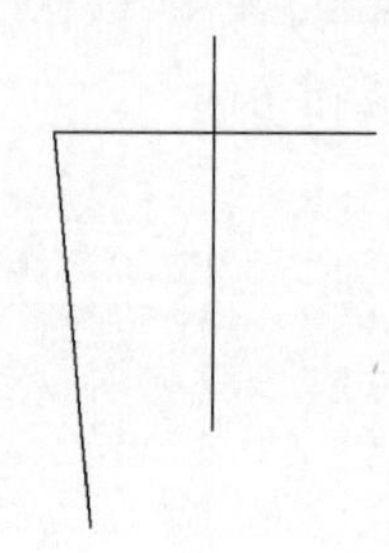

图6-76　绘制直线

绘制完成后，单击“默认”选项卡“修改”面板中的“镜像”按钮，选择刚刚绘制的斜向直线，按Enter键，分别单击垂直直线的两个端点，镜像到另外一侧，如图6-77所示。

(3) 单击“默认”选项卡“绘图”面板中的“圆弧”按钮，选择斜线下端的端点，如图6-78所示。选择垂直辅助线上的一点，最后选择右侧斜线的端点，绘制弧线完成，如图6-79所示。

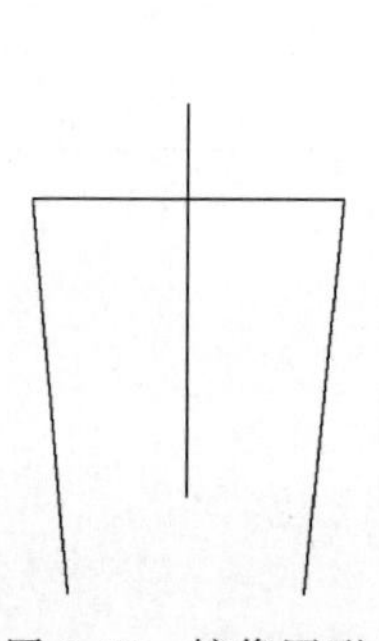

图6-77　镜像图形

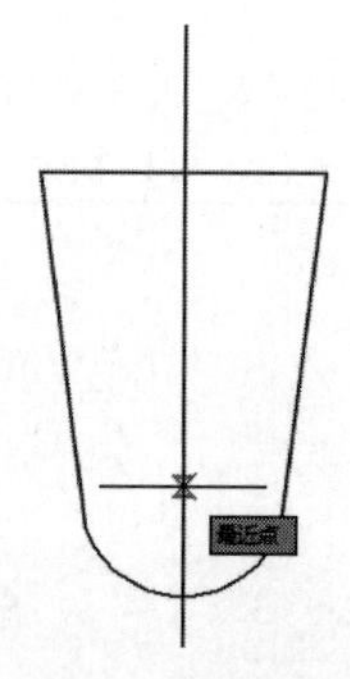

图6-78　绘制弧线

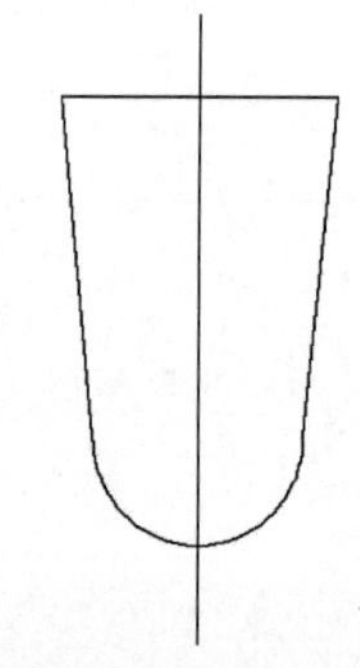

图6-79　弧线完成

选择水平直线，然后单击“默认”选项卡“修改”面板中的“复制”按钮，选择其与垂直直线的交点为基点，输入坐标点(@0，－20)。复制水平直线，输入坐标点(@0，－25)，如图6-80所示。

(4) 单击“默认”选项卡“修改”面板中的“偏移”按钮，在提示行中输入2，作为偏移距离。选择右侧斜向直线，在直线左侧单击，将其复制到左侧，如图6-81所示。重复

上述步骤，单击圆弧和左侧直线，将其复制到内侧，如图 6-82 所示。

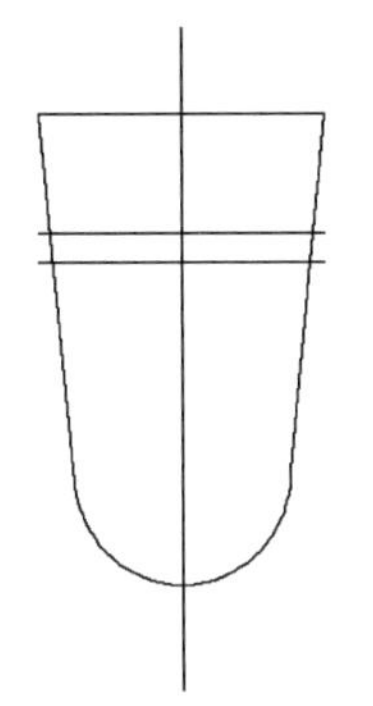

图 6-80 增加辅助线

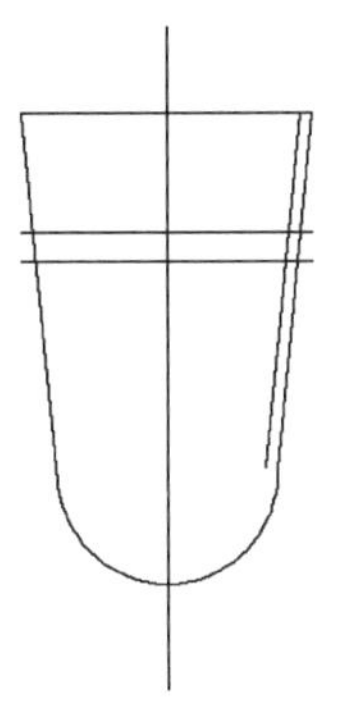

图 6-81 偏移直线

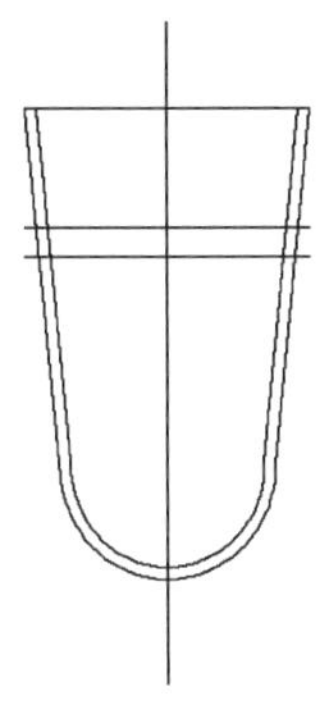

图 6-82 偏移其他图形

单击“默认”选项卡“绘图”面板中的“直线”按钮 ╱，将中间的水平线与内侧斜线的交点和外侧斜线的下端点连接起来，如图 6-83 所示。

(5) 单击“默认”选项卡“修改”面板中的“圆角”按钮 ⌜，指定圆角半径为 10。依次选择最下面的水平线和左半部分内侧的斜向直线，将其交点设置为倒圆角，如图 6-84 所示。依照此方法，将右侧的交点也设置为倒圆角，直径也是 10，如图 6-85 所示。

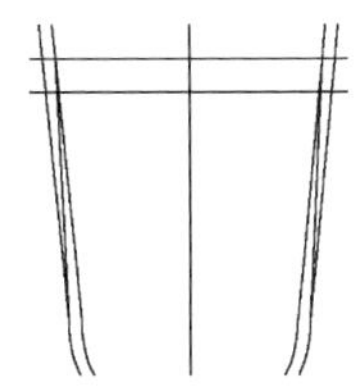

图 6-83 连接直线

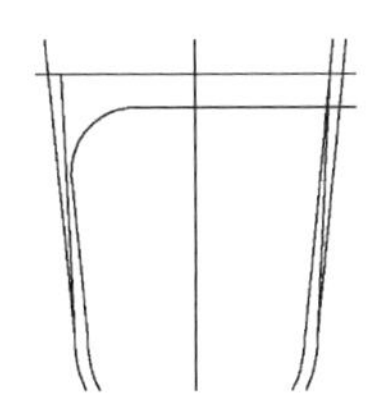

图 6-84 设置倒圆角

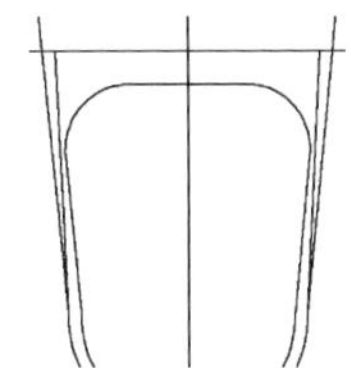

图 6-85 设置另外一侧倒圆角

单击“默认”选项卡“修改”面板中的“偏移”按钮 ⊆，将椭圆部分偏移到内侧，偏移距离为 1，如图 6-86 所示。

在上侧添加弧线和斜向直线，如图 6-87 所示，再在左侧添加冲水按钮，即完成了坐便器的绘制。最终结果如图 6-74 所示。

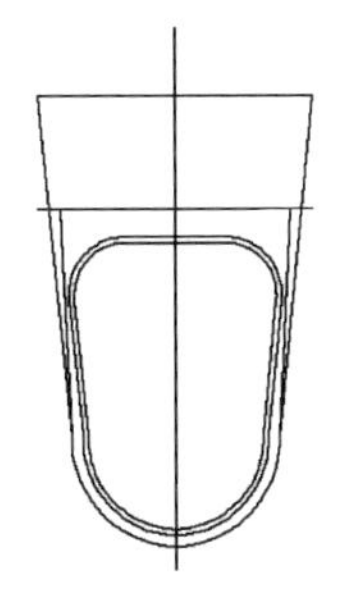

图 6-86 偏移椭圆

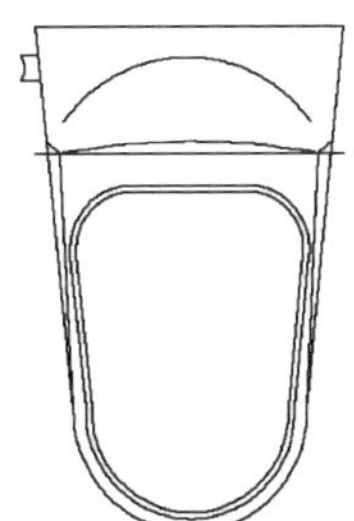

图 6-87 坐便器绘制完成

6.5.10 倒角命令

倒角命令是指用斜线连接两个不平行的线型对象。可以用斜线连接直线段、双向

Note

Note

无限长线、射线和多段线。

系统采用两种方法确定连接两个线型对象的斜线,下面分别介绍这两种方法。

(1) 指定斜线距离。斜线距离是指从被连接的对象与斜线的交点到被连接的两对象的可能的交点之间的距离,如图 6-88 所示。

(2) 指定斜线角度和一个斜线距离连接选择的对象。采用这种方法用斜线连接对象时,需要输入两个参数:斜线与一个对象的斜线距离和斜线与该对象的夹角,如图 6-89 所示。

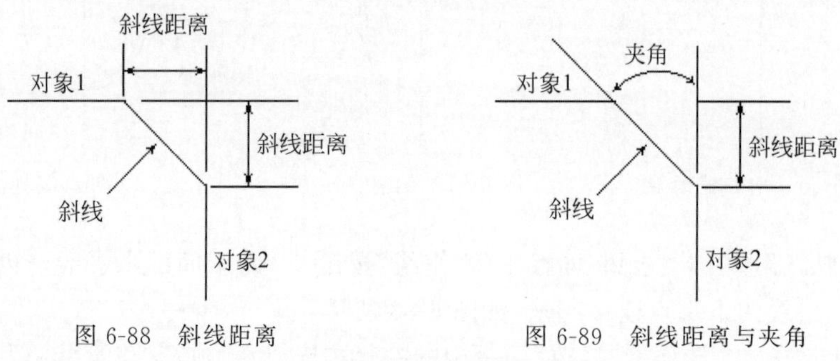

图 6-88 斜线距离　　图 6-89 斜线距离与夹角

1. 执行方式

命令行:CHAMFER。

菜单栏:选择菜单栏中的"修改"→"倒角"命令。

工具栏:单击"修改"工具栏中的"倒角"按钮。

功能区:单击"默认"选项卡"修改"面板中的"倒角"按钮。

2. 操作步骤

```
命令:CHAMFER↙
("不修剪"模式)当前倒角距离 1 = 0.0000,距离 2 = 0.0000
选择第一条直线或[放弃(U)/多段线(P)/距离(D)/角度(A)/修剪(T)/方式(E)/多个(M)]:(选择第一条直线或别的选项)
选择第二条直线,或按住 Shift 键选择直线以应用角点或[距离(D)/角度(A)/方法(M)]:(选择第二条直线)
```

3. 选项说明

"倒角"命令各选项含义如表 6-10 所示。

表 6-10 "倒角"命令各选项含义

选　项	含　义
多段线(P)	对多段线的各个交叉点倒斜角。为了得到最好的连接效果,一般设置斜线是相等的值。系统根据指定的斜线距离把多义线的每个交叉点都作斜线连接,连接的斜线成为多段线新添加的构成部分,如图 6-90 所示
距离(D)	选择倒角的两个斜线距离。这两个斜线距离可以相同或不相同。若二者均为 0,则系统不绘制连接的斜线,而是把两个对象延伸至相交并修剪超出的部分
角度(A)	选择第一条直线的斜线距离和第一条直线的倒角角度
修剪(T)	与圆角连接命令 FILLET 相同,该选项决定连接对象后是否剪切原对象

续表

选　项	含　　义
方式(E)	决定采用"距离"方式还是"角度"方式来倒斜角
多个(M)	同时对多个对象进行倒斜角编辑

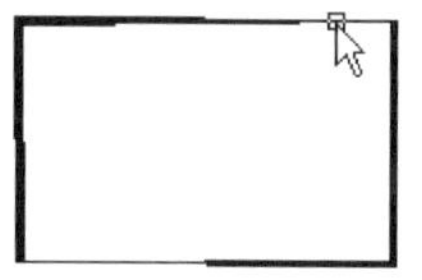

(a) 选择多段线

(b) 倒斜角结果

图 6-90 斜线连接多义线

6.5.11 上机练习——洗手盆

6-14

练习目标

通过实例重点掌握"倒角"命令的使用方法。

设计思路

首先绘制图形，然后修剪图形，最后将图形倒角处理。

操作步骤

(1) 单击"默认"选项卡"绘图"面板中的"直线"按钮 ╱，绘制出初步轮廓，大约尺寸如图 6-91 所示。绘制过程从略。

(2) 单击"默认"选项卡"绘图"面板中的"圆"按钮 ⊙，以图 6-91 中长 240、宽 80 的矩形约左中位置处为圆心，半径为 35，绘制圆。单击"默认"选项卡"修改"面板中的"复制"按钮 ⚇，复制绘制的圆。

单击"默认"选项卡"绘图"面板中的"圆"按钮 ⊙，以图 6-91 中长 139、宽 40 的矩形大约正中位置为圆心，半径为 25，绘制出水口。

(3) 单击"默认"选项卡"修改"面板中的"修剪"按钮 ✂，将绘制的出水口圆修剪成如图 6-92 所示。

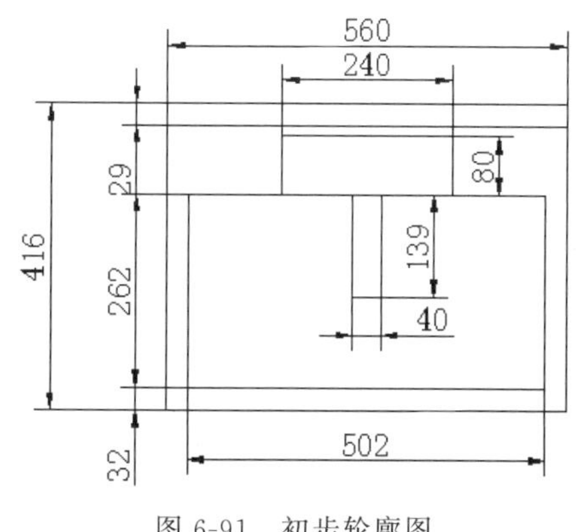

图 6-91 初步轮廓图

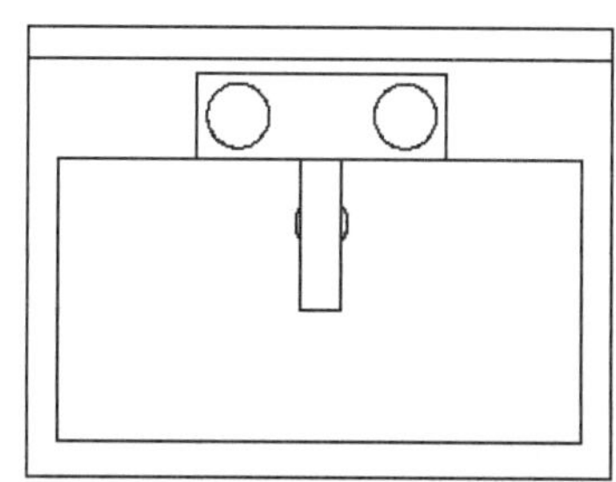

图 6-92 绘制水龙头和出水口

（4）单击“默认”选项卡“修改”面板中的“倒角”按钮⌈，绘制水盆4个角。命令行中的提示与操作如下。

Note

```
命令:CHAMFER↙
("修剪"模式)当前倒角距离 1 = 0.0000,距离 2 = 0.0000
选择第一条直线或[放弃(U)/多段线(P)/距离(D)/角度(A)/修剪(T)/方式(E)/多个(M)]:D↙
指定第一个倒角距离<0.0000>: 50↙
指定第二个倒角距离<50.0000>: 30↙
选择第一条直线或[放弃(U)/多段线(P)/距离(D)/角度(A)/修剪(T)/方式(E)/多个(M)]: M↙
选择第一条直线或[放弃(U)/多段线(P)/距离(D)/角度(A)/修剪(T)/方式(E)/多个(M)]:(选择右上角横线段)
选择第二条直线,或按住 Shift 键选择直线以应用角点或[距离(D)/角度(A)/方法(M)]:(选择右上角竖线段)
选择第一条直线或[放弃(U)/多段线(P)/距离(D)/角度(A)/修剪(T)/方式(E)/多个(M)]:(选择左上角横线段)
选择第二条直线,或按住 Shift 键选择直线以应用角点或[距离(D)/角度(A)/方法(M)]:(选择右上角竖线段)
命令: CHAMFER↙
("修剪"模式)当前倒角距离 1 = 50.0000,距离 2 = 30.0000
选择第一条直线或[放弃(U)/多段线(P)/距离(D)/角度(A)/修剪(T)/方式(E)/多个(M)]:A↙
指定第一条直线的倒角长度<20.0000>: ↙
指定第一条直线的倒角角度<0>: 45↙
选择第一条直线或[放弃(U)/多段线(P)/距离(D)/角度(A)/修剪(T)/方式(E)/多个(M)]: M↙
选择第一条直线或[放弃(U)/多段线(P)/距离(D)/角度(A)/修剪(T)/方式(E)/多个(M)]: (选择左下角横线段)
选择第二条直线,或按住 Shift 键选择直线以应用角点或[距离(D)/角度(A)/方法(M)]:(选择左下角竖线段)
选择第一条直线或[放弃(U)/多段线(P)/距离(D)/角度(A)/修剪(T)/方式(E)/多个(M)]: (选择右下角横线段)
选择第二条直线,或按住 Shift 键选择直线以应用角点或[距离(D)/角度(A)/方法(M)]:(选择右下角竖线段)
```

洗手盆绘制完成,结果如图6-93所示。

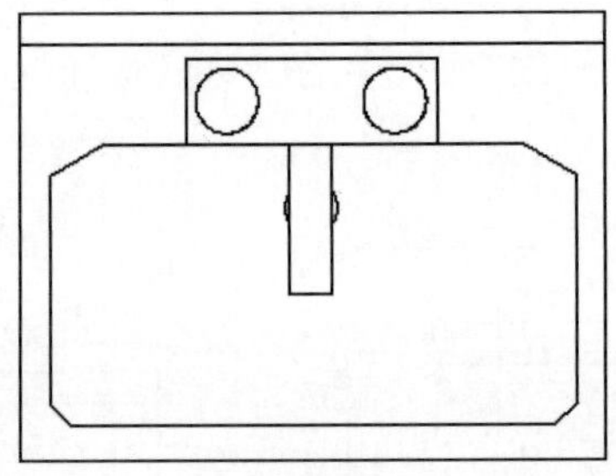

图6-93　洗手盆

6.5.12　打断命令

1. 执行方式

命令行：BREAK。

菜单栏：选择菜单栏中的"修改"→"打断"命令。

工具栏：单击"修改"工具栏中的"打断"按钮 。

2. 操作步骤

```
命令: BREAK↙
选择对象:(选择要打断的对象)
指定第二个打断点或[第一点(F)]:(指定第二个断开点或输入 F)
```

3. 选项说明

"打断"命令各选项含义如表 6-11 所示。

表 6-11 "打断"命令各选项含义

选项	含 义
打断	如果选择"第一点(F)",系统将丢弃前面的第一个选择点,重新提示用户指定两个断开点

6.5.13 上机练习——吸顶灯

6-15

练习目标

通过实例重点掌握"打断"命令的使用方法。

设计思路

首先设置图层,然后利用"直线"命令和"圆"命令绘制图形,最后利用"打断"命令和"修剪"命令细化图形。

操作步骤

(1) 新建两个图层,具体如下。

➢ "1"图层,颜色为蓝色,其余属性默认。

➢ "2"图层,颜色为黑色,其余属性默认。

(2) 单击"默认"选项卡"绘图"面板中的"直线"按钮 ,绘制两条相交的直线,坐标点为{(50,100)(100,100)}{(75,75)(75,125)},如图 6-94 所示。

(3) 单击"默认"选项卡"绘图"面板中的"圆"按钮 ,以(75,100)为圆心,分别以 15 和 10 为半径绘制两个同心圆,如图 6-95 所示。

(4) 单击"默认"选项卡"修改"面板中的"打断于点"按钮 ,将超出圆的直线修剪掉。命令行中的提示与操作如下。

```
命令: _break↙
选择对象: (选择竖直直线)
指定第二个打断点或[第一点(F)]:F↙
指定第一个打断点: (选择竖直直线的上端点)
指定第二个打断点: (选择竖直直线与大圆上面的相交点)
```

用同样的方法将其他 3 段超出圆的直线修剪掉,结果如图 6-96 所示。

Note

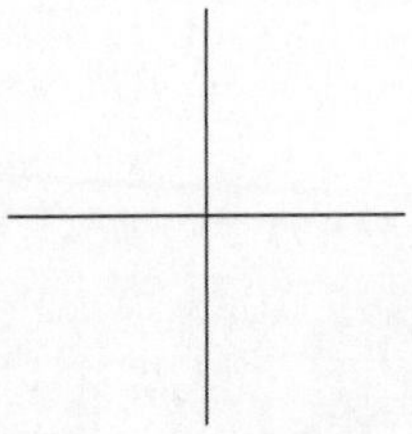

图 6-94　绘制相交直线

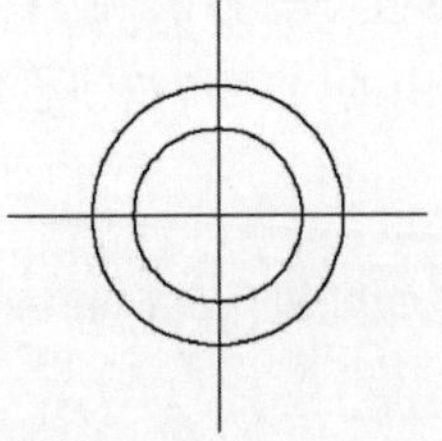

图 6-95　绘制同心圆

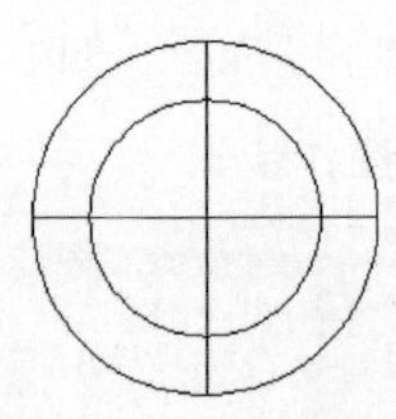

图 6-96　吸顶灯图形

6.5.14　分解命令

1. 执行方式

命令行：EXPLODE。

菜单栏：选择菜单栏中的“修改”→“分解”命令。

工具栏：单击“修改”工具栏中的“分解”按钮 。

2. 操作步骤

```
命令：EXPLODE↙
选择对象：(选择要分解的对象)
```

选择一个对象后，该对象会被分解。系统继续提示该行信息，允许分解多个对象。

注意：分解命令是将一个合成图形分解成为其部件的工具。比如，一个矩形被分解之后，会变成 4 条直线；而一个有宽度的直线被分解之后，会失去其宽度属性。

6.5.15　合并命令

可以将直线、圆、椭圆弧和样条曲线等独立的线段合并为一个对象，如图 6-97 所示。

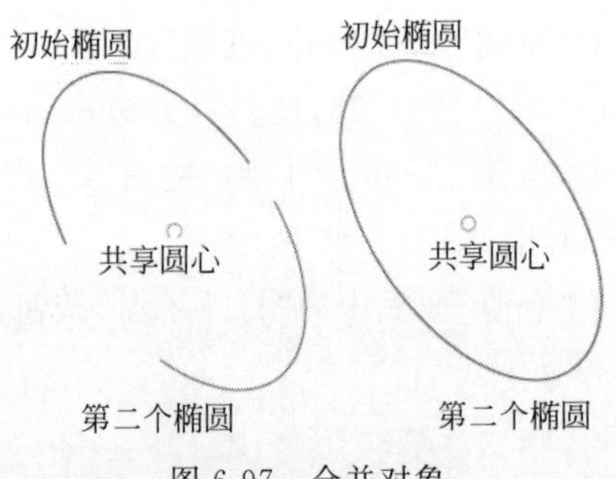

图 6-97　合并对象

1. 执行方式

命令行：JOIN。

菜单栏：选择菜单栏中的“修改”→“合并”命令。

工具栏：单击“修改”工具栏中的“合并”按钮 。

2. 操作步骤

```
命令: JOIN↙
选择源对象或要一次合并的多个对象:找到 1 个(选择另一个对象)
选择要合并的对象:找到 1 个,总计 2 个(选择一个对象)
选择要合并的对象: ↙
2 条直线已合并为 1 条直线
```

6.6 上机实验

6.6.1 实验 1 绘制办公桌

绘制如图 6-98 所示的办公桌。

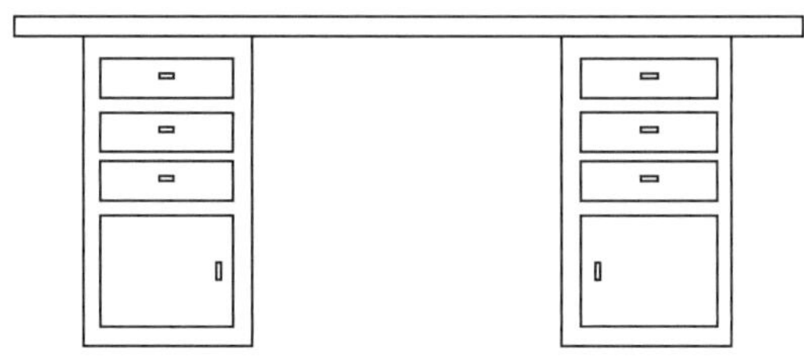

图 6-98　办公桌

操作提示

(1) 利用“矩形”命令绘制办公桌的一边。

(2) 利用“复制”命令绘制整个办公桌。

6.6.2 实验 2 绘制燃气灶

绘制如图 6-99 所示的燃气灶。

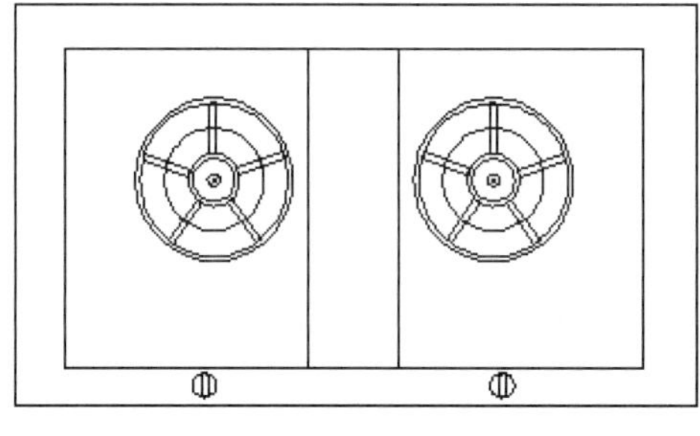

图 6-99　燃气灶

操作提示

(1) 利用“矩形”和“直线”命令绘制燃气灶外轮廓。

（2）利用“圆”和“样条曲线”命令绘制支撑骨架。

（3）利用“环形阵列”和“镜像”命令绘制燃气灶。

6.6.3 实验3 绘制门

Note

绘制如图6-100所示的门。

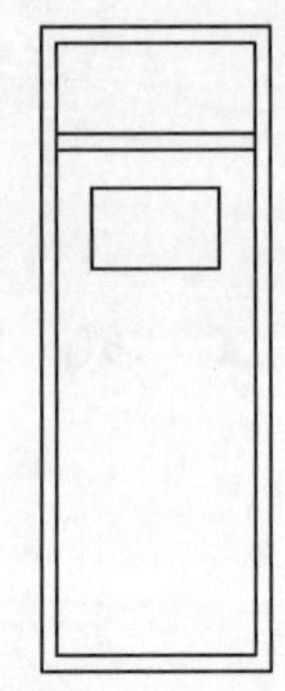

图6-100 门

操作提示

（1）利用“矩形”命令绘制门轮廓。

（2）利用“偏移”命令绘制门。

6.6.4 实验4 绘制小房子

绘制如图6-101所示的小房子。

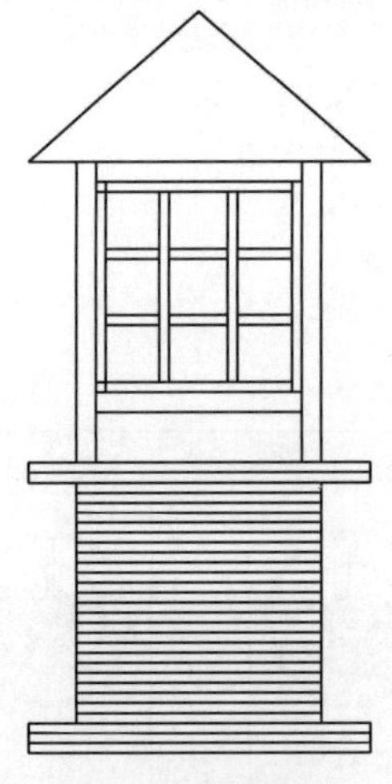

图6-101 小房子

操作提示

（1）利用“矩形”和“矩形阵列”命令绘制主要轮廓。

（2）利用“直线”和“矩形阵列”命令处理细节。

第7章

高级绘图和编辑命令

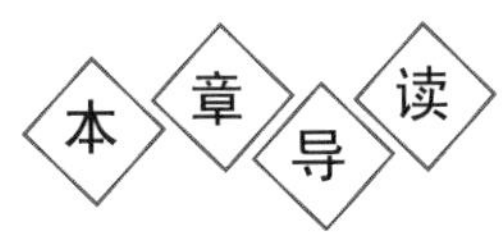

本章将学习有关 AutoCAD 2022 的复杂绘图命令和编辑命令，熟练掌握用 AutoCAD 2022 绘制二维几何元素包括多段线、样条曲线及多线的方法，同时利用相应的编辑命令修正图形。

学习要点

- 多段线
- 样条曲线
- 多线
- 对象编辑

7.1 多 段 线

Note

多段线是一种由线段和圆弧组合而成的、不同线宽的多线。这种线由于其组合形式的多样和线宽的不同，弥补了直线或圆弧功能的不足，适合绘制各种复杂的图形轮廓，因而得到广泛的应用。

7.1.1 绘制多段线

1. 执行方式

命令行：PLINE（缩写：PL）。

菜单栏：选择菜单栏中的"绘图"→"多段线"命令。

工具栏：单击"绘图"工具栏中的"多段线"按钮 ⊃。

2. 操作步骤

```
命令: PLINE↙
指定起点:(指定多段线的起点)
当前线宽为 0.0000
指定下一个点或[圆弧(A)/半宽(H)/长度(L)/放弃(U)/宽度(W)]:(指定多段线的下一个点)
```

3. 选项说明

"绘制多段线"命令各选项含义如表 7-1 所示。

表 7-1 "绘制多段线"命令各选项含义

选项	含　义
多段线	多段线主要由不同长度的连续的线段或圆弧组成。如果在上述提示中选择"圆弧(A)"选项，则命令行提示如下。 指定圆弧的端点(按住 Ctrl 键以切换方向)[角度(A)/圆心(CE)/方向(D)/半宽(H)/直线(L)/半径(R)/第二个点(S)/放弃(U)/宽度(W)]:

7-1

7.1.2 上机练习——锅

练习目标

本例绘制的锅如图 7-1 所示，重点掌握"多段线"命令的使用方法。

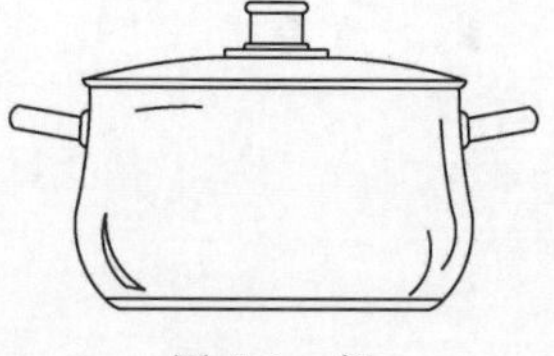

图 7-1 锅

设计思路

利用"多段线"命令绘制图形。

操作步骤

（1）单击“默认”选项卡“绘图”面板中的“多段线”按钮，绘制锅轮廓线。命令行中的提示与操作如下。

```
命令：_pline↙
指定起点：0,0
当前线宽为 0.0000
指定下一个点或[圆弧(A)/半宽(H)/长度(L)/放弃(U)/宽度(W)]：157.5,0↙
指定下一点或[圆弧(A)/闭合(C)/半宽(H)/长度(L)/放弃(U)/宽度(W)]：a↙
指定圆弧的端点(按住 Ctrl 键以切换方向)或[角度(A)/圆心(CE)/闭合(CL)/方向(D)/半宽(H)/
直线(L)/半径(R)/第二个点(S)/放弃(U)/宽度(W)]：s↙
指定圆弧上的第二个点：196.4,49.2↙
指定圆弧的端点：201.5,94.4↙
指定圆弧的端点(按住 Ctrl 键以切换方向)或[角度(A)/圆心(CE)/闭合(CL)/方向(D)/半宽(H)/
直线(L)/半径(R)/第二个点(S)/放弃(U)/宽度(W)]：s↙
指定圆弧上的第二个点：191,155.6↙
指定圆弧的端点：187.5,217.5↙
指定圆弧的端点或[角度(A)/圆心(CE)/闭合(CL)/方向(D)/半宽(H)/直线(L)/半径(R)/第二个
点(S)/放弃(U)/宽度(W)]：s↙
指定圆弧上的第二个点：192.3,220.2↙
指定圆弧的端点：195,225↙
指定圆弧的端点或[角度(A)/圆心(CE)/闭合(CL)/方向(D)/半宽(H)/直线(L)/半径(R)/第二个
点(S)/放弃(U)/宽度(W)]：l↙
指定下一点或[圆弧(A)/闭合(C)/半宽(H)/长度(L)/放弃(U)/宽度(W)]：0,225↙
指定下一点或[圆弧(A)/闭合(C)/半宽(H)/长度(L)/放弃(U)/宽度(W)]：↙
```

（2）单击“默认”选项卡“绘图”面板中的“直线”按钮，绘制坐标为{(0,10.5)(172.5,10.5)}{(0,217.5)(187.5,217.5)}的两条直线。绘制结果如图 7-2 所示。

（3）单击“默认”选项卡“绘图”面板中的“多段线”按钮，绘制扶手。在命令行提示下依次输入(188,194.6)、a、s、(193.6,192.7)、(196.7,187.7)、L、(197.9,165)、a、s、(195.4,160.5)、(190.8,158)。按 Enter 键后继续单击“多段线”按钮，在命令行提示下依次输入(196.7,187.7)、(259.2,198.7)、a、s、(267.3,188.9)、(263.8,176.7)、L、(197.9,165)。绘制结果如图 7-3 所示。

（4）单击“默认”选项卡“绘图”面板中的“圆弧”按钮，以(195,225)为起点，第二点为(124.5,214.3)，端点为(52.5,247.5)，绘制圆弧。

（5）单击“默认”选项卡“绘图”面板中的“矩形”按钮，分别以(52.5,247.5)(−52.5,255)和(31.4,255)(@−62.8,6)为角点绘制矩形。

（6）单击“默认”选项卡“绘图”面板中的“多段线”按钮，绘制锅盖把弧线。在命令行提示下依次输入(26.3,261)、(@0,30)、a、s、(31.5,296.3)、(26.3,301.5)、L、(0,301.5)。

（7）单击“默认”选项卡“绘图”面板中的“直线”按钮，绘制坐标点为(25.3,291)(0,291)的直线。绘制结果如图 7-4 所示。

Note

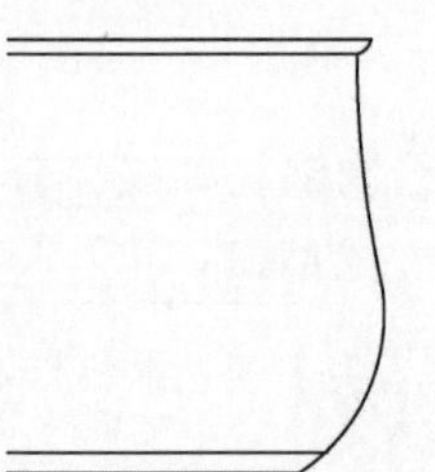
图 7-2 绘制轮廓线

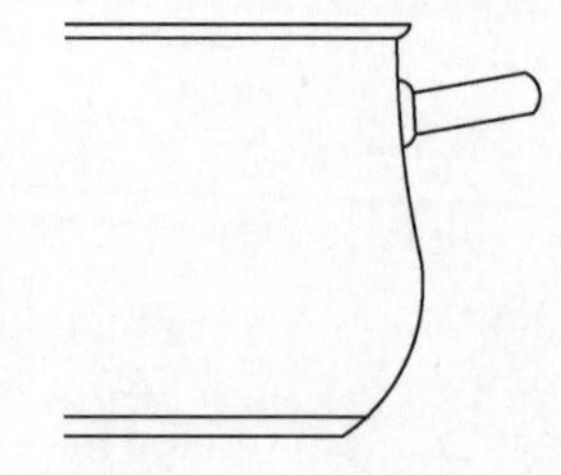
图 7-3 绘制扶手

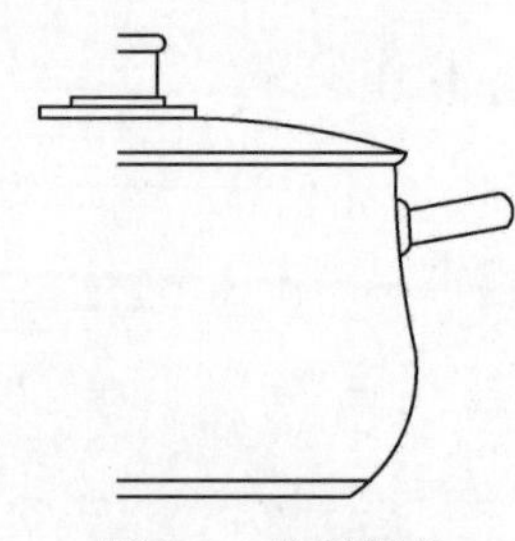
图 7-4 绘制锅盖

(8) 单击“默认”选项卡“修改”面板中的“镜像”按钮，将整个对象以端点坐标为(0,0)和(0,10)的线段为对称线镜像处理。绘制结果如图 7-1 所示。

7.2 样条曲线

AutoCAD 使用一种称为非一致有理 B 样条(NURBS)曲线的特殊样条曲线类型。NURBS 曲线在控制点之间产生一条光滑的样条曲线，如图 7-5 所示。样条曲线可用于创建形状不规则的曲线，例如，为地理信息系统(GIS)应用或汽车设计绘制轮廓线。

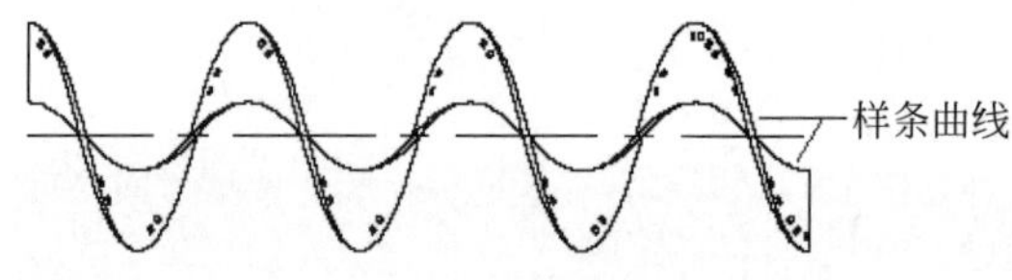

图 7-5 样条曲线

7.2.1 绘制样条曲线

1. 执行方式

命令行：SPLINE。

菜单栏：选择菜单栏中的“绘图”→“样条曲线”命令。

工具栏：单击“绘图”工具栏中的“样条曲线”按钮。

2. 操作步骤

```
命令: _SPLINE↙
指定第一个点或 [方式(M)/节点(K)/对象(O)]: (指定一点或选择"对象(O)"选项)
输入下一个点或 [起点切向(T)/公差(L)]:指定第二个点
输入下一个点或 [端点相切(T)/公差(L)/放弃(U)]:指定第三个点
```

3. 选项说明

“绘制样条曲线”命令各选项含义如表 7-2 所示。

表 7-2　“绘制样条曲线”命令各选项含义

选　　项	含　　义
对象(O)	将二维或三维的二次或三次样条曲线的拟合多段线转换为等价的样条曲线，然后(根据 DELOBJ 系统变量的设置)删除该拟合多段线
闭合(C)	将最后一点定义为与第一个点一致，并使它在连接处与样条曲线相切，这样可以闭合样条曲线。选择该项后，系统继续提示如下。 `指定切向:(指定点或按 Enter 键)` 可以指定一点来定义切向矢量，或者通过使用“切点”和“垂足”对象来捕捉模式，使样条曲线与现有对象相切或垂直
公差(F)	修改当前样条曲线的拟合公差。根据新的拟合公差，以现有点重新定义样条曲线。拟合公差表示样条曲线拟合时所指定的拟合点集的拟合精度。拟合公差越小，样条曲线与拟合点越接近。公差为 0 时，样条曲线将通过该点。输入大于 0 的拟合公差时，将使样条曲线在指定的公差范围内通过拟合点。在绘制样条曲线时，可以通过改变样条曲线的拟合公差以查看效果
<起点切向>(T)	定义样条曲线的第一点和最后一点的切向。 如果在样条曲线的两端都指定切向，可以通过输入一个点或者使用“切点”和“垂足”对象来捕捉模式，使样条曲线与已有的对象相切或垂直。如果按 Enter 键，AutoCAD 将计算默认切向

7.2.2　上机练习——单人床

7-2

练习目标

本例绘制的单人床图形如图 7-6 所示，重点掌握“样条曲线”命令的使用方法。

设计思路

在住宅建筑的室内设计图中，床是必不可少的内容。床分为单人床和双人床。一般的住宅建筑中，卧室的位置及床的摆放均需要进行精心的设计，以方便房主居住生活，同时要考虑舒适、采光、美观等因素。

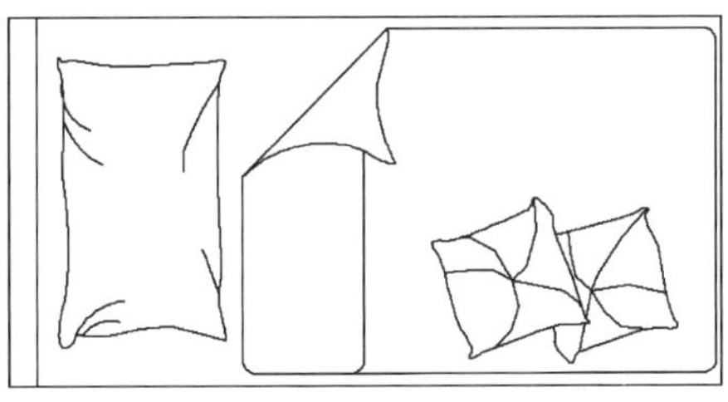

图 7-6　单人床

操作步骤

(1) 绘制床平面。

① 单击“默认”选项卡“绘图”面板中的“矩形”按钮 ▭，绘制长边为 300、短边为 150 的矩形，如图 7-7 所示。

② 绘制完床的轮廓后，单击“默认”选项卡“绘图”面板中的“直线”按钮 ╱，在床左侧绘制一条垂直的直线，作为床头的平面图，如图 7-8 所示。

(2) 绘制被子轮廓。

单击“默认”选项卡“绘图”面板中的“矩形”按钮 ▭，绘制一个长 200、宽 140 的矩

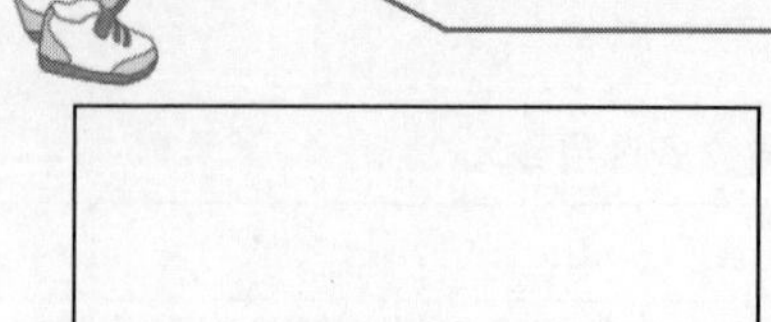

图 7-7　床轮廓

图 7-8　绘制床头

形。单击“默认”选项卡“修改”面板中的“移动”按钮，移动到床的右侧。注意上下两边的间距要尽量相等，右侧距床轮廓的边缘稍稍近一些，如图 7-9 所示。此矩形即为被子的轮廓。

(3) 细化被子图形。

① 单击“默认”选项卡“绘图”面板中的“矩形”按钮，在被子左顶端绘制一个水平方向为 30、垂直方向为 140 的矩形，如图 7-10 所示。单击“默认”选项卡“修改”面板中的“圆角”按钮，修改矩形的角部，如图 7-11 所示。

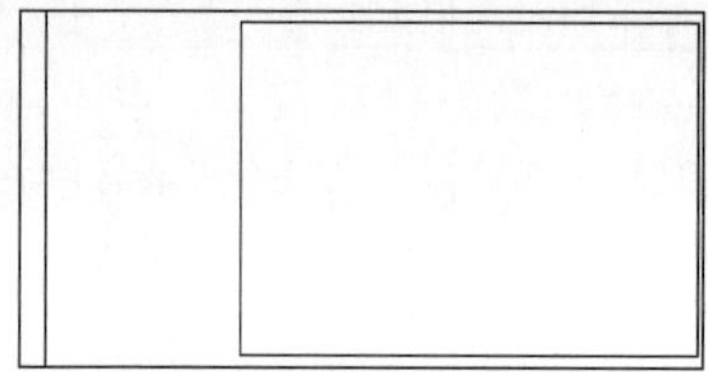

图 7-9　绘制被子轮廓

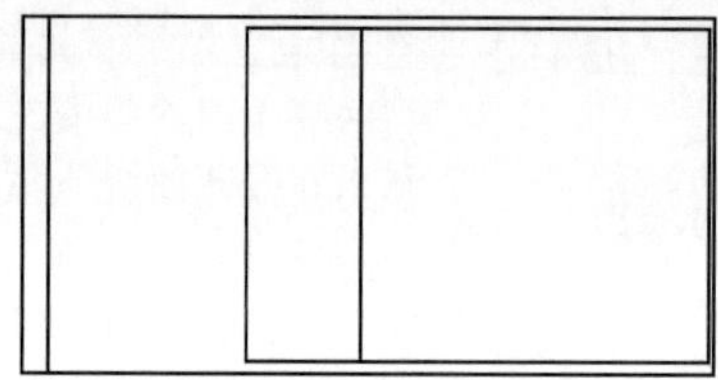

图 7-10　绘制矩形

② 在被子轮廓的左上角，绘制一条 45°的斜线。绘制方法如下：单击“默认”选项卡“绘图”面板中的“直线”按钮，绘制一条水平直线；单击“默认”选项卡“修改”面板中的“旋转”按钮，选择线段一端为旋转基点，在角度提示行后面输入“45”并按 Enter 键，旋转直线效果如图 7-12 所示；再将其移动到适当的位置，单击“默认”选项卡“修改”面板中的“修剪”按钮，将多余线段删除，得到如图 7-13 所示的效果。

删除直线左上侧的多余部分，如图 7-14 所示。

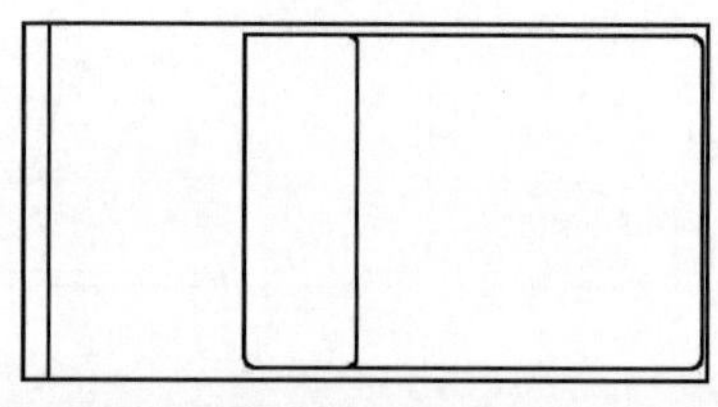

图 7-11　修改倒角

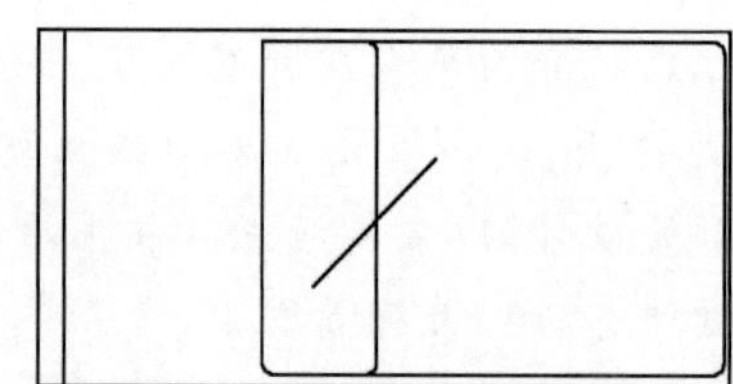

图 7-12　绘制 45°的直线

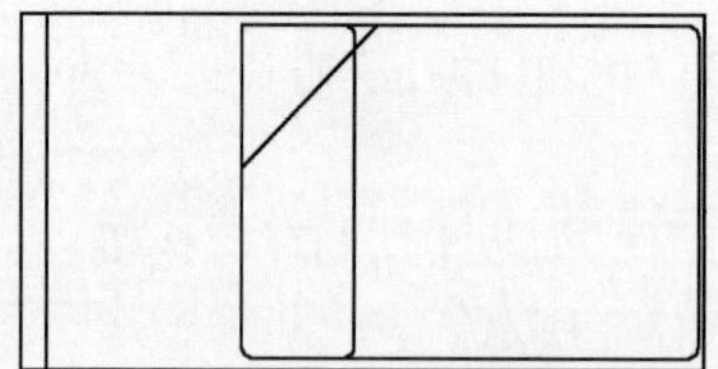

图 7-13　移动并删除直线

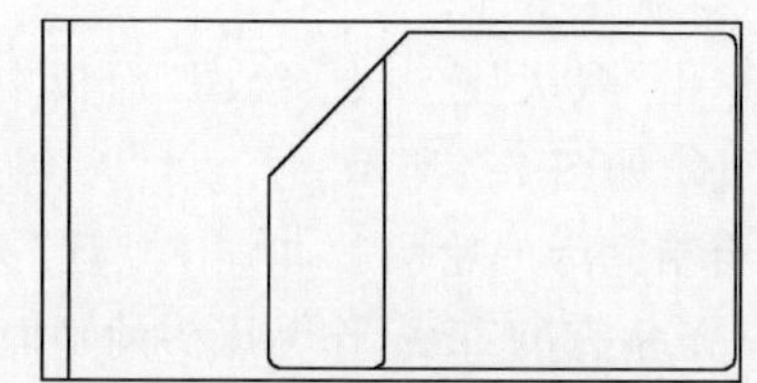

图 7-14　删除多余线段

③ 单击“默认”选项卡“绘图”面板中的“样条曲线”按钮 ，如图 7-15 所示。命令行中的提示与操作如下。

```
命令: _SPLINE
当前设置: 方式 = 拟合    节点 = 弦
指定第一个点或 [方式(M)/节点(K)/对象(O)]:_M
输入样条曲线创建方式 [拟合(F)/控制点(CV)] <拟合>:_FIT
当前设置: 方式 = 拟合    节点 = 弦
指定第一个点或 [方式(M)/节点(K)/对象(O)]:(选择点 A)
输入下一个点或 [起点切向(T)/公差(L)]: (选择点 B)
输入下一个点或 [端点相切(T)/公差(L)/放弃(U)]: (选择点 C)
输入下一个点或 [端点相切(T)/公差(L)/放弃(U)/闭合(C)]: ↙
输入下一个点或 [端点相切(T)/公差(L)/放弃(U)/闭合(C)]: (选择点 D)
输入下一个点或 [端点相切(T)/公差(L)/放弃(U)/闭合(C)]:(选择点 E)
```

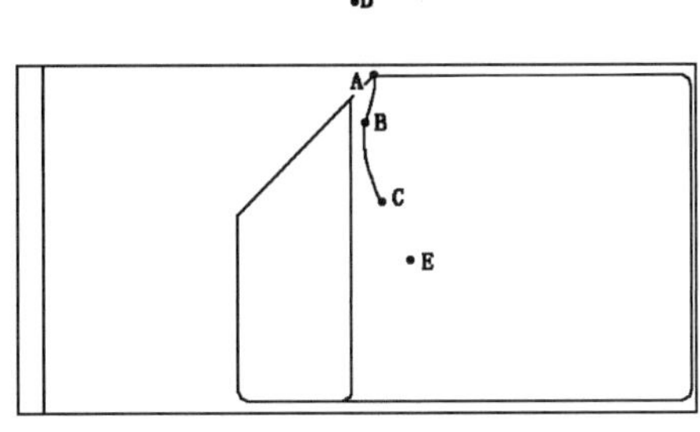

图 7-15　绘制样条曲线 1

④ 同理，另外一侧的样条曲线如图 7-16 所示。首先依次单击点 A、B、C，然后按 Enter 键，以 D 点为起点切线方向，E 点为终点切线方向。此为被子的掀开角，绘制完成后删除角内的多余直线，如图 7-17 所示。

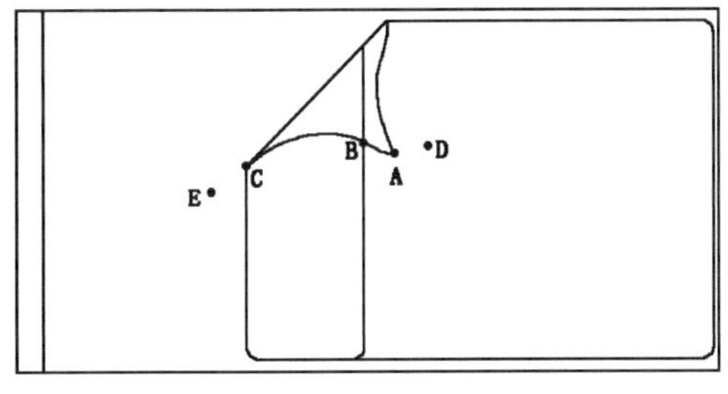

图 7-16　绘制样条曲线 2

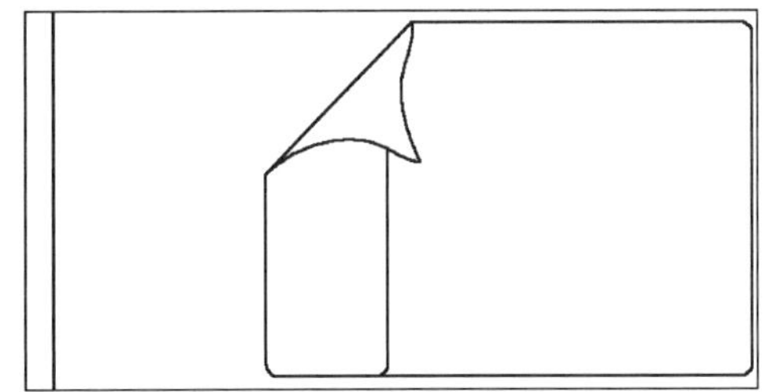

图 7-17　绘制掀起角

(4) 用同样的方法，单击“默认”选项卡“绘图”面板中的“样条曲线”按钮 ，绘制枕头和垫子的图形。结果如图 7-6 所示。

7.3　多　　线

多线是一种复合线，由连续的直线段复合组成。多线的一个突出优点是能够提高绘图效率，保证图线之间的统一性。

Note

7.3.1 绘制多线

1. 执行方式

命令行：MLINE。

菜单栏：选择菜单栏中的“绘图”→“多线”命令。

2. 操作步骤

```
命令: MLINE↙
当前设置: 对正 = 上,比例 = 20.00,样式 = STANDARD
指定起点或[对正(J)/比例(S)/样式(ST)]: (指定起点)
指定下一点: (给定下一点)
指定下一点或[放弃(U)]: (继续给定下一点,绘制线段.输入"U",则放弃前一段的绘制; 右击或按 Enter 键,结束命令)
指定下一点或[闭合(C)/放弃(U)]: (继续给定下一点,绘制线段.输入"C",则闭合线段,结束命令)
```

3. 选项说明

“绘制多线”命令各选项含义如表 7-3 所示。

表 7-3 “绘制多线”命令各选项含义

选项	含　义
对正(J)	该项用于给定绘制多线的基准。共有三种对正类型：“上”“无”“下”。其中,“上”表示以多线上侧的线为基准,以此类推
比例(S)	选择该项,要求用户设置平行线的间距。输入值为零时,平行线重合；输入值为负时,多线的排列倒置
样式(ST)	该项用于设置当前使用的多线样式

7.3.2 定义多线样式

1. 执行方式

命令行：MLSTYLE。

2. 操作步骤

系统自动执行该命令后,弹出如图 7-18 所示的“多线样式”对话框。在该对话框中,可以对多线样式进行定义、保存和加载等操作。

7.3.3 编辑多线

1. 执行方式

命令行：MLEDIT。

菜单栏：选择菜单栏中的“修改”→“对象”→“多线”命令。

Note

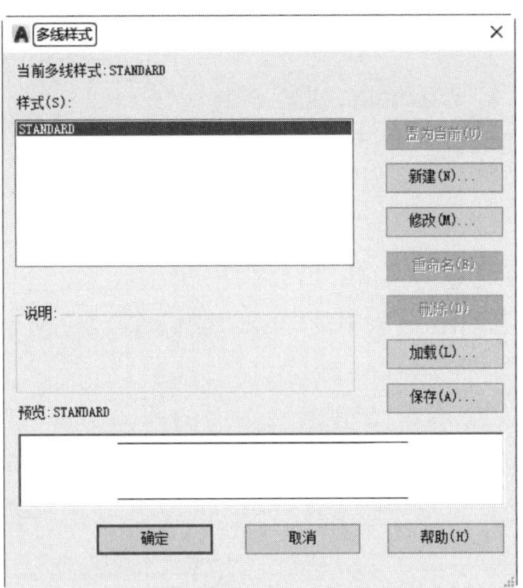

图 7-18　“多线样式”对话框

2. 操作步骤

选择该命令后，弹出“多线编辑工具”对话框，如图 7-19 所示。

图 7-19　“多线编辑工具”对话框

利用该对话框，可以创建或修改多线的模式。对话框中分四列显示了示例图形。其中，第一列管理十字交叉形式的多线，第二列管理 T 形多线，第三列管理拐角接合点和节点形式的多线，第四列管理多线被剪切或连接的形式。

单击选择某个示例图形，然后单击“关闭”按钮，就可以调用该项编辑功能。

7.3.4　上机练习——西式沙发

7-3

练习目标

本实例将讲解如图 7-20 所示常见的西式沙发的绘制方法与技巧，重点掌握“多线”命令的使用方法。

设计思路

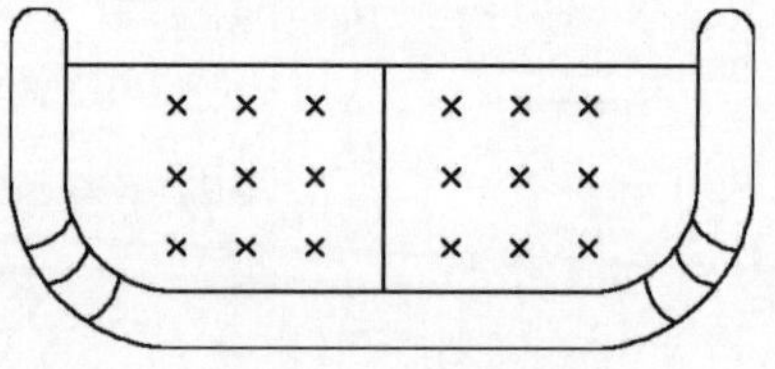

图 7-20　西式沙发

具体方法是首先绘制大体轮廓，然后绘制扶手靠背，最后进行细节处理。

Note

操作步骤

(1) 沙发的绘制与座椅的绘制方法基本相似。单击“默认”选项卡“绘图”面板中的“矩形”按钮 ▭，绘制一个矩形，矩形的长边为100、短边为 40，如图 7-21 所示。

(2) 在矩形上侧的 1 个角处，绘制直径为 8 的圆。单击“默认”选项卡“修改”面板中的“复制”按钮 ⧉，以矩形角点为参考点，将圆复制到另外一个角点处，如图 7-22 所示。

(3) 选择菜单栏中的“绘图”→“多线”命令（即多线功能），绘制沙发的靠背。

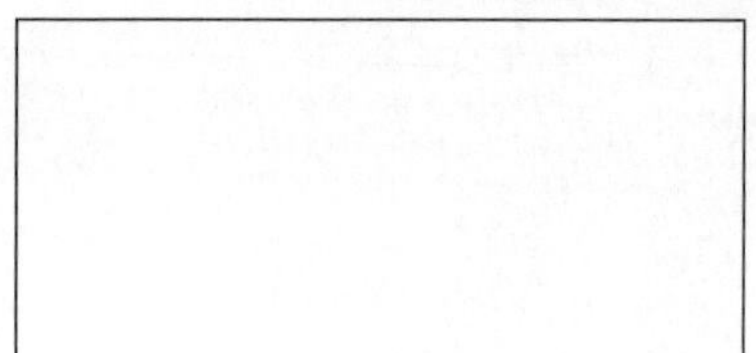

图 7-21　绘制矩形

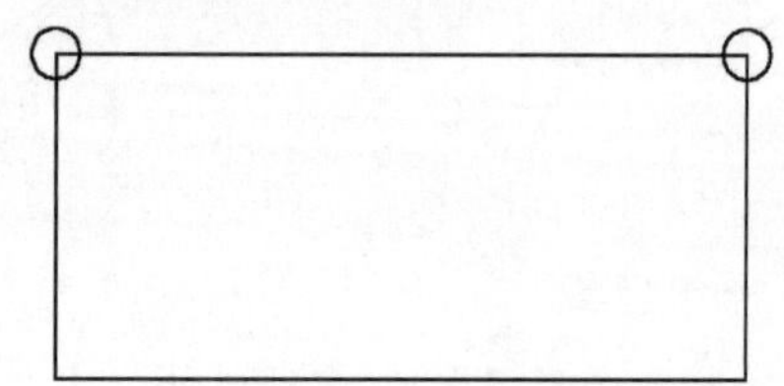

图 7-22　绘制圆

(4) 选择菜单栏中的“格式”→“多线样式”命令，❶系统打开“多线样式”对话框，如图 7-23 所示，在该对话框中❷单击“新建”按钮，❸系统打开“创建新的多线样式”对话框，如图 7-24 所示，❹在该对话框的“新样式名”文本框中输入“mline1”，❺单击“继续”按钮，❻系统打开“新建多线样式：MLINE1”对话框，进行如图 7-25 所示的设置，

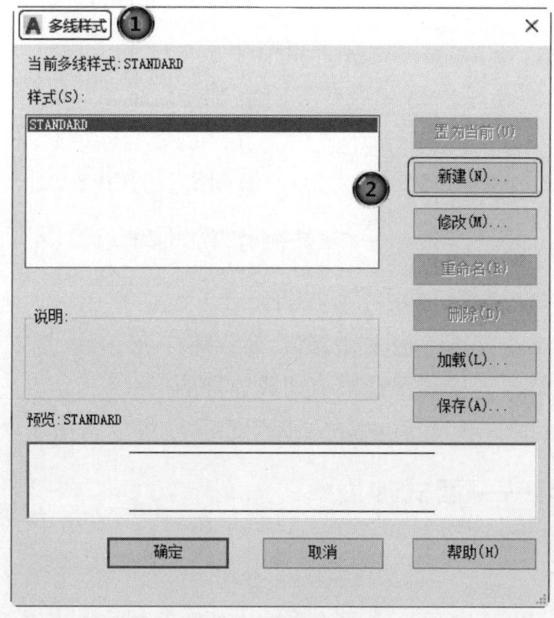

图 7-23　“多线样式”对话框

Note

❼偏移量设置为 4 和 −4，❽单击“确定”按钮，返回“多线样式”对话框，❾单击“置为当前”按钮后，❿单击“确定”按钮即可，如图 7-26 所示。

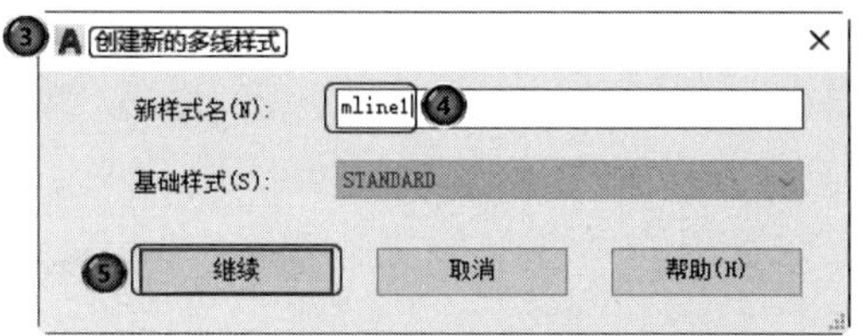

图 7-24　“创建新的多线样式”对话框

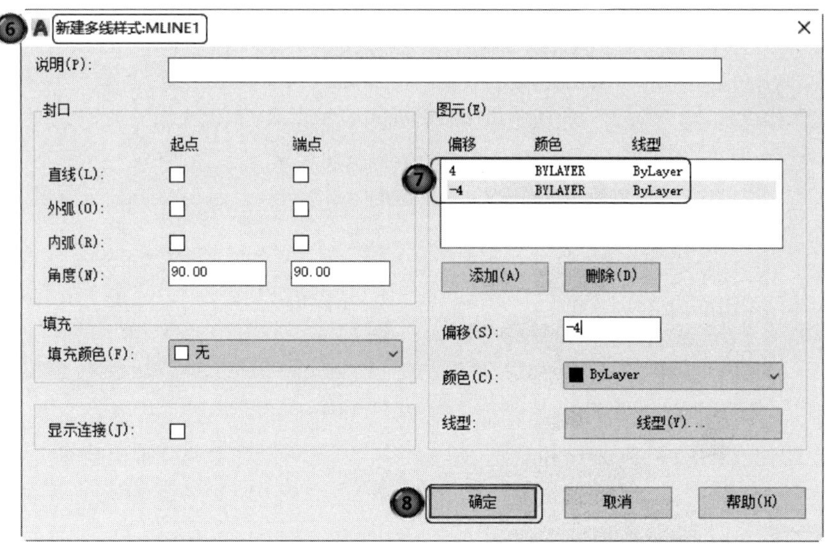

图 7-25　“新建多线样式：MLINE 1”对话框

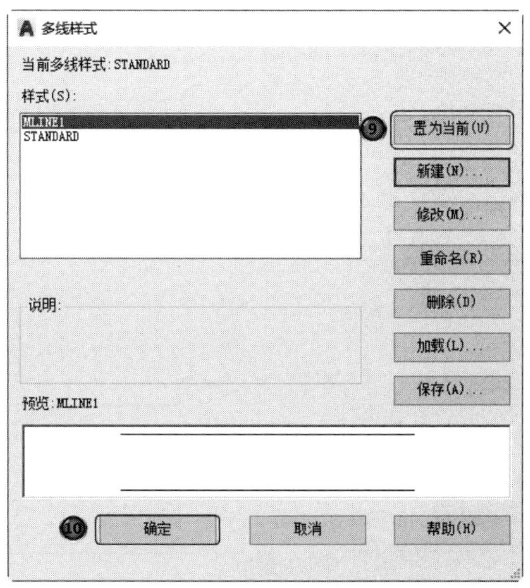

图 7-26　“多线样式”对话框

(5) 在命令行中输入"mline"命令，再输入 st，选择多线样式为 mline1；然后输入 j，设置对正方式为无，将比例设置为 1，以图 7-22 中的左圆心为起点，沿矩形边界绘制多线。命令行中的提示与操作如下。

Note

```
命令: mline↙
当前设置:对正 = 上,比例 = 20.00,样式 = STANDARD
指定起点或[对正(J)/比例(S)/样式(ST)]:  st↙(设置当前多线样式)
输入多线样式名或[?]: mline1↙(选择样式 mline1)
当前设置:对正 = 上,比例 = 20.00,样式 = MLINE1
指定起点或[对正(J)/比例(S)/样式(ST)]: j↙(设置对正方式)
输入对正类型[上(T)/无(Z)/下(B)] <上>: z↙(设置对正方式为无)
当前设置:对正 = 无,比例 = 20.00,样式 = MLINE1
指定起点或[对正(J)/比例(S)/样式(ST)]: s↙
输入多线比例<20.00>: 1↙(设定多线比例为 1)
当前设置:对正 = 无,比例 = 1.00,样式 = MLINE1
指定起点或[对正(J)/比例(S)/样式(ST)]:(单击圆心)
指定下一点:(单击矩形角点)
指定下一点或[放弃(U)]:
指定下一点或[闭合(C)/放弃(U)]:(单击另外一侧圆心)
指定下一点或[闭合(C)/放弃(U)]: ↙
```

绘制完成的图形如图 7-27 所示。

(6) 选择刚刚绘制的多线和矩形，单击"默认"选项卡"修改"面板中的"分解"按钮 ，将多线分解。

(7) 将多线中间的矩形轮廓线删除，如图 7-28 所示。单击"默认"选项卡"修改"面板中的"移动"按钮 ，然后按空格键或者按 Enter 键，再选择直线的左端点，将其移动到圆的下端点，如图 7-29 所示。单击"默认"选项卡"修改"面板中的"修剪"按钮 ，将多余的线剪切掉。结果如图 7-30 所示。

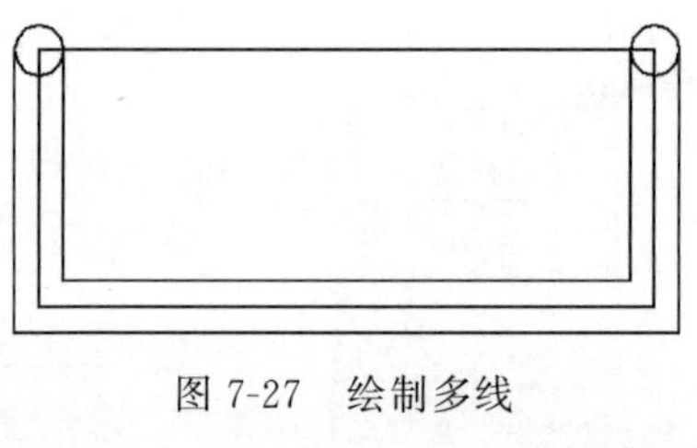

图 7-27 绘制多线

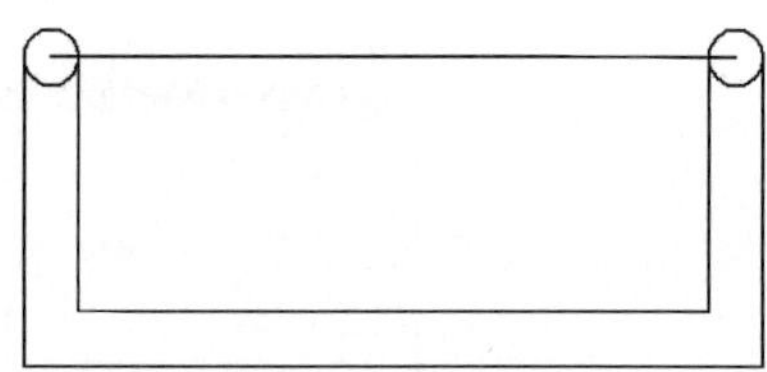

图 7-28 删除直线

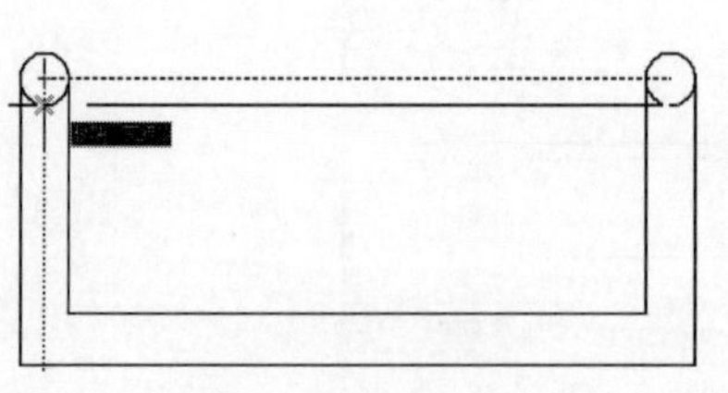

图 7-29 移动直线

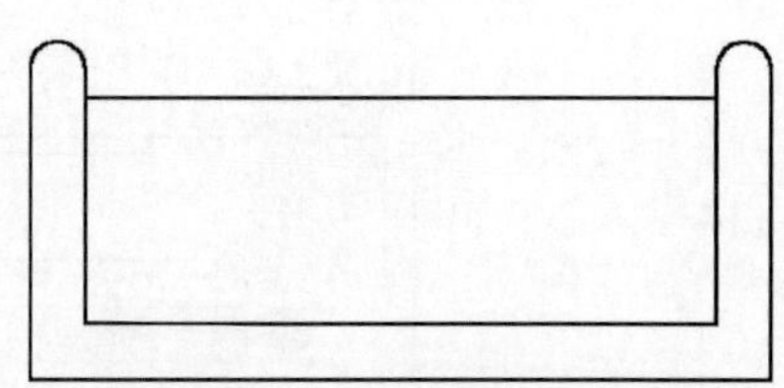

图 7-30 删除多余线

Note

(8) 绘制沙发扶手及靠背的转角。由于需要一定的弧线，这里将使用倒圆角命令。单击"默认"选项卡"修改"面板中的"圆角"按钮，设置倒角的大小。

内侧倒角半径为 16，修改后的结果如图 7-31 所示。外侧倒角半径为 24，修改后的结果如图 7-32 所示。

图 7-31　修改内侧倒角

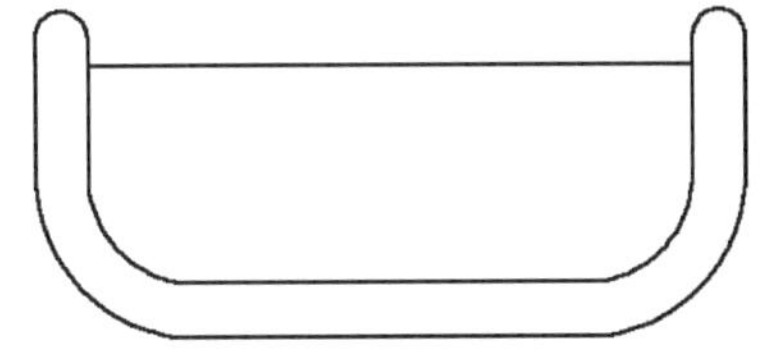

图 7-32　修改外侧倒角

(9) 利用"捕捉到中点"工具，在沙发中心绘制一条垂直的直线，如图 7-33 所示。再在沙发扶手的拐角处绘制 3 条弧线，两边对称复制，如图 7-34 所示。

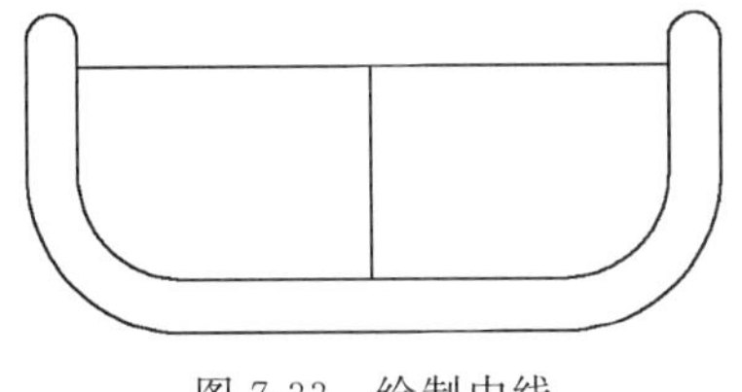

图 7-33　绘制中线

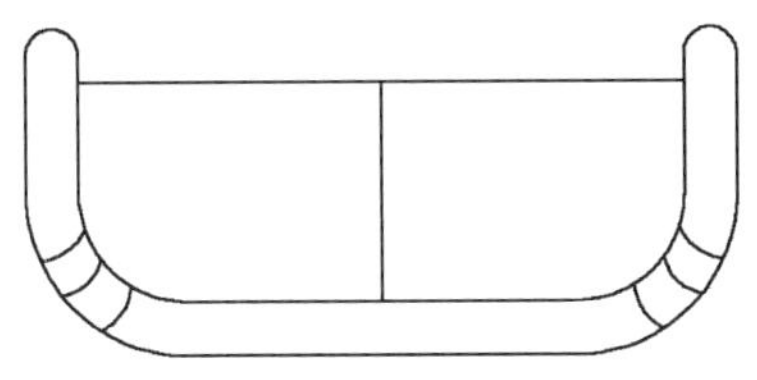

图 7-34　绘制沙发转角

(10) 在沙发左侧空白处用"直线"命令绘制一个"×"形图案，如图 7-35 所示。单击"默认"选项卡"修改"面板中的"矩形阵列"按钮，设置行数、列数均为 3，然后将行间距设置为 −10、列间距设置为 10。将刚刚绘制的"×"图形进行阵列，如图 7-36 所示。单击"默认"选项卡"修改"面板中的"镜像"按钮，将左侧的花纹复制到右侧。结果如图 7-20 所示。

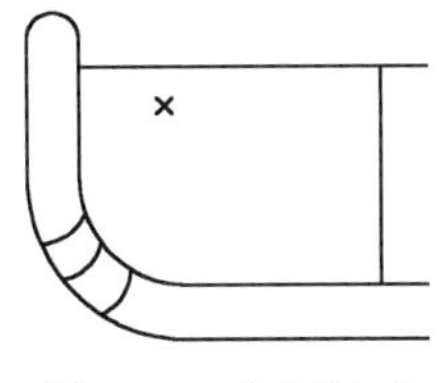

图 7-35　绘制"×"

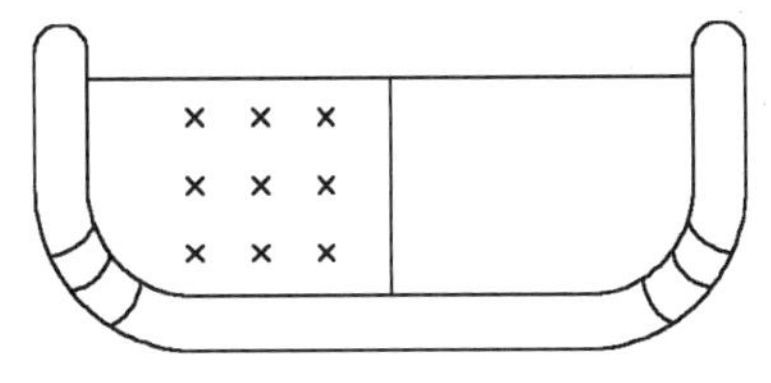

图 7-36　阵列图形

7.4　对象编辑

在对图形进行编辑时，还可以对图形对象本身的某些特性进行编辑，从而方便地进行图形绘制。

7.4.1　钳夹功能

利用钳夹功能可以快速方便地编辑对象。AutoCAD 在图形对象上定义了一些特

Note

殊点，称为夹点，利用夹点可以灵活地控制对象，如图 7-37 所示。

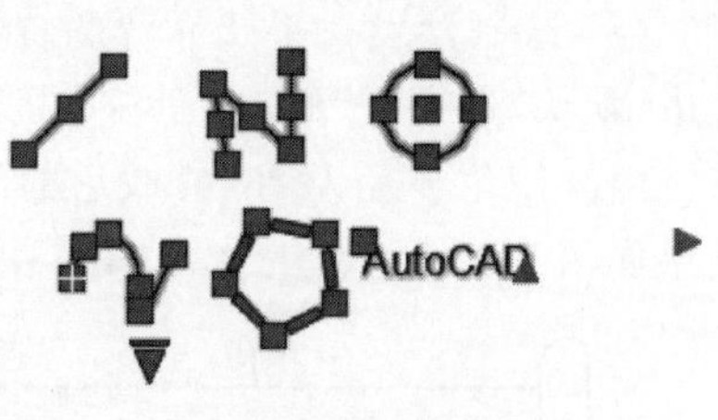

图 7-37　夹点

要使用钳夹功能编辑对象，必须先打开钳夹功能。打开方法如下：选择菜单栏中的“工具”→“选项”→“选择”命令。

在“选项”对话框的“选择集”选项卡中，选中“启用夹点”复选框。在该选项卡中，还可以设置代表夹点的小方格的尺寸和颜色。

也可以通过 GRIPS 系统变量来控制是否打开钳夹功能，1 代表打开，0 代表关闭。

打开钳夹功能后，应该在编辑对象之前先选择对象。夹点表示对象的控制位置。

使用夹点编辑对象，要选择一个夹点作为基点，称为基准夹点。然后，选择一种编辑操作：镜像、移动、旋转、拉伸和缩放。可以用空格键、Enter 键或快捷键循环选择这些功能。

下面仅以拉伸对象操作为例进行讲述，其他操作类似。

在图形上拾取一个夹点，该夹点改变颜色，此点为夹点编辑的基准夹点。这时系统提示如下。

```
** 拉伸 **
指定拉伸点或[基点(B)/复制(C)/放弃(U)/退出(X)]:
```

在上述拉伸编辑提示下，输入“移动”命令，或右击，在右键快捷菜单中选择“移动”命令，如图 7-38 所示。

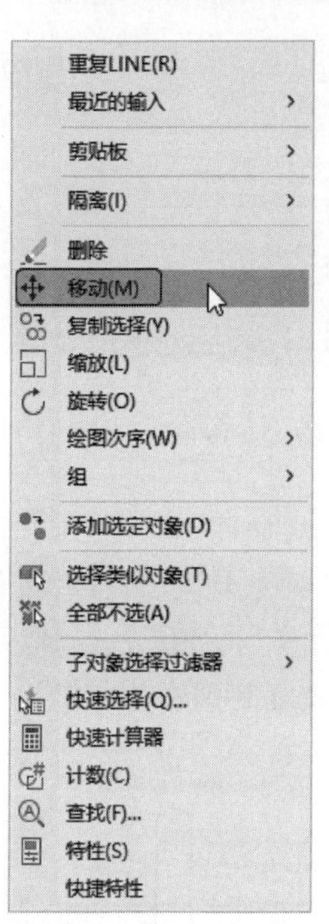

图 7-38　右键快捷菜单

系统就会转换为“移动”操作，其他操作类似。

7.4.2　修改对象属性

1. 执行方式

命令行：DDMODIFY 或 PROPERTIES。

菜单栏：选择菜单栏中的“修改”→“特性或工具”→“选项板”→“特性”命令。

工具栏：单击“标准”工具栏中的“特性”按钮。

2. 操作步骤

AutoCAD 打开“特性”选项板，如图 7-39 所示。利用它可以方便地设置或修改对象的各种属性。

不同的对象属性种类和值不同，修改属性值，对象改变为新的属性。

7.4.3　特性匹配

利用特性匹配功能可以将目标对象的属性与源对象的属性进行匹配，使目标对象的属性与源对象的属性相同。利用特性匹配功能可以方便快捷地修改对象属性，并保持不同对象的属性相同。

图 7-39　“特性”选项板

1. 执行方式

命令行：MATCHPROP。

菜单栏：选择菜单栏中的“修改”工具栏中的“特性匹配”命令。

2. 操作步骤

```
命令：MATCHPROP
选择源对象:(选择源对象)
选择目标对象或[设置(S)]:(选择目标对象)
```

图 7-40(a)所示为两个属性不同的对象，以左边的圆为源对象，对右边的矩形进行特性匹配，结果如图 7-40(b)所示。

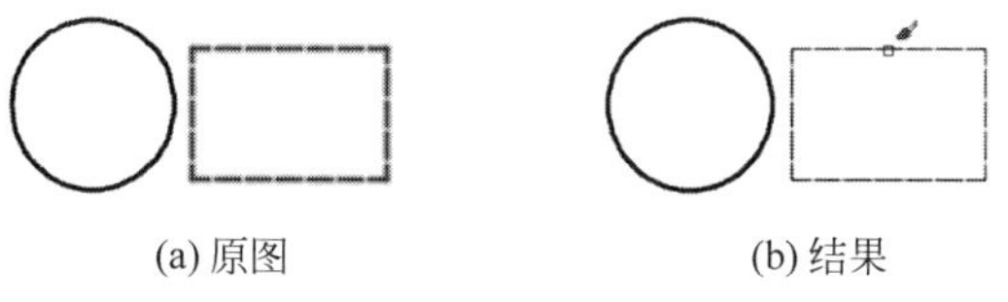

(a) 原图　　(b) 结果

图 7-40　特性匹配

7.4.4　上机练习——三环旗

7-4

练习目标

本例绘制如图 7-41 所示的三环旗，重点掌握对象编辑命令的使用方法。

设计思路

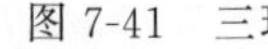

图 7-41　三环旗

首先设置图层，然后绘制旗尖、旗杆、旗面、三环，最后利用“特性”命令更改颜色。

操作步骤

（1）单击“默认”选项卡“图层”面板中的“图层特性”按钮，打开“图层特性管理器”选项板，如图 7-42 所示。

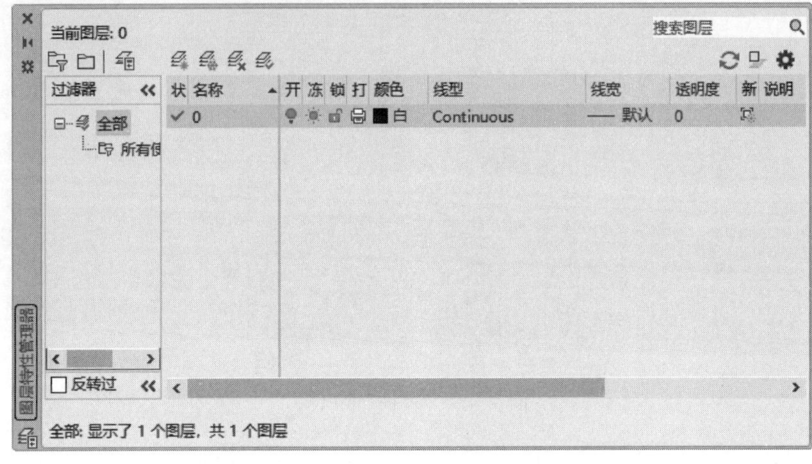

图 7-42　“图层特性管理器”选项板

单击“新建”按钮，创建新图层。新图层的特性将继承 0 图层或已选择的某一图层的特性。新图层的默认名为“图层 1”，显示在中间的图层列表中，将其更名为“旗尖”。用同样方法建立“旗杆”层、“旗面”层和“三环”层。这样就建立了 4 个新图层。选中“旗尖”层，单击“颜色”下的色块形图标，打开“选择颜色”对话框，如图 7-43 所示。选择灰色色块，单击“确定”按钮，回到“图层特性管理器”选项板，此时“旗尖”层的颜色变为灰色。

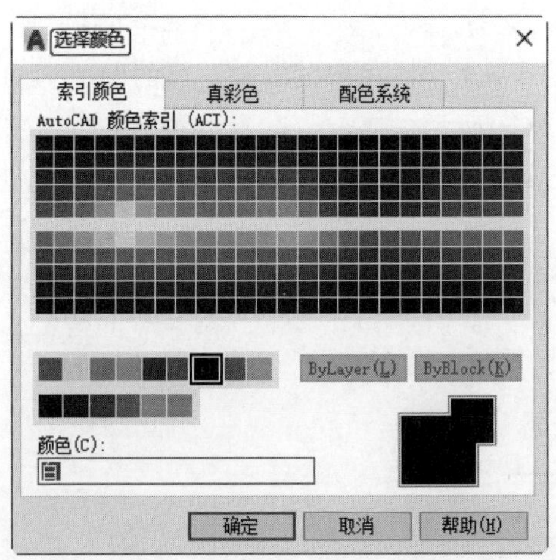

图 7-43　“选择颜色”对话框

选中“旗杆”层，用同样的方法将颜色改为红色。单击“线宽”下的线宽值，打开“线宽”对话框，如图 7-44 所示。选中“0.4mm”的线宽，单击“确定”按钮，回到“图层特性管理器”选项板。用同样的方法将“旗面”层的颜色设置为黑色，线宽设置为默认值；将“三环”层的颜色设置为蓝色。整体设置如下。

➢ “旗尖”层：线型为 Continous，颜色为 8 号，线宽为默认值。

➢ “旗杆”层：线型为 Continous，颜色为红色，线宽为 0.4mm。

➢ “旗面”层：线型为 Continous，颜色为黑色，线宽为默认值。

➢ “三环”层：线型为 Continous，颜色为蓝色，线宽为默认值。

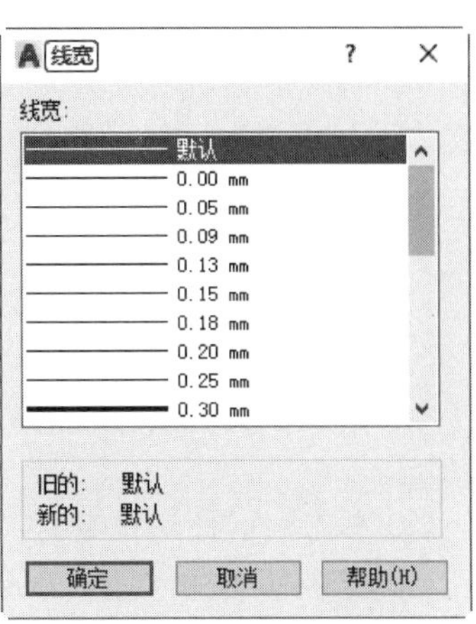

图 7-44　“线宽”对话框

设置完成的“图层特性管理器”选项板如图 7-45 所示。

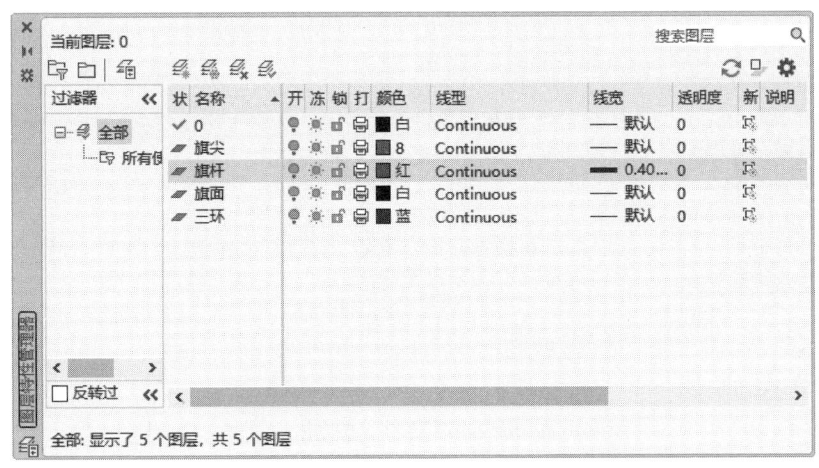

图 7-45　“图层特性管理器”选项板

(2) 单击“默认”选项卡“绘图”面板中的“直线”按钮 ╱，在绘图窗口中右击。指定一点，拖动鼠标指针到合适位置，单击指定另一点，画出一条倾斜直线，作为辅助线。

(3) 单击“默认”选项卡“图层”面板中的“图层特性”按钮，在打开的“图层特性管理器”选项板中选择“旗尖”层，单击“当前”按钮，即把它设置为当前图层以绘制灰色的旗尖。

(4) 单击“默认”选项卡“绘图”面板中的“多段线”按钮，按下状态栏中的“对象捕捉”按钮。将光标移至直线上，单击一点，指定起始宽度为 0、终止宽度为 8。捕捉直线上另一点，绘制多段线。

(5) 单击“默认”选项卡“修改”面板中的“镜像”按钮，选择所画的多段线，捕捉端点，在垂直于直线方向上指定第二个点，镜像绘制多段线。结果如图 7-46 所示。

(6) 将“旗杆”图层设置为当前图层。恢复前一次的显示，打开线宽显示。

Note

（7）单击“默认”选项卡“绘图”面板中的“直线”按钮 ╱，捕捉所画旗尖的端点。将光标移至直线上，单击一点，绘制旗杆。绘制完成此步后的图形如图 7-47 所示。

图 7-46　灰色的旗尖　　　　图 7-47　绘制红色的旗杆后的图形

（8）将“旗面”图层设置为当前图层。单击“默认”选项卡“绘图”面板中的“多段线”按钮 ⊃，绘制黑色的旗面。命令行中的提示与操作如下。

```
命令：PL↙
指定起点:(捕捉所画旗杆的端点)
当前线宽为 0.0000
指定下一点或[圆弧(A)/闭合(C)/半宽(H)/长度(L)/放弃(U)/宽度(W)]:A↙
指定圆弧的端点(按住 Ctrl 键以切换方向)或[角度(A)/圆心(CE)/闭合(CL)/方向(D)/半宽(H)/
直线(L)/半径(R)/第二个点(S)/放弃(U)/宽度(W)]: S↙
指定圆弧的第二个点:(单击一点,指定圆弧的第二个点)
指定圆弧的端点:(单击一点,指定圆弧的端点)
指定圆弧的端点(按住 Ctrl 键以切换方向)或[角度(A)/圆心(CE)/闭合(CL)/方向(D)/半宽(H)/
直线(L)/半径(R)/第二个点(S)/放弃(U)/宽度(W)]:(单击一点,指定圆弧的端点)
指定圆弧的端点(按住 Ctrl 键以切换方向)或[角度(A)/圆心(CE)/闭合(CL)/方向(D)/半宽(H)/
直线(L)/半径(R)/第二个点(S)/放弃(U)/宽度(W)]:
```

单击“默认”选项卡“修改”面板中的“复制”按钮 ⚭，复制出另一条旗面边线。

单击“默认”选项卡“绘图”面板中的“直线”按钮 ╱，捕捉所画旗面上边的端点和旗面下边的端点。绘制黑色的旗面后的图形如图 7-48 所示。

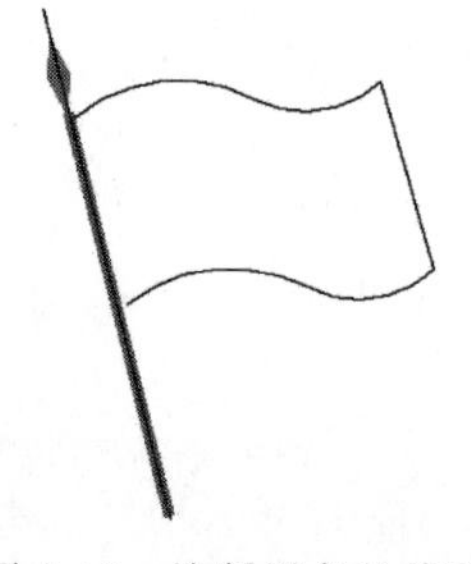

图 7-48　绘制黑色的旗面后的图形

（9）将“三环”图层设置为当前图层。单击“默认”选项卡“绘图”面板中的“圆环”按钮 ◎，圆环内径为 30，圆环外径为 40，绘制 3 个蓝色的圆环。

（10）将绘制的 3 个圆环分别修改为 3 种不同的颜色。单击第二个圆环。

可以在命令行中输入 DDMODIFY 或者单击标准工具栏中的图标，下同。

按 Enter 键后，系统打开“特性”选项板，如图 7-49 所示，其中列出了该圆环所在的图层、颜色、线型、线宽等基本特性及其几何特性。单击“颜色”选项，在表示颜色的色块后出现一个 ▾ 按钮。单击此按钮，打开“颜色”下拉列表框，从中选择“洋红”选项，如图 7-50 所示。连续按两次 Esc 键，退出。用同样的方法，将另一个圆环的颜色修改为绿色。

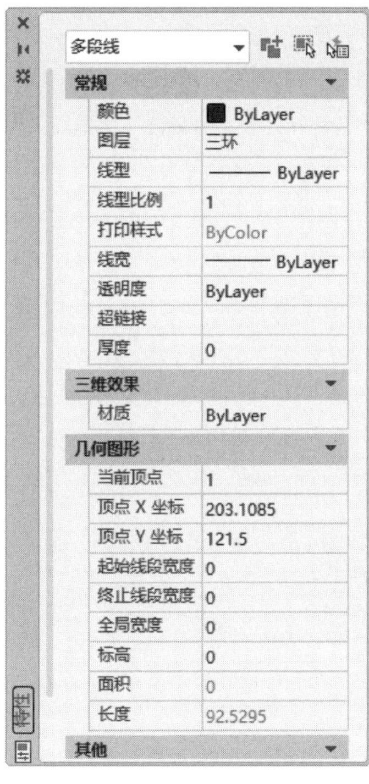

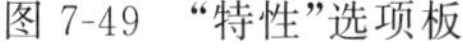

图 7-49　"特性"选项板

图 7-50　选择"洋红"选项

（11）单击"默认"选项卡"修改"面板中的"删除"按钮，删除辅助线。最终绘制的结果如图 7-41 所示。

7.5　上机实验

7.5.1　实验 1　绘制汽车

绘制如图 7-51 所示的汽车。

7.5.2　实验 2　绘制电脑

绘制如图 7-52 所示的电脑。

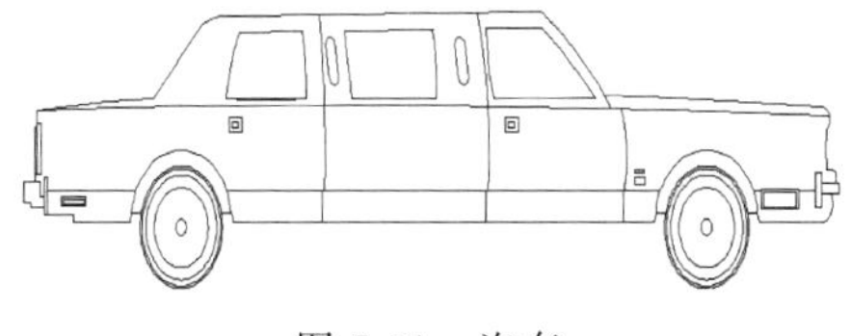

图 7-51　汽车

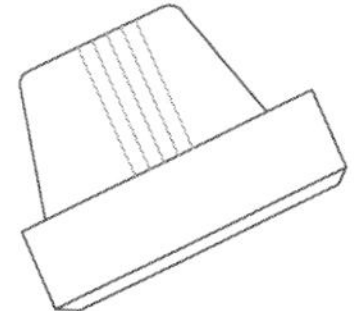

图 7-52　电脑

第8章

图块及其属性

在设计绘图过程中，经常会遇到一些重复出现的图形，如机械设计中的螺钉、螺母，建筑设计中的桌椅、门窗等。如果每次都重新绘制这些图形，不仅产生大量的重复工作，而且存储这些图形及其信息要占据相当大的磁盘空间。图块实现了模块化作图，这样不仅可避免大量的重复工作，提高绘图速度和工作效率，而且可大大节省磁盘空间。

学习要点

- 图块操作
- 图块的属性
- 实例精讲——标注标高符号

Note

8.1　图块操作

图块也叫块,它是由一组图形对象组成的集合。一组对象一旦被定义为图块,它们将成为一个整体,拾取图块中任意一个图形对象,即可选中构成图块的所有对象。AutoCAD把一个图块作为一个对象,进行编辑修改等操作时,可根据绘图需要,把图块插入到图中任意指定的位置,而且在插入时,还可以指定不同的缩放比例和旋转角度。如果需要对组成图块的单个图形对象进行修改,可以利用"分解"命令把图块炸开,分解成若干个对象。还可以重新定义图块,一旦被重新定义,整个图中基于该块的对象都将随之改变。

8.1.1　定义图块

1. 执行方式

命令行:BLOCK。

菜单栏:选择菜单栏中的"绘图"→"块"→"创建"命令。

工具栏:单击"插入"工具栏中的"创建块"按钮。

功能区:单击"默认"选项卡"块"面板中的"创建块"按钮,或单击"插入"选项卡"块定义"面板中的"创建块"按钮。

2. 操作步骤

```
命令: BLOCK↙
```

选择相应的菜单命令或单击相应的工具栏图标,或在命令行输入BLOCK后按Enter键,AutoCAD打开如图8-1所示的"块定义"对话框。利用该对话框,可定义图块并为之命名。

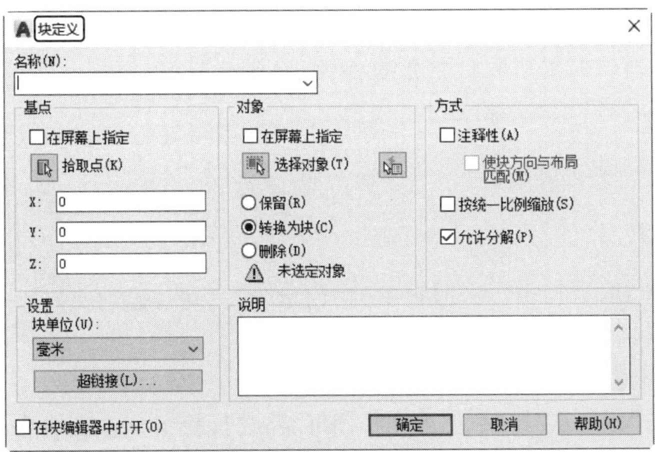

图8-1　"块定义"对话框

Note

3. 选项说明

"块定义"对话框各选项含义如表 8-1 所示。

表 8-1 "块定义"对话框各选项含义

选 项	含 义
"基点"选项组	确定图块的基点，默认值是(0,0,0)。也可以在下面的 X、Y、Z 文本框中输入块的基点坐标值。单击"拾取点"按钮，AutoCAD 会临时切换到作图屏幕，用鼠标在图形中拾取一点后，返回"块定义"对话框，即把所拾取的点作为图块的基点
"对象"选项组	该选项组用于选择制作图块的对象及对象的相关属性。 如图 8-2 所示，把图(a)中的正五边形定义为图块，图(b)为选择"删除"单选按钮的结果，图(c)为选择"保留"单选按钮的结果
"方式"选项组	指定块的行为，可指定块为注释性，指定在图纸空间视口中的块参照的方向与布局的方向匹配，指定是否阻止块参照不按统一比例缩放、指定块参照是否可以被分解
"设置"选项组	指定从 AutoCAD 设计中心拖动图块时用于测量图块的单位，以及超链接等设置
"在块编辑器中打开"复选框	选中此复选框，系统打开块编辑器，可以定义动态块。后面详细讲述

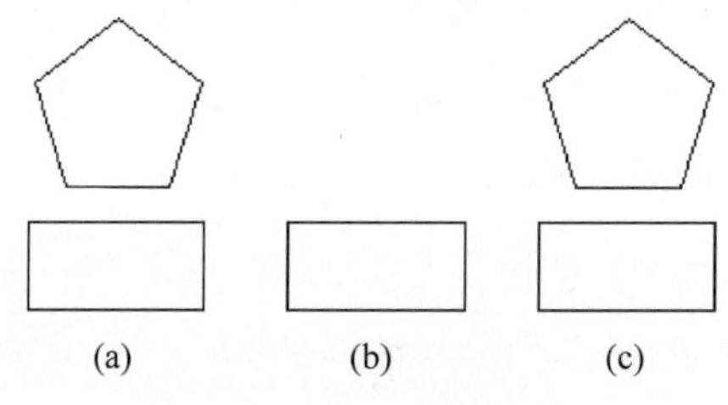

图 8-2 删除图形对象

8-1

8.1.2 上机练习——定义椅子图块

练习目标

将如图 8-3 所示的图形定义为图块，取名为"椅子"。

设计思路

将椅子图形定义为图块。

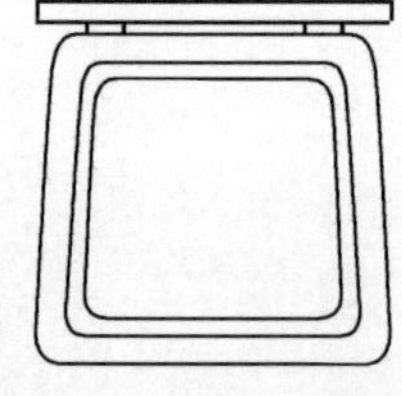
图 8-3 椅子图形

操作步骤

(1) 单击"默认"选项卡"块"面板中的"创建"按钮，❶打开"块定义"对话框，如图 8-4 所示。

(2) ❷在"名称"中输入"椅子"。

(3) ❸单击"拾取点"按钮，切换到作图屏幕，选择椅子下边直线边的中点为基点，返回"块定义"对话框。

(4) ❹单击"选择对象"按钮，切换到作图屏幕，选择图 8-3 中的对象后，按 Enter

键返回“块定义”对话框。

（5）❺然后确定完成。关闭对话框。

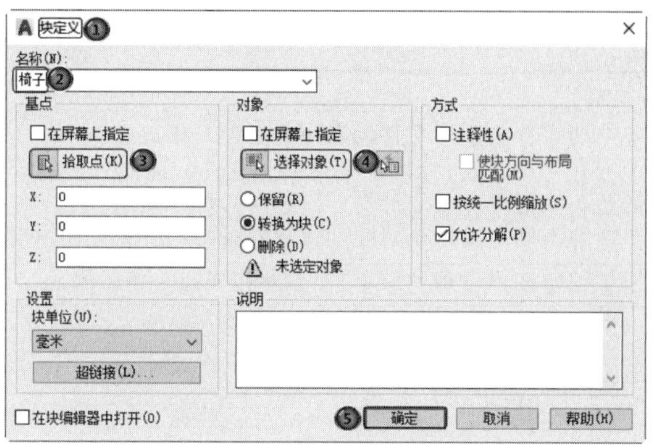

图 8-4　“块定义”对话框

8.1.3　图块的保存

用 BLOCK 命令定义的图块保存在其所属的图形当中，该图块只能在该图中插入，而不能插入到其他的图中。但是有些图块在许多图中要经常用到，这时可以用 WBLOCK 命令把图块以图形文件的形式（后缀为 DWG）写入磁盘，图形文件可以在任意图形中用 INSERT 命令插入。

1. 执行方式

命令行：WBLOCK。

2. 操作步骤

```
命令：WBLOCK↙
```

执行上述命令后，系统打开“写块”对话框，如图 8-5 所示。利用此对话框，可把图形对象保存为图形文件或把图块转换成图形文件。

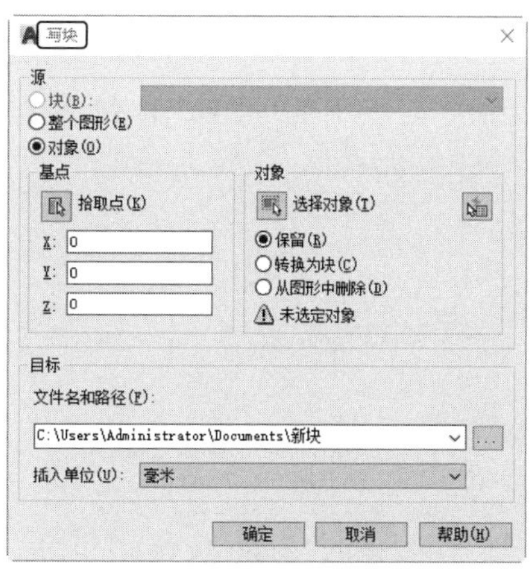

图 8-5　“写块”对话框

3. 选项说明

“写块”对话框各选项含义如表 8-2 所示。

Note

表 8-2 “写块”对话框各选项含义

选　　项	含　　义
“源”选项组	确定要保存为图形文件的图块或图形对象。选择“块”单选按钮，在下拉列表框中选择一个图块，将其保存为图形文件。选择“整个图形”单选按钮，则把当前的整个图形保存为图形文件。选择“对象”单选按钮，则把不属于图块的图形对象保存为图形文件。对象的选取通过“对象”选项组来完成
“目标”选项组	用于指定图形文件的名字、保存路径和插入单位等

8.1.4　上机练习——指北针

8-2

练习目标

本实例绘制指北针图块，如图 8-6 所示，重点掌握写块命令的使用方法。

设计思路

本实例应用二维绘图及编辑命令绘制指北针，利用写块命令将其定义为图块。

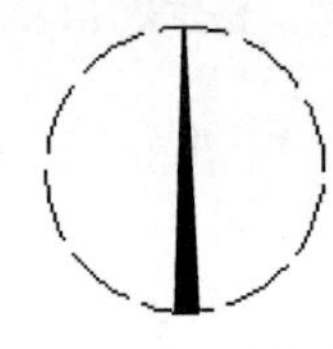

图 8-6　指北针图块

操作步骤

(1) 绘制指北针。

单击“默认”选项卡“绘图”面板中的“圆”按钮，绘制一个直径为 24 的圆。

单击“默认”选项卡“绘图”面板中的“直线”按钮，绘制竖直直线。结果如图 8-7 所示。

单击“默认”选项卡“修改”面板中的“偏移”按钮，使直径向左右两边各偏移 1.5。结果如图 8-8 所示。

单击“默认”选项卡“修改”面板中的“修剪”按钮，选取圆作为修剪边界，修剪偏移后的直线。

单击“默认”选项卡“绘图”面板中的“直线”按钮，绘制直线。结果如图 8-9 所示。

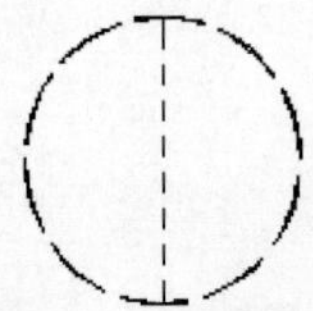
图 8-7　绘制竖直直线

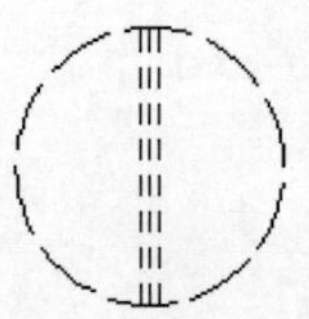
图 8-8　偏移直线

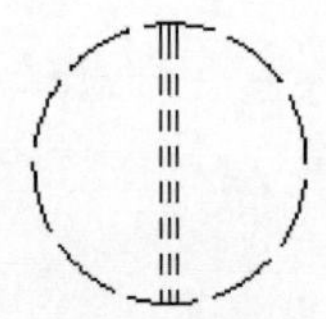
图 8-9　绘制直线

单击“默认”选项卡“修改”面板中的“删除”按钮，删除多余的直线。

单击“默认”选项卡“绘图”面板中的“图案填充”按钮，选择“图案填充”选项卡中

的“Solid”图案，选择指针作为图案填充对象进行填充。结果如图 8-6 所示。

(2) 保存图块。

命令行中的提示与操作如下。

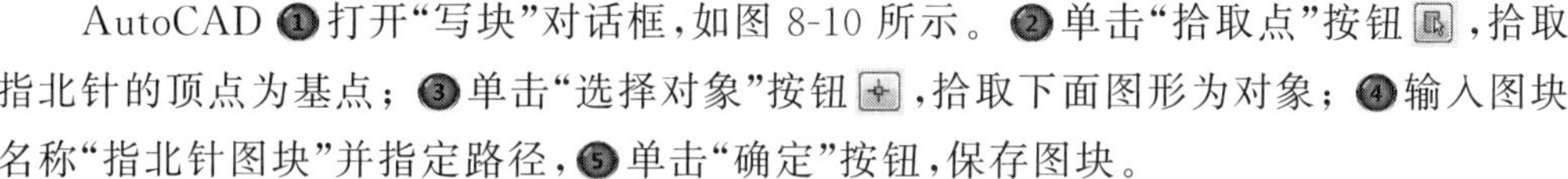

```
命令：WBLOCK↙
```

AutoCAD ❶打开“写块”对话框，如图 8-10 所示。❷单击“拾取点”按钮，拾取指北针的顶点为基点；❸单击“选择对象”按钮，拾取下面图形为对象；❹输入图块名称“指北针图块”并指定路径，❺单击“确定”按钮，保存图块。

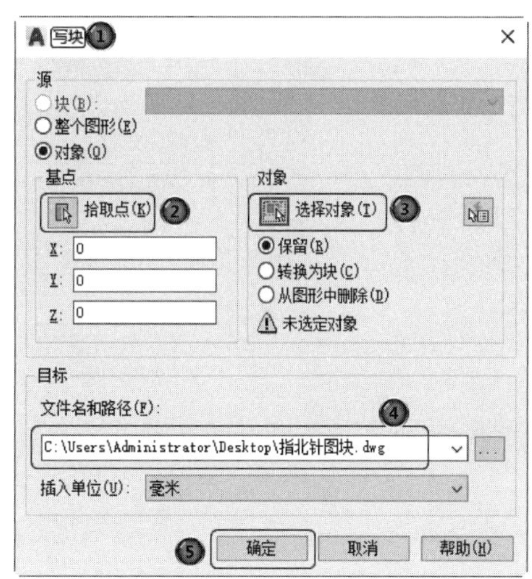

图 8-10　“写块”对话框

8.1.5　图块的插入

在用 AutoCAD 绘图的过程中，可根据需要随时把已经定义好的图块或图形文件插入当前图形的任意位置，在插入的同时还可以改变图块的大小、旋转一定角度或把图块炸开等。插入图块的方法有多种，本节逐一进行介绍。

1. 执行方式

命令行：INSERT。

菜单栏：选择菜单栏中的“插入”→“块”选项板命令。

工具栏：单击“插入”工具栏中的“插入块”按钮或单击“绘图”工具栏中的“插入块”按钮。

功能区：单击“默认”选项卡“块”面板中的“插入”下拉菜单或单击“插入”选项卡“块”面板中的❶“插入”，在下拉菜单中选择相应的选项如图 8-11 所示。

2. 操作步骤

```
命令：INSERT↙
```

执行上述命令后，在下拉菜单中选择“最近使用的块”，❶打开“块”选项板，如图 8-12

Note

所示，利用该选项板②设置插入点位置、插入比例以及旋转角度等。

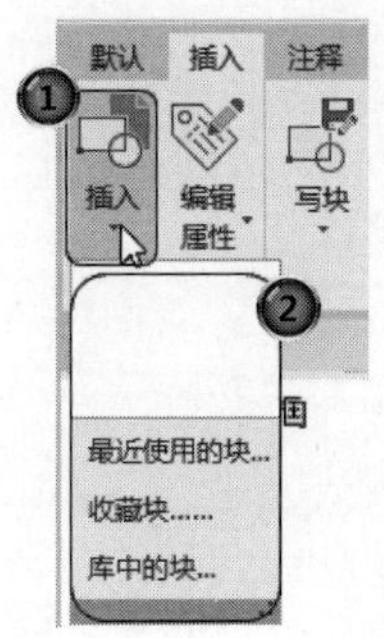

图 8-11 “插入”下拉菜单

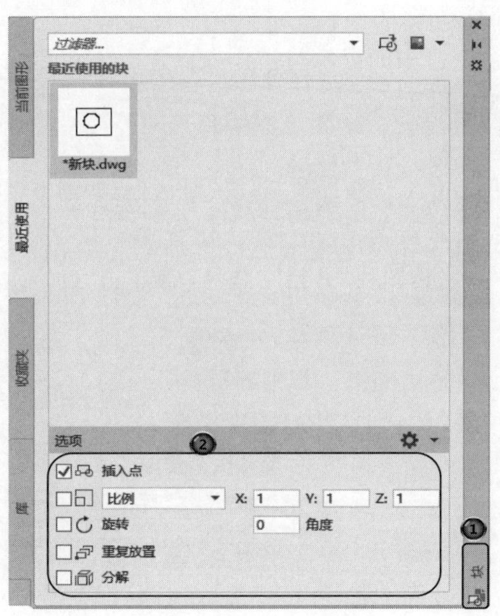

图 8-12 “块”选项板

3. 选项说明

“插入”对话框各选项含义如表 8-3 所示。

表 8-3 “插入”对话框各选项含义

选 项	含 义
“路径”选项组	指定图块的保存路径
“插入点”选项组	指定插入点，插入图块时，该点与图块的基点重合。可以在屏幕上指定该点，也可以通过下面的文本框输入该点的坐标值
“比例”选项组	确定插入图块时的缩放比例。图块被插入到当前图形中的时候，可以以任意比例放大或缩小。如图 8-13 所示，图(a)是被插入的图块，图(b)是取比例系数为 1.5 插入该图块的结果，图(c)是取比例系数为 0.5 的结果。X 轴方向和 Y 轴方向的比例系数也可以取不同值，如图(d)所示，X 轴方向的比例系数为 1，Y 轴方向的比例系数为 1.5。另外，比例系数还可以是一个负数，当为负数时表示插入图块的镜像，其效果如图 8-14 所示
“旋转”选项组	指定插入图块时的旋转角度。图块被插入当前图形中时，可以绕其基点旋转一定的角度，角度可以是正数(表示沿逆时针方向旋转)，也可以是负数(表示沿顺时针方向旋转)。图 8-15 中图(b)是图(a)所示的图块旋转 30°插入的效果，图(c)是旋转－30°插入的效果。 如果选中“在屏幕上指定”复选框，系统切换到作图屏幕，在屏幕上拾取一点，AutoCAD 会自动测量插入点与该点连线和 X 轴正方向之间的夹角，并把它作为块的旋转角。也可以在“角度”文本框中直接输入插入图块时的旋转角度
“分解”复选框	选中此复选框，则在插入块的同时把其炸开，插入到图形中的组成块的对象不再是一个整体，可对每个对象单独进行编辑操作

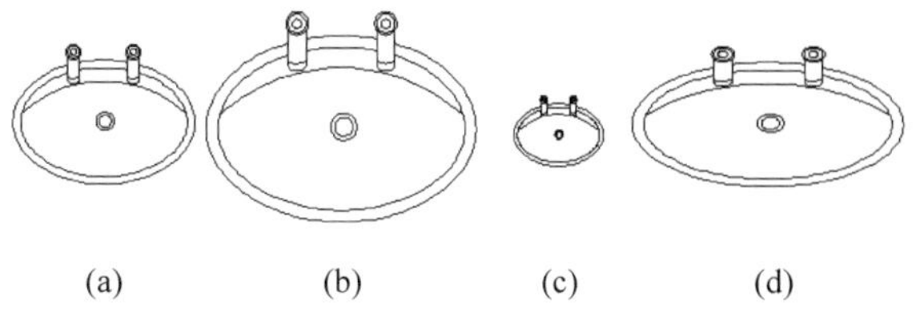

(a)　(b)　(c)　(d)

图 8-13　取不同缩放比例插入图块的效果

X比例=1，Y比例=1

X比例=-1，Y比例=1

X比例=1，Y比例=-1

X比例=-1，Y比例=-1

图 8-14　取缩放比例为负值插入图块的效果

(a)

(b)

(c)

图 8-15　以不同旋转角度插入图块的效果

8-3

8.1.6　上机练习——家庭餐桌布局

练习目标

通过实例重点掌握插入图块命令的使用方法。

设计思路

利用插入图块命令布置家庭餐桌。

操作步骤

(1) 利用前面所学的命令绘制一张餐桌，如图 8-16 所示。

(2) 单击"默认"选项卡"块"面板中的❶"插入"按钮，❷在下拉菜单中选择刚才保存的"椅子"图块，在绘图区上指定插入点和旋转角度，将该图块插入。结果如图 8-17 所示。

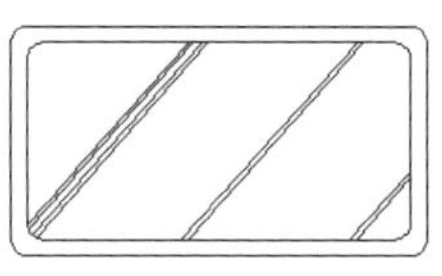

图 8-16　餐桌

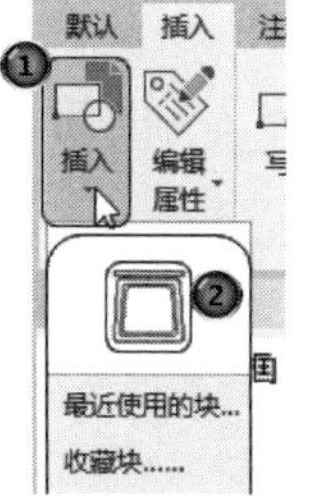

图 8-17　插入图块

（3）可以继续插入“椅子”图块，如图 8-18 所示。也可以利用“复制”“移动”和“旋转”命令复制、移动和旋转已插入的图块，绘制另外的椅子。最终图形如图 8-19 所示。

Note

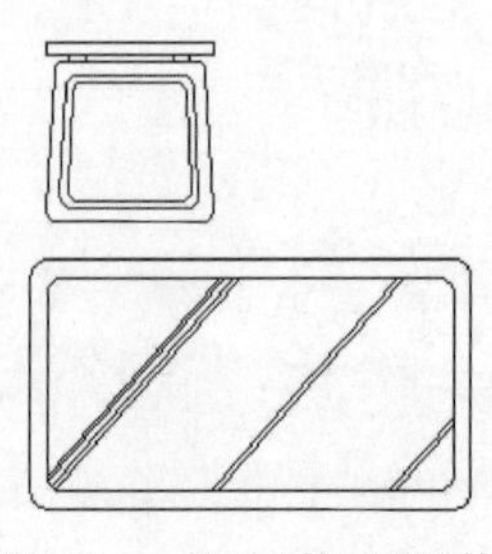
图 8-18　插入“椅子”图块

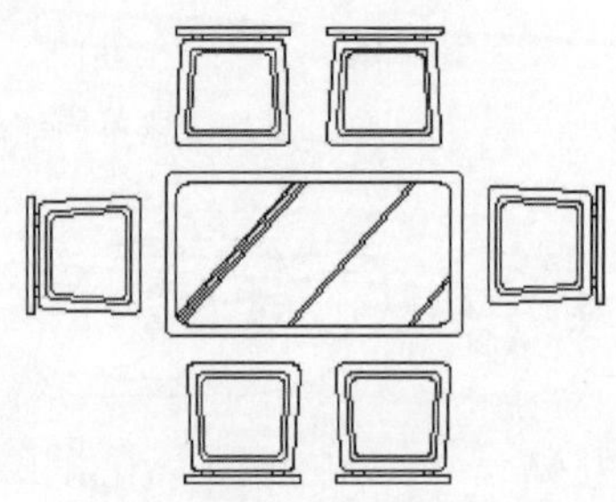
图 8-19　家庭餐桌布局

8.1.7　动态块

动态块具有灵活性和智能性。用户在操作时，可以轻松地更改图形中的动态块参照。通过自定义夹点或自定义特性来操作动态块参照中的几何图形，用户可以根据需要调整块，而不用搜索另一个块以插入或重定义现有的块。

可以使用块编辑器创建动态块。块编辑器是一个专门的编写区域，用于添加能够使块成为动态块的元素。可以从头创建块，也可以向现有的块定义中添加动态行为，还可以像在绘图区域中一样创建几何图形。

1. 执行方式

命令行：BEDIT。

菜单栏：选择菜单栏中的“工具”→“块编辑器”命令。

工具栏：单击“标准”工具栏中的“块编辑器”按钮。

快捷菜单：选择一个块参照，在绘图区域中右击，在弹出的快捷菜单中选择“块编辑器”命令。

2. 操作步骤

```
命令：BEDIT↙
```

系统打开“编辑块定义”对话框，如图 8-20 所示。在“要创建或编辑的块”文本框中，输入块名或在列表框中选择已定义的块或当前图形。确认后，系统打开“块编辑器”选项卡，如图 8-21 所示。可以在该选项卡的面板中进行动态块编辑。

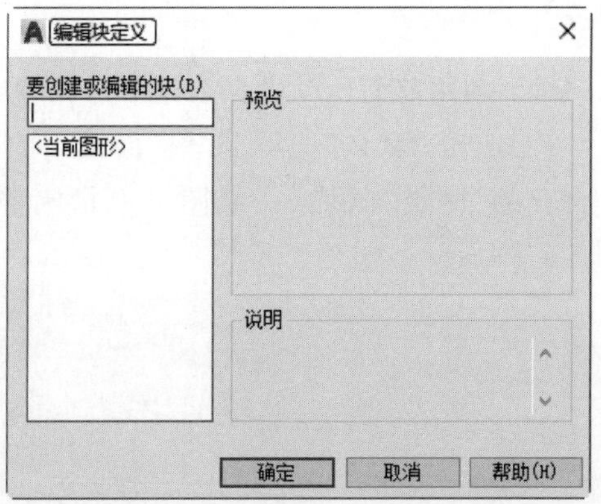

图 8-20　“编辑块定义”对话框

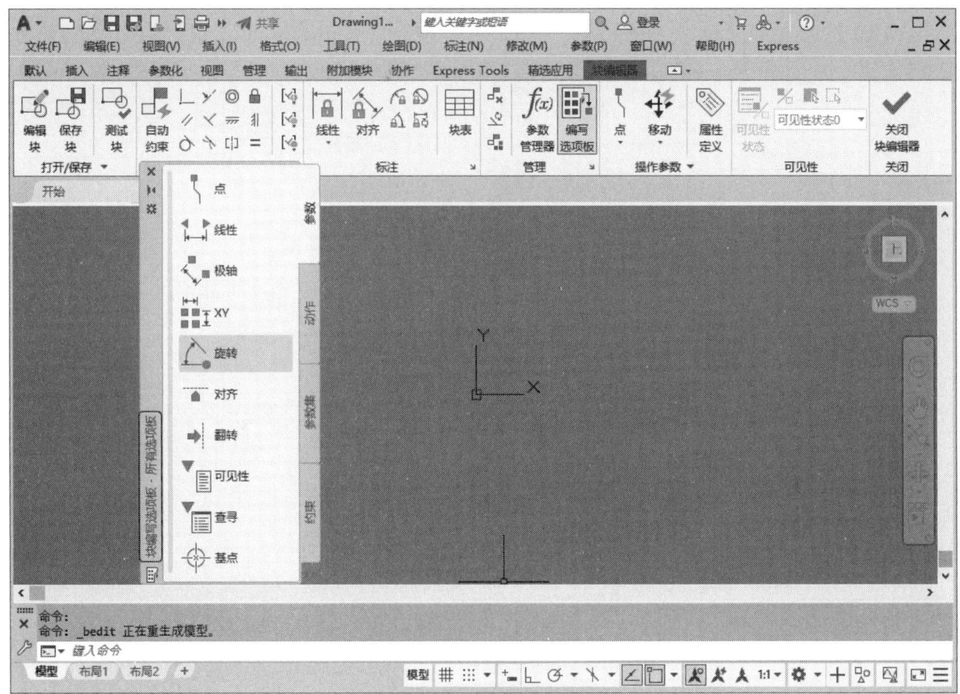

图 8-21 “块编辑器”选项卡

8.2 图块的属性

图块除了包含图形对象，还可以具有非图形信息。例如，把一个椅子的图形定义为图块后，还可把椅子的号码、材料、质量、价格及说明等文本信息一并加入图块中。图块的这些非图形信息叫作图块的属性，它是图块的一个组成部分，与图形对象一起构成一个整体。在插入图块时，AutoCAD把图形对象连同属性一起插入图形中。

8.2.1 定义图块属性

1. 执行方式

命令行：ATTDEF。

菜单栏：选择菜单栏中的“绘图”→“块”→“定义属性”命令。

功能区：单击“插入”选项卡“块定义”面板中的“定义属性”按钮 ，或单击“默认”选项卡“块”面板中的“定义属性”按钮 。

2. 操作步骤

```
命令：ATTDEF↙
```

执行上述命令后，打开“属性定义”对话框，如图 8-22 所示。

Note

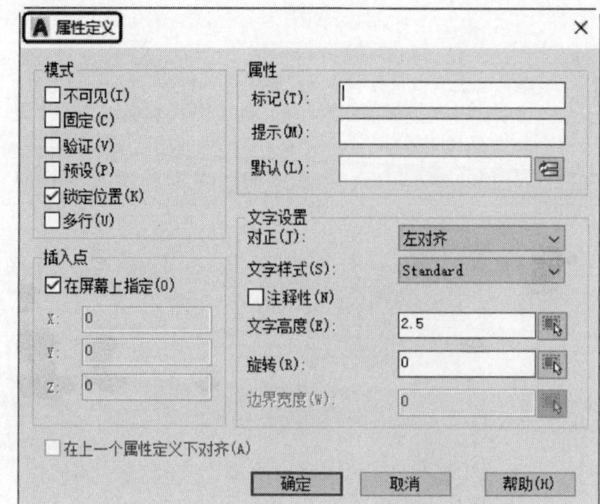

图 8-22 “属性定义”对话框 1

3. 选项说明

“属性定义”对话框各选项含义如表 8-4 所示。

表 8-4 “属性定义”对话框各选项含义

选项	含义	
“模式”选项组	确定属性的模式	
	“不可见”复选框	选中此复选框，则属性为不可见显示方式，即插入图块并输入属性值后，属性值在图中并不显示出来
	“固定”复选框	选中此复选框，则属性值为常量，即属性值在属性定义时给定，在插入图块时 AutoCAD 不再提示输入属性值
	“验证”复选框	选中此复选框，当插入图块时，AutoCAD 重新显示属性值，让用户验证该值是否正确
	“预设”复选框	选中此复选框，当插入图块时，AutoCAD 自动把事先设置好的默认值赋予属性，而不再提示输入属性值
	“锁定位置”复选框	锁定块参照中属性的位置。解锁后，属性可以相对于使用夹点编辑的块的其他部分移动，并且可以调整多行文字属性的大小
	“多行”复选框	指定属性值可以包含多行文字。选定此选项后，可以指定属性的边界宽度
“属性”选项组	用于设置属性值。在每个文本框中，AutoCAD 允许输入不超过 256 个字符	
	“标记”文本框	输入属性标签。属性标签可由除空格和感叹号以外的所有字符组成，AutoCAD 自动把小写字母改为大写字母
	“提示”文本框	输入属性提示。属性提示是插入图块时 AutoCAD 要求输入属性值的提示，如果不在此文本框内输入文本，则以属性标签作为提示。如果在“模式”选项组选中“固定”复选框，即设置属性为常量，则不需设置属性提示
	“默认”文本框	设置默认的属性值。可把使用次数较多的属性值作为默认值，也可不设默认值

续表

选　　项	含　　义
“插入点”选项组	确定属性文本的位置。可以在插入时由用户在图形中确定属性文本的位置，也可在X、Y、Z文本框中直接输入属性文本的位置坐标
“文字设置”选项组	设置属性文本的对齐方式、文字样式、字高和倾斜角度
“在上一个属性定义下对齐”复选框	选中此复选框，表示把属性标签直接放在前一个属性的下面，而且该属性继承前一个属性的文字样式、字高和倾斜角度等特性

注意： 在动态块中，由于属性的位置包括在动作的选择集中，因此必须将其锁定。

8.2.2 修改属性的定义

在定义图块之前，可以对属性的定义加以修改，不仅可以修改属性标签，还可以修改属性提示和属性默认值。

1. 执行方式

命令行：DDEDIT。

菜单栏：选择菜单栏中的“修改”→“对象”→“文字”→“编辑”命令。

2. 操作步骤

```
命令：DDEDIT↙
选择注释对象或[放弃(U)]:
```

在此提示下选择要修改的属性定义，AutoCAD打开“编辑属性定义”对话框，如图8-23所示。该对话框表示要修改的属性的标记为“文字”，提示为“数值”，无默认值。可在文本框中对各项进行修改。

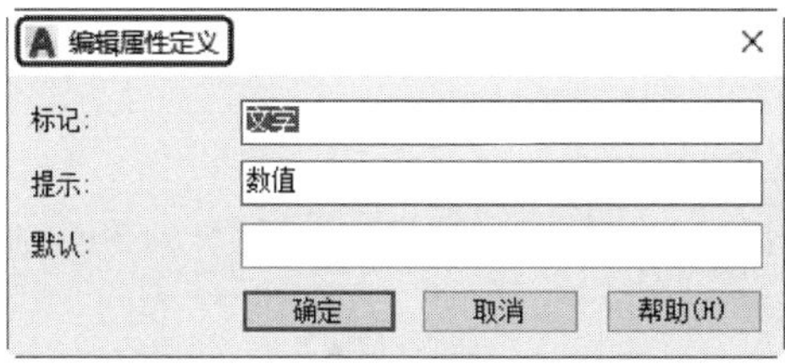

图8-23 “编辑属性定义”对话框

8.2.3 图块属性编辑

当属性被定义到图块当中，甚至图块被插入图形当中后，还可以对属性进行编辑。利用ATTEDIT命令，可以通过对话框对指定图块的属性值进行修改，利用ATTEDIT命令不仅可以修改属性值，而且可以对属性的位置、文本等其他设置进行编辑。

Note

1. 执行方式

命令行：ATTEDIT。

菜单栏：选择菜单栏中的"修改"→"对象"→"属性"→"单个"命令。

工具栏：单击"修改 II"工具栏中的"编辑属性"按钮。

功能区：单击"默认"选项卡"块"面板中的"编辑属性"按钮。

2. 操作步骤

```
命令：ATTEDIT↙
选择块参照：
```

同时光标变为拾取框。选择要修改属性的图块，则 AutoCAD 打开如图 8-24 所示的"编辑属性"对话框。对话框中显示出所选图块中包含的前八个属性的值，可对这些属性值进行修改。如果该图块中还有其他的属性，可单击"上一个"和"下一个"按钮对其进行查看和修改。

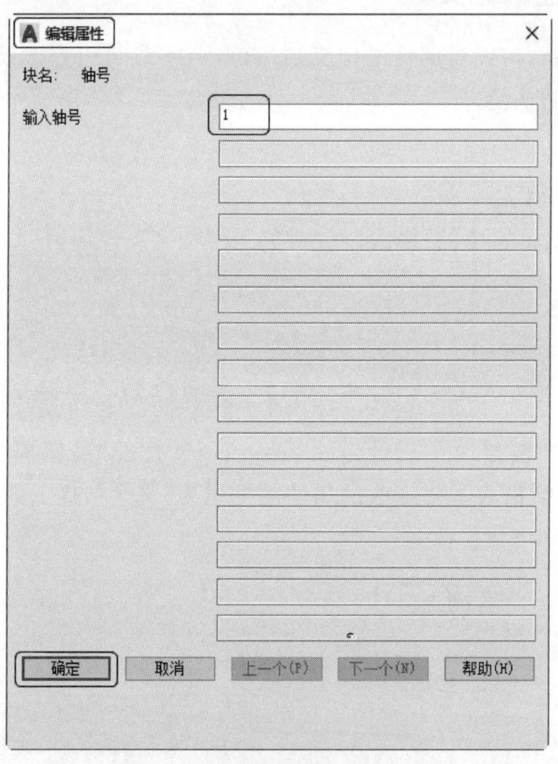

图 8-24 "编辑属性"对话框 1

当用户通过菜单栏或工具栏执行上述命令时，系统打开"增强属性编辑器"对话框，如图 8-25 所示。利用该对话框不仅可以编辑属性值，还可以编辑属性的文字选项和图层、线型、颜色等特性。

另外，还可以通过"块属性管理器"对话框来编辑属性，方法是：单击"默认"选项卡"块"面板中的"块属性管理器"按钮，执行此命令后，❶系统打开"块属性管理器"对

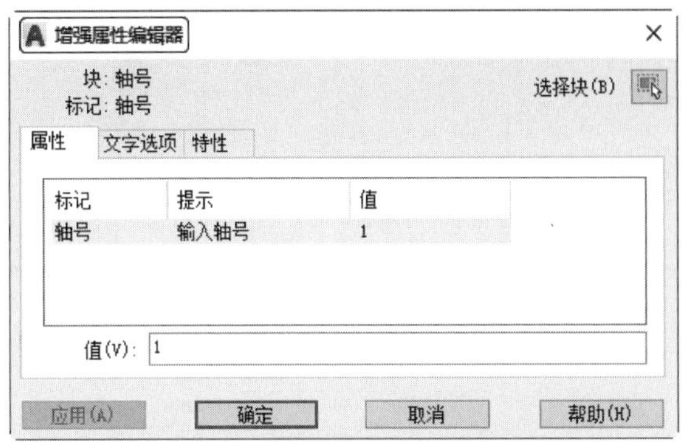

图 8-25　“增强属性编辑器”对话框

话框，如图 8-26 所示。❷单击“编辑”按钮，❸系统打开“编辑属性”对话框，如图 8-27 所示，可以通过该对话框编辑属性。

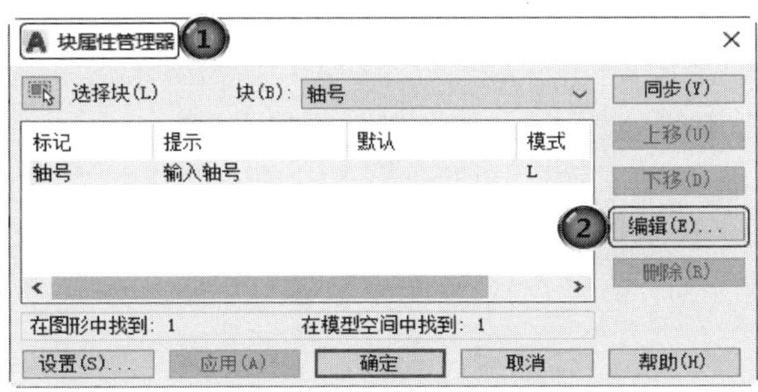

图 8-26　“块属性管理器”对话框

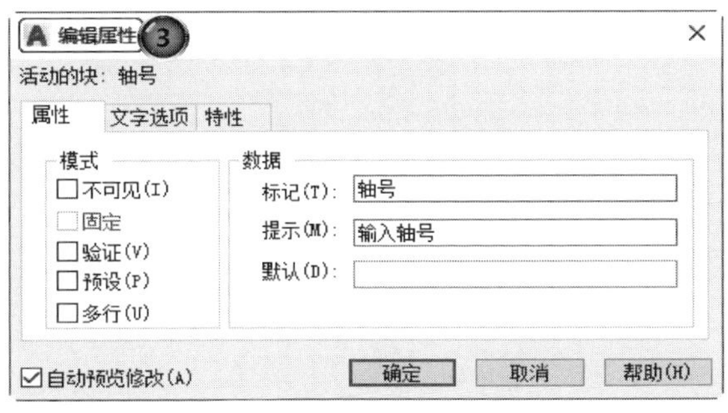

图 8-27　“编辑属性”对话框 2

8.3　实例精讲——标注标高符号

8-4

练习目标

本例标高符号如图 8-28 所示。

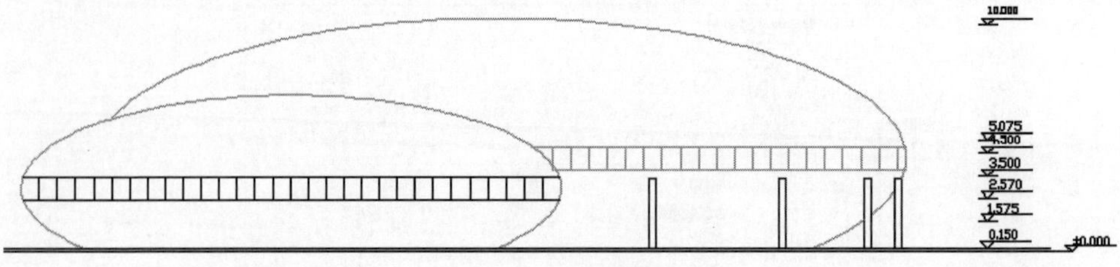

图 8-28　标高符号

设计思路

首先创建标高符号，然后标高符号写块，最后利用插入图块命令绘制剩余的标高符号。

操作步骤

（1）单击“默认”选项卡“绘图”面板中的“直线”按钮 ／，绘制如图 8-29 所示的标高符号图形。

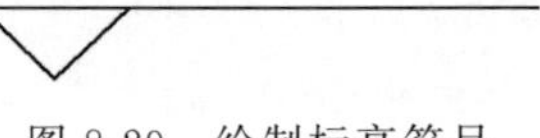
图 8-29　绘制标高符号

（2）选择菜单栏中的“绘图”→“块”→“定义属性”命令，❶系统打开“属性定义”对话框，进行如图 8-30 所示的设置，❷其中模式为“验证”，❸属性标记设置为“标高”，提示为“数值”，❹文字对正方式设置为“正中”，❺最后单击“确定”按钮。

（3）利用 WBLOCK 命令打开“写块”对话框，如图 8-31 所示。拾取图 8-29 图形下尖点为基点，以此图形为对象，输入图块名称并指定路径，确认退出。

图 8-30　“属性定义”对话框 2

（4）单击“默认”选项卡“块”面板中的“插入”按钮，在下拉菜单中选择刚才保存的图块，如图 8-32 所示，在屏幕上指定插入点和旋转角度，将该图块插入到如图 8-28 所示的图形中。这时，命令行会提示输入属性，并要求验证属性值。此时输入标高数值 0.150，就完成了一个标高的标注。命令行中的提示和操作如下。

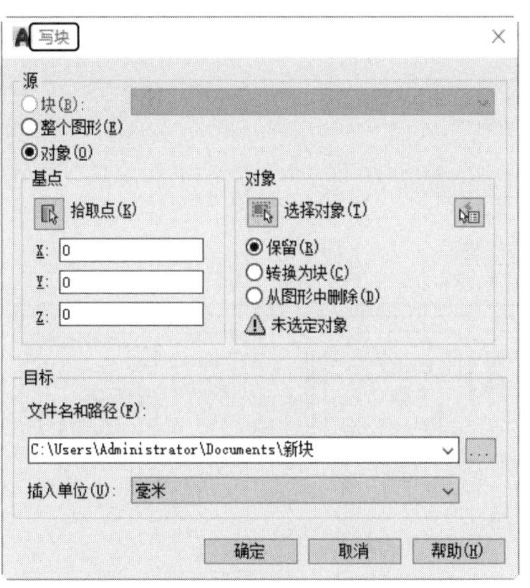

图 8-31　"写块"对话框

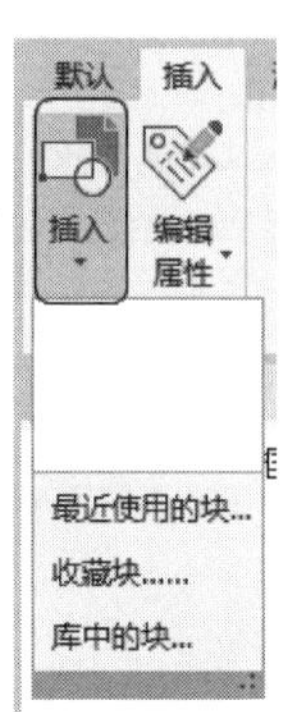

图 8-32　插入图块

```
命令：INSERT↙
指定插入点或[基点(b)/比例(S)/X/Y/Z/旋转(R)/预览比例(PS)/PX/PY/PZ/预览旋转(PR)]:(在对话框中指定相关参数)
输入属性值
数值：0.150↙
验证属性值
数值<0.150>:↙
```

(5) 继续插入标高符号图块，并输入不同的属性值作为标高数值，直到完成所有标高符号标注。结果如图 8-26 所示。

8.4　上机实验

8.4.1　实验 1　绘制标高图块

绘制如图 8-33～图 8-35 所示的标高，并制作成图块。

图 8-33　总平面图上的标高符号

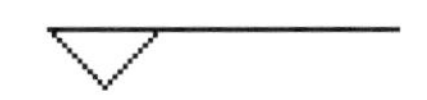

图 8-34　平面图上的地面标高符号

图 8-35　立面图和剖面图上的标高符号

Note

操作提示

(1) 利用“直线”命令绘制标高。

(2) 利用“写块”命令将标高制作成块。

8.4.2 实验 2 绘制办公室平面图

绘制如图 8-36 所示的办公室平面图。

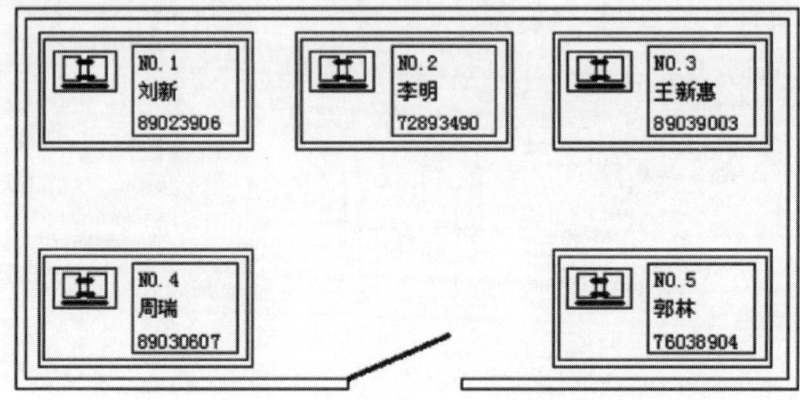

图 8-36 办公室平面图

操作提示

(1) 利用图块功能绘制一张办公桌。

(2) 利用“插入块”命令布置办公室,每一张办公桌都对应着人员的编号、姓名和电话。

第9章 住宅平面图绘制

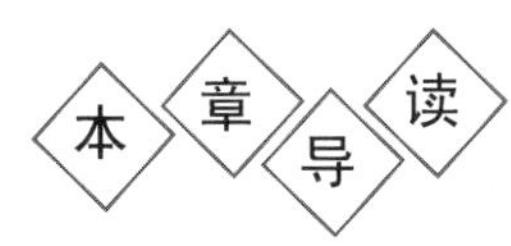

本章将以住宅建筑室内设计为例，详细介绍住宅室内设计平面图的绘制过程，在讲解过程中，将逐步带领读者完成平面图的绘制，并描述关于住宅平面设计的相关知识和技巧。本章包括住宅平面图绘制的知识要点、平面图绘制、装饰图块的插入、尺寸文字标注等内容。

学习要点

- 住宅室内设计简介
- 两室两厅平面图
- 一室一厅平面图
- 三室两厅平面图

Note

9.1 住宅室内设计简介

住宅自古以来就是人类生活的必需品，随着社会的发展，其使用功能及风格流派不断变化和衍生。现代居室不仅仅是人类居住的环境和空间，也是房屋居住者的品位体现和生活理念的象征。独特风格的住宅不但能给居住者提供舒适的居住环境，而且能营造不同的生活氛围，改变居住者的心情。一个好的室内设计是通过设计师精心布置、仔细雕琢，根据一定的设计理念和设计风格完成的。

典型的住宅装饰风格有中式风格、古典主义风格、新古典主义风格、现代简约风格、实用主义风格等。本章主要介绍现代简约风格的住宅平面图绘制，读者可参考有关的书籍，学习其他风格的住宅平面图绘制。

住宅室内装饰设计应遵循以下原则。

(1) 住宅室内装饰设计应遵循实用、安全、经济、美观的基本设计原则。

(2) 住宅室内装饰设计时，必须确保建筑物安全，不得任意改变建筑物的承重结构和建筑构造。

(3) 住宅室内装饰设计时，不得破坏建筑物外立面；若开安装孔洞，在设备安装后，必须修整，保持原建筑物的立面效果。

(4) 住宅室内装饰设计应在住宅的分户门以内的住房范围内进行，不得占用公用部位。

(5) 在住宅室内装饰设计中，在考虑客户的经济承受能力的基础上，宜采用新型的节能型和环保型装饰材料及用具，不得采用有害人体健康的伪劣建材。

(6) 住宅室内装饰设计应贯彻国家颁布和实施的建筑、电气等设计规范的相关规定。

(7) 住宅室内装饰设计必须贯彻现行的国家和地方有关防火、环保、建筑、电气、给排水等标准的有关规定。

9-1

9.2 两室两厅平面图

9-2

设计思路

室内设计平面图与建筑平面图类似，是将住宅结构水平剖切后，俯视得到的平面图。其作用是详细说明住宅建筑的内部结构、装饰材料、平面形状、位置及大小等，同时，还可表明室内空间的构成、各个主体之间的布置形式，以及各个装饰结构之间的相互关系等。

本章将逐步完成两室两厅建筑装饰平面图的绘制，在介绍过程中，将循序渐进地讲解室内设计的基本知识及 AutoCAD 的基本操作方法。

建筑平面图的最终形式如图 9-1 所示。

Note

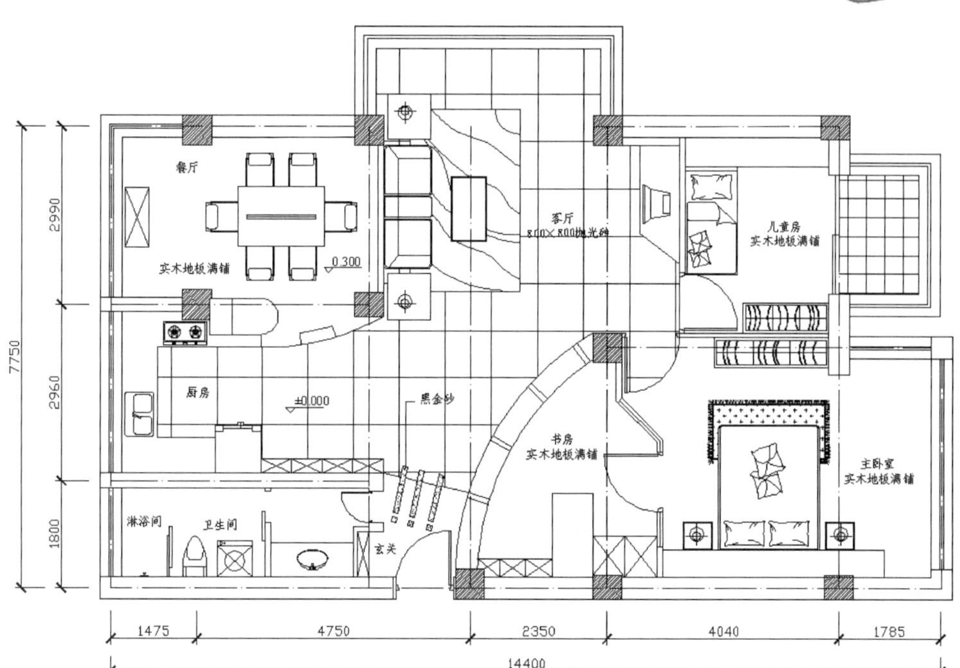

图 9-1 两室两厅平面图

操作步骤

9.2.1 两室两厅建筑平面图

1. 绘图准备

(1) 单击“默认”选项卡“图层”面板中的“图层特性”按钮，打开“图层特性管理器”选项板，如图 9-2 所示。

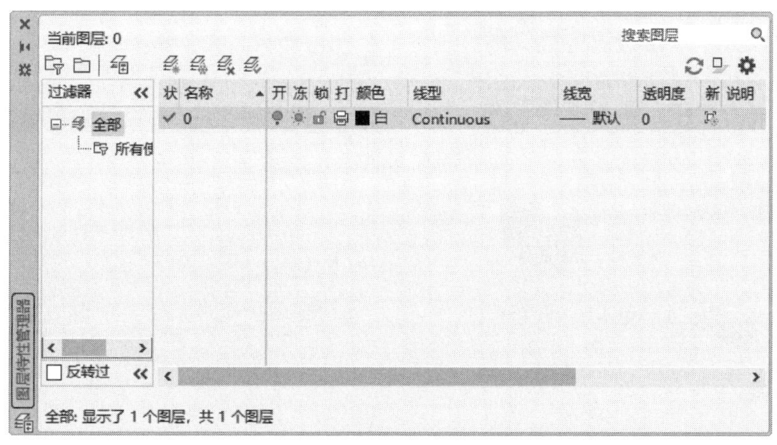

图 9-2 “图层特性管理器”选项板

在绘图过程中，往往有不同的绘图内容，如轴线、墙线、装饰布置图块、地板、标注、文字等。如果将这些内容都放置在一起，绘图之后再需要删除或编辑某一类型的图形，

将带来选取的困难。AutoCAD 提供了图层功能，为编辑带来了极大的方便。

在绘图初期，可以建立不同的图层，将不同类型的图形绘制在不同的图层中。可以利用图层的显示和隐藏功能、锁定功能来操作图层中的图形，以利于编辑。

Note

(2) 在“图层特性管理器”选项板中单击“新建图层”按钮，新建图层。新建图层的名称默认为“图层 1”，如图 9-3 所示，将其修改为“轴线”。单击新建的“轴线”图层的图层颜色，打开“选择颜色”对话框，如图 9-4 所示。

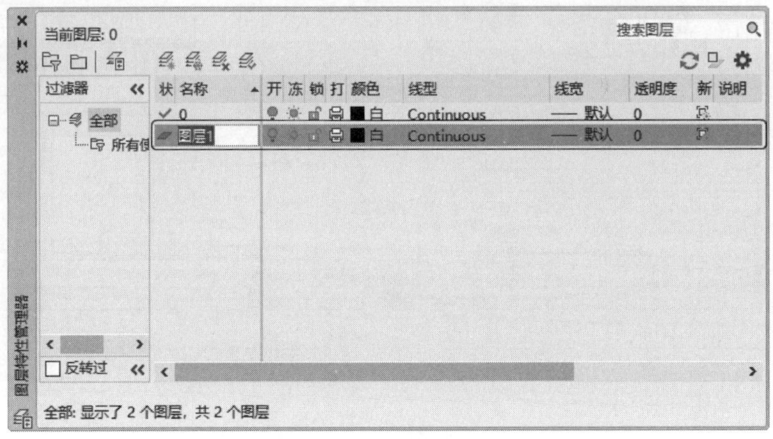

图 9-3　新建图层

(3) 选择红色为“轴线”图层的默认颜色。在绘图过程中，轴线的颜色不应太显眼，以免影响主要部分的绘制。单击“确定”按钮，回到“图层特性管理器”，接下来设置“轴线”图层的线型。单击颜色选择功能后面的线型功能，打开“选择线型”对话框，如图 9-5 所示。

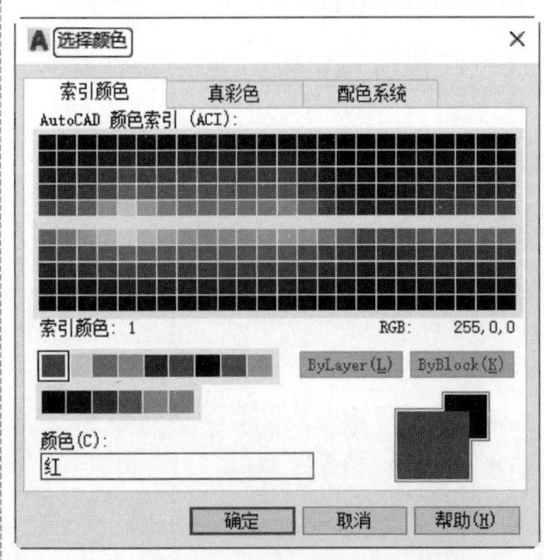

图 9-4　“选择颜色”对话框

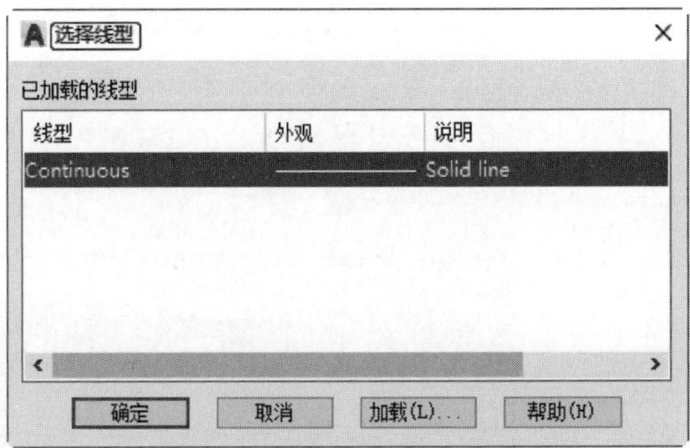

图 9-5　“选择线型”对话框

(4) 轴线一般在绘图中应用点划线进行绘制，因此应将“轴线”图层的默认线型选择为点划线。单击“加载”按钮，打开“加载或重载线型”对话框，如图 9-6 所示。

(5) 在“可用线型”列表框中选择“ACAD_ISO04W100”线型，单击“确定”按钮，回到“选择线型”对话框。选择刚刚加载的线型，单击“确定”按钮，如图 9-7 所示。

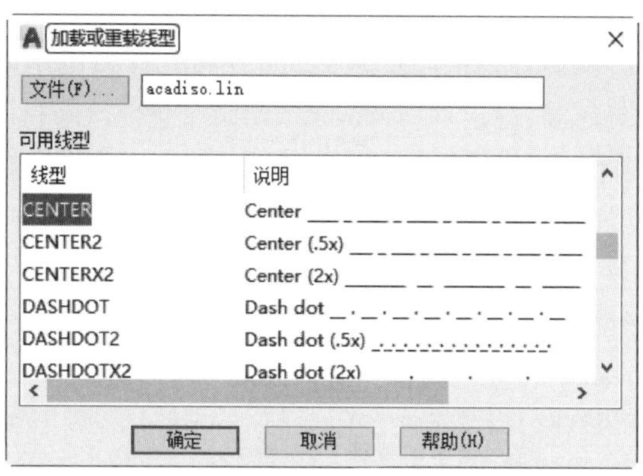

图 9-6 “加载或重载线型”对话框

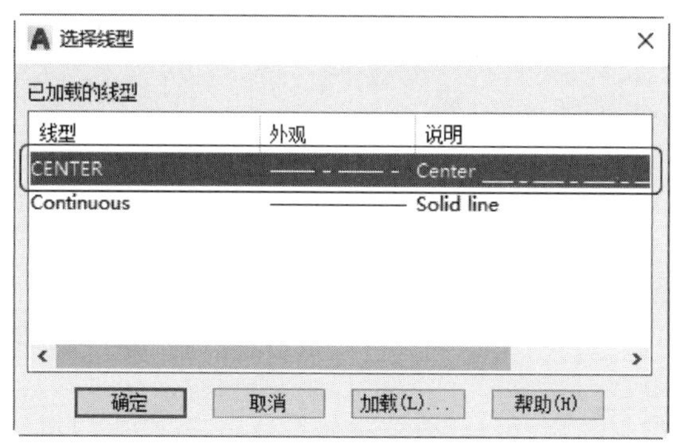

图 9-7 选择线型

（6）“轴线”图层设置完毕。依照此方法，新建其他几个图层。

- “墙线”图层：颜色，白色；线型，实线；线宽，0.3mm。
- “门窗”图层：颜色，蓝色；线型，实线；线宽，默认。
- “装饰”图层：颜色，蓝色；线型，实线；线宽，默认。
- “地板”图层：颜色，9；线型，实线；线宽，默认。
- “文字”图层：颜色，白色；线型，实线；线宽，默认。
- “尺寸标注”图层：颜色，蓝色；线型，实线；线宽，默认。

（7）所绘制的平面图中应包括轴线、墙线、门窗、装饰、地板、文字和尺寸标注等内容。分别按照上面所介绍的方式设置图层。其中的颜色可以依照读者的绘图习惯自行设置，没有特别的要求。设置完成后，图层特性管理器如图 9-8 所示。

2. 绘制轴线

（1）设置完成后，将“轴线”图层设置为当前图层。如果此时其不是当前层，可以找到绘图窗口正上方的“图层”下拉列表框，选择“轴线”图层为当前图层，如图 9-9 所示。

（2）单击“默认”选项卡“绘图”面板中的“直线”按钮 ╱，在图中分别绘制一条水平直线和一条垂直直线，水平直线长度为 14400，垂直直线长度为 7750，如图 9-10 所示。

（3）轴线的线型虽然为点划线，但是由于比例太小，显示出来还是实线的形式。此时可选择刚刚绘制的轴线，然后右击，选择快捷菜单中的“特性”命令，如图 9-11 所示，

打开“特性”选项板，如图 9-12 所示。

(4) 将“线型比例”设置为 30，关闭“特性”选项板。此时刚刚绘制的轴线如图 9-13 所示。

Note

(5) 单击“默认”选项卡“修改”面板中的“偏移”按钮 ⊆，在“偏移距离”提示行后输入 1475。按 Enter 键确认后选择垂直直线，在直线右侧单击，将直线向右偏移 1475 的距离，如图 9-14 所示。

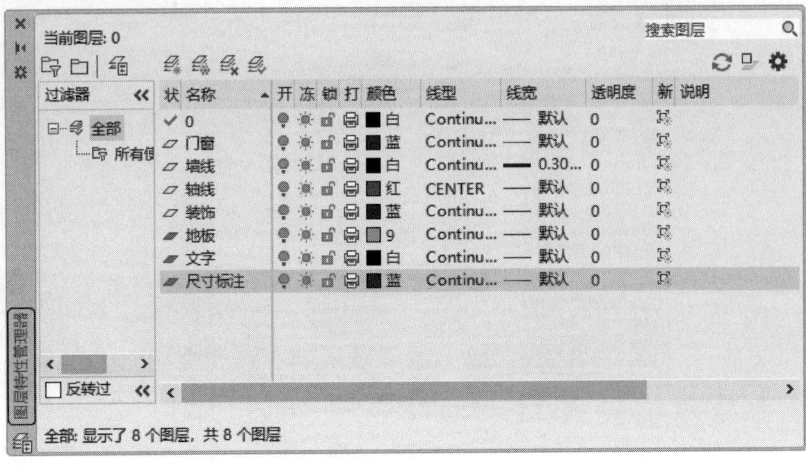

图 9-8 设置图层

图 9-9 设置“轴线”图层为当前图层

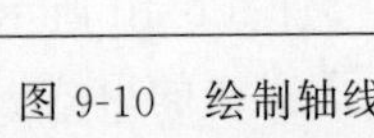

图 9-10 绘制轴线

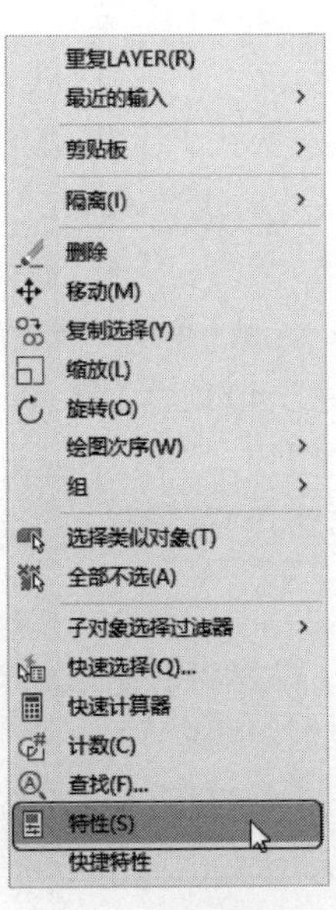

图 9-11 快捷菜单

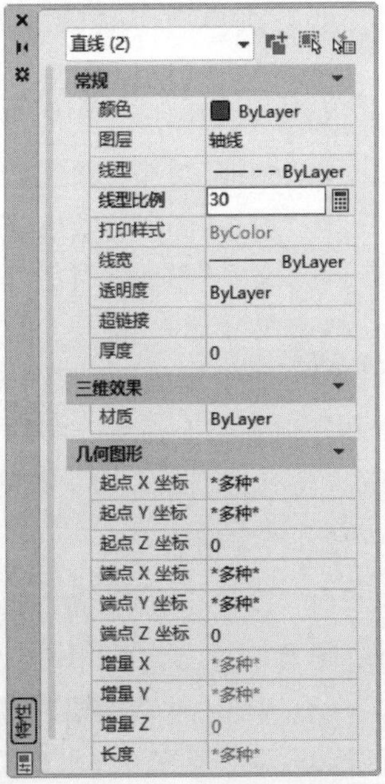

图 9-12 “特性”选项板

Note

图 9-13　轴线显示

图 9-14　偏移垂直直线

命令行中的提示与操作如下。

```
命令: _offset
当前设置: 删除源 = 否　图层 = 源　OFFSETGAPTYPE = 0
指定偏移距离或[通过(T)/删除(E)/图层(L)]<通过>: 1475
选择要偏移的对象或[退出(E)/放弃(U)]<退出>: (选择垂直直线)
指定要偏移的那一侧上的点或[退出(E)/多个(M)/放弃(U)]<退出>(在垂直直线右侧单击):
选择要偏移的对象或[退出(E)/放弃(U)]<退出>:
```

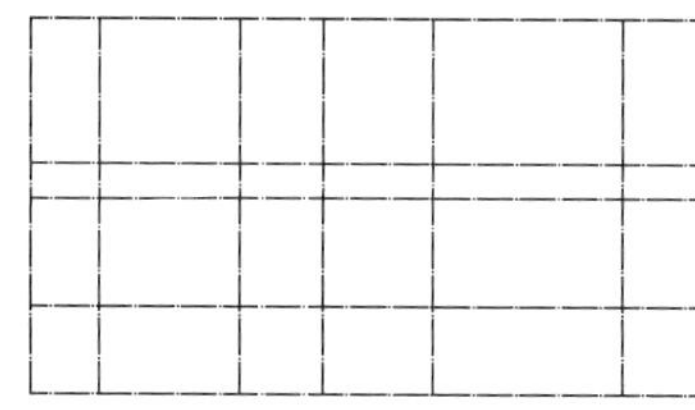

图 9-15　偏移轴线

(6) 单击“默认”选项卡“修改”面板中的“偏移”按钮 ⊆，偏移其他轴线，水平直线向上偏移 1800、2440、520、2990，垂直直线向右偏移 1475、2990、1760、2350、4040、1785。最后结果如图 9-15 所示。

(7) 单击“默认”选项卡“修改”面板中的“修剪”按钮 ，选择图中左数第五条垂直直线，作为修剪的基准线。右击，再单击从上数第三条水平直线左端上一点，删除左半部分，如图 9-16 所示。命令行中的提示与操作如下。

```
命令: _trim↙
当前设置: 投影 = UCS，边 = 延伸
选择剪切边...(选择左数第五条垂直直线)
选择对象或<全部选择>: 找到 1 个
选择对象: (右击或者按 Enter 键)
选择要修剪的对象，或按住 Shift 键选择要延伸的对象，或[栏选(F)/窗交(C)/投影(P)/边(E)/
删除(R)/放弃(U)]: (选择水平直线左端)
选择要修剪的对象，或按住 Shift 键选择要延伸的对象，或[栏选(F)/窗交(C)/投影(P)/边(E)/
删除(R)/放弃(U)]: (按 Enter 键)
```

(8) 用同样的方法，删除上数第二条水平线的右半段及其他多余轴线。删除后的结果如图 9-17 所示。

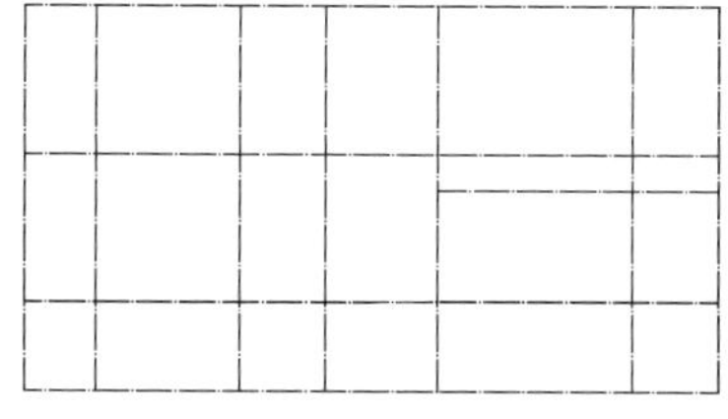

图 9-16　修剪水平线

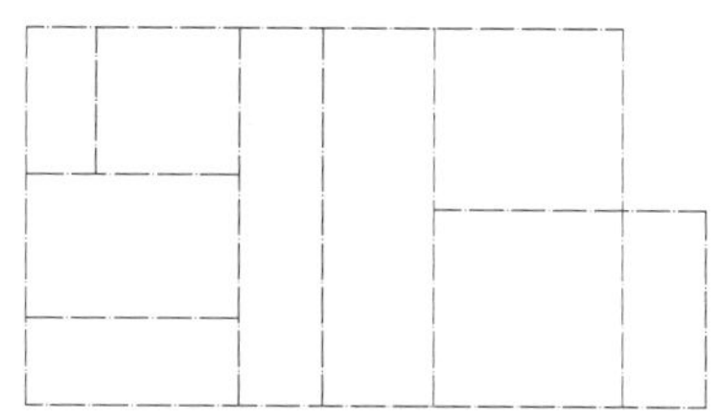

图 9-17　修剪轴线

Note

3. 编辑多线

建筑结构的墙线一般由单击 AutoCAD 中的"多线"按钮绘制。本例中将单击"多线""修剪""偏移"按钮完成绘制。

(1) 在绘制多线之前,将"墙线"图层设置为当前图层。选择菜单栏"格式"→"多线样式"命令,打开"多线样式"对话框,如图 9-18 所示。

(2) ❶在"多线样式"对话框中,可以看到"样式"栏中只有系统自带的 STANDARD 样式。❷单击右侧的"新建"按钮,❸打开"创建新的多线样式"对话框,如图 9-19 所示。❹在"新样式名"文本框中输入 wall_1,作为多线的名称。❺单击"继续"按钮,❻打开"新建多线样式:wall_1"对话框。

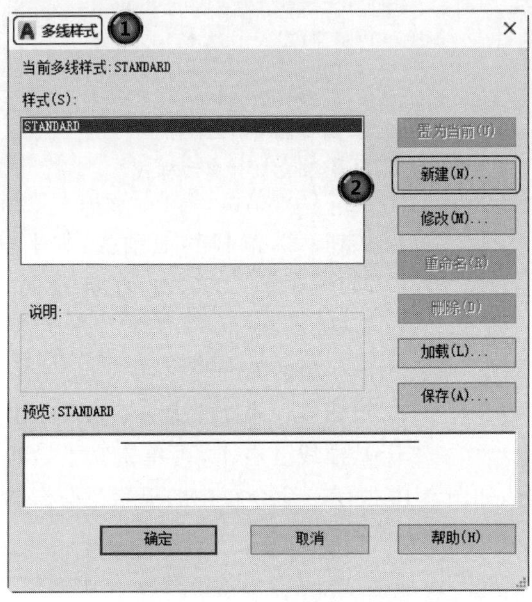

图 9-18 "多线样式"对话框

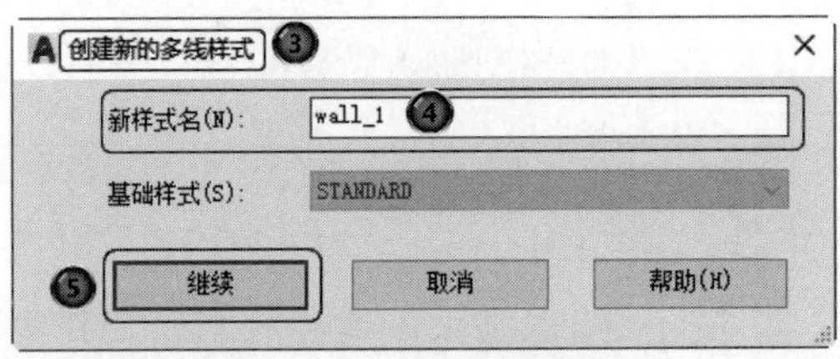

图 9-19 新建多线样式

(3) wall_1 为绘制外墙时应用的多线样式。由于外墙的宽度为 370,所以按照图 9-20 中所示,❼将偏移分别修改为 185 和 −185,❽并将左端"封口"选项组中的"直线"后面的两个复选框选中。❾单击"确定"按钮,回到绘图状态。

4. 绘制墙线

(1) 在命令行中输入 mline 命令,进行设置及绘图。命令行中的提示与操作如下。

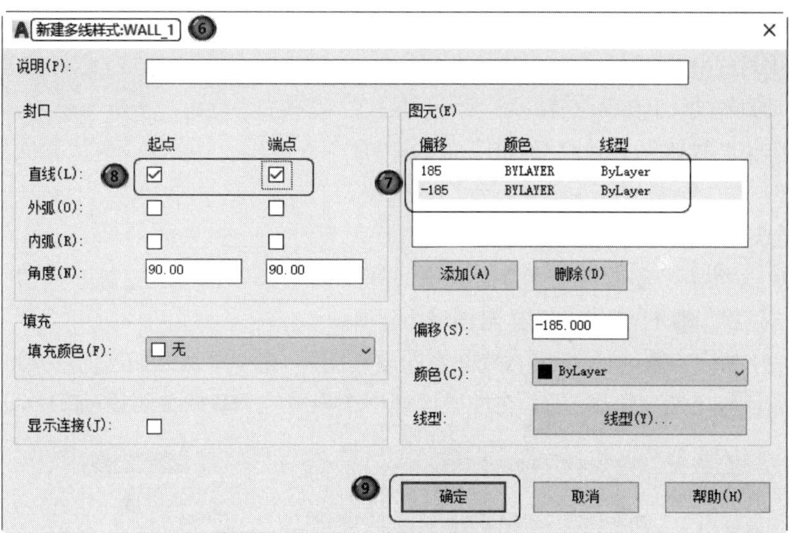

图 9-20　编辑“新建多线样式”

```
命令: mline↙
当前设置: 对正 = 上,比例 = 20.00,样式 = STANDARD
指定起点或[对正(J)/比例(S)/样式(ST)]: st(设置多线样式)
输入多线样式名或[?]: wall_1(多线样式为 wall_1)
当前设置: 对正 = 上,比例 = 20.00,样式 = WALL_1
指定起点或[对正(J)/比例(S)/样式(ST)]: j
输入对正类型[上(T)/无(Z)/下(B)]<上>: z(设置对正模式为无)
当前设置: 对正 = 无,比例 = 20.00,样式 = WALL_1
指定起点或[对正(J)/比例(S)/样式(ST)]: s
输入多线比例<20.00>: 1(设置线型比例为 1)
当前设置: 对正 = 无,比例 = 1.00,样式 = WALL_1
指定起点或[对正(J)/比例(S)/样式(ST)]: (选择底端水平轴线左端)
指定下一点: (选择底端水平轴线右端)
指定下一点或[放弃(U)]: ↙
```

继续绘制其他外墙墙线,如图 9-21 所示。

(2) 按照以上方法,再次新建多线样式,并命名为 wall_2,将偏移量设置为 120 和 −120,作为内墙墙线的多线样式。然后在图中绘制内墙墙线,如图 9-22 所示。

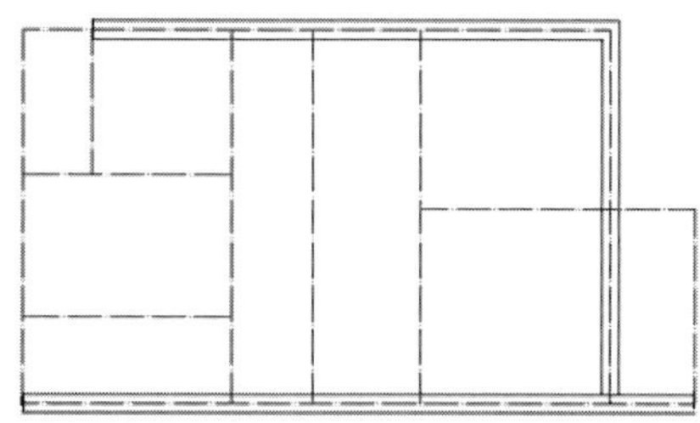

图 9-21　绘制外墙墙线

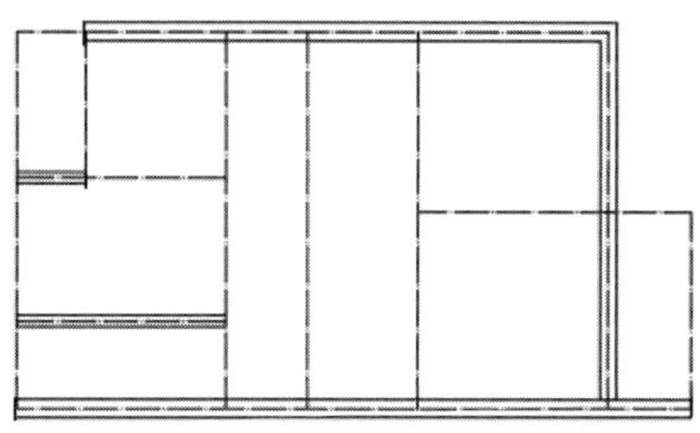

图 9-22　绘制内墙墙线

5. 绘制柱子

本例中柱子的尺寸为500×500和500×400两种。首先在空白处将柱子绘制好，再将其移动到适当的轴线位置。

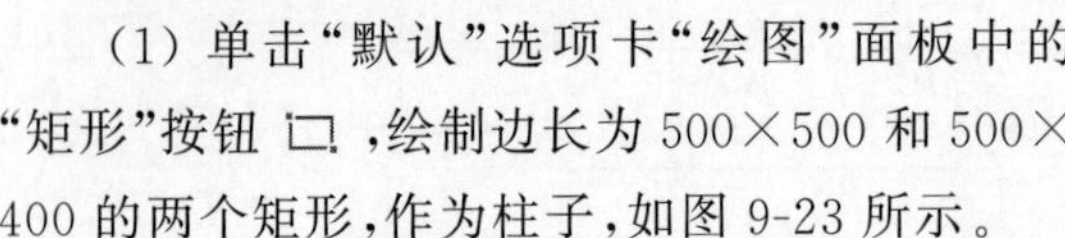

（1）单击“默认”选项卡“绘图”面板中的“矩形”按钮 ▭，绘制边长为500×500和500×400的两个矩形，作为柱子，如图9-23所示。

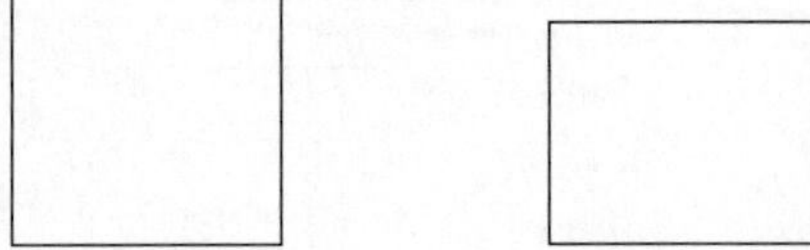

图9-23　绘制柱子轮廓

（2）单击“默认”选项卡“绘图”面板中的“图案填充”按钮 ▦，❶打开“图案填充创建”选项卡，如图9-24所示，❷选择名为“ANSI31”的填充图案，❸将“比例”值修改为30，❹单击拾取点按钮 ⊞，切换到绘图平面，在柱子区域中选取一点，❺按关闭键 ✔ 后，进行填充。

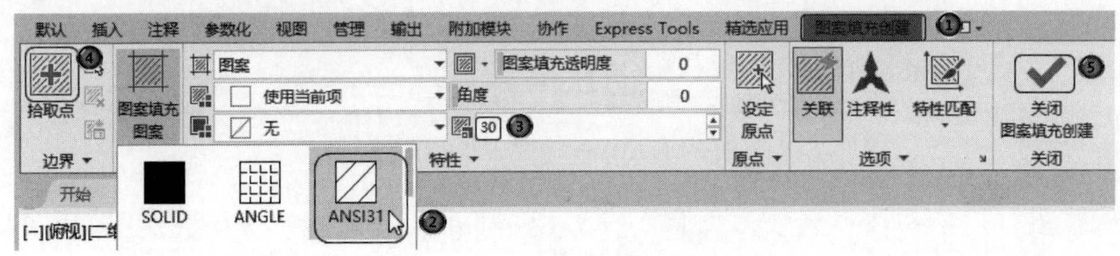

图9-24　“图案填充创建”选项卡

（3）用同样的方法填充另外一个矩形。注意，不能同时填充两个矩形，因为如果同时填充，填充的图案将是一个对象，两个矩形的位置就无法变化，不利于编辑。填充后的效果如图9-25所示。

（4）由于柱子需要和轴线定位，为了定位方便和准确，在柱截面的中心绘制两条辅助线，分别通过两个对边的中心点。绘制完成后的图形如图9-26所示。

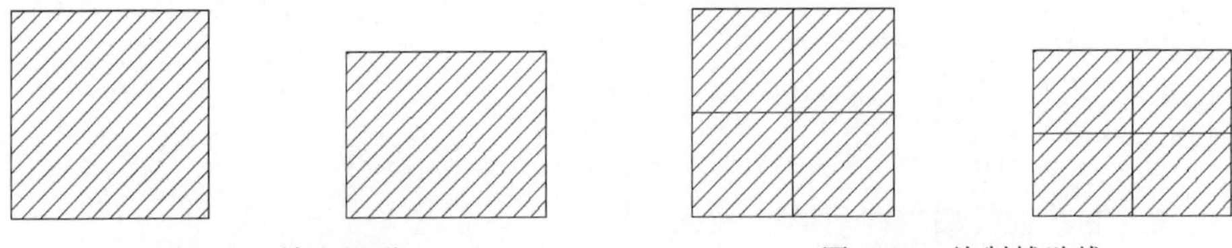

图9-25　填充矩形　　　　图9-26　绘制辅助线

（5）单击“默认”选项卡“修改”面板中的“复制”按钮 ⚇，单击500×500截面的柱子，选择矩形的辅助线上端与边的交点，如图9-27所示，将其复制到轴线的位置。结果如图9-28所示。

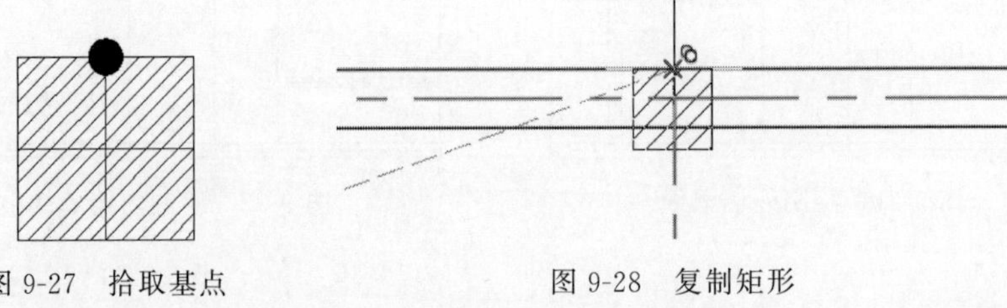

图9-27　拾取基点　　　　图9-28　复制矩形

(6) 依照上面的方法，将其他柱子截面插入轴线图中。插入完成后的图形如图 9-29 所示。

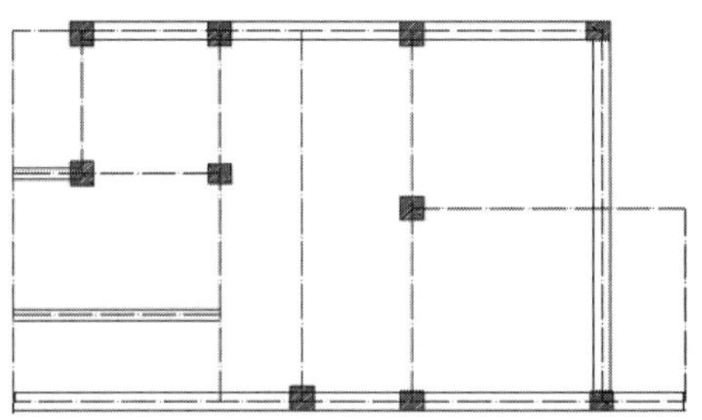

图 9-29 插入柱子

6. 绘制窗线

(1) 选择菜单栏中的“格式”→“多线样式”命令，在系统❶打开的“多线样式”对话框中❷单击“新建”按钮，如图 9-30 所示，系统❸打开“创建新的多线样式”对话框，❹在对话框中输入新样式名为 window，如图 9-31 所示。❺单击“继续”按钮，❻在打开的“新建多线样式：WINDOW”对话框中进行参数设置。

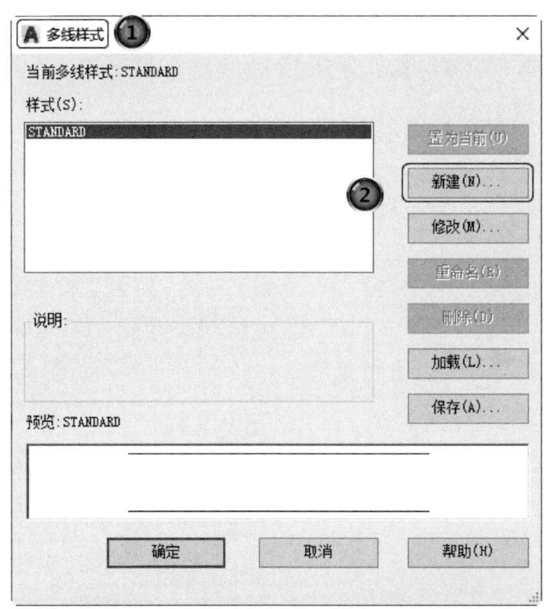

图 9-30 “多线样式”对话框

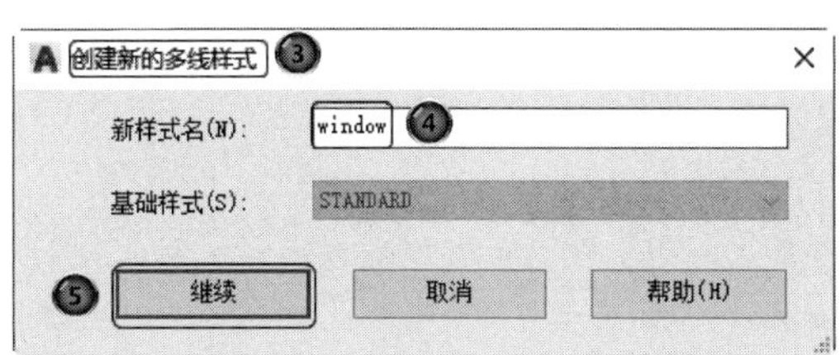

图 9-31 新建多线样式 1

(2) ❼单击右侧中部的“添加”按钮两次，添加两条线段，将四条线的偏移距离分别修改为185，30，－30，－185，❽同时也将“封口”选项选中，❾单击“确定”按钮，如图9-32所示。

Note

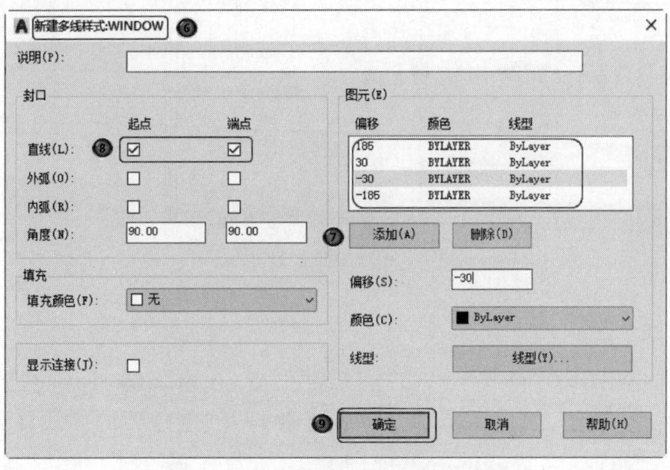

图9-32　新建多线样式2

(3) 在命令行中输入mline，将多线样式修改为window，将比例设置为1，对正方式为无，绘制窗线。绘制时注意对准轴线以及墙线的端点。绘制完成后的图形如图9-33所示。

7. 编辑墙线及窗线

绘制完成墙线和窗线之后，没有对多线的交点处进行处理，需应用菜单中修改多线的命令进行细部处理。

(1) 选择菜单栏“修改”→“对象”→“多线”命令，打开“多线编辑工具”对话框，如图9-34所示。其中共包含12种多线样式，可以根据自己的需要对多线进行编辑。本例中，将要对多线与多线的交点进行编辑。

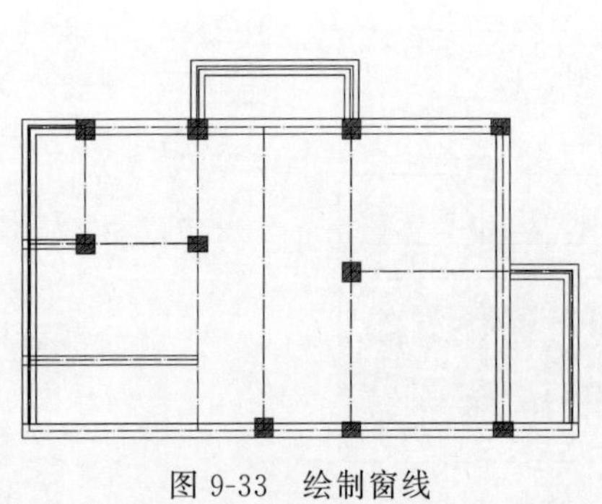

图9-33　绘制窗线

图9-34　“多线编辑工具”对话框

Note

(2) 单击第一个多线样式“十字闭合”，选择图 9-35 中所示的多线。选择垂直多线和水平多线，多线交点变成如图 9-36 所示。

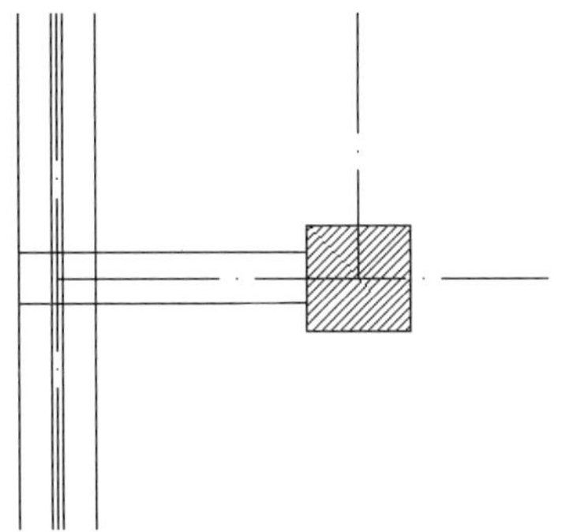

图 9-35　编辑多线

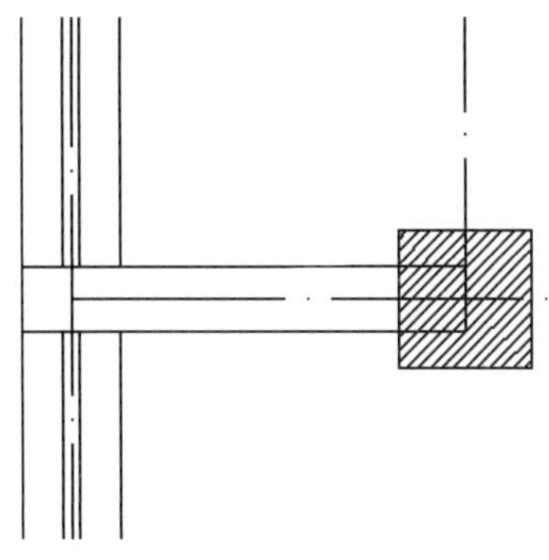

图 9-36　修改后的多线

(3) 依据此方法，修改其他多线的交点。同时注意图 9-37 中，水平的多线与柱子的交点需要编辑。单击水平多线，可以看到多线显示出其编辑点（蓝色小方块）。单击右边的编辑点，将其移动到柱子边缘，如图 9-38 所示。

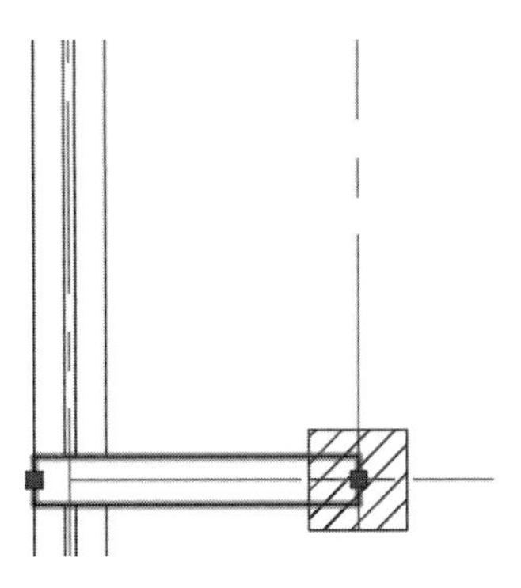

图 9-37　选择多线

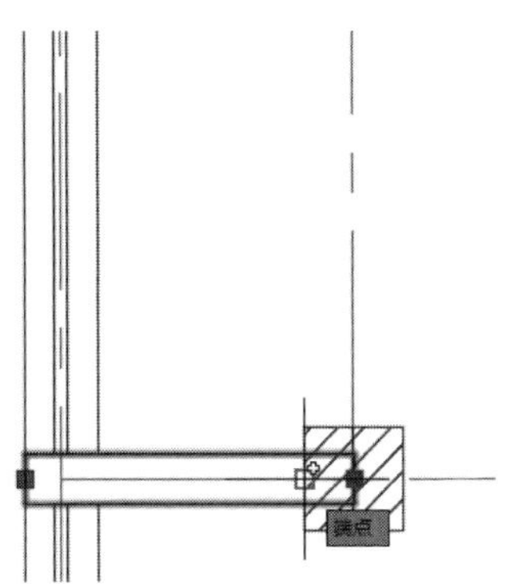

图 9-38　移动编辑点

将多线编辑后的图形如图 9-39 所示。

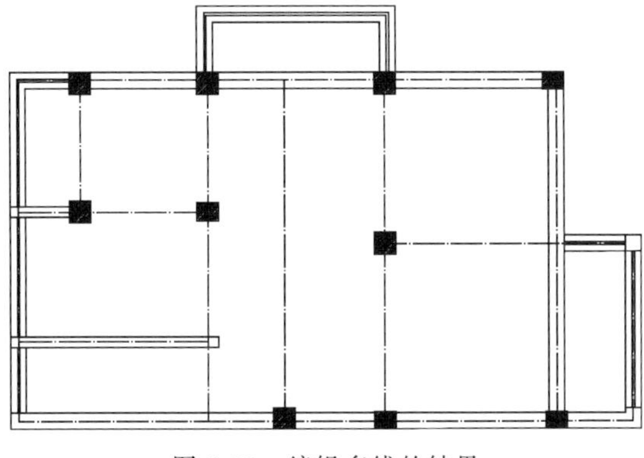

图 9-39　编辑多线的结果

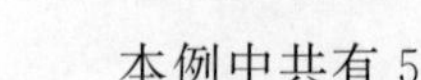

8. 绘制单扇门

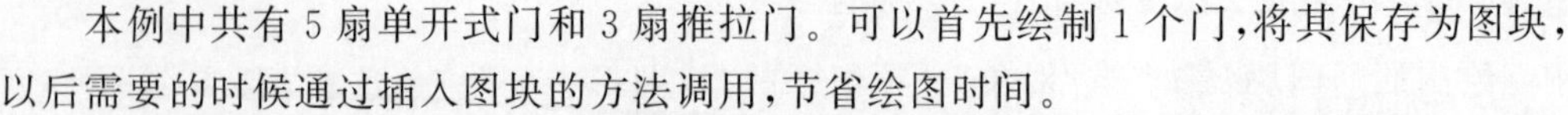

本例中共有 5 扇单开式门和 3 扇推拉门。可以首先绘制 1 个门，将其保存为图块，以后需要的时候通过插入图块的方法调用，节省绘图时间。

Note

(1) 绘制单开门的图块。将“门窗”图层设置为当前图层。单击“默认”选项卡“绘图”面板中的“矩形”按钮 ，在绘图区中绘制一个尺寸为 60×80 的矩形。绘制后的图形如图 9-40 所示。单击“默认”选项卡“修改”面板中的“分解”按钮 ，选择刚刚绘制的矩形，按 Enter 键确认。单击“默认”选项卡“修改”面板中的“偏移”按钮 ，将矩形的左侧边界和上侧边界分别向右和向下偏移 40。结果如图 9-41 所示。

单击“默认”选项卡“修改”面板中的“修剪”按钮 ，将矩形右上部分及内部的直线修剪掉，如图 9-42 所示，此图形即为单扇门的门垛。再在门垛的上部绘制一个尺寸为 920×40 的矩形，如图 9-43 所示。

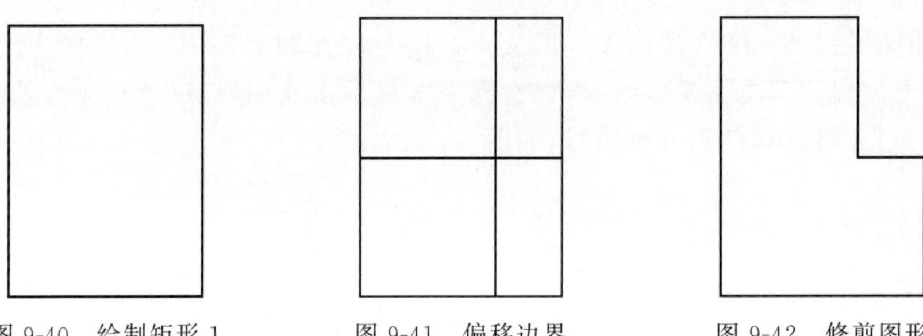

图 9-40　绘制矩形 1　　图 9-41　偏移边界　　图 9-42　修剪图形

单击“默认”选项卡“修改”面板中的“镜像”按钮 ，选择门垛，选择矩形的中轴作为基准线，将门垛对称到另外一侧，如图 9-44 所示。

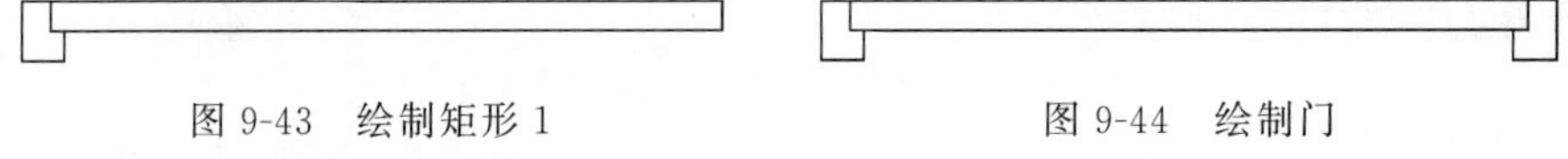

图 9-43　绘制矩形 1　　图 9-44　绘制门

单击“默认”选项卡“修改”面板中的“旋转”按钮 ，选择中间的矩形（即门扇），以右上角的点为轴，将门扇顺时针旋转 90°，如图 9-45 所示。单击“默认”选项卡“绘图”面板中的“圆弧”按钮 ，绘制门的开启线，如图 9-46 所示。

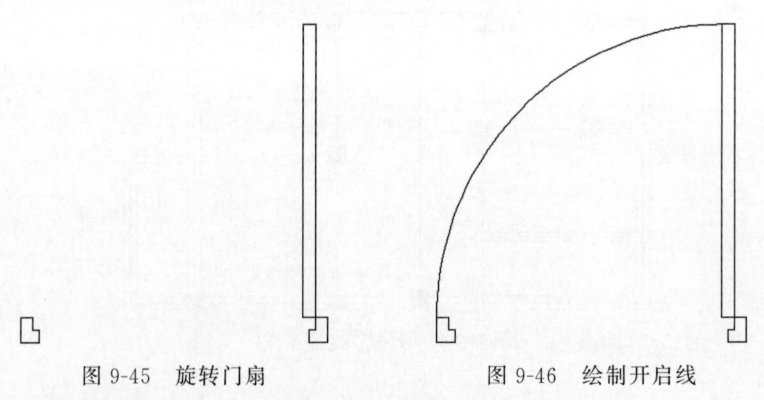

图 9-45　旋转门扇　　图 9-46　绘制开启线

(2) 在命令行中输入"WBLOCK"命令，❶打开"写块"对话框，如图 9-47 所示。❷单击"拾取点"按钮，在图形上选择一点作为基点，❸单击"选择对象"按钮，选择刚刚绘制的门图块，❹点选"对象"选项组中的"从图形中删除"单选钮，❺将名称修改为"单扇门"并指定路径，❻单击"确定"按钮保存该图块。

Note

(3) 将"门窗"图层设置为当前图层，单击"默认"选项卡"块"面板中的"插入"按钮，在弹出的下拉列表中，选择"单扇门"图块，如图 9-48 所示，按照图 9-49 的位置将其插入刚刚绘制的平面图中(此前选择基点时，为了绘图方便，可将基点选择在右侧门垛的中点位置，如图 9-50 所示，这样便于插入定位)。

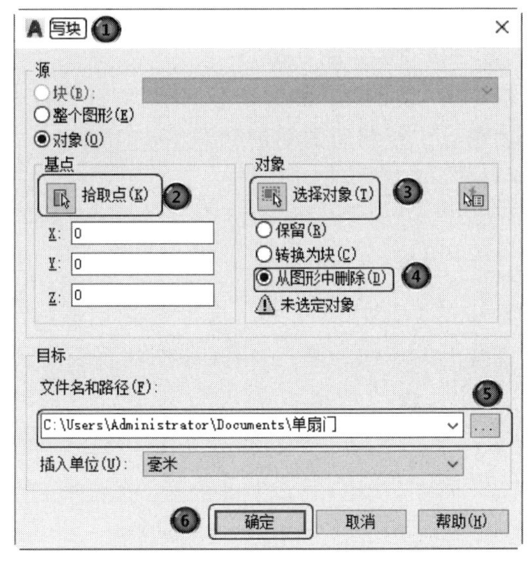

图 9-47　创建单扇门图块

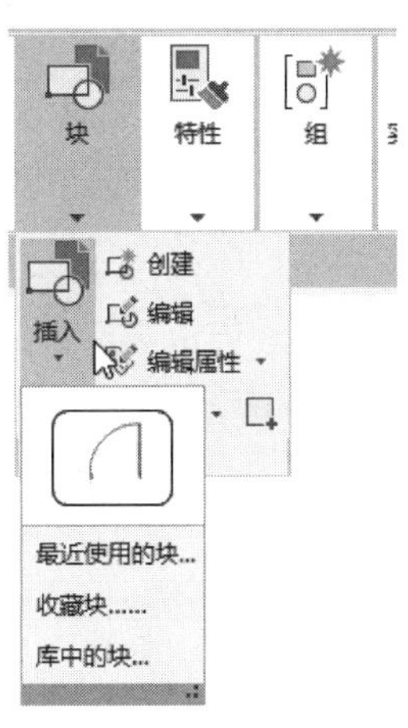

图 9-48　插入图块

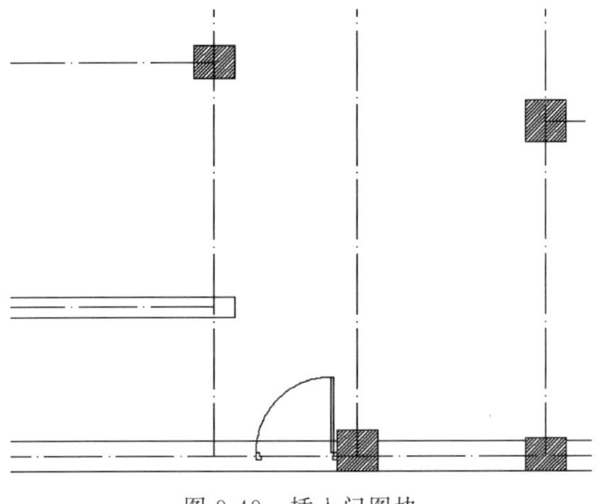

图 9-49　插入门图块

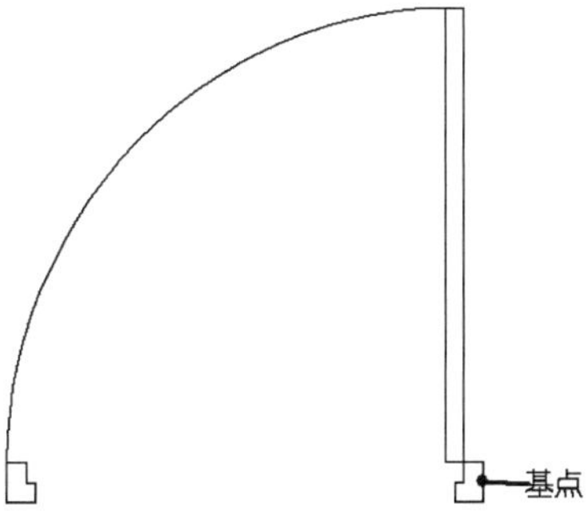

基点

图 9-50　选择基点

(4) 单击"默认"选项卡"修改"面板中的"修剪"按钮，将门图块中间的墙线删除，并在左侧的墙线处绘制封闭直线。最终效果如图 9 51 所示。

Note

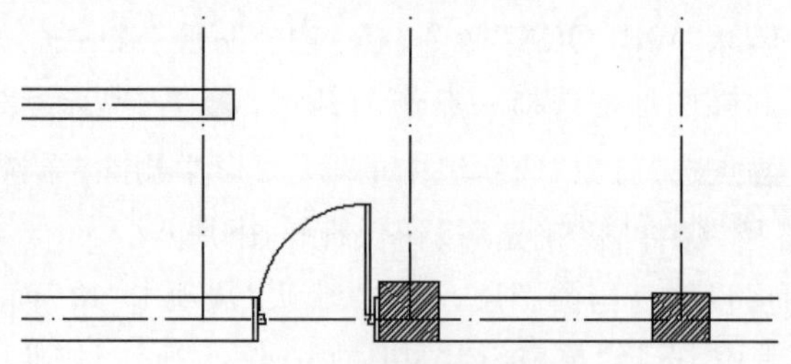

图 9-51　单扇门绘制效果

9. 绘制推拉门

(1) 将"门窗"图层设置为当前图层。单击"默认"选项卡"绘图"面板中的"矩形"按钮 ，在图中绘制一个尺寸为 1000×60 的矩形，如图 9-52 所示。

(2) 单击"默认"选项卡"修改"面板中的"复制"按钮 ，选择矩形，将其复制到右侧，基点先选择左侧角点，然后选择右侧角点。复制后的图形如图 9-53 所示。

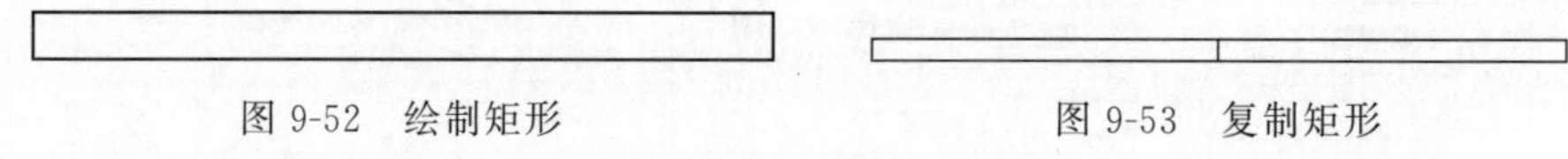

图 9-52　绘制矩形　　　图 9-53　复制矩形

(3) 单击"默认"选项卡"修改"面板中的"移动"按钮 ，选择右侧矩形，按 Enter 键确认。然后选择两个矩形的交界处直线上的点作为基点，将其移动到直线的下端点，如图 9-54 所示。移动后的图形如图 9-55 所示。

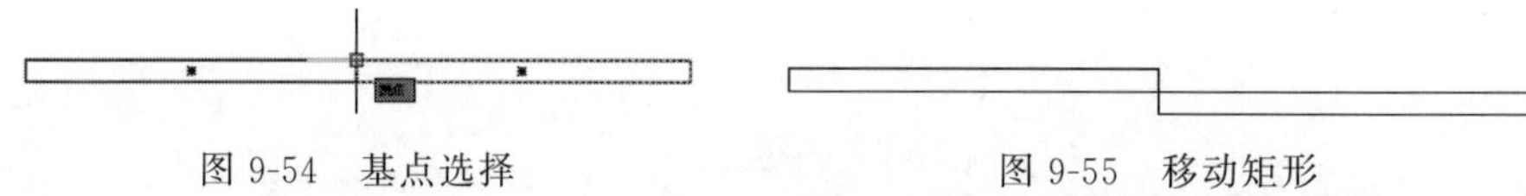

图 9-54　基点选择　　　图 9-55　移动矩形

(4) 在命令行中输入"wblock"命令，①打开"写块"对话框，如图 9-56 所示。②单击"拾取点"按钮 ，在图形上选择一点作为基点，③单击"选择对象"按钮 ，选择刚刚绘制的门图块，④点选"对象"选项组中的"从图形中删除"单选钮，⑤将名称修改为"推拉门"并指定路径，⑥单击"确定"按钮保存该图块，如图 9-57 所示。

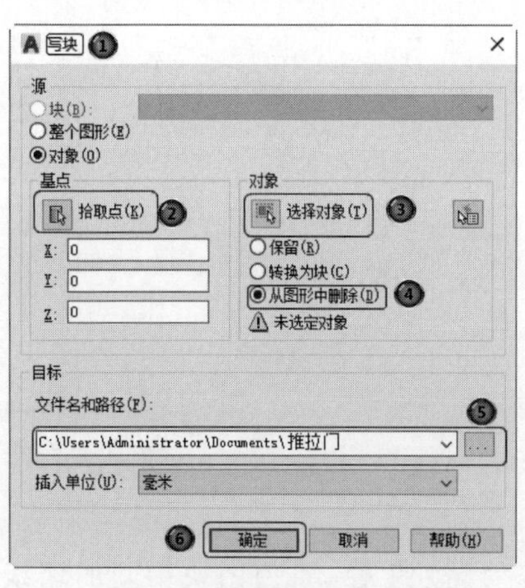

图 9-56　"写块"对话框

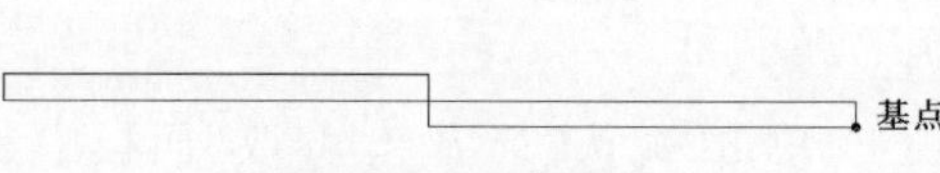

图 9-57　选择基点

（5）单击“默认”选项卡“块”面板中的“插入”按钮，在弹出的下拉列表中，选择“推拉门”图块，如图 9-58 所示，将其插入如图 9-59 所示位置。

（6）单击“默认”选项卡“修改”面板中的“旋转”按钮，选择插入的推拉门图块，然后以插入点为基点，旋转−90°，如图 9-60 所示。命令行中的提示与操作如下。

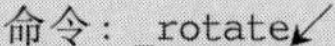

```
命令: _rotate↙
UCS 当前的正角方向:   ANGDIR = 逆时针   ANGBASE = 0
选择对象: (选择推拉门)
指定基点: 指定旋转角度或[复制(C)/参照(R)]<0>: 90
```

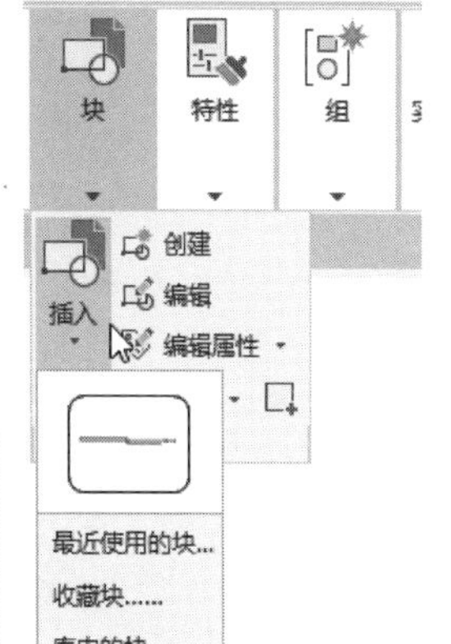

图 9-58　选择推拉门图块

（7）单击“默认”选项卡“修改”面板中的“修剪”按钮，将推拉门图块间的多余墙线删除，如图 9-61 所示。

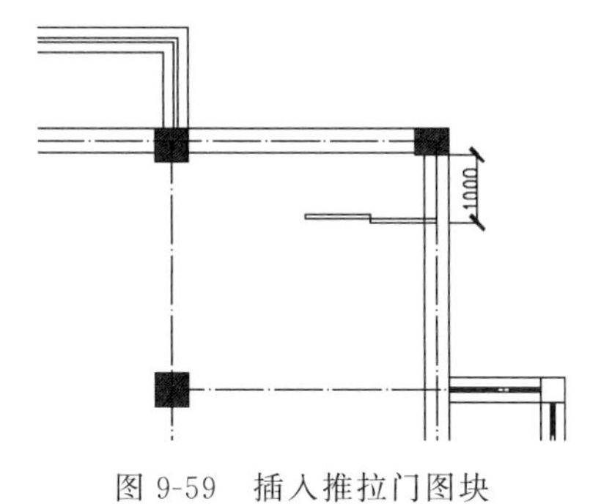

图 9-59　插入推拉门图块

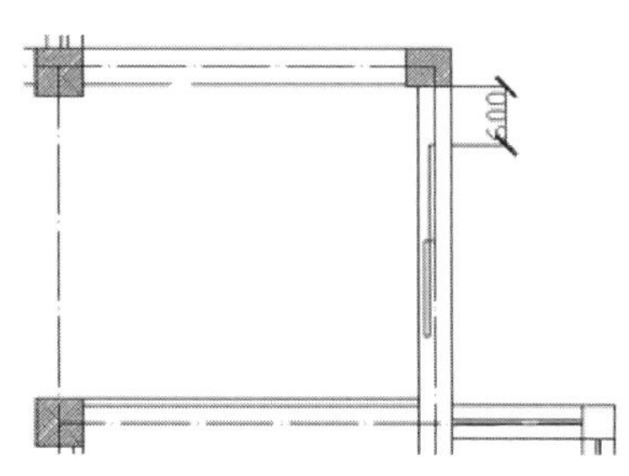

图 9-60　旋转图块

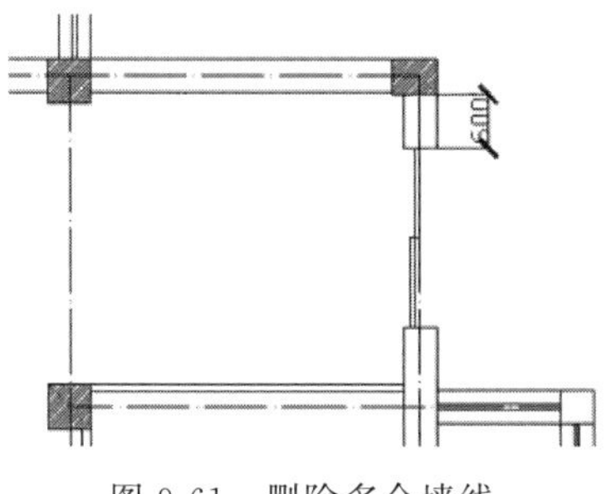

图 9-61　删除多余墙线

10. 设置隔墙线型

在建筑结构中，隔墙包括承载受力的承重墙和用来分割空间、美化环境的非承重墙。

（1）选择菜单栏中的“格式”→“多线样式”命令，打开“多线样式”对话框，从中可以看到在绘制承重墙时创建的几种线型。单击“新建”按钮，新建一个多线样式，命名为“wall_in”，如图 9-62 所示。

（2）设置多线间距分别为 50 和−50，如图 9-63 所示。

创建新的多线样式
新样式名(N): wall_in
基础样式(S): WALL_1
继续　取消　帮助(H)

图 9-62　新建多线样式

Note

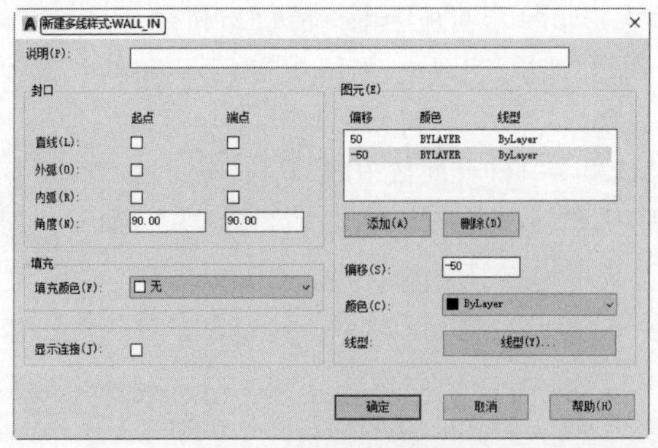

图 9-63　设置隔墙多线样式

11. 绘制隔墙

设置好多线样式后，将“墙线”图层设置为当前图层。按照如图 9-64 所示的位置绘制隔墙。

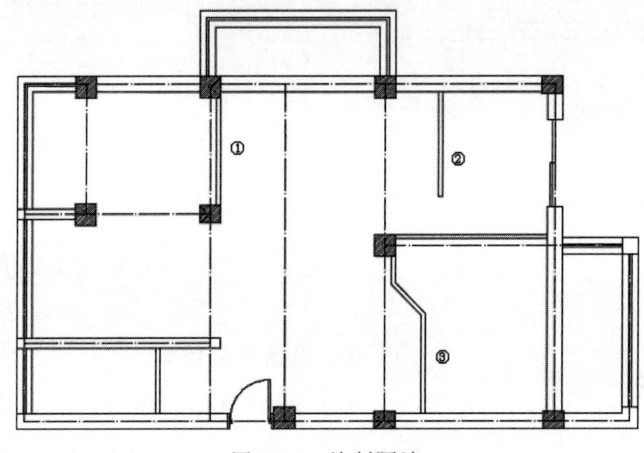

图 9-64　绘制隔墙

(1) 图 9-64 中隔墙①的绘制方法如下：在命令行中输入“mline”命令，设置多线样式为 wall_in，比例为 1，对正方式为上，由 A 向 B 进行绘制。结果如图 9-65 所示。

(2) 绘制隔墙②时，在命令行中输入“mline”命令，当提示时首先单击图 9-66 中的 A 点，然后按 Enter 键或右击，取消选择。重复“mline”命令，在命令行中依次输入“@1100,0”“@0,−2400”，绘制完成。

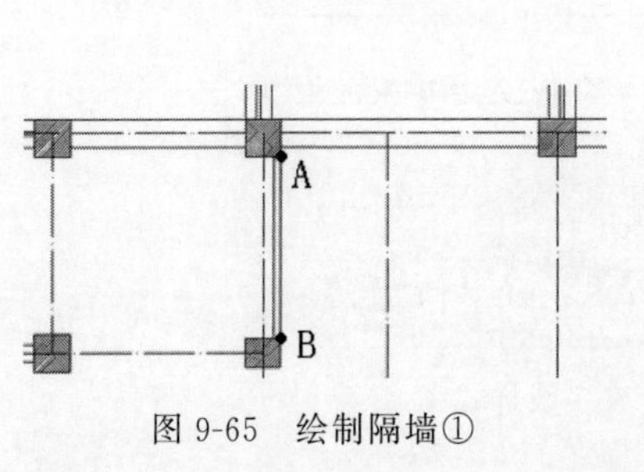

图 9-65　绘制隔墙①

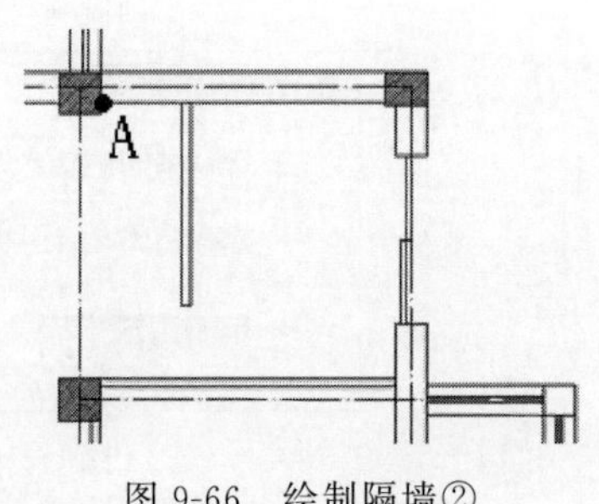

图 9-66　绘制隔墙②

(3) 绘制隔墙③时,在命令行中输入"mline"命令,首先单击图 9-67 中的 A 点,然后在命令行中依次输入"@0,－600""@700,－700",再单击图中的 B 点,即绘制完成。

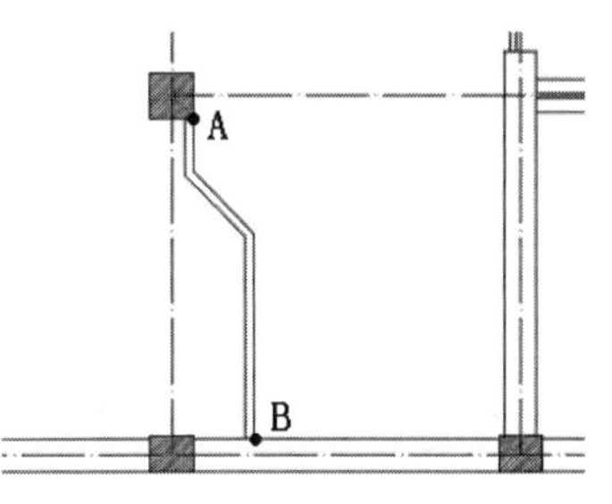

图 9-67　绘制隔墙③

(4) 按照以上方法,绘制其他隔墙。绘制完成后的图形如图 9-64 所示。

(5) 单击"默认"选项卡"修改"面板中的"移动"按钮 ✥ 和"修剪"按钮 ✂,将门窗插入图中。最后的效果如图 9-68 所示。

图 9-69 中阴影部分即为书房区域,其隔墙为弧形,所以绘制时需要单击"弧线"按钮绘制。

(6) 将"墙线"图层设置为当前图层。单击"默认"选项卡"绘图"面板中的"圆弧"按钮 ⌒,以柱子的角点为基点绘制弧线,如图 9-70 所示。绘制过程中依次单击图中的 A、B、C 点。

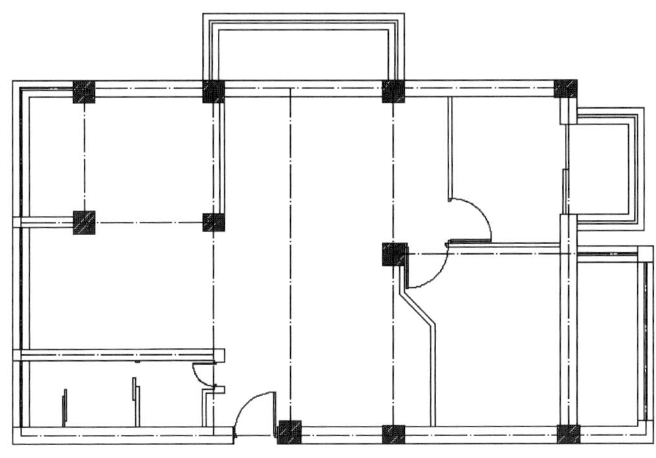

图 9-68　插入门窗

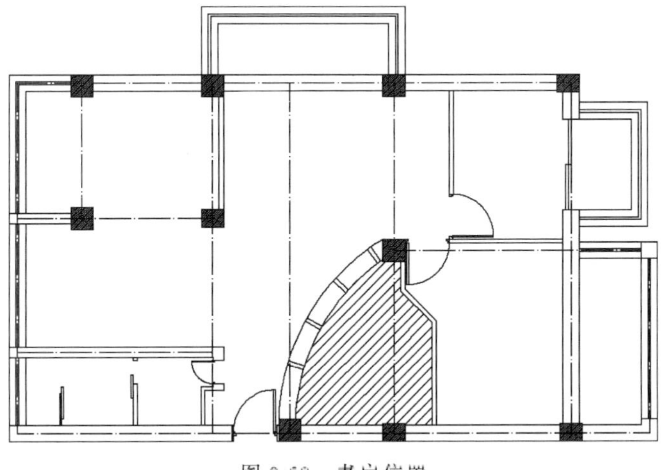

图 9-69　书房位置

(7) 单击“默认”选项卡“修改”面板中的“偏移”按钮 ⋐，在命令行中输入偏移距离为 380，然后选择弧线，并在弧线右侧单击。绘制效果如图 9-71 所示。

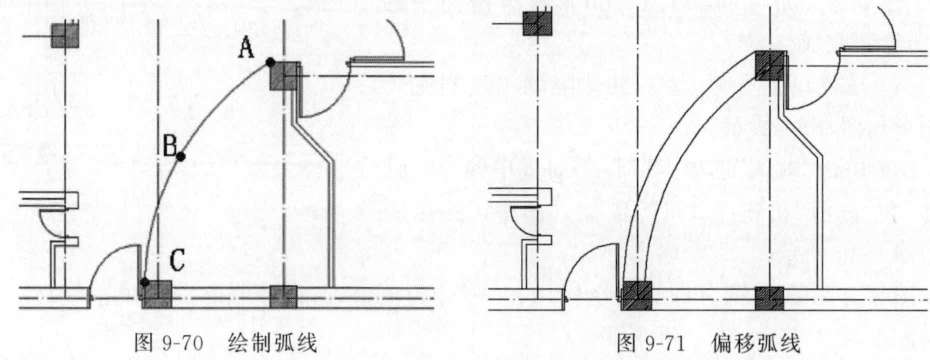

图 9-70　绘制弧线　　图 9-71　偏移弧线

(8) 最后在两条弧线中间绘制小分割线，如图 9-72 所示，即绘制完成。

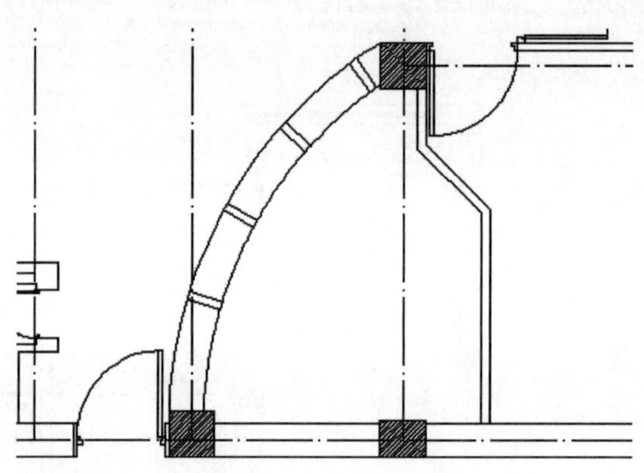

图 9-72　绘制分割线

9.2.2　两室两厅装饰平面图

1. 绘制餐桌

(1) 将“装饰”图层设置为当前图层。单击“默认”选项卡“绘图”面板中的“矩形”按钮 ▭，绘制一个长 1500、宽 1000 的矩形，如图 9-73 所示。

(2) 单击“默认”选项卡“绘图”面板中的“直线”按钮 ╱，在矩形的长边和短边方向的中点各绘制一条直线作为辅助线，如图 9-74 所示。

(3) 单击“默认”选项卡“绘图”面板中的“矩形”按钮 ▭，在空白处绘制一个长 1200、宽 40 的矩形，如图 9-75 所示。单击“默认”选项卡“修改”面板中的“移动”按钮 ✥，以矩形底边中点为基点，移动矩形至刚刚绘制的辅助线交叉处，如图 9-76 所示。

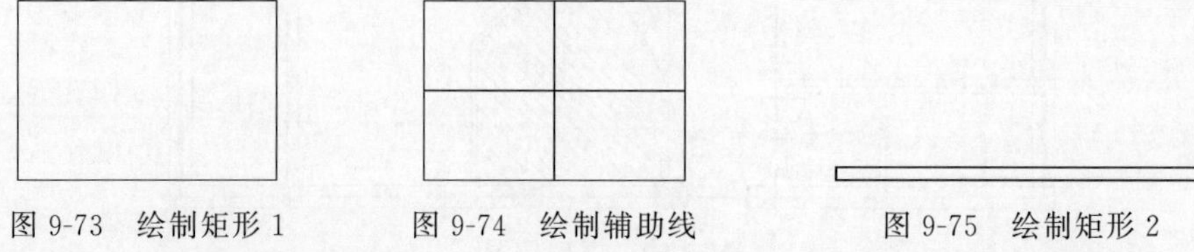

图 9-73　绘制矩形 1　　图 9-74　绘制辅助线　　图 9-75　绘制矩形 2

(4) 单击“默认”选项卡“修改”面板中的“镜像”按钮，选择刚刚移动的矩形，然后以水平辅助线为轴，镜像到下侧，如图 9-77 所示。

(5) 在空白处绘制边长为 500 的正方形，如图 9-78 所示。

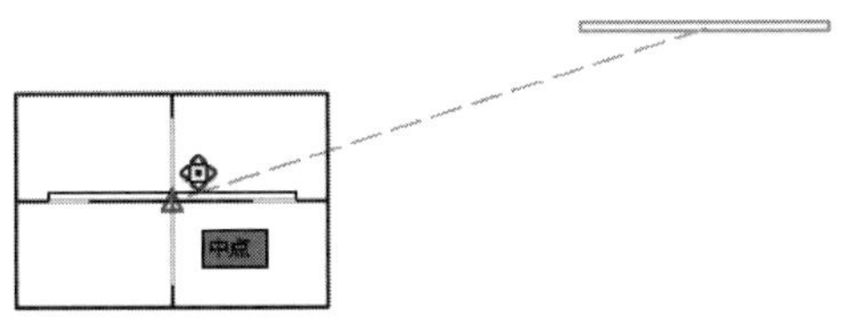

图 9-76　移动矩形 1

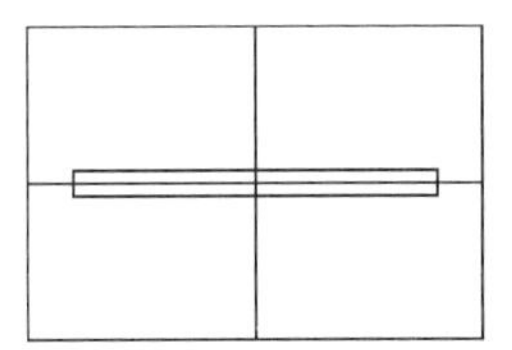

图 9-77　镜像矩形

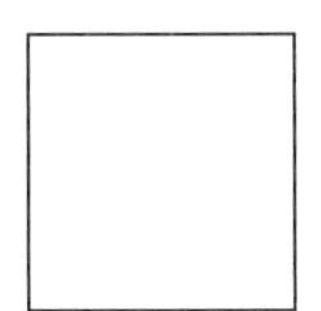

图 9-78　绘制正方形

(6) 单击“默认”选项卡“修改”面板中的“偏移”按钮，偏移距离设置为 20，向内偏移，如图 9-79 所示。然后在矩形的上侧空白处，绘制一个长 400、宽 200 的矩形，如图 9-80 所示。

(7) 单击“默认”选项卡“修改”面板中的“圆角”按钮，设置矩形的倒角。命令行中的提示与操作如下。

```
命令: _fillet↙
当前设置: 模式 = 修剪,半径 = 0.0000
选择第一个对象或[放弃(U)/多段线(P)/半径(R)/修剪(T)/多个(M)]: r
指定圆角半径<0.0000>: 50(设置倒圆角半径为 50)
选择第一个对象或[放弃(U)/多段线(P)/半径(R)/修剪(T)/多个(M)]:(选择矩形的一条边)
选择第二个对象,或按住 Shift 键选择对象以应用角点或[半径(R)]:(选择与其相交的另外一条边)
```

图 9-79　偏移矩形

图 9-80　绘制矩形 3

利用“圆角”命令将矩形的 4 个角设置为倒圆角，如图 9-81 所示。

(8) 单击“默认”选项卡“修改”面板中的“移动”按钮，将设置好倒角的矩形移动到刚刚绘制的正方形的上边的中心，如图 9-82 所示。

(9) 单击“默认”选项卡“修改”面板中的“修剪”按钮，将矩形内部的直线删除，如图 9-83 所示。

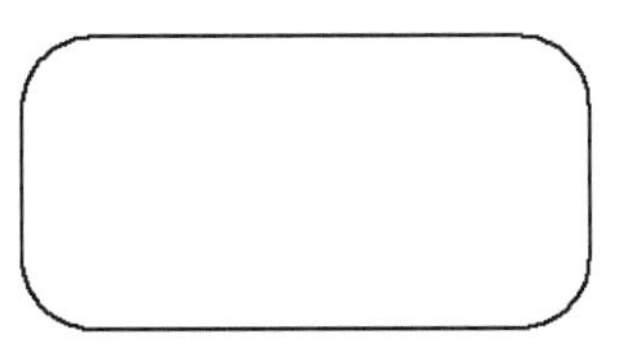

图 9-81　设置倒角

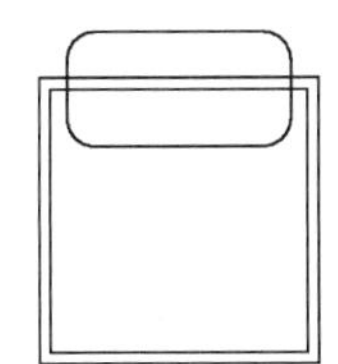

图 9-82　移动矩形 2

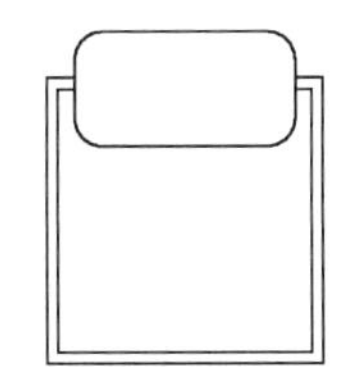

图 9-83　删除多余直线

Note

(10) 在矩形的上方绘制直线，直线的端点及位置如图 9-84 所示。此时椅子的图块绘制完成。移动时，将移动的基点选定为内部正方形的下侧角点，并使其与餐桌的外边重合，如图 9-85 所示。单击"默认"选项卡"修改"面板中的"修剪"按钮，将餐桌边缘内部的多余线段删除，如图 9-86 所示。

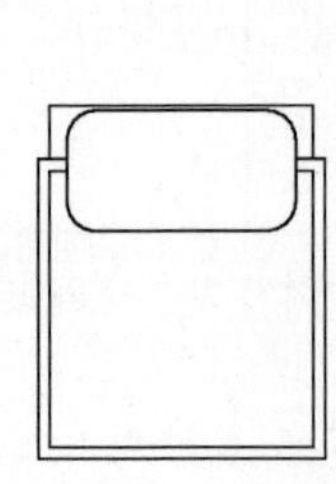

图 9-84 绘制直线

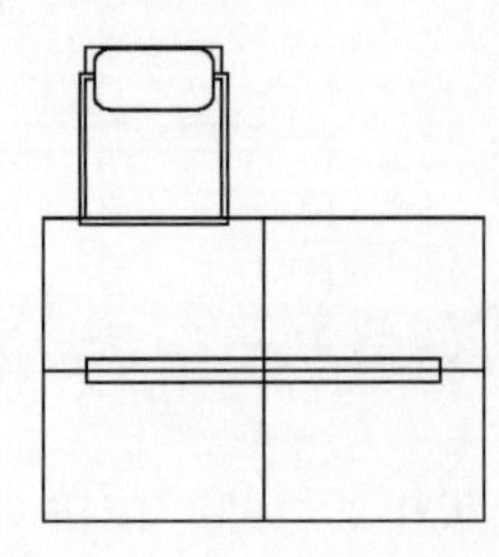

图 9-85 移动椅子

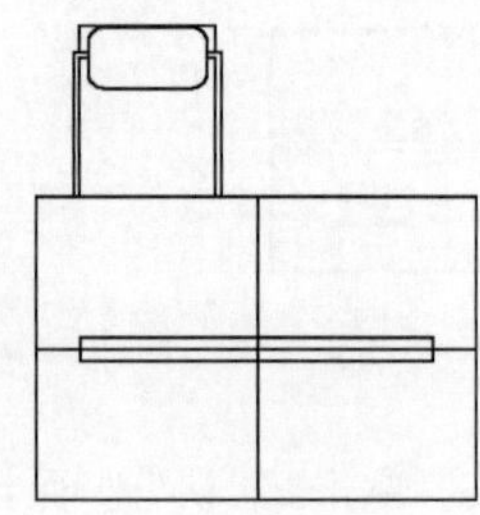

图 9-86 修剪餐桌图形

(11) 单击"默认"选项卡"修改"面板中的"镜像"按钮及"旋转"按钮，将椅子的图形复制，并删除辅助线。最终效果如图 9-87 所示。

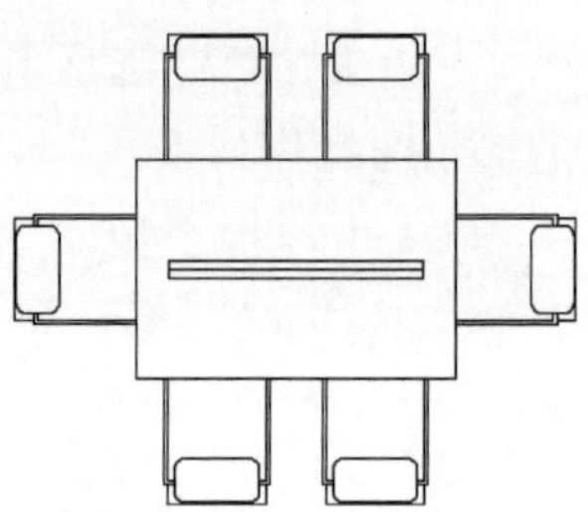

图 9-87 餐桌效果图

(12) 将图形保存为图块"餐桌"，插入平面图的餐厅位置，如图 9-88 所示。

2. 绘制书房门窗

(1) 将"门窗"图层设置为当前图层。单击"默认"选项卡"块"面板中的"插入"按钮，将单扇门图块插入图中，并保证基点插入图 9-89 中的 A 点。

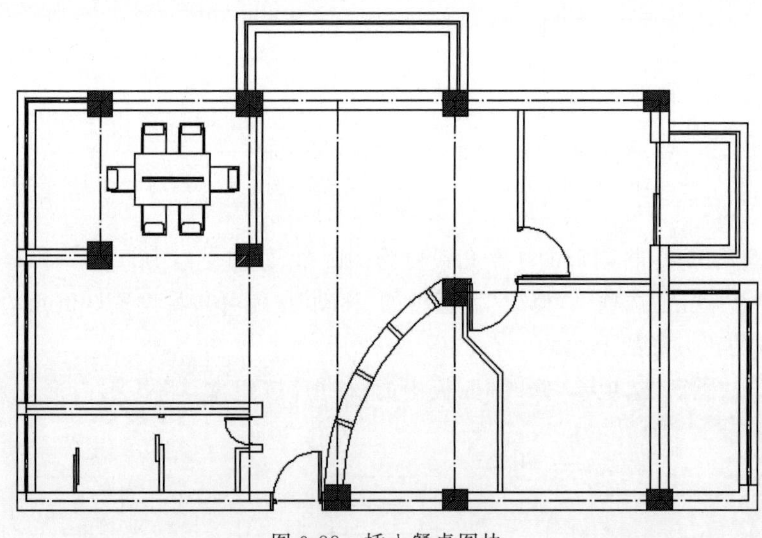

图 9-88 插入餐桌图块

(2) 单击"默认"选项卡"修改"面板中的"旋转"按钮，以刚才插入的 A 点为基点，旋转 90°，如图 9-90 所示。

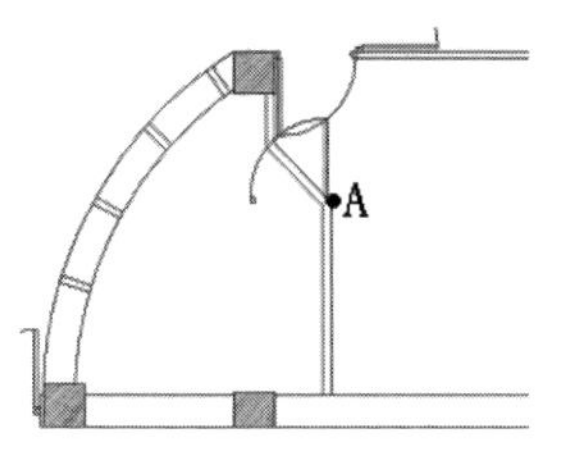

图 9-89　插入单扇门图块

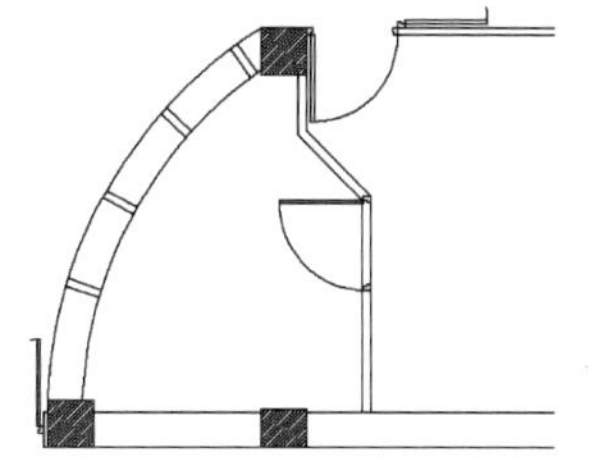

图 9-90　旋转图块

(3) 单击“默认”选项卡“修改”面板中的“移动”按钮 ✥ ,将图块向下移动 200 个单位。命令行中的提示与操作如下。

```
命令: _move↙
选择对象:(选择门图块)
指定对角点:
选择对象:(按 Enter 键或右击)
指定基点或[位移(D)]<位移>: 拾取图块上任意一点
指定第二个点或<使用第一个点作为位移>: @0, -200(输入移动的距离)
```

(4) 移动后的结果如图 9-91 所示。单击“默认”选项卡“绘图”面板中的“直线”按钮 ╱ ,在门垛的两侧分别绘制一条直线,作为分割的辅助线,如图 9-92 所示。

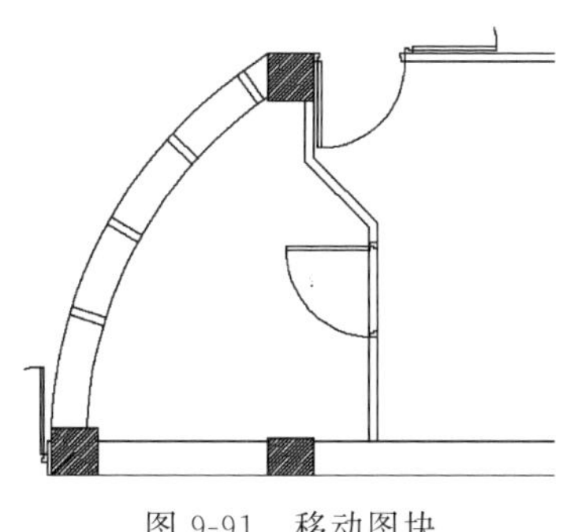

图 9-91　移动图块

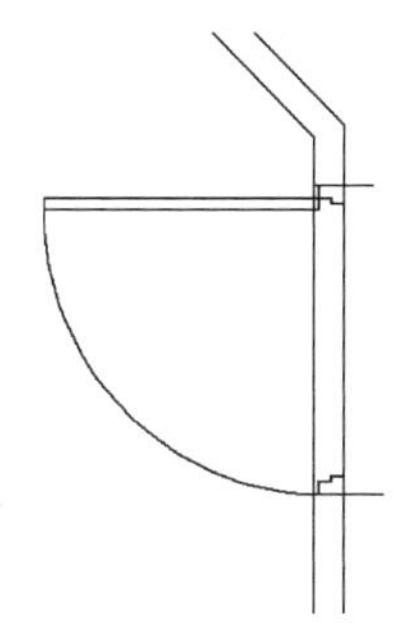

图 9-92　绘制辅助线

(5) 单击“默认”选项卡“修改”面板中的“修剪”按钮 ✂ ,以辅助线为修剪的边界,将隔墙的多线修剪删除,并删除辅助线,如图 9-93 所示。

(6) 打开“创建新的多线样式”对话框,以隔墙类型为基准,新建多线样式 window_2,如图 9-94 所示。

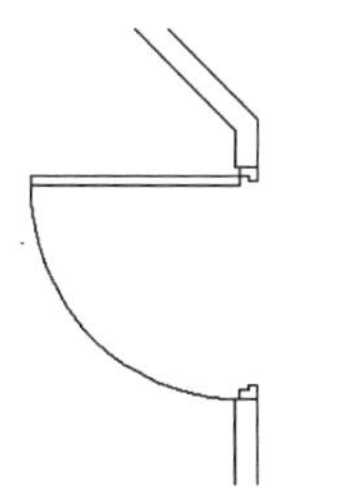

图 9-93　删除隔墙线和辅助线

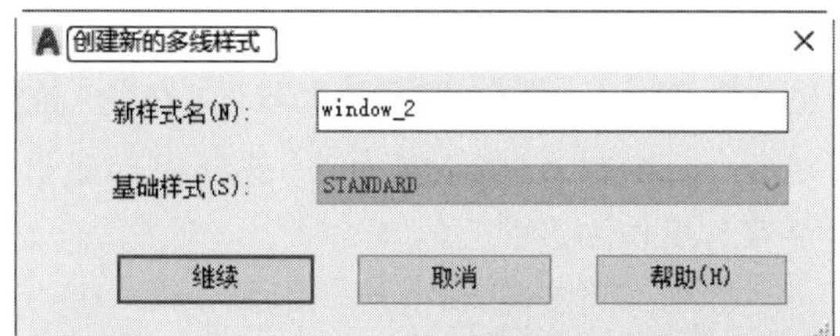

图 9-94　新建多线样式

Note

(7) 在两条多线中间添加一条线，将偏移量分别设置为 50、0、-50，如图 9-95 所示。

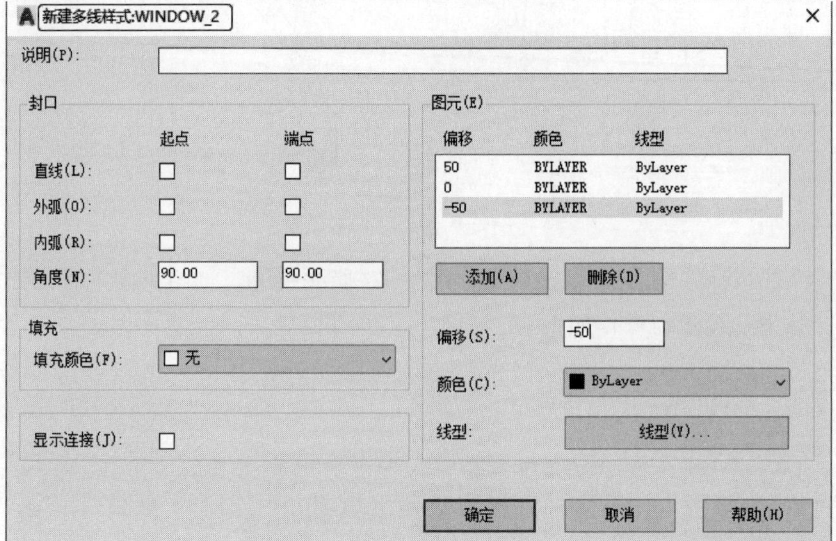

图 9-95　设置线型

(8) 在刚刚插入的门两侧绘制窗线，如图 9-96 所示。

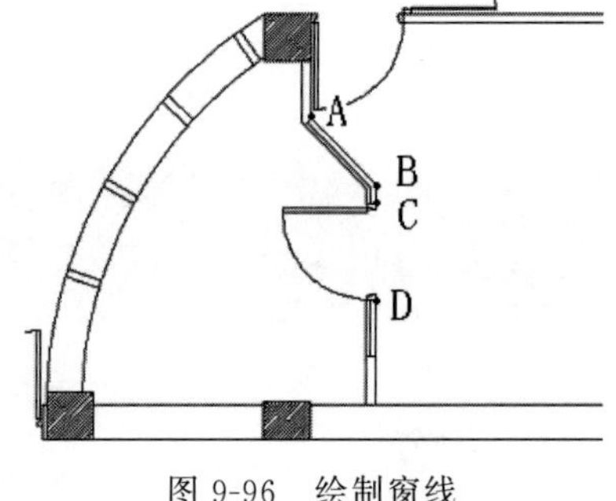

图 9-96　绘制窗线

3. 绘制衣柜

衣柜是卧室中必不可少的设施。设计时要充分利用空间，并考虑人的活动范围。

(1) 单击“默认”选项卡“绘图”面板中的“矩形”按钮 ，绘制一个长 2000、宽 500 的矩形，如图 9-97 所示。

单击“默认”选项卡“修改”面板中的“偏移”按钮 ，输入偏移距离 40，选择矩形，在矩形内部单击，将矩形偏移为图 9-98 的形状。

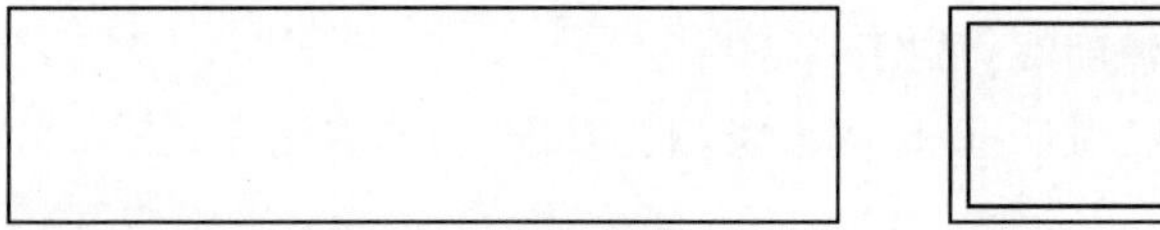

图 9-97　绘制衣柜轮廓

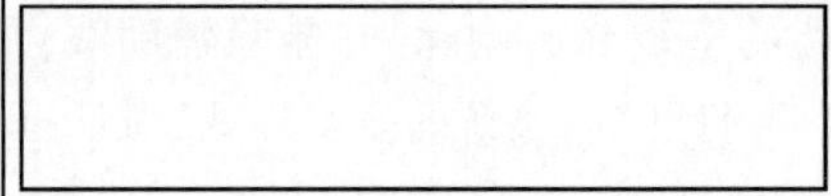

图 9-98　偏移矩形

(2) 选择矩形，单击“默认”选项卡“修改”面板中的“分解”按钮 ，将矩形分解。然后在命令行中输入“divide”命令，选择内部矩形下边直线，将其分解为 3 份。命令行中的提示与操作如下。

```
命令: divide↙
选择要定数等分的对象: (选择直线)
输入线段数目或[块(B)]: 3↙
```

(3) 单击"默认"选项卡"绘图"面板中的"直线"按钮 ╱，将鼠标指针移动到刚刚等分的直线的三分点附近，此时可以看到黄色的提示标志，即捕捉到三分点，如图 9-99 所示。绘制两条垂直直线，如图 9-100 所示。

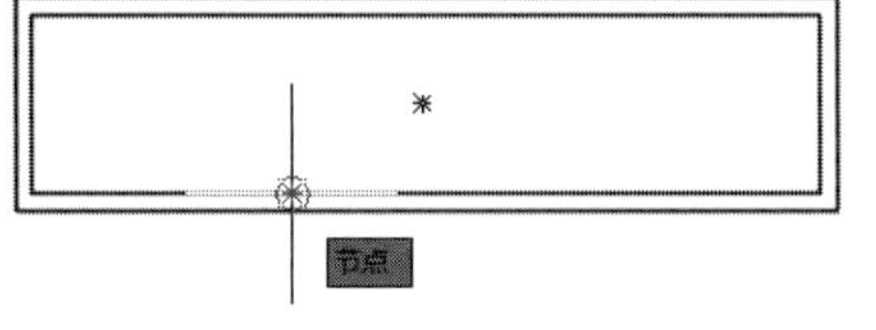

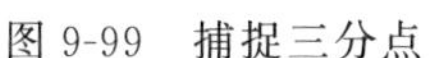
图 9-99　捕捉三分点

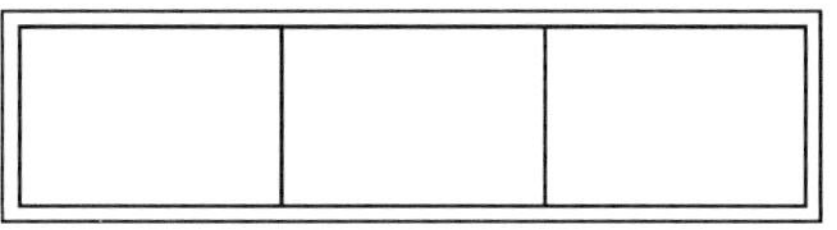
图 9-100　绘制垂直直线

(4) 单击"默认"选项卡"绘图"面板中的"直线"按钮 ╱，在矩形内部绘制一条水平直线，直线两端点分别在两侧边的中点，如图 9-101 所示。

(5) 绘制衣架图块。

单击"默认"选项卡"绘图"面板中的"直线"按钮 ╱，绘制一条长为 400 的水平直线。继续绘制一条通过其中点的直线，如图 9-102 所示。

单击"默认"选项卡"绘图"面板中的"圆弧"按钮 ⌒，以水平直线的两个端点为端点，绘制一条弧线，如图 9-103 所示。

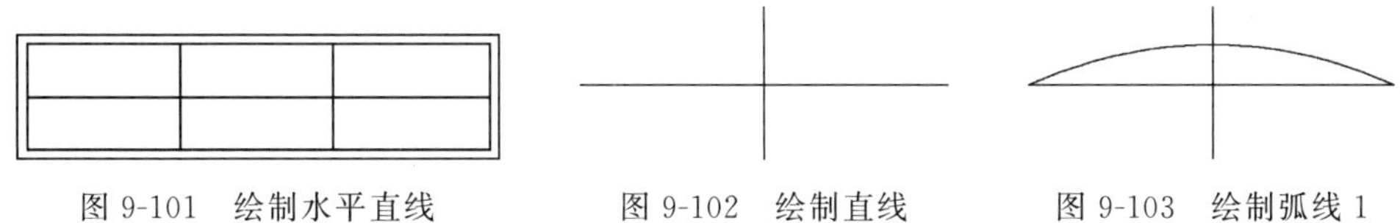
图 9-101　绘制水平直线　　图 9-102　绘制直线　　图 9-103　绘制弧线 1

在弧线的两端绘制两个直径为 20 的圆，如图 9-104 所示。以圆的下端为端点，绘制另外一条弧线，如图 9-105 所示。

删除辅助线及弧线内部的圆形部分，如图 9-106 所示，绘制完成衣架模块。

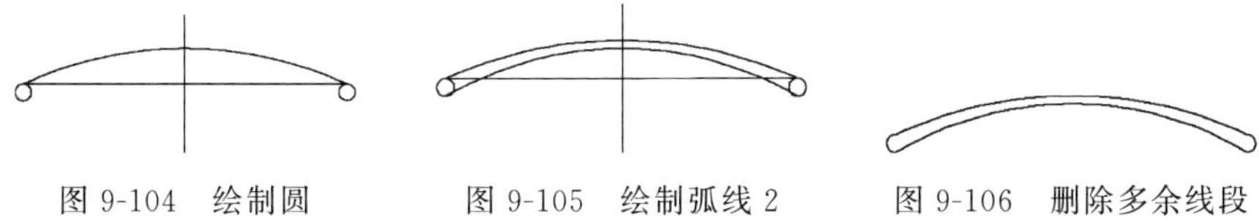
图 9-104　绘制圆　　图 9-105　绘制弧线 2　　图 9-106　删除多余线段

(6) 将"衣架模块"保存为图块，并将插入点设定为弧线的中点。将其插入衣柜模块中，如图 9-107 所示。

(7) 将"衣柜"图形插入图中，并绘制另外一个衣柜模块。最终效果如图 9-108 所示。

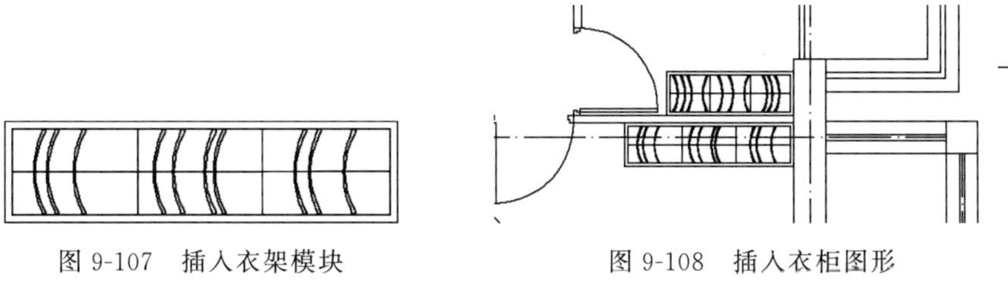
图 9-107　插入衣架模块　　图 9-108　插入衣柜图形

4. 绘制橱柜

(1) 单击“默认”选项卡“绘图”面板中的“矩形”按钮 ，绘制一个边长为 800 的矩形，如图 9-109 所示。重复“矩形”命令，绘制一个尺寸为 150×100 的小矩形。绘制完成后的图形如图 9-110 所示。

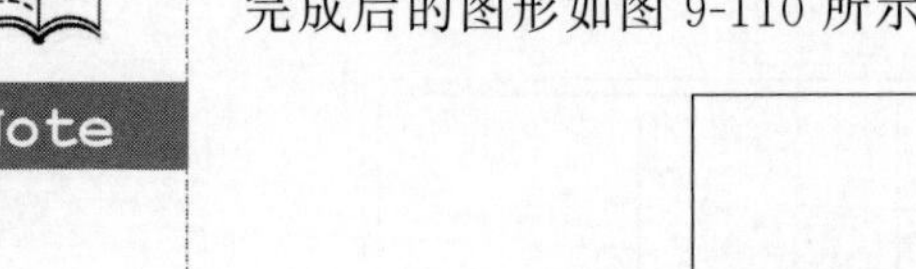

图 9-109　绘制矩形 4

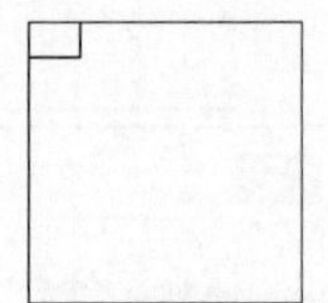

图 9-110　绘制小矩形

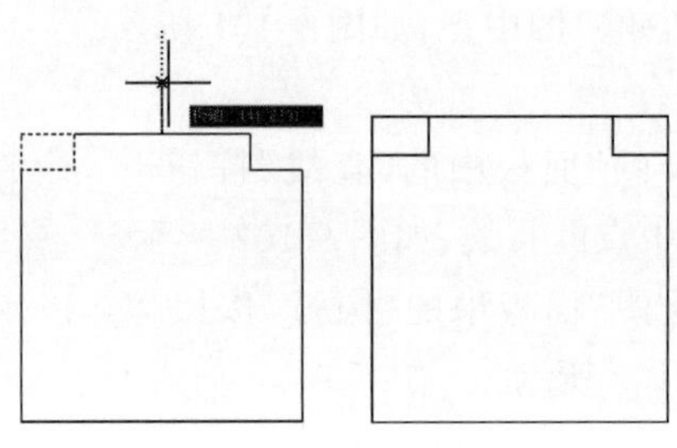

图 9-111　复制小矩形

(2) 单击“默认”选项卡“修改”面板中的“镜像”按钮 ，选择刚刚绘制的小矩形，以大矩形的上边中点为基点，引出垂直对称轴，将小矩形复制到另外一侧。结果如图 9-111 所示。

(3) 单击“默认”选项卡“绘图”面板中的“直线”按钮 ，选择左上角矩形右边的中点为起点，绘制一条水平直线，作为橱柜的门。结果如图 9-112 所示。

(4) 单击“默认”选项卡“绘图”面板中的“直线”按钮 ，在柜门的右侧绘制一条垂直直线。单击“默认”选项卡“绘图”面板中的“矩形”按钮 ，在直线上侧绘制两个边长为 50 的小矩形作为柜门的拉手，如图 9-113 所示。

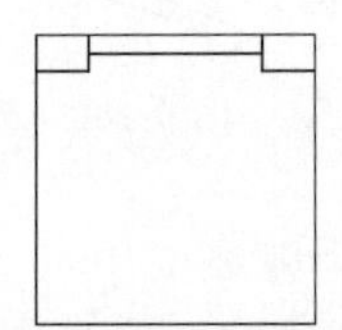

图 9-112　绘制柜门

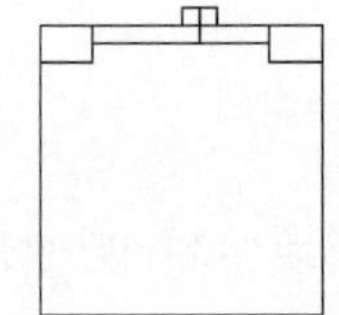

图 9-113　绘制拉手

(5) 单击“默认”选项卡“修改”面板中的“移动”按钮 ，选择刚刚绘制的橱柜模块，将其移动至厨房的橱柜位置，如图 9-114 所示。

5. 绘制吧台

厨房与餐厅之间设置了吧台，既方便又时尚。

(1) 单击“默认”选项卡“绘图”面板中的“矩形”按钮 ，绘制一个尺寸为 400×600 的矩形，如图 9-115 所示。在其右侧绘制一个尺寸为 500×600 的矩形，如图 9-116 所示。

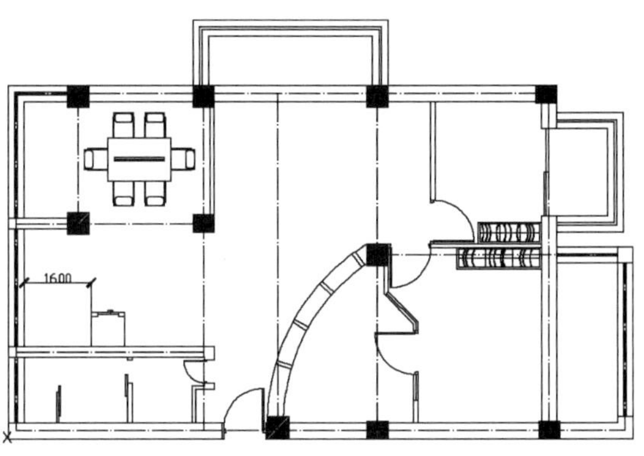

图 9-114　插入橱柜模块

(2) 单击“默认”选项卡“绘图”面板中的“圆”按钮 ，绘制一个半径为 300 的圆，如图 9-117 所示。命令行中的提示与操作如下。

```
命令：_circle↙
指定圆的圆心或[三点(3P)/两点(2P)/切点、切点、半径(T)]：_mid 于(用"捕捉到中点"按钮，将圆心选择在矩形右侧的边缘中点)
指定圆的半径或[直径(D)]：d
指定圆的直径：600(设定直径为 600)
```

图 9-115　绘制矩形 5

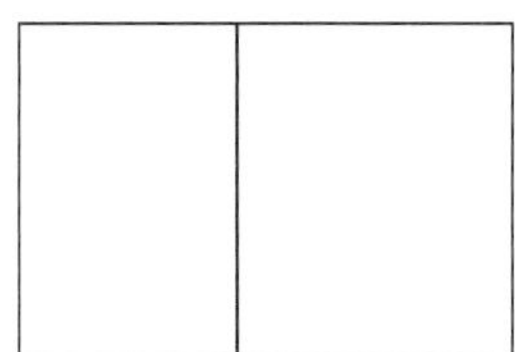

图 9-116　绘制吧台的台板

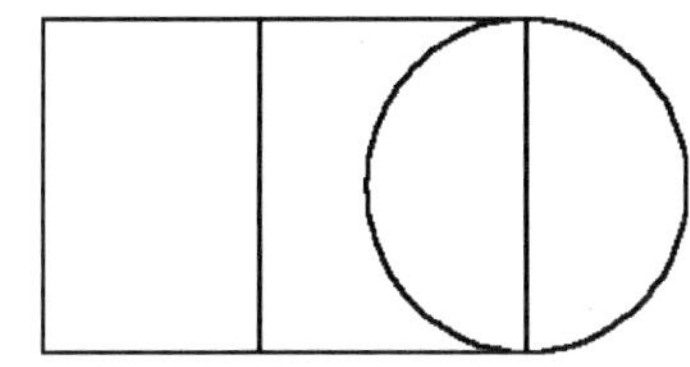

图 9-117　绘制圆

(3) 选择右侧矩形和圆，单击“默认”选项卡“修改”面板中的“分解”按钮 ，将其分解。删除右侧的垂直边，如图 9-118 所示。单击“默认”选项卡“修改”面板中的“修剪”按钮 ，选择上、下两条水平直线作为基准线，将圆的左侧删除，如图 9-119 所示。将吧台移至如图 9-120 所示的位置。

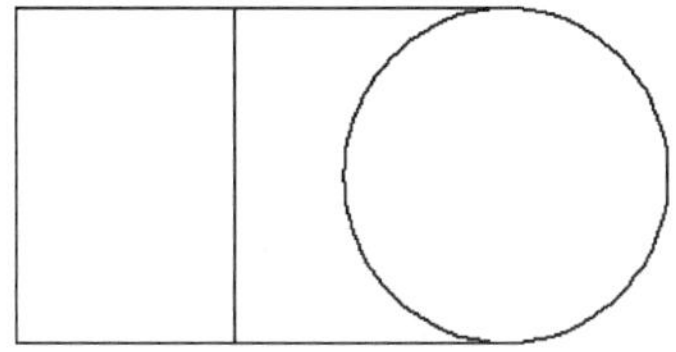

图 9-118　删除直线

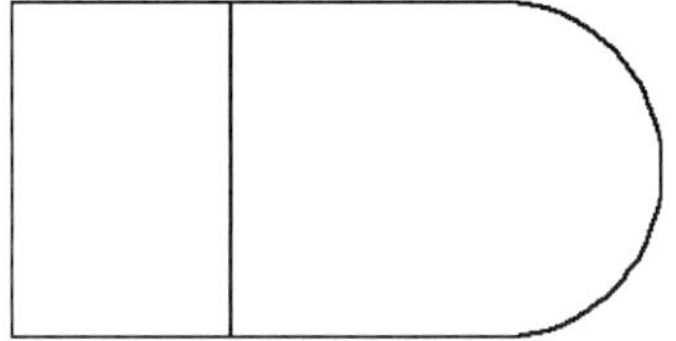

图 9-119　删除半圆

(4) 选择与吧台重合的柱子，单击“默认”选项卡“修改”面板中的“分解”按钮 ，将其分解。单击“默认”选项卡“修改”面板中的“修剪”按钮 ，删除吧台内的部分，如图 9-121 所示。

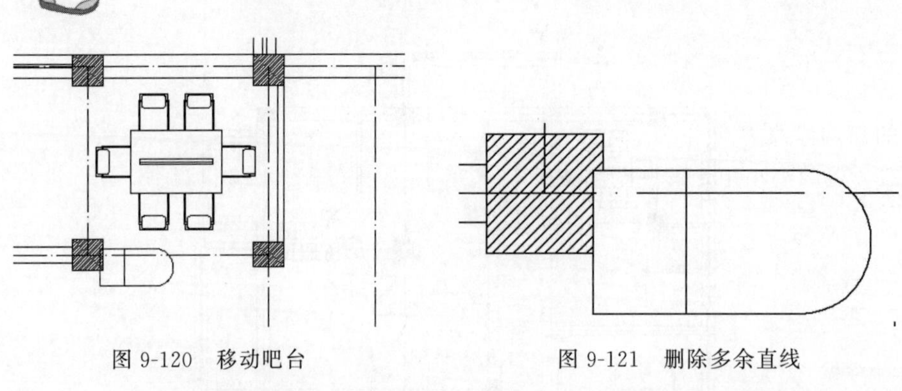

图 9-120　移动吧台　　　　图 9-121　删除多余直线

6. 绘制厨房水池和煤气灶

(1) 单击“默认”选项卡“绘图”面板中的“直线”按钮 ╱，在洗衣机模块底部的左端点单击，如图 9-122 所示。依次在命令行中输入(@0,600)(@−1000,0)(@0,1520)(@1800,0)，最后将其端点与吧台相连。绘制完成的效果如图 9-123 所示。

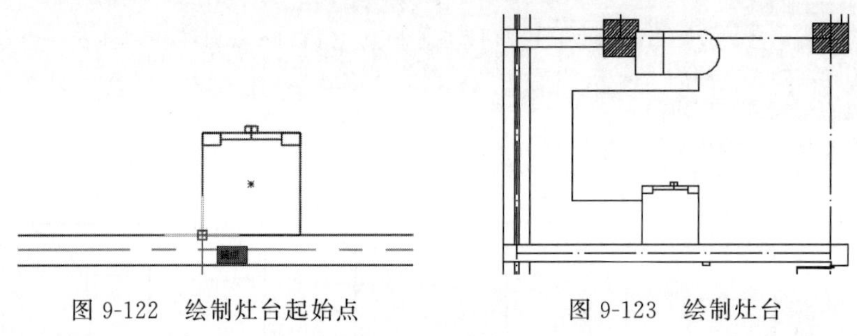

图 9-122　绘制灶台起始点　　　　图 9-123　绘制灶台

(2) 单击“默认”选项卡“绘图”面板中的“圆弧”按钮 ⌒，单击刚刚绘制的灶台线结束点，绘制如图 9-124 所示的弧线，作为客厅与餐厅的分界线，同时也代表一级台阶。

(3) 选择弧线，单击“默认”选项卡“修改”面板中的“偏移”按钮 ⋐，然后在命令行中输入偏移距离为 200，代表台阶宽度为 200mm。将弧线偏移，单击“默认”选项卡“修改”面板中的“修剪”按钮 ✂，单击“默认”选项卡“绘图”面板中的“直线”按钮 ╱，绘制第二级台阶。最终效果如图 9-125 所示。

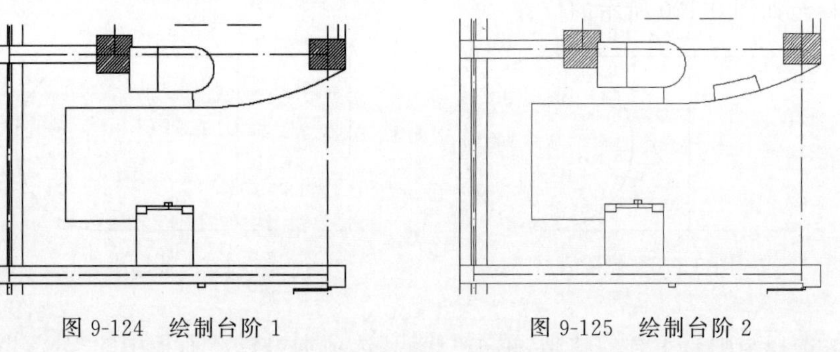

图 9-124　绘制台阶 1　　　　图 9-125　绘制台阶 2

(4) 单击“默认”选项卡“绘图”面板中的“矩形”按钮 ▭，在灶台左下部，绘制一个尺寸为 500×750 的矩形，如图 9-126 所示。在矩形中绘制两个边长为 300 的矩形，并

排放置，如图 9-127 所示。

（5）单击“默认”选项卡“修改”面板中的“圆角”按钮 ⌐，设置圆角的半径为 50，将矩形的角均修改为圆角，如图 9-128 所示。

（6）在两个小矩形的中间部位绘制水龙头，如图 9-129 所示。绘制完成后，将其保存为水池图块。另外，以同样的方法绘制厕所的水池和便池。

Note

（7）煤气灶的绘制与水池类似，同样绘制一个尺寸为 750×400 的矩形，如图 9-130 所示。

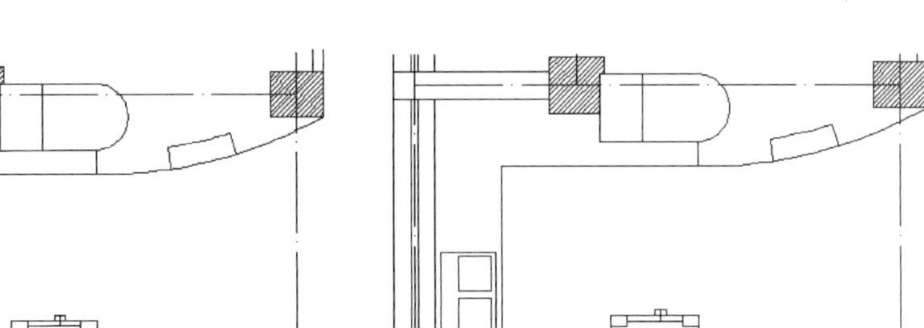

图 9-126　绘制水池轮廓　　图 9-127　绘制两个小矩形

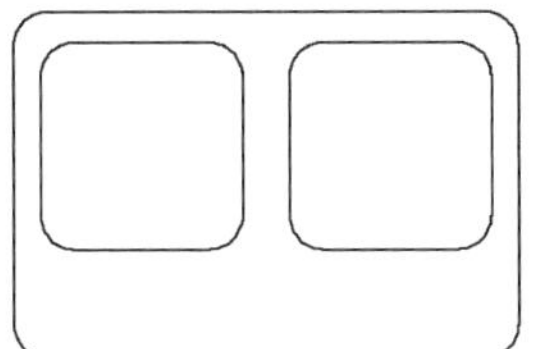

图 9-128　修改倒圆角

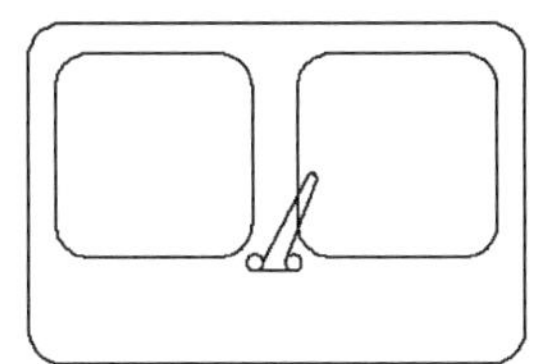

图 9-129　绘制水龙头

图 9-130　绘制矩形 1

（8）在距离底边 50 的位置绘制一条水平直线，如图 9-131 所示，作为控制板与灶台的分界线。在控制板的中心位置绘制一条垂直直线，作为辅助线。单击“默认”选项卡“绘图”面板中的“矩形”按钮 ▭，绘制一个尺寸为 70×40 的矩形，将其放在辅助线的中点，如图 9-132 所示。在矩形左侧绘制控制旋钮，如图 9-133 所示。

图 9-131　绘制直线

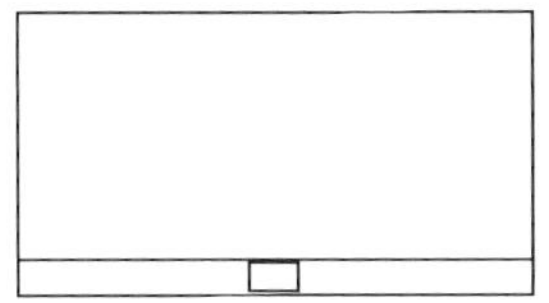

图 9-132　绘制显示窗口

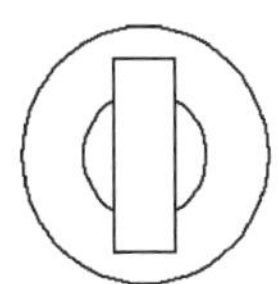

图 9-133　绘制控制旋钮

（9）将控制旋钮复制到另外一侧，对称轴为显示窗口的中线，如图 9-134 所示。

（10）单击“默认”选项卡“绘图”面板中的“矩形”按钮 ▭，在空白处绘制一个尺寸为 700×300 的矩形，并绘制其中线作为辅助线，如图 9-135 所示。同时在刚刚绘制的燃气灶上边的中点绘制一条垂直直线作为辅助线，如图 9-136 所示。

Note

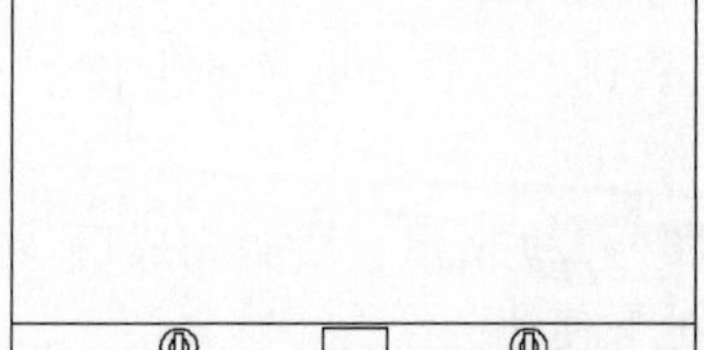

图 9-134　复制控制旋钮

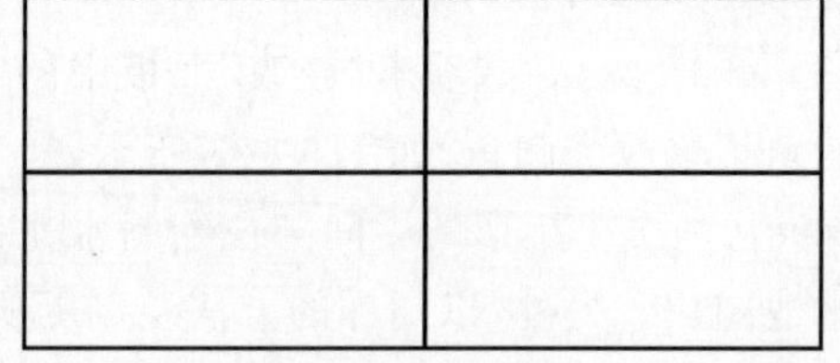

图 9-135　绘制矩形 2

(11) 将小矩形的中心与燃气灶的辅助线中点对齐，单击“默认”选项卡“修改”面板中的“圆角”按钮 ，将矩形的角修改为倒圆角，倒圆角直径为 30，如图 9-137 所示。

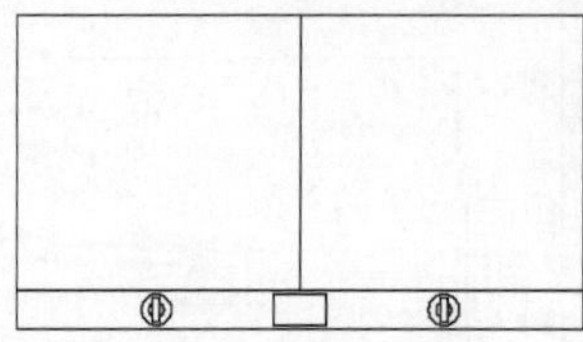

图 9-136　绘制辅助线

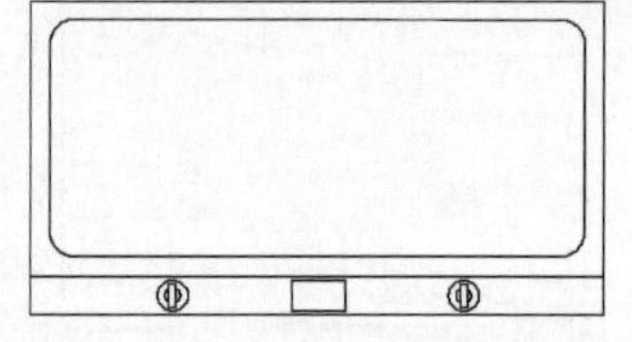

图 9-137　移动矩形并做倒角处理

(12) 单击“默认”选项卡“绘图”面板中的“圆”按钮 ，绘制一个直径为 200 的圆，如图 9-138 所示。单击“默认”选项卡“修改”面板中的“偏移”按钮 ，将圆形向内偏移 50、70、90。绘制完成后的图形如图 9-139 所示。

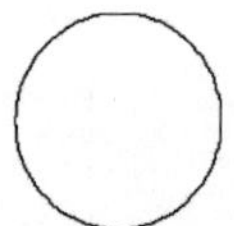

图 9-138　绘制圆

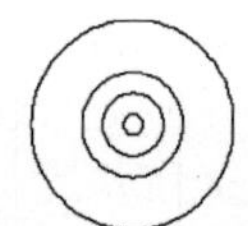

图 9-139　偏移圆形

(13) 单击“默认”选项卡“绘图”面板中的“矩形”按钮 ，在图中绘制一个尺寸为 20×60 的矩形，按照图 9-140 所示的图形位置移动矩形，并将多余的线删除。选择刚刚绘制的矩形，单击“默认”选项卡“修改”面板中的“复制”按钮 ，在原位置复制矩形，此时两个矩形重合，在图上看不出来。单击“默认”选项卡“修改”面板中的“旋转”按钮 ，选择矩形，按 Enter 键，单击大圆的圆心作为旋转的基准点，在命令行中输入 72，按 Enter 键。结果如图 9-141 所示。

(14) 用同样的方法继续旋转复制，共绘制 5 个矩形，删除矩形内部的圆。最终效果如图 9-142 所示。

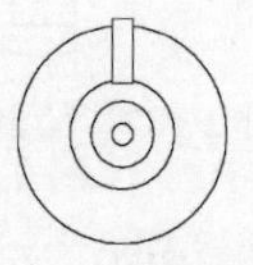

图 9-140　绘制矩形 3

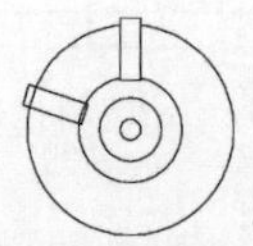

图 9-141　旋转矩形

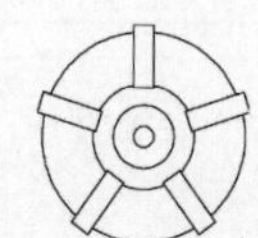

图 9-142　复制矩形

(15) 将绘制好的图形移动到燃气灶图形的左侧，然后单击辅助线，复制到另外对称一侧，如图 9-143 所示。

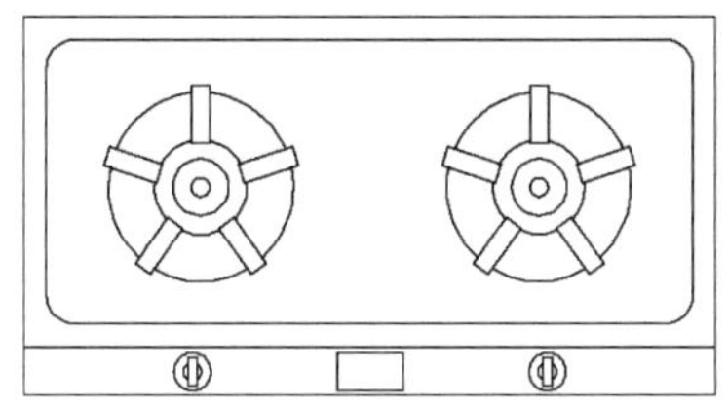

图 9-143　燃气灶图块

(16) 将燃气灶图形保存为燃气灶图块，方便以后绘图时使用。

(17) 用同样的方法，绘制其他房间的装饰图形，并填充地板。最终图形如图 9-144 所示。

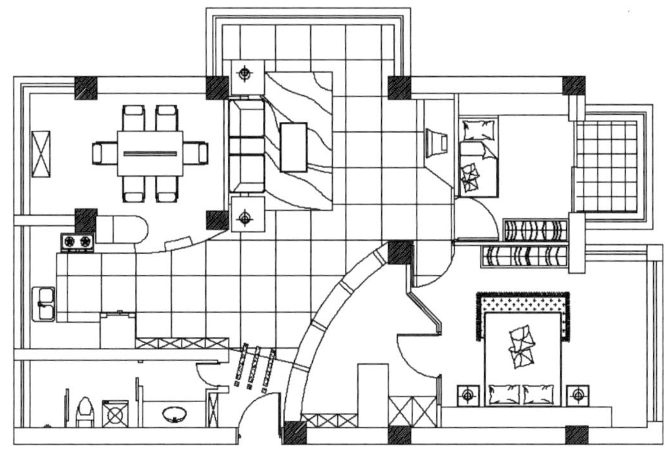

图 9-144　插入装饰图块

9.2.3　尺寸、文字标注

1. 尺寸标注

(1) 单击"默认"选项卡"注释"面板中的"标注样式"按钮，❶打开"标注样式管理器"对话框，如图 9-145 所示。

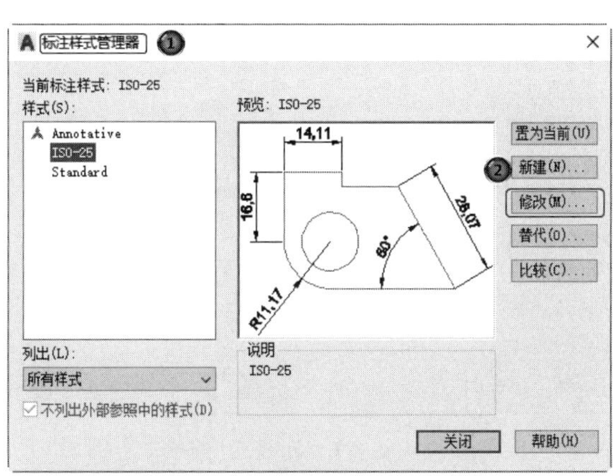

图 9-145　"标注样式管理器"对话框

Note

（2）❷单击“修改”按钮，❸打开“修改标注样式：ISO-25”对话框。❹单击“线”选项卡，如图 9-146 所示，按照图中的参数修改标注样式。❺单击“符号和箭头”选项卡，按照图 9-147 的样式修改，“箭头”选择为“建筑标记”，“箭头大小”修改为 150。用同样的方法，❻在“文字”选项卡中将“文字高度”设为 150，“从尺寸线偏移”设为 50，如图 9-148 所示。

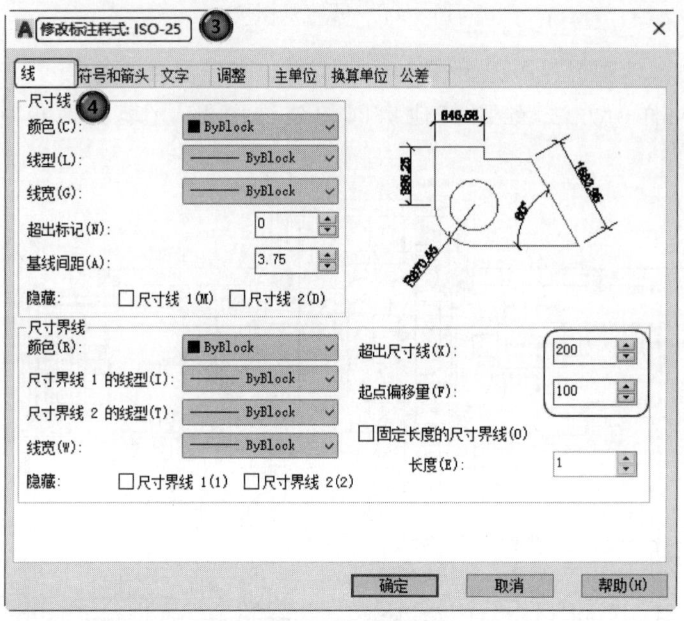

图 9-146 “线”选项卡

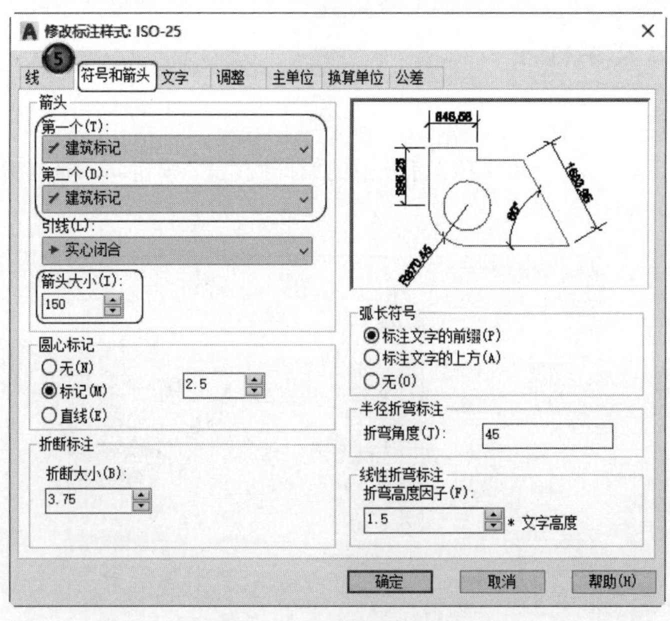

图 9-147 “符号和箭头”选项卡

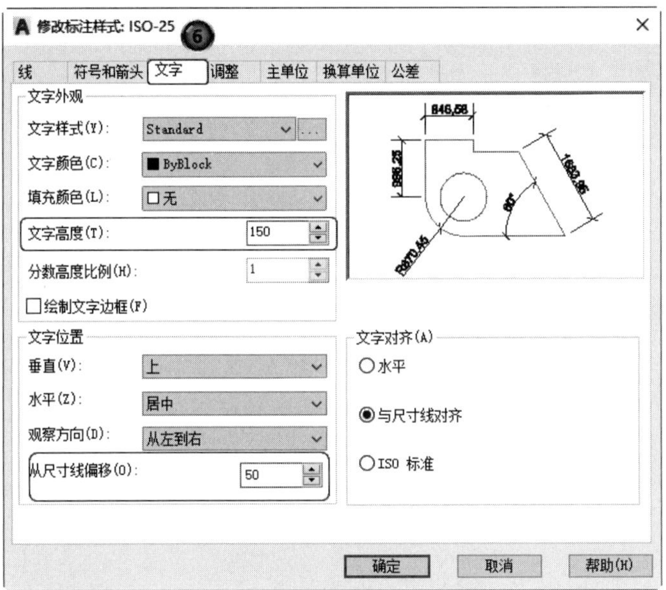

图 9-148 “文字”选项卡

(3) 单击“默认”选项卡“注释”面板中的“线性”按钮，标注轴线间的距离，如图 9-149 所示。

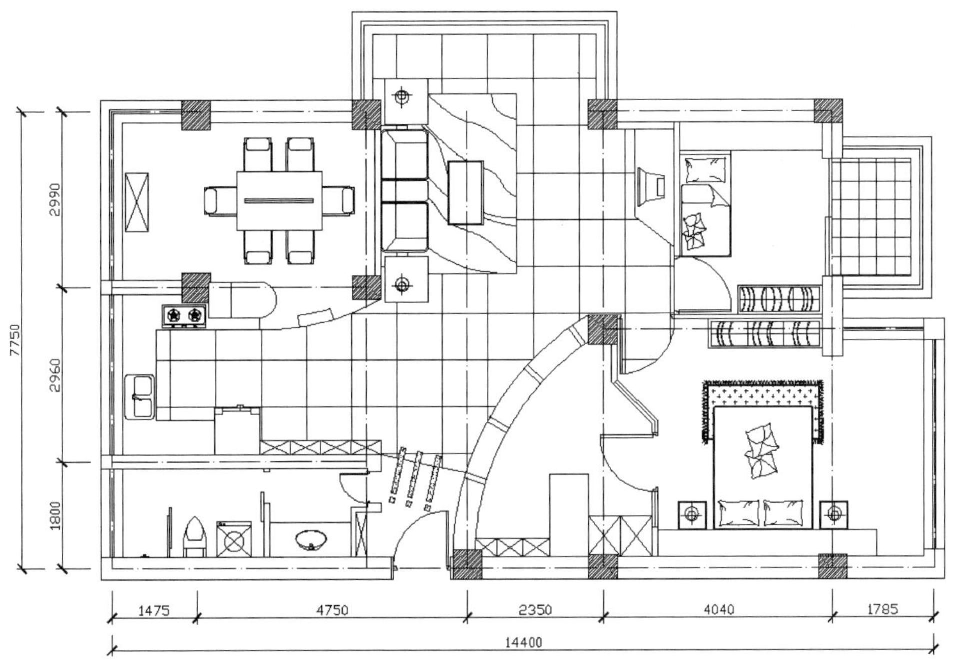

图 9-149 尺寸标注

2. 文字标注

(1) 单击“默认”选项卡“注释”面板中的“文字样式”按钮，❶打开“文字样式”对话框，如图 9-150 所示。

Note

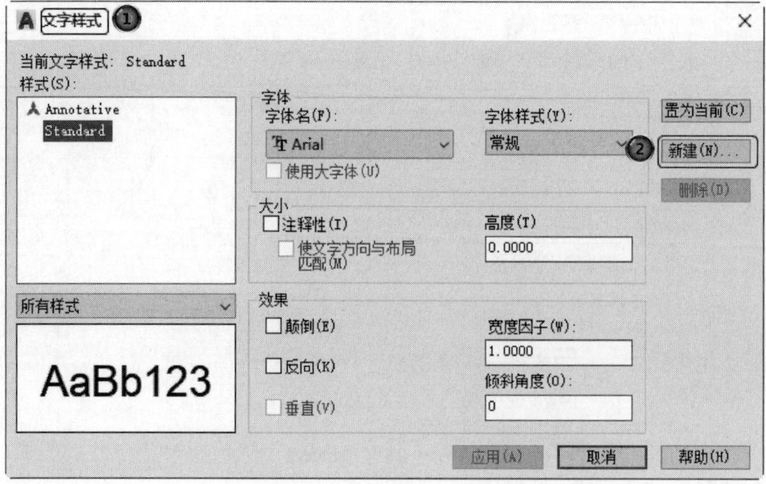

图 9-150 “文字样式”对话框

（2）❷单击“新建”按钮，❸打开“新建文字样式”对话框，❹将文字样式命名为“说明”，如图 9-151 所示。

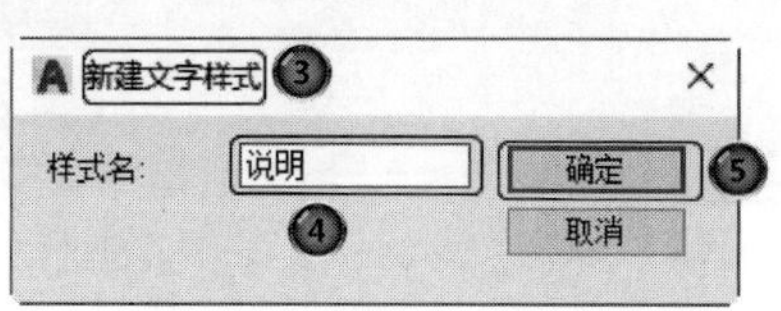

图 9-151 “新建文字样式”对话框

（3）❺单击“确定”按钮，❻在“字体名”下拉列表中选择“宋体”选项，❼设高度为 150，如图 9-152 所示，❽单击“应用”按钮，❾然后单击“关闭”按钮，关闭对话框。

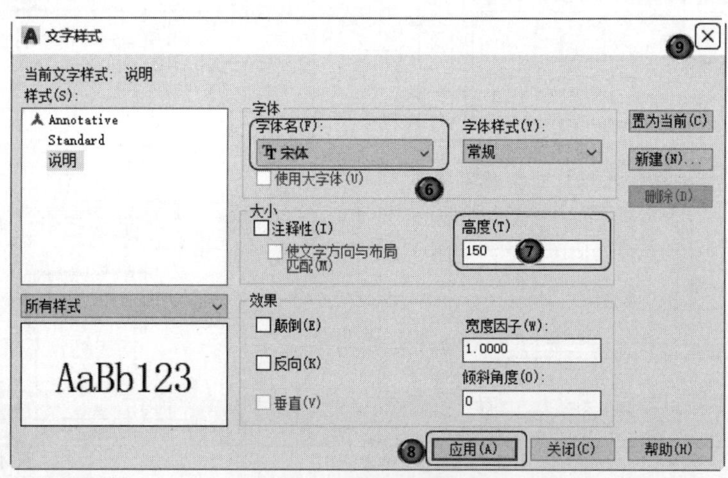

图 9-152 修改字体

书房

实木地板满铺

图 9-153 横向汉字

（4）在 AutoCAD 中输入汉字时，可以选择不同的字体。打开“字体名”下拉列表框，可以看到有些字体前面有“@”的标记，如“@仿宋_GB2312”，这说明该字体是横向输入汉字用的，即输入的汉字逆时针旋转 90°，如图 9-153 所示。如果要输入正向的汉字，不能选择前面带“@”的字体。

(5) 在图中相应位置输入需要标注的文字，最终效果如图 9-154 所示。

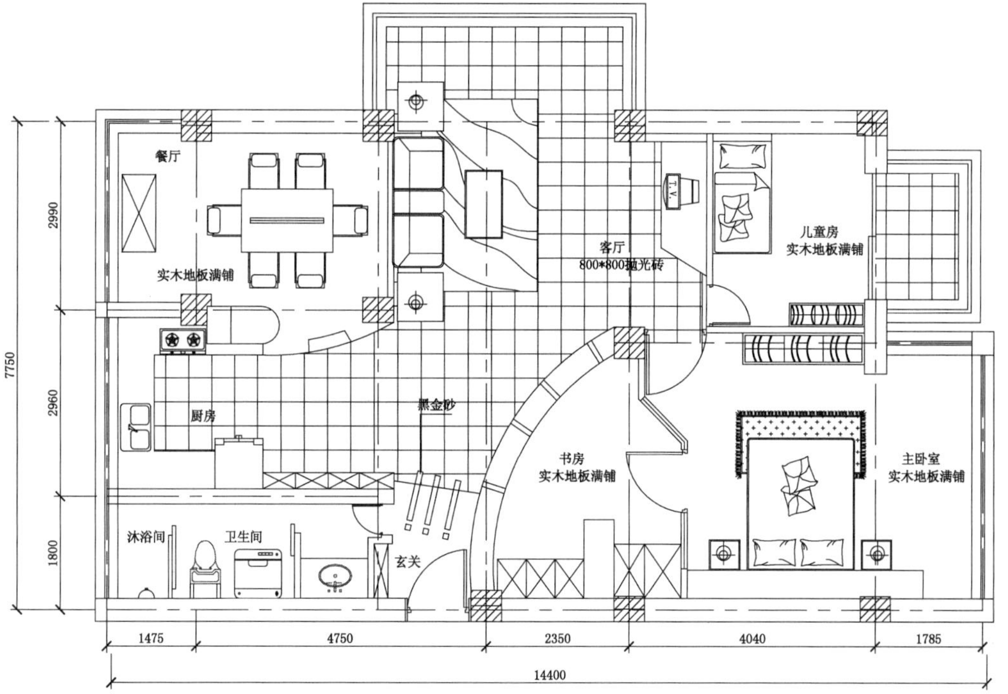

图 9-154　输入文字标注

3. 标高

(1) 单击“默认”选项卡“注释”面板中的“文字样式”按钮，打开“文字样式”对话框。新建样式“标高”，将文字字体设置为宋体，如图 9-155 所示。

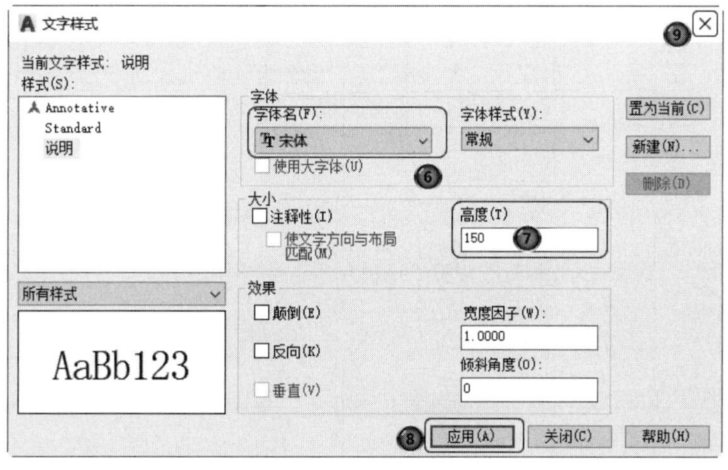

图 9-155　“标高”文字样式

(2) 绘制标高符号，如图 9-156 所示。插入标高，最终图形如图 9-1 所示。

0.300

图 9-156 “标高”样式

Note

9.3 一室一厅平面图

9-3

9-4

设计思路

本节将介绍如图 9-157 所示一室一厅(小户型)的室内装饰设计思路及其相关装饰图的绘制方法与技巧,包括一居室的建筑平面轴线绘制、墙体绘制、文字尺寸标注;客厅的家具布置方法、卧室的家具布置方法、厨房厨具与卫生间洁具的布置方法。

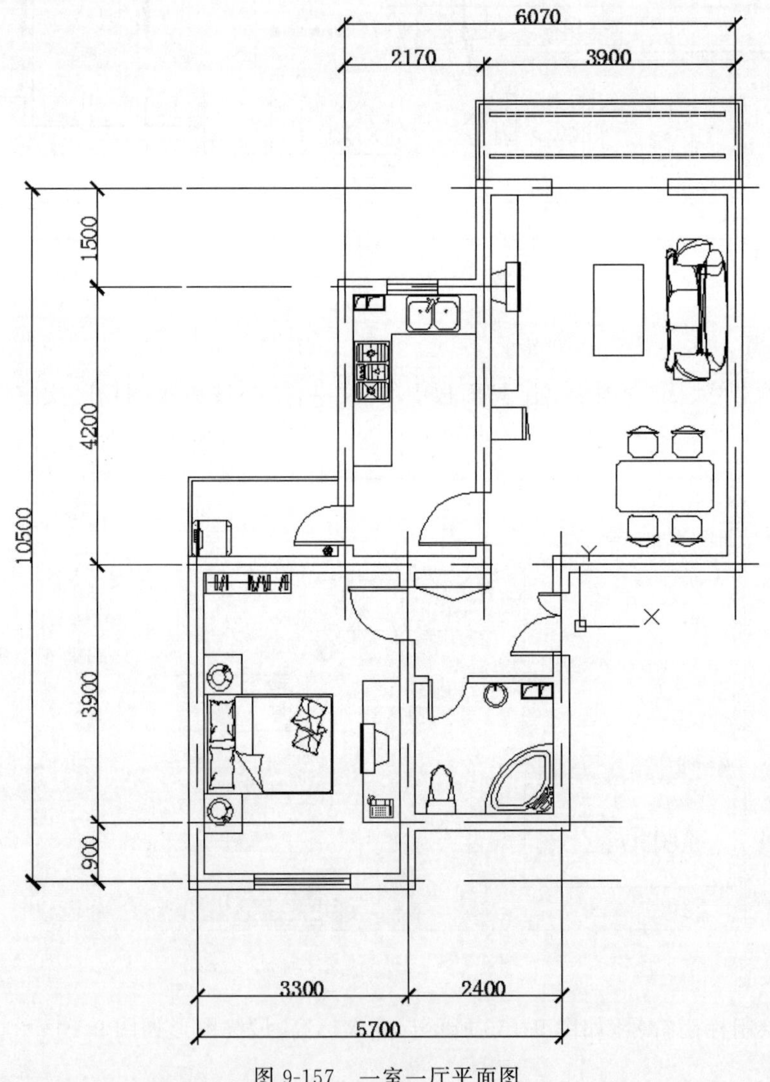

图 9-157 一室一厅平面图

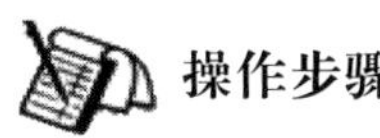

操作步骤

9.3.1 一室一厅建筑平面图

Note

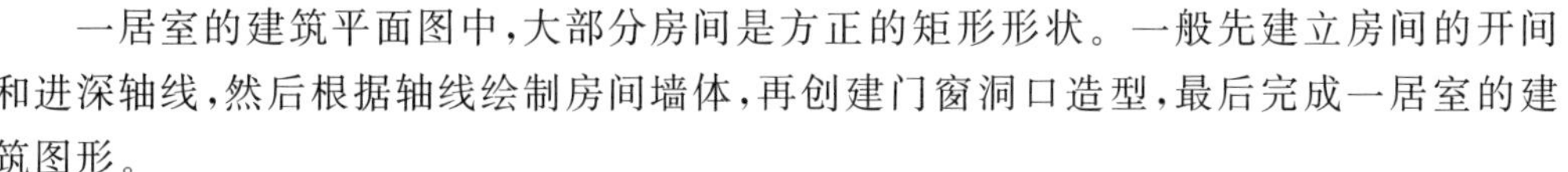

一居室的建筑平面图中，大部分房间是方正的矩形形状。一般先建立房间的开间和进深轴线，然后根据轴线绘制房间墙体，再创建门窗洞口造型，最后完成一居室的建筑图形。

居室在进行装修前，是建筑开发商交付的无装饰房子，即通常所说的毛坯房，大部分需进行装修。居室应按套型设计，每套居室应设卧室、起居室(厅)、厨房和卫生间等基本空间。在一居室中，其主要功能房间有客厅、卧室、厨房、卫生间、门厅及阳台等，且各个功能房间的数量多为1个或没有，如餐厅与客厅合一、卧室与客厅合一等。

下面介绍如图9-157所示的一居室(小户型)装修前的建筑平面设计相关知识及其绘图方法与技巧。

1. 绘制墙体

在进行装饰设计前，需绘制居室的各个房间的墙体轮廓。

(1) 建立居室的轴线，如图9-158所示。

(2) 将该直线改变为点划线线型，如图9-159所示。

注意：先绘制1条垂直方向的直线，其长度要略大于居室建筑垂直方向的总长度尺寸。

图9-158　绘制轴线

图9-159　改变轴线线型

改变线型为点划线的方法如下：单击所绘的直线，在“对象特性”工具栏中打开“线型”下拉列表框，选择点划线，所选择的直线将改变线型，得到建筑平面图的轴线点划线。若还未加载此种线型，则选择“其他”选项，先加载此种点划线线型。

(3) 按照上述方法绘制1条水平方向的轴线，如图9-160所示。

(4) 根据居室每个房间的长度、宽度(即进深与开间)尺寸大小，通过偏移生成相应位置的轴线，如图9-161所示。

注意：轴线的长短可以使用stretch命令或快捷键进行调整。

(5) 标注轴线尺寸，如图9-162所示。

(6) 按上述方法完成相关轴线的尺寸标注，如图9-163所示。

(7) 使用mline、mledit命令绘制墙体，如图9-164所示。

注意：墙体可以通过调整比例(S)得到不同宽度。

(8) 根据居室布局和轴线情况，完成墙体绘制，如图9-165所示。

Note

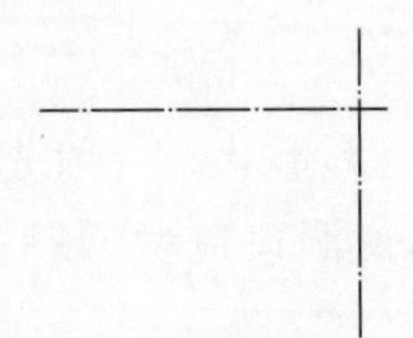

图 9-160　绘制水平轴线

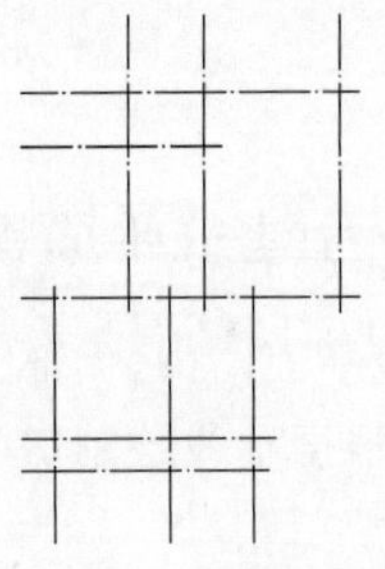

图 9-161　偏移轴线

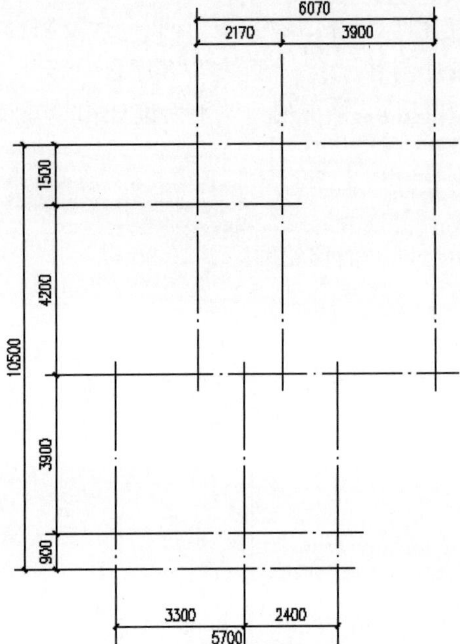

图 9-162　标注轴线尺寸

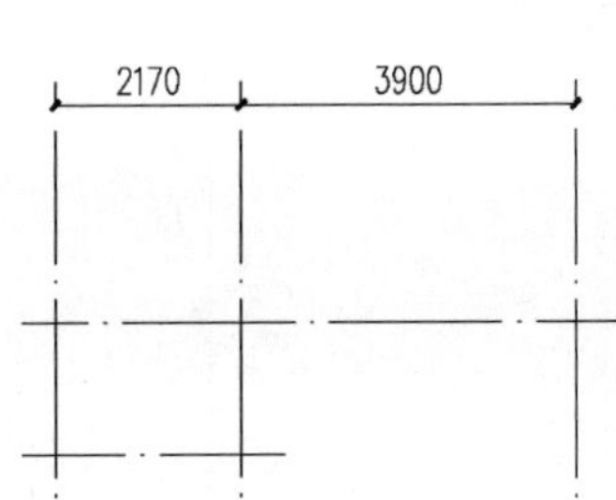

图 9-163　标注相关轴线尺寸

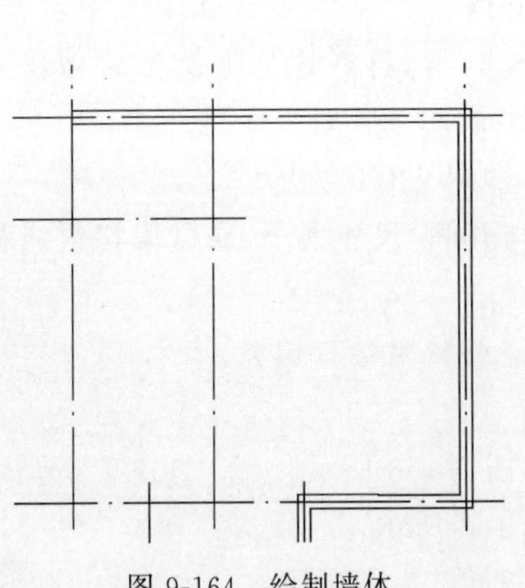

图 9-164　绘制墙体

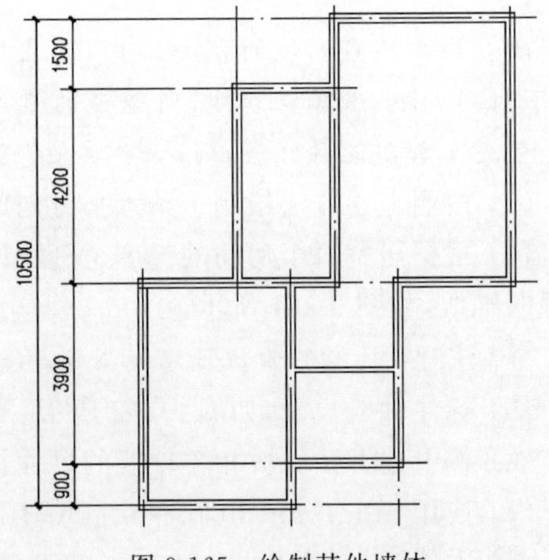

图 9-165　绘制其他墙体

2. 绘制门窗

(1) 单击“默认”选项卡“绘图”面板中的“直线”按钮 ，按阳台门大小绘制两条与墙体垂直的平行线，如图 9-166 所示。

(2) 单击“默认”选项卡“修改”面板中的“修剪”按钮 ，对平行线内的线条进行剪切，得到门洞造型，如图 9-167 所示。

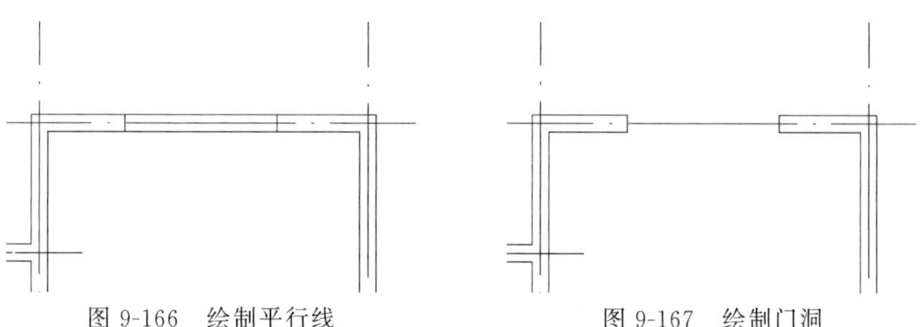

图 9-166　绘制平行线　　图 9-167　绘制门洞

(3) 单击“默认”选项卡“绘图”面板中的“直线”按钮 ，绘制两条与墙体垂直的平行线。重复“直线”命令，绘制两条与墙体平行的直线，形成窗户造型，可绘制直线后用“偏移”命令来生成，如图 9-168 所示。

(4) 门扇造型的绘制。先按前述步骤绘制安装门扇的门洞造型，如图 9-169 所示。

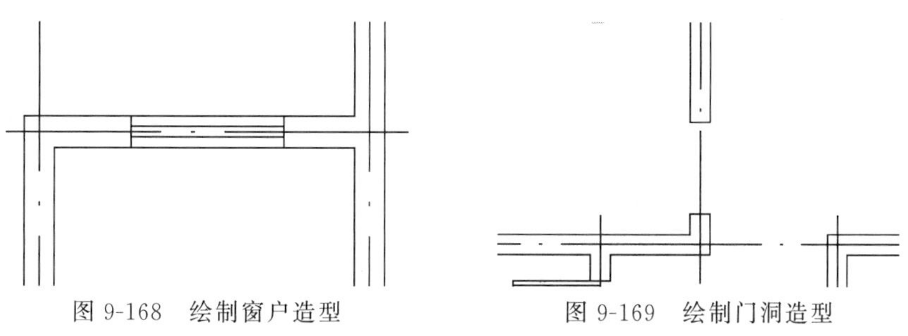

图 9-168　绘制窗户造型　　图 9-169　绘制门洞造型

注意：双扇门的绘制，可通过镜像单扇门得到。

(5) 单击“默认”选项卡“绘图”面板中的“矩形”按钮 ，绘制矩形门扇造型，如图 9-170 所示。

(6) 单击“默认”选项卡“绘图”面板中的“圆弧”按钮 ，绘制弧线，构成完整的门扇造型，如图 9-171 所示。

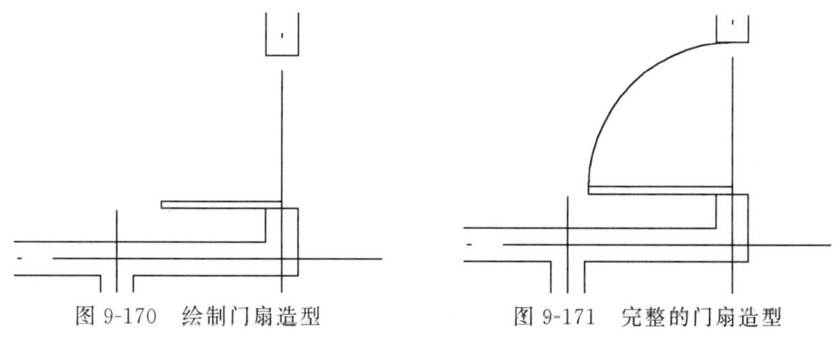

图 9-170　绘制门扇造型　　图 9-171　完整的门扇造型

Note

(7) 其他门扇及其窗户造型可按上述方法绘制，如图 9-172 所示。

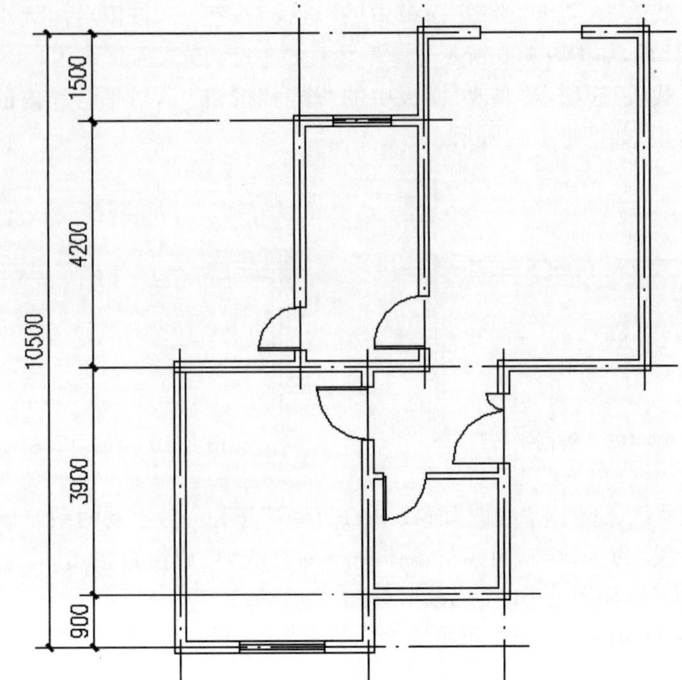

图 9-172 绘制其他门窗

3. 绘制阳台/管道井等辅助空间

居室中还有一些辅助功能空间需要绘制，如阳台、排烟管道等。

(1) 单击"默认"选项卡"绘图"面板中的"多段线"按钮 ，绘制客厅阳台造型轮廓，如图 9-173 所示。

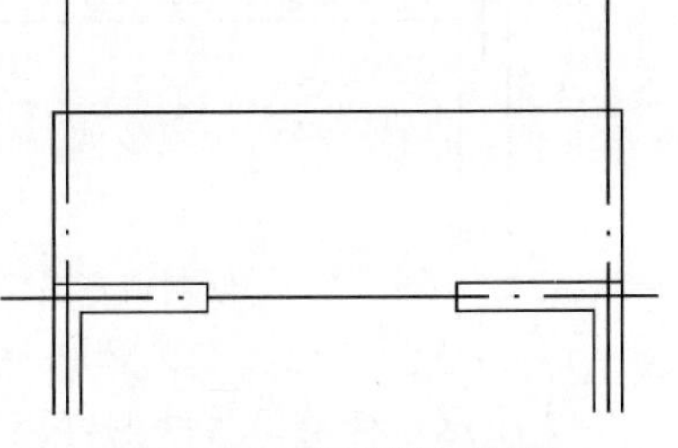

图 9-173 绘制阳台轮廓

其他形状的阳台，如弧形，可按类似方法绘制得到。

(2) 单击"默认"选项卡"修改"面板中的"偏移"按钮 ⊆，对轮廓线进行偏移，得到具有一定厚度的阳台栏杆造型，如图 9-174 所示。

(3) 其他位置的阳台(如厨房阳台)造型，按上述同样的方法进行绘制，如图 9-175 所示。

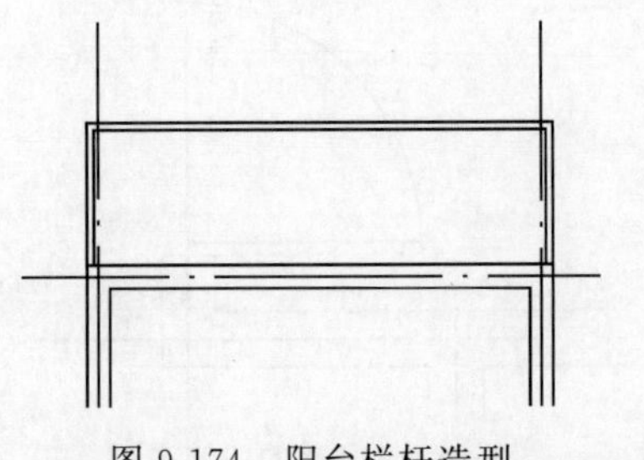

图 9-174 阳台栏杆造型

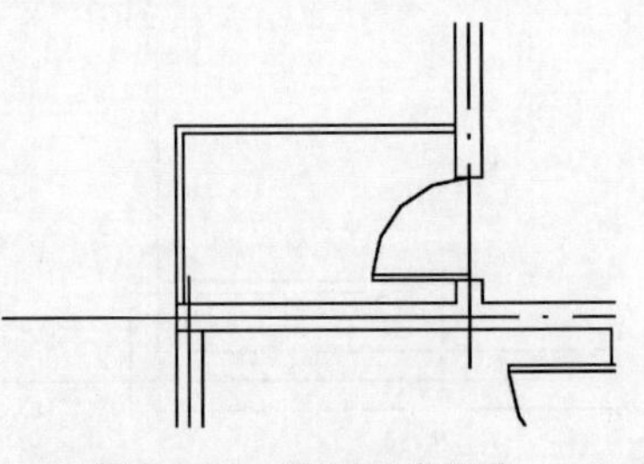

图 9-175 绘制厨房阳台

（4）单击“默认”选项卡“绘图”面板中的“矩形”按钮 ▭，绘制厨房的排烟管道造型，如图 9-176 所示。

☎ **注意**：一般在厨房及卫生间有通风及排烟管道，需要进行绘制。

（5）偏移形成管道外轮廓造型，如图 9-177 所示。

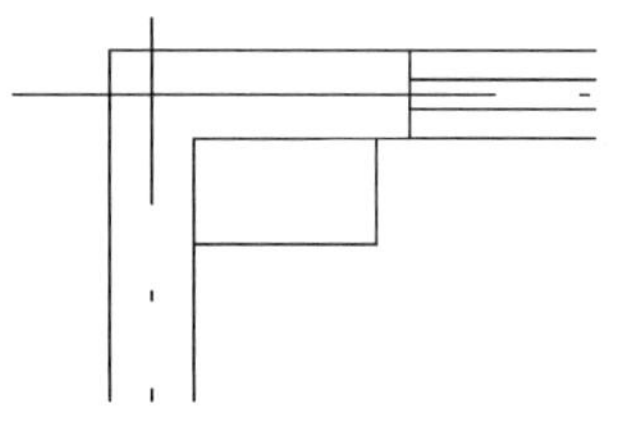

图 9-176　绘制厨房排烟管道

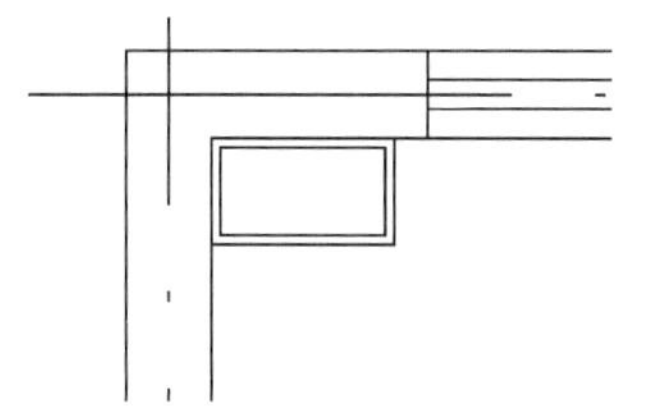
图 9-177　偏移形成管道外轮廓

（6）排烟管道一般分为两个空间，利用“直线”与“偏移”命令完成，如图 9-178 所示。

（7）单击“默认”选项卡“绘图”面板中的“直线”按钮 ╱，勾画管道折线，形成管道空洞。效果如图 9-179 所示。

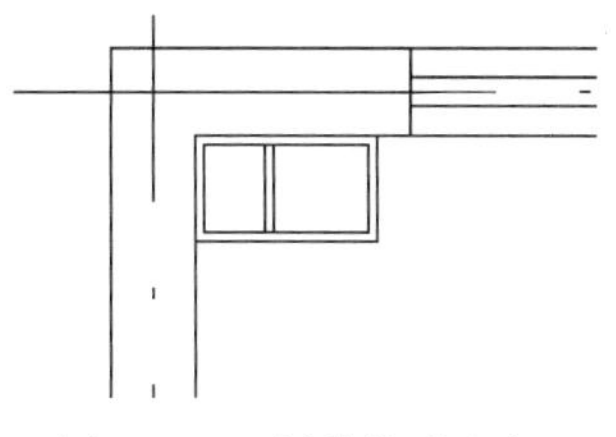
图 9-178　划分管道空间

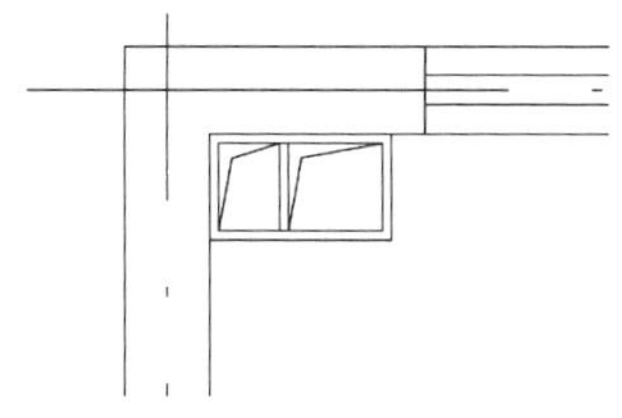
图 9-179　勾画折线

（8）卫生间的通风管道造型可按上述方法进行绘制，如图 9-180 所示。

（9）至此，一居室的未装修的建筑平面图绘制完成。缩放视图观察图形，如图 9-181 所示，保存图形。

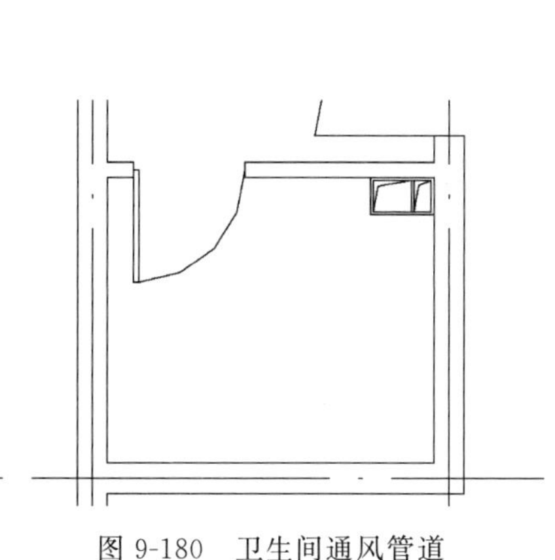
图 9-180　卫生间通风管道

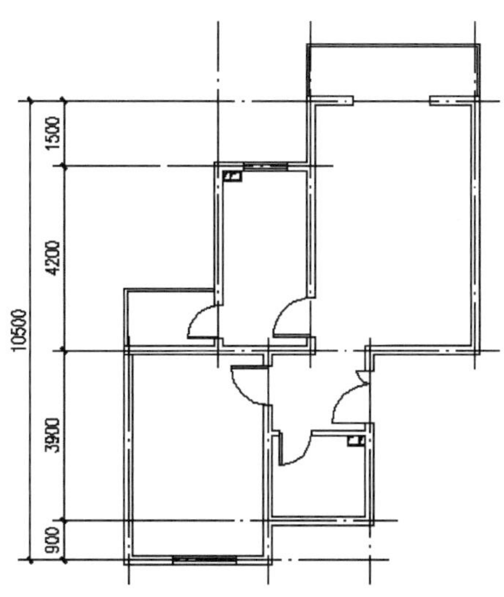

图 9-181　完成建筑平面图绘制

Note

9.3.2 一室一厅装饰平面图

一居室的装修平面图中，如何合理布置家具是关键。先从门厅开始考虑布置。门厅是一个过渡性空间，一般布置鞋柜等简单家具；若空间稍大，则可以设置玄关进行美化。客厅与餐厅是一个平面空间，客厅一般安排沙发和电视，而餐厅布置一个小型的餐桌。卧室先布置一张床和衣柜，再根据房间大小布置梳妆台或写字台。卫生间中坐便器和洗脸盆应按住宅已有的排水管道的位置进行布置。

小居室装修施工图设计，要把形式、色彩、功能统一起来，使之互相协调，既实用又具有艺术性。在设计时，对室内空间的利用和开发，是居室设计的主要方向，为了使现有的空间更好地利用起来，可采用一些方法，例如：

- 用高大的植物装饰居室，可使杂乱的房间趋向平稳和具有增大感。
- 在室内采用靠墙的低柜和吊柜形式，既可充分利用空间，也可避免局促感。
- 对于小空间和低空间的居室，可以在墙面、顶部、柜门、墙角等处安装镜面装饰玻璃，通过玻璃的反射，利用人们的错觉，收到室内空间的长度、宽度、高度和空间感扩大的效果。

下面介绍如图 9-182 所示的一居室（小户型）装饰平面的设计相关知识及其绘图方法与技巧。

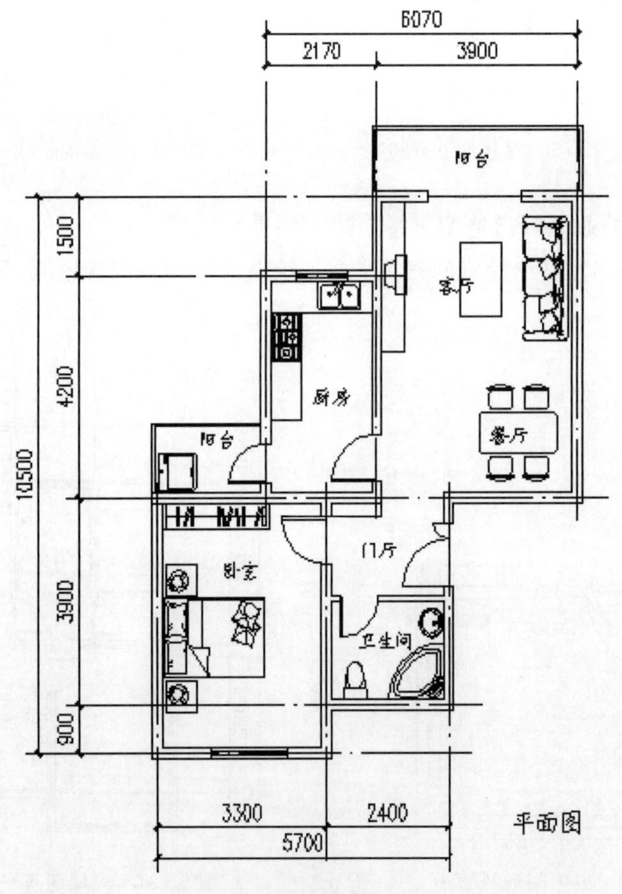

图 9-182 一居室装饰平面

Note

1. 门厅布置

布置家具前的门厅如图 9-183 所示。

(1) 单击“默认”选项卡“绘图”面板中的“矩形”按钮 ，绘制矩形鞋柜轮廓，如图 9-184 所示。

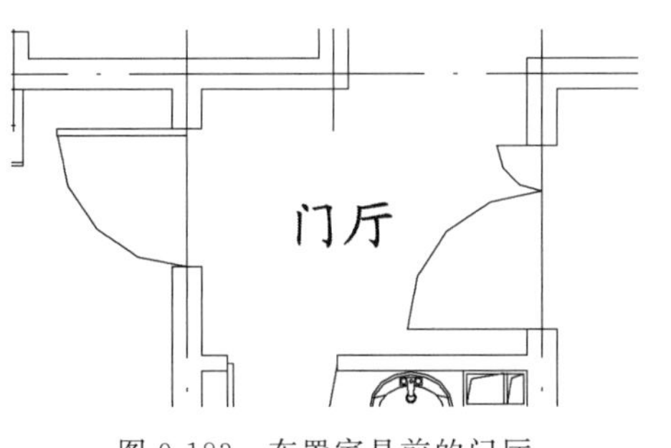

图 9-183　布置家具前的门厅

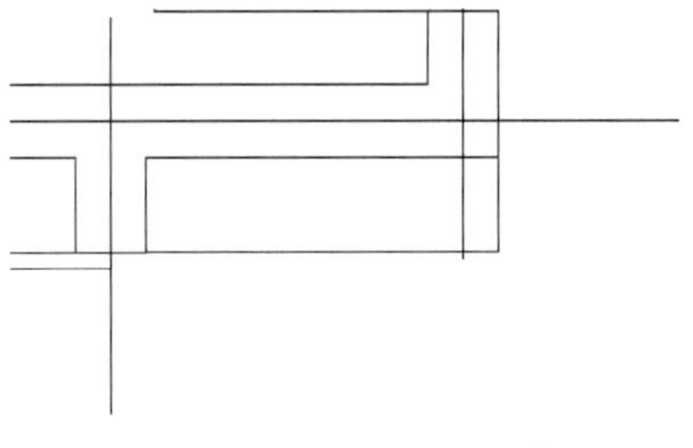

图 9-184　绘制鞋柜轮廓

注意：该门厅较小，仅考虑布置鞋柜。综合考虑门厅的空间平面情况，鞋柜布置在左上角位置。

(2) 单击“默认”选项卡“绘图”面板中的“直线”按钮 与“修改”面板中的“镜像”按钮 ，绘制鞋柜门扇轮廓，如图 9-185 所示。

2. 客厅及餐厅布置

布置家具前的客厅与餐厅如图 9-186 所示。

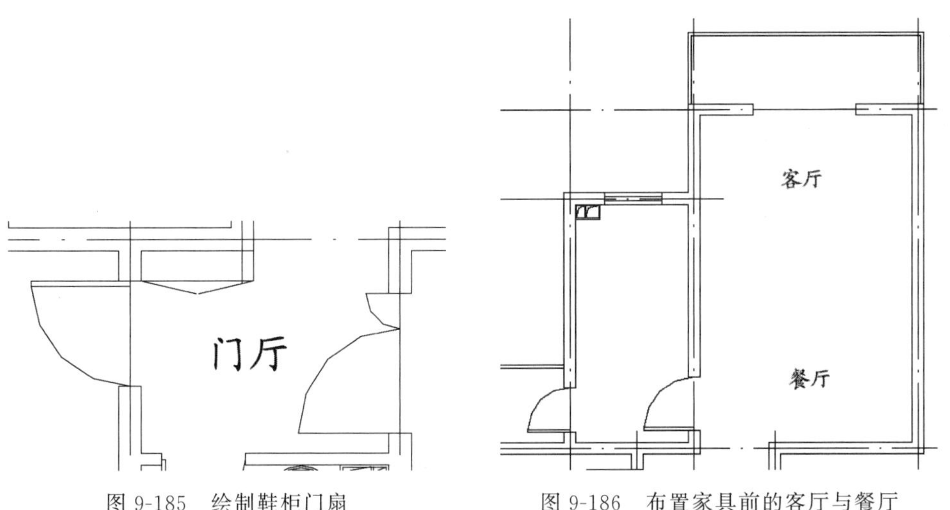

图 9-185　绘制鞋柜门扇

图 9-186　布置家具前的客厅与餐厅

(1) 单击“默认”选项卡“块”面板中的“插入”按钮 ，在下拉菜单中选择“最近使用的块”，打开“块”选项板，如图 9-187 所示。

(2) 单击“显示文件导航”按钮 ，弹出“选择要插入的文件”对话框，如图 9-188 所示。

(3) 在“选择要插入的文件”对话框中，选择家具所在的目录。单击要选择的家具沙发，系统同时在对话框的右侧显示该家具的图形，如图 9-189 所示。

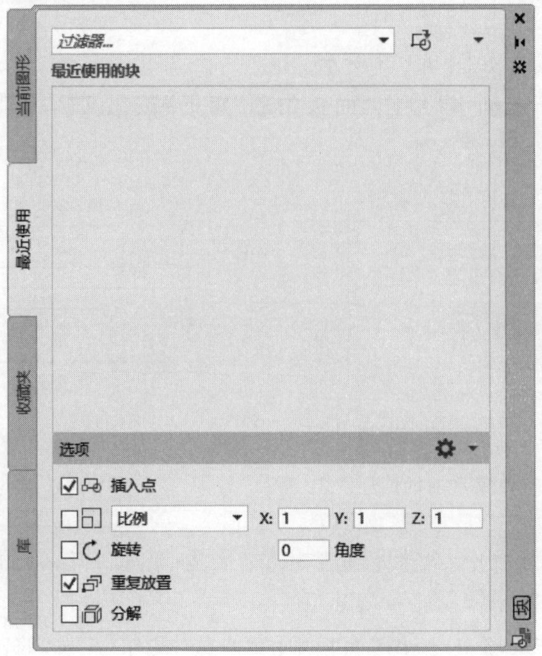

图 9-187 “块”选项板

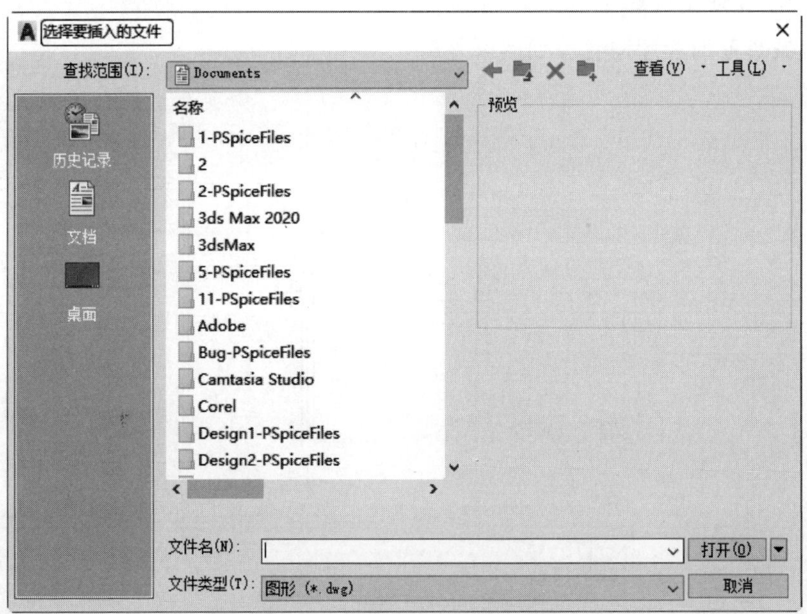

图 9-188 “选择要插入的文件”对话框

(4) 单击“打开”按钮,回到“块”选项板中,此时名称已是“沙发.dug”,如图 9-190 所示。

注意:此时可以设置相关的参数,包括插入点、缩放比例和旋转等;也可以不设置,在每一项中选中“在屏幕上指定”复选框。

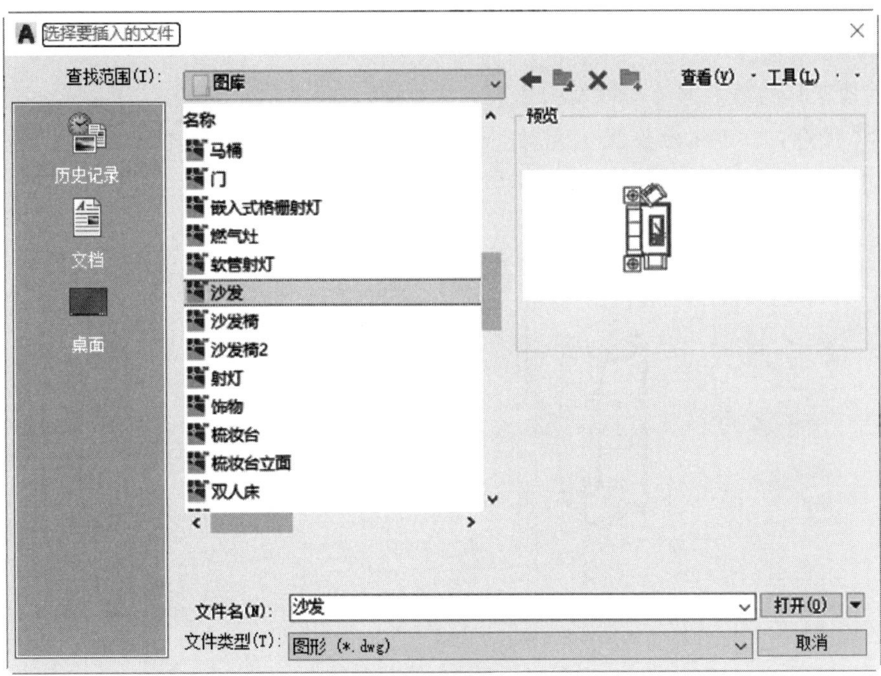

图 9-189 选择家具

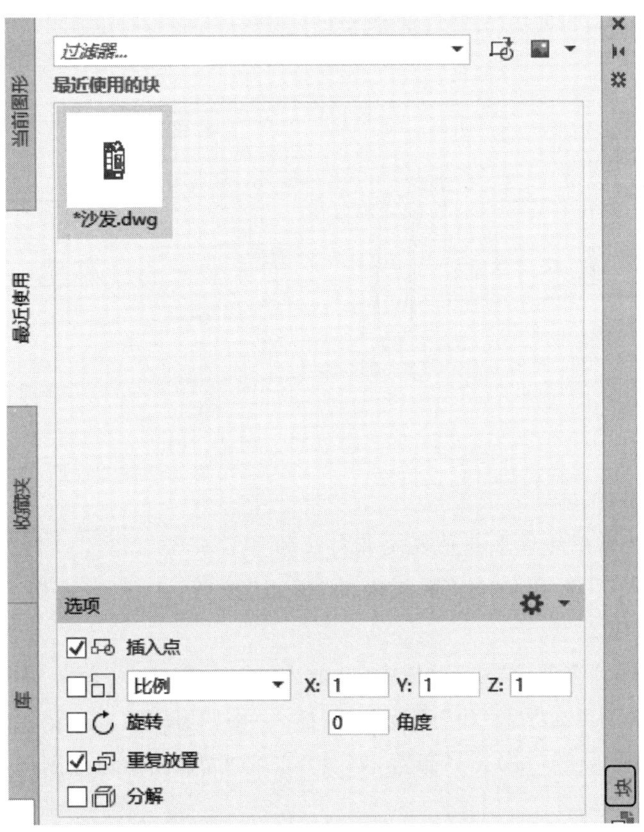

图 9 190 返回“块”选项板

(5) 单击图块，在屏幕上指定家具插入点位置，输入比例因子、旋转角度等。结果如图 9-191 所示。

其他家具的插入方法与沙发的插入方法相同，讲述从略。

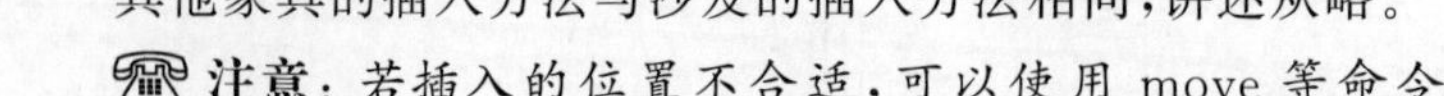

注意：若插入的位置不合适，可以使用 move 等命令对其位置进行调整，如图 9-192 所示。

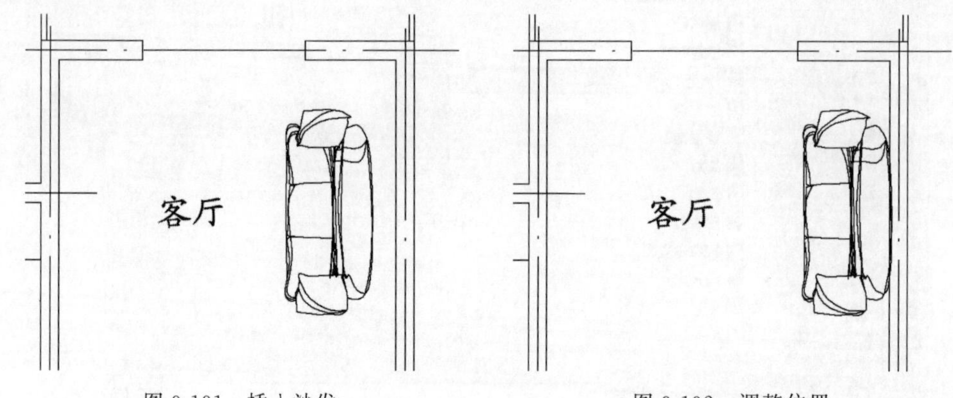

图 9-191　插入沙发　　　　图 9-192　调整位置

(6) 单击“默认”选项卡“绘图”面板中的“矩形”按钮 ▭，绘制矩形茶几造型，如图 9-193 所示。

(7) 单击“默认”选项卡“绘图”面板中的“直线”按钮 ／，绘制电视柜轮廓造型，如图 9-194 所示。

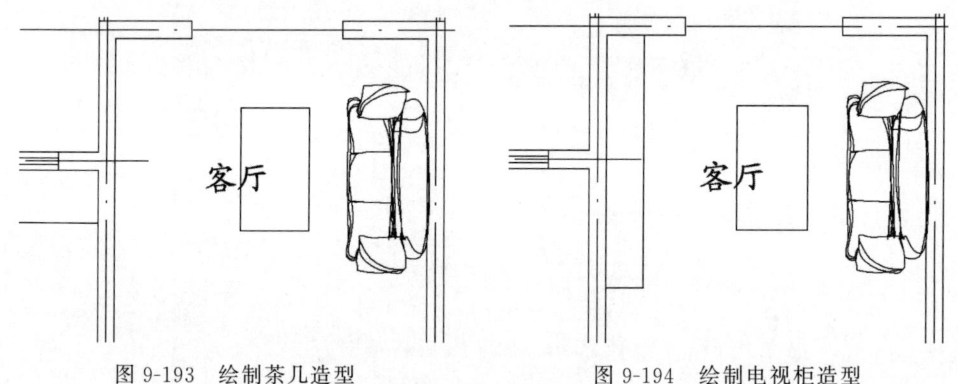

图 9-193　绘制茶几造型　　　　图 9-194　绘制电视柜造型

注意：电视柜的位置与沙发是相对应的。

(8) 单击“默认”选项卡“块”面板中的“插入”按钮，在电视柜上插入电视机造型，如图 9-195 所示。

(9) 单击“默认”选项卡“块”面板中的“插入”按钮，插入餐桌，如图 9-196 所示。

(10) 单击“默认”选项卡“块”面板中的“插入”按钮，插入冰箱，如图 9-197 所示。

(11) 完成客厅及餐厅的家具布置，如图 9-198 所示，注意保存图形。

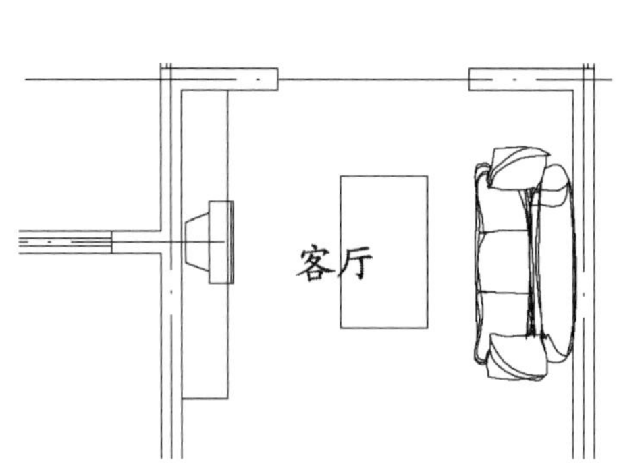

图 9-195 插入电视机造型

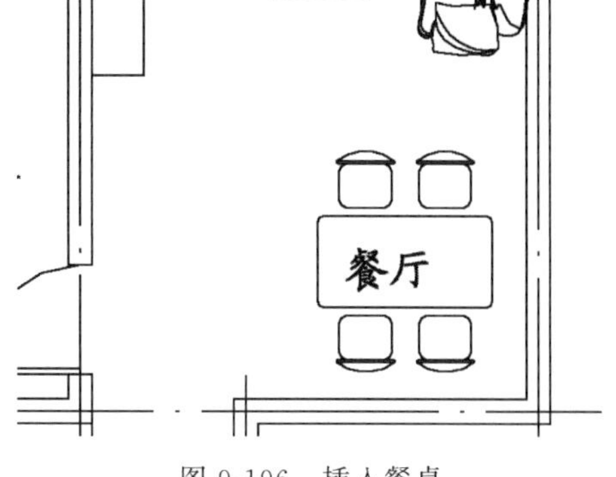

图 9-196 插入餐桌

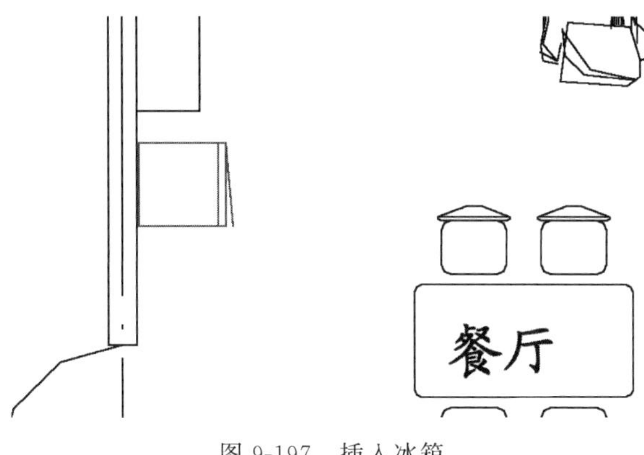

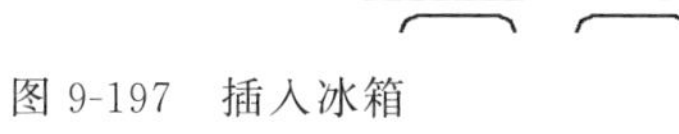
图 9-197 插入冰箱

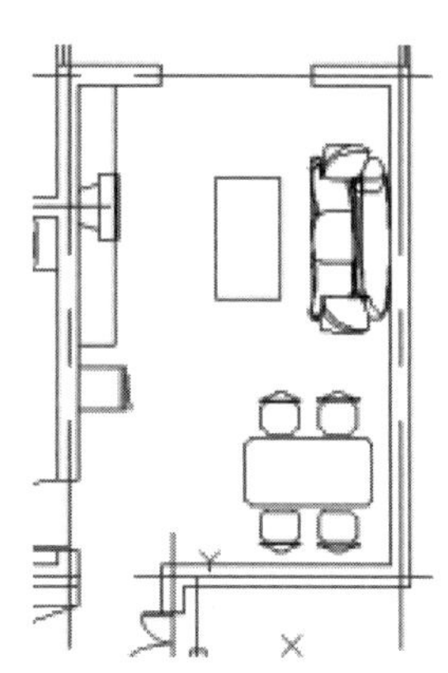

图 9-198 客厅与餐厅的家具效果图

3. 卧室平面布置

需要布置家具设施的卧室平面如图 9-199 所示。

注意：一居室一般只有一个卧室，没有书房，其主要家具设施有床、衣柜等，可根据房间的大小和朝向进行布置。

(1) 单击“默认”选项卡“块”面板中的“插入”按钮，插入双人床造型，如图 9-200 所示。

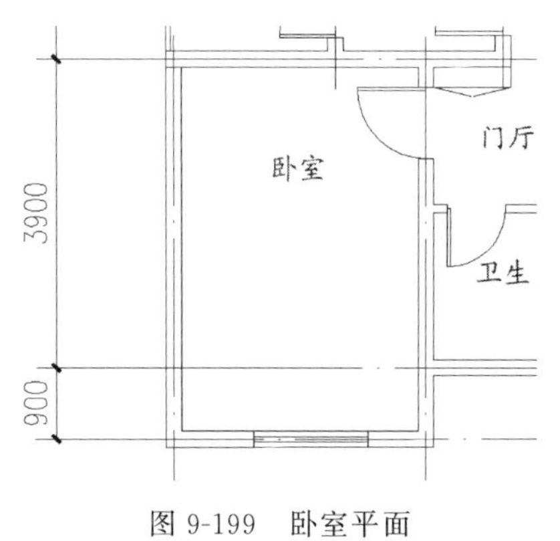

图 9-199 卧室平面

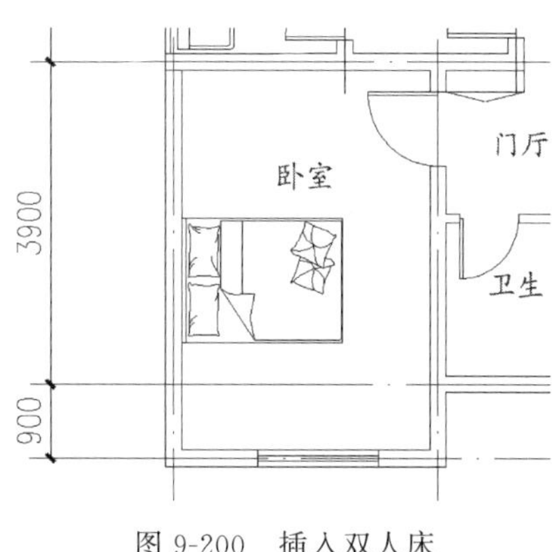

图 9-200 插入双人床

Note

(2) 单击“默认”选项卡“块”面板中的“插入”按钮，插入一个床头柜造型，如图 9-201 所示。

(3) 单击“默认”选项卡“修改”面板中的“镜像”按钮，得到对称的床头柜造型，如图 9-202 所示。

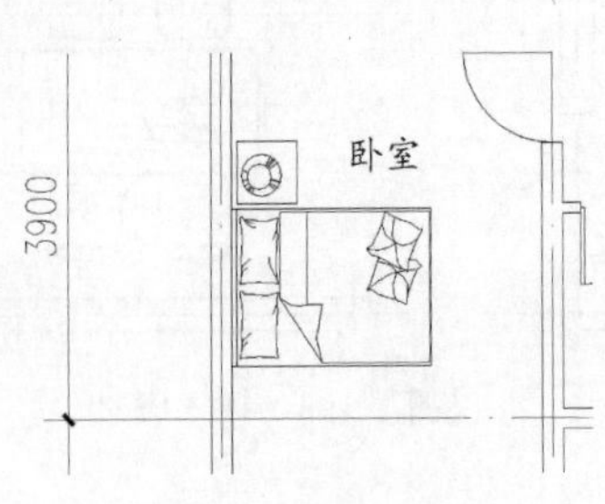

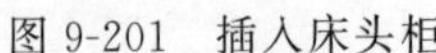

图 9-201 插入床头柜

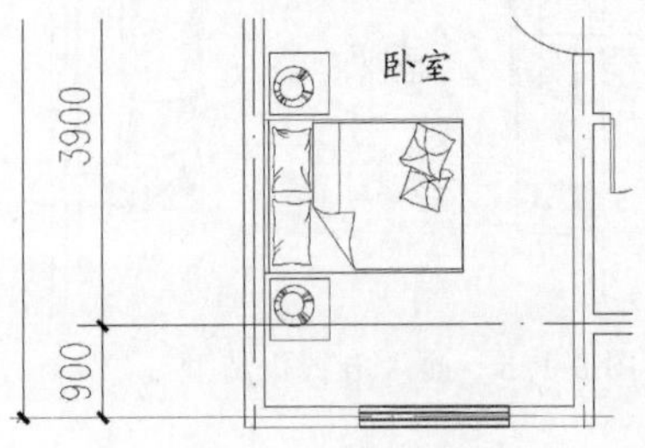

图 9-202 镜像床头柜

注意：除了进行镜像外，也可以通过复制方法得到。

(4) 单击“默认”选项卡“块”面板中的“插入”按钮，插入衣柜造型，如图 9-203 所示。

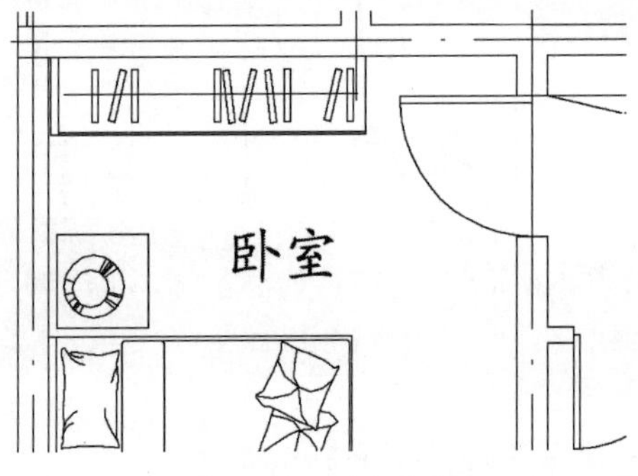

图 9-203 插入衣柜

(5) 单击“默认”选项卡“绘图”面板中的“直线”按钮，绘制卧室的矮柜造型，如图 9-204 所示。

(6) 单击“默认”选项卡“块”面板中的“插入”按钮，插入卧室专用的电视机造型，如图 9-205 所示。

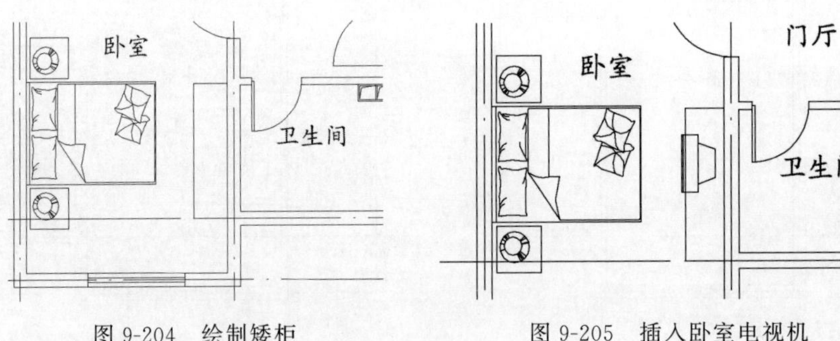

图 9-204 绘制矮柜

图 9-205 插入卧室电视机

(7) 单击“默认”选项卡“块”面板中的“插入”按钮，插入电话机造型，如图 9-206 所示。

完成卧室的家具布置，效果如图 9-207 所示。

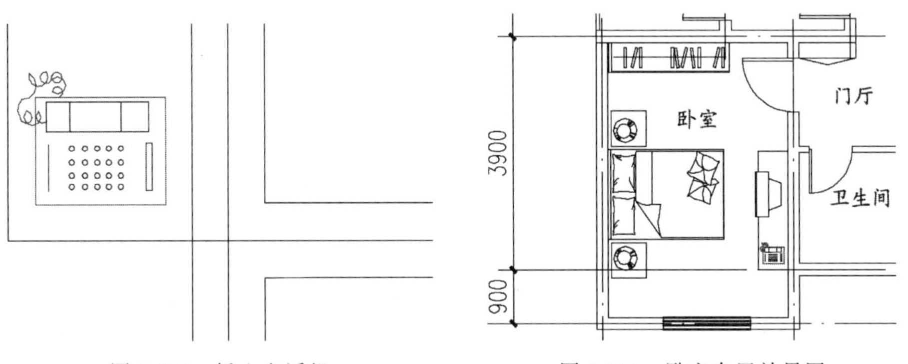

图 9-206　插入电话机　　　　图 9-207　卧室布置效果图

4. 厨房布置

未布置厨房设施的厨房功能空间平面如图 9-208 所示。

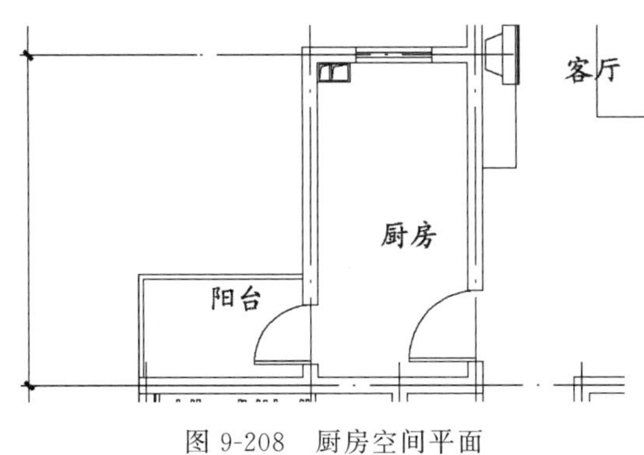

图 9-208　厨房空间平面

注意： 厨房和卫生间在居室的室内设计中同样十分重要，其布置是否合理，对日常使用影响很大。

(1) 单击“默认”选项卡“绘图”面板中的“直线”按钮，绘制橱柜轮廓线，如图 9-209 所示。

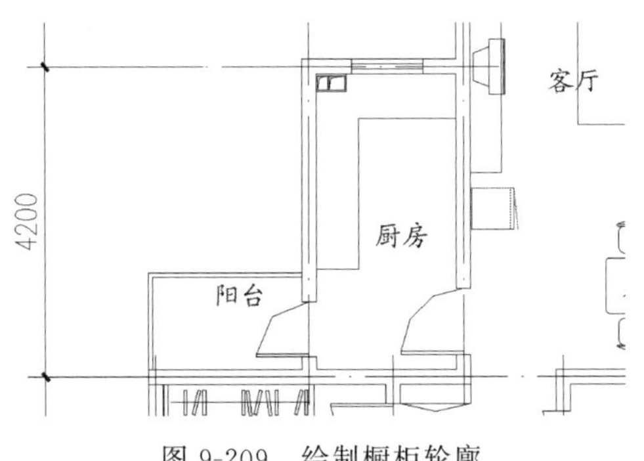

图 9-209　绘制橱柜轮廓

Note

☎ **注意**：考虑到厨房空间呈长方形，因此布置L形橱柜造型。

（2）单击"默认"选项卡"块"面板中的"插入"按钮，插入洗菜盆造型，如图 9-210 所示。

（3）单击"默认"选项卡"块"面板中的"插入"按钮，把燃气灶造型插入橱柜中，如图 9-211 所示。

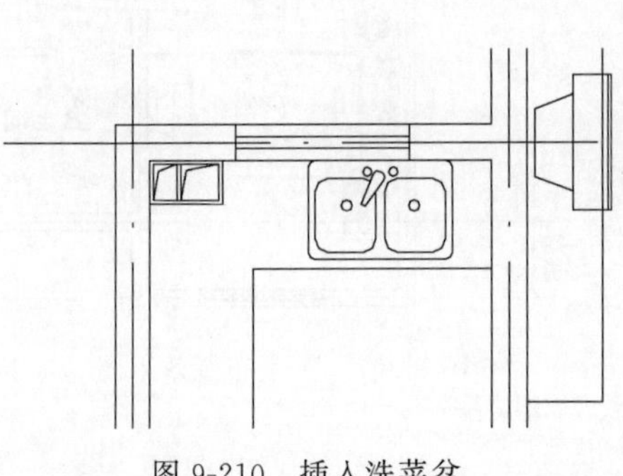
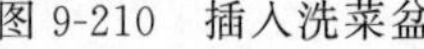

图 9-210　插入洗菜盆

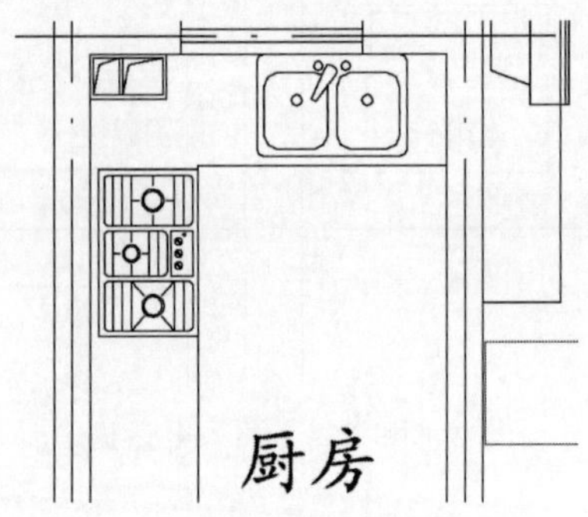

图 9-211　插入燃气灶

5. 卫生间布置

未布置洁具的卫生间空间平面如图 9-212 所示。

（1）单击"默认"选项卡"块"面板中的"插入"按钮，布置坐便器，如图 9-213 所示。

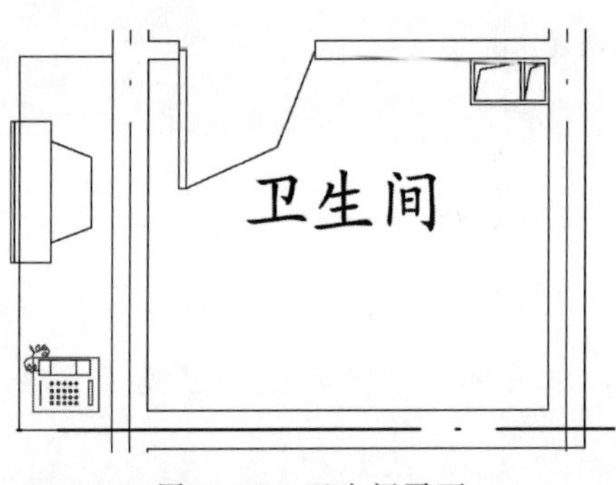

图 9-212　卫生间平面

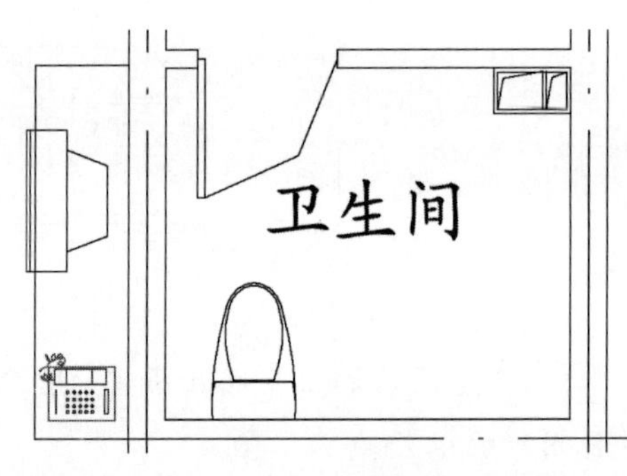

图 9-213　布置坐便器

（2）单击"默认"选项卡"块"面板中的"插入"按钮，在坐便器右侧布置整体淋浴设施，如图 9-214 所示。

（3）单击"默认"选项卡"块"面板中的"插入"按钮，根据卫生间的空间情况，在门口处布置洗脸盆，如图 9-215 所示。

（4）完成卫生间的洁具布置。缩放视图观察，如图 9-216 所示，保存图形。

6. 阳台等其他空间平面布置

下面对阳台等其他空间进行布置。

两个阳台的位置如图 9-217 所示。

Note

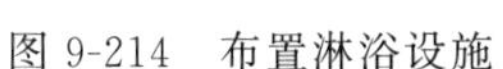

图 9-214 布置淋浴设施

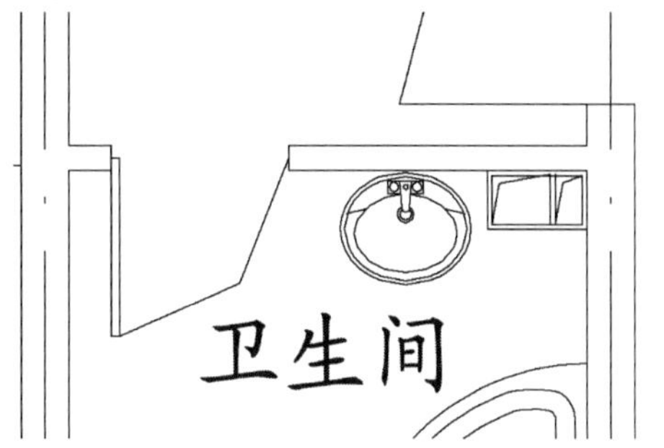

图 9-215 布置洗脸盆

图 9-216 完成卫生间布置

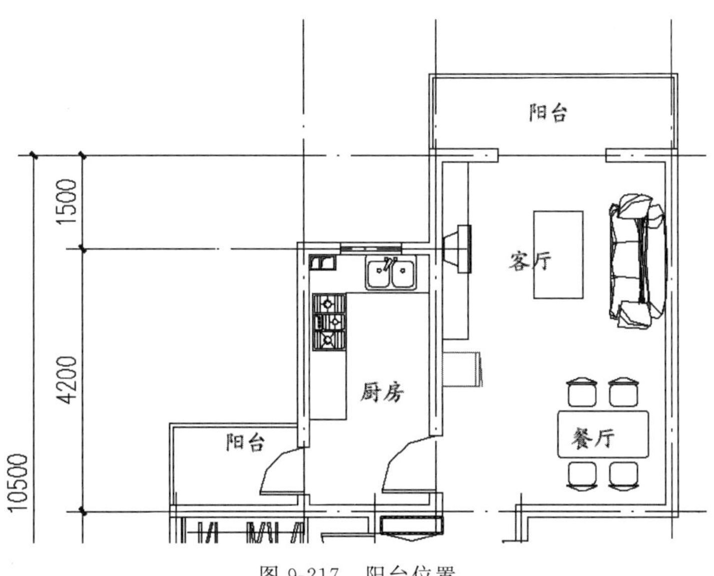

图 9-217 阳台位置

☎ **注意**：在该一居室中，有两个阳台，一个是厨房的阳台，另一个是客厅的阳台。根据户型的特点，因为一居室空间小，所以考虑在厨房的阳台放置洗衣机。

Note

（1）单击“默认”选项卡“块”面板中的“插入”按钮，在厨房的阳台布置洗衣机，如图 9-218 所示。

（2）单击“默认”选项卡“绘图”面板中的“圆”按钮，绘制排水地漏造型，如图 9-219 所示。

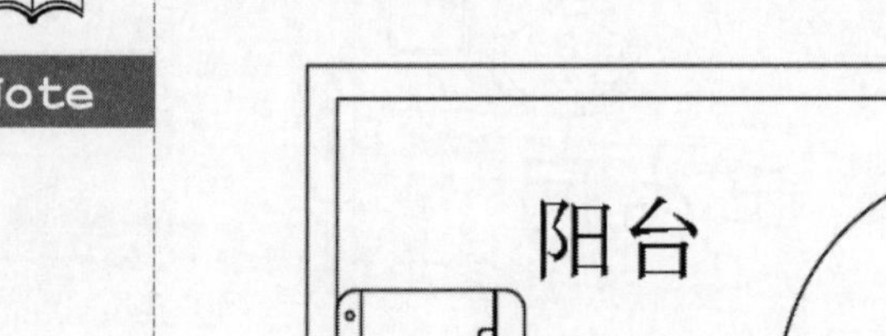

图 9-218　布置洗衣机

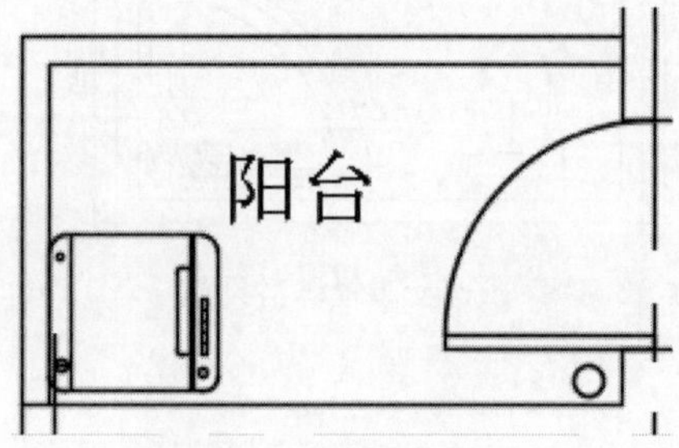

图 9-219　绘制地漏

（3）单击“默认”选项卡“绘图”面板中的“图案填充”按钮，对地漏进行图案填充，如图 9-220 所示。

（4）客厅的阳台一般需晾晒衣服，布置晾衣架，如图 9-221 所示。

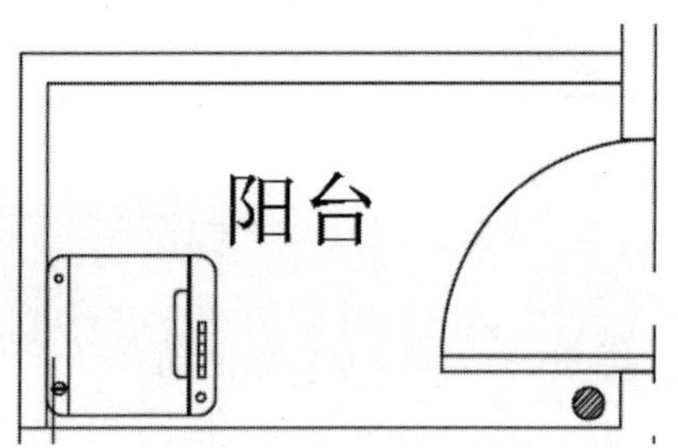

图 9-220　给地漏填充图案

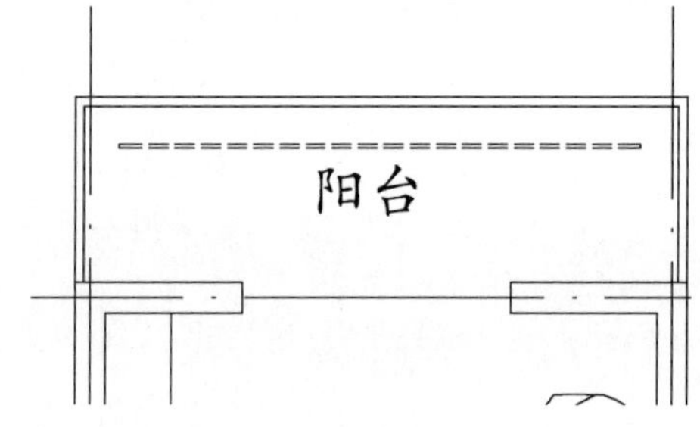

图 9-221　绘制晾衣架

注意：晾衣架一般在吊顶上，所以绘制为虚线形式。

（5）单击“默认”选项卡“修改”面板中的“复制”按钮，复制一个晾衣架，如图 9-222 所示。

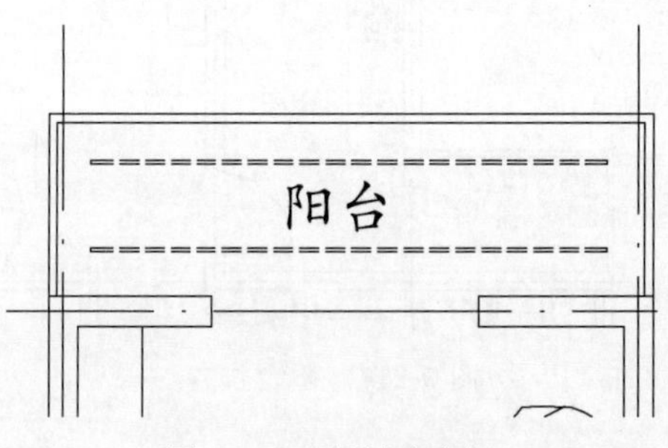

图 9-222　复制晾衣架

9.4 三室两厅平面图

设计思路

本节将详细介绍如图 9-223 所示三居室(大户型)的室内装饰设计思路及其相关装饰图的绘制方法与技巧,包括三居室装修前的建筑墙体、轴线和门窗绘制;房间的开间和进深及其尺寸标注;各个房间的名称及文字标注方法;门厅、餐厅和客厅的餐桌与沙发等相关家具布置方法;主卧室及次卧室中的床、衣柜和书柜等家具布置方法;厨房操作台、灶具和洗菜盆等厨具安排;主次卫生间中的坐便器、洗脸盆和淋浴设施等洁具布置方法。

9-5

9-6

操作步骤

9.4.1 三室两厅建筑平面图

在三居室中,其功能房间有客厅、餐厅、主卧室及卫生间、次卧室、书房、厨房、公用卫生间(客卫)、阳台等。通常所说的三居室类型有三室两厅一卫、三室两厅两卫等。其建筑平面图的绘制方法与一居室和二居室类似,同样是先建立各个功能房间的开间和进深轴线,然后按轴线位置绘制各个功能房间的墙体及相应的门窗洞口的平面造型,最后绘制阳台及管道等辅助空间的平面图形,同时标注相应的尺寸和文字说明。

住宅的基本功能不外乎睡眠、休息、饮食、盥洗、家庭团聚、会客、视听、娱乐、学习、工作等。这些功能是相对的,其中又有静或闹、私密或外向等不同特点,如睡眠、学习要求静,睡眠又有私密性的要求。下面介绍如图 9-224 所示的三居室的建筑平面图设计相关知识及其绘图方法与技巧。

1. 墙体绘制

下面介绍居室的各个房间的墙体轮廓线的绘制方法与技巧。

居室墙体的轴线长度要略大于居室的总长度或总宽度尺寸,如图 9-225 所示。

注意: 在建筑绘图中,轴线的长度一般要略大于房间墙体水平或垂直方向的总长度尺寸。

(1) 将轴线的线型由“实线”线型改为“点划线”线型,如图 9-226 所示。

(2) 根据居室开间或进深创建轴线,如图 9-227 所示。

注意: 若某个轴线的长短与墙体实际长度不一致,可以使用 stretch(“拉伸”)命令或快捷键进行调整。

(3) 按上述方法完成整个三居室的墙体轴线绘制,如图 9-228 所示。

Note

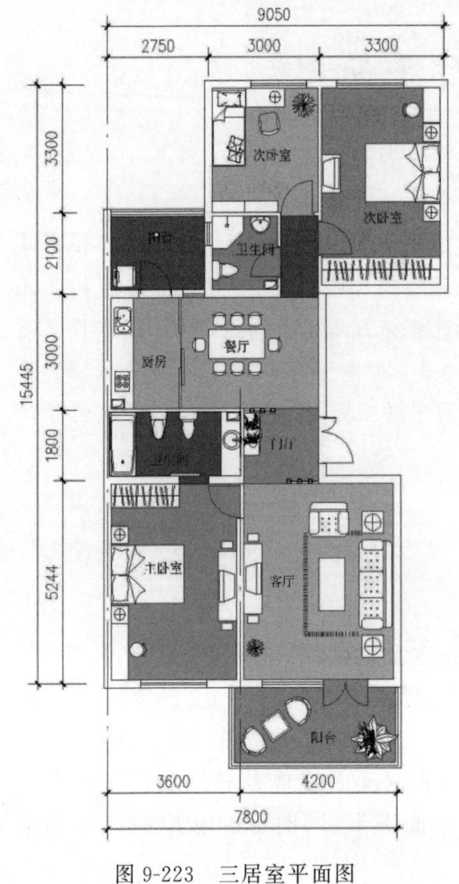

图 9-223　三居室平面图

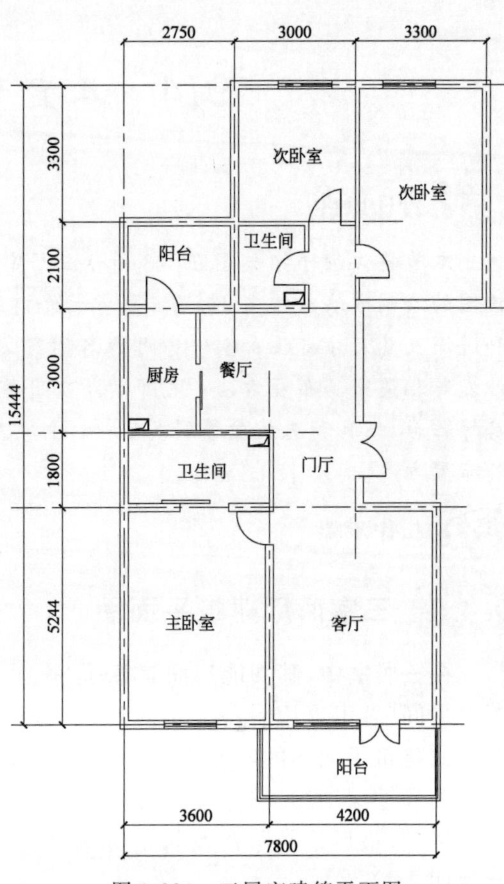

图 9-224　三居室建筑平面图

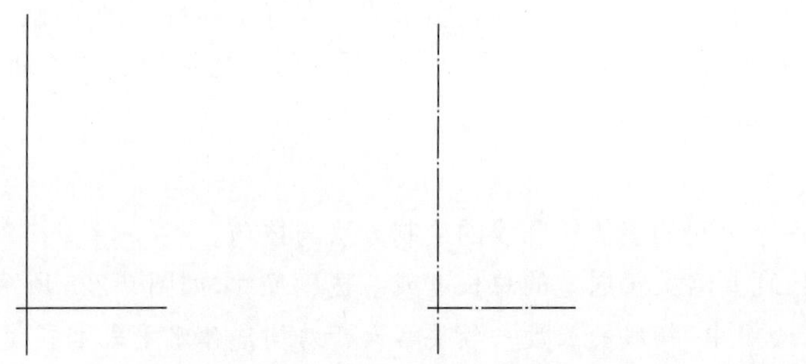

图 9-225　绘制墙体轴线　　图 9-226　改变轴线的线型　　图 9-227　根据开间或进深创建轴线

(4) 单击"默认"选项卡"注释"面板中的"线性"按钮 ⊢⊣，进行轴线尺寸的标注，如图 9-229 所示。

(5) 按上述方法完成三居室所有相关轴线尺寸的标注，如图 9-230 所示。

(6) 选择菜单栏中的"绘图"→"多线"命令或选择菜单栏中的"修改"→"对象"→"多线"命令，来完成三居室的墙体绘制，墙体厚度设置为 200mm，如图 9-231 所示。

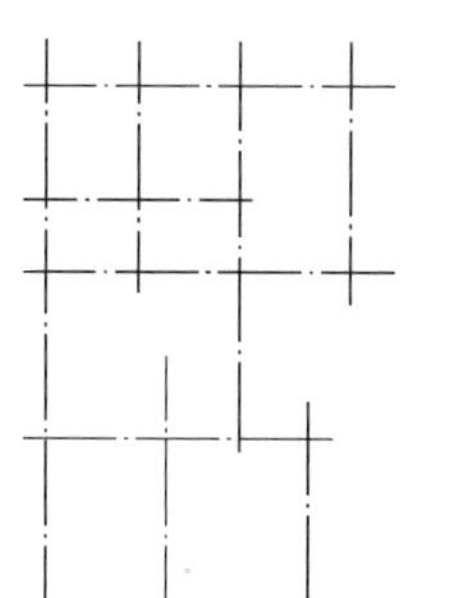

图 9-228　完成轴线绘制

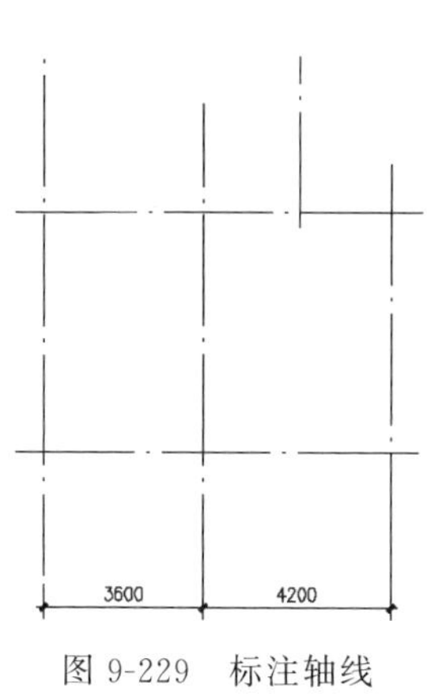

图 9-229　标注轴线

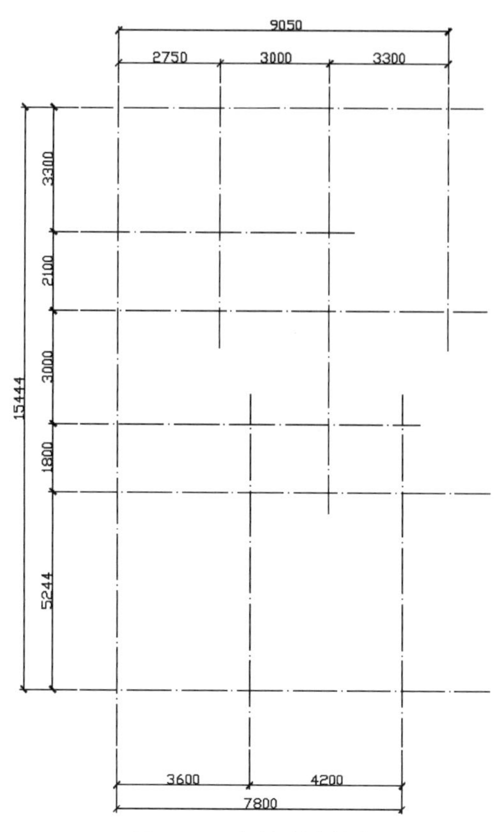

图 9-230　标注所有轴线

☎ **注意**：高层住宅建筑的墙体一般情况下是钢筋混凝土剪力墙，厚度在 200～500mm。

(7) 对一些厚度比较薄的隔墙，如卫生间、过道等位置的墙体，通过调整多线的比例，可以得到不同厚度的墙体造型，如图 9-232 所示。

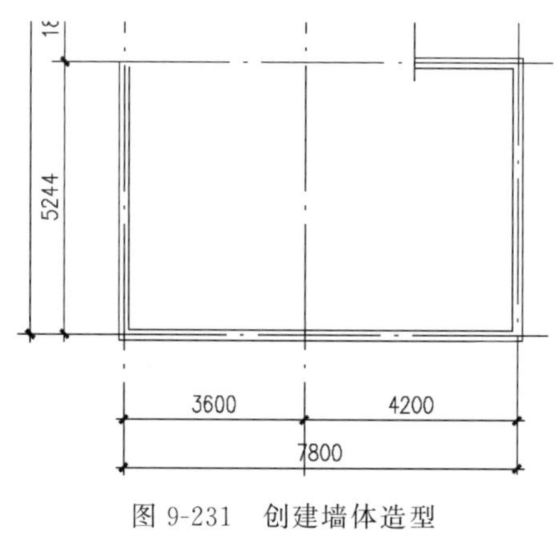

图 9-231　创建墙体造型

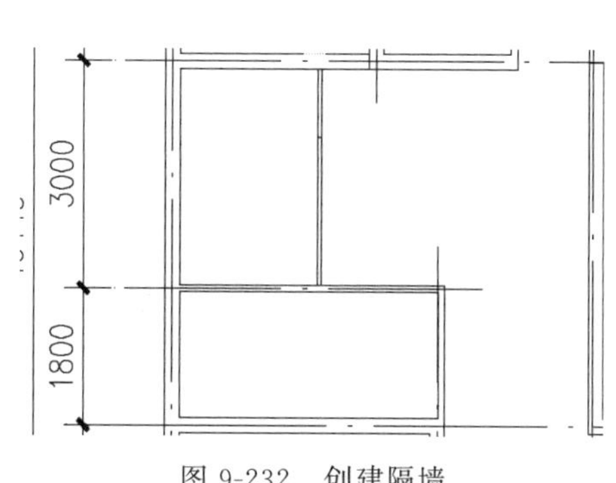

图 9-232　创建隔墙

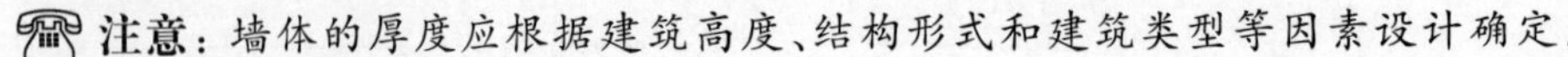

注意：墙体的厚度应根据建筑高度、结构形式和建筑类型等因素设计确定。

(8) 按照三居室的各个房间开间与进深，继续进行其他位置的墙体的创建，最后完成整个墙体造型的绘制，如图 9-233 所示。

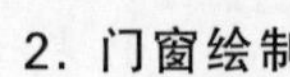

Note

2. 门窗绘制

下面介绍如何在墙体上绘制门和窗的造型。

(1) 创建三居室的户门造型，如图 9-234 所示。

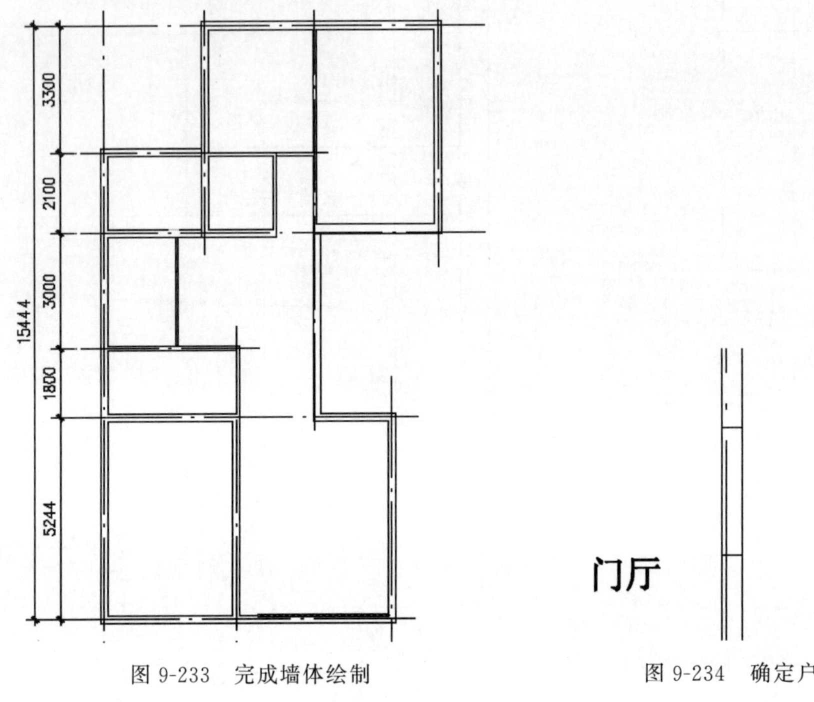

图 9-233　完成墙体绘制　　图 9-234　确定户门宽度

注意：按户门的大小绘制两条与墙体垂直的平行线，确定户门宽度。

(2) 单击"默认"选项卡"修改"面板中的"修剪"按钮，对线条进行剪切，得到户门的门洞，如图 9-235 所示。

(3) 单击"默认"选项卡"绘图"面板中的"多段线"按钮，绘制户门的门扇造型，如图 9-236 所示。

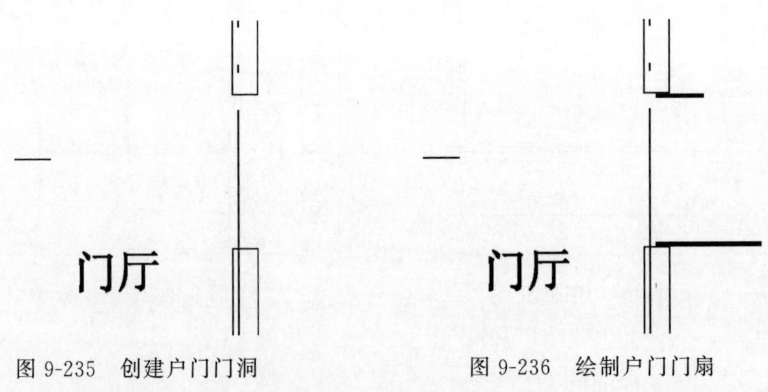

图 9-235　创建户门门洞　　图 9-236　绘制户门门扇

注意：该户门的门扇为一大一小的造型。

(4) 单击“默认”选项卡“绘图”面板中的“圆弧”按钮，绘制两段长度不一样的弧线，得到户门的造型，如图 9-237 所示。

(5) 单击“默认”选项卡“绘图”面板中的“直线”按钮，对阳台门连窗户的造型进行绘制，如图 9-238 所示。

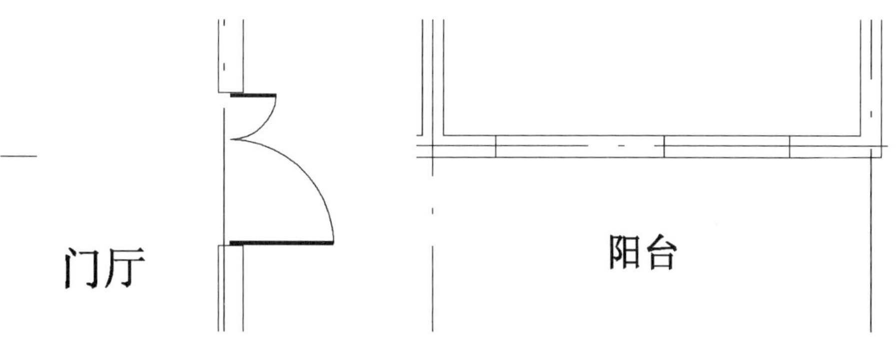

图 9-237　绘制两段弧线　　图 9-238　绘制阳台门和窗户

(6) 单击“默认”选项卡“修改”面板中的“修剪”按钮，在门的位置进行剪切边界线，得到门洞，如图 9-239 所示。

(7) 单击“默认”选项卡“绘图”面板中的“直线”按钮，在门洞旁边绘制窗户造型，如图 9-240 所示。

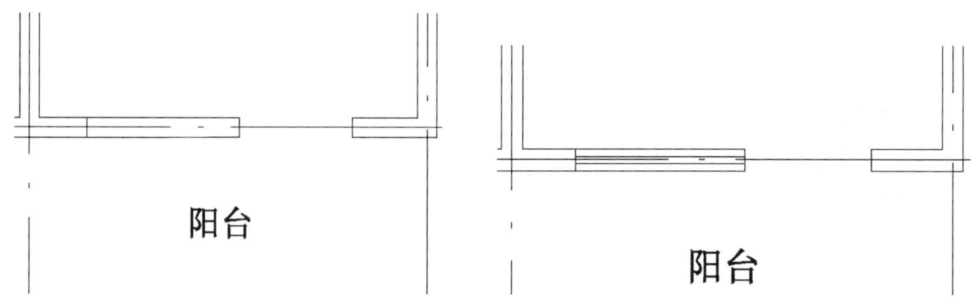

图 9-239　修剪图形得到门洞　　图 9-240　绘制窗户造型

(8) 按门大小的一半绘制其中一扇门扇，如图 9-241 所示。

(9) 单击“默认”选项卡“修改”面板中的“镜像”按钮，得到阳台门扇造型，完成门连窗户造型的绘制，如图 9-242 所示。

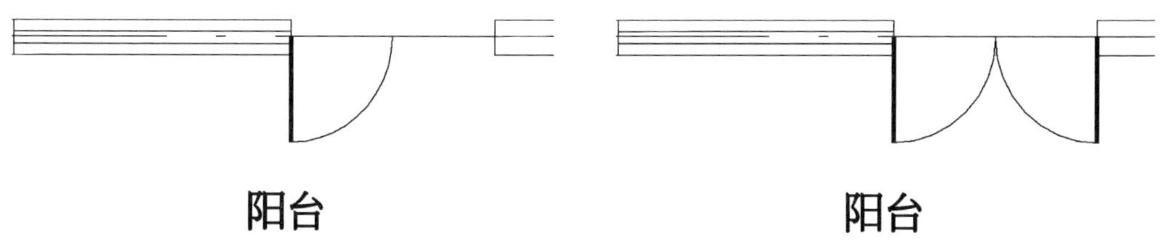

图 9-241　绘制门扇　　图 9-242　镜像门扇

Note

(10) 绘制餐厅与厨房之间的推拉门造型。先绘制门的宽度范围,如图 9-243 所示。

(11) 单击"默认"选项卡"修改"面板中的"修剪"按钮 ,剪切后得到门洞形状,如图 9-244 所示。

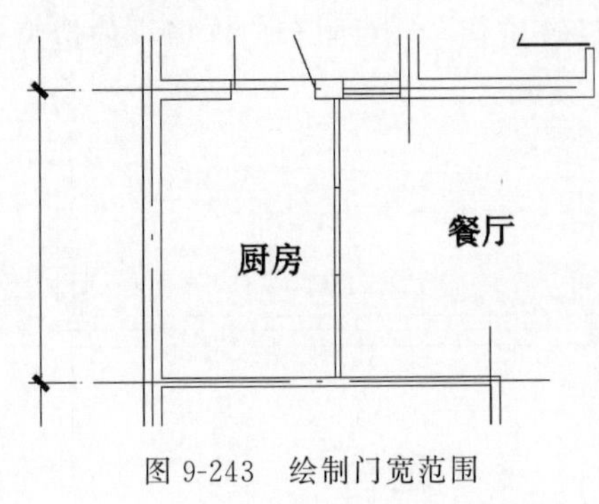

图 9-243　绘制门宽范围

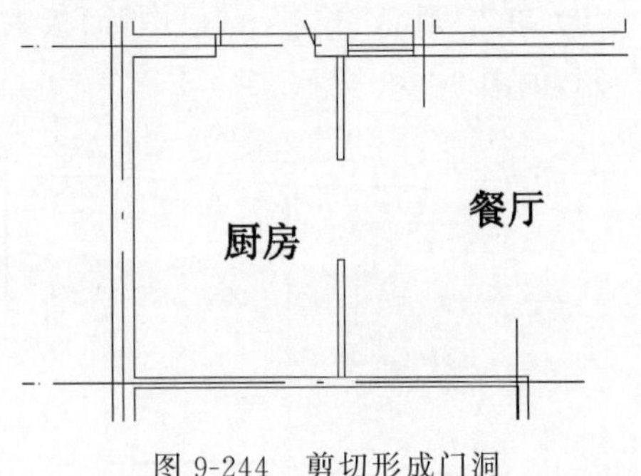

图 9-244　剪切形成门洞

(12) 单击"默认"选项卡"绘图"面板中的"矩形"按钮 ,在靠餐厅一侧绘制矩形推拉门,如图 9-245 所示。

注意:住宅建筑中经常用到推拉门造型,如衣柜门也常设计成推拉门形式。

(13) 其他位置的门扇和窗户造型可参照上述方法进行创建,如图 9-246 所示。

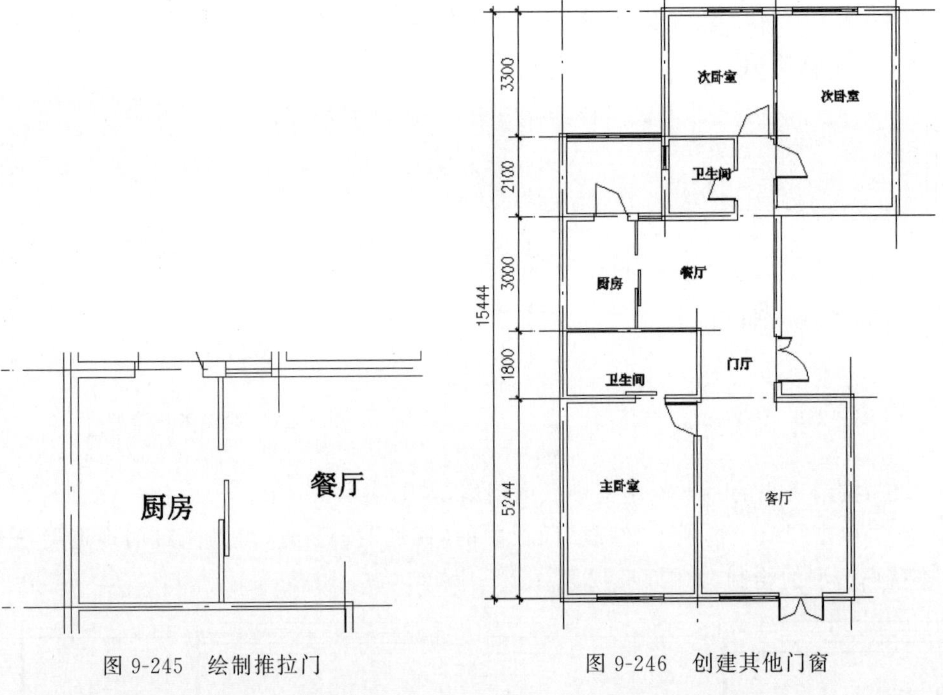

图 9-245　绘制推拉门

图 9-246　创建其他门窗

3. 阳台/管道井等辅助空间绘制

无论是小户型还是大户型,卫生间和厨房中都需设置通风道或排烟道等管道。

(1) 单击"默认"选项卡"绘图"面板中的"矩形"按钮 ,绘制卫生间中的矩形通风道造型,如图 9-247 所示。

注意：卫生间和厨房的通风道作用有所不同，卫生间主要用于通风和排气，而厨房主要用于排油烟。

(2) 单击“默认”选项卡“修改”面板中的“偏移”按钮，得到通风道墙体造型，如图 9-248 所示。

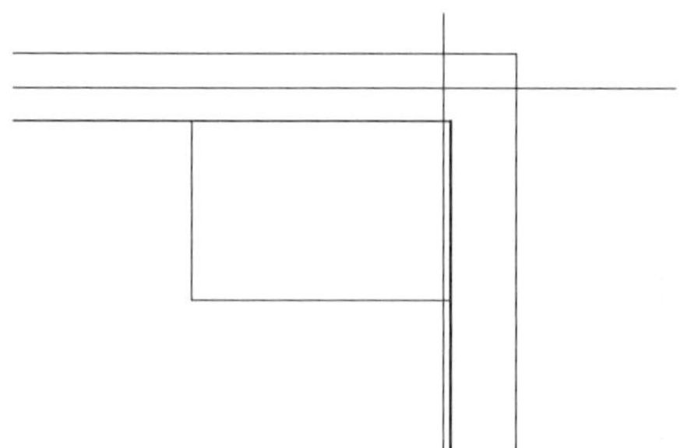

图 9-247　绘制通风道造型

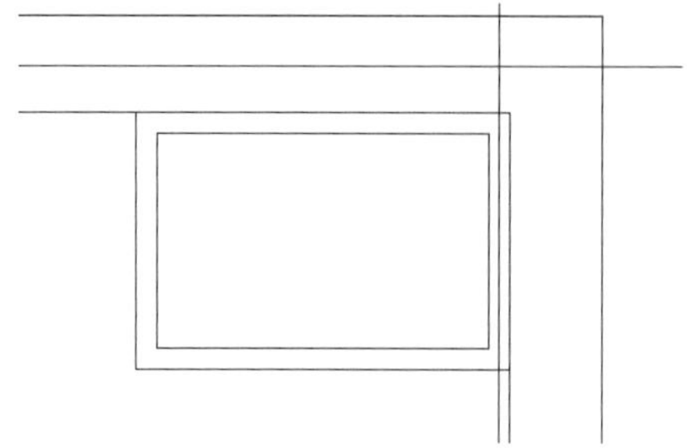

图 9-248　创建通风道墙体

(3) 单击“默认”选项卡“绘图”面板中的“直线”按钮，在通风道内绘制折线造型，如图 9-249 所示。

(4) 按上述方法创建其他卫生间和厨房的通风及排烟管道等管道造型轮廓，如图 9-250 所示。

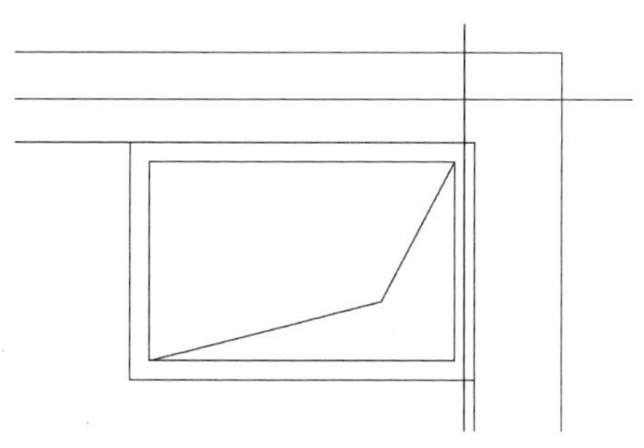

图 9-249　绘制折线

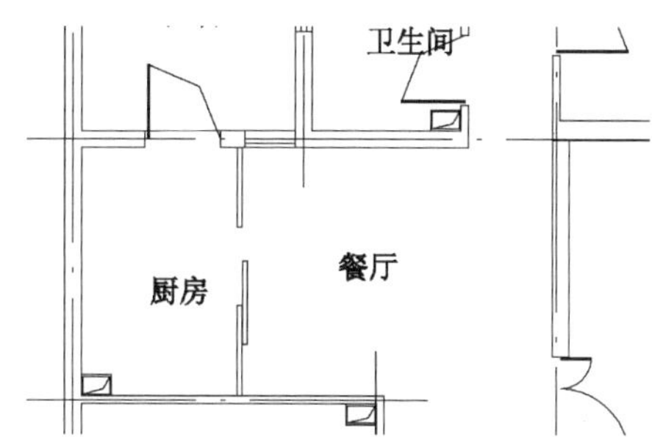

图 9-250　绘制其他管道造型

(5) 单击“默认”选项卡“绘图”面板中的“多段线”按钮，按阳台的大小尺寸绘制其外轮廓，如图 9-251 所示。

(6) 单击“默认”选项卡“修改”面板中的“偏移”按钮，得到阳台及其栏杆造型，如图 9-252 所示。

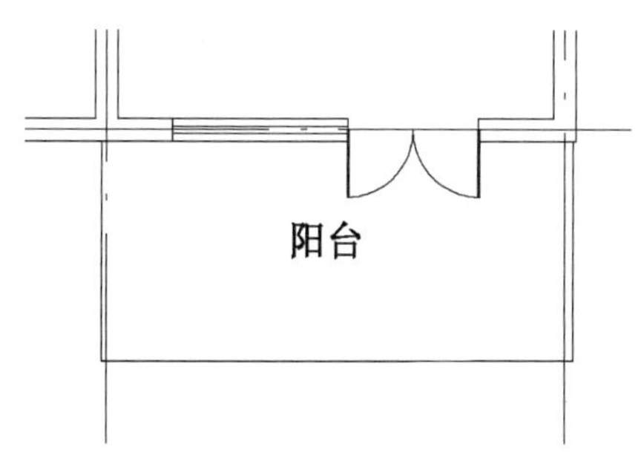

图 9-251　绘制阳台外轮廓

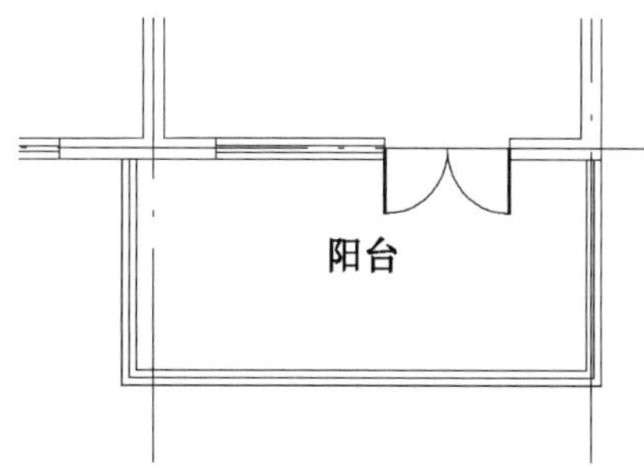

图 9-252　创建阳台栏杆造型

Note

(7) 未装修的三居室建筑平面图绘制完成后,可以缩放视图观察(图 9-253)并保存图形。

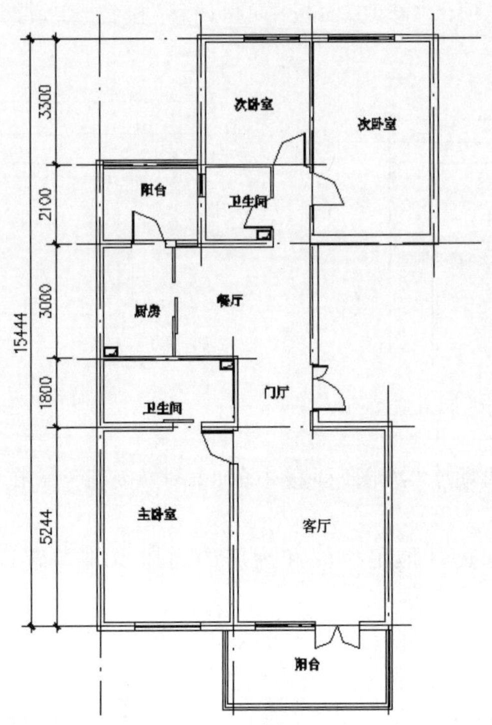

图 9-253　完成三居室建筑平面图的绘制

9.4.2　三室两厅装饰平面图

1. 门厅布置

本案例的三居室中,该门厅呈方形,如图 9-254 所示。

(1) 根据该方形门厅的空间平面特点,在其两侧设置玄关。单击“默认”选项卡“绘图”面板中的“多边形”按钮⬠,绘制正方形小柱子造型,如图 9-255 所示。

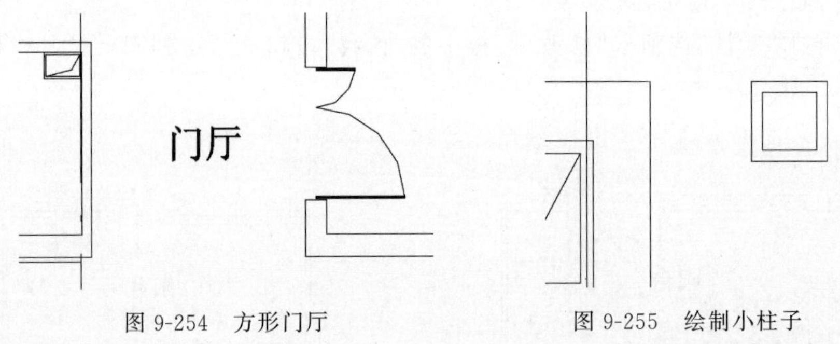

图 9-254　方形门厅　　　图 9-255　绘制小柱子

(2) 单击“默认”选项卡“修改”面板中的“复制”按钮 ⧉,通过复制得到玄关造型平面,如图 9-256 所示。

(3) 单击“默认”选项卡“绘图”面板中的“直线”按钮 ╱，绘制中间连线造型，如图 9-257 所示。

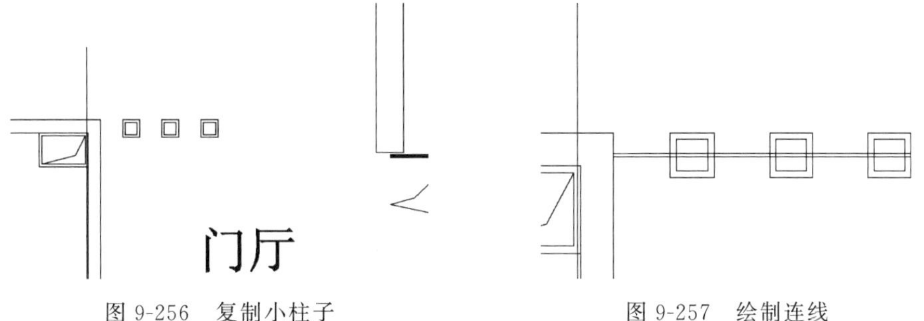

图 9-256　复制小柱子　　　　图 9-257　绘制连线

(4) 单击“默认”选项卡“修改”面板中的“复制”按钮，得到另外一侧的造型，如图 9-258 所示。

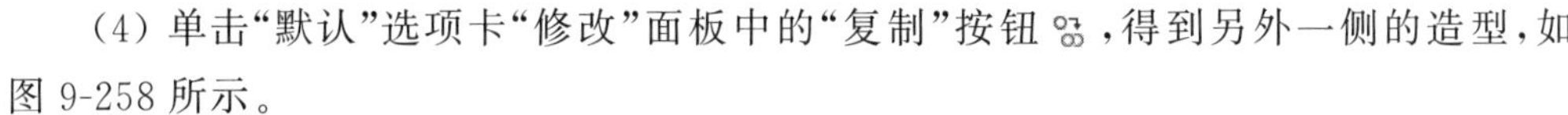

注意：各个造型的位置可以通过移动等功能来进行调整。

(5) 在门厅布置一个鞋柜，如图 9-259 所示。

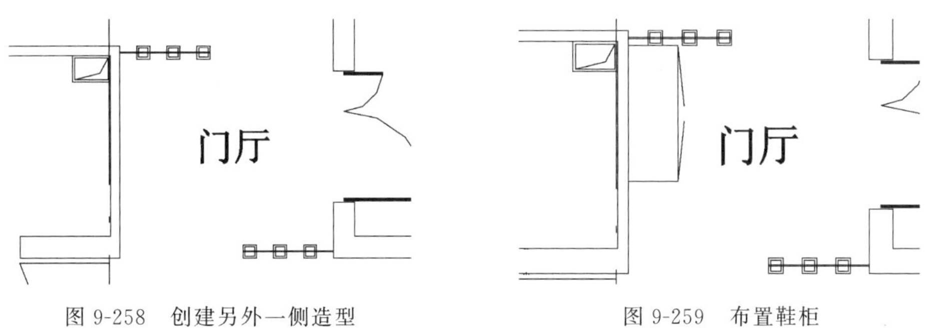

图 9-258　创建另外一侧造型　　　　图 9-259　布置鞋柜

(6) 单击“默认”选项卡“块”面板中的“插入”按钮，在鞋柜上布置花草进行装饰，如图 9-260 所示。

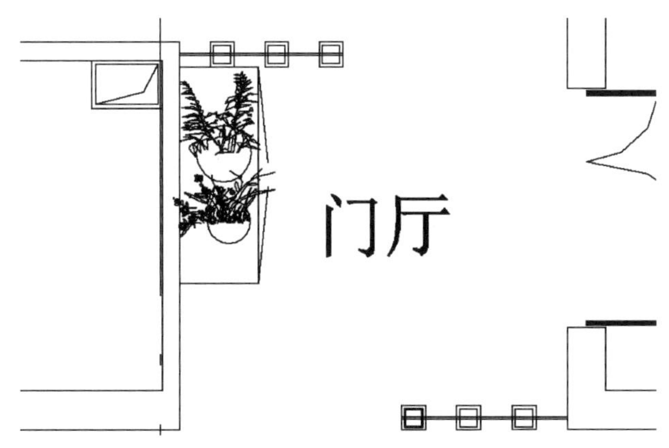

图 9-260　布置鞋柜上的花草

注意：花草造型使用图库的已有图形。

Note

2. 客厅及餐厅布置

客厅的空间平面如图 9-261 所示。

(1) 单击"默认"选项卡"块"面板中的"插入"按钮，在客厅平面上插入沙发等造型，如图 9-262 所示。

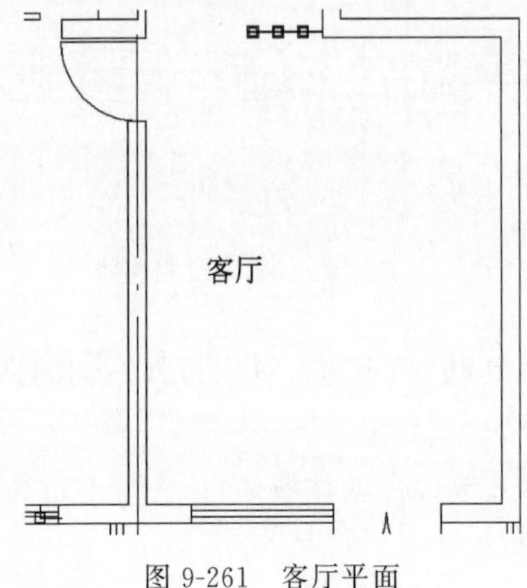

图 9-261 客厅平面

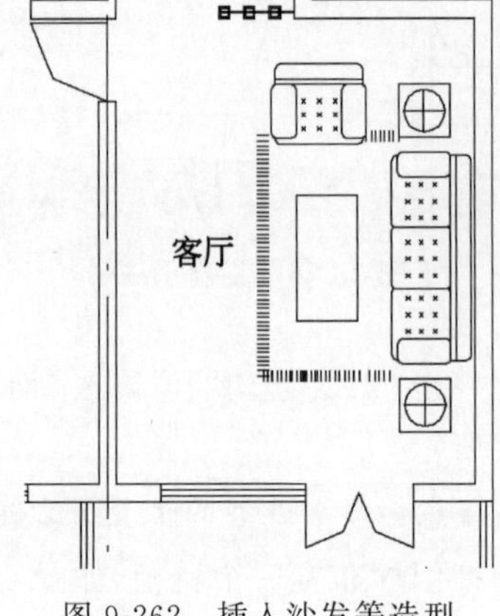

图 9-262 插入沙发等造型

注意：该沙发造型包括沙发、茶几和地毯等综合造型。若沙发等家具插入的位置不合适，可以通过移动、旋转等命令对其位置进行调整。

(2) 单击"默认"选项卡"块"面板中的"插入"按钮，为客厅配置电视柜造型，如图 9-263 所示。

(3) 单击"默认"选项卡"块"面板中的"插入"按钮，在客厅布置花草进行美化，如图 9-264 所示。

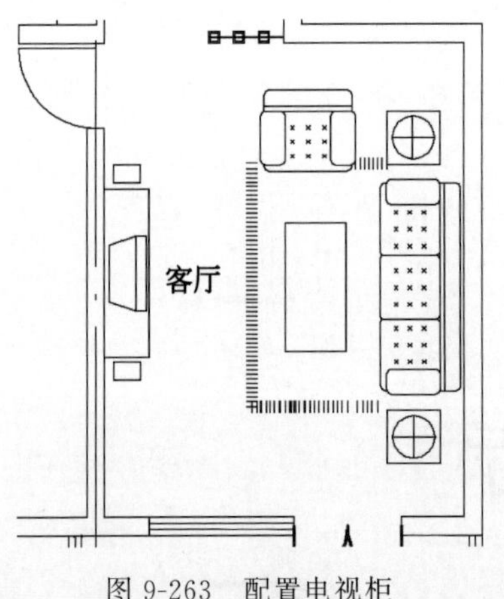

图 9-263 配置电视柜

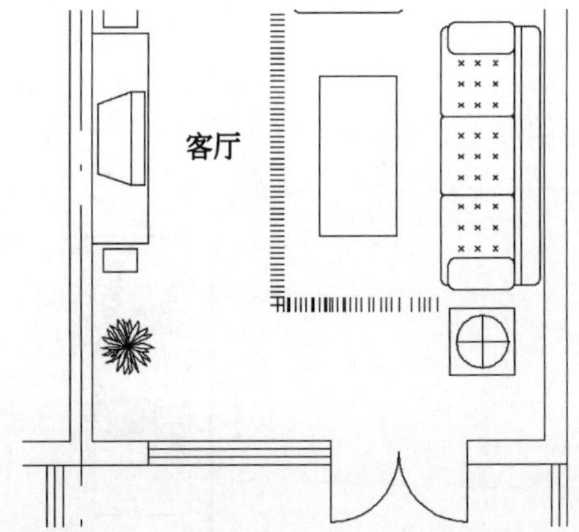

图 9-264 布置花草

(4) 没有布置餐桌等家具的餐厅空间平面如图 9-265 所示。单击"默认"选项卡"块"面板中的"插入"按钮，在餐厅平面插入餐桌，如图 9-266 所示。

完成客厅及餐厅的家具布置，如图 9-267 所示。

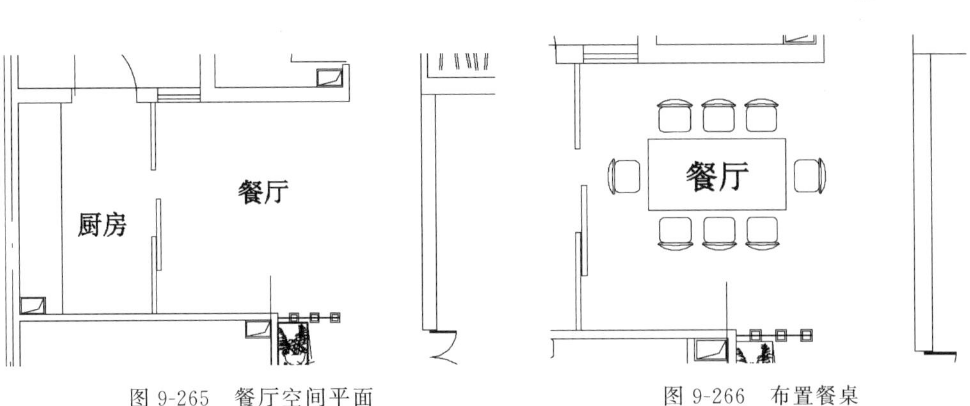

图 9-265 餐厅空间平面　　图 9-266 布置餐桌

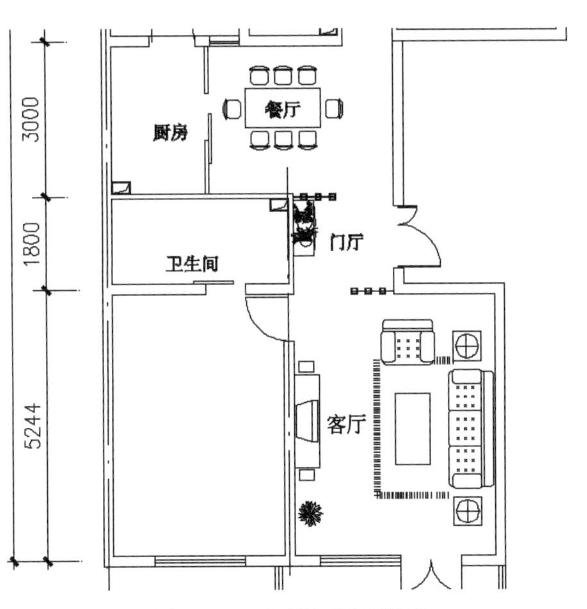

图 9-267 客厅与餐厅平面

注意：局部缩放视图进行效果观察，注意保存图形。

3. 卧室平面布置

卧室的功能比较简单，基本上是以满足睡眠、更衣的生活需要为主。然而在室内设计中，简单意味着更深刻的内涵、更丰富的层次、更精到的内功、更深厚的底蕴。要做到满足使用不难，但要做到精致、别致、独具风采，就需要下一番功夫了。

注意：卧室的设计追求的是功能与形式完美统一，优雅独特、简洁明快的设计风格。在卧室设计的审美上，要追求时尚而不浮躁，庄重典雅而不乏轻松浪漫的感觉。因此，在卧室的设计上，会更多地运用丰富的表现手法，使卧室看似简单，实则韵味无穷。

主卧室及其专用卫生间平面如图 9-268 所示。

(1) 单击“默认”选项卡“块”面板中的“插入”按钮，在主卧室中插入双人床及床头柜造型，如图 9-269 所示。

Note

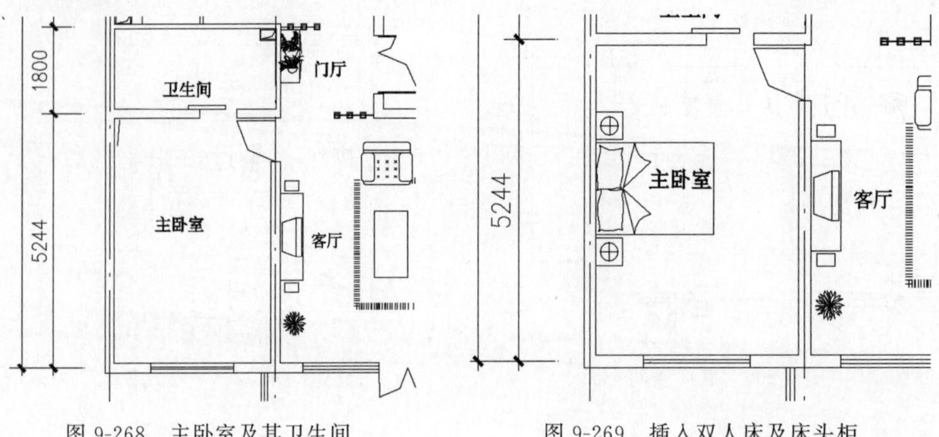

图 9-268　主卧室及其卫生间　　　　图 9-269　插入双人床及床头柜

(2) 单击"默认"选项卡"块"面板中的"插入"按钮，布置卧室的衣柜，如图 9-270 所示。

(3) 单击"默认"选项卡"块"面板中的"插入"按钮，插入梳妆台造型及椅子造型，如图 9-271 所示。

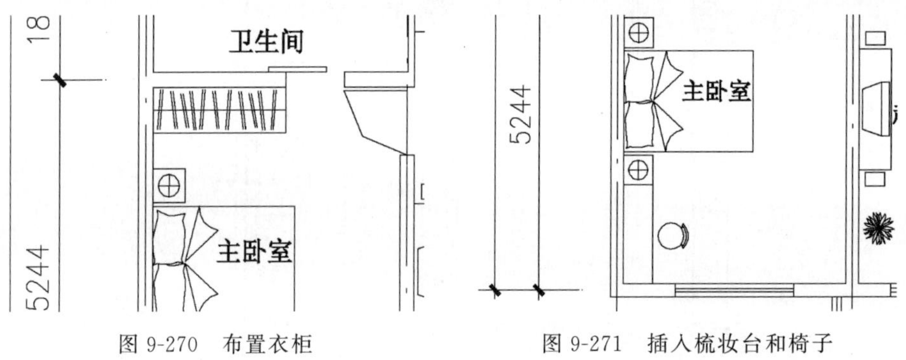

图 9-270　布置衣柜　　　　图 9-271　插入梳妆台和椅子

(4) 单击"默认"选项卡"块"面板中的"插入"按钮，在双人床右侧布置卧室电视柜造型，如图 9-272 所示。

(5) 单击"默认"选项卡"块"面板中的"插入"按钮，为主卧室卫生间插入一个浴缸，如图 9-273 所示。

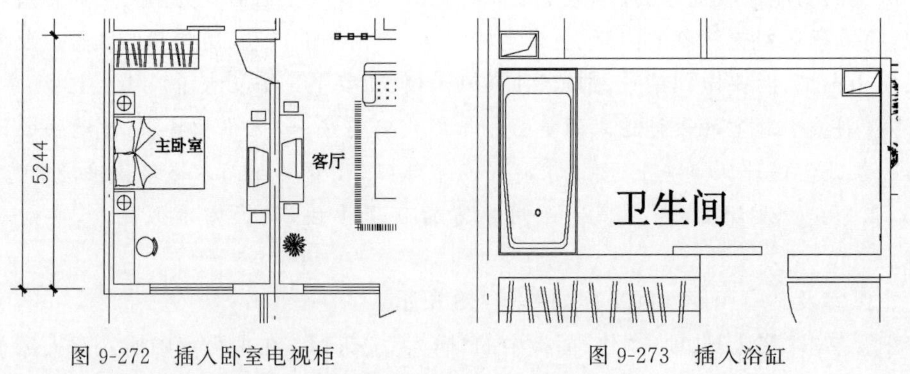

图 9-272　插入卧室电视柜　　　　图 9-273　插入浴缸

(6) 单击“默认”选项卡“块”面板中的“插入”按钮，为主卧室卫生间布置坐便器和洁身器各一个，如图 9-274 所示。

注意： 洁具布置数量应根据卫生间大小确定。

(7) 单击“默认”选项卡“绘图”面板中的“直线”按钮，创建主卧室洗脸盆台面，如图 9-275 所示。

图 9-274　布置坐便器和洁身器

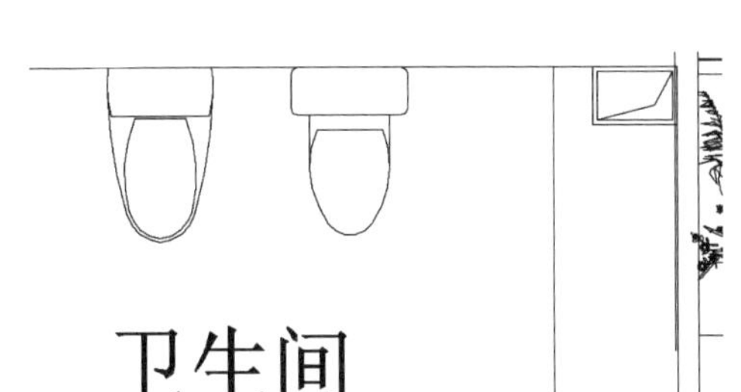

图 9-275　创建洗脸盆台面

(8) 单击“默认”选项卡“块”面板中的“插入”按钮，在台面位置布置一个洗脸盆造型，如图 9-276 所示。

注意： 有的洗脸盆不设台面。

主卧室及其卫生间的家具和洁具布置完成，如图 9-277 所示。

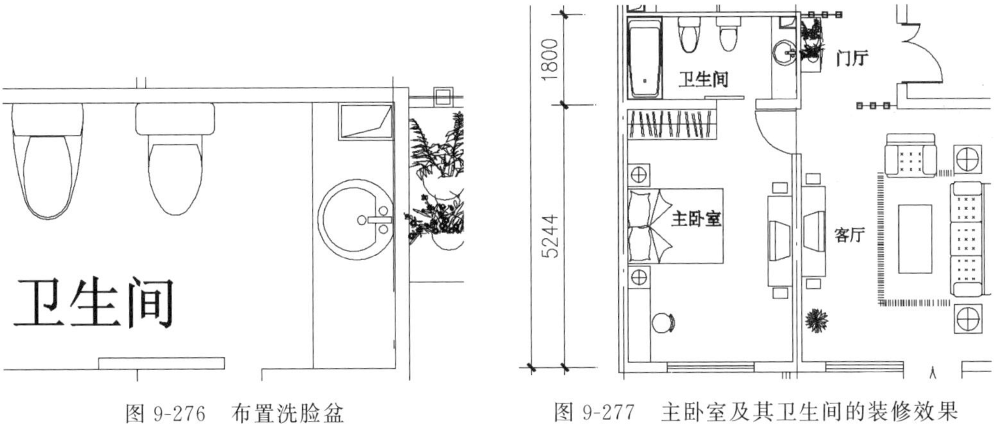

图 9-276　布置洗脸盆　　　图 9-277　主卧室及其卫生间的装修效果

(9) 两个次卧室空间平面位置图如图 9-278 所示。单击“默认”选项卡“块”面板中的“插入”按钮，为两个次卧室分别布置一个双人床和一个单人床，如图 9-279 所示。

注意： 两个次卧室也可以分别布置成一个儿童房和一个书房。

(10) 单击“默认”选项卡“块”面板中的“插入”按钮，为两个次卧室分别布置一个大小不同的桌子，如图 9-280 所示。

(11) 单击“默认”选项卡“块”面板中的“插入”按钮，根据两个次卧室的不同情况，分别布置一个衣柜和书柜，如图 9-281 所示。

Note

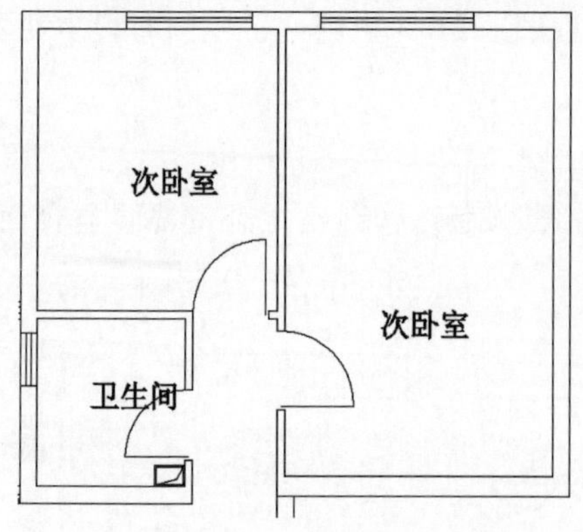

图 9-278　两个次卧室空间平面

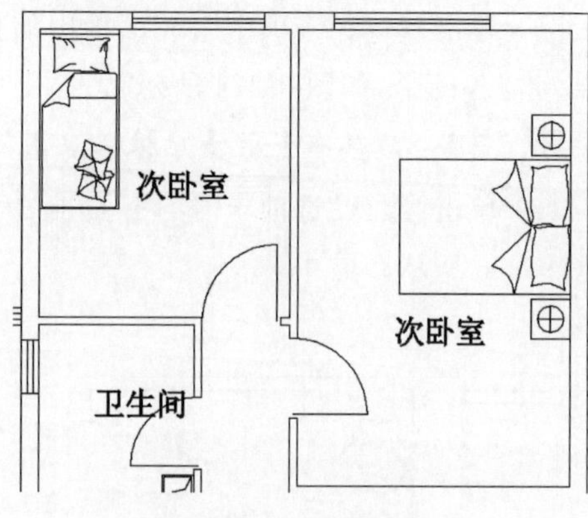

图 9-279　布置床

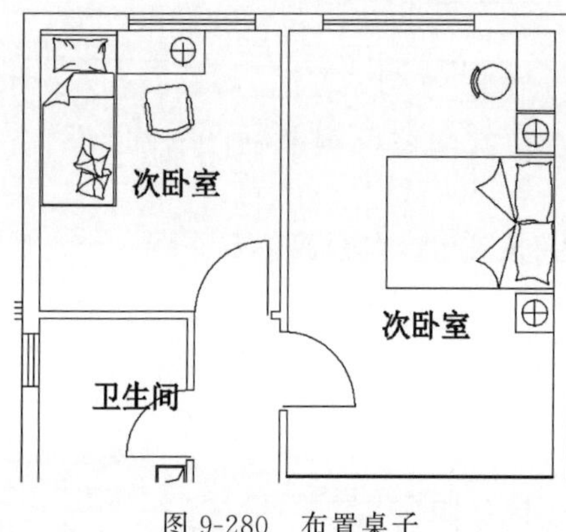

图 9-280　布置桌子

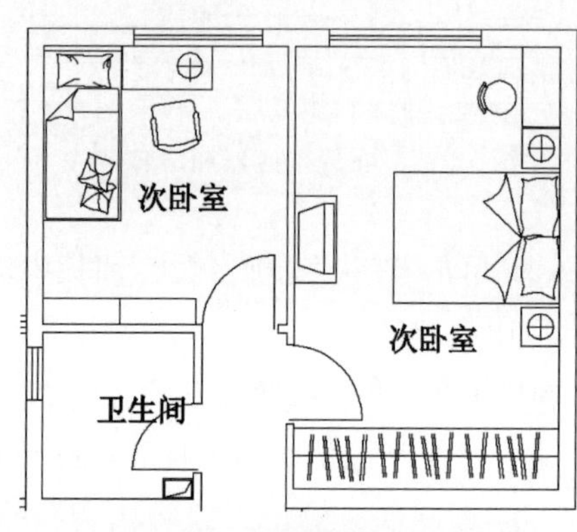

图 9-281　布置衣柜和书柜

(12) 主、次卧室平面装饰图绘制完成后，缩放视图观察(图 9-282)并保存图形。

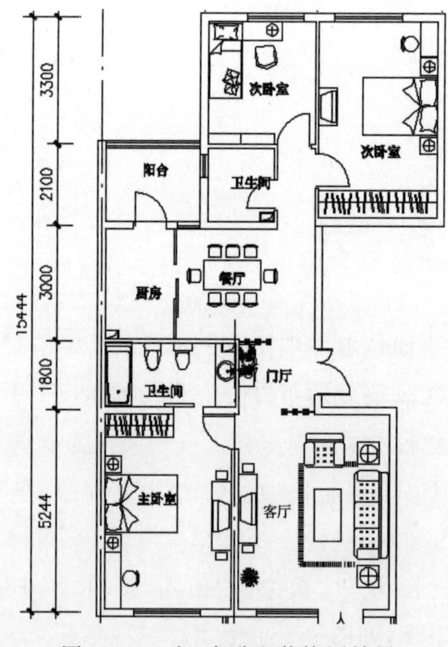

图 9-282　主、次卧室装饰图效果

Note

4. 厨房布置

厨房空间平面如图 9-283 所示。

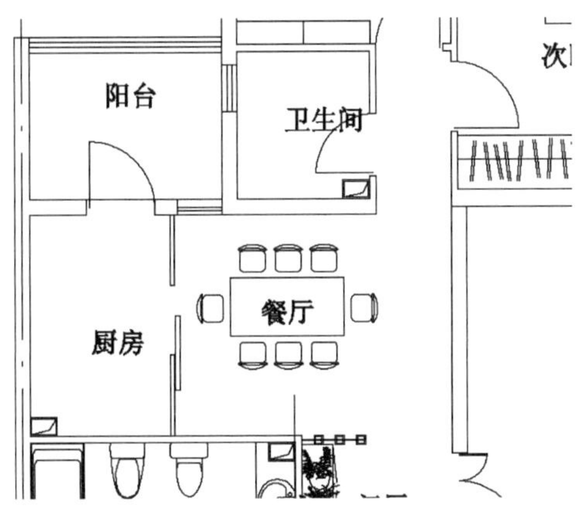

图 9-283　厨房空间平面

注意：在厨房设计中，应合理布置灶具、排油烟机、热水器等设备，必须充分考虑这些设备的安装、维修及使用安全。厨房的装饰材料应色彩素雅，表面光洁，易于清洗。厨房装饰设计不应影响厨房的采光、通风、照明等效果。厨房的顶面、墙面宜选用防火、抗热、易于清洗的材料，如釉面瓷砖墙面、铝板吊顶等。厨房的地面宜用防滑、易于清洗的陶瓷材料。

(1) 本案例的厨房平面空间呈“I”形。单击“默认”选项卡“块”面板中的“插入”按钮，按厨房平面形状布置橱柜，如图 9-284 所示。

(2) 单击“默认”选项卡“块”面板中的“插入”按钮，为厨房布置一个燃气灶造型，如图 9-285 所示。

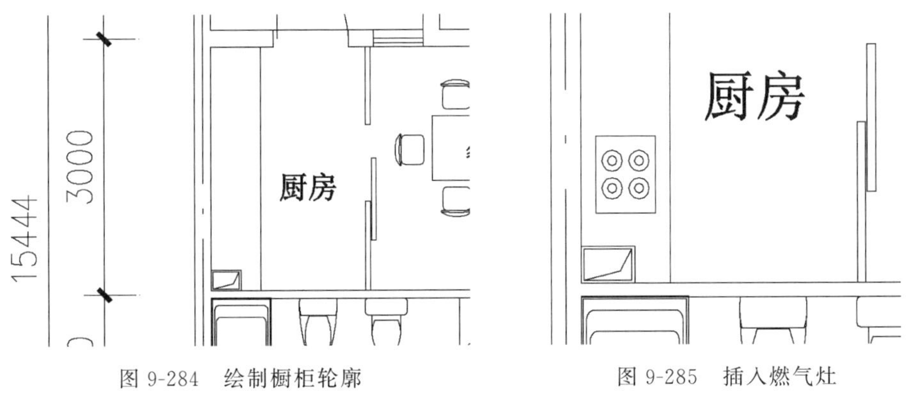

图 9-284　绘制橱柜轮廓　　　图 9-285　插入燃气灶

(3) 单击“默认”选项卡“块”面板中的“插入”按钮，为厨房布置一个洗菜盆，如图 9-286 所示。

(4) 单击“默认”选项卡“块”面板中的“插入”按钮，在厨房阳台处安排洗衣机设备，如图 9-287 所示。

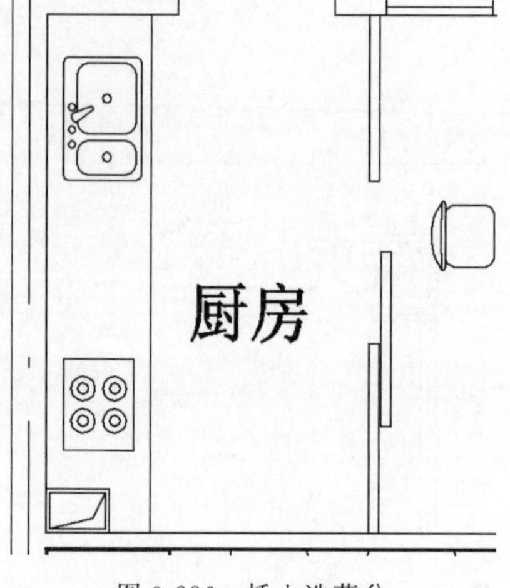

图 9-286　插入洗菜盆

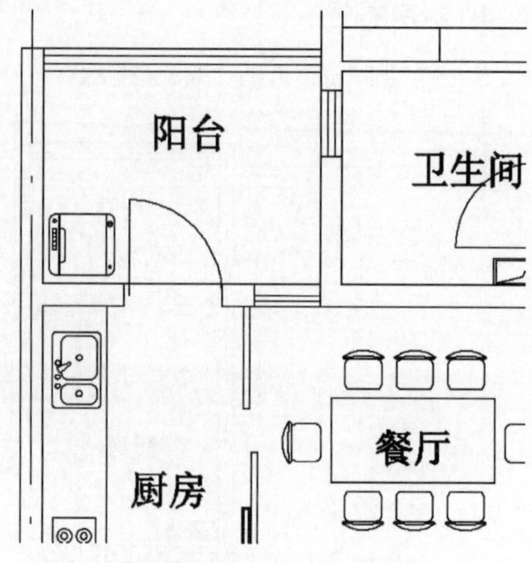

图 9-287　插入洗衣机

完成厨房的基本设施布置后，如图 9-288 所示。

5. 卫生间(客卫)布置

客卫的空间平面图如图 9-289 所示。

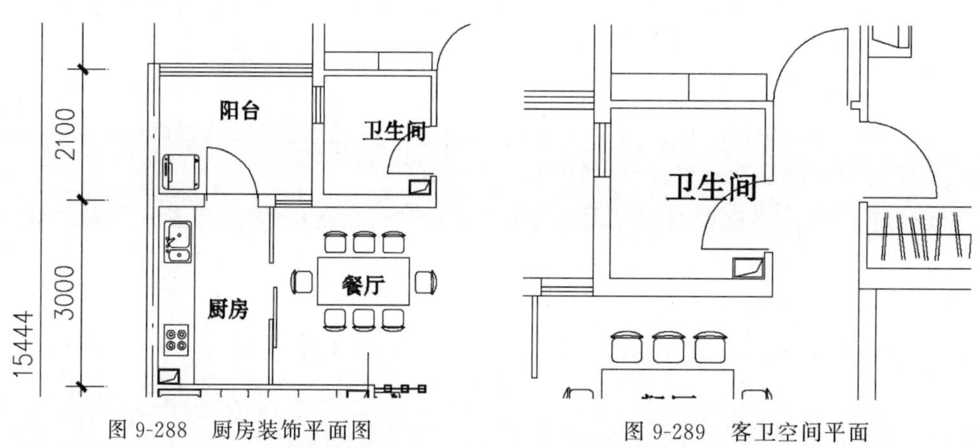

图 9-288　厨房装饰平面图

图 9-289　客卫空间平面

注意：卫生间作为家庭的洗理中心，是每个人生活中不可缺少的一部分。它是一个极具实用功能的地方，也是家庭装饰设计中的重点之一。一个完整的卫生间，应具备如厕、洗漱、沐浴、洗衣、干衣、化妆，以及洗理用品的储藏等功能。具体情况需根据实际的使用面积与主人的生活习惯而定。

(1) 单击“默认”选项卡“绘图”面板中的“直线”按钮 ╱，绘制整体淋浴设施外轮廓，如图 9-290 所示。

(2) 单击“默认”选项卡“绘图”面板中的“直线”按钮 ╱ 和“圆”按钮 ⊙，绘制淋浴水龙头造型，如图 9-291 所示。

(3) 单击“默认”选项卡“块”面板中的“插入”按钮，为客卫布置一个坐便器，如图 9-292 所示。

（4）单击“默认”选项卡“块”面板中的“插入”按钮，在客卫整体淋浴设施的另外一侧布置洗脸盆，如图 9-293 所示。

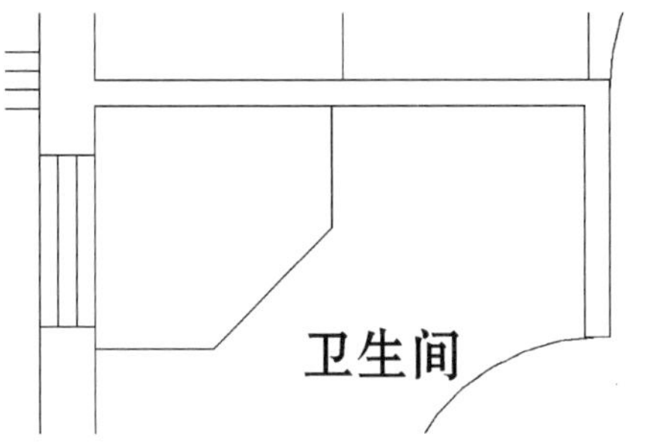

图 9-290　绘制整体淋浴设施外轮廓

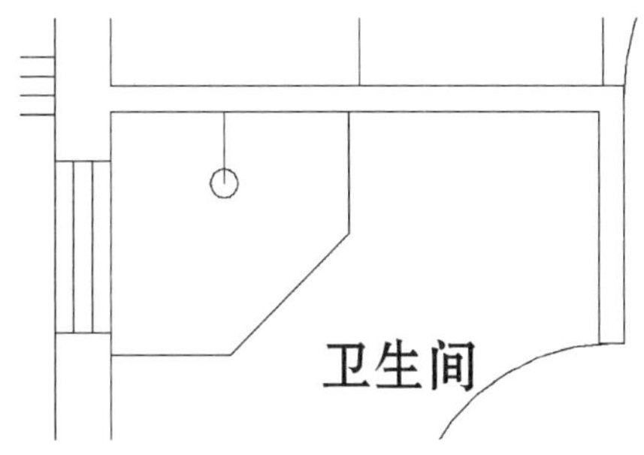

图 9-291　绘制淋浴水龙头

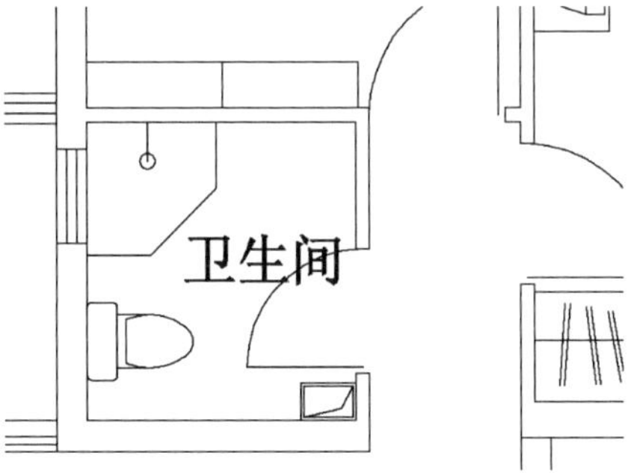

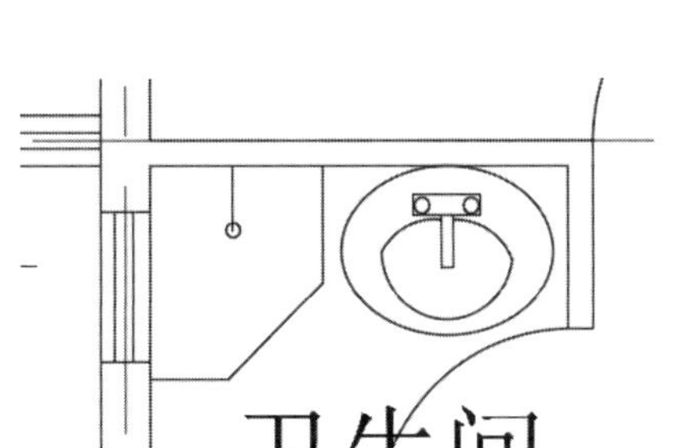

图 9-292　插入坐便器

图 9-293　插入洗脸盆

客卫相关洁具设施布置完成，如图 9-294 所示。

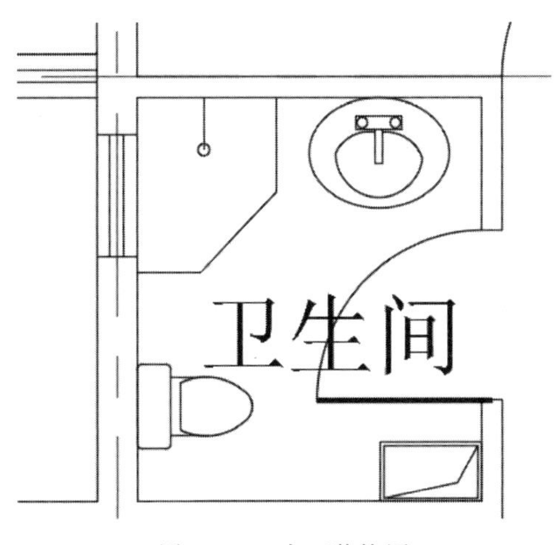

图 9-294　客卫装饰图

注意：图形绘制完成后，缩放视图观察，并注意保存图形。

6. 阳台等其他空间平面布置

本案例的客厅阳台布置为休闲型，供休息休闲。下面介绍阳台的布置。

Note

☎ **注意**：房子四周的环境和景观关系着阳台的利用方式。如果房子是在郊区，阳台外是美丽的自然风光，空气清新舒适，就有保留的必要。如果阳台面对大马路或是抽油烟机，阳台成了空气污染和具有噪声的场所，就必须考虑其是否具有利用价值。

客厅阳台空间平面如图 9-295 所示。

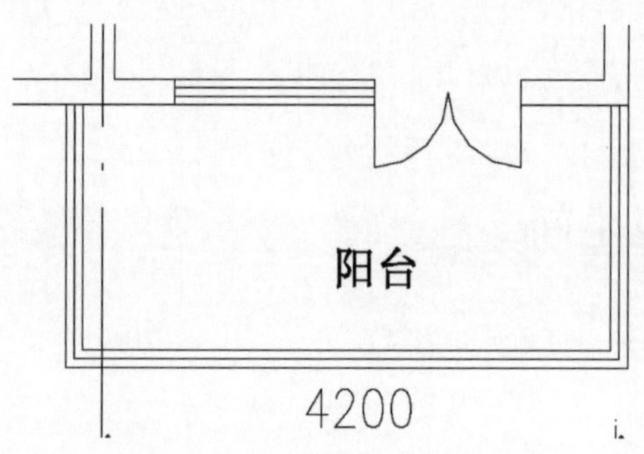

图 9-295　客厅阳台空间平面

(1) 单击"默认"选项卡"块"面板中的"插入"按钮，根据阳台与客厅门的关系，在该阳台布置小桌子和椅子，如图 9-296 所示。

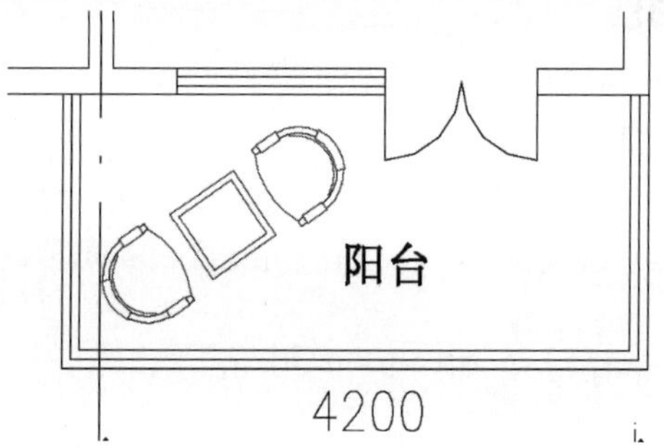

图 9-296　布置小桌子和椅子

(2) 单击"默认"选项卡"块"面板中的"插入"按钮，配置一些花草或盆景进行室内美化，如图 9-297 所示。

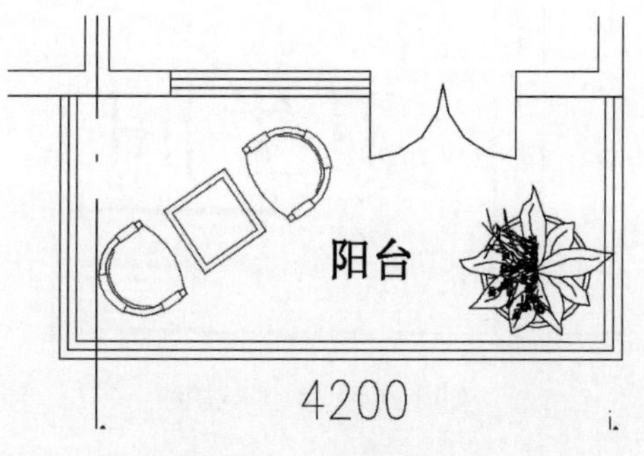

图 9-297　配置花草

三居室装饰平面图的绘制完成，可以缩放视图观察并保存图形，如图 9-298 所示。

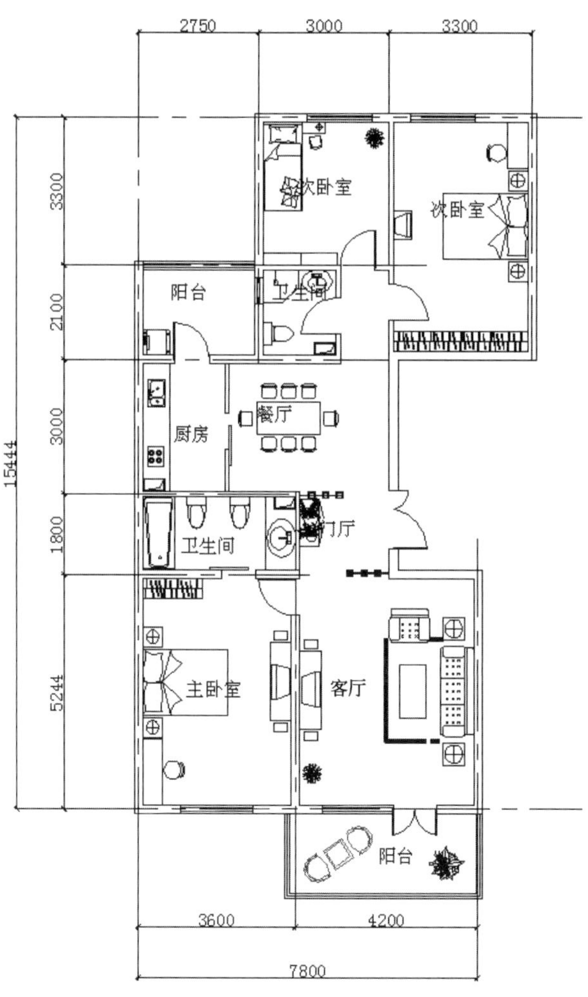

图 9-298　三居室装饰平面图

9.5 上机实验　绘制居室平面图

绘制如图 9-299 所示的居室平面图。

操作提示

(1) 利用“直线”命令绘制轴线。

(2) 利用“多线”命令绘制平面图墙体。

(3) 利用“插入块”命令对平面图进行布置。

(4) 利用“多行文字”命令对平面图进行文字标注。

(5) 利用“标注”命令对平面图进行尺寸标注。

Note

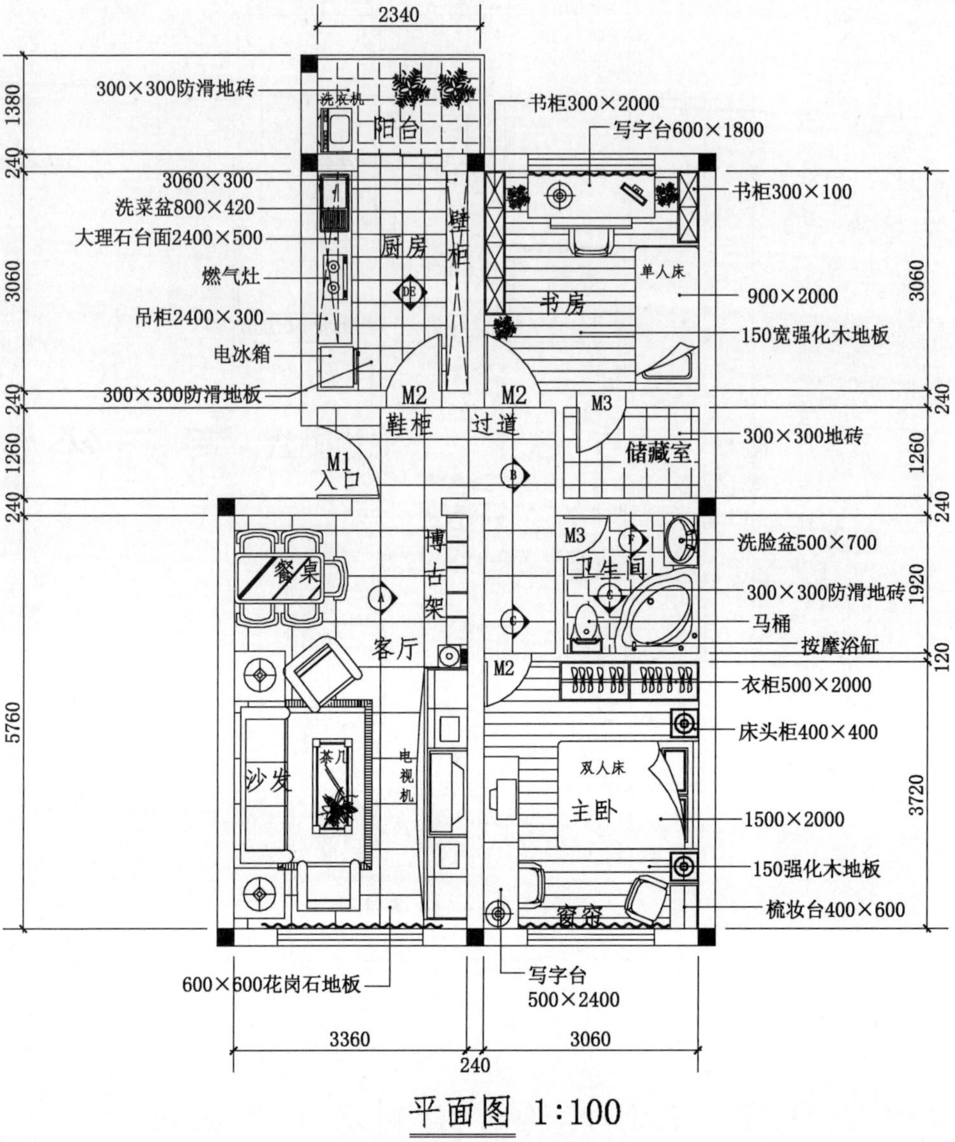

图 9-299 居室平面图

住宅顶棚布置图绘制

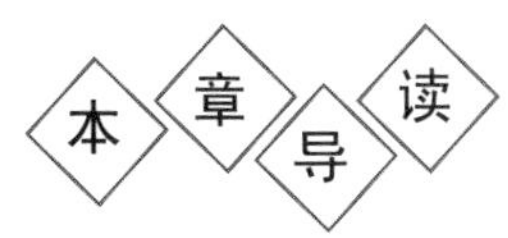

本章将在第9章平面图的基础上，绘制住宅顶棚布置图。本章在讲述过程中，将逐步带领读者完成顶棚图的绘制，并讲述关于住宅顶棚平面设计的相关知识和技巧。本章包括住宅平面图绘制的知识要点、顶棚布置的概念和样式、顶棚布置图绘制等。

学 习 要 点

- 概述
- 两室两厅顶棚图
- 一室一厅顶棚图
- 三室两厅顶棚图

10.1 概　　述

Note

顶棚是室内装饰不可缺少的重要组成部分，也是室内空间装饰中最富有变化、引人注目的界面，其透视感较强，通过不同的处理方法，配以灯具造型，能增强空间感染力，使顶棚造型丰富多彩、新颖美观。顶棚设计得好坏直接影响到房间整体特点、氛围的体现，比如古典型风格的顶棚，要显得高贵典雅；而简约型风格的顶棚，则要充分体现现代气息。可以从不同的角度出发，依据设计理念进行合理搭配。

1. 顶棚的设计原则

应遵循以下原则设计顶棚。

(1) 要注重整体环境效果。顶棚、墙面、基面共同组成室内空间，共同创造室内环境效果。设计中要注意三者的协调统一，在统一的基础上各具特色。

(2) 顶棚的装饰应满足适用、美观的要求。一般来讲，室内空间效果应是下重上轻，所以要注意顶棚装饰力求简捷完整，突出重点，同时造型要具有轻快感和艺术感。

(3) 顶棚的装饰应保证顶棚结构的合理性和安全性，不能因为单纯追求造型而忽视安全问题。

2. 顶棚设计形式

顶棚设计形式有以下几种。

(1) 平整式顶棚。这种顶棚构造简单，外观朴素大方，装饰便利，适用于教室、办公室、展览厅等，它的艺术感染力来自顶棚的形状、质地、图案及灯具的有机配置。

(2) 凹凸式顶棚。这种顶棚造型华美富丽，立体感强，适用于舞厅、餐厅、门厅等，要注意各凹凸层的主次关系和高差关系，不宜变化过多，要强调自身的节奏韵律感及整体空间的艺术性。

(3) 悬吊式顶棚。在屋顶承重结构下面悬挂各种折板、平板或其他形式的吊顶，这种顶往往是为了满足声学、照明等方面的要求，或为了追求某些特殊的装饰效果，常用于体育馆、电影院等。近年来，餐厅、茶座、商店等建筑中也常采用这种形式的顶棚，给人一种特殊的美感。

(4) 井格式顶棚。它是结合结构梁形式、主次梁交错及井字梁的关系，配以灯具和石膏花饰图案的一种顶棚，朴实大方，节奏感强。

(5) 玻璃顶棚。现代大型公共建筑的门厅、中厅等常用这种形式的顶棚，主要解决大空间采光及室内绿化需要，使室内环境更富于自然情趣，为大空间增加活力。其形式一般有圆顶形、锥形和折线形。

10-1

10.2 两室两厅顶棚图

设计思路

本节主要介绍两室两厅顶棚图的绘制。首先复制建筑平面图，然后布置各个房间的屋顶，最后布置灯具。结果如图 10-1 所示。

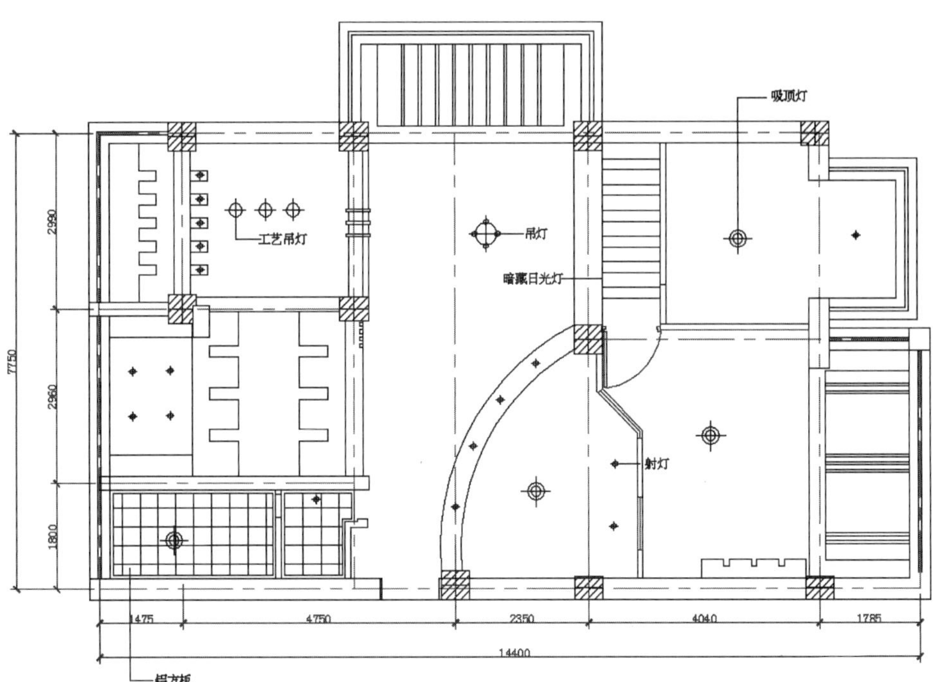

图 10-1　两室两厅顶棚图

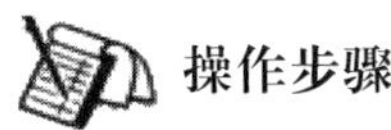

操作步骤

10.2.1　复制图形

复制图形的具体操作步骤如下。

(1) 单击“快速访问”工具栏中的“新建”按钮，建立新文件，命名为“顶棚布置图”，并放置到适当的位置。

(2) 打开第 9 章中绘制的平面图，单击图层下拉按钮，将“装饰”“文字”“地板”图层关闭。关闭后，图形如图 10-2 所示。

(3) 选中图中的所有图形，然后按 Ctrl+C 组合键进行复制。再单击菜单栏中的“窗口”菜单，切换到“顶棚布置图”中，按 Ctrl+V 组合键进行粘贴，将图形复制到当前的文件中。

10.2.2　设置图层

设置图层的具体操作步骤如下。

(1) 单击“默认”选项卡“图层”面板中的“图层特性”按钮，打开“图层特性管理器”选项板，可以看到刚刚随着图形的复制，图形所在的图层也同样复制到本文件中，如图 10-3 所示。

(2) 单击“新建图层”按钮，新建“屋顶”“灯具”两个图层，可根据自己的习惯进行图层设置。

Note

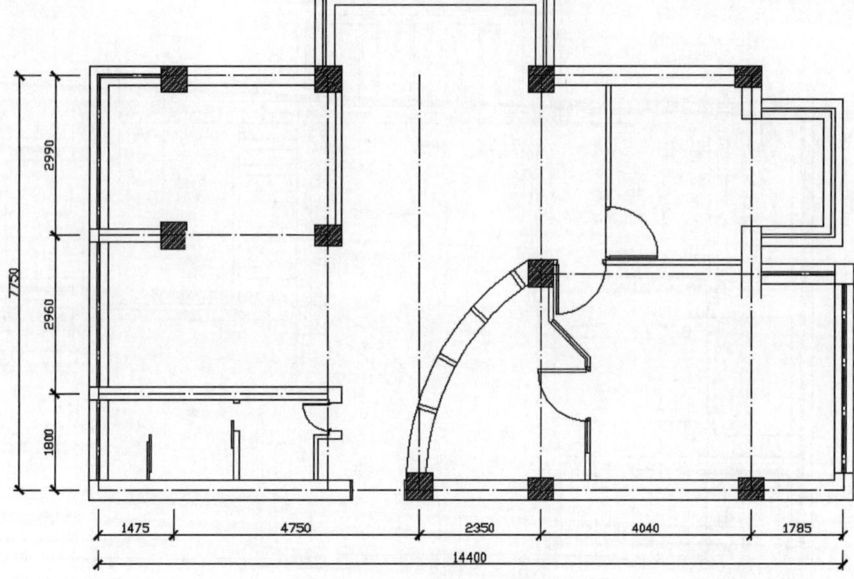

图 10-2　关闭图层后的图形

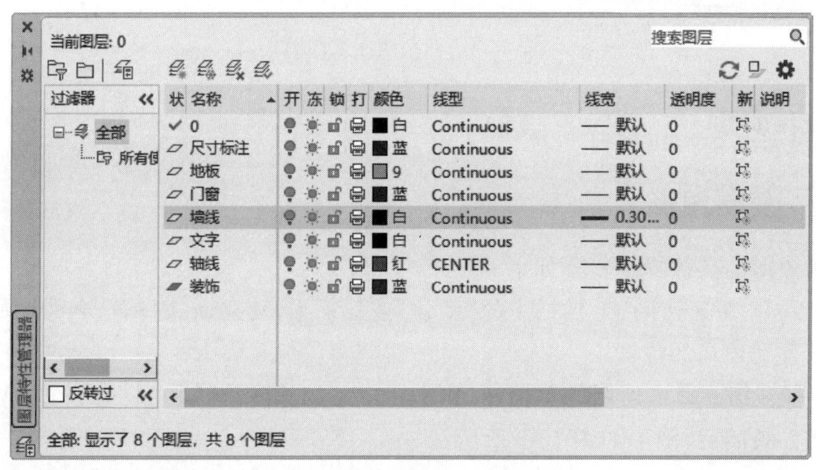

图 10-3　“图层特性管理器”选项板

10.2.3　绘制餐厅屋顶

绘制餐厅屋顶的具体操作步骤如下。

(1) 将“屋顶”图层设置为当前图层。选择菜单栏中的“格式”→“多线样式”命令，打开“多线样式”对话框，如图 10-4 所示。

(2) 单击“新建”按钮，新建多线样式，命名为 ceiling。参照图 10-5 设置此样式，即多线的偏移距离设置为 150、－150。

命令行中的提示与操作如下。

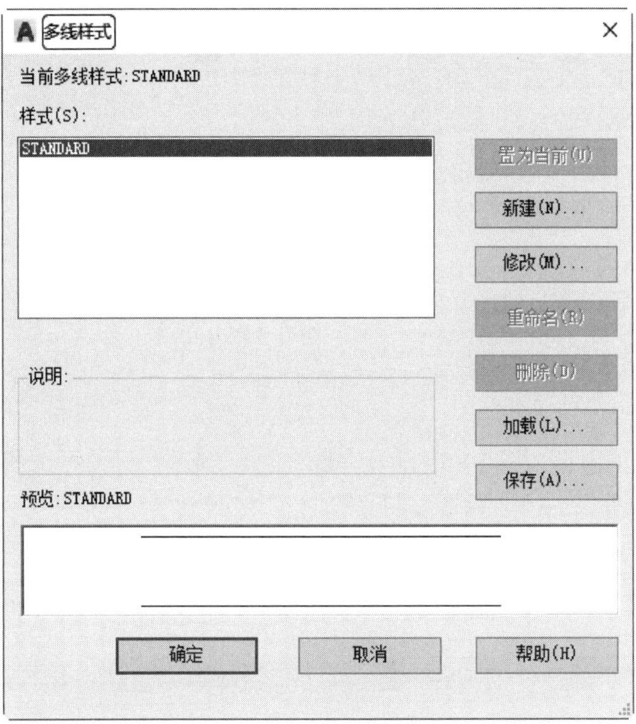

图 10-4　“多线样式”对话框

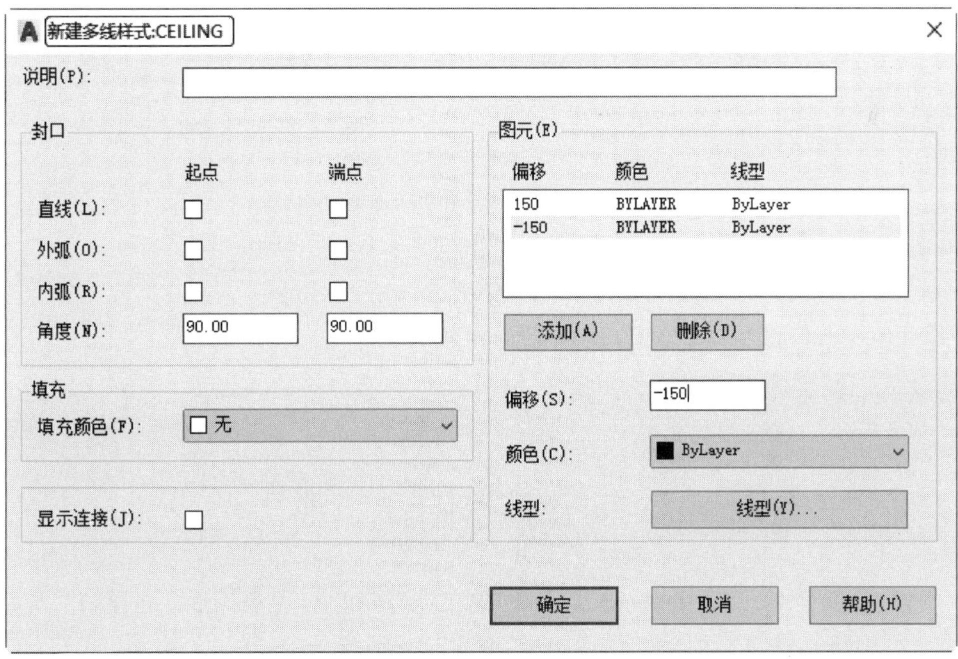

图 10-5　设置多线样式

Note

```
命令: mline↙
当前设置: 对正 = 上,比例 = 20.00,样式 = STANDARD
指定起点或[对正(J)/比例(S)/样式(ST)]: j
输入对正类型[上(T)/无(Z)/下(B)]<上>: z(设置对正为无)
当前设置: 对正 = 无,比例 = 20.00,样式 = STANDARD
指定起点或[对正(J)/比例(S)/样式(ST)]: st
输入多线样式名或[?]: ceiling(设置多线样式为 ceiling)
当前设置: 对正 = 无,比例 = 20.00,样式 = CEILING
指定起点或[对正(J)/比例(S)/样式(ST)]: s
输入多线比例<20.00>: 1(设置绘图比例为 1)
当前设置: 对正 = 无,比例 = 1.00,样式 = CEILING
指定起点或[对正(J)/比例(S)/样式(ST)]: (选择绘图起点)
指定下一点: (选择绘制终点)
指定下一点或[放弃(U)]: ↙
```

绘制完成后的图形如图 10-6 所示。

(3) 单击"默认"选项卡"绘图"面板中的"直线"按钮 ╱,在餐厅左侧空间绘制一条垂直直线,将空间分割为两部分,然后以垂直直线的中点为起点,绘制一条水平直线,如图 10-7 所示。

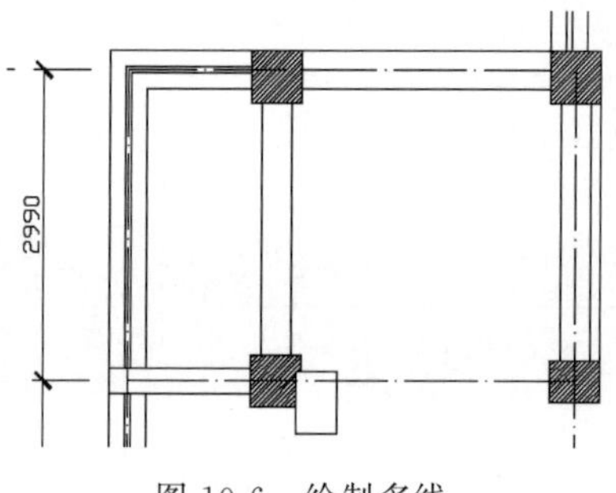

图 10-6　绘制多线

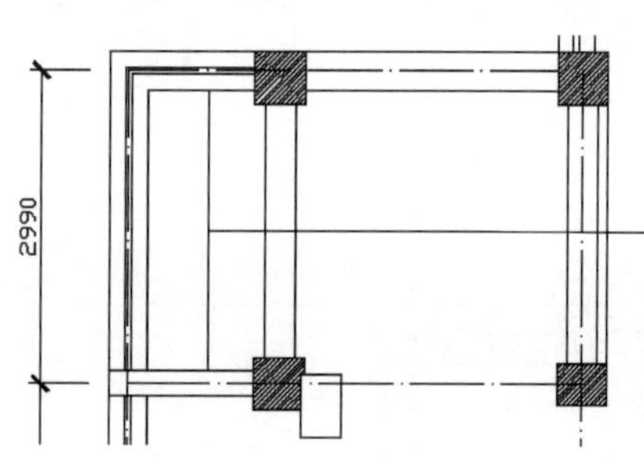

图 10-7　绘制辅助线

(4) 单击"默认"选项卡"绘图"面板中的"矩形"按钮 ▭,在空白处绘制一个尺寸为 300×180 的矩形,如图 10-8 所示。单击"默认"选项卡"修改"面板中的"移动"按钮 ✥,将其移动到图 10-9 所示的位置。命令行中的提示与操作如下。

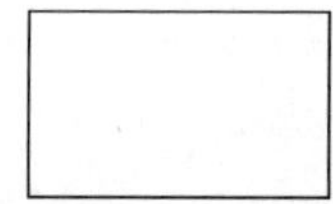
图 10-8　绘制矩形

```
命令: _move↙
选择对象: (选择矩形)
选择对象: ↙
指定基点或[位移(D)]<位移>: (选择矩形左侧边的中点作为移动的基点)
指定第二个点或<使用第一个点作为位移>: (将其移动到如图 10-9 所示的位置)
```

(5) 单击"默认"选项卡"修改"面板中的"复制"按钮 ⧉,复制矩形。选择一个基点,在命令行中输入移动的坐标(@0,400)。重复"复制"命令,复制 4 个矩形,如图 10-10 所示。

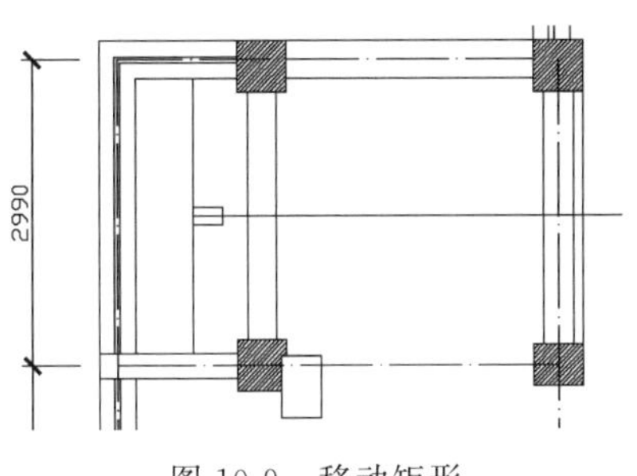

图 10-9　移动矩形

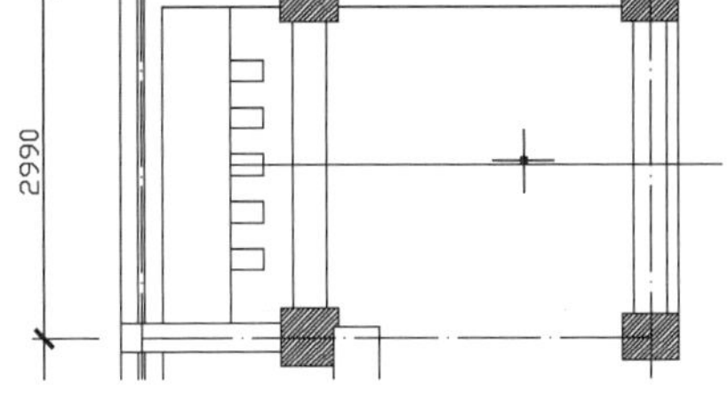

图 10-10　复制矩形

（6）单击“默认”选项卡“修改”面板中的“分解”按钮，选择 5 个矩形，按 Enter 键或右击将矩形分解。单击“默认”选项卡“修改”面板中的“修剪”按钮，将多余的线删除，如图 10-11 所示。

（7）单击“默认”选项卡“绘图”面板中的“矩形”按钮，绘制一个尺寸为 420×50 的矩形，并复制 3 个，移动到如图 10-12 所示的位置，并删除多余的线段。绘图过程与上述方法类似。

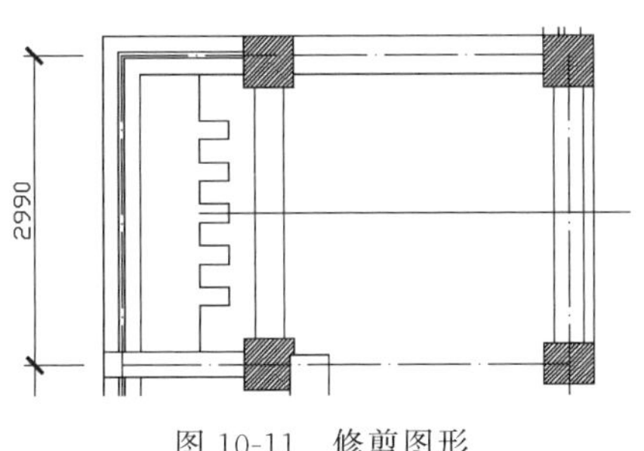

图 10-11　修剪图形

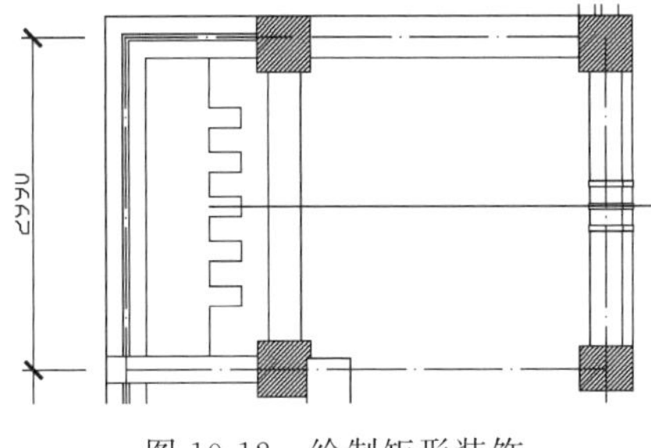

图 10-12　绘制矩形装饰

10.2.4　绘制厨房屋顶

绘制厨房屋顶的具体操作步骤如下。

（1）单击“默认”选项卡“绘图”面板中的“直线”按钮，将厨房顶棚分割为如图 10-13 所示的几个部分。

（2）在命令行中输入“mline”命令，选择多线样式为 ceiling，绘制多线，如图 10-14 所示。

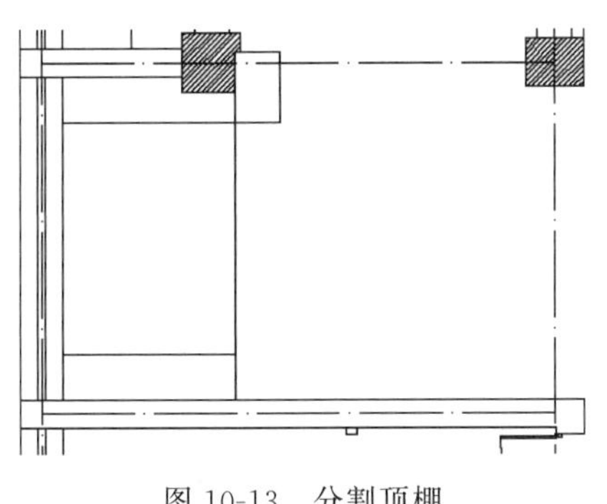

图 10-13　分割顶棚

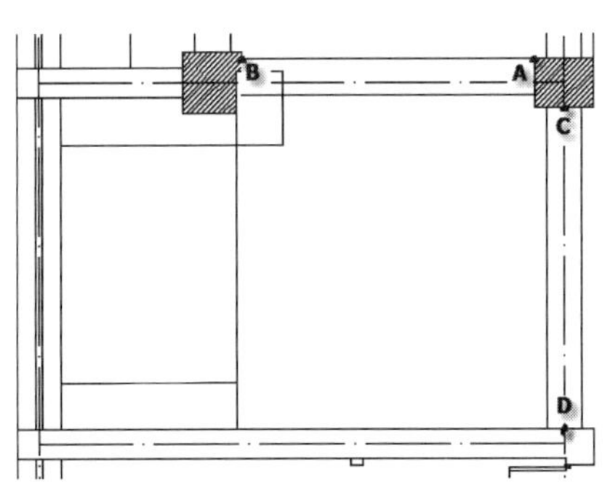

图 10-14　绘制多线

Note

(3) 单击“默认”选项卡“修改”面板中的“分解”按钮 ，将多线分解，删除多余直线。

(4) 单击“默认”选项卡“绘图”面板中的“直线”按钮 ，在厨房右侧的空间绘制两条垂直直线，如图 10-15 所示。

(5) 同餐厅的屋顶样式一样，单击“默认”选项卡“绘图”面板中的“矩形”按钮 ，绘制尺寸为 500×200 的矩形，并修改为如图 10-16 所示的样式。

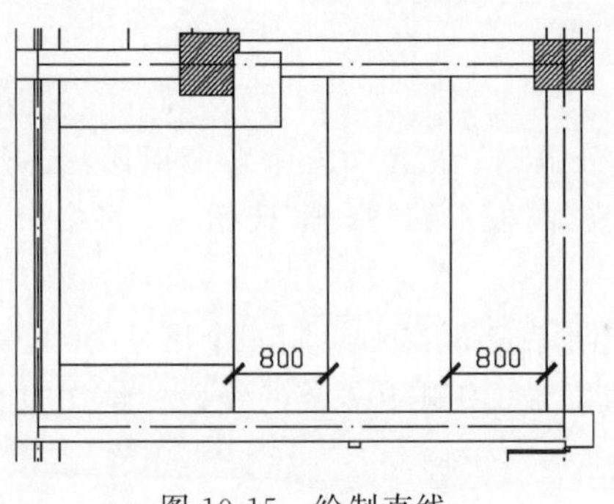

图 10-15　绘制直线

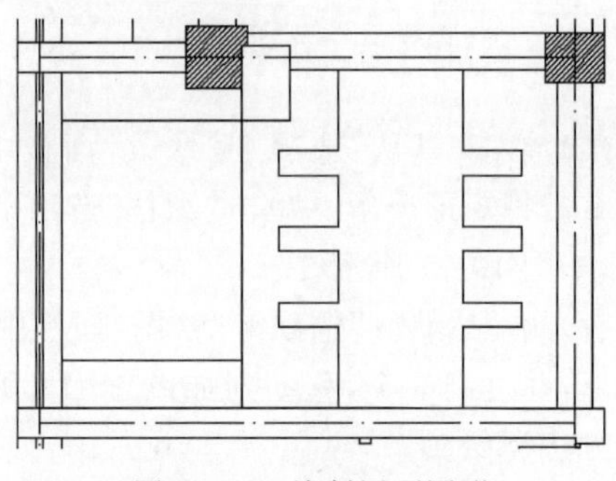

图 10-16　绘制屋顶图形

(6) 单击“默认”选项卡“绘图”面板中的“矩形”按钮 ，绘制一个尺寸为 60×60 的矩形。单击“默认”选项卡“修改”面板中的“移动”按钮 ，将绘制的矩形移动到右侧柱子下方，如图 10-17 所示。

(7) 单击“默认”选项卡“修改”面板中的“矩形阵列”按钮 ，“行数”设置为 4，“列数”设置为 1，“行间距”设置为 −120，在图中选择刚刚绘制的小矩形，阵列图形，如图 10-18 所示。

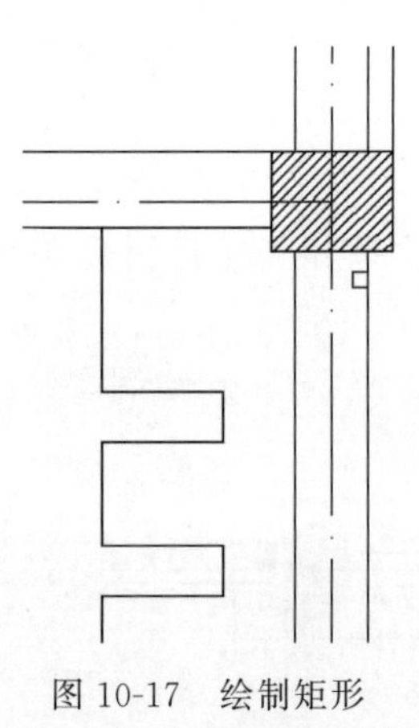

图 10-17　绘制矩形

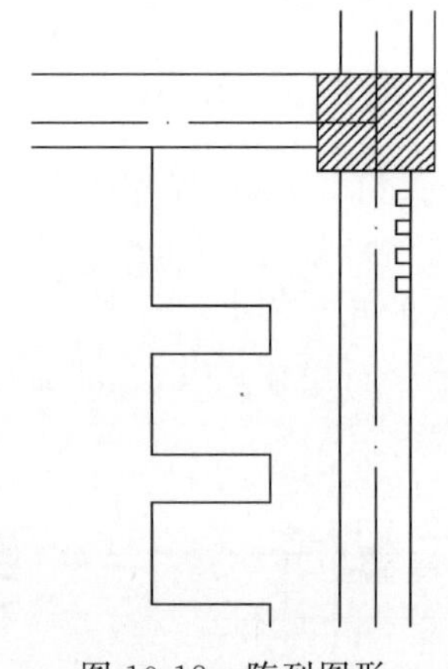

图 10-18　阵列图形

10.2.5　绘制卫生间屋顶

绘制卫生间屋顶的具体操作步骤如下。

(1) 选择菜单栏中的“格式”→“多线样式”命令，打开“多线样式”对话框。单击“新建”按钮，打开“创建新的多线样式”对话框。新建多线样式，并命名为 t_ceiling，如

图 10-19 所示。

(2) 设置多线的偏移距离分别为 25 和－25，如图 10-20 所示。

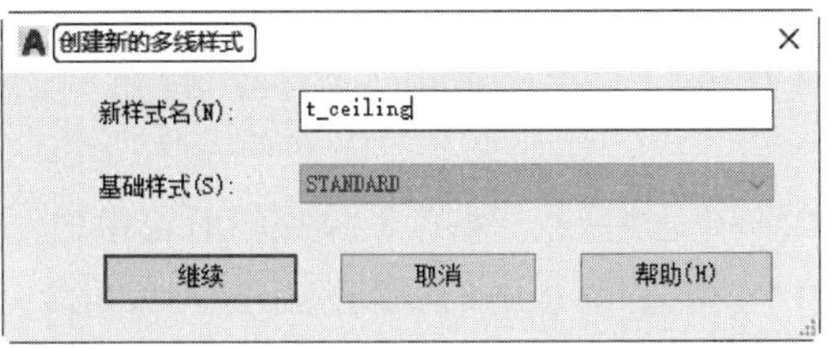

图 10-19 “创建新的多线样式”对话框

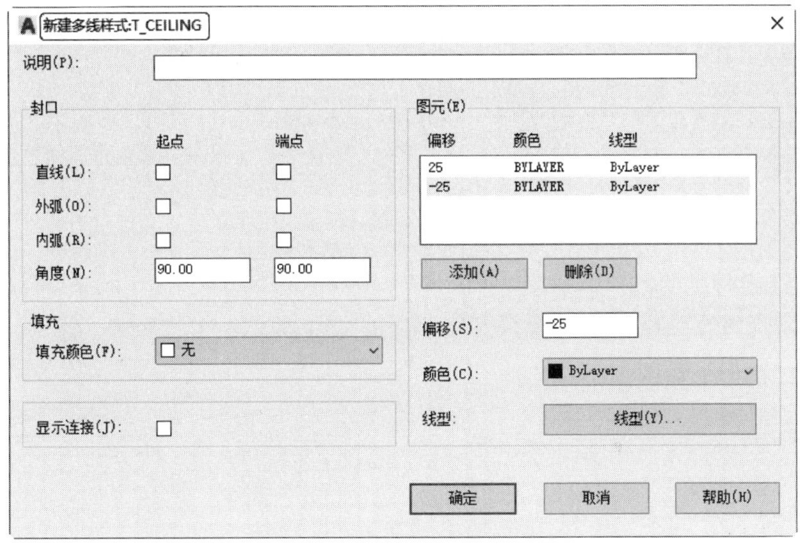

图 10-20 设置多线样式

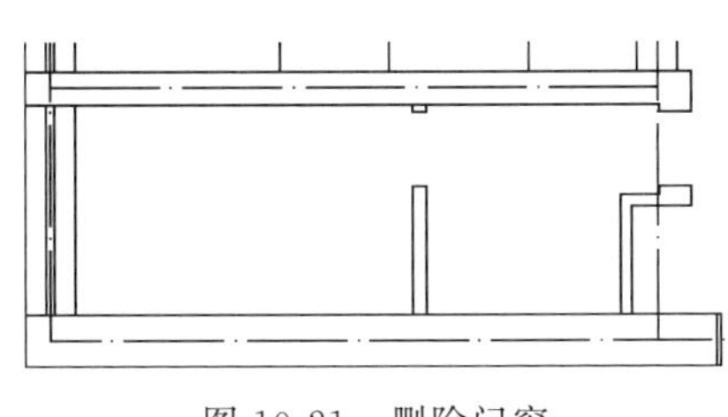

图 10-21 删除门窗

(3) 删除复制图形时的门窗，删除后的图形如图 10-21 所示。

(4) 在命令行中输入“mline”命令，在图中绘制顶棚图案，如图 10-22 所示。

(5) 单击“默认”选项卡“绘图”面板中的“图案填充”按钮 ▦，打开“图案填充创建”选项卡。选择名为“NET”的填充图案，将填充比例设置为 100，在卫生间的两个空间内进行填充操作。结果如图 10-23 所示。

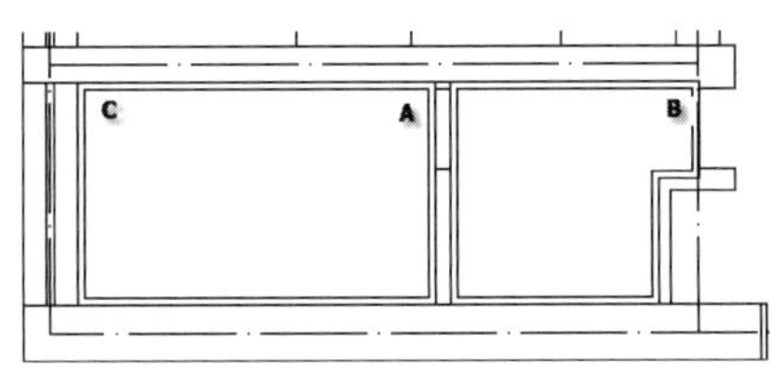

图 10-22 绘制顶棚图案

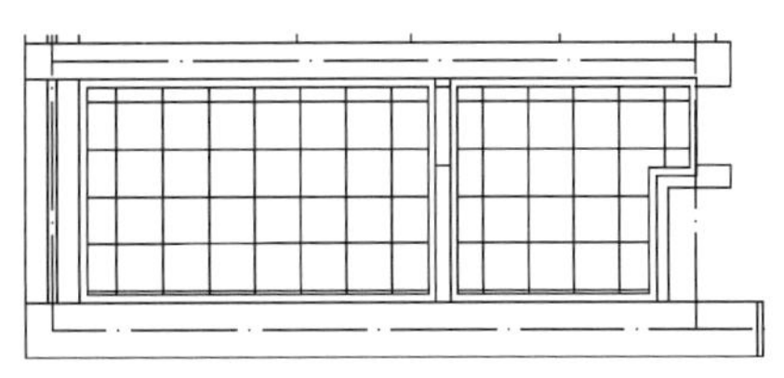

图 10-23 填充顶棚图案

10.2.6 绘制客厅阳台屋顶

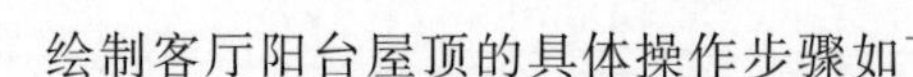

绘制客厅阳台屋顶的具体操作步骤如下。

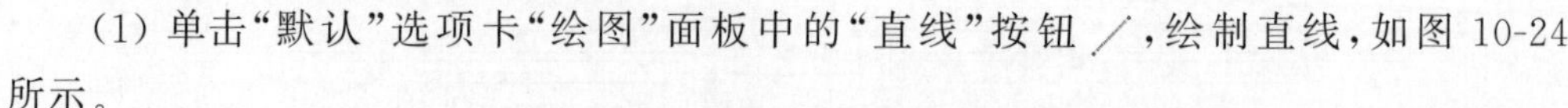

(1) 单击“默认”选项卡“绘图”面板中的“直线”按钮 ╱，绘制直线，如图 10-24 所示。

(2) 单击阳台的多线，单击“默认”选项卡“修改”面板中的“分解”按钮 ，将多线分解。单击“默认”选项卡“修改”面板中的“偏移”按钮 ⊂，在命令行中将偏移距离设置为 300，将刚刚绘制的水平直线和阳台轮廓的内侧两条垂直直线向内偏移。命令行中的提示与操作如下。

```
命令: _offset↙
当前设置: 删除源 = 否  图层 = 源  OFFSETGAPTYPE = 0
指定偏移距离或[通过(T)/删除(E)/图层(L)]<通过>: 300(设置偏移距离为 300)
选择要偏移的对象或[退出(E)/放弃(U)]<退出>: (单击水平直线)
指定要偏移的那一侧上的点或[退出(E)/多个(M)/放弃(U)]<退出>: (在阳台内侧单击)
选择要偏移的对象或[退出(E)/放弃(U)]<退出>: (单击左侧直线)
指定要偏移的那一侧上的点或[退出(E)/多个(M)/放弃(U)]<退出>: (在阳台内侧单击)
选择要偏移的对象或[退出(E)/放弃(U)]<退出>: (单击右侧直线)
指定要偏移的那一侧上的点或[退出(E)/多个(M)/放弃(U)]<退出>: (在阳台内侧单击)
选择要偏移的对象或[退出(E)/放弃(U)]<退出>: ↙
```

偏移后的图形如图 10-25 所示。

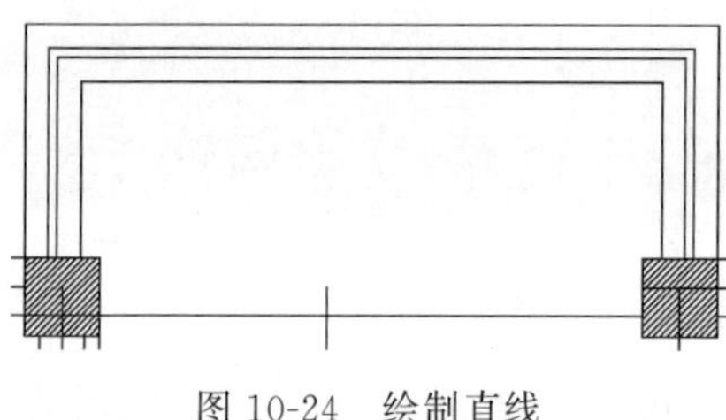

图 10-24 绘制直线

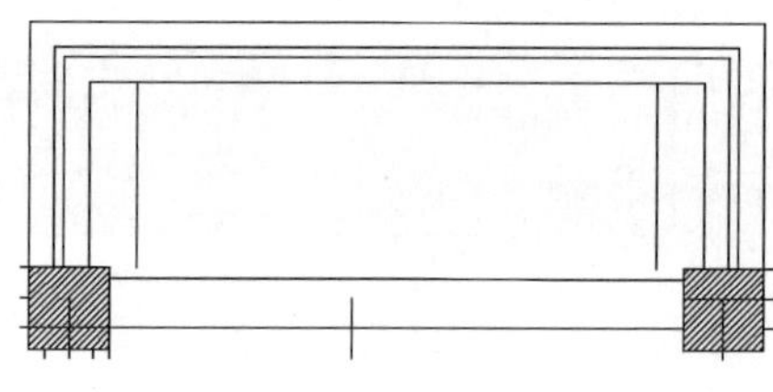

图 10-25 偏移直线

(3) 单击“默认”选项卡“修改”面板中的“修剪”按钮 ，将直线修改为如图 10-26 所示的形状。

(4) 在命令行中输入“mline”命令，保持多线样式为 t_ceiling，在水平线的中点绘制多线，如图 10-27 所示。

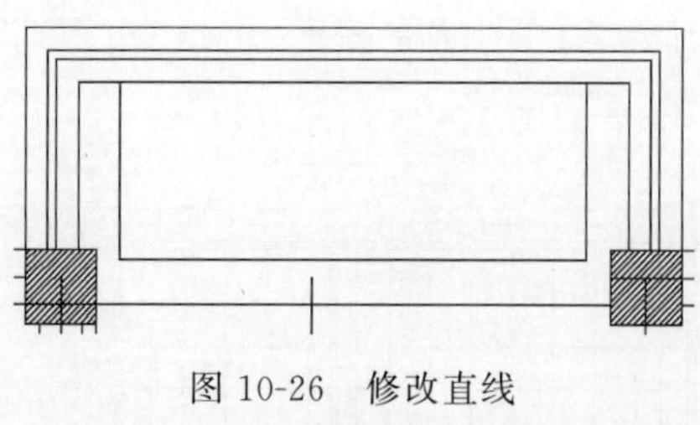

图 10-26 修改直线

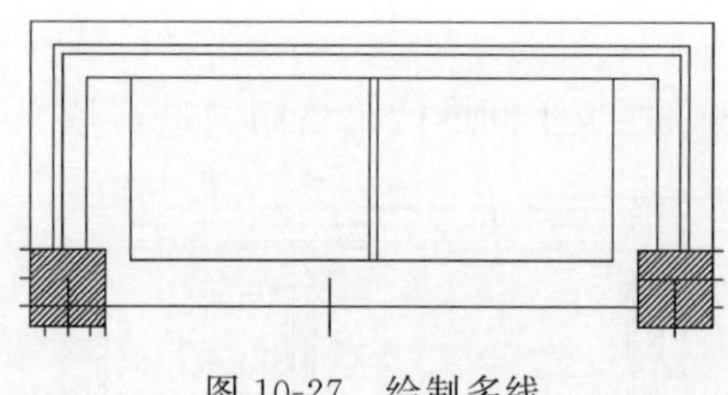

图 10-27 绘制多线

(5) 单击“默认”选项卡“修改”面板中的“矩形阵列”按钮 ，将“行数”设置为 1、“列数”设置为 5、“列间距”设置为 300，选择刚刚绘制的多线阵列。完成后的图形如

图 10-28 所示。

(6) 单击“默认”选项卡“修改”面板中的“镜像”按钮 ,将右侧的多线镜像到左侧,如图 10-29 所示。

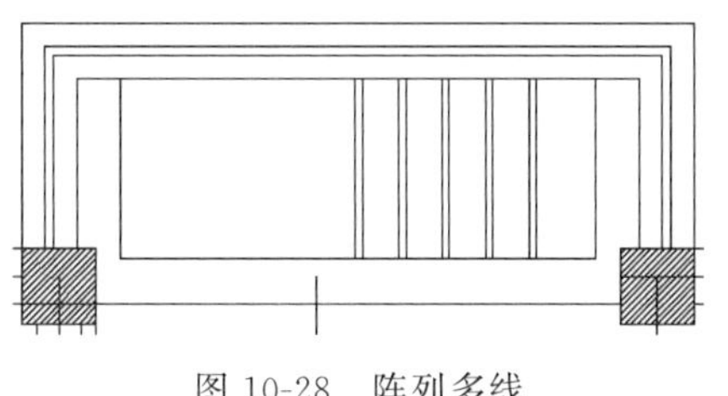
图 10-28 阵列多线

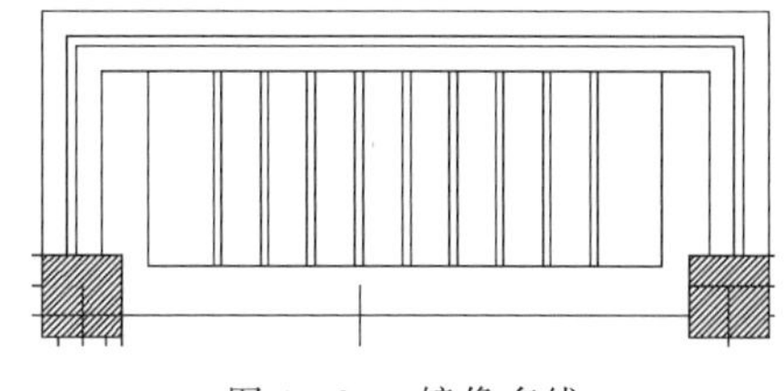
图 10-29 镜像多线

(7) 用同样的方法绘制其他室内空间的顶棚图案。绘制完成后的图形如图 10-30 所示。

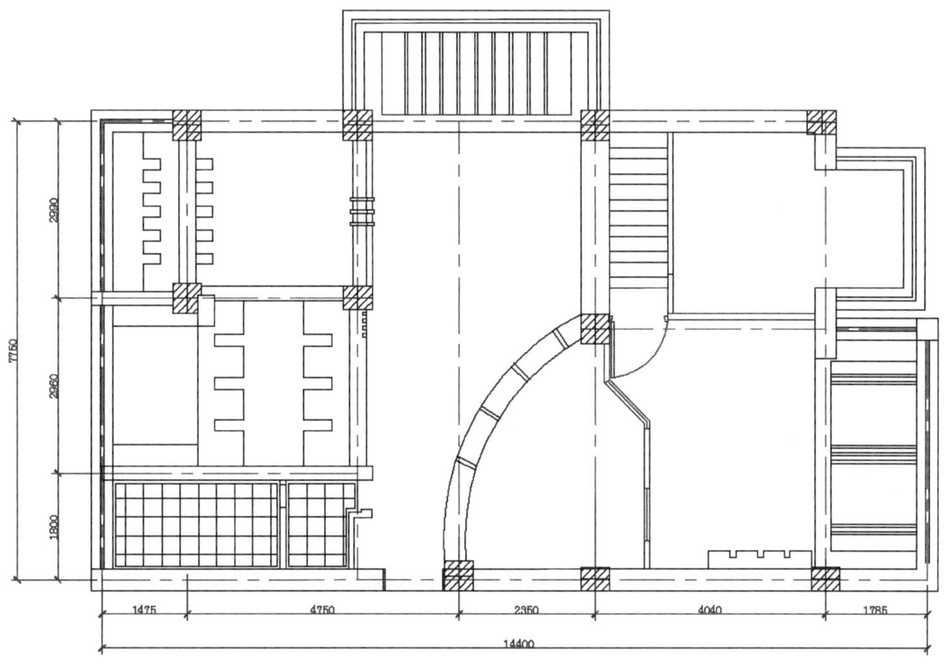

图 10-30 屋顶绘制效果图

10.2.7 绘制吸顶灯

绘制吸顶灯的具体操作步骤如下。

(1) 将“灯具”图层设置为当前图层,如图 10-31 所示。单击“默认”选项卡“绘图”面板中的“圆”按钮 ,在图中绘制一个直径为 300 的圆,如图 10-32 所示。

(2) 单击“默认”选项卡“修改”面板中的“偏移”按钮 ,将偏移距离设置为 50,即将圆向内偏移 50,如图 10-33 所示。单击“默认”选项卡“绘图”面板中的“直线”按钮 ,在空白处绘制一条长为 500 的水平直线,再绘制一条长为 500 的垂直直线,将其中点对齐。单击“默认”选项卡“修改”面板中的“移动”按钮 ,将其移动至圆心位置,如图 10-34 所示。

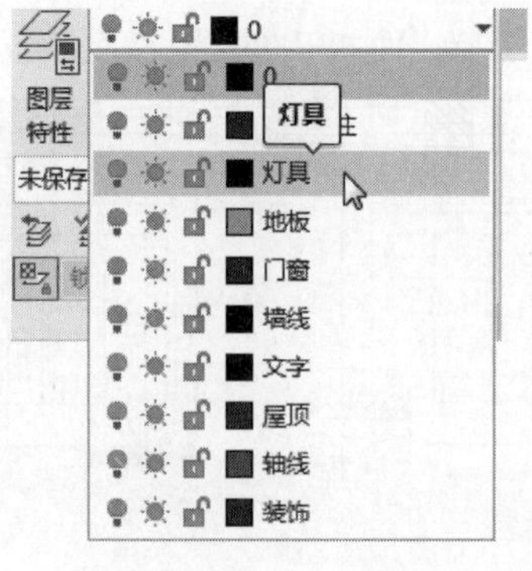

图 10-31 图层设置

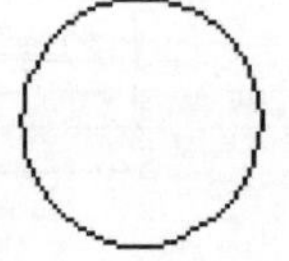

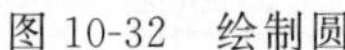

图 10-32 绘制圆

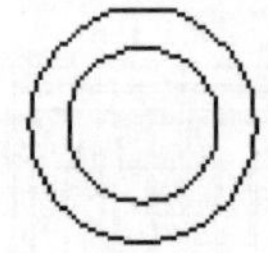

图 10-33 偏移圆形

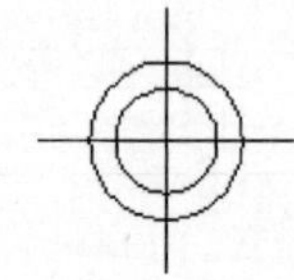

图 10-34 绘制十字图形并移至圆心位置

(3) 单击"默认"选项卡"块"面板中的"创建"按钮，如图 10-35 所示，❶打开"块定义"对话框。❷在"名称"文本框中输入"吸顶灯"，❸单击"拾取点"按钮，将插入点选择为圆心，其他选项保持默认设置，❹单击"选择对象"按钮，选择刚刚绘制的图块，❺单击"确定"按钮，将吸顶灯创建成块。

(4) 单击"默认"选项卡"块"面板中的"插入"按钮，在下拉列表中选择"吸顶灯"图块，如图 10-36 所示，选择"吸顶灯"，将其插入图中的固定位置，最终效果如图 10-37 所示。

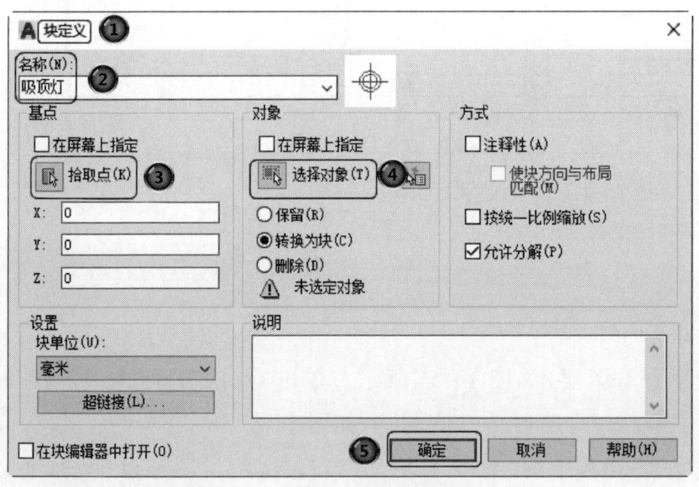

图 10-35 创建块

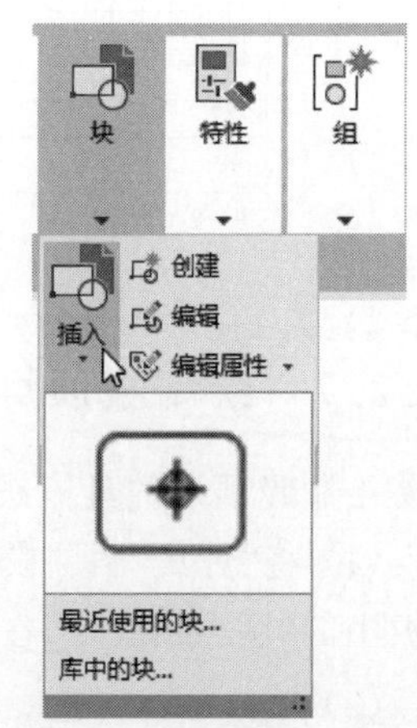

图 10-36 选择吸顶灯图块

Note

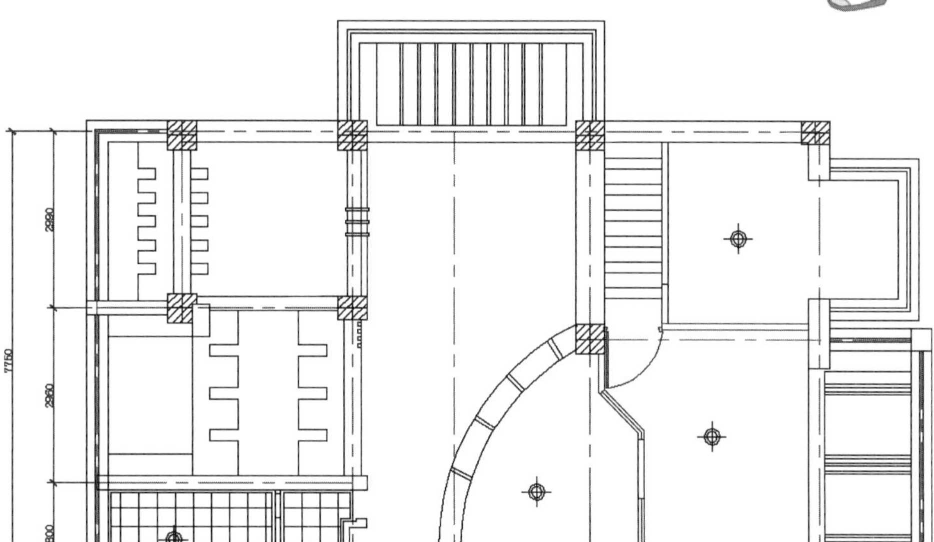

图 10-37　插入吸顶灯图块

10.2.8　绘制吊灯

绘制吊灯的具体操作步骤如下。

（1）单击“默认”选项卡“绘图”面板中的“圆”按钮 ，绘制一个直径为 400 的圆，如图 10-38 所示。单击“默认”选项卡“绘图”面板中的“直线”按钮 ，绘制两条相交的直线，长度均为 600，如图 10-39 所示。

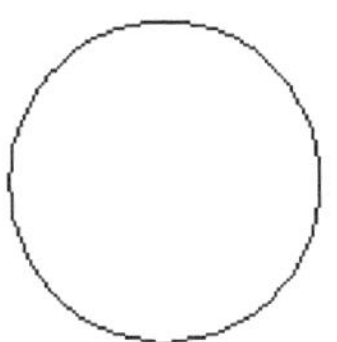

图 10-38　绘制圆

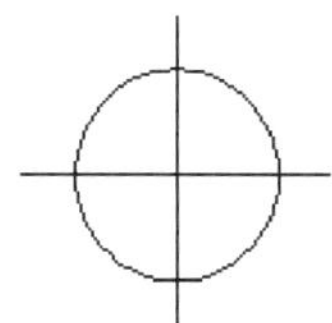

图 10-39　绘制直线

（2）单击“默认”选项卡“绘图”面板中的“圆”按钮 ，以直线和圆的交点作为圆心，绘制 4 个直径为 100 的小圆，如图 10-40 所示。

（3）同样将此图形保存为图块，命名为“吊灯”，并插入相应的位置。绘制工艺吊灯（图 10-41）及射灯，并插入相应位置。最后效果如图 10-42 所示。

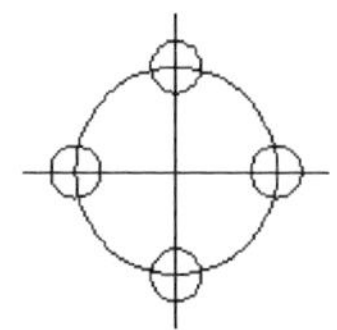

图 10-40　绘制小圆

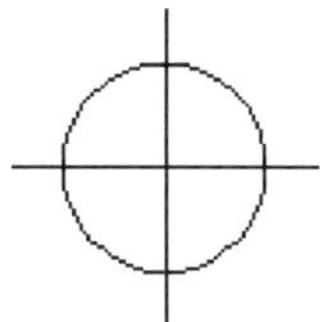

图 10-41　工艺吊灯

Note

图 10-42　插入吊灯及射灯

10.2.9　文字标注

文字样式与第 9 章的编辑方法相同,此处不再赘述。插入文字后的图形如图 10-43 所示。

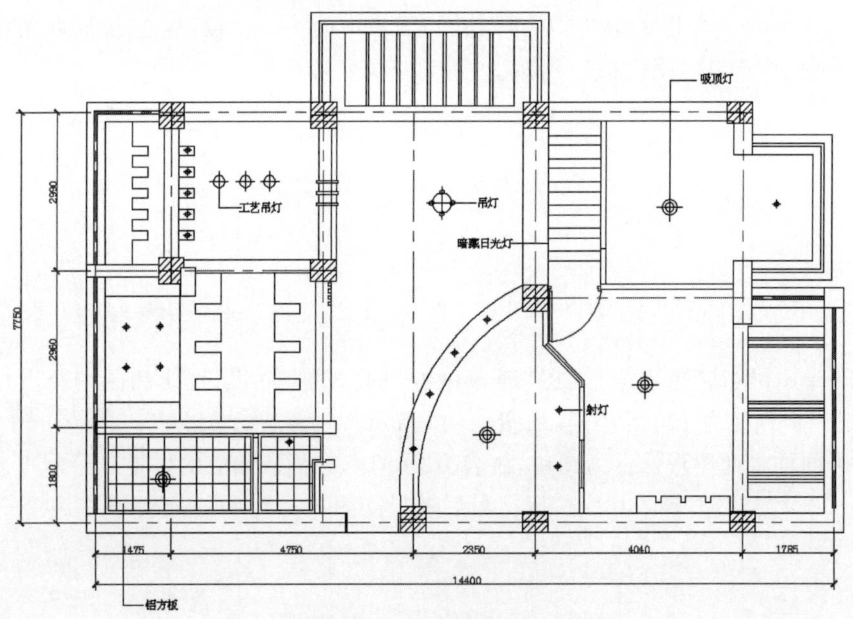

图 10-43　插入文字

10.3　一室一厅顶棚图

10-2

设计思路

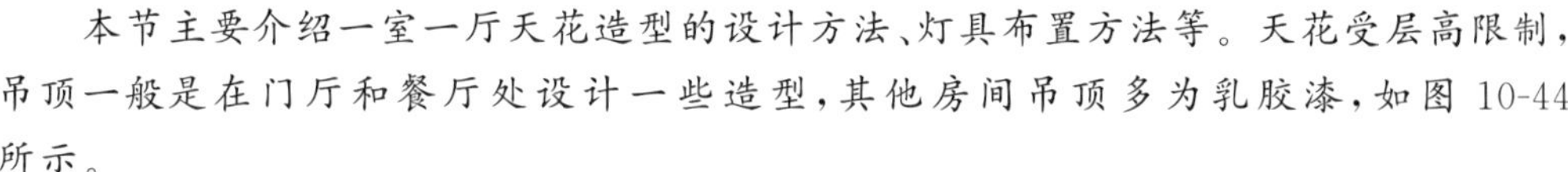

本节主要介绍一室一厅天花造型的设计方法、灯具布置方法等。天花受层高限制，吊顶一般是在门厅和餐厅处设计一些造型，其他房间吊顶多为乳胶漆，如图 10-44 所示。

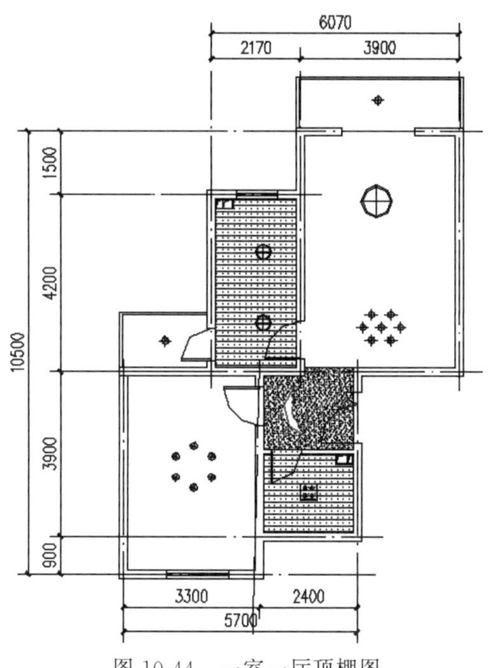

图 10-44　一室一厅顶棚图

操作步骤

10.3.1　绘制门厅吊顶

未布置家具和洁具等设施的居室平面如图 10-45 所示。

注意： 由于这种住宅的层高在 2700mm 左右，相对比较矮，因此不建议做复杂的造型。但在门厅处可以设计局部的造型，卫生间、厨房等安装铝扣板天花吊顶。其他天花板一般通过刷不同色彩的乳胶漆就可得到很好的效果。一般取没有布置家具和洁具等设施的居室平面进行天花板设计。

绘制门厅吊顶的具体操作步骤如下。

(1) 在门厅处设计一个石膏板天花造型。单击“默认”选项卡“绘图”面板中的“直线”按钮 ╱，绘制其边界轮廓线，如图 10-46 所示。

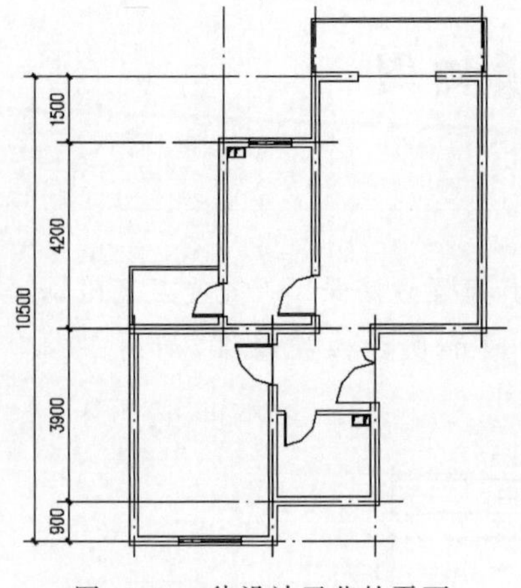

图 10-45　待设计天花的平面

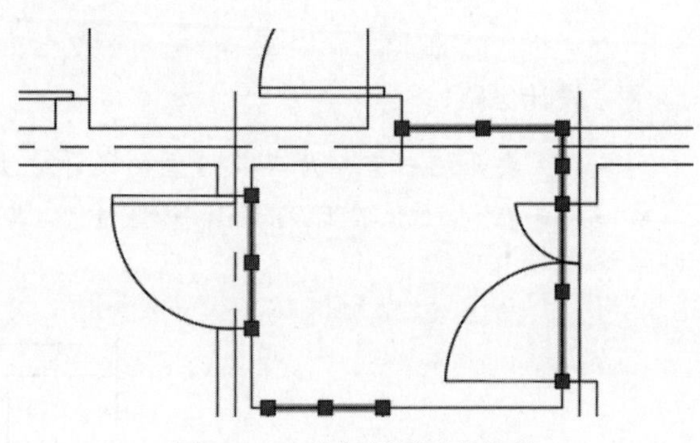

图 10-46　绘制门厅天花边界

(2) 单击"默认"选项卡"绘图"面板中的"圆弧"按钮，绘制门厅造型，构成月亮造型，如图 10-47 所示。

(3) 单击"默认"选项卡"绘图"面板中的"直线"按钮，绘制星星造型，如图 10-48 所示。

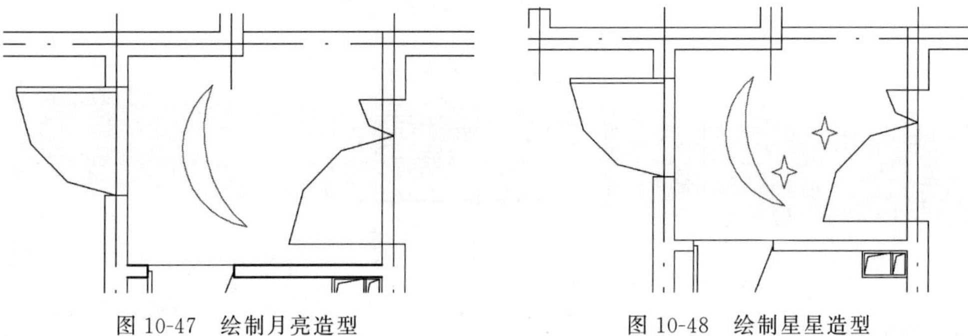

图 10-47　绘制月亮造型

图 10-48　绘制星星造型

(4) 单击"默认"选项卡"绘图"面板中的"图案填充"按钮，对门厅石膏天花造型进行图案填充，如图 10-49 所示。

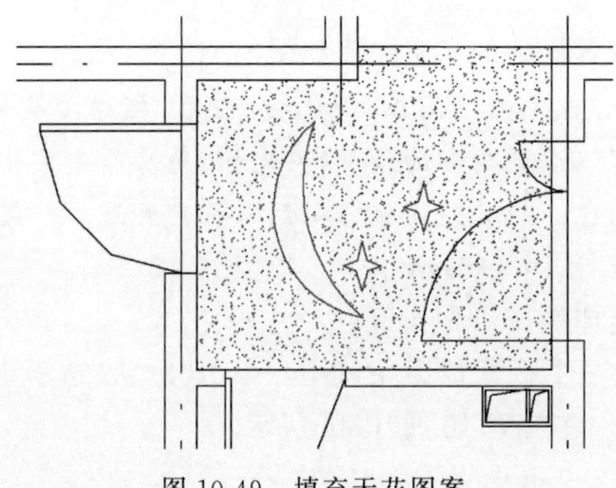

图 10-49　填充天花图案

10.3.2　绘制卫生间和厨房吊顶

绘制卫生间和厨房吊顶的具体操作步骤如下。

（1）单击“默认”选项卡“绘图”面板中的“图案填充”按钮，对卫生间天花造型进行填充，如图 10-50 所示。

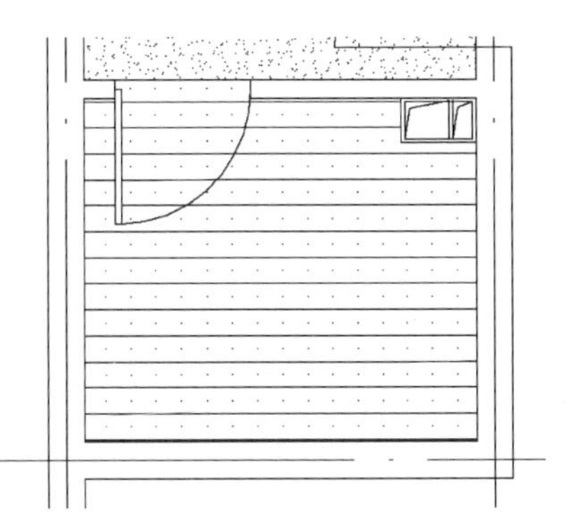

图 10-50　填充卫生间天花

（2）先绘制好厨房天花的边界范围，准备绘制天花造型，如图 10-51 所示。

（3）单击“默认”选项卡“绘图”面板中的“图案填充”按钮，绘制厨房天花造型，如图 10-52 所示。

（4）单击“默认”选项卡“块”面板中的“插入”按钮，在卫生间安装浴霸，如图 10-53 所示。

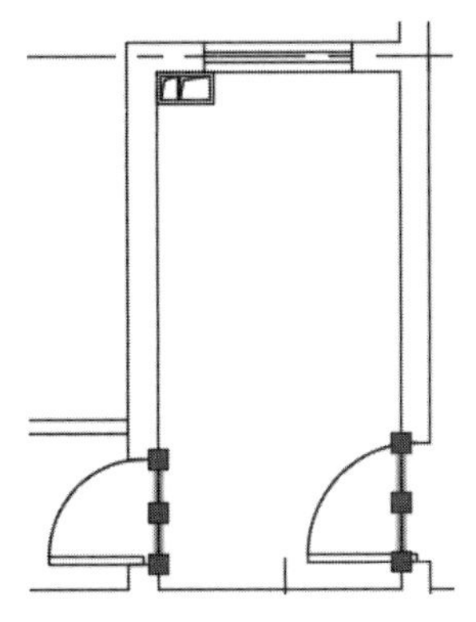

图 10-51　绘制厨房天花的边界

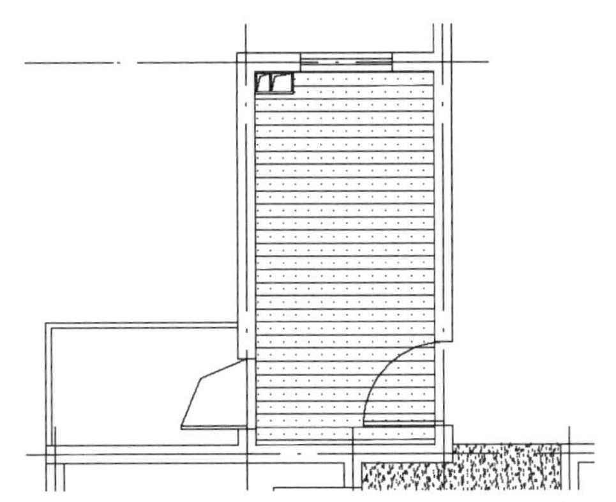

图 10-52　绘制厨房天花

（5）单击“默认”选项卡“块”面板中的“插入”按钮，在餐厅处布置造型灯一个。单击“默认”选项卡“修改”面板中的“复制”按钮，复制得到其他的造型，如图 10-54 所示。

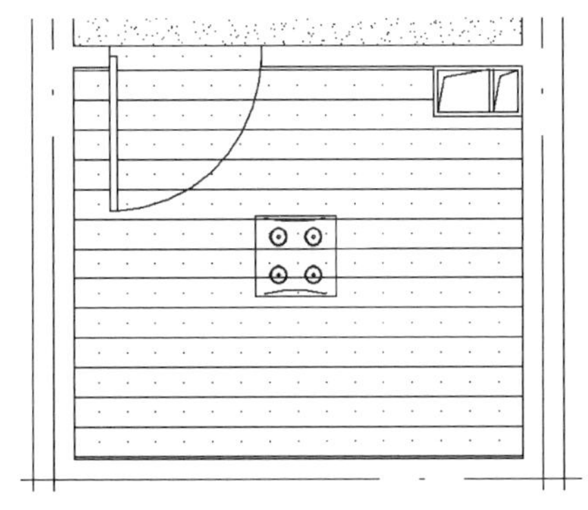

图 10-53　布置浴霸

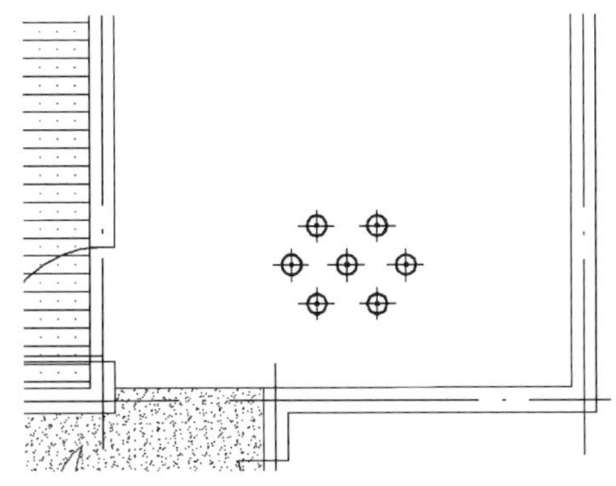

图 10-54　布置餐厅造型灯

Note

☎ **注意**：应根据各个房间的不同情况，安装不同的灯具造型。

10.3.3 绘制客厅吊顶

绘制客厅吊顶的具体操作步骤如下。

(1) 单击"默认"选项卡"块"面板中的"插入"按钮，在客厅布置吸顶灯一个。单击"默认"选项卡"绘图"面板中的"直线"按钮 ╱，绘制两条相互垂直的短线，如图 10-55 所示。

(2) 单击"默认"选项卡"绘图"面板中的"圆"按钮，在两条相互垂直的短线处绘制两个同心圆，其中一个半径为 20。单击"默认"选项卡"修改"面板中的"偏移"按钮 ⋐，生成另一个圆，形成吸顶灯造型，如图 10-56 所示。

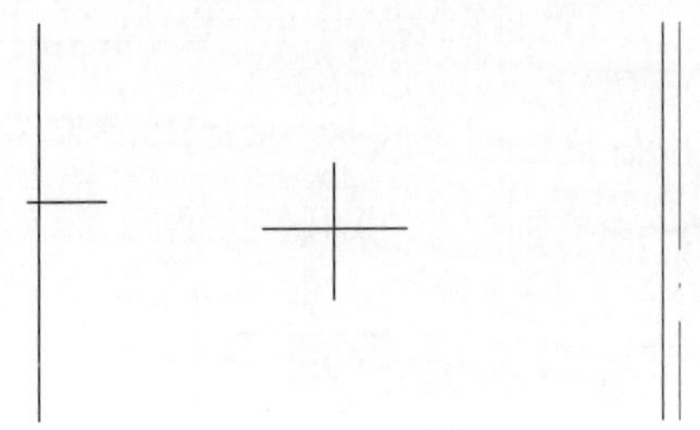

图 10-55　绘制相互垂直的短线

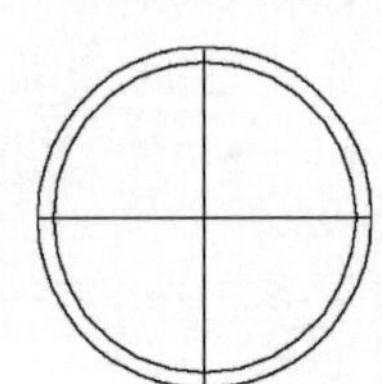

图 10-56　形成吸顶灯造型

(3) 其他房间如卧室、厨房等，按上述方法布置相应的照明灯造型，如图 10-57 所示。

(4) 完成吊顶施工图绘制。使用折线标注相应的说明文字，具体操作在此从略。结果如图 10-58 所示。

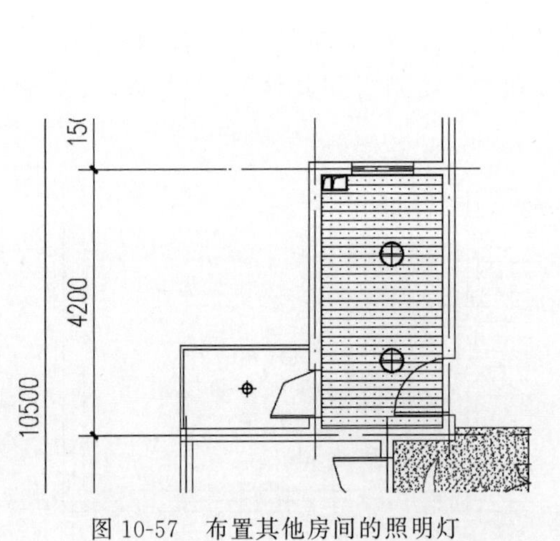

图 10-57　布置其他房间的照明灯

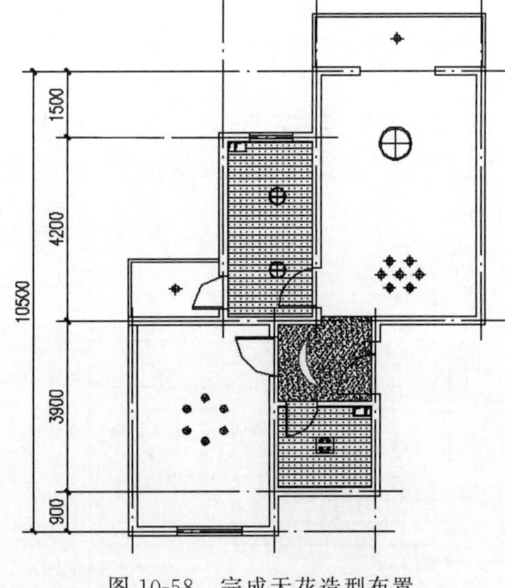

图 10-58　完成天花造型布置

Note

10-3

10.4　三室两厅顶棚图

设计思路

本节主要介绍三室两厅中门厅、客厅和卧室等不同房间的吊顶照明灯具及天花造型等的绘制方法，如图 10-59 所示。

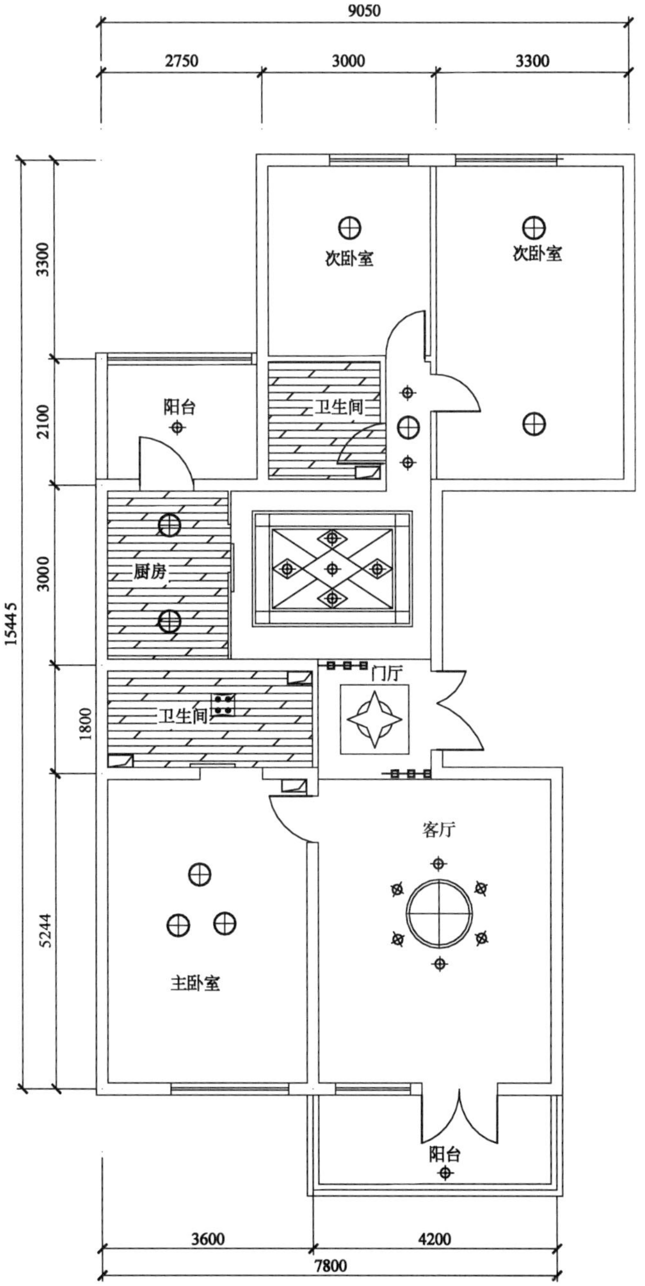

图 10-59　三室两厅顶棚图

操作步骤

Note

10.4.1 绘制门厅吊顶

天花设计所采用的空间平面如图 10-60 所示。

说明：基于工程建设的经济成本等考虑，目前国内城市的住房普遍较低，层高为 2700～2900mm。若增加吊顶，则可能会使人感到压抑和沉闷。为避免这种压抑感，创造舒适的生活环境，普通住宅的顶棚大部分空间不加修饰。

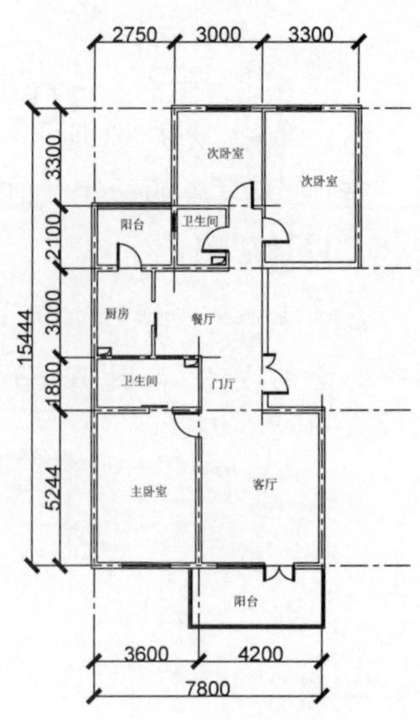

图 10-60　天花设计平面

绘制门厅吊顶的具体操作步骤如下。

(1) 单击“默认”选项卡“绘图”面板中的“矩形”按钮，在门厅吊顶范围内绘制一个矩形造型，如图 10-61 所示。

(2) 单击“默认”选项卡“绘图”面板中的“直线”按钮，在矩形内勾画一个门厅吊顶的造型，如图 10-62 所示。

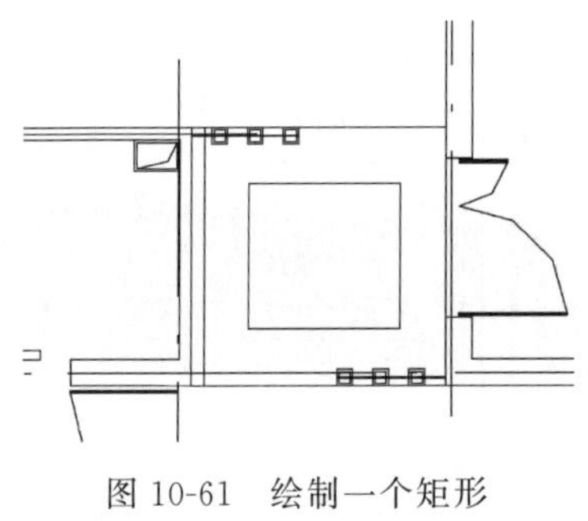

图 10-61　绘制一个矩形

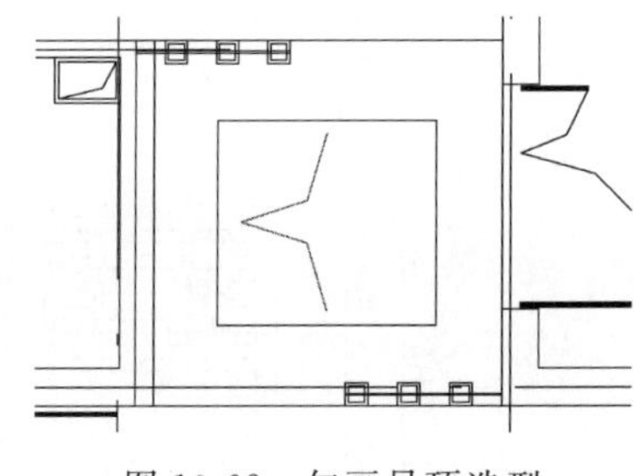

图 10-62　勾画吊顶造型

注意：可以创建其他形式的吊顶造型。

(3) 单击“默认”选项卡“修改”面板中的“镜像”按钮，通过镜像得到对称造型效果，如图 10-63 所示。

(4) 单击“默认”选项卡“绘图”面板中的“圆”按钮，在造型处绘制一个圆形，如图 10-64 所示。

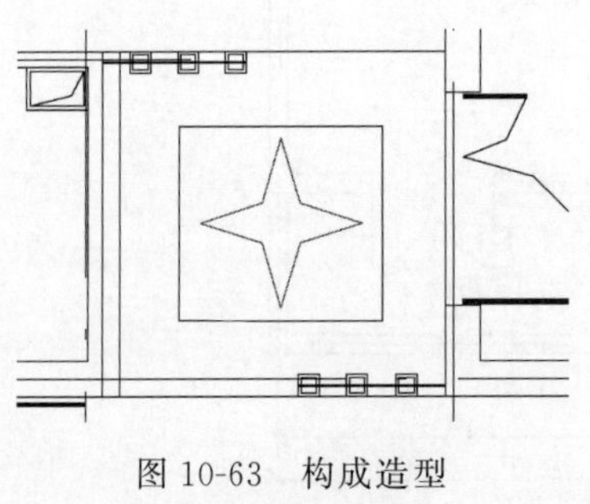

图 10-63　构成造型

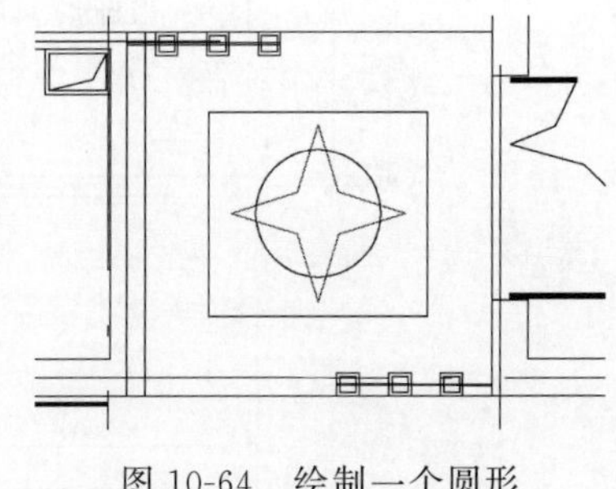

图 10-64　绘制一个圆形

(5) 单击"默认"选项卡"修改"面板中的"修剪"按钮，进行图线剪切，得到需要的造型效果，如图 10-65 所示。

(6) 单击"默认"选项卡"绘图"面板中的"图案填充"按钮，对该图形选择填充图案，得到更为形象的效果，如图 10-66 所示。

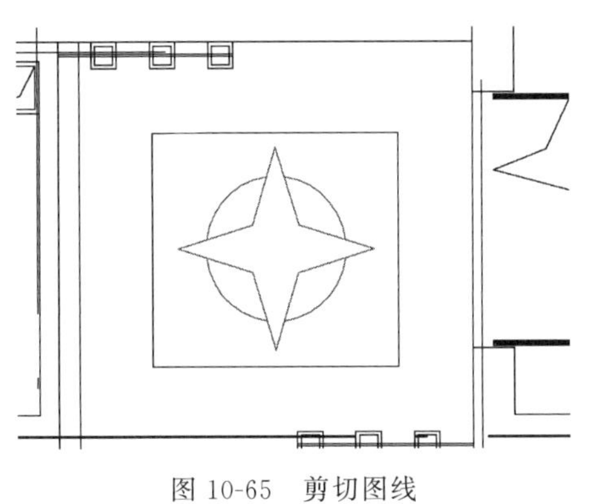

图 10-65　剪切图线

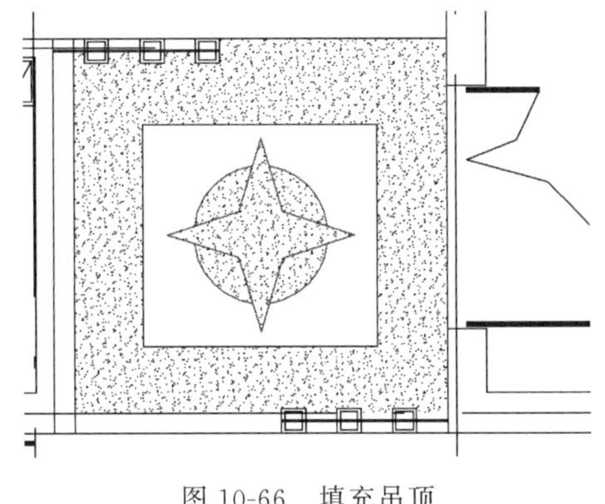

图 10-66　填充吊顶

10.4.2　绘制餐厅吊顶

绘制餐厅吊顶的具体操作步骤如下。

(1) 单击"默认"选项卡"绘图"面板中的"矩形"按钮，绘制两个矩形作为餐厅吊顶造型轮廓线，如图 10-67 所示。

注意： 无论是在餐厅还是在门厅，吊顶造型都以简洁为宜。

(2) 单击"默认"选项卡"绘图"面板中的"直线"按钮，在矩形内绘制水平和垂直方向的直线造型，如图 10-68 所示。

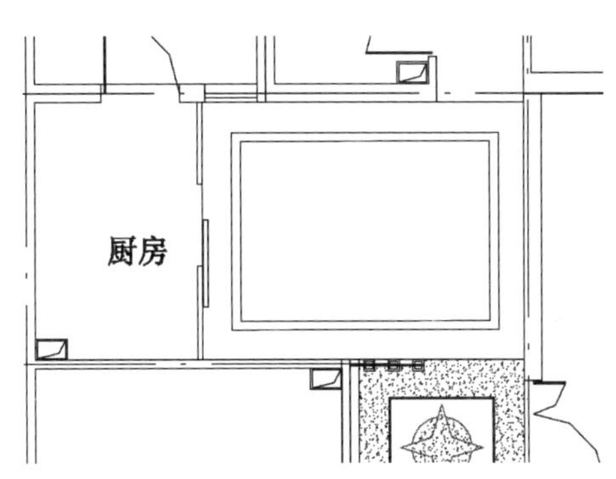

图 10-67　绘制吊顶轮廓线

(3) 单击"默认"选项卡"绘图"面板中的"矩形"按钮，在内侧绘制一个小矩形。单击"默认"选项卡"绘图"面板中的"直线"按钮，连接对角线，如图 10-69 所示。

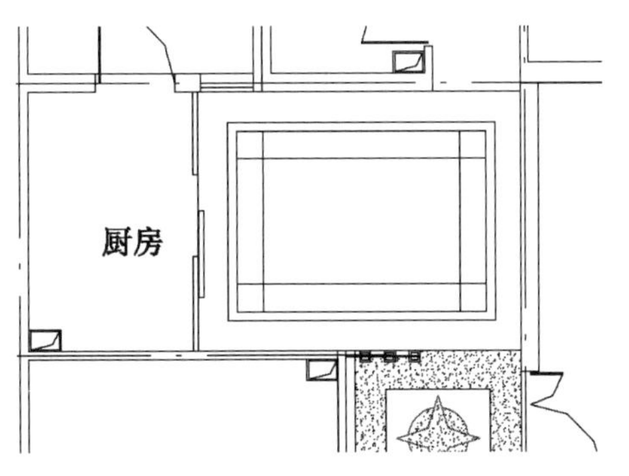

图 10-68　绘制直线造型

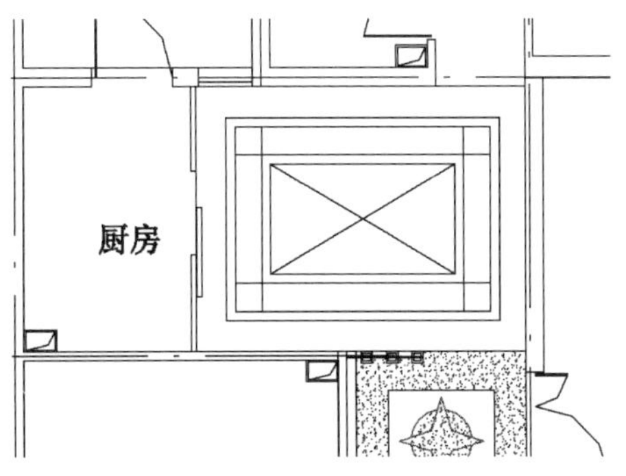

图 10-69　连接对角线

Note

(4) 单击“默认”选项卡“修改”面板中的“偏移”按钮 ⊆，偏移图形线条，如图 10-70 所示。

(5) 单击“默认”选项卡“修改”面板中的“修剪”按钮，通过剪切得到餐厅天花造型，如图 10-71 所示。

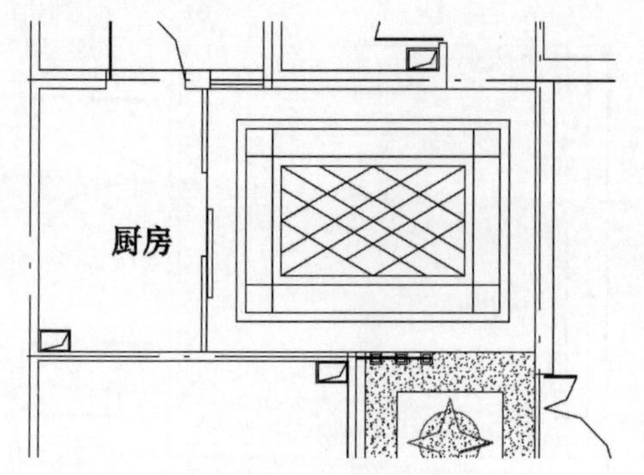

图 10-70　偏移线条

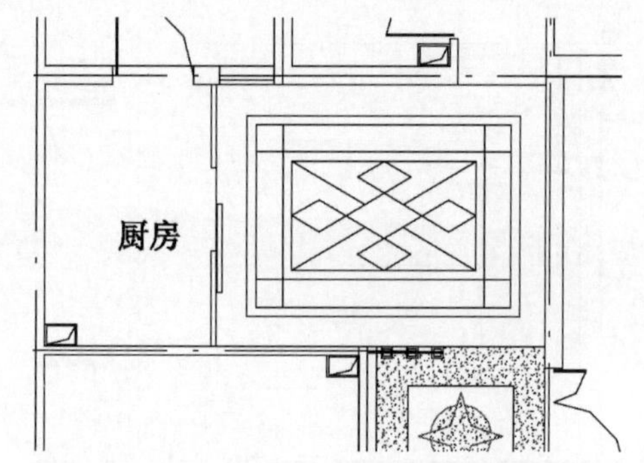

图 10-71　通过剪切得到餐厅天花造型

10.4.3　绘制厨卫吊顶

绘制厨卫吊顶的具体操作步骤如下。

(1) 创建厨卫天花，如图 10-72 所示。

注意：选择合适的填充图案填充厨房或卫生间铝扣板天花造型。

(2) 单击“默认”选项卡“块”面板中的“插入”按钮，在卫生间配置浴霸造型，如图 10-73 所示。

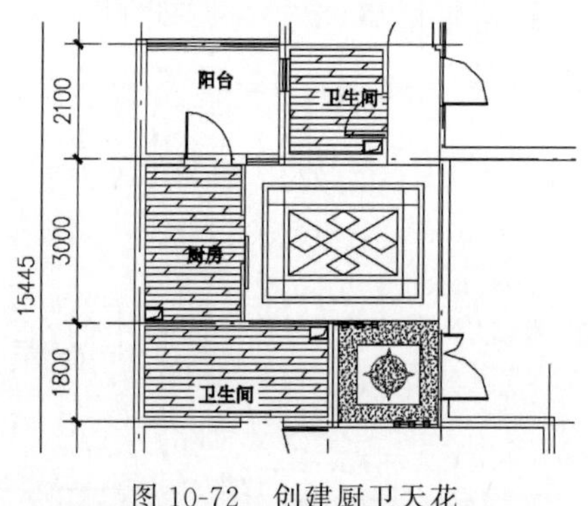

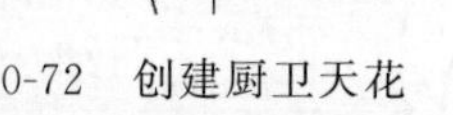

图 10-72　创建厨卫天花

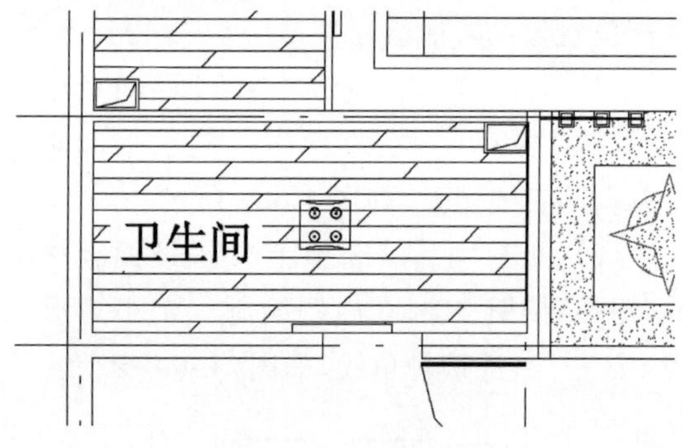

图 10-73　配置浴霸

10.4.4　绘制灯

绘制灯的具体操作步骤如下。

(1) 单击“默认”选项卡“块”面板中的“插入”按钮，布置厨房的造型灯，如图 10-74 所示。

(2) 单击“默认”选项卡“块”面板中的“插入”按钮，配置餐厅灯，如图 10-75 所示。

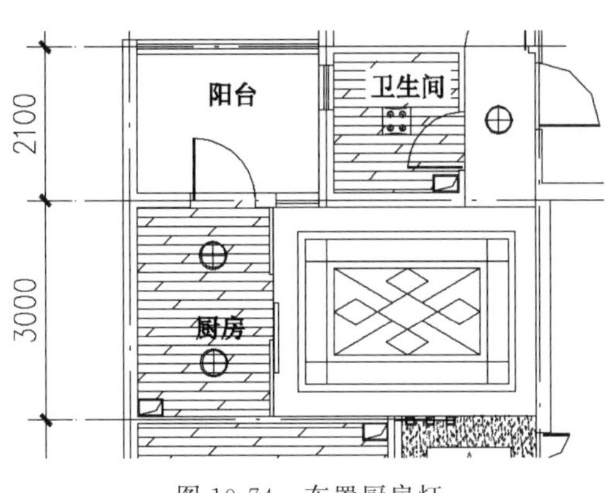

图 10-74　布置厨房灯

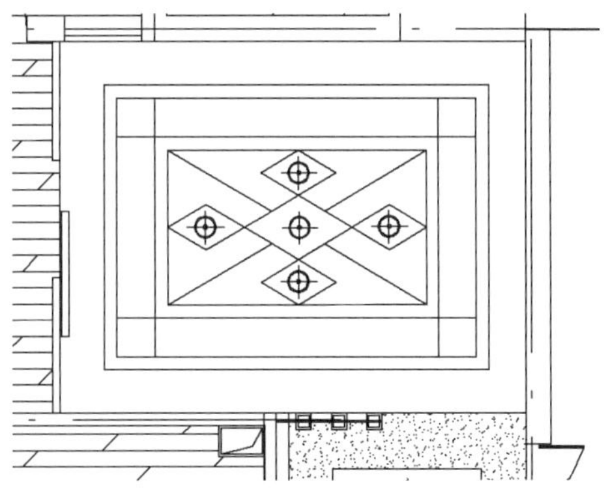

图 10-75　配置餐厅灯

（3）按上述方法布置其他房间的照明灯，如卧室、阳台等，如图 10-76 所示。

（4）布置完成后，三室两厅顶棚图绘制完成，最终结果如图 10-59 所示。

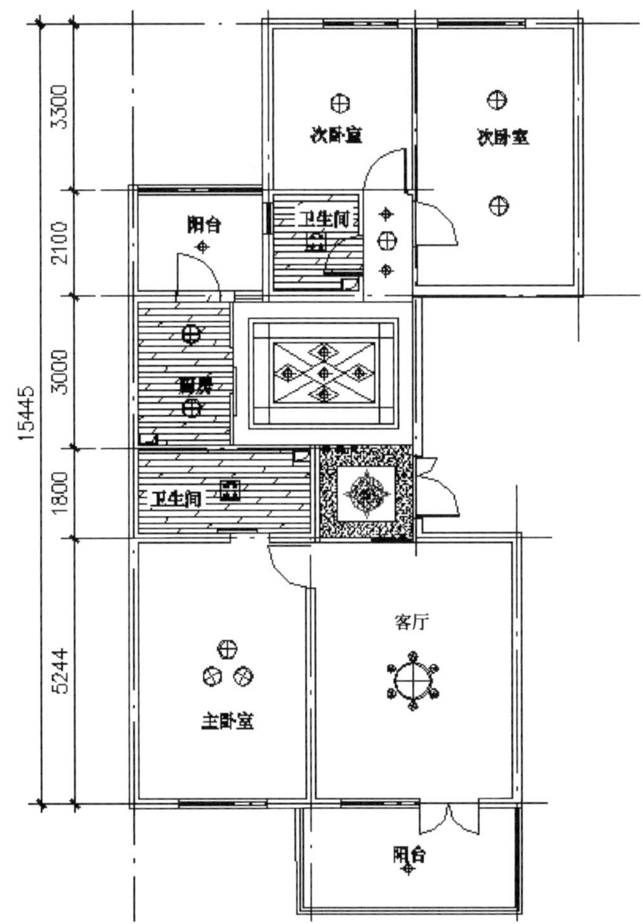

图 10-76　布置其他房间的灯

Note

10.5 上机实验

10.5.1 实验 1 绘制居室顶棚图

绘制如图 10-77 所示的居室顶棚图。

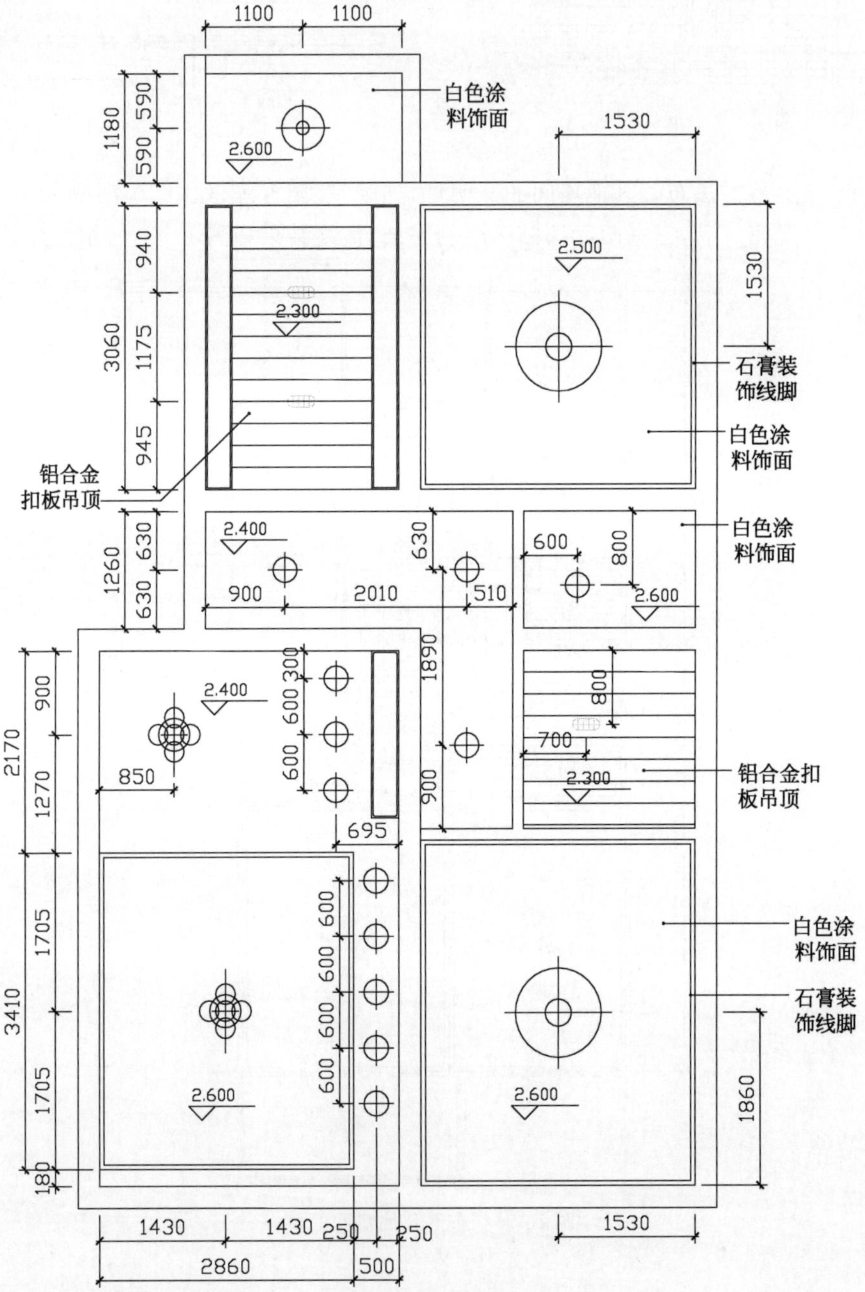

图 10-77 居室顶棚图

操作提示

（1）利用“直线”命令绘制轴线。

（2）利用“多线”命令绘制墙体。

（3）利用“插入块”命令对顶棚图进行布置。

（4）利用“多行文字”命令对顶棚图进行文字标注。

（5）利用“标注”命令对顶棚图进行尺寸标注。

10.5.2　实验 2　绘制办公楼大厅顶棚图

绘制如图 10-78 所示的办公楼大厅顶棚图。

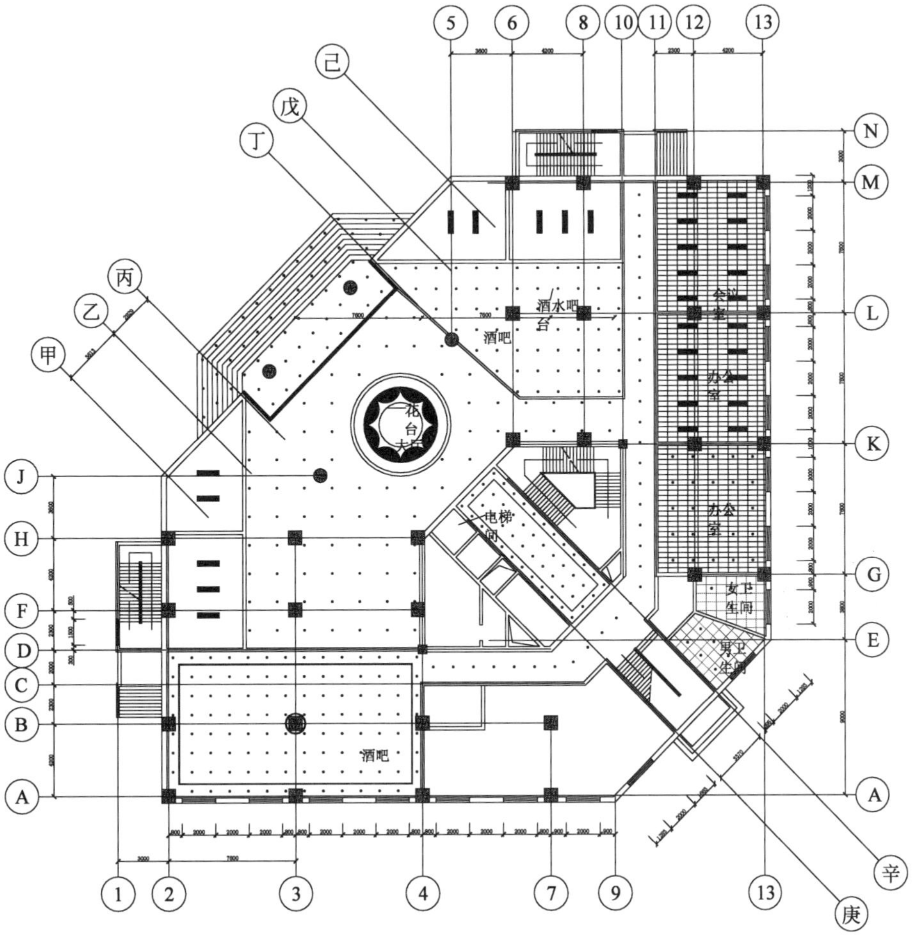

图 10-78　办公楼大厅顶棚图

操作提示

（1）利用“直线”命令绘制轴线。

（2）利用“多线”命令绘制顶棚图墙体。

（3）利用“插入块”命令和“图案填充”命令及“阵列”命令对顶棚图进行布置。

（4）利用“多行文字”命令对顶棚图进行文字标注。

（5）利用“标注”命令对顶棚图进行尺寸标注。

第11章

住宅楼地面装饰图绘制

本章介绍关于室内地面装饰的基本概念和基本理论。在掌握基本概念的基础上，才能理解室内设计布置图中的内容和安排方法，更好地学习室内设计的知识。

学习要点

- 一室一厅地面平面图绘制
- 三室两厅地面平面图绘制

11-1

11.1 一室一厅地面平面图绘制

设计思路

一居室的地面和天花装修平面图中，地面和天花的绘制，主要是装饰材料的选用和局部造型设计。一般地面装修材料为地砖、实木地板和复合木地板等，通过填充不同图案即可表示不同的材质。

下面介绍如图 11-1 所示的地面装修效果图的绘制方法与相关技巧。

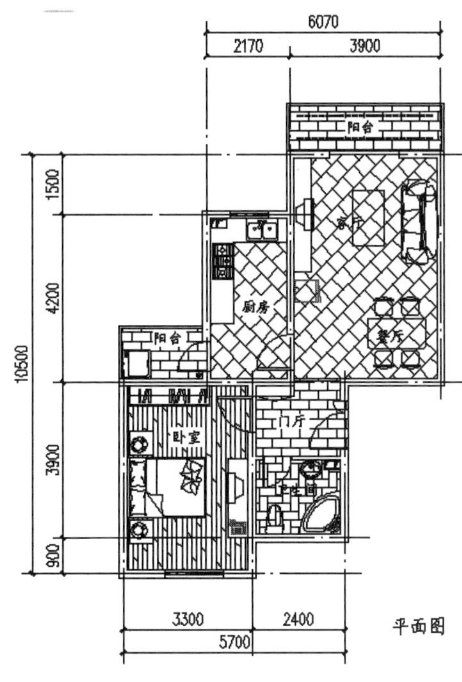

图 11-1 地面装修效果图

操作步骤

11.1.1 布置门厅地面图

布置门厅地面图的具体操作步骤如下。

(1) 打开“源文件”中的“一室一厅装饰平面图”，绘制门厅的范围，以便确定填充图案的边界位置，如图 11-2 所示。

(2) 单击“默认”选项卡“绘图”面板中的“图案填充”按钮，对门厅范围填充地砖图案，如图 11-3 所示。

(3) 在门洞等开口处绘制界定客厅范围线，如图 11-4 所示。

(4) 单击“默认”选项卡“绘图”面板中的“图案填充”按钮，对客厅范围填充地砖图案，如图 11 5 所示。

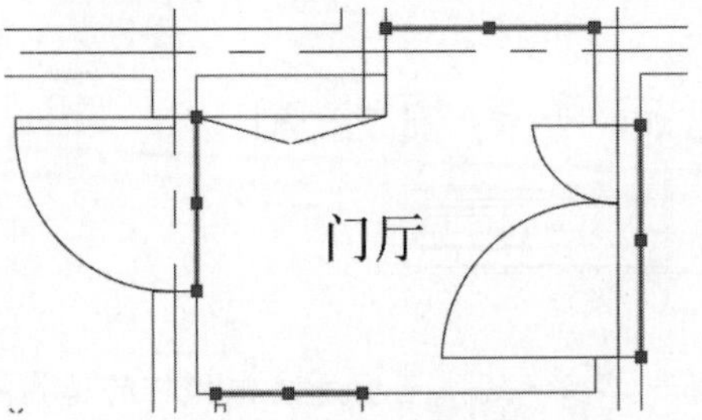

Note

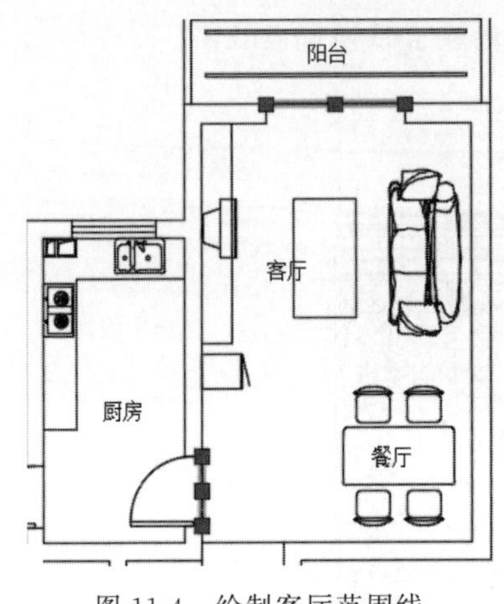

图 11-2　绘制门厅边界

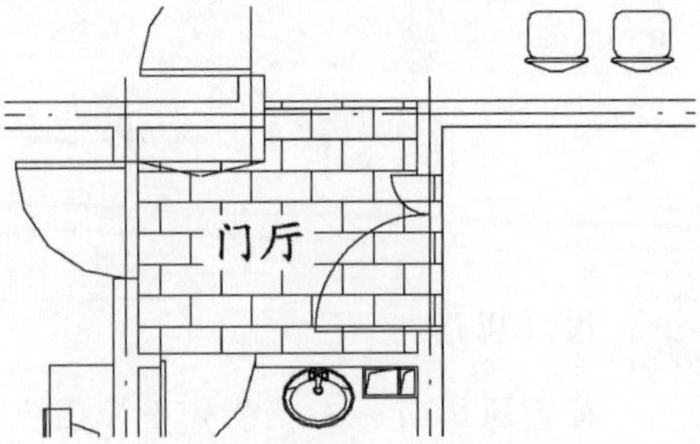

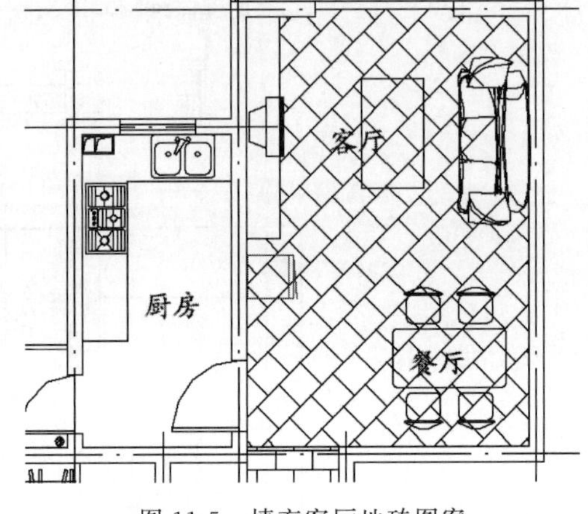

图 11-3　填充门厅地砖图案

图 11-4　绘制客厅范围线

图 11-5　填充客厅地砖图案

☎ **注意**：应根据效果选择填充图案样式，地砖图案一般为矩形或方形。

11.1.2　布置其他地面图

布置其他地面图的具体操作步骤如下。

（1）单击"默认"选项卡"绘图"面板中的"图案填充"按钮，对厨房、卫生间及阳台进行图案填充，如图 11-6 所示。

（2）单击"默认"选项卡"绘图"面板中的"图案填充"按钮，对卧室填充木地板图案造型，如图 11-7 所示。

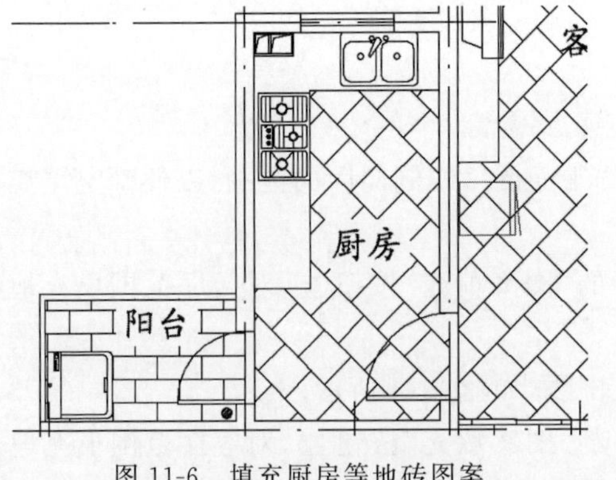

图 11-6　填充厨房等地砖图案

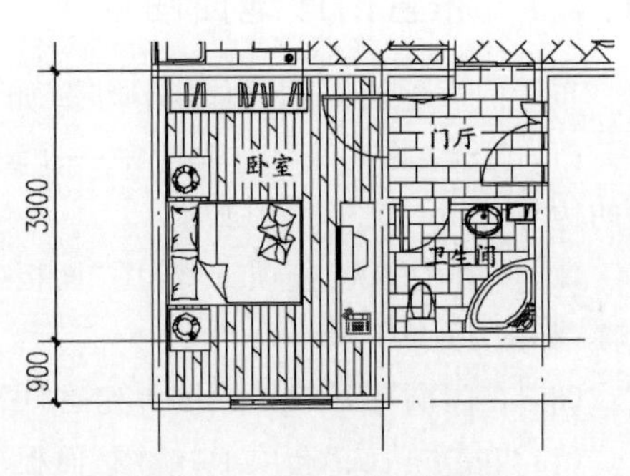

图 11-7　填充木地板造型

(3) 完成地面装修材料的绘制后,可以标注各种文字,对装修采用的材料进行说明,具体过程在此从略。结果如图 11-8 所示。

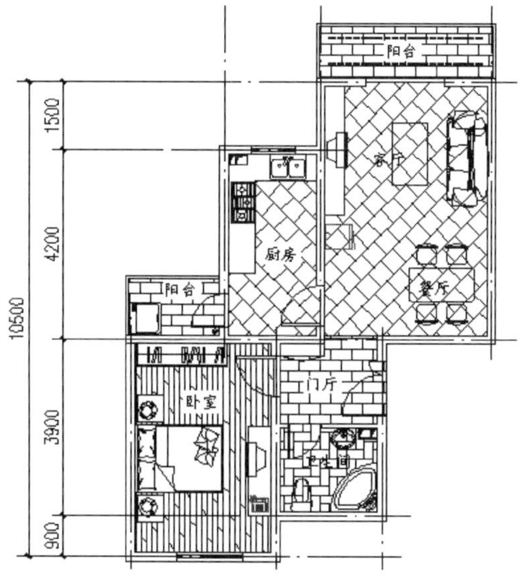

图 11-8 完成地面绘制

注意:文字标注时,应使用 text 或 mtext 命令。

11-2

11.2 三室两厅地面平面图绘制

设计思路

三居室的地面和天花装修平面图中,地面装修材料为地砖、实木地板和复合木地板等,其中门厅、餐厅和客厅、厨房、卫生间等采用地砖地面,而主、次卧室则采用地板地面,通过选择不同图案填充来表示不同的材质,如图 11-9 所示。

除了合适的家具与墙面修饰,居室地面选材也不容忽视。既然是为生活而设计,安全与舒适两个条件便同等重要。地砖、软木地板、橡胶和合成橡胶地板或硬质纤维板等相关地面材料都是不错的选择。它们均符合安全原则,而且易于清理,能确保居室的清洁卫生。若在地板上铺设地毯,可为房间增添温馨感。

下面介绍如图 11-9 所示的地面装修图的绘制方法与相关技巧。

操作步骤

注意:地面材料可选一些图案丰富的,让房间的地面也成为欢乐游玩的地方,令房间设计显得更加缤纷多姿。天花有时也是绝佳的装饰空间,可以营造出空间的完整性。可根据不同户型进行判断,确定所采用的装修方式。

Note

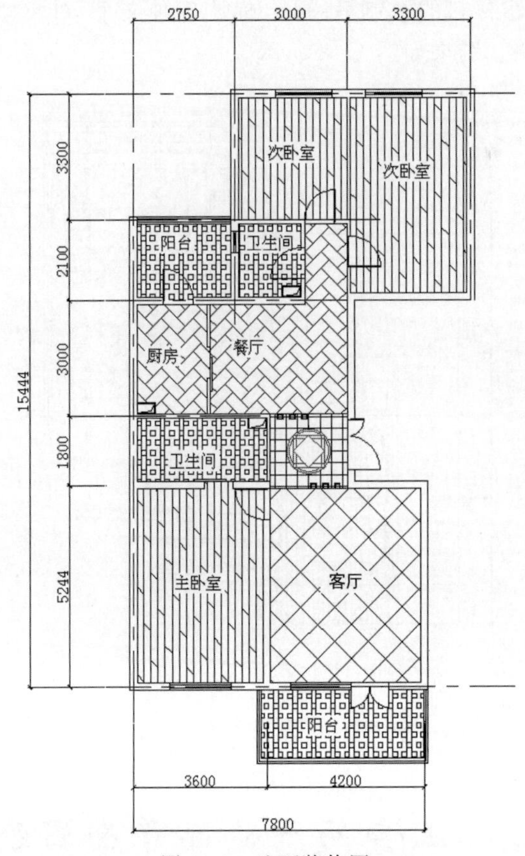

图 11-9　地面装修图

11.2.1　布置门厅地面图

本案例的门厅地面范围如图 11-10 所示。

布置门厅地面图的具体操作步骤如下。

(1) 单击“默认”选项卡“绘图”面板中的“直线”按钮 ╱,在门厅地面中部位置绘制一条直线,如图 11-11 所示。

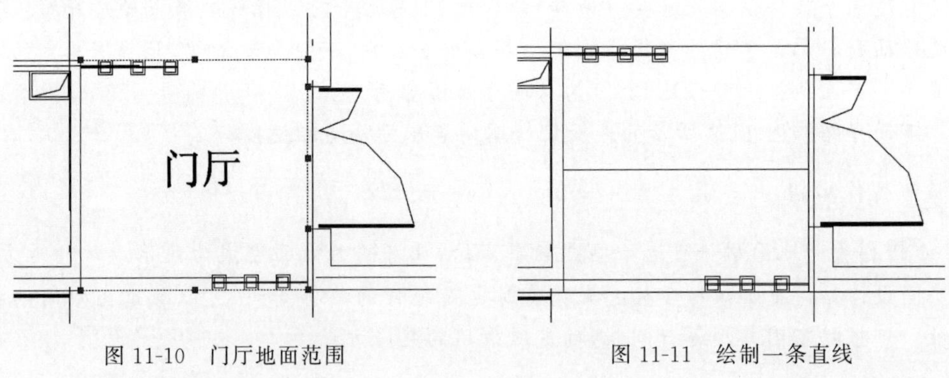

图 11-10　门厅地面范围　　　　图 11-11　绘制一条直线

(2) 单击“默认”选项卡“绘图”面板中的“圆”按钮 ，以直线中心为圆心绘制两个同心圆，如图 11-12 所示。

(3) 单击“默认”选项卡“绘图”面板中的“多边形”按钮 ，以直线为中心绘制一个正方形，如图 11-13 所示。

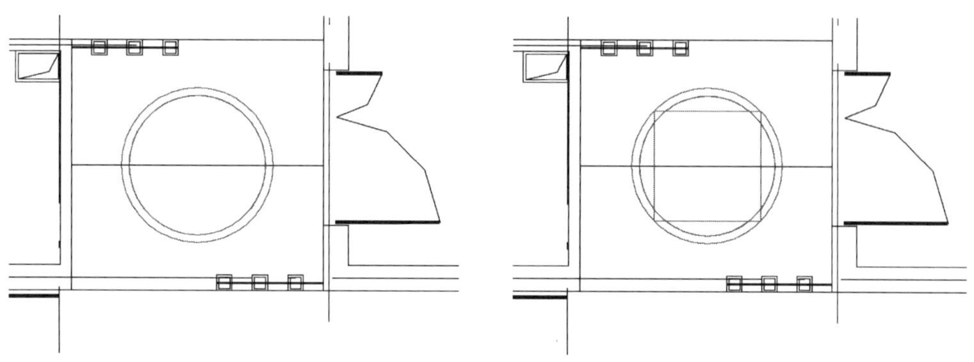

图 11-12　绘制同心圆　　　　图 11-13　绘制正方形

注意：正方形的中心应与同心圆圆心一致。

(4) 单击“默认”选项卡“绘图”面板中的“直线”按钮 ，连接正方形与圆形的不同交点，如图 11-14 所示。

(5) 单击“默认”选项卡“绘图”面板中的“多边形”按钮 ，在内侧绘制一个菱形，如图 11-15 所示。

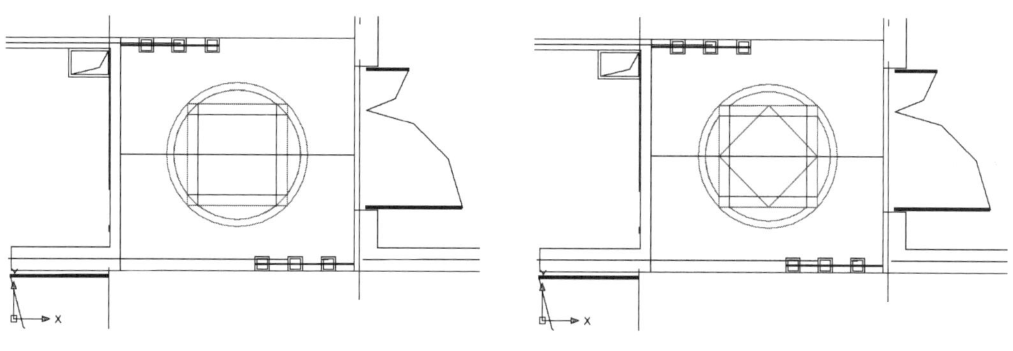

图 11-14　连接交点　　　　图 11-15　绘制菱形

(6) 单击“默认”选项卡“修改”面板中的“修剪”按钮 ，进行图形剪切，将相关图线剪切掉，如图 11-16 所示。

(7) 单击“默认”选项卡“绘图”面板中的“直线”按钮 和“修改”面板中的“矩形阵列”按钮 ，绘制方格网地面，如图 11-17 所示。

(8) 单击“默认”选项卡“修改”面板中的“修剪”按钮 ，对图线进行修剪，最后得到门厅地面的拼花图案造型效果，如图 11-18 所示。

(9) 单击“默认”选项卡“绘图”面板中的“图案填充”按钮 ，选定客厅范围进行图案填充，得到其地面装修效果，如图 11-19 所示。

注意：对不同的房间地面，选择相应的图案进行填充。

Note

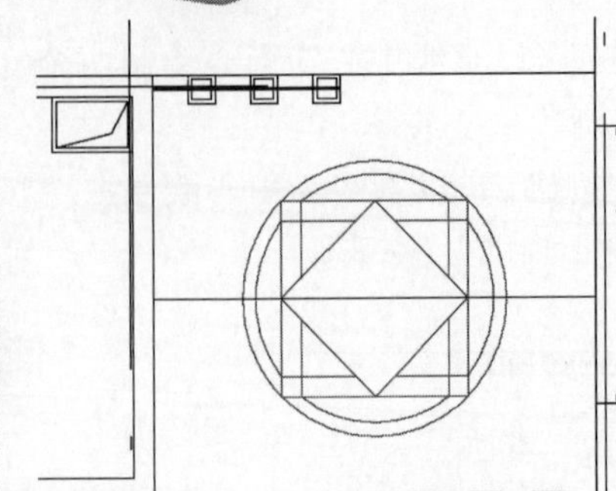
图 11-16　进行图线剪切

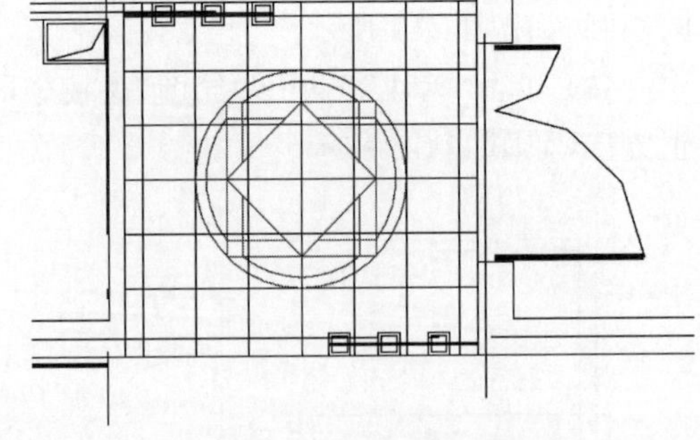
图 11-17　绘制方格网

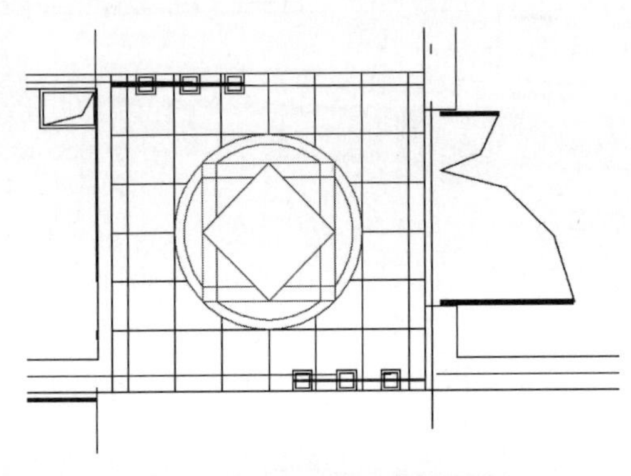
图 11-18　门厅地面拼花图案

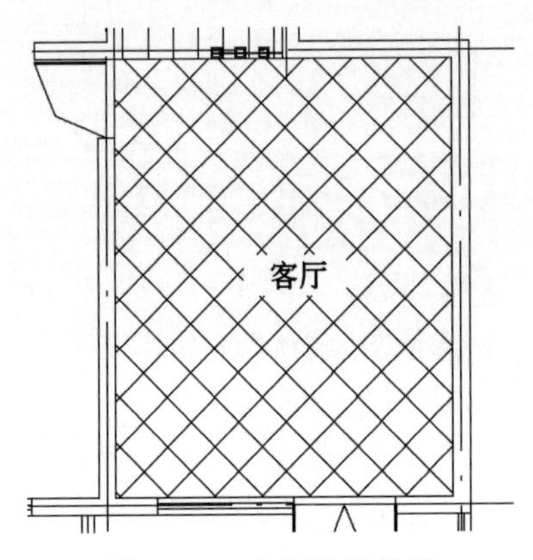

图 11-19　客厅地面效果

11.2.2　布置其他地面图

布置其他地面图的具体操作步骤如下。

(1) 单击“默认”选项卡“绘图”面板中的“图案填充”按钮▦，选择适合厨房和餐厅的地面图案填充，得到其地面铺装效果，如图 11-20 所示。

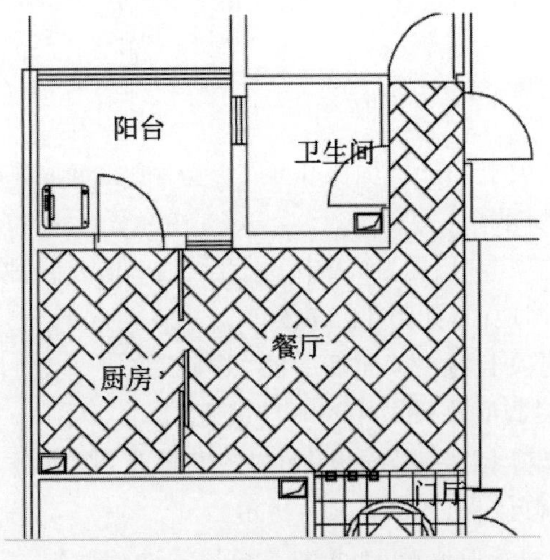

图 11-20　餐厅和厨房地面效果

（2）对卫生间和阳台的地面，采用不同的装修材料。单击“默认”选项卡“绘图”面板中的“图案填充”按钮，选择合适的图案填充后，得到其造型效果，如图 11-21 所示。

（3）主卧室和两个次卧室的地面一般采用木地板装修。单击“默认”选项卡“绘图”面板中的“图案填充”按钮，选择合适的图案进行填充，如图 11-22 所示。

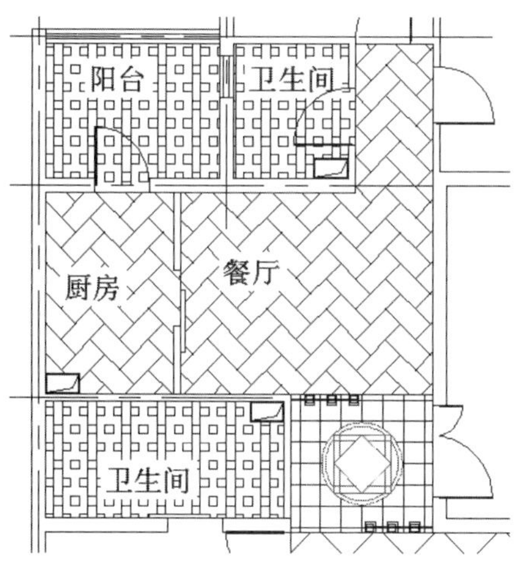

图 11-21　卫生间等地面效果

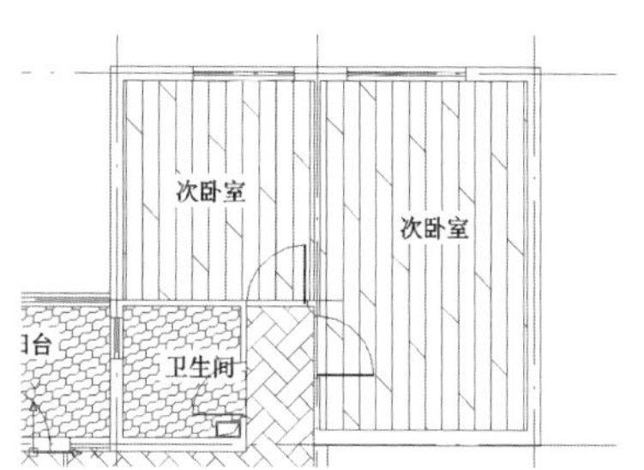

图 11-22　主、次卧室地面效果

本案例的三居室地面装修材料的绘制完成，结果如图 11-23 所示。

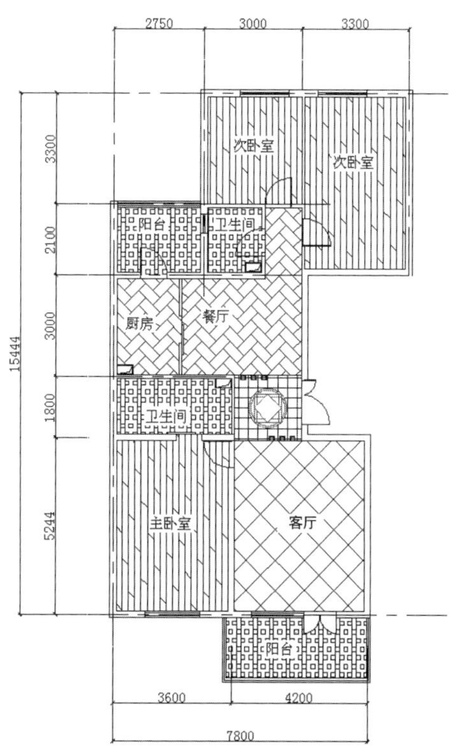

图 11-23　地面绘制完成

11.3 上机实验 绘制居室地面图

Note

绘制如图 11-24 所示的居室地面图。

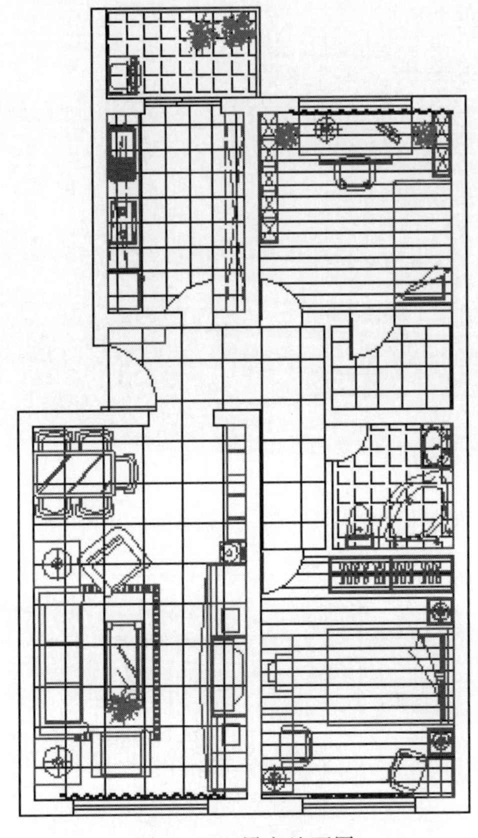

图 11-24 居室地面图

操作提示

（1）利用“直线”命令绘制轴线。

（2）利用“多线”命令绘制地面图墙体。

（3）利用“插入块”命令对地面图进行布置。

（4）利用“图案填充”命令对地面图进行填充。

住宅立面图绘制

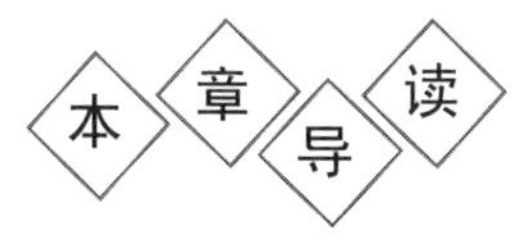

本章将逐步绘制住宅中的各立面图，包括客厅立面图、厨房立面图以及书房立面图。本章还将讲解部分陈设的立面图绘制方法。通过本章的学习，读者将掌握装饰图中立面图的基本画法，并初步学会住宅建筑立面的布置方法。

学习要点

- 客厅立面图
- 厨房立面图
- 书房立面图

12.1 客厅立面图

Note

设计思路

首先根据绘制的客厅平面图绘制立面图轴线，并绘制窗帘及墙上饰物；然后对所绘制的客厅立面图进行尺寸标注和文字说明。

操作步骤

12-1

12.1.1 客厅立面一

绘制客厅立面一的具体操作步骤如下。

(1) 单击“快速访问”工具栏中的“新建”按钮 ，建立新文件，命名为“立面图”，并放置到适当的位置。打开“图层特性管理器”选项板，如图 12-1 所示，设置图层。

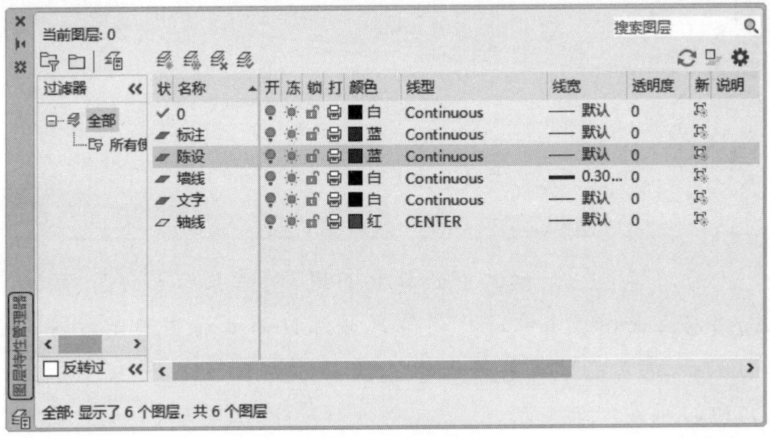

图 12-1 设置图层

(2) 将“0”图层设置为当前图层，即默认层。单击“默认”选项卡“绘图”面板中的“矩形”按钮 ，在图中绘制尺寸为 4930×2700 的矩形，作为正立面的绘图区域，如图 12-2 所示。

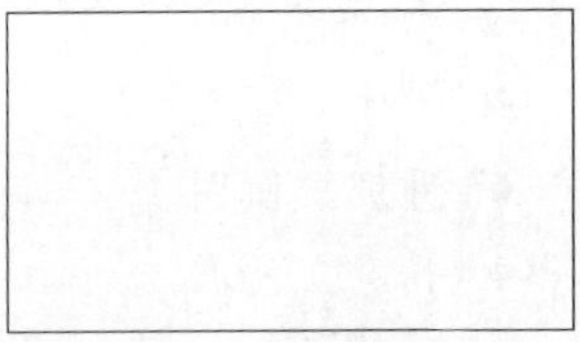

图 12-2 绘制矩形 1

(3) 将“轴线”图层设置为当前图层。单击“默认”选项卡“绘图”面板中的“直线”按钮 ，在矩形的左下角点左击，在命令行中依次输入“@1105,0”“@0,2700”。结果如图 12-3 所示。此时轴线的线型虽设置为“点划线”，但是由于线型比例设置的问题，在图中仍然显示为实线。选择刚刚绘制的直线，右击，选择“特性”命令，将“线型比例”修改为 10。修改后的轴线如图 12-4 所示。

(4) 单击“默认”选项卡“修改”面板中的“复制”按钮 ，选择绘制的轴线，以下端点为基点复制直线，复制的距离依次为 445、500、650、650、400、280、800。复制结果如图 12-5 所示。

(5) 用同样的方法绘制水平轴线，水平轴线之间的间距为（由下至上）300、1100、300、750、250，绘制结果如图 12-6 所示。

(6) 将“墙线”图层设置为当前图层。在第一条和第二条垂直轴线上绘制柱线，再绘制顶棚装饰线，如图 12-7 所示。

(7) 单击“默认”选项卡“绘图”面板中的“直线”按钮，在矩形地面绘制一条距底边为 100 的直线作为踢脚线，如图 12-8 所示。

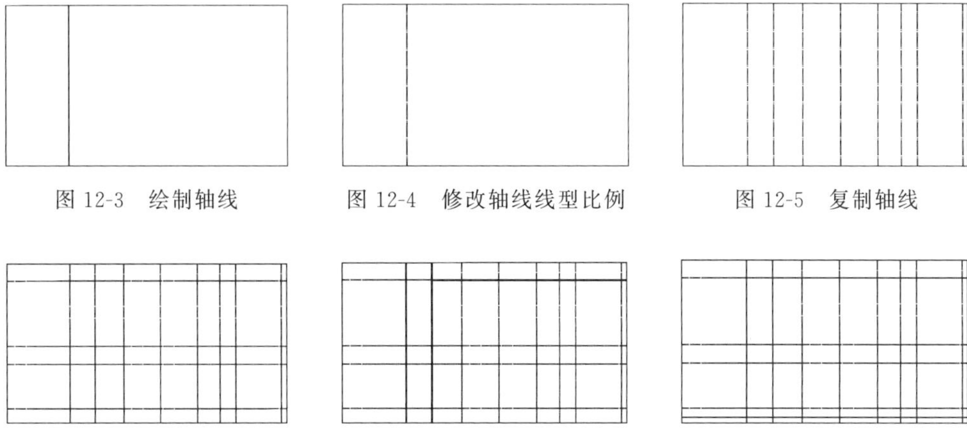

图 12-3　绘制轴线　　图 12-4　修改轴线线型比例　　图 12-5　复制轴线

图 12-6　绘制水平轴线　　图 12-7　绘制柱线和顶棚装饰线　　图 12-8　绘制踢脚线

(8) 单击“默认”选项卡“绘图”面板中的“直线”按钮，在柱左侧距上边缘绘制直线，距上边缘 150，如图 12-9 所示。

(9) 将“陈设”图层设置为当前图层，绘制装饰图块。柱左侧为落地窗，需绘制窗框和窗帘。绘制辅助线，单击“默认”选项卡“绘图”面板中的“直线”按钮，绘制一条通过左侧屋顶线中点的直线，如图 12-10 所示。单击“默认”选项卡“绘图”面板中的“矩形”按钮，在其上部绘制一个长为 50、高为 200 的矩形，如图 12-11 所示。

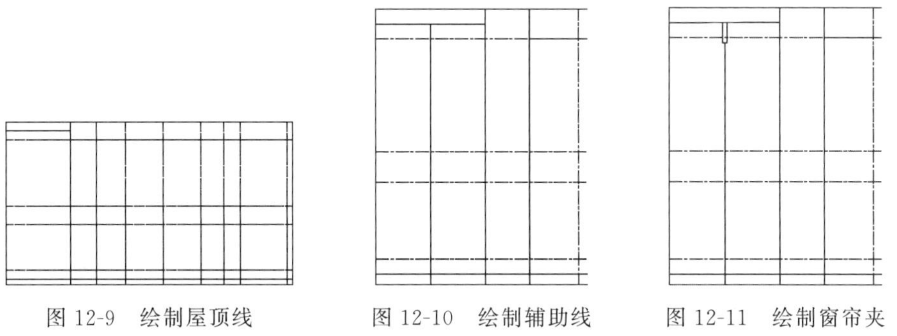

图 12-9　绘制屋顶线　　图 12-10　绘制辅助线　　图 12-11　绘制窗帘夹

(10) 在窗户下的踢脚线上 50 的位置绘制一条水平直线，作为窗户的下边缘轮廓线，如图 12-12 所示。单击“默认”选项卡“修改”面板中的“修剪”按钮，将多余直线修剪掉，如图 12-13 所示。

(11) 单击“默认”选项卡“修改”面板中的“偏移”按钮，将垂直线和窗户下边缘线分别偏移 50 的距离，如图 12-14 所示。命令行中的提示与操作如下。

Note

```
命令: _offset↙
当前设置: 删除源 = 否  图层 = 源  OFFSETGAPTYPE = 0
指定偏移距离或[通过(T)/删除(E)/图层(L)]<通过>: 50(设置偏移距离为 50)
选择要偏移的对象或[退出(E)/放弃(U)]<退出>: (选择竖直中线)
指定要偏移的那一侧上的点或[退出(E)/多个(M)/放弃(U)]<退出>: (在中线左侧单击)
选择要偏移的对象或[退出(E)/放弃(U)]<退出>: (选择竖直中线)
指定要偏移的那一侧上的点或[退出(E)/多个(M)/放弃(U)]<退出>: (在中线右侧单击)
选择要偏移的对象或[退出(E)/放弃(U)]<退出>: (选择窗户下边缘)
指定要偏移的那一侧上的点或[退出(E)/多个(M)/放弃(U)]<退出>: (在上侧单击)
选择要偏移的对象或[退出(E)/放弃(U)]<退出>: ↙
```

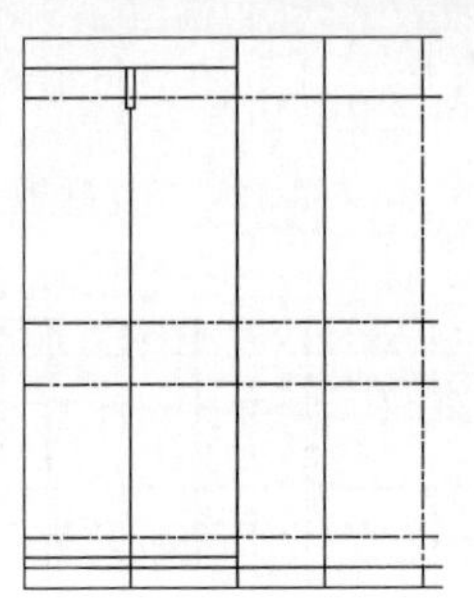

图 12-12　绘制窗户下边缘线

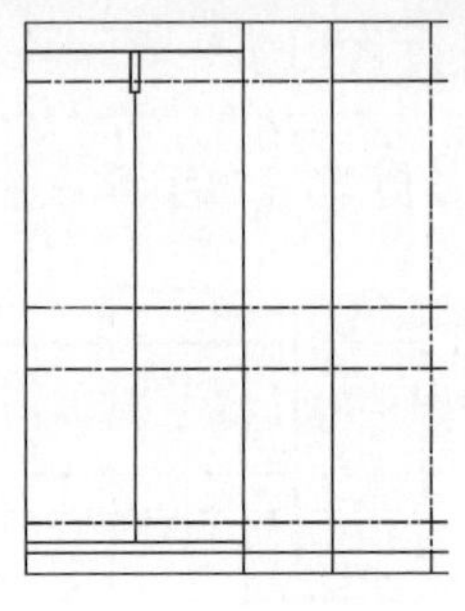
图 12-13　修剪图形

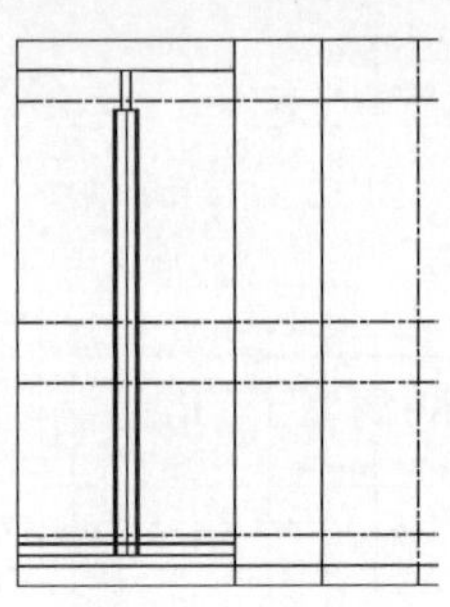
图 12-14　偏移线段

(12) 单击“默认”选项卡“修改”面板中的“偏移”按钮 ⊆，将中线两侧的线段分别向两侧偏移 10，地面线向上偏移 10。单击“默认”选项卡“修改”面板中的“修剪”按钮 ✂，将多余线段删除。最终效果如图 12-15 所示。

(13) 单击“默认”选项卡“绘图”面板中的“圆弧”按钮 ⌒，绘制窗帘的轮廓线。绘制时要注意，可以单击“默认”选项卡“绘图”面板中的“样条曲线拟合”按钮 ∼ 绘制线型特殊的曲线。绘制完成后，单击“默认”选项卡“修改”面板中的“镜像”按钮 ⚠，将左侧窗帘复制到右侧，如图 12-16 所示。

(14) 单击“默认”选项卡“绘图”面板中的“直线”按钮 ╱，在窗户的中间绘制倾斜直线，代表玻璃，如图 12-17 所示。

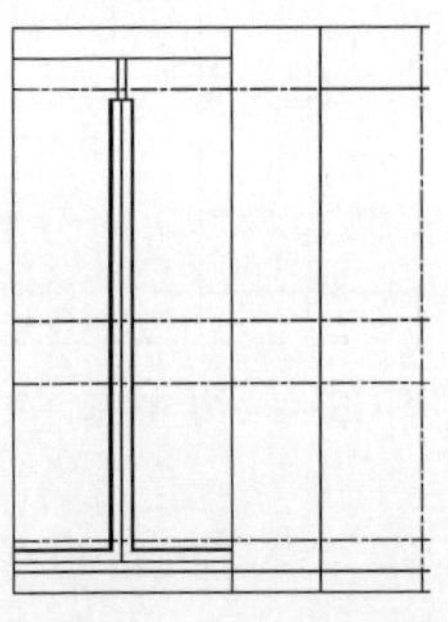
图 12-15　偏移并修剪

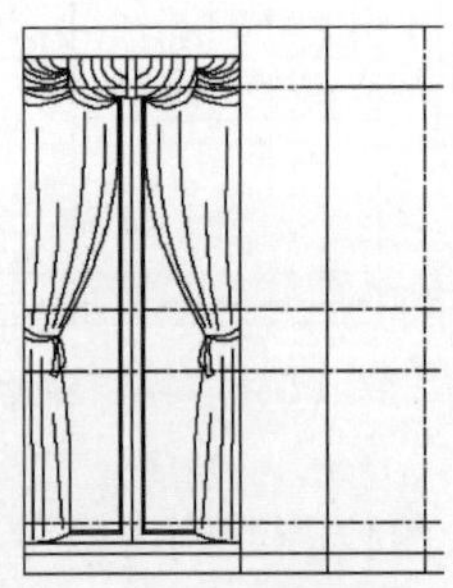
图 12-16　绘制窗帘

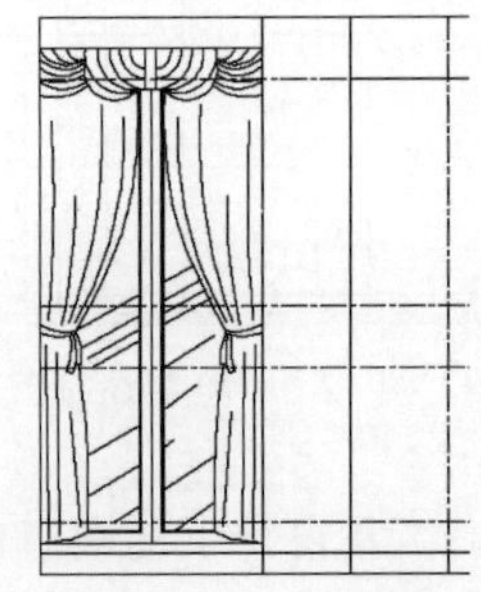
图 12-17　绘制玻璃

(15) 柱右侧为电视柜位置。单击“默认”选项卡“绘图”面板中的“矩形”按钮 ▭，在顶棚上绘制 6 个尺寸为 200×100 的装饰性小矩形，如图 12-18 所示。

(16) 单击“默认”选项卡“绘图”面板中的“图案填充”按钮 ，选择“AR-SAND”图案进行填充。填充后的效果如图 12-19 所示。

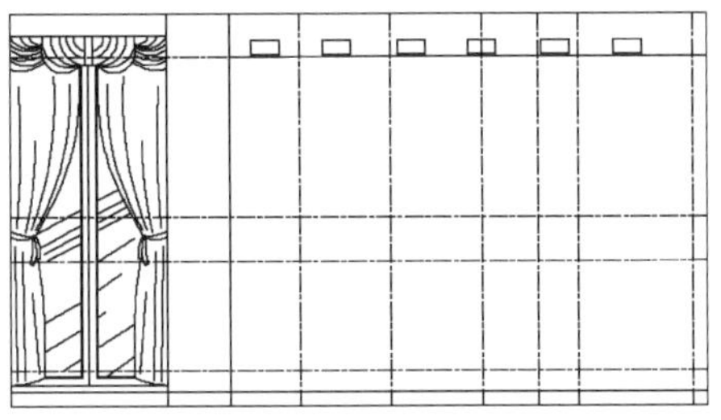

图 12-18　绘制小矩形

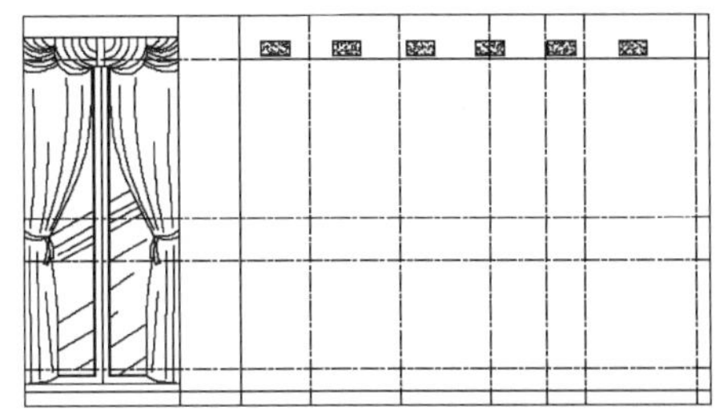

图 12-19　填充装饰图案

(17) 单击水平轴线和垂直轴线，绘制电视柜的外轮廓线，如图 12-20 中椭圆内部所示。

(18) 参考窗口的直线绘制方法。单击“默认”选项卡“绘图”面板中的“直线”按钮 和“修改”面板中的“偏移”按钮 ，将电视柜的隔板绘制出来，如图 12-21 所示。

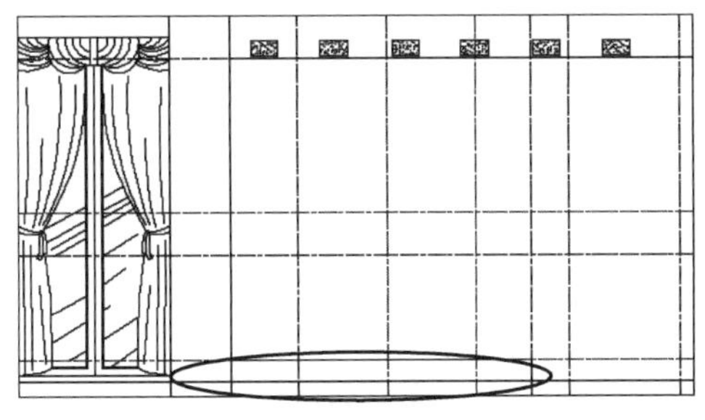

图 12-20　绘制电视柜外轮廓线

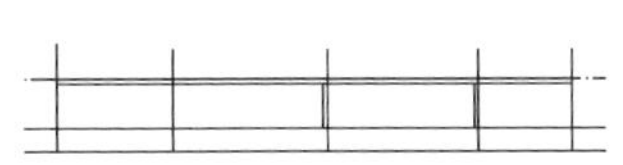

图 12-21　绘制电视柜隔板

(19) 电视柜左侧为实木条纹装饰板。单击“默认”选项卡“绘图”面板中的“直线”按钮 ，依照轴线的位置绘制一条垂直直线。单击“默认”选项卡“绘图”面板中的“矩形”按钮 ，在中部绘制一个尺寸为 200×80 的矩形，如图 12-22 所示。

(20) 单击“默认”选项卡“修改”面板中的“分解”按钮 ，将矩形分解。单击“默认”选项卡“修改”面板中的“修剪”按钮 ，将矩形右侧直线删除，如图 12-23 所示。

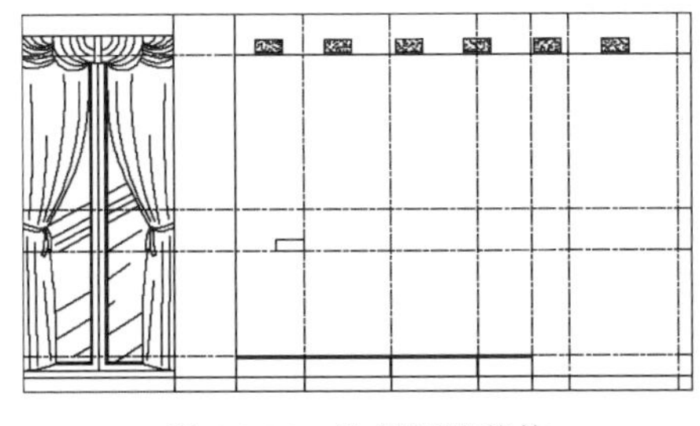

图 12-22　绘制矩形装饰

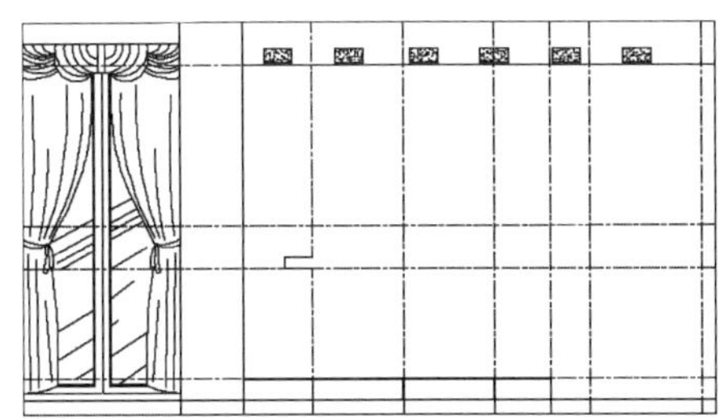

图 12-23　删除直线

(21) 单击“默认”选项卡“绘图”面板中的“图案填充”按钮 ，选择填充图案为“LINE”，填充“比例”为 10。填充装饰木板后的图形如图 12-24 所示。

Note

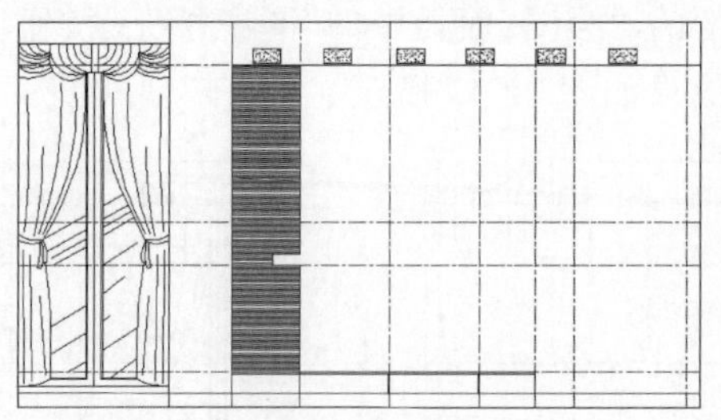

图 12-24　填充装饰木板

(22) 在客厅正面墙面中部设置凹陷部分,起装饰作用。绘制时,单击"默认"选项卡"绘图"面板中的"矩形"按钮 ▭,单击轴线的交点,绘制矩形,如图 12-25 所示。

(23) 在台阶上绘制摆放的装饰物和灯具,如图 12-26 所示。

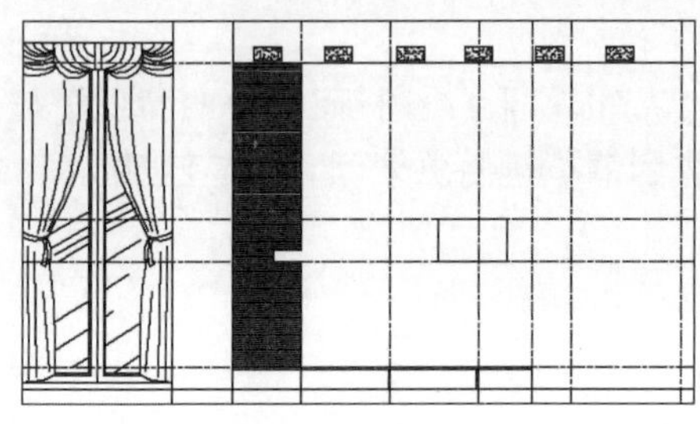

图 12-25　绘制矩形 2

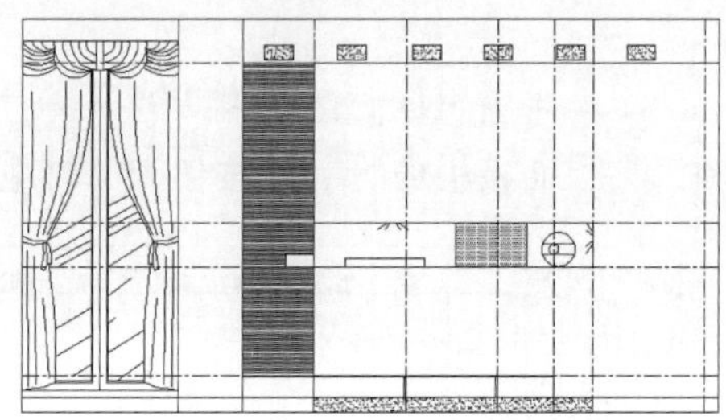

图 12-26　绘制装饰物和灯具

(24) 下面绘制电视机模块。

单击"默认"选项卡"绘图"面板中的"直线"按钮 ╱,在电视柜上方绘制辅助线,如图 12-27 所示。

单击"默认"选项卡"绘图"面板中的"矩形"按钮 ▭,在空白处绘制尺寸为 600×360 的矩形,如图 12-28 所示。

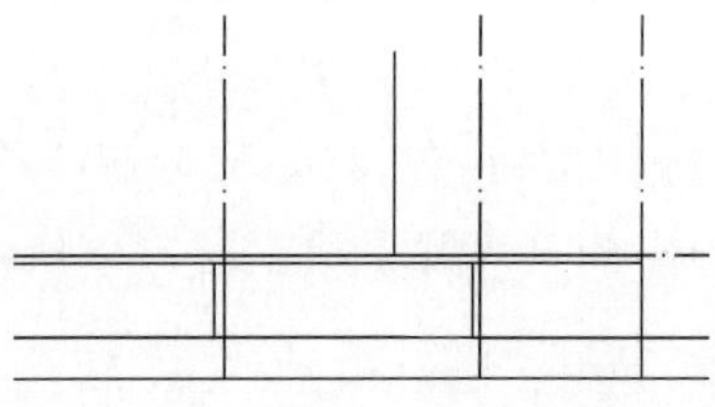

图 12-27　绘制辅助线

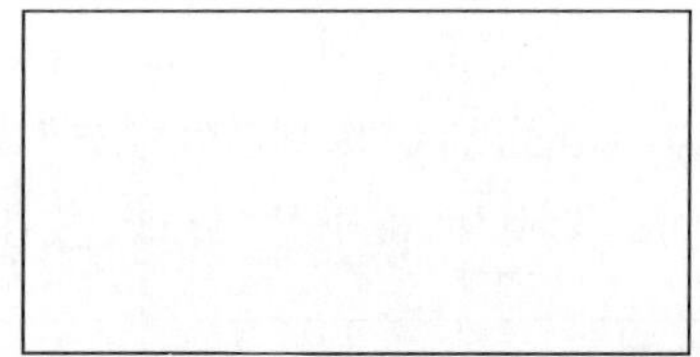

图 12-28　绘制矩形 3

单击"默认"选项卡"修改"面板中的"分解"按钮 ⊡,将矩形分解。单击"默认"选项卡"修改"面板中的"偏移"按钮 ⊆,将左侧竖直边向内偏移 100。右侧也进行同样的偏移,结果如图 12-29 所示。

单击"默认"选项卡"修改"面板中的"偏移"按钮 ⊆,将水平的两个边及偏移后的内侧两个竖线分别向矩形内侧偏移 30,如图 12-30 所示。删除多余部分线段,结果如图 12-31 所示。

重复"偏移"命令,将内侧的矩形再次向内偏移,偏移距离为 20,如图 12-32 所示。

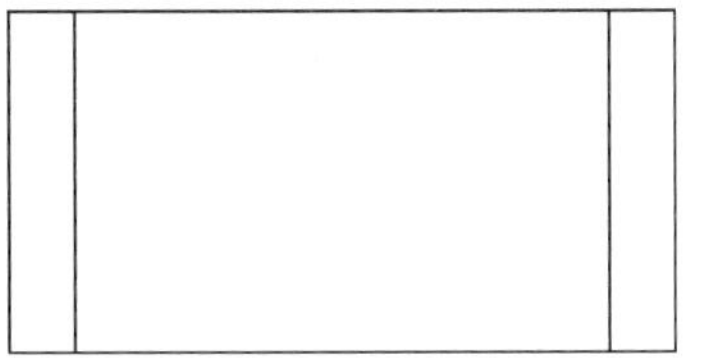

图 12-29　偏移边

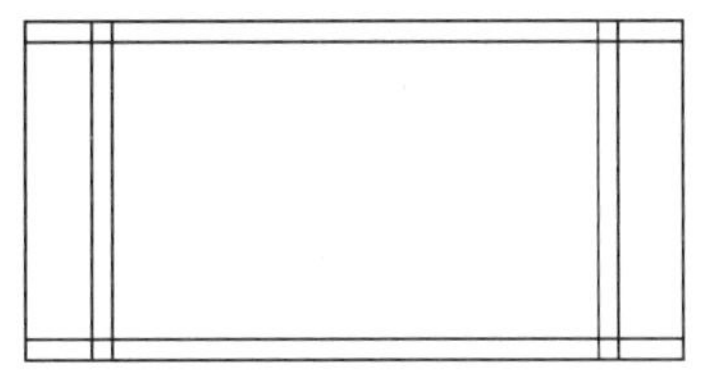

图 12-30　偏移水平边

Note

图 12-31　修剪图形

图 12-32　偏移内侧矩形

在内侧矩形中绘制斜向直线。单击“默认”选项卡“绘图”面板中的“直线”按钮 ╱，绘制一条斜线。单击“默认”选项卡“修改”面板中的“复制”按钮 ，将绘制的斜线进行复制，如图 12-33 所示。

单击“默认”选项卡“绘图”面板中的“图案填充”按钮 ，打开“图案填充创建”选项卡。选择填充图案为“AR-SAND”，将图案的填充比例设置为 0.5，填充后删除斜向直线。结果如图 12-34 所示。

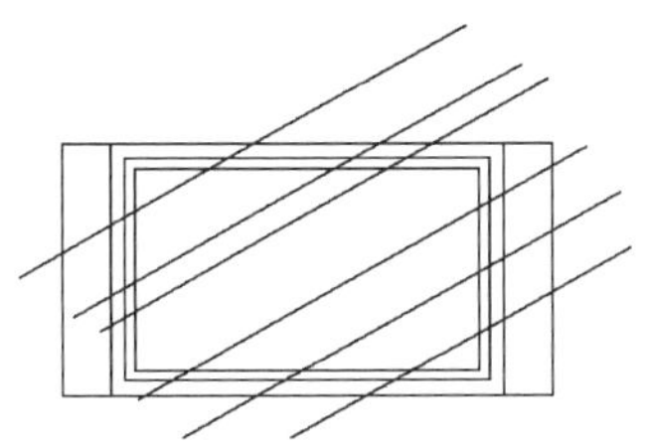

图 12-33　绘制及复制斜向直线

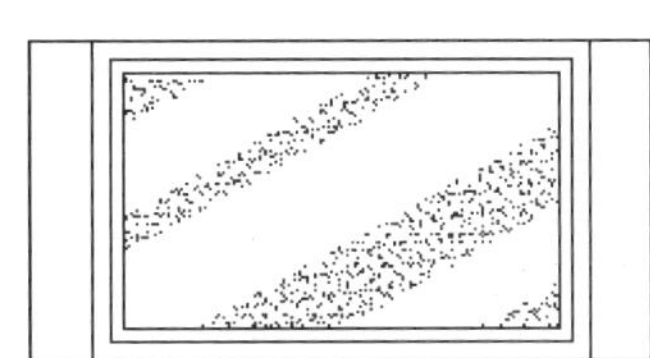

图 12-34　填充结果

在电视机下部绘制台座，用矩形和直线共同完成，具体细节不再详述。绘制完成后，插入立面图中，删除辅助线，如图 12-35 所示。

(25) 将“文字”图层设置为当前图层。单击“默认”选项卡“注释”面板中的“文字样式”按钮 ，打开“文字样式”对话框。单击“新建”按钮，将新建文字样式命名为“文字标注”，如图 12-36 所示。

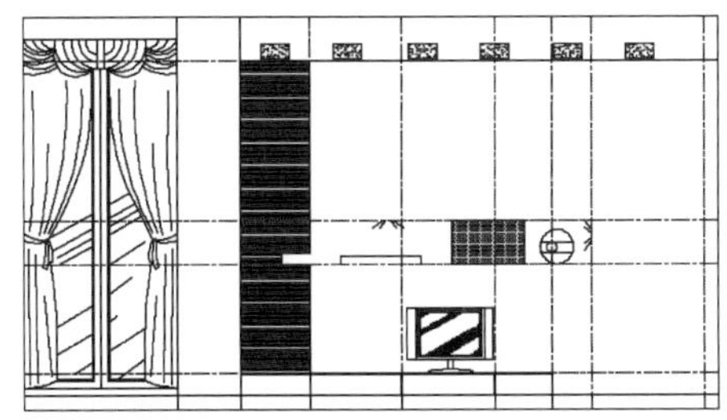

图 12-35　插入电视机

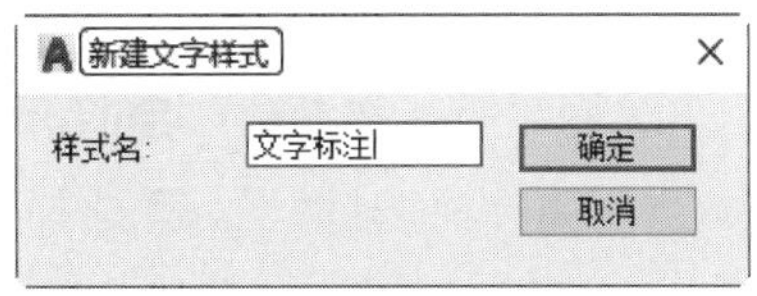

图 12-36　新建文字样式

Note

(26) 取消选中“使用大字体”复选框，在“字体名”下拉列表框中选择“宋体”，文字“高度”设置为100，如图12-37所示。

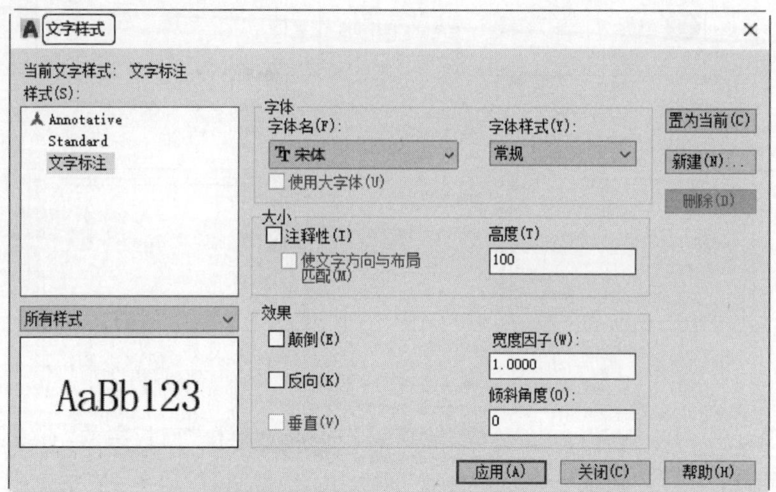

图12-37 设置文字样式

(27) 将文字标注插入图中，如图12-38所示。

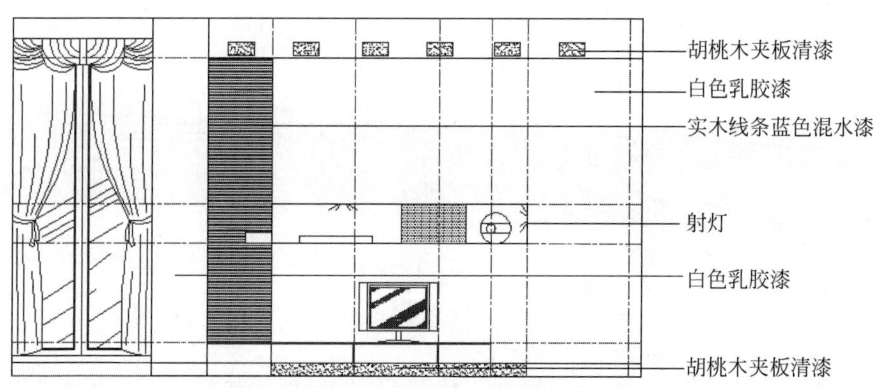

图12-38 添加文字标注

(28) 单击“默认”选项卡“注释”面板中的“标注样式”按钮，打开“标注样式管理器”对话框，单击“新建”按钮，❶在打开的“创建新标注样式”对话框中，❷将样式命名为“立面标注”，如图12-39所示。

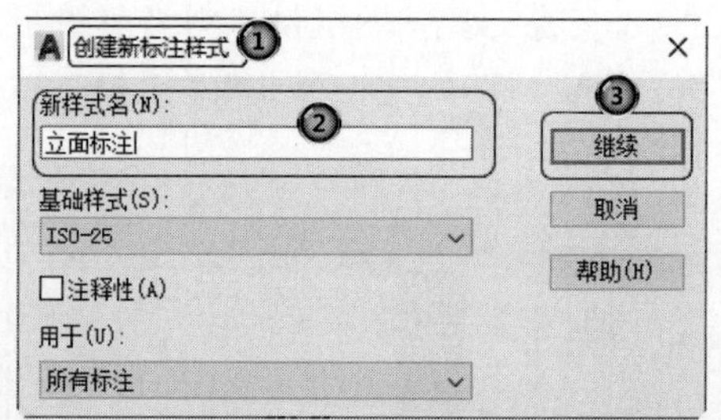

图12-39 新建标注样式

(29) ❸单击“继续”按钮，编辑标注样式，如图12-40～图12-42所示。

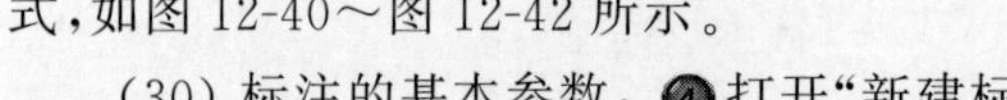

(30) 标注的基本参数：❹打开“新建标注样式：立面标注”对话框，❺选择“线”选项卡，将“超出尺寸线”设为50，“起点偏移量”设为50，❻点击“符号和箭头”选项卡，将箭头样式设为“建筑标记”；“箭头大小”设为25，❼点击“文字”选项卡，将“文字高度”设为100。

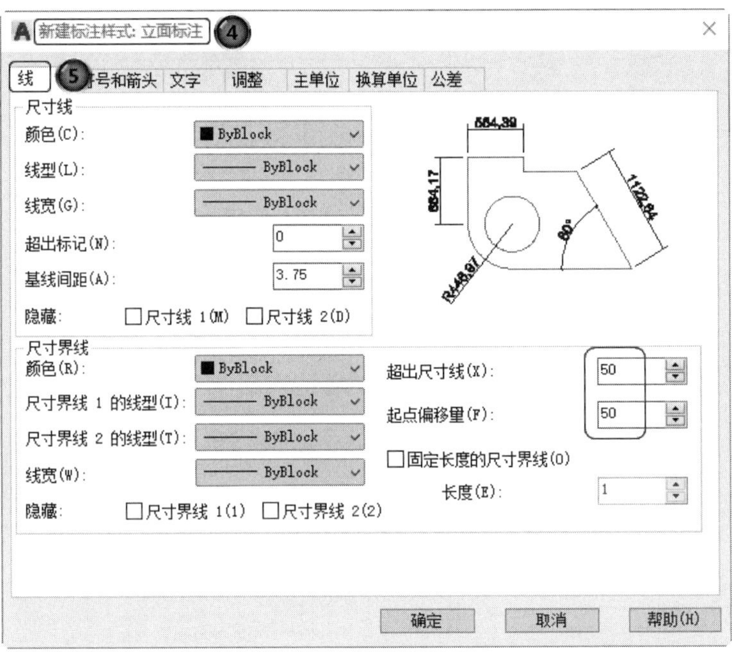

图 12-40　设置尺寸线

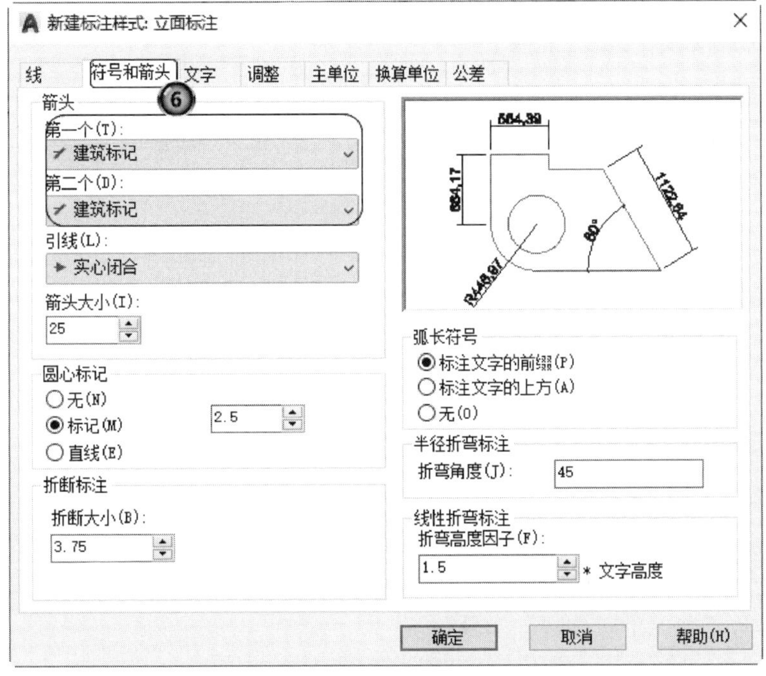

图 12-41　设置箭头

(31) 标注后，关闭“轴线”图层。结果如图 12-43 所示。

Note

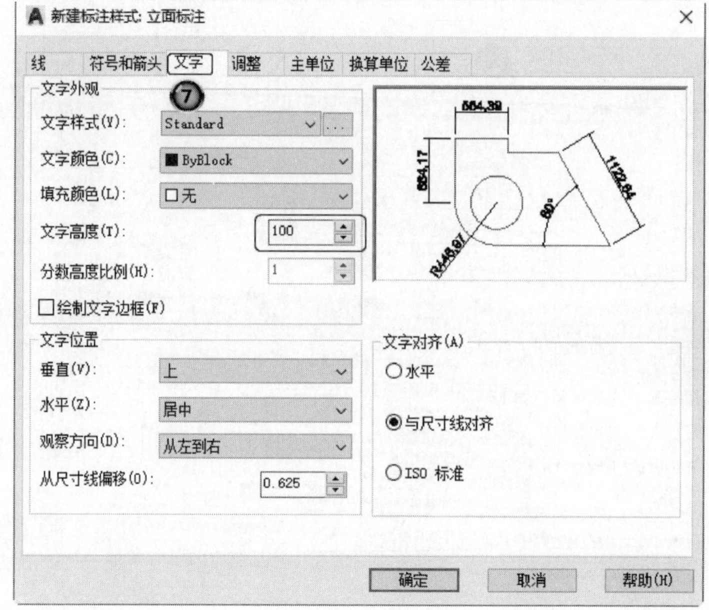

图 12-42 设置文字

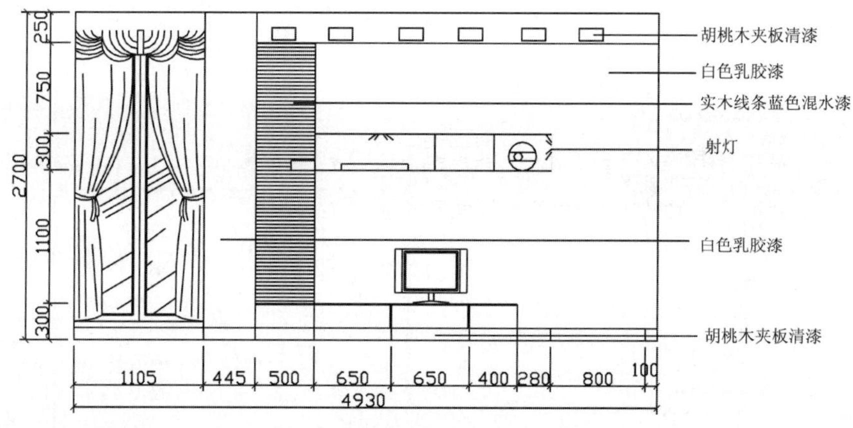

图 12-43 添加尺寸标注

12-2

12.1.2 客厅立面二

客厅的背立面为客厅与餐厅的隔断,绘制时多为直线的搭配。本设计采用栏杆和吊灯进行分隔,达到美观、简洁的效果,并考虑了采光和通风的要求,从客厅既可以看到客厅的阳台,还能得到餐厅窗户的阳光和通风。

绘制客厅立面二的具体操作步骤如下。

(1) 复制"客厅立面一"的轮廓矩形,作为绘图区域。

将"轴线"图层设置为当前图层,然后按照图 12-44 所示绘制轴线。

(2) 单击"默认"选项卡"修改"面板中的"移动"按钮 ✥ ,选择矩形,将矩形右侧的边用鼠标选中移动点,移动至与轴线重合,如图 12-45 所示。

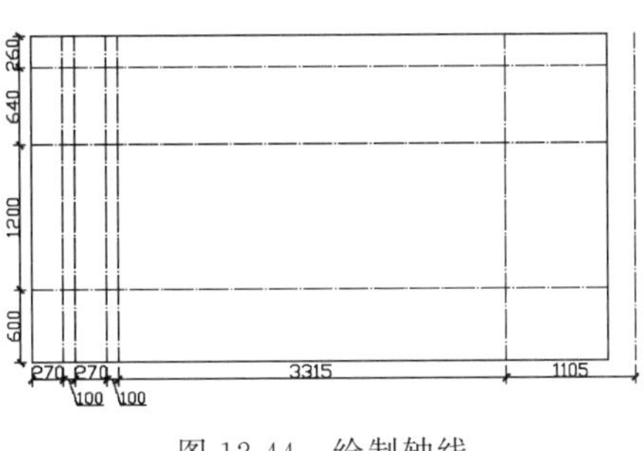

图 12-44　绘制轴线

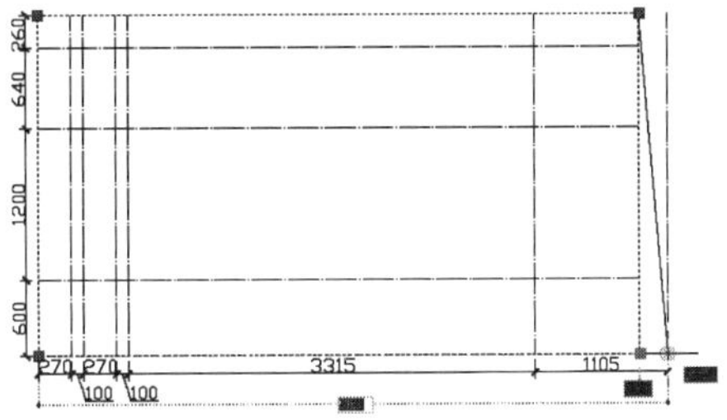

图 12-45　修改矩形

Note

(3) 单击“默认”选项卡“修改”面板中的“延伸”按钮 —|，将轴线延伸到矩形的侧边。命令行中的提示与操作如下。

```
命令: _extend↙
当前设置: 投影 = UCS,边 = 无
选择边界的边…
选择对象或<全部选择>: 找到 1 个(选择矩形右侧边为延伸边界)
选择对象:↙
选择要延伸的对象或按住<Shift>键选择要修剪的对象或[栏选(F)/窗交(C)/投影(P)/边(E)/放弃(U)]:(选择轴线进行延伸)
……
选择要延伸的对象或按住<Shift>键选择要修剪的对象或[栏选(F)/窗交(C)/投影(P)/边(E)/放弃(U)]:↙
```

延伸后的效果如图 12-46 所示。

(4) 将“墙线”图层设置为当前图层。单击“默认”选项卡“绘图”面板中的“矩形”按钮 □，以左上角为起点，绘制尺寸为 3700×260 的矩形。单击“默认”选项卡“绘图”面板中的“直线”按钮 ╱，在其中间绘制距离上边缘 150 的直线，如图 12-47 所示。

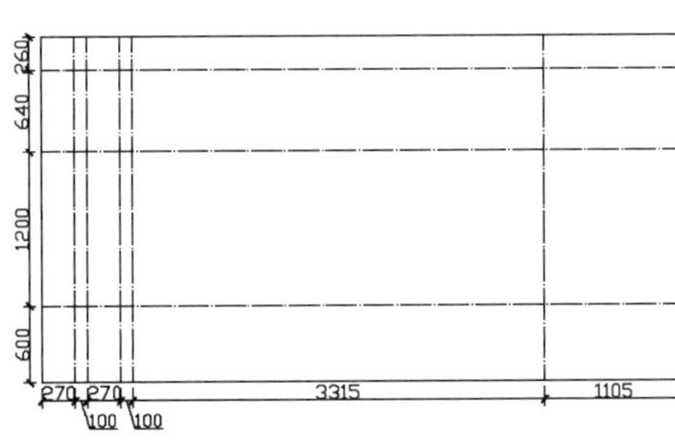

图 12-46　延伸轴线

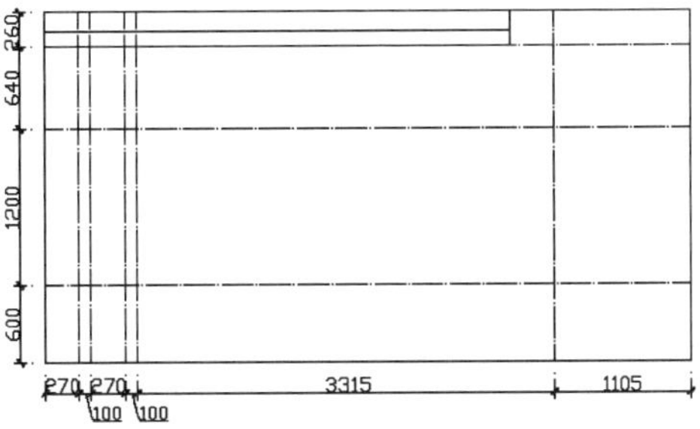

图 12-47　绘制矩形和直线

(5) 单击“默认”选项卡“绘图”面板中的“矩形”按钮 □，在右侧绘制尺寸为 1200×150 的矩形，如图 12-48 所示。

(6) 选择“客厅立面图一”中的窗户，单击“默认”选项卡“修改”面板中的“复制”按钮 ⚭，将其复制到立面图二中。结果如图 12-49 所示。

(7) 单击“默认”选项卡“绘图”面板中的“直线”按钮 ╱，在左侧绘制隔断边界和柱子轮廓，如图 12-50 所示，柱子宽度为 445。

Note

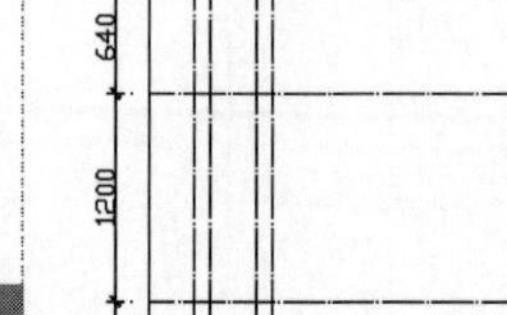

图 12-48　绘制窗户顶面

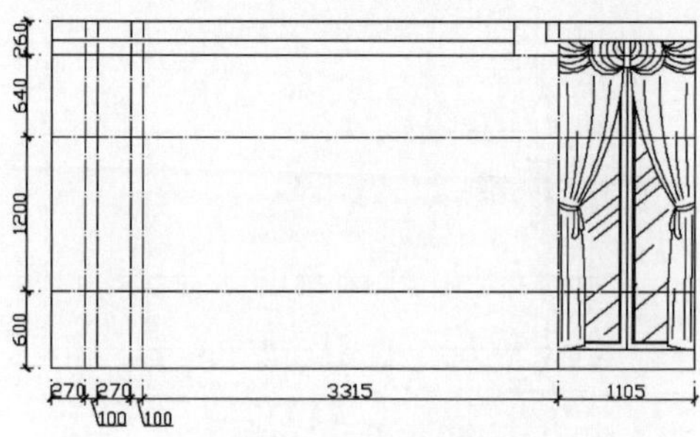

图 12-49　复制窗户图形

(8) 单击“默认”选项卡“绘图”面板中的“矩形”按钮 ▭，在间隔线旁边绘制高度为100、宽度为 3400 的矩形，作为踢脚线，如图 12-51 所示。

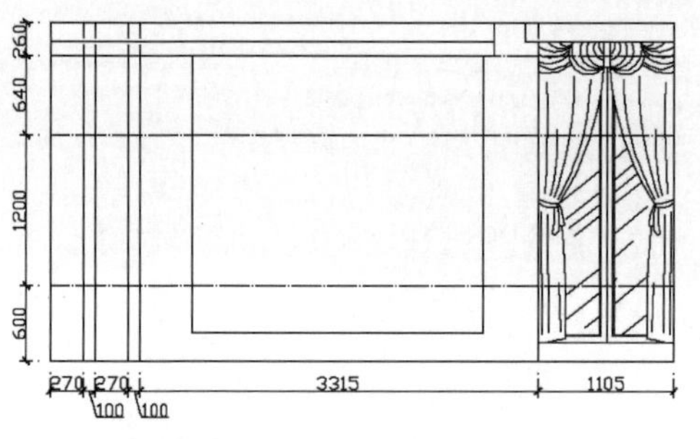

图 12-50　绘制隔断边界和柱子

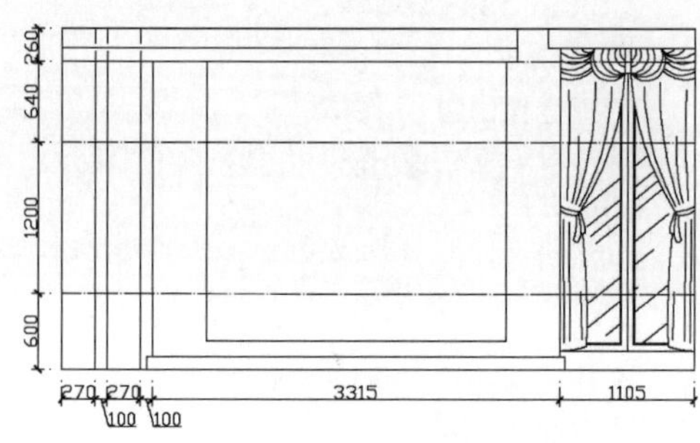

图 12-51　绘制踢脚线

(9) 单击“默认”选项卡“修改”面板中的“偏移”按钮 ⊆，在左侧的隔断线条中将其向两侧偏移 50，如图 12-52 所示。

(10) 将“陈设”图层设置为当前图层。在隔断线的中间单击轴线，绘制玻璃边界，并绘制斜线作为填充的辅助线，如图 12-53 所示。

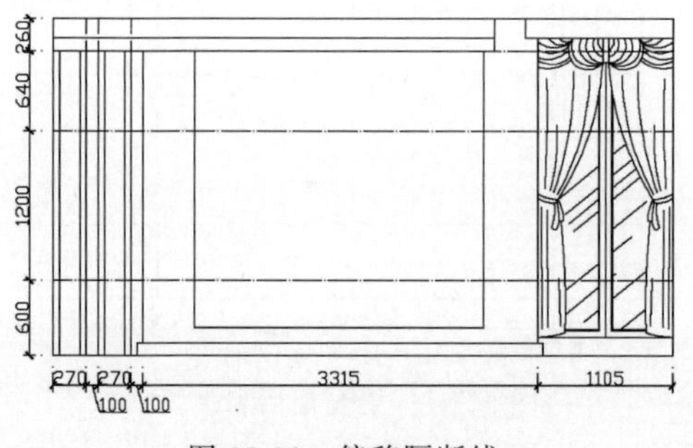

图 12-52　偏移隔断线

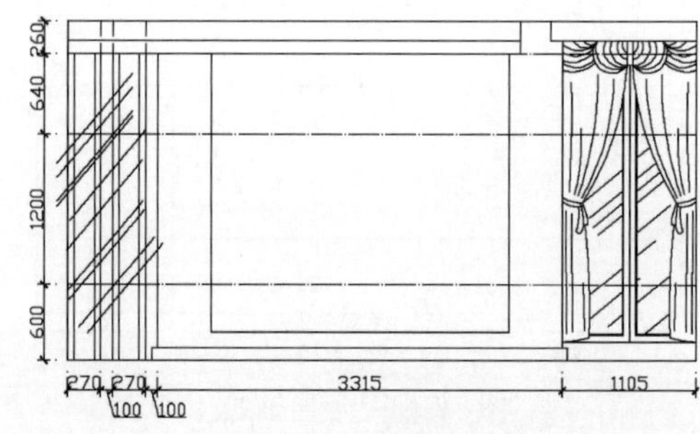

图 12-53　绘制玻璃

(11) 单击“默认”选项卡“绘图”面板中的“图案填充”按钮 ▦，打开“图案填充创建”选项卡。将填充图案选择为“AR-SAND”，填充“比例”设置为 0.5，以填充斜线间的空间。删除辅助线，如图 12-54 所示。

(12) 单击“默认”选项卡“绘图”面板中的“矩形”按钮 ▭，在左侧柱子上绘制尺寸为 460×30 的矩形，如图 12-55 所示。

(13) 单击“默认”选项卡“修改”面板中的“修剪”按钮 ，将矩形内部的柱子轮廓线删除，如图 12-56 所示。

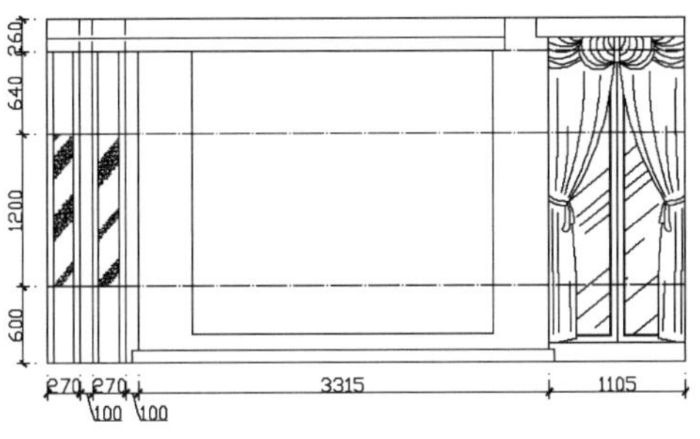

图 12-54　填充玻璃图案

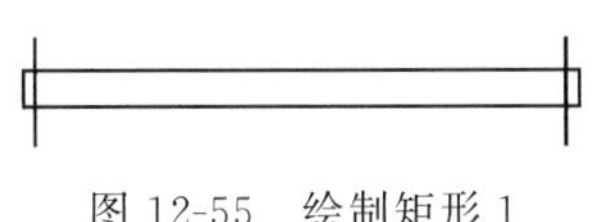

图 12-55　绘制矩形 1

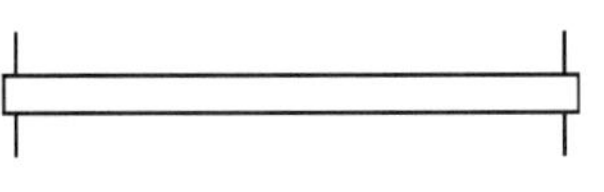

图 12-56　删除多余直线

(14) 单击“默认”选项卡“修改”面板中的“矩形阵列”按钮 ，选择刚刚绘制的矩形进行矩形阵列。将“行数”设置为 10，“列数”设置为 1，“行间距”设置为－60。阵列效果如图 12-57 所示。

(15) 同样，顶棚上也绘制类似的装饰，如图 12-58 所示。

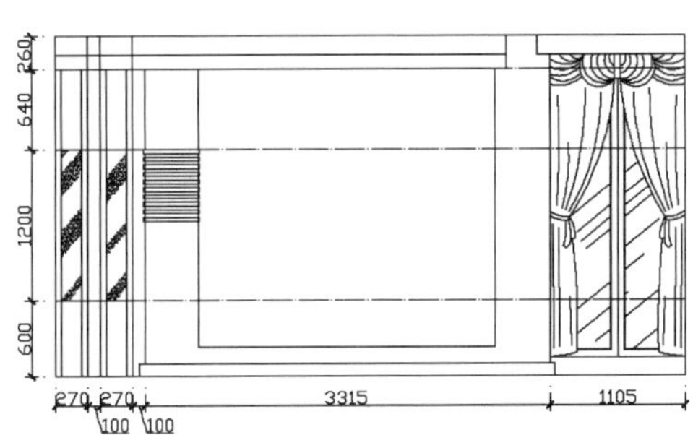

图 12-57　绘制柱装饰

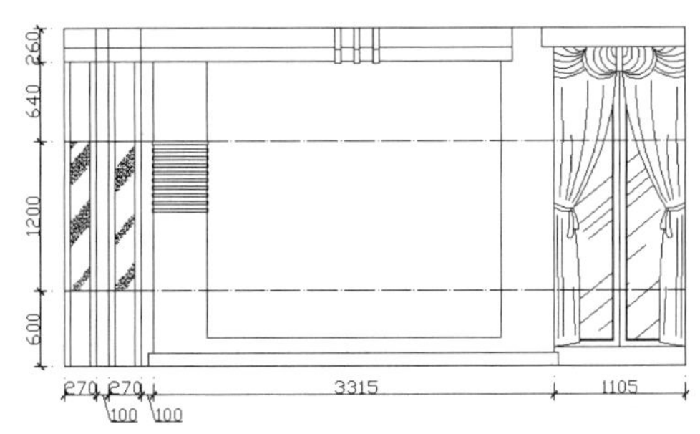

图 12-58　绘制顶棚装饰

(16) 单击“默认”选项卡“绘图”面板中的“直线”按钮 和“矩形”按钮 ，绘制栏杆和扶手。在柱子中间绘制两条相距 50 的直线，如图 12-59 所示。

(17) 单击“默认”选项卡“绘图”面板中的“矩形”按钮 ，在空白位置绘制一个尺寸为 60×600 的矩形和两个尺寸为 50×200 的矩形，并按图 12-60 所示的位置摆放。

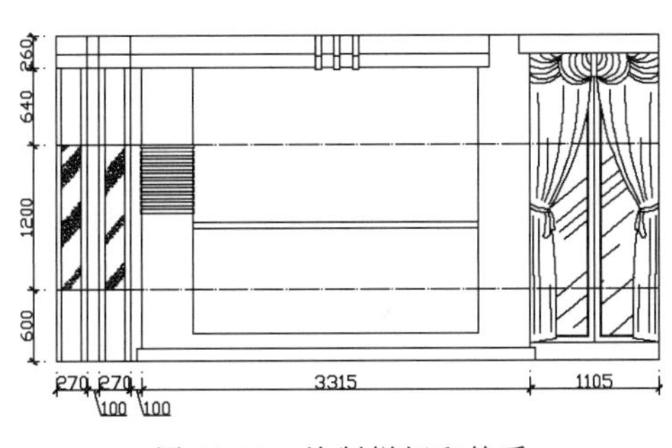

图 12-59　绘制栏杆和扶手

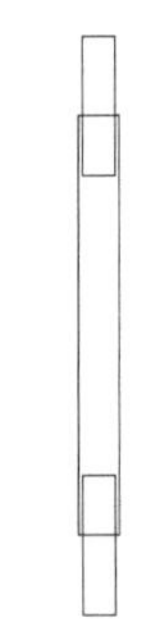

图 12-60　绘制矩形 2

Note

(18) 单击“默认”选项卡“修改”面板中的“偏移”按钮 ⊆ ,将小矩形向内侧偏移 10,大矩形向外侧偏移 10,如图 12-61 所示。修剪多余直线,如图 12-62 所示。

(19) 将栏杆复制到扶手以下,调整高度,使其与地面重合,如图 12-63 所示。

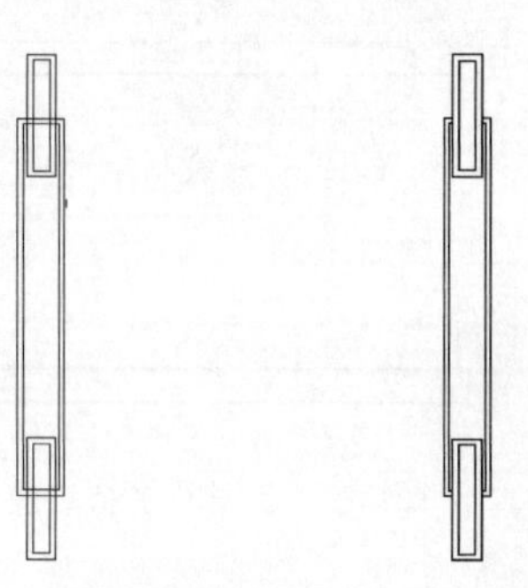

图 12-61　偏移矩形　　图 12-62　删除直线

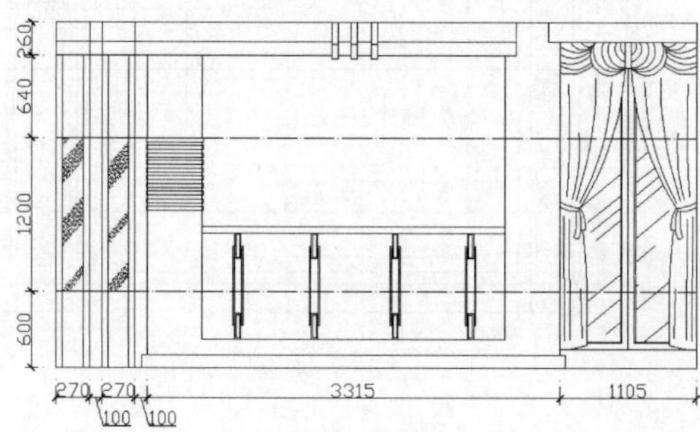

图 12-63　复制栏杆

(20) 选择菜单栏中的“格式”→“多线样式”命令,打开“多线样式”对话框。新建多线样式,命名为 langan,偏移距离设置为 5 和－5,如图 12-64 所示。

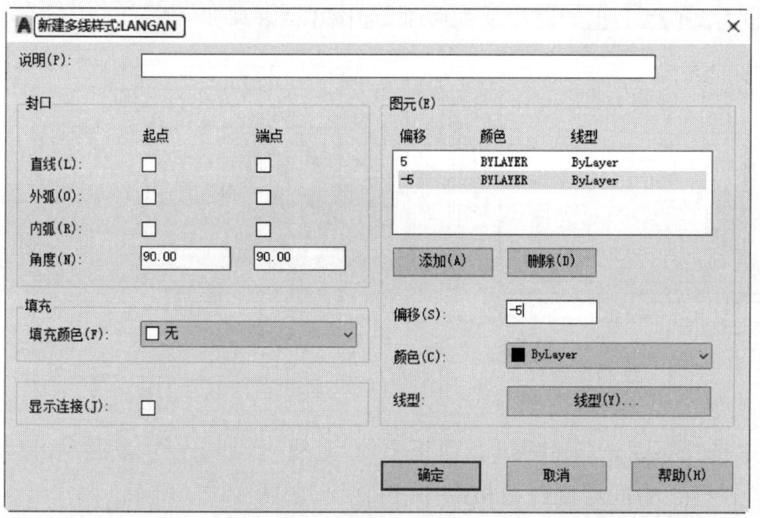

图 12-64　设置多线样式

(21) 选择菜单栏中的“绘图”→“多线”命令,绘制水平的栏杆,如图 12-65 所示。

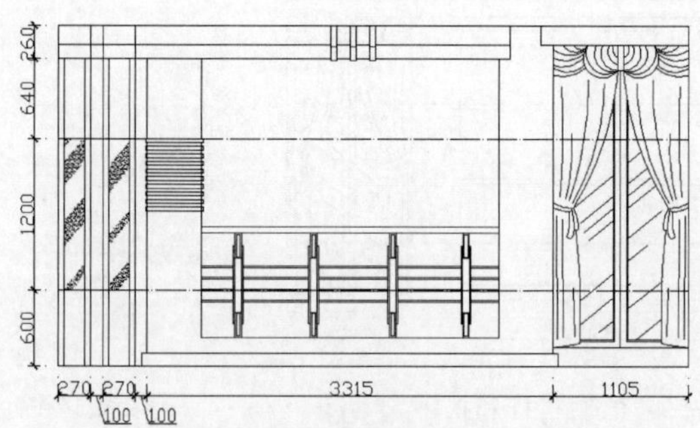

图 12-65　绘制水平栏杆

(22) 单击“默认”选项卡“注释”面板中的“线性”按钮 ⊢⊣，添加尺寸标注；利用 QLEADER 命令添加引线；单击“默认”选项卡“注释”面板中的“多行文字”按钮 A，添加文字标注，如图 12-66 所示。立面图二绘制完成。

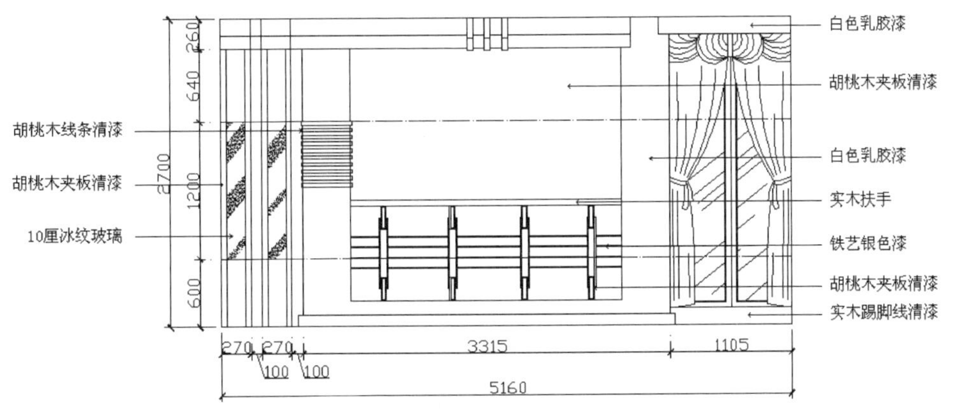

图 12-66　添加文字标注和尺寸标注

12-3

12.2　厨房立面图

设计思路

首先绘制厨房立面图的轴线，然后绘制各家具和厨具的立面图，最后对所绘制的厨房立面图进行尺寸标注和文字说明。

操作步骤

(1) 将“0”图层设置为当前图层。单击“默认”选项卡“绘图”面板中的“矩形”按钮 ▭，绘制尺寸为 4320×2700 的矩形，作为绘图边界，如图 12-67 所示。

(2) 将“轴线”图层设置为当前图层。单击“默认”选项卡“修改”面板中的“偏移”按钮 ⊂，以如图 12-68 所示的距离绘制轴线。

图 12-67　绘制绘图边界

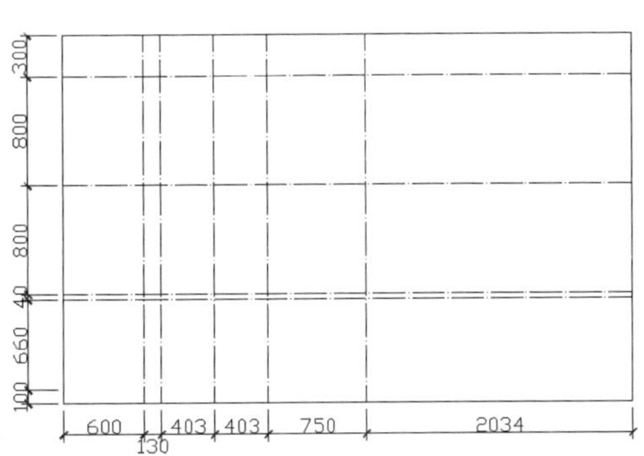

图 12-68　绘制轴线

Note

(3) 单击“默认”选项卡“修改”面板中的“复制”按钮 ，复制客厅立面图中的柱子图形，放到此图右侧，如图 12-69 所示。

(4) 在顶棚和地面绘制装饰线和踢脚线，如图 12-70 所示。

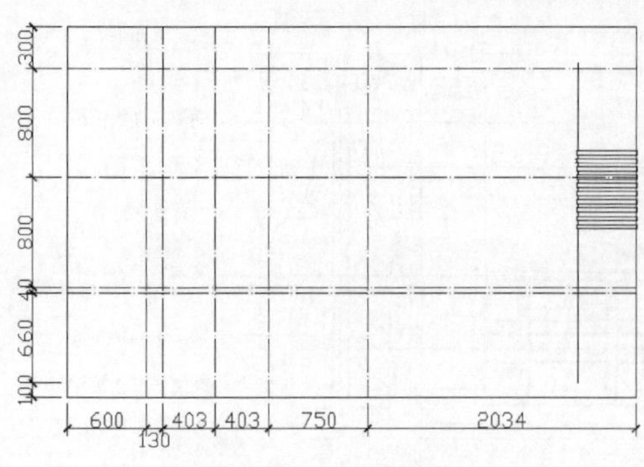

图 12-69　复制柱子

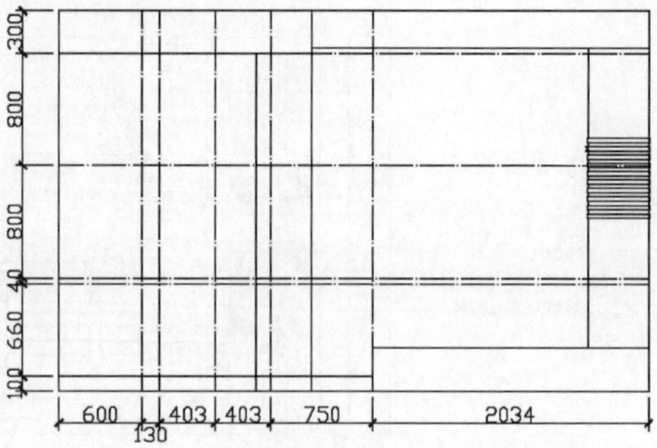

图 12-70　绘制装饰线和踢脚线

(5) 将“陈设”图层设置为当前图层。单击“默认”选项卡“绘图”面板中的“矩形”按钮 ，通过轴线的交点，绘制灶台的边缘线，并删除多余的柱线，如图 12-71 所示。

(6) 单击“默认”选项卡“绘图”面板中的“矩形”按钮 ，单击轴线的边界，绘制灶台下面的柜门，以及分割空间的挡板，如图 12-72 所示。

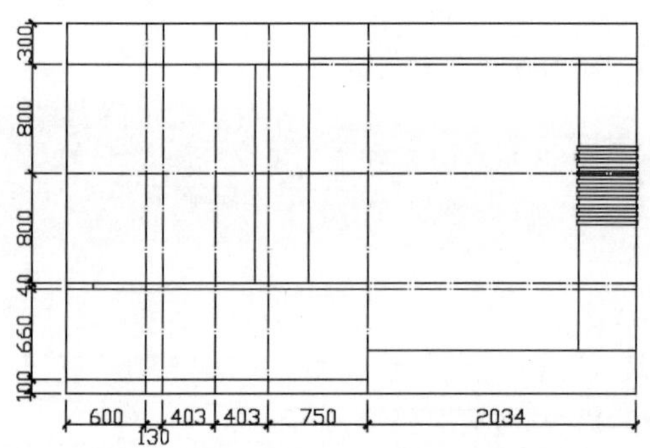

图 12-71　绘制灶台的边缘线

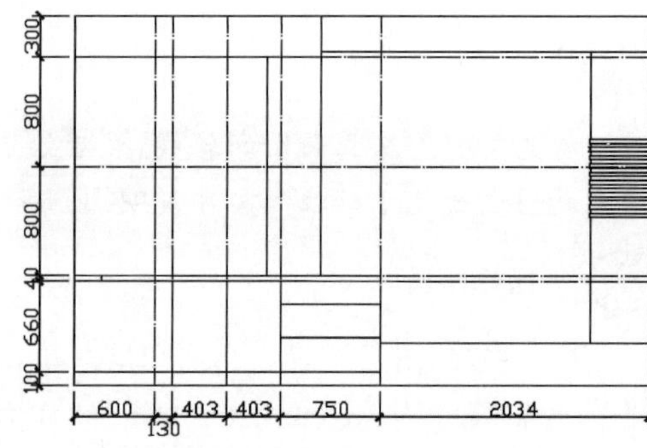

图 12-72　绘制柜门和挡板

(7) 单击“默认”选项卡“修改”面板中的“偏移”按钮 ，选择柜门，向内偏移 10，如图 12-73 所示。单击“线型”下拉列表框，从中选择点划线线型，如果没有，可以选择其他线型进行加载。

(8) 单击“默认”选项卡“绘图”面板中的“直线”按钮 ，单击柜门的中间靠上角点，如图 12-74 中 A 点。选择柜门侧边的中点，绘制柜门的装饰线，如图 12-74 所示。选取刚刚绘制的装饰线，右击，选择“特性”命令，打开“特性”选项板。在“线型比例”文本框中将线型比例设置为 80，如图 12-75 所示。

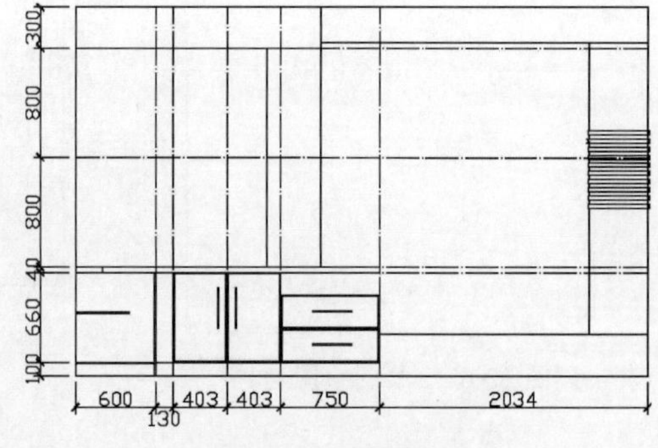

图 12-73　偏移柜门

Note

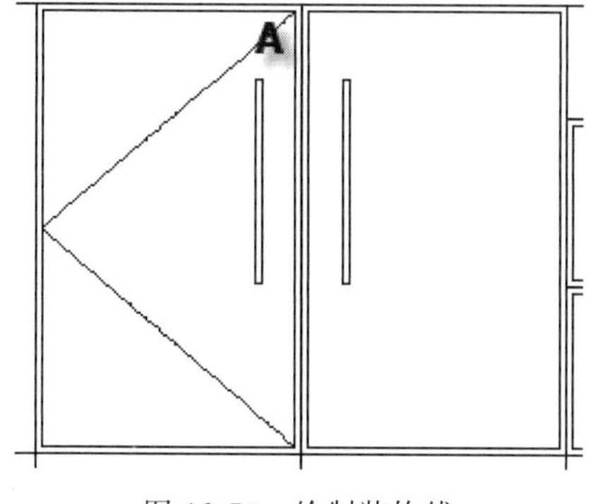

图 12-74　绘制装饰线

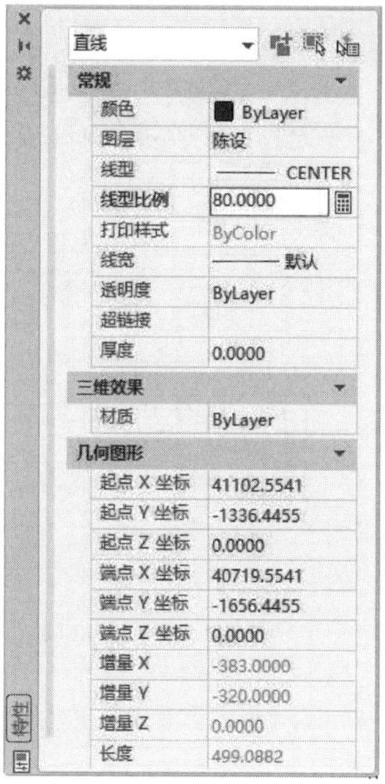

直线	
常规	
颜色	ByLayer
图层	陈设
线型	——— CENTER
线型比例	80.0000
打印样式	ByColor
线宽	——— 默认
透明度	ByLayer
超链接	
厚度	0.0000
三维效果	
材质	ByLayer
几何图形	
起点 X 坐标	41102.5541
起点 Y 坐标	-1336.4455
起点 Z 坐标	0.0000
端点 X 坐标	40719.5541
端点 Y 坐标	-1656.4455
端点 Z 坐标	0.0000
增量 X	-383.0000
增量 Y	-320.0000
增量 Z	0.0000
长度	499.0882

图 12-75　修改线型

(9) 单击“默认”选项卡“修改”面板中的“镜像”按钮 ⚠，将刚刚绘制的装饰线，以柜门的中轴线为基准线，镜像到另外一侧。最终效果如图 12-76 所示。

(10) 用同样的方法绘制灶台上的壁柜。绘制完成后的图形如图 12-77 所示。

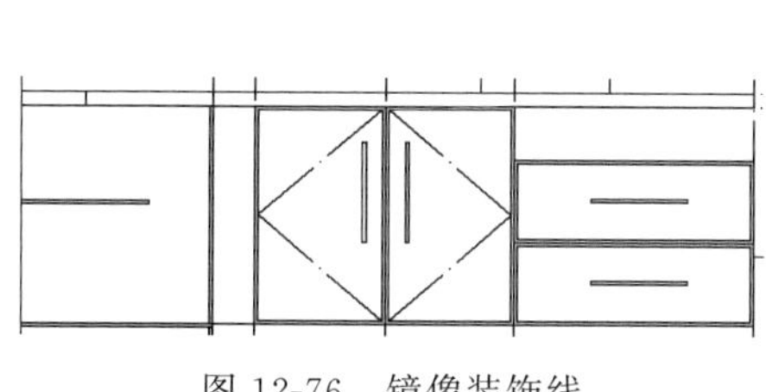

图 12-76　镜像装饰线

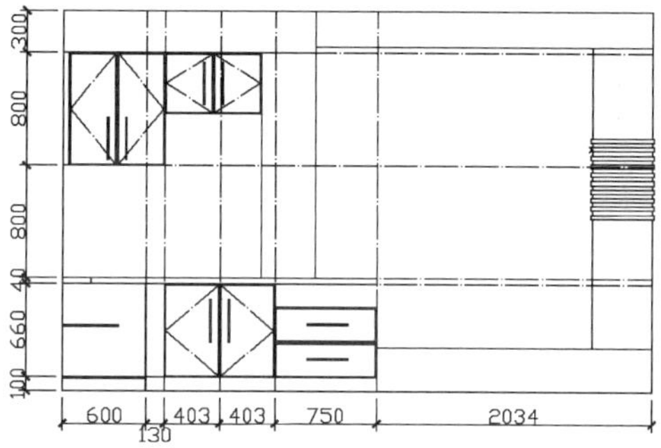

图 12-77　绘制壁柜

(11) 以上壁柜的交点为起始点，单击“默认”选项卡“绘图”面板中的“矩形”按钮 □，绘制一个尺寸为 700×500 的矩形，作为抽油烟机的外轮廓，如图 12-78 所示。

(12) 选取刚刚绘制的矩形，单击“默认”选项卡“修改”面板中的“分解”按钮 ，按 Enter 键确认，将矩形分解。单击“默认”选项卡“修改”面板中的“偏移”按钮 ⊆。命令行中的提示与操作如下。

```
命令: _offset↙
当前设置: 删除源 = 否　图层 = 源　OFFSETGAPTYPE = 0
```

```
指定偏移距离或[通过(T)/删除(E)/图层(L)]<通过>: 100(设置偏移距离 100)
选择要偏移的对象或[退出(E)/放弃(U)]<退出>:(选择矩形的下边)
指定要偏移的那一侧上的点或[退出(E)/多个(M)/放弃(U)]<退出>:(在矩形内部单击)
选择要偏移的对象或[退出(E)/放弃(U)]<退出>:↙
```

绘制完成后的图形如图 12-79 所示。

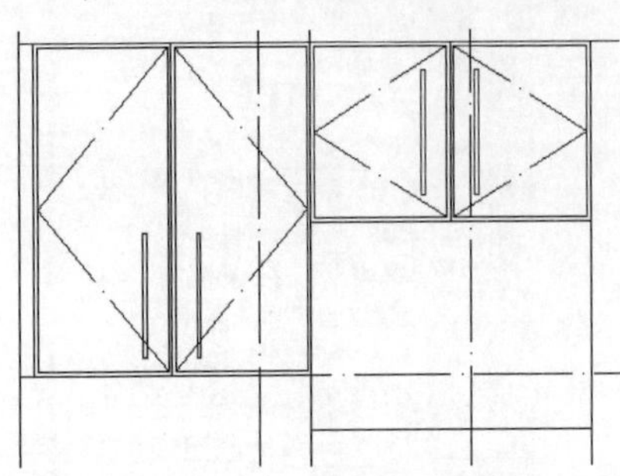
图 12-78　绘制抽油烟机

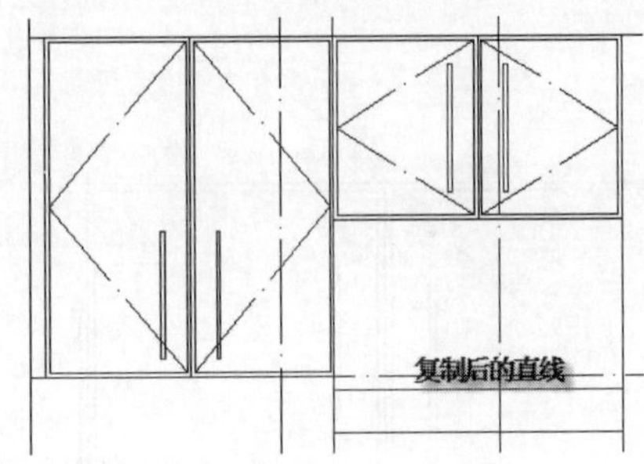

图 12-79　偏移直线

(13) 单击“默认”选项卡“绘图”面板中的“直线”按钮 ╱,选择偏移后直线的左侧端点,在命令行中输入“@30,400”,按 Enter 键确认。单击“默认”选项卡“绘图”面板中的“直线”按钮 ╱,在直线的右端点单击,然后在命令行中输入“@－30,400”。绘制完成的图形如图 12-80 所示。

(14) 选择下部的水平直线,单击“默认”选项卡“修改”面板中的“复制”按钮 ೫,选择直线的左端点,在命令行中输入复制图形移动的距离“@0,200”“@0,280”“@0,330”“@0,350”“@0,380”“@0,390”“@0,395”,结果如图 12-81 所示。

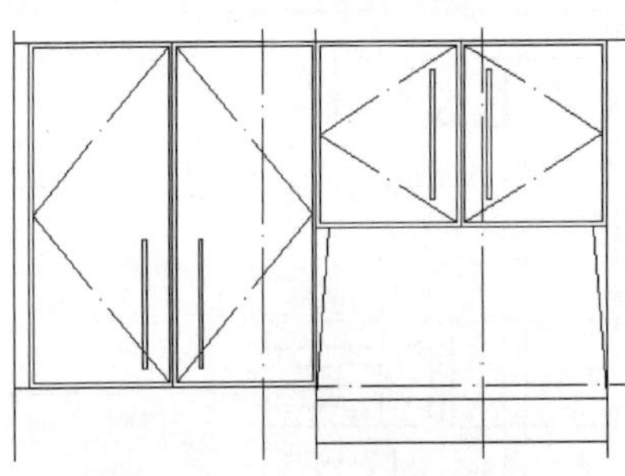
图 12-80　绘制斜线

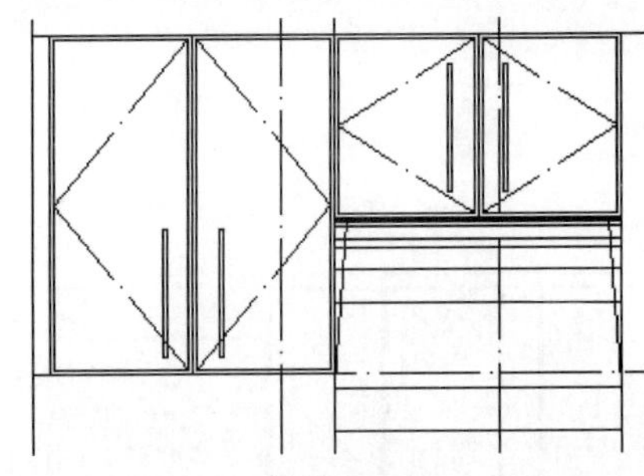
图 12-81　绘制抽油烟机波纹线

(15) 单击“默认”选项卡“绘图”面板中的“直线”按钮 ╱,选择水平底边的中点,绘制辅助线,如图 12-82 所示。

(16) 单击“默认”选项卡“绘图”面板中的“直线”按钮 ╱,在中线左边绘制一条长度为 150 的垂直线。单击“默认”选项卡“修改”面板中的“镜像”按钮 ⚠,将其复制到另外一侧。命令行中的提示与操作如下。

```
命令: _line↙
指定第一个点:(在底边左侧单击一点)
指定下一点或[放弃(U)]: @0,150(输入下一点坐标)
```

```
指定下一点或[放弃(U)]: *取消*(按 Enter 键取消)
命令: _mirror↙
选择对象: 找到 1 个(选择刚刚绘制的直线)
选择对象: ↙
指定镜像线的第一个点: 拾取辅助中线的上端点
指定镜像线的第二个点: (选择辅助中线为对称轴)拾取辅助中线的下端点
要删除源对象吗?[是(Y)/否(N)]<否>: ↙
```

(17) 单击“默认”选项卡“绘图”面板中的“圆弧”按钮 ，把两个短竖直线顶部端点作为两个端点，中间点在辅助直线上，绘制弧线，如图 12-83 所示。单击“默认”选项卡“修改”面板中的“偏移”按钮 ⊆，设置偏移距离为 20，选择两个短竖直线和弧线，在其内部单击，如图 12-84 所示。

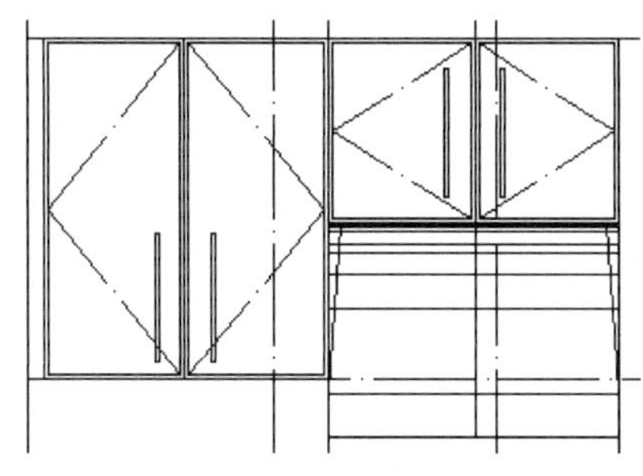

图 12-82　绘制辅助线

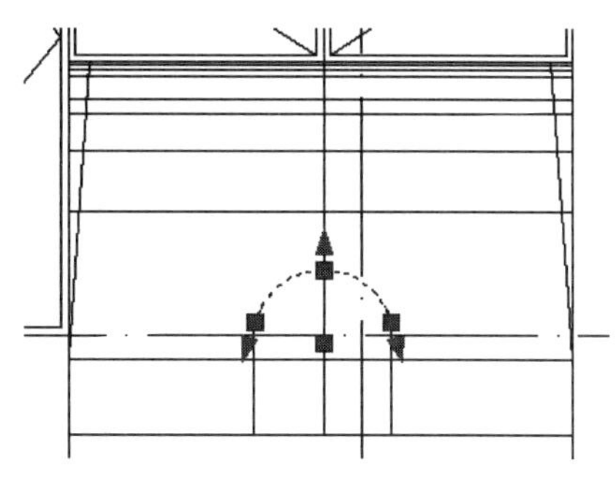

图 12-83　绘制弧线

(18) 单击“默认”选项卡“绘图”面板中的“圆”按钮 ，在弧线下面绘制直径分别为 30 和 10 的圆形，作为抽油烟机的指示灯，再在右侧绘制开关，如图 12-85 所示。

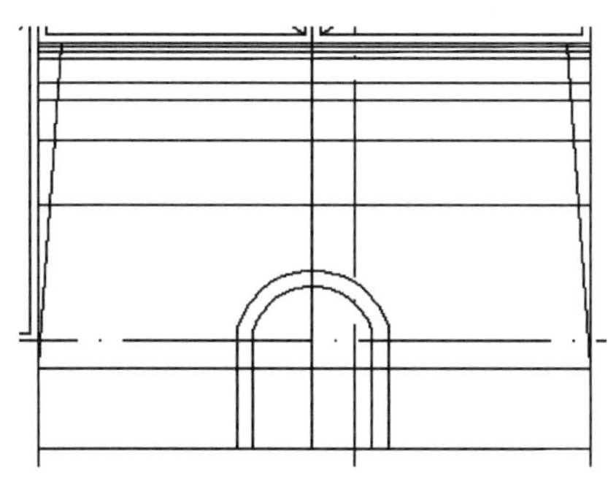

图 12-84　偏移弧线及竖直线

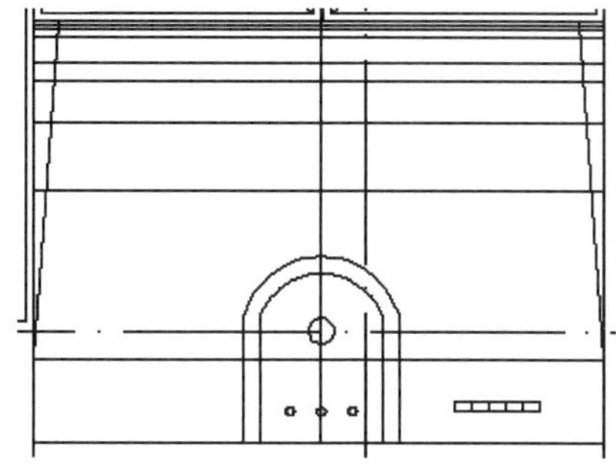

图 12-85　绘制指示灯和开关

(19) 在右侧绘制椅子模块。

单击“默认”选项卡“绘图”面板中的“矩形”按钮 ，在右侧绘制一个尺寸为 20×900 的矩形，如图 12-86 所示。选择矩形，单击“默认”选项卡“修改”面板中的“旋转”按钮 。命令行中的提示与操作如下。

```
命令: _rotate↙
UCS 当前的正角方向:    ANGDIR = 逆时针   ANGBASE = 0
选择对象:(选择矩形)
```

Note

```
指定基点:(选择图 12-87 中 A 点作为旋转轴)
指定旋转角度,或[复制(C)/参照(R)]<0>: -30(顺时针旋转 30°)
```

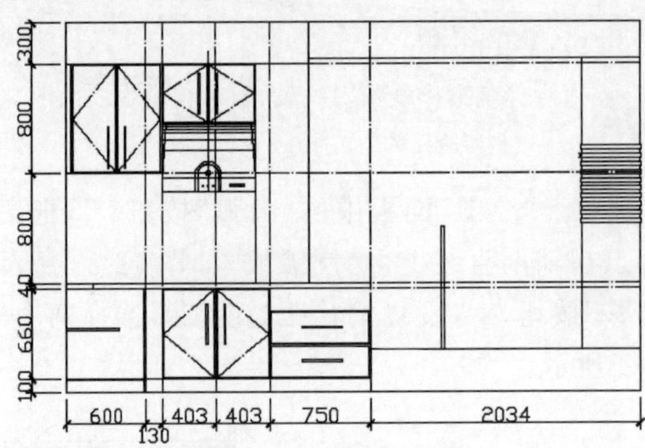

图 12-86　绘制椅子靠背

单击“默认”选项卡“修改”面板中的“修剪”按钮，将位于地面以下的椅子部分删除。

单击“默认”选项卡“绘图”面板中的“矩形”按钮，在右侧绘制一个尺寸为 50×600 的矩形，作为椅子腿，用同样方法逆时针旋转 45°，如图 12-88 所示。

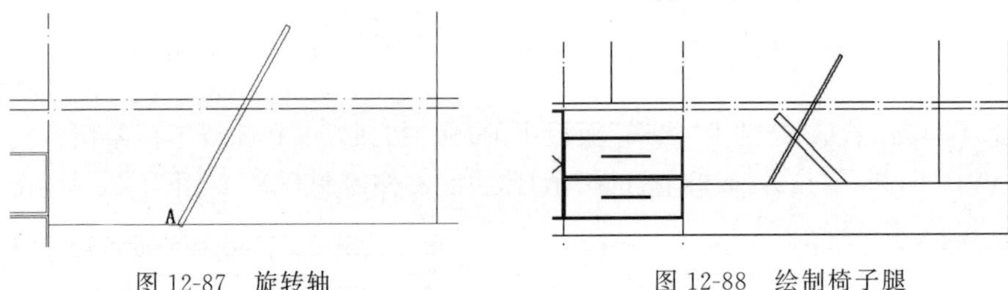

图 12-87　旋转轴　　　　图 12-88　绘制椅子腿

单击“默认”选项卡“绘图”面板中的“矩形”按钮，在短矩形的顶部，绘制一个尺寸为 400×50 的矩形，作为坐垫，如图 12-89 所示。

单击“默认”选项卡“修改”面板中的“分解”按钮，将矩形分解。单击“默认”选项卡“修改”面板中的“圆角”按钮，选择相交的边，将外侧倒角半径设置为 50，内侧倒角半径设置为 20，最终效果如图 12-90 所示。

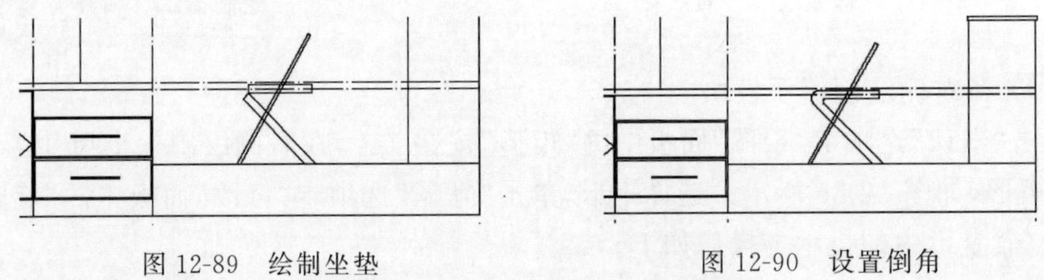
图 12-89　绘制坐垫　　　　图 12-90　设置倒角

单击“默认”选项卡“绘图”面板中的“圆”按钮，以椅背的顶端中点为圆心，绘制一个半径为 80 的圆。单击“默认”选项卡“绘图”面板中的“直线”按钮，绘制直线进

行装饰，作为椅背的靠垫，如图 12-91 所示。

（20）用同样的方法，绘制此立面图的其他基本设施模块，如图 12-92 所示。

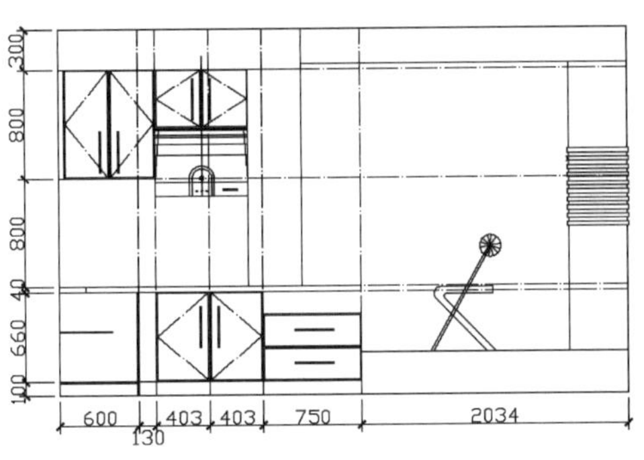

图 12-91　绘制椅子模块完成

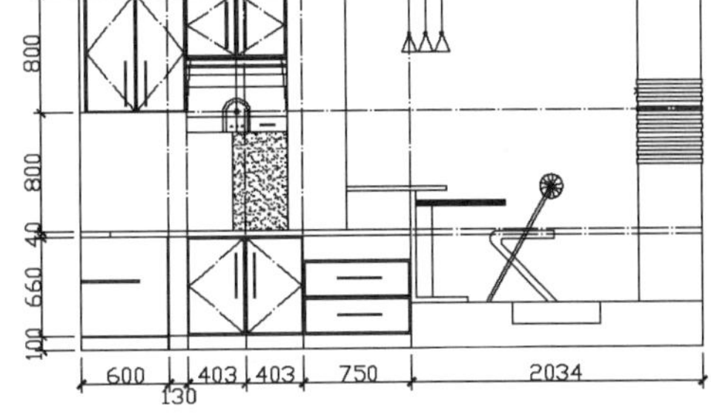

图 12-92　绘制其他设施

（21）将“文字”图层设置为当前图层，为图形标注尺寸并添加文字标注，如图 12-93 所示。

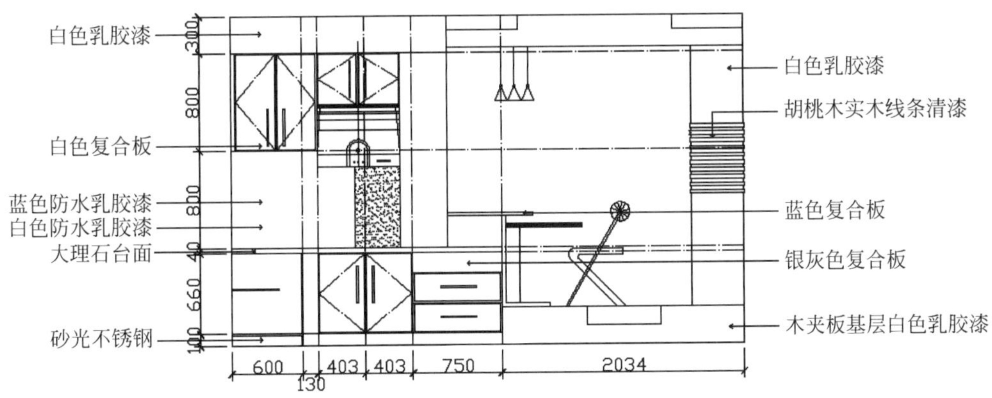

图 12-93　绘制尺寸标注文字标注

12.3　书房立面图

设计思路

首先绘制书房立面图的轴线，接着绘制书柜水平板和隔板，再绘制书本，最后对所绘制的书房立面图进行尺寸标注和文字说明。

操作步骤

（1）将 0 图层设置为当前图层。单击“默认”选项卡“绘图”面板中的“矩形”按钮 □，绘图边界尺寸为 4853×2550，如图 12-94 所示。

（2）将“轴线”图层设置为当前图层。单击“默认”选项卡“修改”面板中的“偏移”按钮 ⊂，绘制轴线，如图 12-95 所示。

Note

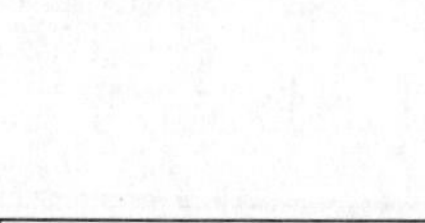

图 12-94　绘制绘图边界

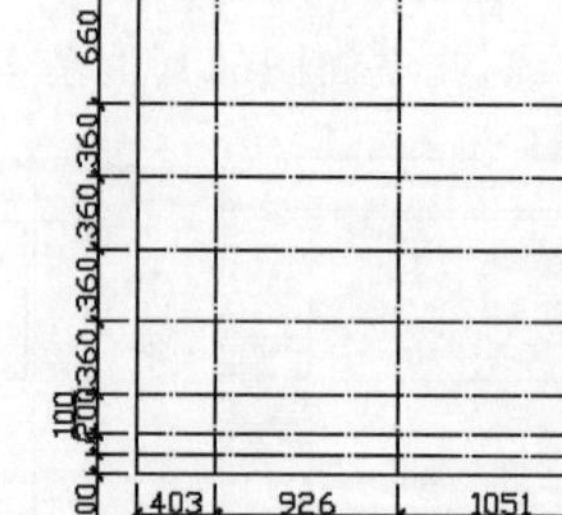

图 12-95　绘制轴线

(3) 将"陈设"图层设置为当前图层。沿轴线绘制书柜的边界和玻璃的分界线,如图 12-96 所示。

(4) 单击"默认"选项卡"绘图"面板中的"多段线"按钮 ,选取起点,在命令行中输入 w,设置线宽为 10,绘制书柜的水平板及两侧边缘,如图 12-97 所示。命令行中的提示与操作如下。

```
命令: PLINE↙
指定起点: (选取起点)
当前线宽为 0.0000
指定下一个点或[圆弧(A)/半宽(H)/长度(L)/放弃(U)/宽度(W)]: w
指定起点宽度<0.0000>: 10(设置起点线宽为 10)
指定端点宽度<10.0000>: 10(设置端点线宽为 10)
指定下一个点或[圆弧(A)/半宽(H)/长度(L)/放弃(U)/宽度(W)]: 单击下一点
……
```

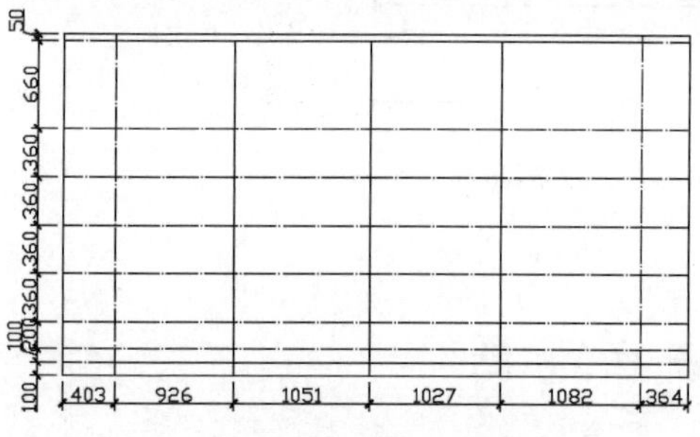

图 12-96　绘制玻璃分界线

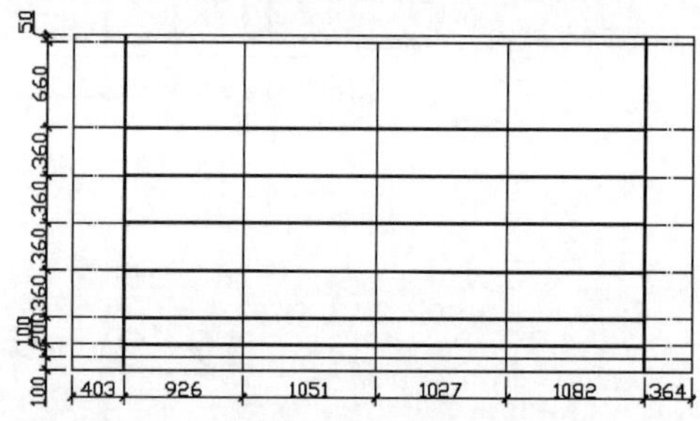

图 12-97　绘制水平板

(5) 单击"默认"选项卡"绘图"面板中的"矩形"按钮 ,绘制一个尺寸为 50×2000 的矩形。重复"矩形"命令,在其上端绘制一个尺寸为 100×10 的矩形,如图 12-98 所示。

(6) 选择菜单栏中的"格式"→"多线样式"命令,打开"多线样式"对话框。新建多线样式,参照如图 12-99 所示进行设置。选择菜单栏中的"绘图"→"多线"命令,在隔挡中绘制多线,其中上部间距为 360,最下层间距为 −560,如图 12-100 所示。将隔挡复制到书柜的竖线上,删除多余线段,如图 12-101 所示。

图 12-98　绘制书柜隔挡

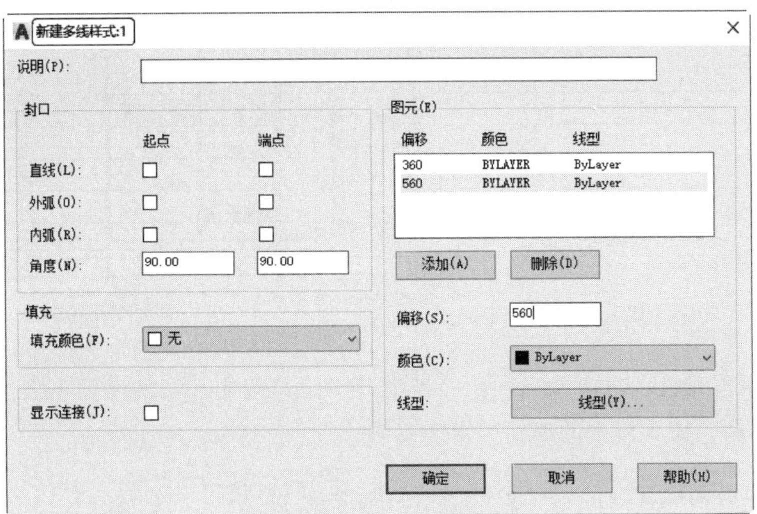

图 12-99　设置多线

图 12-100　绘制多线

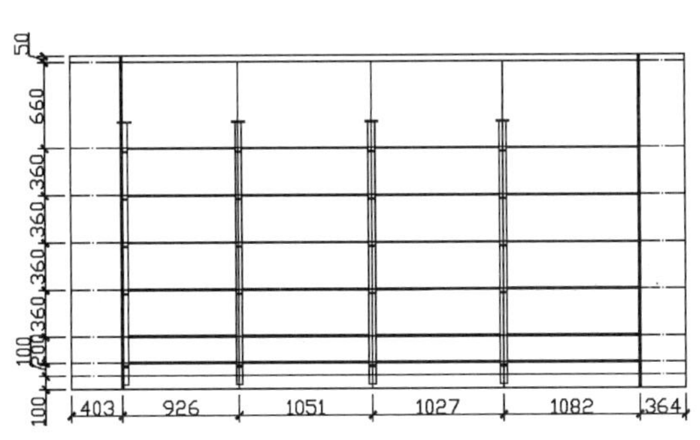

图 12-101　复制隔挡

(7) 单击“默认”选项卡“绘图”面板中的“矩形”按钮 ，在空白处绘制一个尺寸为 500×300 的矩形。单击“默认”选项卡“绘图”面板中的“直线”按钮 ，在其中绘制垂直直线进行分割，间距自己定义即可，如图 12-102 所示。

(8) 单击“默认”选项卡“绘图”面板中的“直线”按钮 和“圆”按钮 ，绘制一条水平直线，下方绘制圆形代表书名，如图 12-103 所示。同样方法绘制其他书造型，结果如图 12-104 所示。

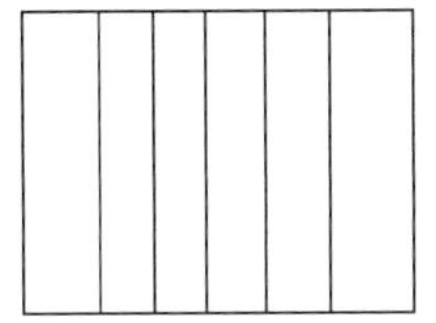

图 12-102　绘制书造型

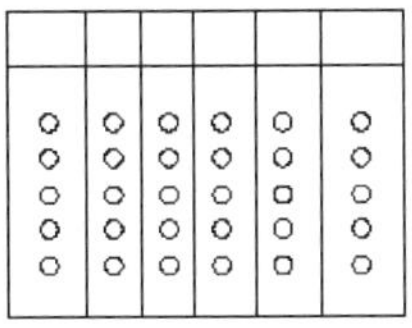

图 12-103　绘制圆形

(9) 单击“默认”选项卡“绘图”面板中的“直线”按钮 ，绘制斜向 45°的直线。

(10) 单击“默认”选项卡“修改”面板中的“修剪”按钮 ，将玻璃内轮廓外部和底部抽屉处的直线剪切掉。最终效果如图 12-105 所示。

Note

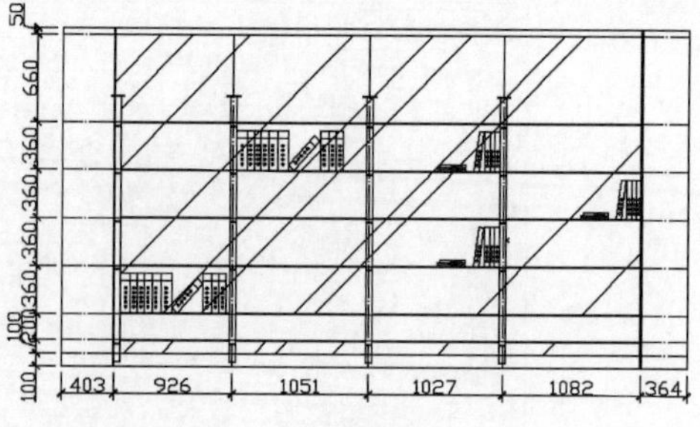

图 12-104　插入图书造型　　　　图 12-105　修剪斜线

（11）单击“默认”选项卡“修改”面板中的“打断”按钮 ，按照如下方法将图中的部分斜线打断。命令行中的提示与操作如下。

```
命令：_break↙
选择对象：(单击斜线上一点)
指定第二个打断点或[第一个点(F)]：(单击同条斜线上的另外一点)
……
```

绘制完成后的图形如图 12-106 所示。

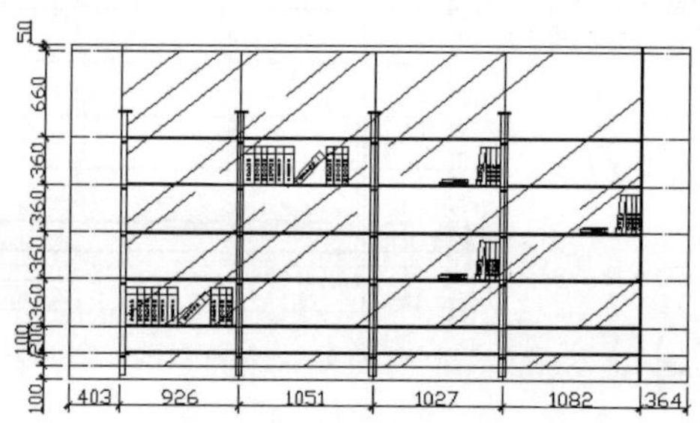

图 12-106　绘制玻璃纹路

（12）将“文字”图层设置为当前图层，为图形标注尺寸并添加文字标注，如图 12-107 所示。

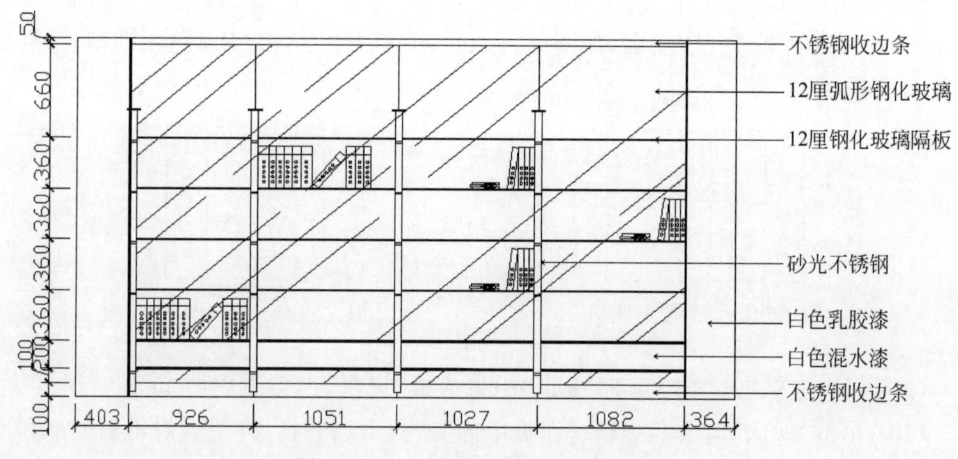

图 12-107　添加标注尺寸及文字标注

12.4 上机实验

12.4.1 实验1 绘制居室立面图

绘制如图 12-108 所示的居室立面图。

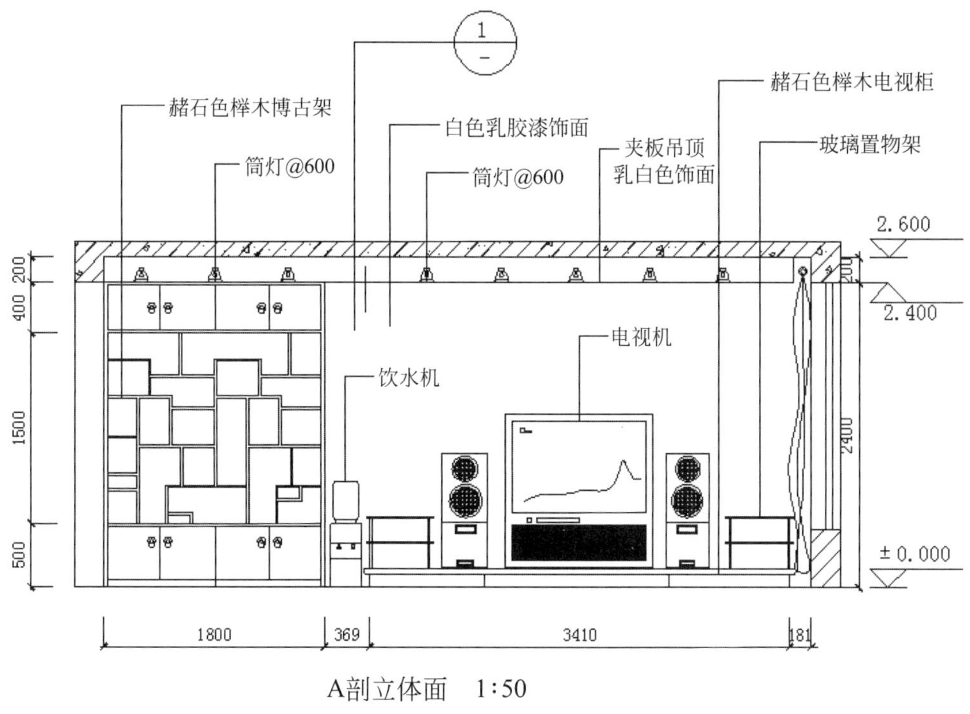

图 12-108 居室立面图

操作提示

(1) 利用"直线"命令绘制外部轮廓线。

(2) 利用"阵列"命令对立面图进行阵列。

(3) 利用"图案填充"命令对立面图进行填充。

(4) 利用"多行文字"命令对图形添加文字说明。

(5) 利用"标注"命令对立面图进行尺寸标注。

12.4.2 实验2 绘制餐厅走廊立面图

绘制如图 12-109 所示的餐厅走廊立面图。

操作提示

(1) 利用"直线"命令绘制外部轮廓线。

(2) 利用"图案填充"命令填充装饰。

Note

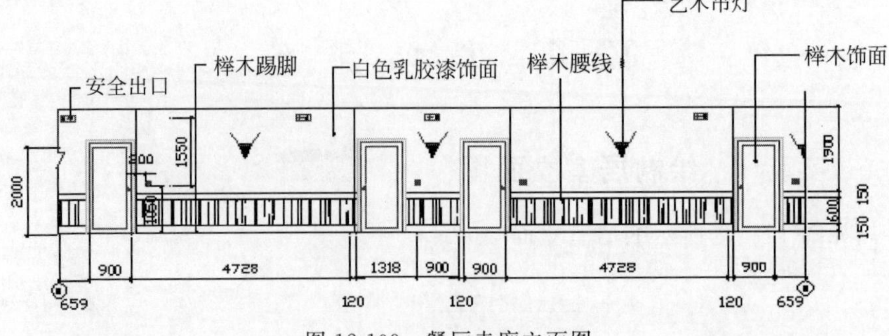

图 12-109　餐厅走廊立面图

（3）利用“多行文字”命令对图形添加文字说明。

（4）利用“标注”命令对立面图进行尺寸标注。

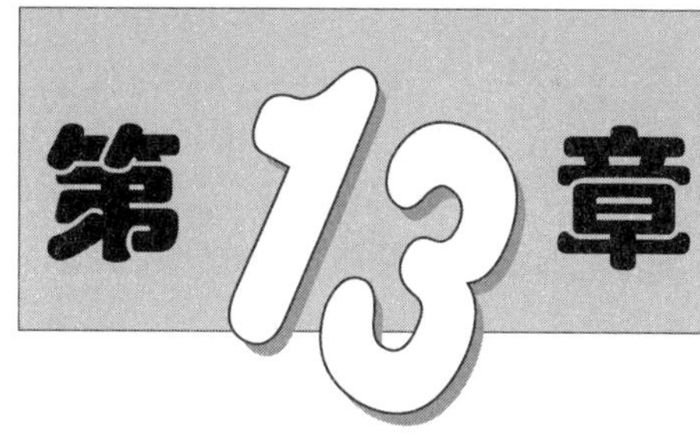

某别墅室内设计图的绘制

一般来说，室内设计图是指一整套与室内设计相关的图纸的集合，包括室内平面图、室内立面图、室内地坪图、顶棚图、电气系统图和节点大样图等。这些图纸分别表达室内设计某一方面的情况和数据，只有将它们组合起来，才能得到完整详尽的室内设计资料。本章将以别墅作为实例，依次介绍几种常用的室内设计图的绘制方法。

学 习 要 点

- 别墅首层平面图的绘制
- 客厅平面布置图的绘制
- 客厅立面图 A 的绘制
- 客厅立面图 B 的绘制

13.1 别墅首层平面图的绘制

Note

13-1

13-2

设计思路

首先绘制别墅的定位轴线，接着在已有轴线的基础上绘制别墅的墙线，然后借助已有图库或图形模块绘制别墅的门窗和室内的家具、洁具，最后进行尺寸和文字标注。

下面介绍绘制如图 13-1 所示的别墅的首层平面图的具体方法。

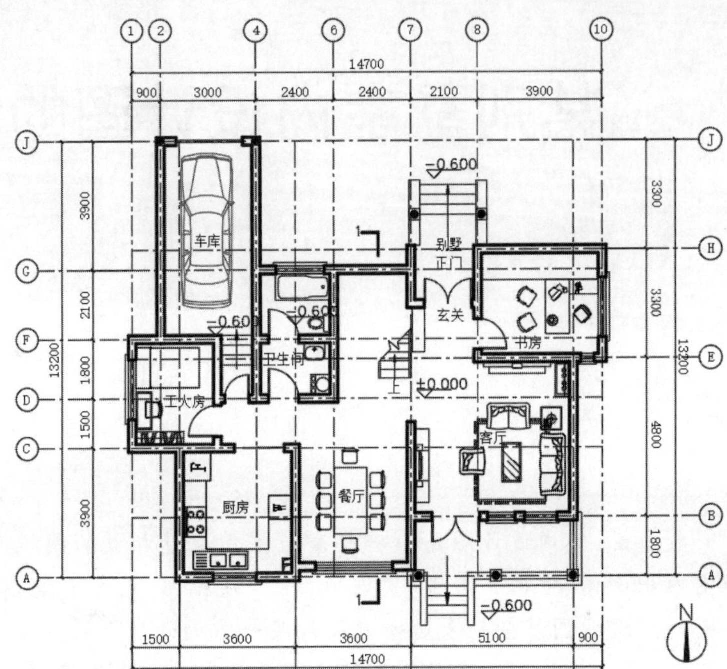

图 13-1　别墅的首层平面图

操作步骤

13.1.1　设置绘图环境

1. 创建图形文件

双击 AutoCAD 2022 中文版的快捷图标，启动 AutoCAD 2022。选择菜单栏中的“格式”→“单位”命令，打开“图形单位”对话框，如图 13-2 所示。

(1)“精度”下拉列表框：指定测量长度与角度的单位及单位的精度。

(2)“插入时的缩放单位”下拉列表框：控制使用工具选项板(例如 DesignCenter 或 i-drop)拖入当前图形的块的测量单位。如果块或图形创建时使用的单位与该选项指定的单位不同，则在插入这些块或图形时，对其按比例缩放。插入比例是源块或图形使用的单位与目标图形使用的单位之比。如果插入块时不按指定单位缩放，则选择“无单位”。

（3）“方向”按钮：单击该按钮，系统打开“方向控制”对话框，如图 13-3 所示。可以在该对话框中进行方向控制设置。

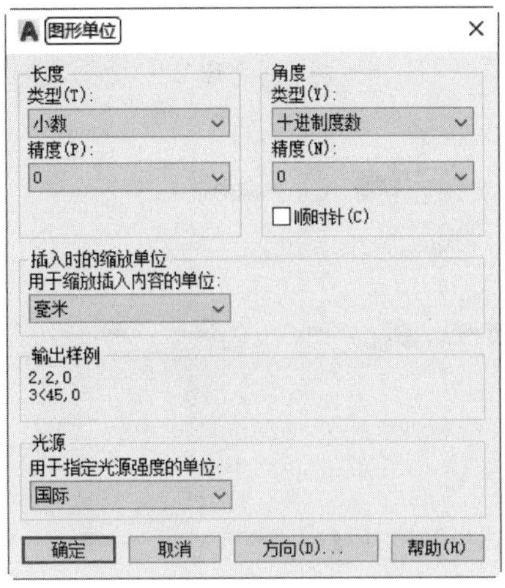

图 13-2　“图形单位”对话框

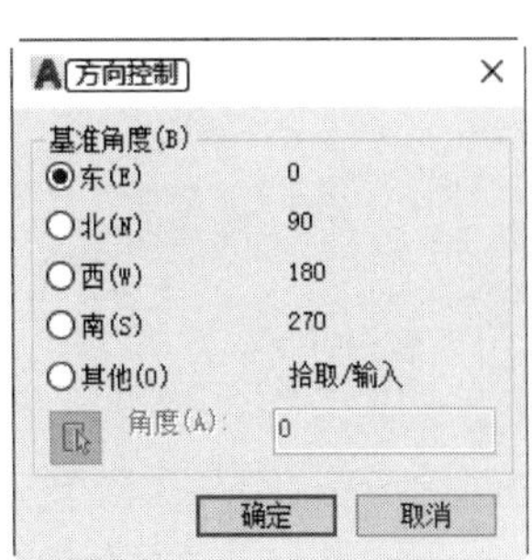

图 13-3　“方向控制”对话框

2. 命名图形

单击“快速访问”工具栏中的“保存”按钮，打开“图形另存为”对话框。在“文件名”下拉列表中输入图形名称为“别墅首层平面图”，如图 13-4 所示。单击“保存”按钮，建立图形文件。

图 13-4　命名图形

3. 设置图层

单击“默认”选项卡“图层”面板中的“图层特性”按钮，打开“图层特性管理器”选

项板。依次创建平面图中的基本图层，如标注、地坪、家具、楼梯、文字、门窗、墙体和轴线等，如图 13-5 所示。

Note

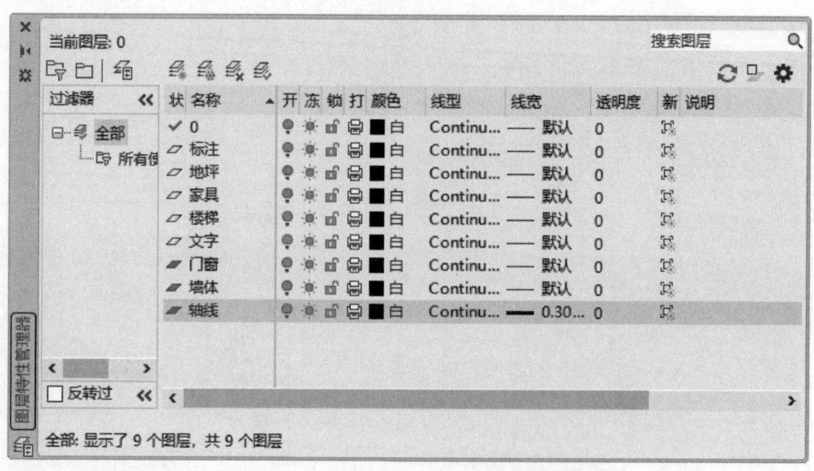

图 13-5 “图层特性管理器”选项板

注意： 在使用 AutoCAD 2022 绘图的过程中，应经常性地保存已绘制的图形文件，以避免因软件系统的不稳定导致软件的瞬间关闭而无法及时保存文件，进而丢失大量已绘制的信息。AutoCAD 2022 有自动保存图形文件的功能，使用者只需在绘图时将该功能激活即可。设置方法如下：选择菜单栏中的“工具”→“选项”命令，打开“选项”对话框。选择“打开和保存”选项卡，在“文件安全措施”选项组中选中“自动保存”复选框，根据个人需要设置“保存间隔分钟数”，然后单击“确定”按钮，完成设置，如图 13-6 所示。

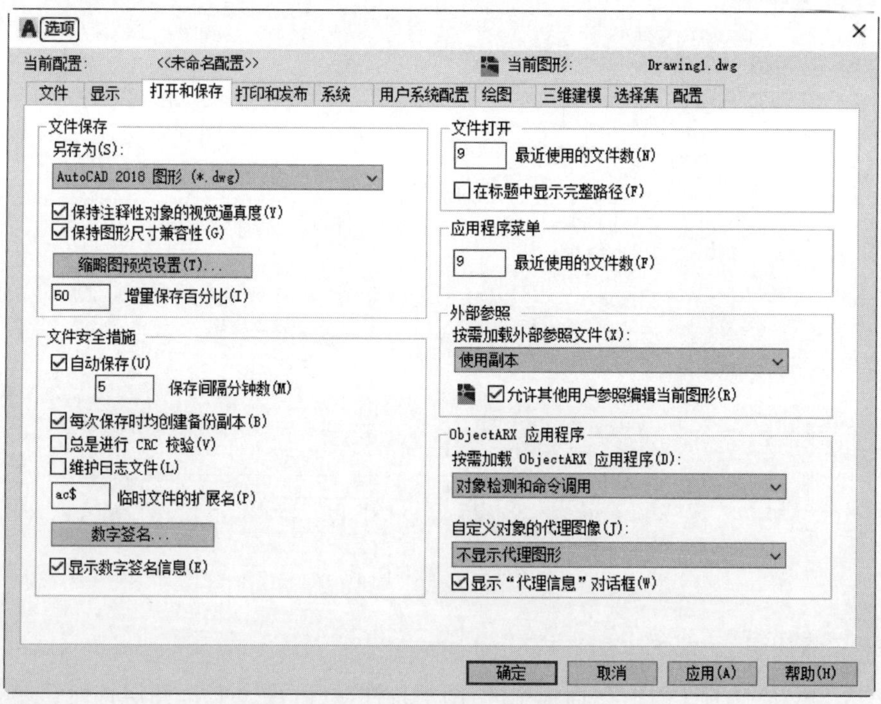

图 13-6 “自动保存”设置

13.1.2　绘制建筑轴线

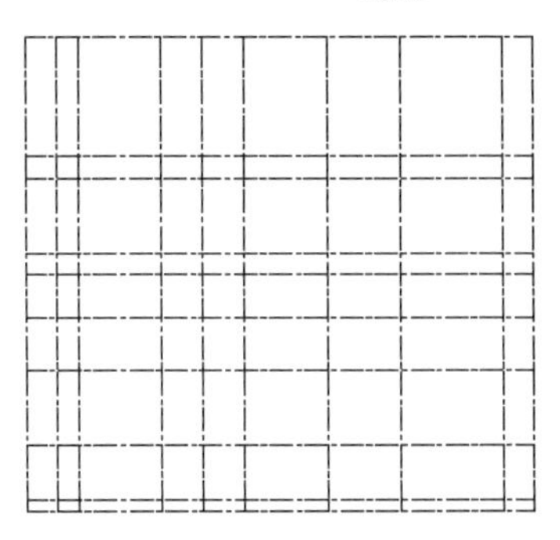

图 13-7　别墅平面轴线

Note

建筑轴线是在绘制建筑平面图时布置墙体和门窗的依据，也是建筑施工定位的重要依据。在轴线的绘制过程中，主要使用的绘图命令是“直线”命令和“偏移”命令。

图 13-7 所示为绘制完成的别墅平面轴线。

1. 设置“轴线”特性

（1）在“图层”下拉列表框中选择“轴线”图层，将其设置为当前图层。

（2）设置线型比例：选择菜单栏中的“格式”→“线型”命令，❶打开“线型管理器”对话框；❷选择 CENTER 线型，❸将“全局比例因子”设置为 20，如图 13-8 所示，❹单击“确定”按钮，完成对轴线线型的设置。

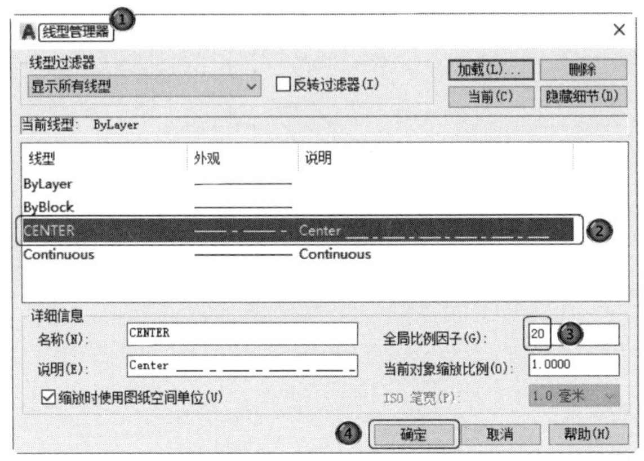

图 13-8　设置轴线线型

2. 绘制横向轴线

（1）绘制横向轴线基准线：单击“默认”选项卡“绘图”面板中的“直线”按钮 ╱，绘制一条横向基准轴线，长度为 14700，如图 13-9 所示。

（2）绘制其余横向轴线：单击“默认”选项卡“修改”面板中的“偏移”按钮 ⊆，将横向基准轴线依次向下偏移，偏移量分别为 3300、3900、6000、6600、7800、9300、11400、13200。如图 13-10 所示，依次完成横向轴线的绘制。

图 13-9　绘制横向基准轴线

图 13-10　利用“偏移”命令绘制横向轴线

Note

3. 绘制纵向轴线

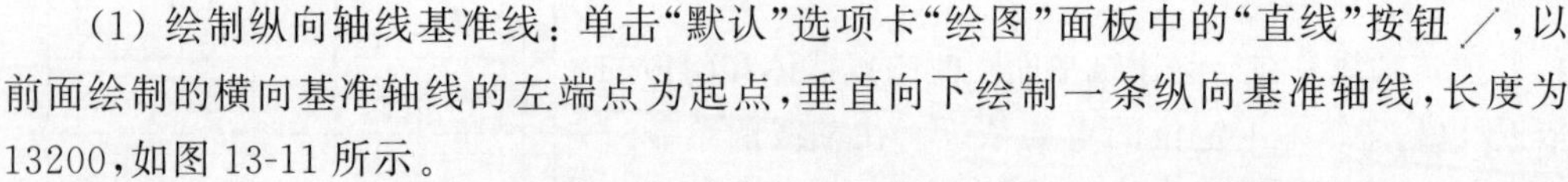

(1) 绘制纵向轴线基准线：单击“默认”选项卡“绘图”面板中的“直线”按钮 ╱，以前面绘制的横向基准轴线的左端点为起点，垂直向下绘制一条纵向基准轴线，长度为13200，如图 13-11 所示。

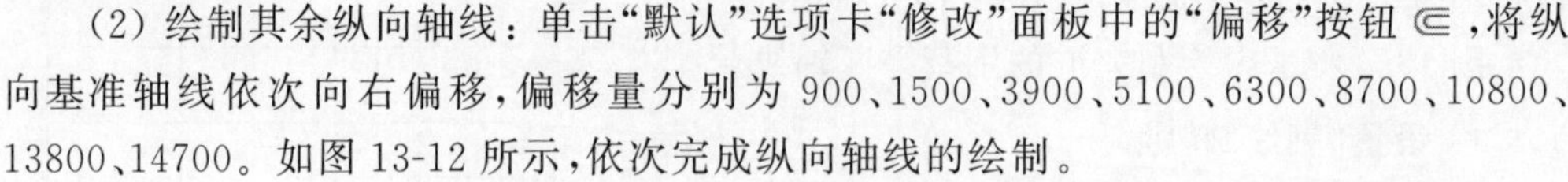

(2) 绘制其余纵向轴线：单击“默认”选项卡“修改”面板中的“偏移”按钮 ⊆，将纵向基准轴线依次向右偏移，偏移量分别为 900、1500、3900、5100、6300、8700、10800、13800、14700。如图 13-12 所示，依次完成纵向轴线的绘制。

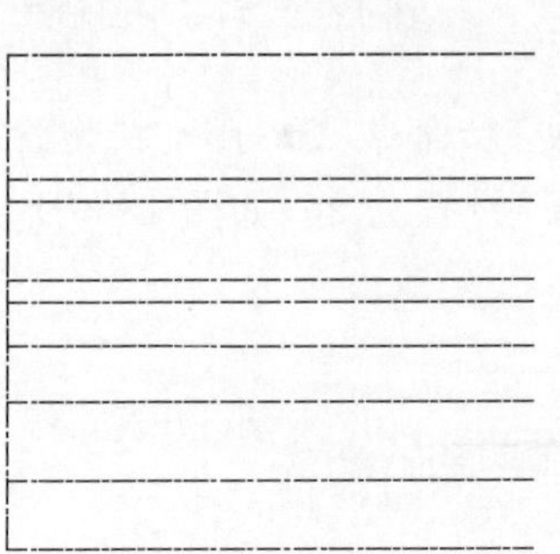

图 13-11　绘制纵向基准轴线

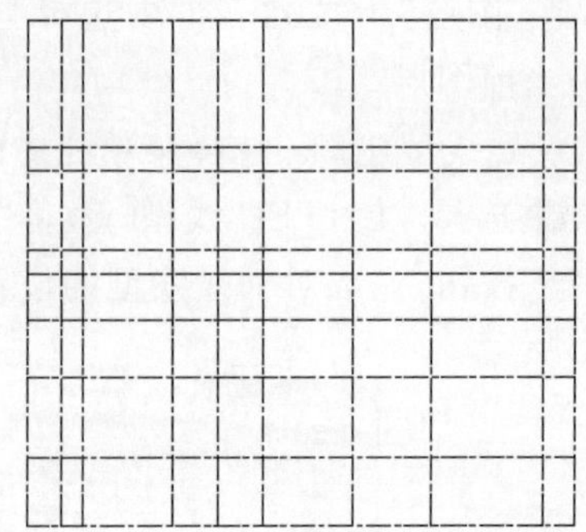

图 13-12　利用“偏移”命令绘制纵向轴线

☎ **注意**：在绘制建筑轴线时，一般选择建筑横向、纵向的最大长度为轴线长度。但当建筑物形体过于复杂时，太长的轴线往往会影响图形效果，因此也可以仅在一些需要轴线定位的建筑局部绘制轴线。

13.1.3　绘制墙体

在建筑平面图中，墙体用双线表示，一般采用轴线定位的方式。以轴线为中心，具有很强的对称关系，因此绘制墙线通常有以下三种方法。

- 单击“默认”选项卡“修改”面板中的“偏移”按钮 ⊆，直接偏移轴线。将轴线向两侧偏移一定距离，得到双线，然后将所得双线移至墙线图层。
- 选择菜单栏中的“绘图”→“多线”命令，直接绘制墙线。
- 当墙体要求填充成实体颜色时，也可以单击“默认”选项卡“绘图”面板中的“多段线”按钮 ⊐ 直接绘制，将线宽设置为墙厚即可。

在本例中，推荐选用第二种方法，即选择菜单栏中的“绘图”→“多线”命令，绘制墙线。图 13-13 所示为绘制完成的别墅首层墙体平面。

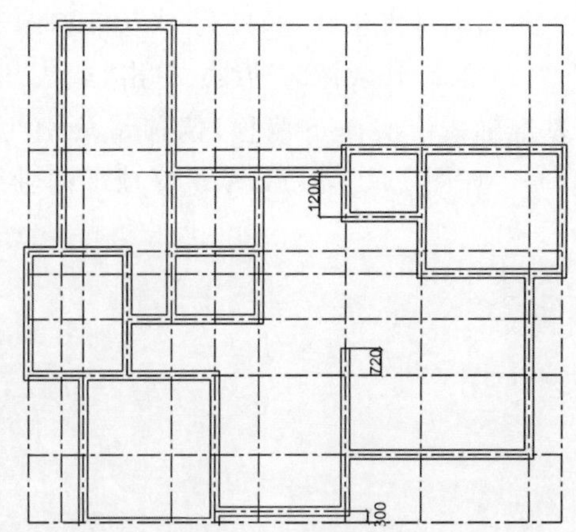

图 13-13　绘制墙体平面

1. 定义多线样式

选择菜单栏中的“绘图”→“多线”命令。

绘制墙线前，应首先对多线样式进行设置。

(1) 选择菜单栏中的“格式”→“多线样式”命令，打开“多线样式”对话框，如图 13-14 所示。单击“新建”按钮，在打开的对话框中输入新样式名“240 墙”，如图 13-15 所示。

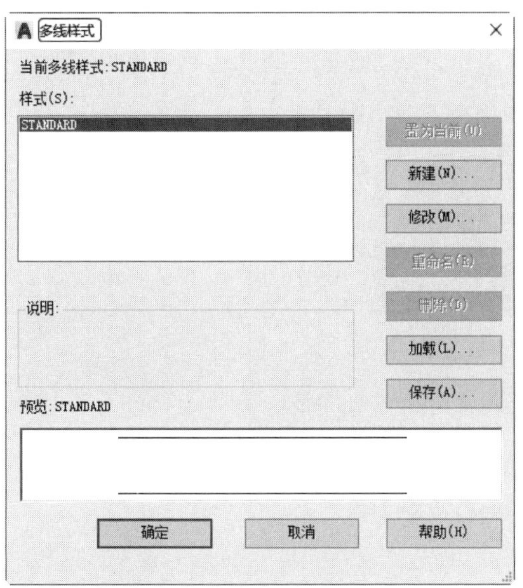

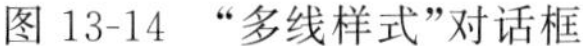

图 13-14 “多线样式”对话框

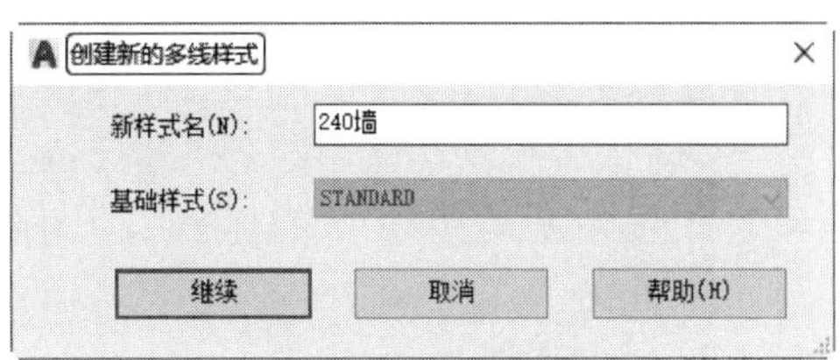

图 13-15 命名多线样式

(2) 单击“继续”按钮，打开“新建多线样式”对话框，如图 13-16 所示。在该对话框中进行以下设置：元素偏移量首行设为 120，第二行设为 −120。

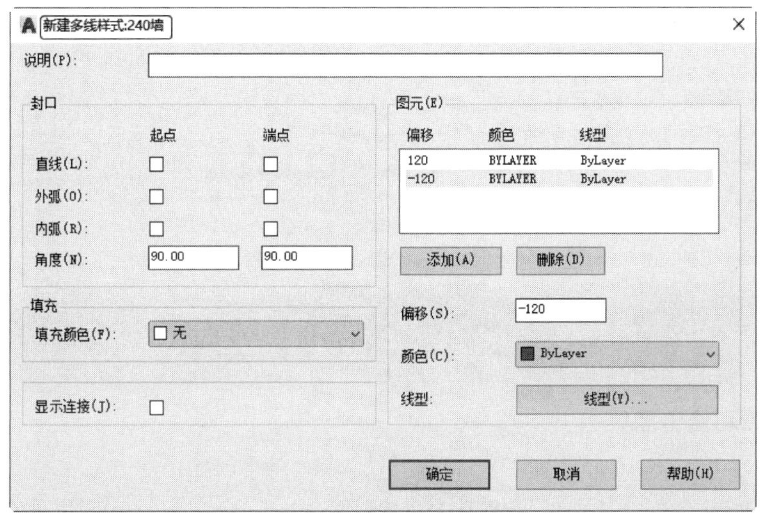

图 13-16 设置多线样式

(3) 单击“确定”按钮，返回“多线样式”对话框。在“样式”列表框中选择多线样式“240 墙”，如图 13-17 所示，将其置为当前。

Note

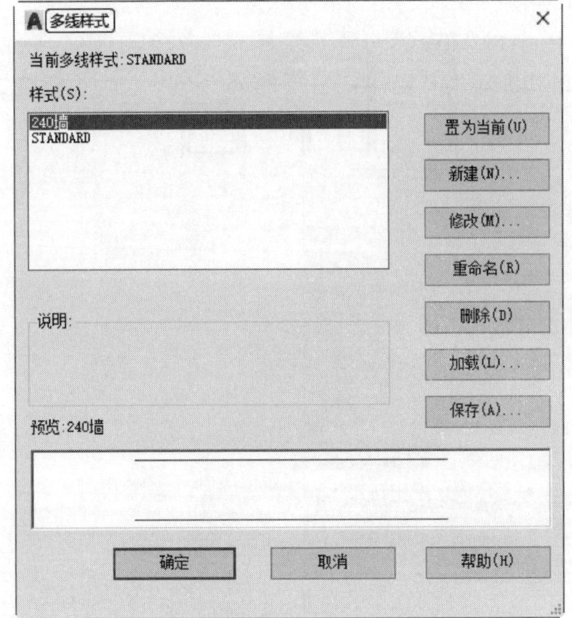

图 13-17　将所建多线样式置为当前

2. 绘制墙线

(1) 将“墙线”图层设置为当前图层，并且将该图层线宽设为 0.30mm。

(2) 选择菜单栏中的“绘图”→“多线”命令，绘制墙线，结果如图 13-18 所示。命令行中的提示与操作如下。

```
命令: _mline↙
当前设置:对正 = 上,比例 = 20.00,样式 = 240 墙
指定起点或[对正(J)/比例(S)/样式(ST)]:J↙(在命令行输入 J,重新设置多线的对正方式)
输入对正类型[上(T)/无(Z)/下(B)]<上>:Z↙(在命令行输入 Z,选择"无"为当前对正方式)
当前设置:对正 = 无,比例 = 20.00,样式 = 240 墙
指定起点或[对正(J)/比例(S)/样式(ST)]:S↙(在命令行输入 S,重新设置多线比例)
输入多线比例<20.00>:1↙(在命令行输入 1,作为当前多线比例)
当前设置:对正 = 无,比例 = 1.00,样式 = 240 墙
指定起点或[对正(J)/比例(S)/样式(ST)]:(捕捉左上部墙体轴线交点作为起点)
指定下一点:
……(依次捕捉墙体轴线交点,绘制墙线)
指定下一点或[放弃(U)]:↙(绘制完成后,按 Enter 键结束命令)
```

3. 编辑和修整墙线

(1) 选择菜单栏中的“修改”→“对象”→“多线”命令，打开“多线编辑工具”对话框，如图 13-19 所示。该对话框中提供了 12 种多线编辑工具，可根据不同的多线交叉方式选择相应的工具进行编辑。

(2) 少数较复杂的墙线结合处无法找到相应的多线编辑工具进行编辑，可以单击“默认”选项卡“修改”面板中的“分解”按钮 ，将多线分解。单击“默认”选项卡“修改”面板中的“修剪”按钮 ，对该结合处的线条进行修整。

Note

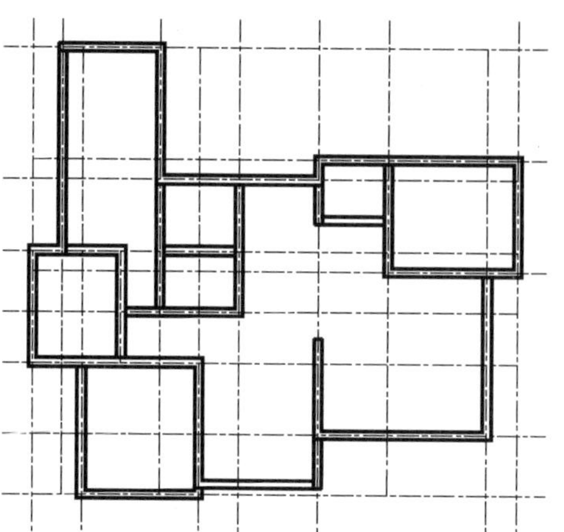

图 13-18　用“多线”工具绘制墙线

图 13-19　“多线编辑工具”对话框

另外，一些内部墙体并不在主要轴线上，可以添加辅助轴线。单击“默认”选项卡“修改”面板中的“修剪”按钮 或“延伸”按钮 ，进行绘制和修整。

经过编辑和修整后的墙线如图 13-13 所示。

13.1.4　绘制门和窗

建筑平面图中门和窗的绘制过程基本如下：首先在墙体相应位置绘制门和窗的洞口；接着使用直线、矩形和圆弧等工具绘制门和窗的基本图形，并根据所绘门、窗的基本图形创建门、窗图块；然后在相应门和窗洞口处插入门、窗图块，并根据需要进行适当调整，进而完成平面图中所有门和窗的绘制。

1. 绘制门、窗洞口

在平面图中，门洞口与窗洞口的基本形状相同，因此，可以在绘制过程中将它们一并绘制。

(1) 将“墙线”图层设置为当前图层。

(2) 绘制门、窗洞口基本图形。单击“默认”选项卡“绘图”面板中的“直线”按钮 ╱，绘制一条长度为 240mm 的垂直方向的线段；单击“默认”选项卡“修改”面板中的“偏移”按钮 ⊆，将线段向右偏移 1000mm，即得到门、窗洞口基本图形，如图 13-20 所示。

Note

(3) 绘制门洞。

下面以正门门洞(1500mm×240mm)为例，介绍平面图中门洞的绘制方法。

图 13-20　门/窗洞口基本图形

单击“默认”选项卡“块”面板中的“创建块”按钮 ，打开“块定义”对话框，如图 13-21 所示，在“名称”下拉列表框中输入“门洞”；单击“选择对象”按钮，选中如图 13-20 所示的图形；单击“拾取点”按钮，选择左侧门洞线上端的端点为插入点；单击“确定”按钮，完成图块“门洞”的创建。

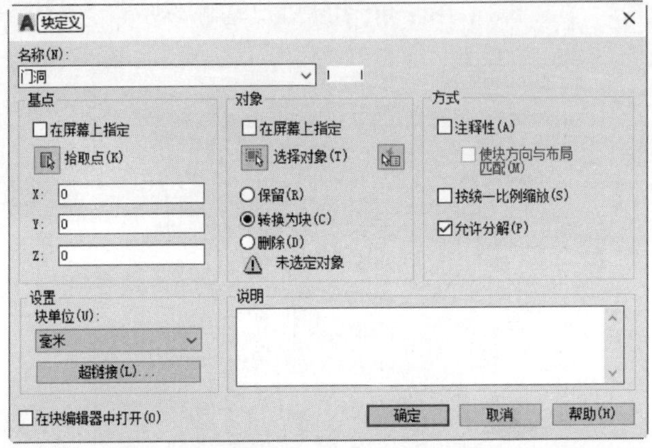

图 13-21　“块定义”对话框

单击“默认”选项卡“块”面板中的“插入”按钮 ，如图 13-22 所示，选择“门洞”图块，在命令行中指定“比例”选项组中将 X 方向的比例设置为 1.5。

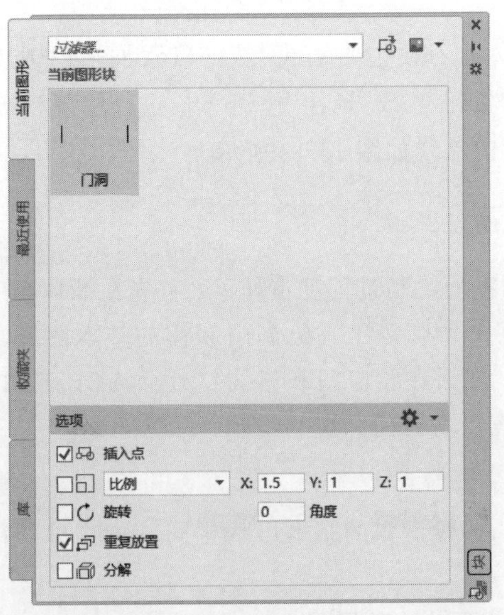

图 13-22　插入图块

在图中单击正门入口处左侧墙线交点作为基点，插入“门洞”图块，如图 13-23 所示。

单击“默认”选项卡“修改”面板中的“移动”按钮 ✥，在图中单击已插入的正门门洞图块，将其水平向右移动，距离为 300mm，如图 13-24 所示。

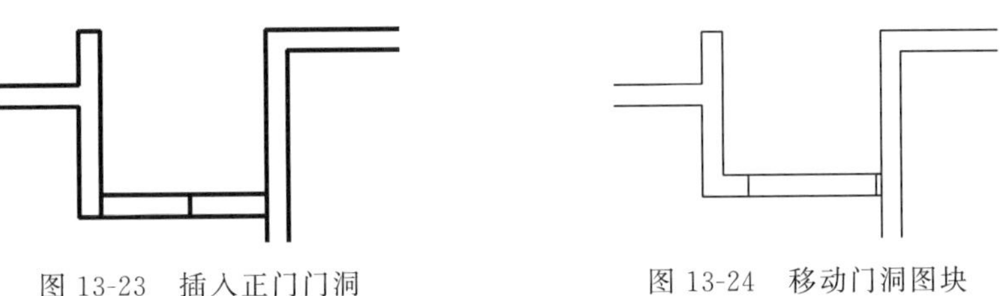

图 13-23　插入正门门洞　　　　图 13-24　移动门洞图块

单击“默认”选项卡“修改”面板中的“修剪”按钮 ✂，修剪洞口处多余的墙线，完成正门门洞的绘制，如图 13-25 所示。

(4) 绘制窗洞。

下面以卫生间窗户洞口(1500mm×240mm)为例，介绍如何绘制窗洞。

单击“默认”选项卡“块”面板中的“插入”按钮，如图 13-22 所示，选择“门洞”图块，在命令行中指定 X 方向的“比例”设置为 1.5。由于门窗洞口基本形状一致，因此没有必要创建新的窗洞图块，可以直接利用已有门洞图块进行绘制。

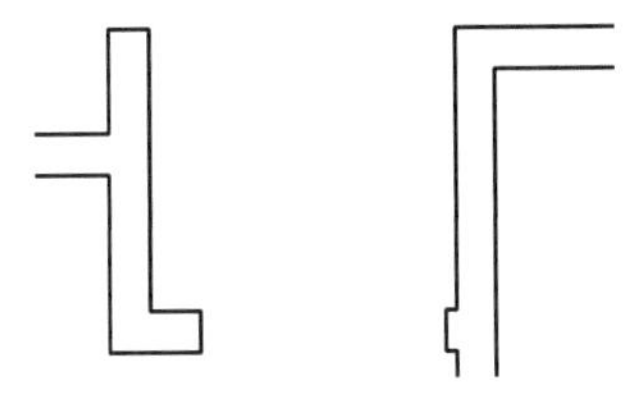

图 13-25　修剪多余墙线 1

在图中单击左侧墙线交点作为基点，插入“门洞”图块(在本处为窗洞)。

单击“默认”选项卡“修改”面板中的“移动”按钮 ✥，在图中单击已插入的窗洞图块，将其向右移动，距离为 480mm，如图 13-26 所示。

单击“默认”选项卡“修改”面板中的“修剪”按钮 ✂，修剪窗洞口处多余的墙线，完成卫生间窗洞的绘制，如图 13-27 所示。

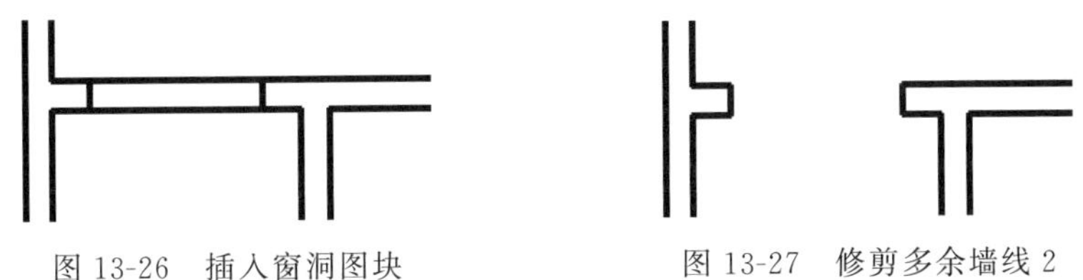

图 13-26　插入窗洞图块　　　　图 13-27　修剪多余墙线 2

2. 绘制平面门

从开启方式上看，门的常见形式主要有平开门、弹簧门、推拉门、折叠门、旋转门、升降门和卷帘门等。门的尺寸主要满足人流通行、交通疏散、家具搬运的要求，而且应符合建筑模数的有关规定。在平面图中，单扇门的宽度一般为 800～1000mm，双扇门则为 1200～1800mm。

门的绘制方法如下：先画出门的基本图形，然后将其创建成图块，最后将门图块插入已绘制好的相应门洞口位置。在插入门图块的同时，还应调整图块的比例和旋转角

Note

度，以适应平面图中不同宽度和角度的门洞口。

下面通过两个有代表性的实例来介绍别墅平面图中不同种类的门的绘制。

1）单扇平开门

单扇平开门主要应用于卧室、书房和卫生间等私密性较强、来往人流较少的房间。下面以别墅首层书房的单扇门（宽 900mm）为例，介绍单扇平开门的绘制方法。

（1）将“门窗”图层设置为当前图层。

（2）单击“默认”选项卡“绘图”面板中的“矩形”按钮，绘制一个尺寸为 40mm×900mm 的矩形门扇，如图 13-28 所示。

单击“默认”选项卡“绘图”面板中的“圆弧”按钮，以矩形门扇右上角顶点为起点，右下角顶点为圆心，绘制一条圆心角为 90°、半径为 900mm 的圆弧，得到如图 13-29 所示的单扇平开门图形。

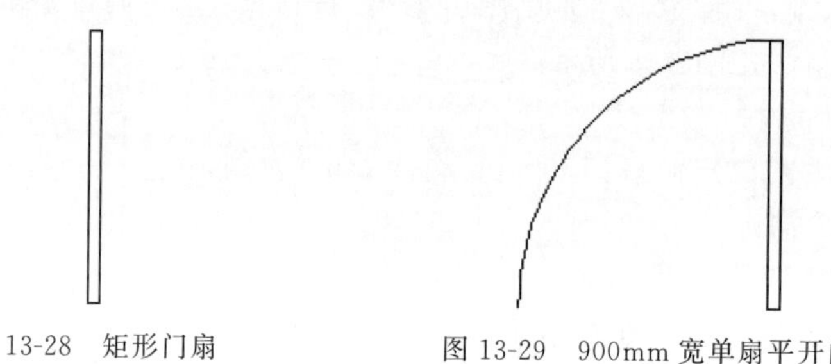

图 13-28　矩形门扇　　图 13-29　900mm 宽单扇平开门

（3）单击“默认”选项卡“块”面板中的“创建块”按钮，打开“块定义”对话框，如图 13-30 所示，在“名称”下拉列表框中输入“900 宽单扇平开门”；单击“选择对象”按钮，选取如图 13-29 所示的单扇平开门的基本图形为块定义对象；单击“拾取点”按钮，选择矩形门扇右下角顶点为基点；最后单击“确定”按钮，完成“单扇平开门”图块的创建。

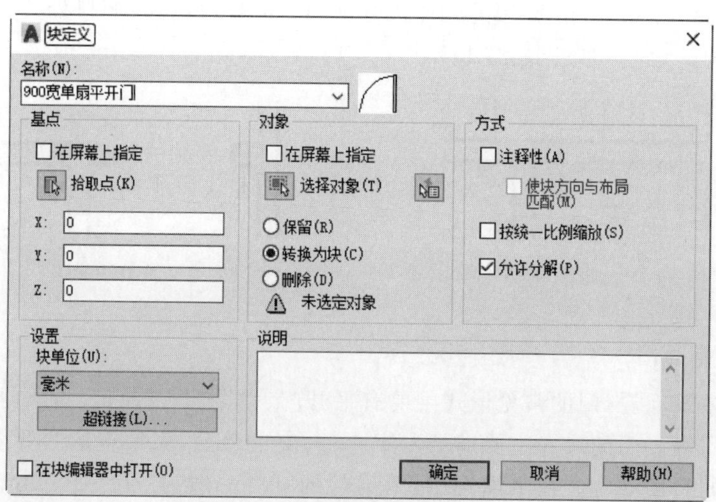

图 13-30　“块定义”对话框

(4) 单击“默认”选项卡“修改”面板中的“复制”按钮 ，将单扇平开门图块复制到书房左侧适当位置。单击“默认”选项卡“块”面板中的“插入”按钮 ，如图 13-31 所示，选择“900 宽单扇平开门”，在命令行中输入“旋转”角度为－90°，在平面图中选中书房门洞下侧墙线的中点作为插入点，插入门图块。单击“默认”选项卡“修改”面板中的“分解”按钮 ，将门洞图块分解。单击“默认”选项卡“修改”面板中的“移动”按钮 ，将分解的上边的墙线移动到适当位置。单击“默认”选项卡“修改”面板中的“修剪”按钮 ，将图形进行修剪。结果如图 13-32 所示，完成书房门的绘制。

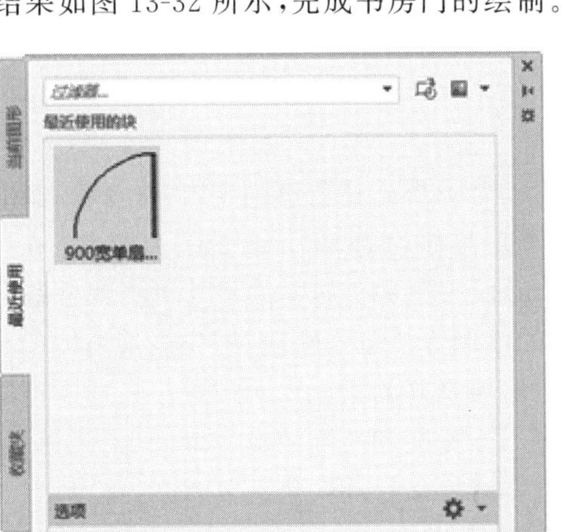

图 13-31　插入图块

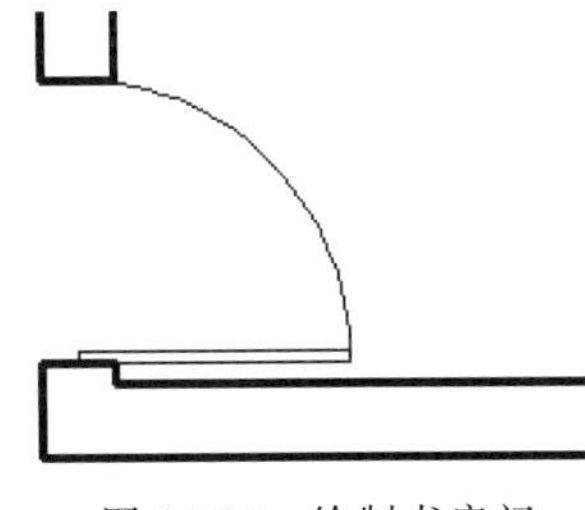

图 13-32　绘制书房门

2) 双扇平开门

在别墅平面图中，别墅正门以及客厅的阳台门均设计为双扇平开门。下面以别墅正门(宽 1500mm)为例，介绍双扇平开门的绘制方法。

(1) 将“门窗”图层设置为当前图层。

(2) 参照上面所述单扇平开门画法，绘制宽度为 750mm 的单扇平开门。

(3) 单击“默认”选项卡“修改”面板中的“镜像”按钮 ，对已绘得的“750 宽单扇平开门”图块进行水平方向的镜像操作，得到宽 1500mm 的双扇平开门，如图 13-33 所示。

(4) 单击“插入”选项卡“块定义”面板中的“创建块”按钮 ，打开“块定义”对话框，在“名称”下拉列表框中输入“1500 宽双扇平开门”；单击“选择对象”按钮，选取如图 13-33 所示的双扇平开门的基本图形为块定义对象；单击“拾取点”按钮，选择右侧矩形门扇右下角顶点为基点；单击“确定”按钮，完成“1500 宽双扇平开门”图块的创建。

(5) 单击“插入”选项卡“块”面板中的“插入块”按钮 ，选择“1500 宽双扇平开

Note

门”,在图中选中正门门洞右侧墙线的中点作为插入点,插入门图块,如图 13-34 所示,完成别墅正门的绘制。

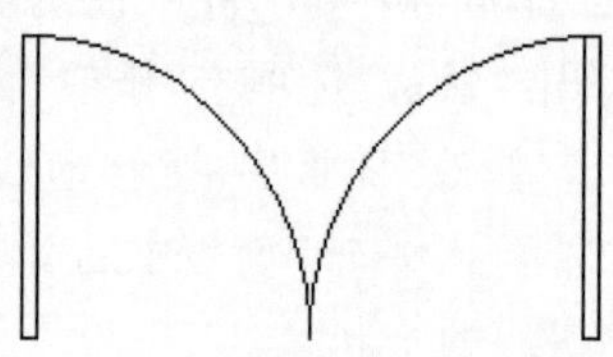

图 13-33　1500 宽双扇平开门

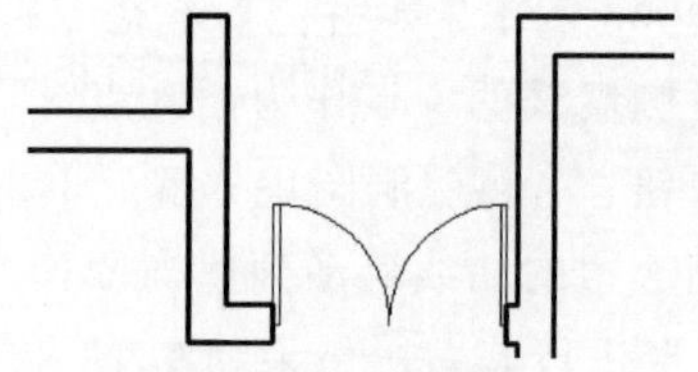

图 13-34　绘制别墅正门

3. 绘制平面窗

从开启方式上看,窗的常见形式主要有固定窗、平开窗、横式旋窗、立式转窗和推拉窗等。窗洞口的宽度和高度尺寸均为 300mm 的扩大模数;在平面图中,一般平开窗的窗扇宽度为 400～600mm,固定窗和推拉窗的尺寸可更大一些。

窗的绘制步骤与门的绘制方法基本相同,即先画出窗体的基本形状,然后将其创建成图块,最后将图块插入已绘制好的相应窗洞位置。在插入窗图块时,可以调整图块的比例和旋转角度,以适应不同宽度和角度的窗洞口。

下面以餐厅外窗(宽 2400mm)为例,介绍平面窗的绘制方法。

(1) 将“门窗”图层设置为当前图层。

(2) 单击“默认”选项卡“绘图”面板中的“直线”按钮 ╱,绘制第一条水平窗线,长度为 1000mm,如图 13-35 所示。

(3) 单击“默认”选项卡“修改”面板中的“矩形阵列”按钮 ,选中上一步所绘窗线进行阵列,设置“行数”为 4、“列数”为 1、“行间距”为 80、“列间距”为 0。最后,完成窗的基本图形的绘制,如图 13-36 所示。

图 13-35　绘制第一条窗线

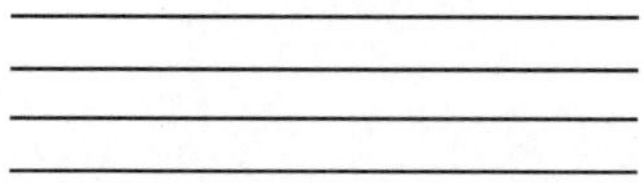

图 13-36　窗的基本图形

(4) 单击“默认”选项卡“块”面板中的“创建块”按钮 ,打开“块定义”对话框,在“名称”下拉列表框中输入“窗”;单击“选择对象”按钮,选取如图 13-36 所示的窗的基本图形为“块定义对象”;单击“拾取点”按钮,选择第一条窗线左端点为基点;单击“确定”按钮,完成“窗”图块的创建。

(5) 将“墙线”图层设置为当前图层。单击“默认”选项卡“绘图”面板中的“直线”按钮 ╱,绘制竖直直线。单击“默认”选项卡“修改”面板中的“偏移”按钮 ⊆,将绘制的竖直直线向左偏移 2400mm,餐厅门洞绘制完成。将“门窗”图层设置为当前图层。单击“默认”选项卡“块”面板中的“插入”按钮 ,选择“窗”图块,在命令行将 X 方向的“比例”设置为 2.4,在图中选中餐厅窗洞左侧墙线的上端点作为插入点,插入窗图块,如图 13-37 所示。

(6) 绘制窗台。单击“默认”选项卡“绘图”面板中的“矩形”按钮 ,绘制尺寸为

1000mm×100mm 的矩形。

(7) 单击“默认”选项卡“块”面板中的“创建块”按钮，将所绘矩形定义为“窗台”图块，将矩形上侧长边的中点设置为图块基点。

(8) 单击“默认”选项卡“块”面板中的“插入”按钮，选择“窗台”图块，并将 X 方向的“比例”设置为 2.6。

(9) 单击“确定”按钮，选中餐厅窗最外侧窗线中点作为插入点，插入“窗台”图块，如图 13-38 所示。

图 13-37　绘制餐厅外窗　　　　图 13-38　绘制窗台

4. 绘制其他门和窗

根据以上介绍的平面门、窗绘制方法，利用已经创建的门、窗图块，完成别墅首层平面所有门和窗的绘制，如图 13-39 所示。

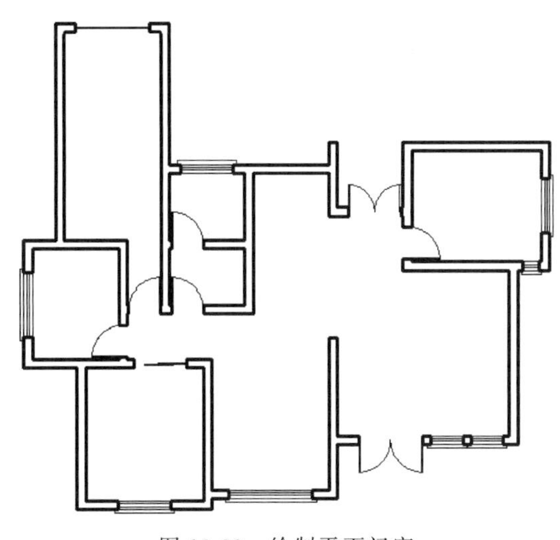

图 13-39　绘制平面门窗

以上所讲的是 AutoCAD 2022 中最基本的门、窗绘制方法，下面介绍另外两种绘制门、窗的方法。

(1) 在建筑设计中，门和窗的样式、尺寸随着房间功能和开间的变化而不同。逐个绘制每一扇门和每一扇窗既费时又费力。因此，绘图者常常选择借助图库来绘制门、窗。通常来说，图库中有多种不同样式和大小的门、窗可供选择和调用，这给设计者和绘图者提供了很大的方便。在本例中，笔者推荐使用门、窗图库。在本例别墅的首层平面图中，共有 8 扇门，其中 4 扇为 900mm 宽的单扇平开门，2 扇为 1500mm 宽的双扇平开门，1 扇为推拉门，还有 1 扇为车库升降门。

AutoCAD 图库的使用方法很简单，主要步骤如下。

① 打开图库文件，选择所需的图形模块，并将选中对象进行复制。

② 将复制的图形模块粘贴到所要绘制的图纸中。

③ 根据实际情况的需要，利用“旋转”命令、“镜像”命令或“比例缩放”命令等对图形模块进行适当的修改和调整。

Note

(2) 在 AutoCAD 2022 中，还可以借助“工具选项板”中“建筑”选项卡提供的“公制样例”来绘制门、窗。利用这种方法添加门、窗时，可以根据需要直接对门、窗的尺度和角度进行设置和调整，使用起来比较方便。然而，需要注意的是，“工具选项板”中仅提供普通平开门的绘制，而且利用其所绘制的平面窗中的玻璃为单线形式，而非建筑平面图中常用的双线形式，因此，不推荐初学者使用这种方法绘制门、窗。

13.1.5 绘制楼梯和台阶

楼梯和台阶都是建筑的重要组成部分，是人们在室内和室外进行垂直交通的必要建筑构件。在本例别墅的首层平面中，共有一处楼梯和三处台阶，如图 13-40 所示。

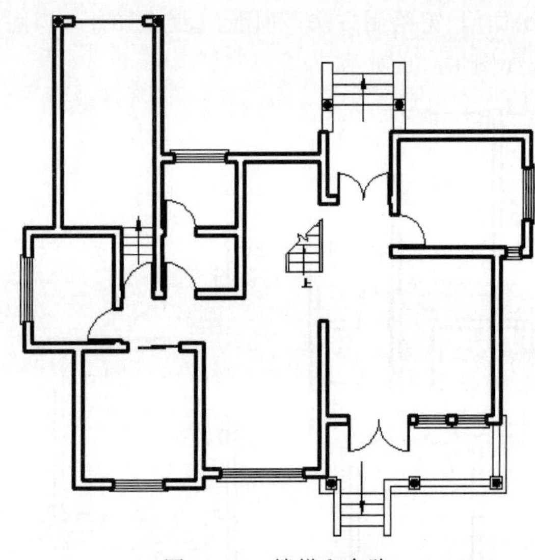

图 13-40 楼梯和台阶

1. 绘制楼梯

楼梯是上、下楼层之间的交通通道，通常由楼梯段、休息平台和栏杆(或栏板)组成。在本例别墅中，楼梯为常见的双跑式。楼梯宽度为 900mm，踏步宽为 260mm，高 175mm；楼梯平台净宽 960mm。本节只介绍首层楼梯平面画法，二层楼梯画法将在后面进行介绍。

首层楼梯平面的绘制过程分为三个阶段：首先绘制楼梯踏步线；然后在踏步线两侧(或一侧)绘制楼梯扶手；最后绘制楼梯剖断线，以及用来标识方向的带箭头引线和文字，进而完成楼梯平面的绘制。如图 13-41 所示为首层楼梯平面图。

楼梯的具体绘制方法如下。

(1) 将“楼梯”图层设置为当前图层。

(2) 绘制楼梯踏步线。单击“默认”选项卡“绘图”面板中的“直线”按钮 ╱，以平面

图上相应位置点作为起点(通过计算得到的第一级踏步的位置),绘制长度为1020mm的水平踏步线。

单击“默认”选项卡“修改”面板中的“矩形阵列”按钮 ,设置“行数”为6、“列数”为1、“行间距”为260、“列间距”为0,选择已绘制的第一条踏步线进行阵列,完成踏步线的绘制,如图13-42所示。

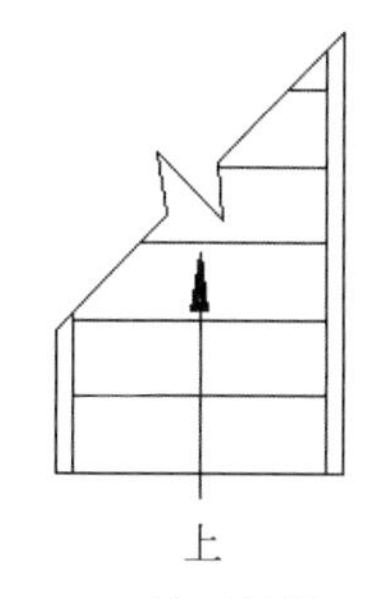

图13-41 首层楼梯平面图

图13-42 绘制楼梯踏步线

(3) 绘制楼梯扶手。单击“默认”选项卡“绘图”面板中的“直线”按钮 ,以楼梯第一条踏步线两侧端点作为起点,分别向上绘制垂直方向线段,长度为1500mm。

单击“默认”选项卡“修改”面板中的“偏移”按钮 ,将所绘两线段向梯段中央偏移,偏移量为60mm(即扶手宽度),如图13-43所示。

(4) 绘制剖断线。单击“默认”选项卡“绘图”面板中的“构造线”按钮 ,设置角度为45°,绘制剖断线,并使其通过楼梯右侧栏杆线的上端点。

单击“默认”选项卡“绘图”面板中的“直线”按钮 ,绘制“Z”字形折断线;单击“默认”选项卡“修改”面板中的“修剪”按钮 ,修剪楼梯踏步线和栏杆线,如图13-44所示。

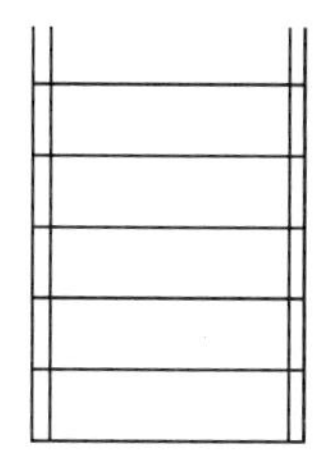

图13-43 绘制楼梯踏步边线

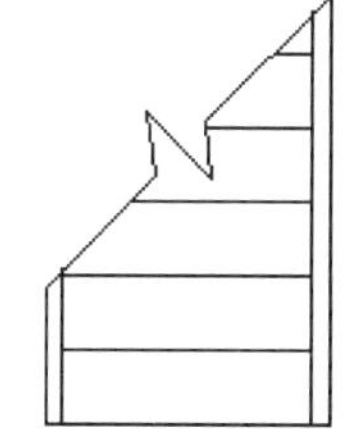

图13-44 绘制楼梯剖断线

(5) 绘制带箭头引线。输入qleader命令,在命令行中输入s,设置引线样式。打开“引线设置”对话框,进行如下设置:在“引线和箭头”选项卡中选择“引线”为“直线”、“箭头”为“实心闭合”,如图13-45所示;在“注释”选项卡中选择“注释类型”为“无”,如图13-46所示。

以第一条楼梯踏步线中点为起点,垂直向上绘制长度为750mm的带箭头引线;单击“默认”选项卡“修改”面板中的“移动”按钮 ,将引线垂直向下移动60mm,如图13-47所示。

(6) 标注文字。单击“默认”选项卡“注释”面板中的“多行文字”按钮 A ,设置文字

Note

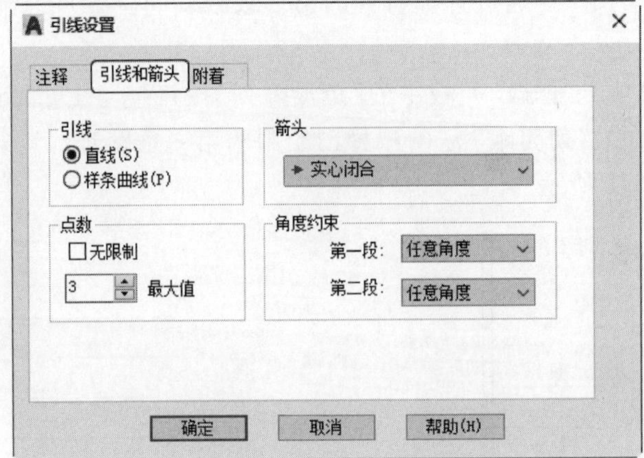

图 13-45 "引线设置"中的"引线和箭头"选项卡

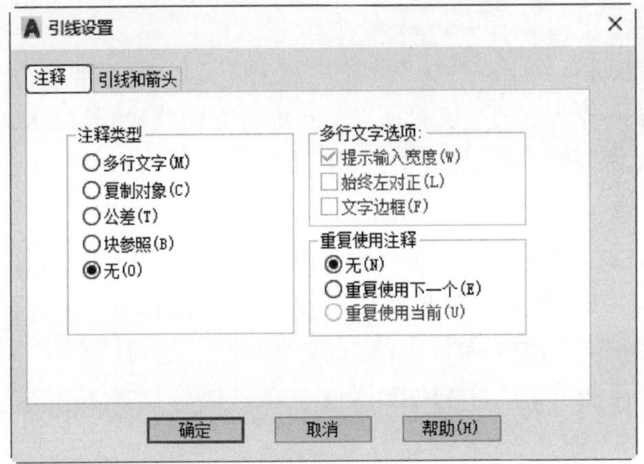

图 13-46 "引线设置"中的"注释"选项卡

高度为 300,在引线下端输入文字为"上",如图 13-47 所示。

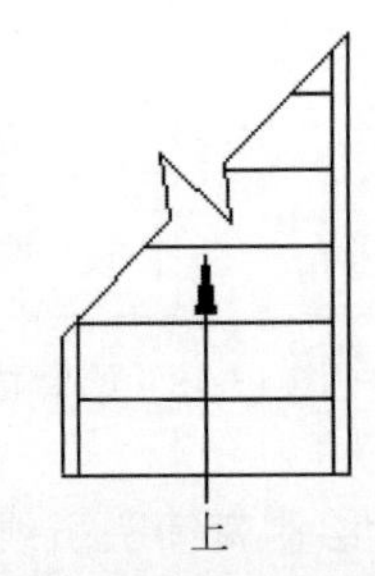

图 13-47 添加箭头和文字

注意:楼梯平面图是指在距地面 1m 以上位置,用一个假想的剖切平面,沿水平方向剖开(尽量剖到楼梯间的门窗),然后向下做投影得到的投影图。楼梯平面一般是分层绘制的,在绘制时,按其特点可分为底层平面、标准层平面和顶层平面。

在楼梯平面图中,各层被剖切到的楼梯,按国标规定,均在平面图中以一条 45°的折断线表示。每一梯段处画有一个长箭头,并注写"上"或"下"字标明方向。

楼梯的底层平面图中,只有一个被剖切的梯段及栏板和一个注有"上"字的长箭头。

2. 绘制台阶

本例中有三处台阶,其中有一处室内台阶,两处室外台阶。下面以正门处台阶为

例，介绍台阶的绘制方法。

台阶的绘制思路与前面介绍的楼梯平面绘制思路基本相似，因此，可以参考楼梯画法进行绘制。图 13-48 所示为别墅正门处台阶平面图。

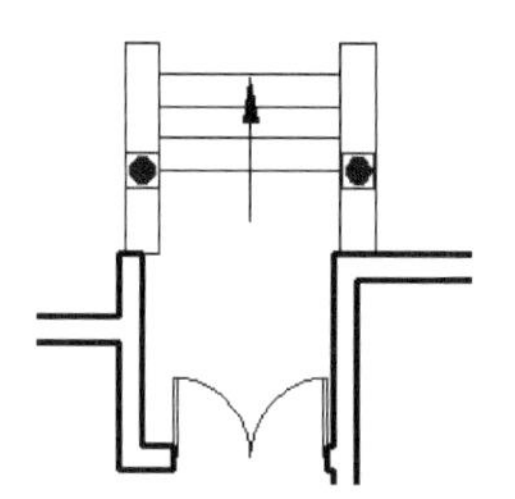

图 13-48　正门处台阶平面图

(1) 单击“默认”选项卡“图层”面板中的“图层特性”按钮，打开“图层特性管理器”选项板。创建新图层，命名为“台阶”，将其设置为当前图层。

(2) 单击“默认”选项卡“绘图”面板中的“直线”按钮，以别墅正门中点为起点，垂直向上绘制一条长度为 3600mm 的辅助线段；重复“直线”命令，以辅助线段的上端点为中点，绘制一条长度为 1770mm 的水平线段，此线段为台阶第一条踏步线。

(3) 单击“默认”选项卡“修改”面板中的“矩形阵列”按钮，进行以下设置：“行数”为 4、“列数”为 1、“行间距”为 −300、“列间距”为 0；在绘图区域选择第一条踏步线进行阵列，完成第二至四条踏步线的绘制，如图 13-49 所示。

(4) 单击“默认”选项卡“绘图”面板中的“矩形”按钮，在踏步线的左、右两侧分别绘制两个尺寸为 340mm×1980mm 的矩形，作为两侧条石平面。

(5) 绘制方向箭头。输入 qleader 命令，在台阶踏步的中间位置绘制带箭头的引线，标示踏步方向，如图 13-50 所示。

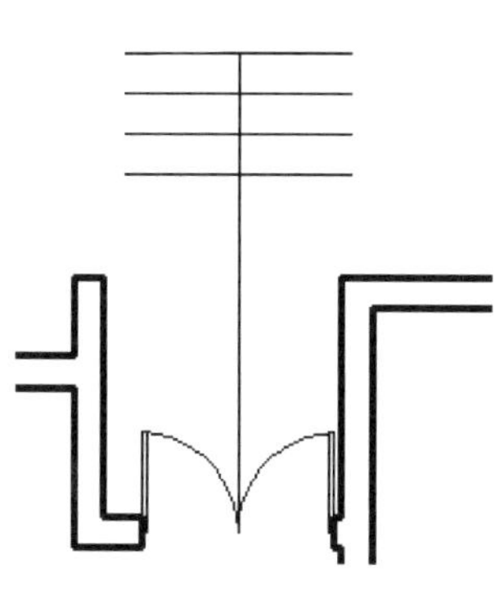

图 13-49　绘制台阶踏步线

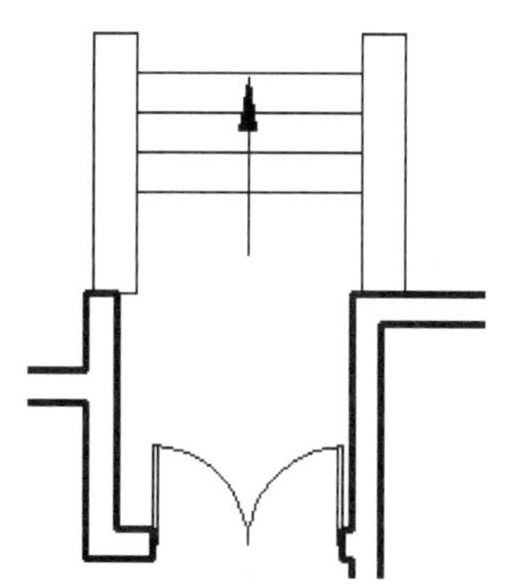

图 13-50　添加方向箭头

(6) 绘制立柱。在本例中，两个室外台阶处均有立柱，其平面形状为圆形，内部填充为实心，下面为方形基座。由于立柱的形状、大小基本相同，将其做成图块，再把图块插入各相应点即可。立柱的具体绘制方法如下。

① 单击“默认”选项卡“图层”面板中的“图层特性”按钮，打开“图层特性管理器”选项板。创建新图层，命名为“立柱”，并将其设置为当前图层。

② 单击“默认”选项卡“绘图”面板中的“矩形”按钮，绘制边长为 340mm 的正方形基座。

③ 单击“默认”选项卡“绘图”面板中的“圆”按钮，绘制直径为 240mm 的圆形柱身平面。

Note

④ 单击“默认”选项卡“绘图”面板中的“图案填充”按钮▦，弹出“图案填充创建”选项卡，如图 13-51 所示进行设置。在绘图区域选择已绘制的圆形柱身为填充对象，如图 13-52 所示。

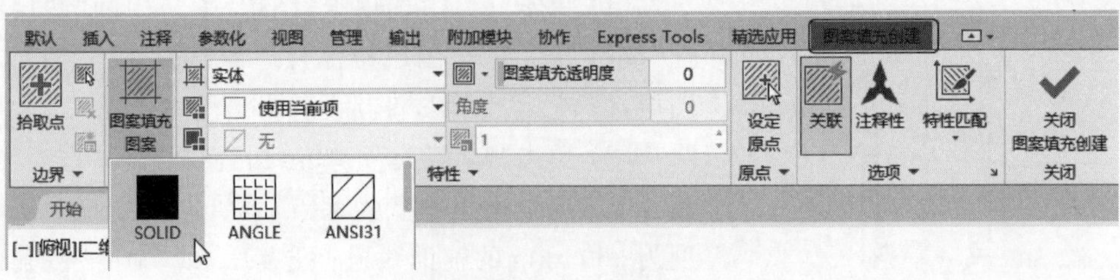

图 13-51 “图案填充创建”选项卡

⑤ 单击“插入”选项卡“块定义”面板中的“创建块”按钮，将如图 13-52 所示的图形定义为立柱图块。

⑥ 单击“插入”选项卡“块”面板中的“插入块”按钮，将定义好的“立柱”图块插入平面图中相应位置，如图 13-40 所示，完成正门处台阶平面的绘制。

图 13-52 绘制立柱平面

13.1.6 绘制家具

在建筑平面图中，通常要绘制室内家具，以增强平面方案的视觉效果。在本例别墅的首层平面中，共有七种不同功能的房间，分别是客厅、工人休息室、厨房、餐厅、书房、卫生间和车库。不同功能的房间内，所布置的家具也有所不同，对于这些种类和尺寸都不尽相同的室内家具，如果利用直线、偏移等简单的二维线条编辑工具一一绘制，不仅绘制过程烦琐、容易出错，而且浪费绘图者的时间和精力。因此，笔者推荐借助 AutoCAD 图库来完成平面家具的绘制。

AutoCAD 图库的使用方法，在前面介绍门窗画法的时候曾有所提及。下面将结合首层客厅家具和卫生间洁具的绘制实例，详细讲述一下 AutoCAD 图库的用法。

1. 绘制客厅家具

客厅是主人会客和休闲的空间，因此，在客厅里通常会布置沙发、茶几、电视柜等家具，如图 13-53 所示。

(1) 在“图层”下拉列表框中选择“家具”图层，将其设置为当前图层。单击“快速访问”工具栏中的“打开”按钮，在打开的“选择文件”对话框中，找到“图库”文件并将其打开，如图 13-54 所示。

(2) 在“沙发和茶几”栏中，选择“组合沙发-002P”图形模块，如图 13-55 所示，然后右击，在快捷菜单中选择“复制”命令。

(3) 返回“别墅首层平面图”绘图界面，打开“编辑”菜单，选择“粘贴为块”命令，将复制的组合沙发图形插入客厅平面相应位置。

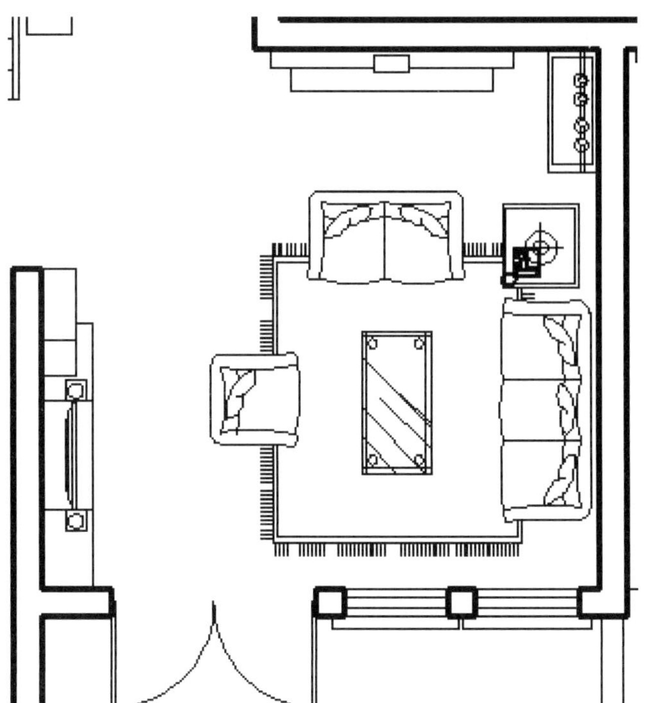

图 13-53　客厅平面家具

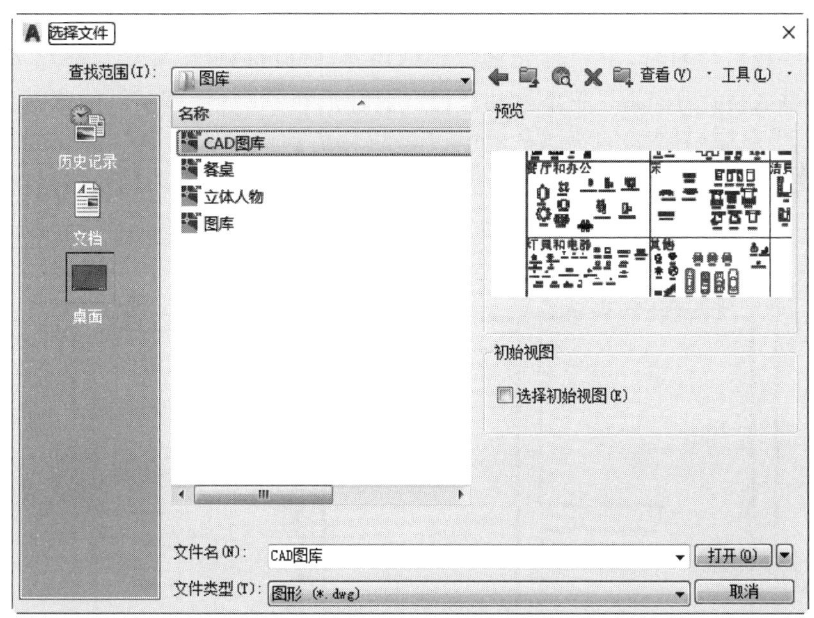

图 13-54　打开图库文件

(4) 在图库“灯具和电器”栏中，选择“电视柜 P”图块，如图 13-56 所示，将其复制并粘贴到首层平面图中；单击“默认”选项卡“修改”面板中的“旋转”按钮 ↻，使该图形模块以自身中心点为基点旋转 90°，将其插入客厅相应位置。

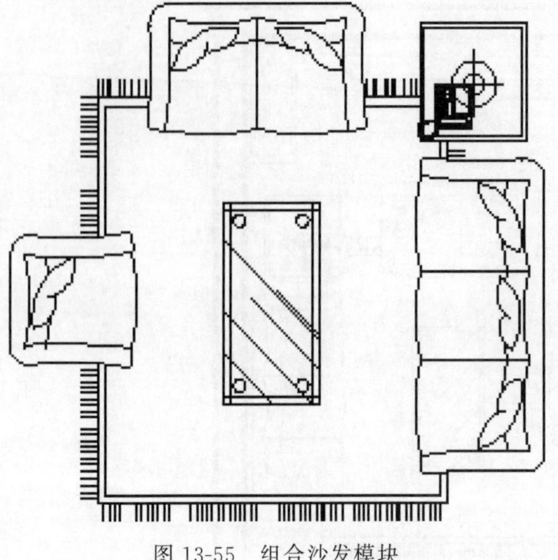

图 13-55　组合沙发模块

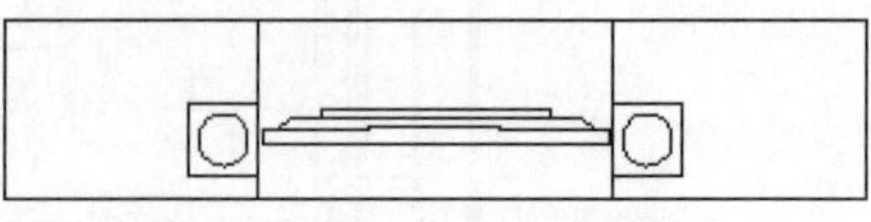

图 13-56　电视柜模块

(5) 按照同样方法，在图库中选择"电视墙 P""文化墙 P""柜子-01P""射灯组 P"图形模块分别进行复制，并在客厅平面内依次插入这些家具模块，绘制结果如图 13-53 所示。

2. 绘制卫生间洁具

卫生间主要是供主人盥洗和沐浴的房间，因此，卫生间内应设置浴盆、马桶、洗手盆和洗衣机等设施。如图 13-57 所示的卫生间由两部分组成：在家具安排上，外间设置洗手盆和洗衣机；内间则设置浴盆和马桶。下面介绍一下卫生间洁具的绘制步骤。

(1) 将"家具"图层设置为当前图层。

(2) 打开 CAD 图库，在"洁具和厨具"栏中选择适合的洁具模块，进行复制后，依次粘贴到平面图中的相应位置。绘制结果如图 13-58 所示。

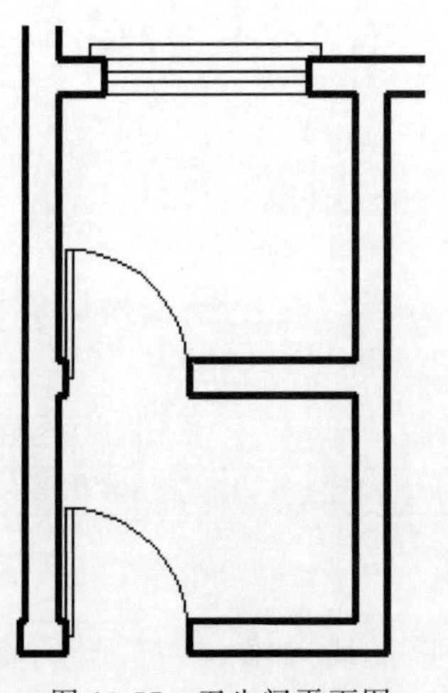

图 13-57　卫生间平面图

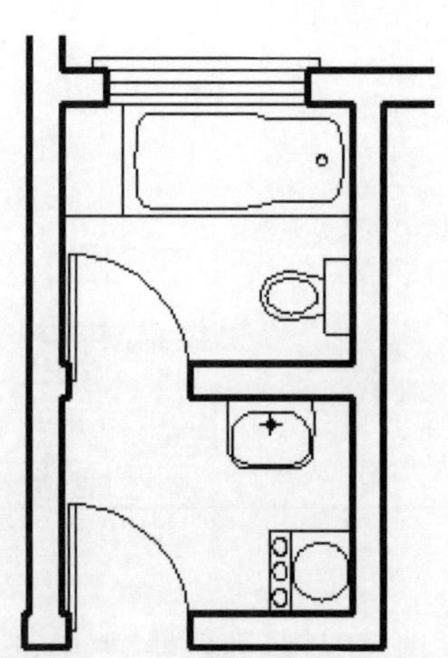

图 13-58　绘制卫生间洁具

☎ **注意**：在图库中，图形模块的名称经常很简要，除汉字外，还经常包含英文字母或数字，通常这些名称都是用来表明该家具的特性或尺寸的。例如，前面使用过的图形模块“组合沙发-004P”，其名称中“组合沙发”表示家具的性质，“004”表示该家具模块是同类型家具中的第四个，字母“P”则表示这是该家具的平面图形；一张床模块名称为“单人床 9×20”，表示该单人床宽度为 900mm、长度为 2000mm。有了这些简单又明了的名称，绘图者就可以依据自己的实际需要快捷地选择有用的图形模块，而无须费神地辨认、测量了。

13.1.7　平面标注

在别墅的首层平面图中，标注主要包括四部分，即轴线编号、平面标高、尺寸标注和文字标注。完成标注后的首层平面图如图 13-59 所示。下面将依次介绍这四种标注方式的绘制方法。

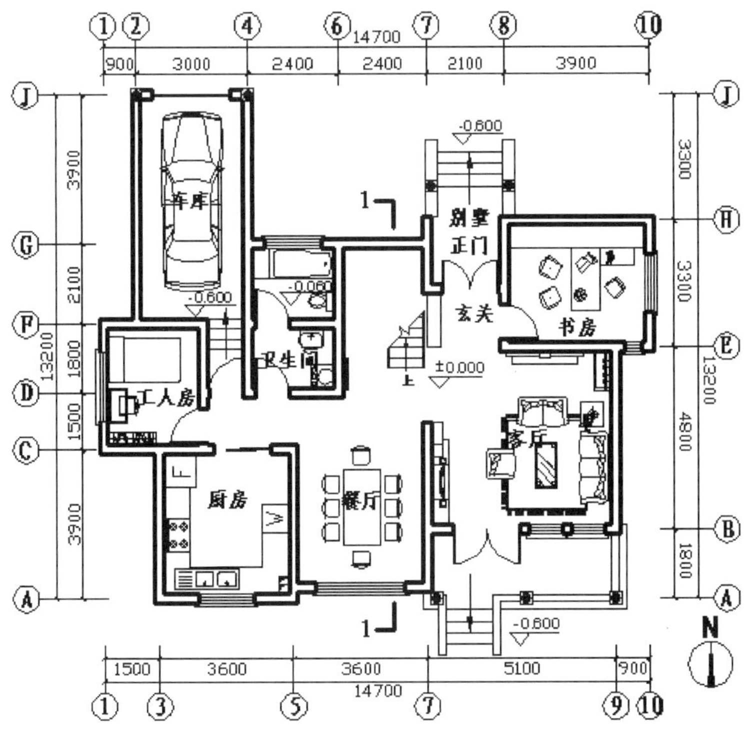

图 13-59　首层平面标注

1. 轴线编号

在平面形状较简单或对称的房屋中，平面图的轴线编号一般标注在图形的下方及左侧。对于较复杂或不对称的房屋，图形上方和右侧也可以标注。在本例中，由于平面形状不对称，因此需要在上、下、左、右四个方向均标注轴线编号。

(1) 单击“默认”选项卡“图层”面板中的“图层特性”按钮，打开“图层特性管理器”选项板。打开“轴线”图层，使其保持可见。创建新图层，将新图层命名为“轴线编号”，并将其设置为当前图层。

Note

（2）单击平面图上左侧第一根纵轴线，将十字光标移动至轴线下端点处单击，将夹点激活（此时，夹点成红色）。鼠标指针向下移动，在命令行中输入 3000 后，按 Enter 键。完成第一条轴线延长线的绘制。

（3）单击“默认”选项卡“绘图”面板中的“圆”按钮 ，以已绘的轴线延长线端点作为圆心，绘制半径为 350mm 的圆。单击“默认”选项卡“修改”面板中的“移动”按钮 ，向下移动所绘圆，移动距离为 350mm，如图 13-60 所示。

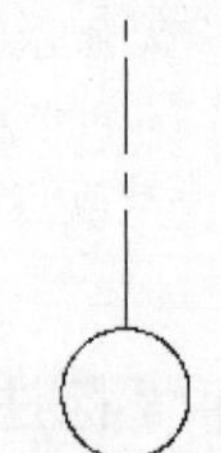
图 13-60　绘制第一条轴线的延长线及编号圆

（4）重复上述步骤，完成其他轴线延长线及编号圆的绘制。

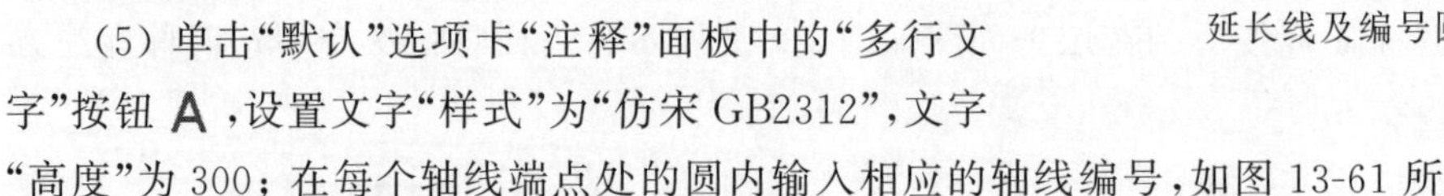

（5）单击“默认”选项卡“注释”面板中的“多行文字”按钮 A ，设置文字“样式”为“仿宋 GB2312”，文字“高度”为 300；在每个轴线端点处的圆内输入相应的轴线编号，如图 13-61 所示。

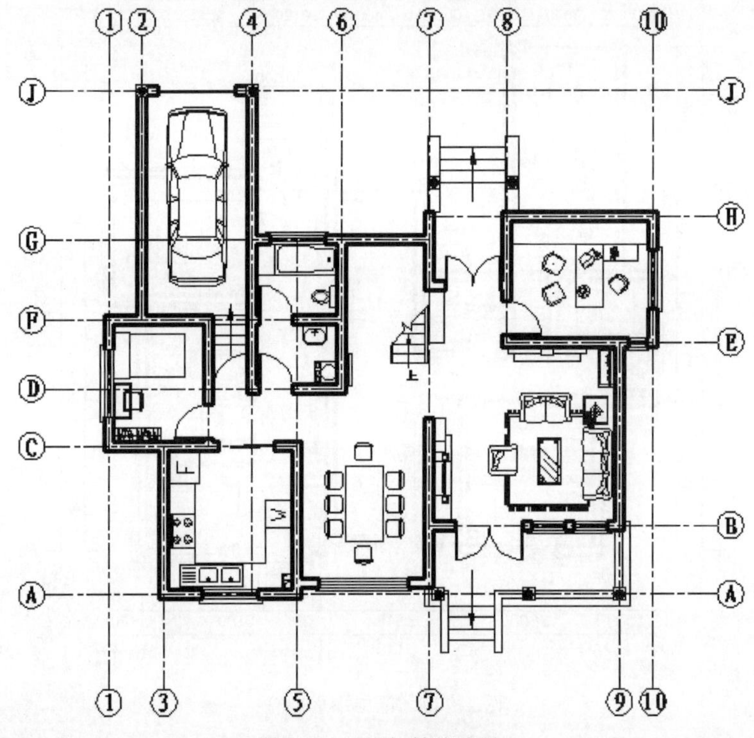

图 13-61　添加轴线编号

☎ **注意**：平面图上水平方向的轴线编号用阿拉伯数字，从左向右依次编写；垂直方向的编号用大写英文字母，自下而上顺次编写。I、O 及 Z 三个字母不得用作轴线编号，以免与数字 1、0 及 2 混淆。

如果两条相邻轴线间距较小而导致它们的编号有重叠时，可以通过“移动”命令将这两条轴线的编号分别向两侧移动少许距离。

2. 平面标高

建筑物中的某一部分与所确定的标准基点的高度差称为该部位的标高，在图纸中通常用标高符号结合数字来表示。建筑制图标准规定，标高符号应以直角等腰三角形表示，如图 13-62 所示。

(1) 将“标注”图层设置为当前图层。

(2) 单击“默认”选项卡“绘图”面板中的“多边形”按钮，绘制边长为 350mm 的正方形。

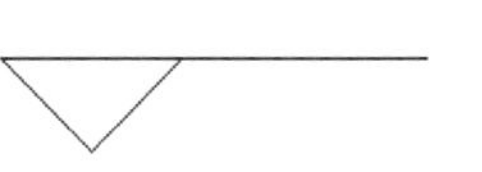

图 13-62　标高符号

(3) 单击“默认”选项卡“修改”面板中的“旋转”按钮，将正方形旋转 45°；单击“默认”选项卡“绘图”面板中的“直线”按钮，连接正方形左右两个端点，绘制水平对角线。

(4) 单击水平对角线，将十字光标移动到其右端点处单击，将夹点激活(此时，夹点成红色)；然后鼠标指针向右移动，在命令行中输入 600 后，按 Enter 键，完成绘制。

(5) 单击“插入”选项卡“块定义”面板中的“创建块”按钮，将如图 13-62 所示的标高符号定义为图块。

(6) 单击“插入”选项卡“块”面板中的“插入块”按钮，将已创建的图块插入平面图中需要标高的位置。

(7) 单击“默认”选项卡“注释”面板中的“多行文字”按钮 A，设置字体为“仿宋GB2312”、文字“高度”为 300，在标高符号的长直线上方添加具体的标注数值。

图 13-63 所示为台阶处室外地面标高。

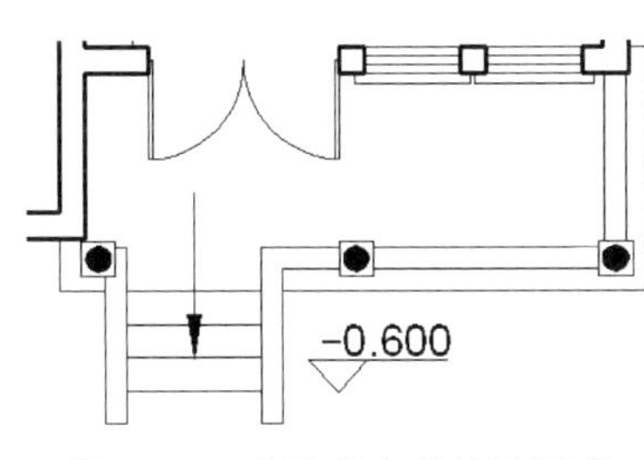

图 13-63　台阶处室外地面标高

注意：一般来说，在平面图上绘制的标高反映的是相对标高，而不是绝对标高。绝对标高指的是以我国青岛市附近的黄海海平面作为零点面测定的高度尺寸。

通常情况下，室内标高要高于室外标高，主要使用房间标高要高于卫生间、阳台标高。在绘图中，常见的是将建筑首层室内地面的高度设为零点，标作“±0.000”；低于此高度的建筑部位标高值为负值，在标高数字前加“－”号；高于此高度的建筑部位标高值为正值，标高数字前不加任何符号。

3. 尺寸标注

本例中采用的尺寸标注分两种：一种为各轴线之间的距离；另一种为平面总长度或总宽度。

(1) 将“标注”图层设置为当前图层。

(2) 设置标注样式。

选择菜单栏中的“格式”→“标注样式”命令，打开“标注样式管理器”对话框，如图 13-64 所示。单击“新建”按钮，打开“创建新标注样式”对话框。在“新样式名”文本框中输入“平面标注”，如图 13-65 所示。

单击“继续”按钮，打开“新建标注样式：平面标注”对话框，进行以下设置：打开

Note

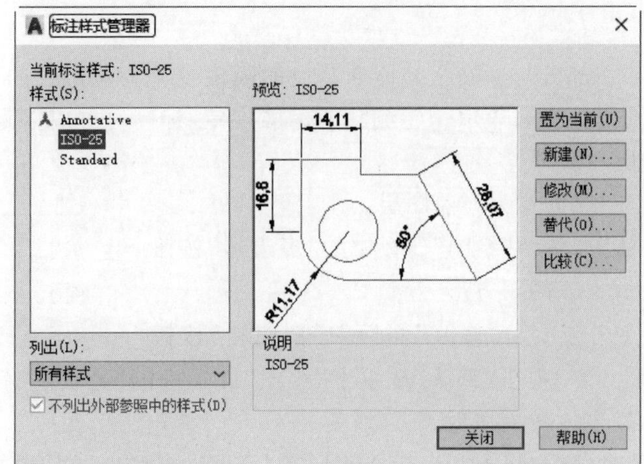

图 13-64 “标注样式管理器”对话框

“符号和箭头”选项卡，在“箭头”选项组的“第一个”和“第二个”下拉列表框中均选择“建筑标记”，在“引线”下拉列表框中选择“实心闭合”，在“箭头大小”微调框中输入100，如图 13-66 所示。

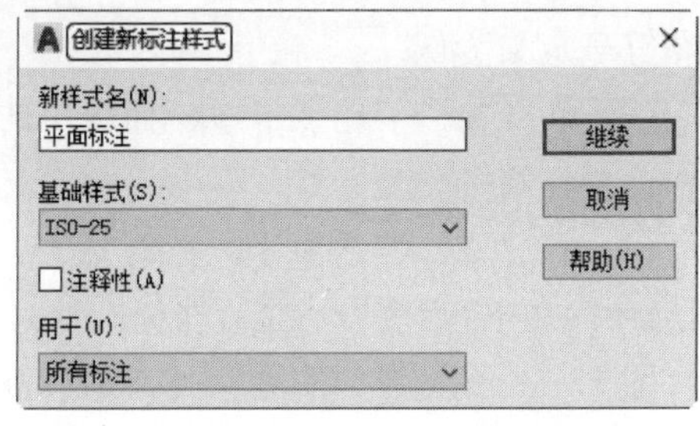

图 13-65 “创建新标注样式”对话框

打开“文字”选项卡，在“文字外观”选项组的“文字高度”微调框中输入 300，如图 13-67 所示。

单击“确定”按钮，回到“标注样式管理器”对话框。在“样式”列表框(图 13-68)中激活“平面标注”标注样式，单击“置为当前”按钮。单击“关闭”按钮，完成标注样式的设置。

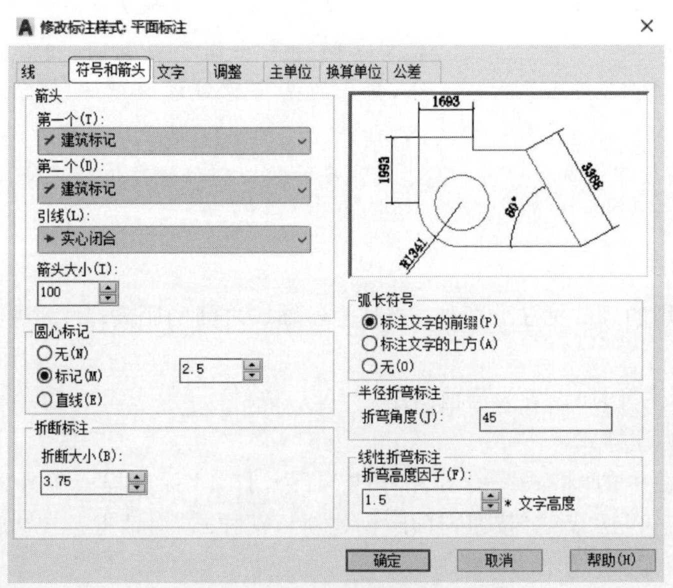

图 13-66 “符号和箭头”选项卡

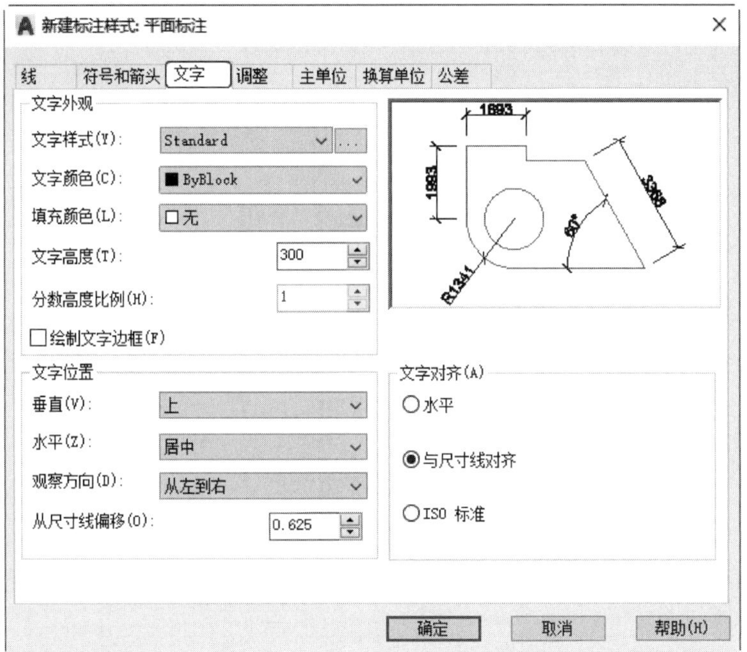

图 13-67　“文字”选项卡

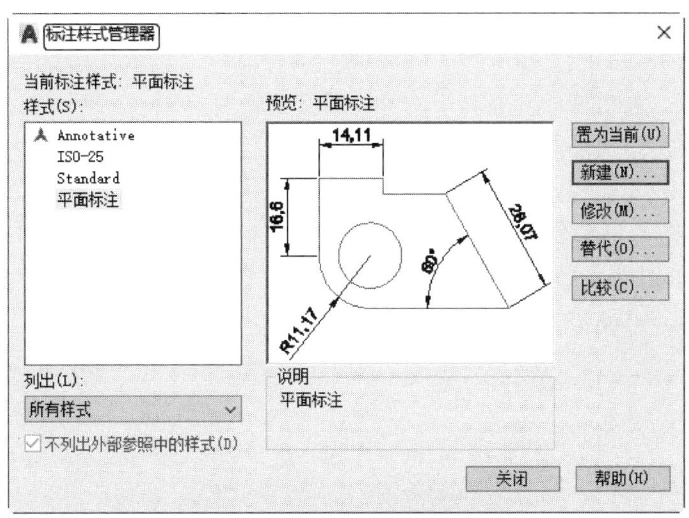

图 13-68　“标注样式管理器”对话框

(3) 单击“默认”选项卡“注释”面板中的“线性”按钮 和“连续”按钮 ，标注相邻两轴线之间的距离。

(4) 单击“默认”选项卡“注释”面板中的“线性”按钮 ，在已绘制的尺寸标注的外侧，对建筑平面横向和纵向的总长度进行尺寸标注。

(5) 完成尺寸标注后，单击“默认”选项卡“图层”面板中的“图层特性”按钮 ，打开“图层特性管理器”选项板，关闭“轴线”图层。结果如图 13-69 所示。

Note

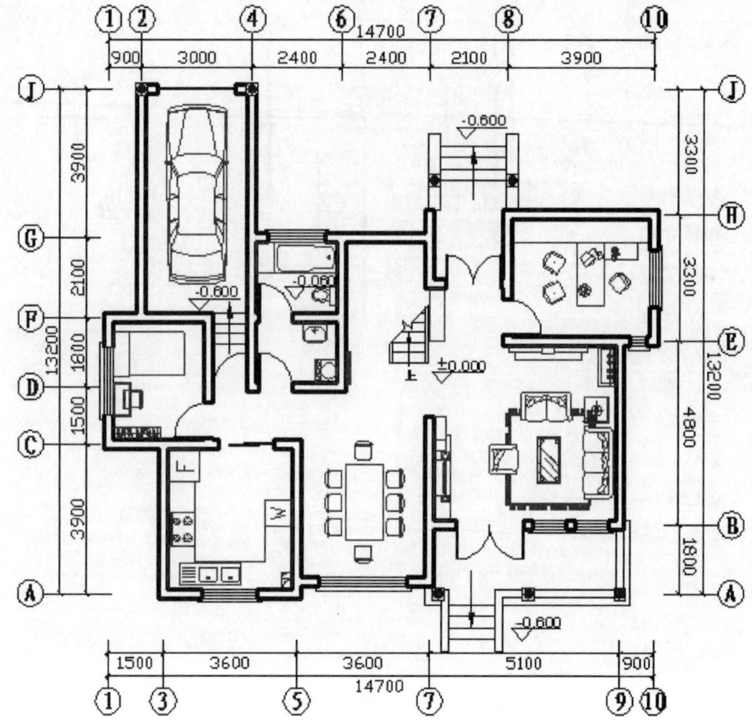

图 13-69　添加尺寸标注

4. 文字标注

在平面图中，各房间的功能和用途可以用文字进行标识。下面以首层平面中的厨房为例，介绍文字标注的具体方法。

(1) 将“文字”图层设置为当前图层。

(2) 单击“默认”选项卡“注释”面板中的“多行文字”按钮 A ，在平面图中指定文字插入位置后，弹出“文字编辑器”选项卡，如图 13-70 所示；在该编辑器中设置文字样式为“Standard”、字体为“仿宋_GB2312”、文字高度为“300”。

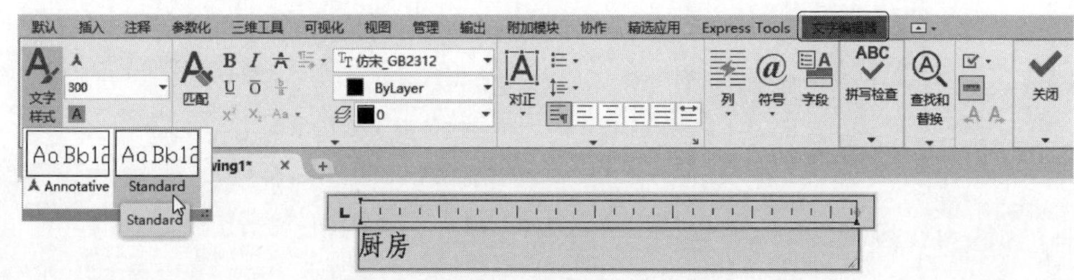

图 13-70　“文字编辑器”选项卡

(3) 在文字编辑框中输入文字“厨房”，并拖动“宽度控制”滑块来调整文本框的宽度，然后单击“关闭文字编辑器”按钮，完成该处的文字标注。

文字标注结果如图 13-71 所示。

图 13-71　标注厨房文字

13.1.8　绘制指北针和剖切符号

在建筑首层平面图中，应绘制指北针以标明建筑方位；如果需要绘制建筑的剖面图，则还应在首层平面图中画出剖切符号，以标明剖面剖切位置。

下面将分别介绍平面图中指北针和剖切符号的绘制方法。

1. 绘制指北针

(1) 单击“默认”选项卡“图层”面板中的“图层特性”按钮，打开“图层特性管理器”选项板。创建新图层，并命名为“指北针与剖切符号”，将其设置为当前图层。

(2) 单击“默认”选项卡“绘图”面板中的“圆”按钮，绘制直径为 1200mm 的圆。

(3) 单击“默认”选项卡“绘图”面板中的“直线”按钮，绘制圆的垂直方向，以直径作为辅助线。

(4) 单击“默认”选项卡“修改”面板中的“偏移”按钮，将辅助线分别向左、右两侧偏移，偏移量均为 75mm。

(5) 单击“默认”选项卡“绘图”面板中的“直线”按钮，将两条偏移线与圆的下方交点同辅助线上端点连接起来；单击“默认”选项卡“修改”面板中的“删除”按钮，删除三条辅助线(原有辅助线及两条偏移线)，得到一个等腰三角形，如图 13-72 所示。

(6) 单击“默认”选项卡“绘图”面板中的“图案填充”按钮，弹出“图案填充创建”选项卡。设置“图案”为“SOLID”，对所绘的等腰三角形进行填充。

(7) 单击“默认”选项卡“注释”面板中的“多行文字”按钮 A，设置文字高度为 500mm，在等腰三角形上端顶点的正上方书写大写的英文字母 N，标示平面图的正北方向，指北针绘成，如图 13-73 所示。

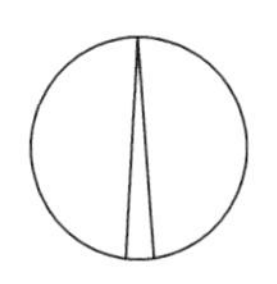

图 13-72　圆与三角形

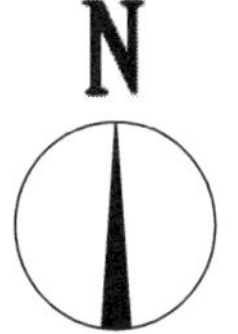

图 13-73　指北针

2. 绘制剖切符号

(1) 单击“默认”选项卡“绘图”面板中的“直线”按钮，在平面图中绘制剖切面的

Note

定位线,并使该定位线两端伸出被剖切外墙面的距离均为1000mm,如图13-74所示。

(2) 单击"默认"选项卡"绘图"面板中的"直线"按钮 ╱,分别以剖切面定位线的两端点为起点,向剖面图投影方向绘制剖视方向线,长度为500mm。

(3) 单击"默认"选项卡"绘图"面板中的"圆"按钮 ⊙,分别以定位线两端点为圆心,绘制两个半径为700mm的圆。

(4) 单击"默认"选项卡"修改"面板中的"修剪"按钮 ✂,修剪两圆之间的投影线条;然后删除两圆,得到两条剖切位置线。

(5) 将剖切位置线和剖视方向线的线宽都设置为0.30mm。

(6) 单击"默认"选项卡"注释"面板中的"多行文字"按钮 A,设置文字高度为300mm。在平面图两侧剖视方向线的端部书写剖面剖切符号的编号为1,如图13-75所示,完成首层平面图中剖切符号的绘制。

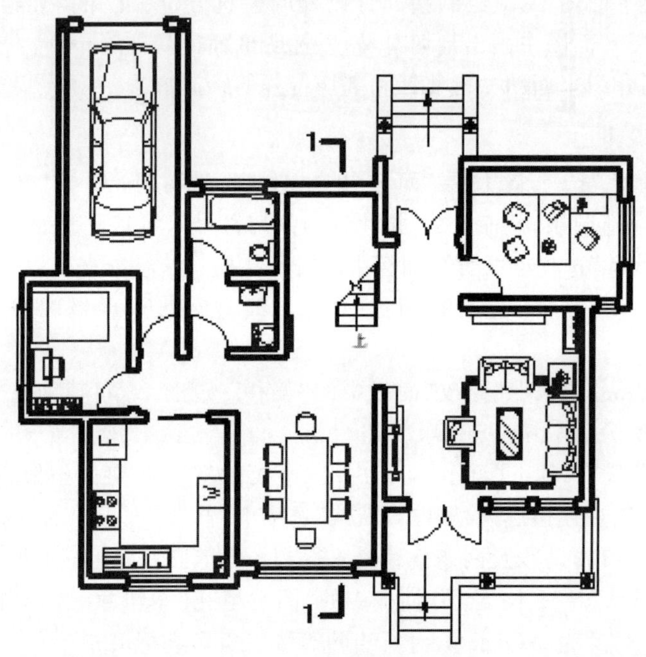

图13-74 绘制剖切面定位线

☎ **注意:** 剖面的剖切符号,应由剖切位置线及剖视方向线组成,均应以粗实线绘制。剖视方向线应垂直于剖切位置线,长度应短于剖切位置线。绘图时,剖面剖切符号不宜与图面上的图线相接触。剖面剖切符号的编号宜采用阿拉伯数字,按顺序由左至右、由下至上连续编排,并应注写在剖视方向线的端部。

13.1.9 别墅二层平面图与屋顶平面图绘制

在本例别墅中,二层平面图与首层平面图在设计中有很多相同之处,两层平面的基本轴线关系是一致的,只有部分墙体形状和内部房间的设置存在着一些差别。因此,可以在首层平面图的基础上对已有图形元素进行修改和添加,进而完成别墅二层平面图的绘制,如图13-76所示。

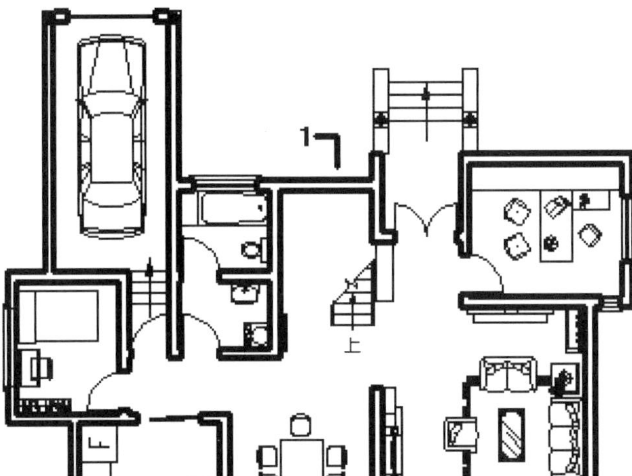

图 13-75 绘制剖切符号

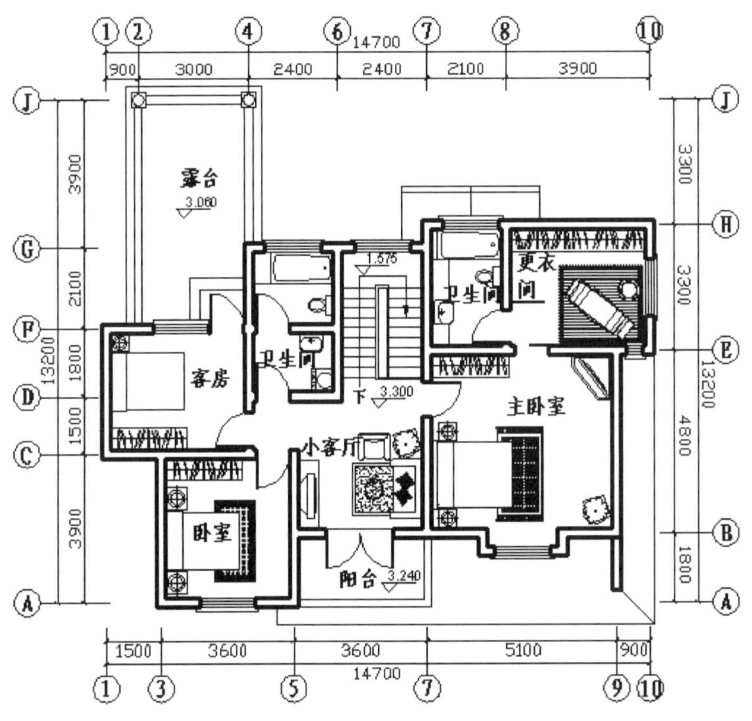

图 13-76 别墅二层平面图

在本例中，别墅的屋顶设计为复合式坡顶，由几个不同大小、不同朝向的坡屋顶组合而成。因此在绘制过程中，应该认真分析它们之间的结合关系，并将这种结合关系准确地表现出来。

别墅屋顶平面图的主要绘制思路如下：首先根据已有平面图绘制出外墙轮廓线，接着偏移外墙轮廓线得到屋顶檐线，并对屋顶的组成关系进行分析，确定屋脊线条；然后绘制烟囱平面和其他可见部分的平面投影，最后对屋顶平面进行尺寸和文字标注。按照这个思路绘制的别墅的屋顶平面图如图 13-77 所示。

Note

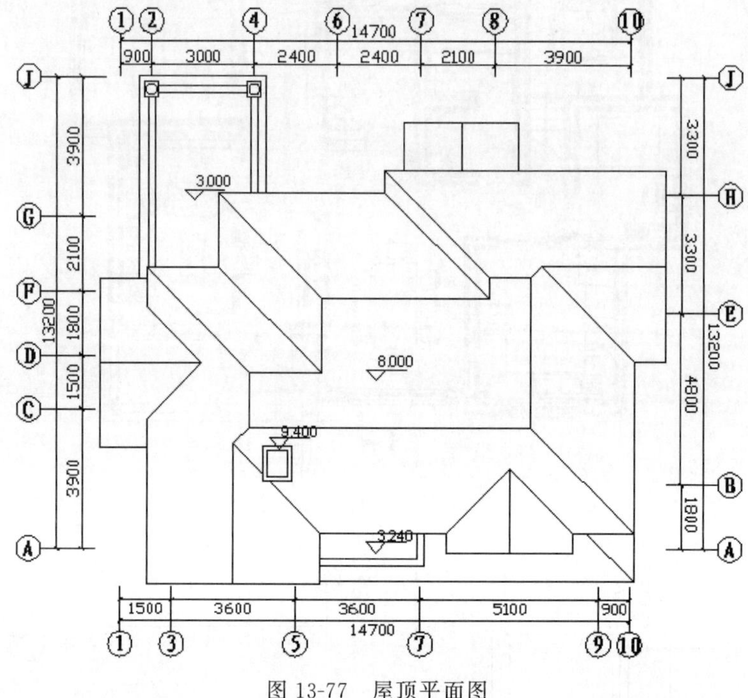

图 13-77　屋顶平面图

13-3

13.2　客厅平面布置图的绘制

设计思路

客厅平面布置图的主要绘制思路大致如下：首先利用已绘制的首层平面图生成客厅平面图轮廓，然后在客厅平面中添加各种家具图形；最后对所绘制的客厅平面图进行尺寸标注，如有必要，还要添加室内方向索引符号进行方向标识。

下面介绍绘制如图 13-78 所示的别墅客厅的平面图的具体方法。

操作步骤

13.2.1　设置绘图环境

1. 创建图形文件

打开"源文件"下的"别墅首层平面图. dwg"文件，选择菜单栏中的"文件"→"另存为"命令，打开"图形另存为"对话框，如图 13-79 所示。在"文件名"下拉列表框中输入新的图形文件名称为"客厅平面图. dwg"，单击"保存"按钮，建立图形文件。

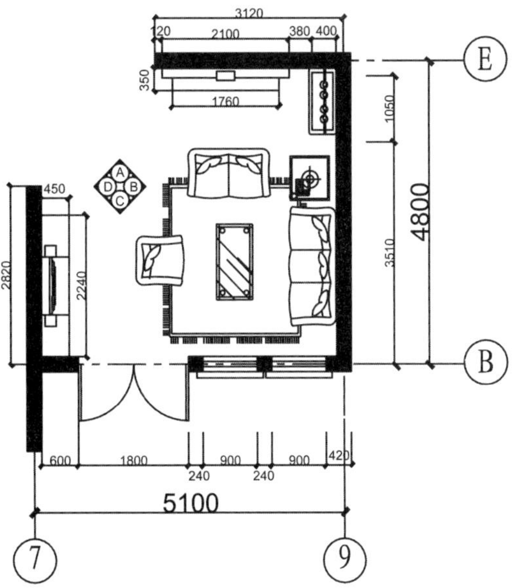

图 13-78　别墅客厅平面布置图

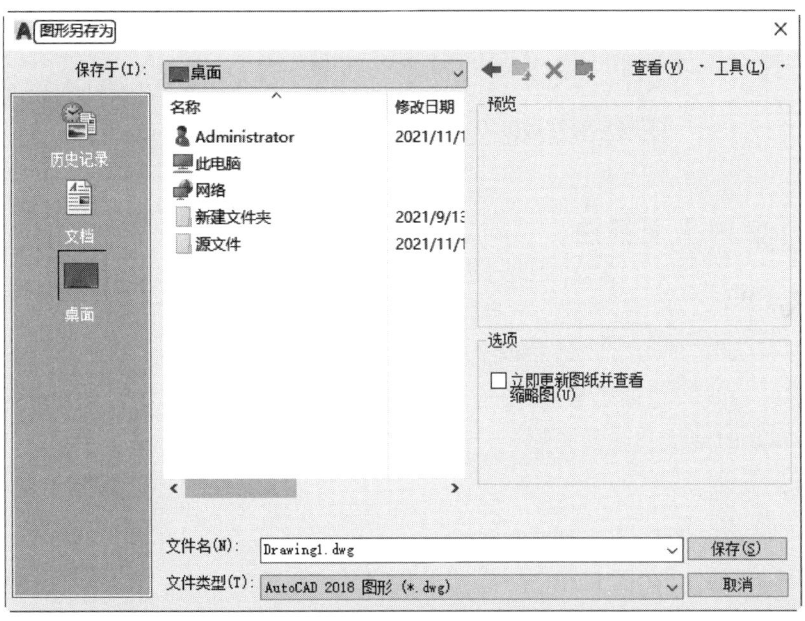

图 13-79　“图形另存为”对话框

2. 清理图形元素

(1) 单击“默认”选项卡“修改”面板中的“删除”按钮，删除平面图中多余的图形元素，仅保留客厅四周的墙线及门窗。

(2) 单击“默认”选项卡“绘图”面板中的“图案填充”按钮，打开“图案填充创建”选项卡。在“图案”下拉列表框中选择“SOLID”为填充图案，填充客厅墙体。结果如图 13-80 所示。

13.2.2 绘制家具

Note

客厅是别墅主人会客和休闲娱乐的场所。在客厅中,应设置的家具有沙发、茶几、电视柜等。除此之外,还可以设计和摆放一些可以体现主人个人品位和兴趣爱好的室内装饰物品。利用"插入块"命令,将上述家具插入客厅。结果如图 13-81 所示。

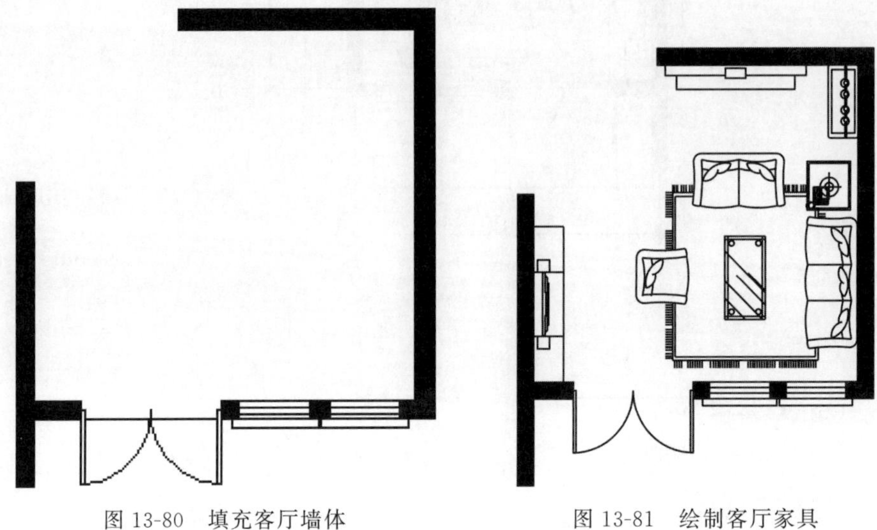

图 13-80　填充客厅墙体　　　　图 13-81　绘制客厅家具

13.2.3 室内平面标注

1. 轴线标识

单击"默认"选项卡"图层"面板中的"图层特性"按钮，打开"图层特性管理器"选项板。选择"轴线"和"轴线编号"图层,并将它们打开。除保留客厅相关轴线与轴号外,删除所有多余的轴线和轴号图形。

2. 尺寸标注

(1) 将"标注"图层设置为当前图层。

(2) 单击"默认"选项卡"注释"面板中的"标注样式"按钮，打开"标注样式管理器"对话框。创建新的标注样式,并将其命名为"室内标注"。

(3) 单击"继续"按钮,打开"新建标注样式:室内标注"对话框,进行以下设置:打开"符号和箭头"选项卡,在"箭头"选项组中的"第一个"和"第二个"下拉列表框中均选择"建筑标记",在"引线"下拉列表框中选择"点",在"箭头大小"微调框中输入 50;打开"文字"选项卡,在"文字外观"选项组中的"文字高度"微调框中输入 150。

(4) 完成设置后,将新建的"室内标注"设为当前标注样式。

(5) 单击"默认"选项卡"注释"面板中的"线性"按钮，对客厅平面中的墙体尺寸、门窗位置和主要家具的平面尺寸进行标注。标注结果如图 13-82 所示。

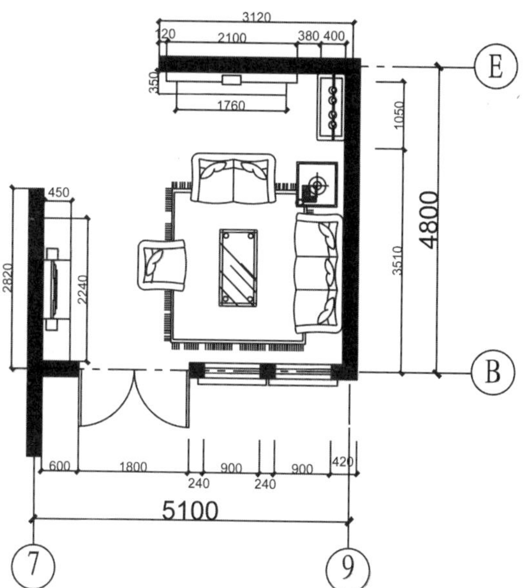

图 13-82　添加轴线标识和尺寸标注

3. 方向索引

在绘制一组室内设计图纸时，为了统一室内方向标识，通常要在平面图中添加方向索引符号。

(1) 将“标注”图层设置为当前图层。

(2) 单击“默认”选项卡“绘图”面板中的“矩形”按钮，绘制一个边长为 300mm 的正方形；单击“默认”选项卡“绘图”面板中的“直线”按钮，绘制正方形对角线；单击“默认”选项卡“修改”面板中的“旋转”按钮，将所绘制的正方形旋转 45°。

(3) 单击“默认”选项卡“绘图”面板中的“圆”按钮，以正方形对角线交点为圆心，绘制半径为 150mm 的圆，该圆与正方形内切。

(4) 单击“默认”选项卡“修改”面板中的“分解”按钮，将正方形进行分解，并删除正方形下半部的两条边和垂直方向的对角线，剩余图形为等腰直角三角形与圆；单击“默认”选项卡“修改”面板中的“修剪”按钮，结合已知圆，修剪正方形水平对角线。

(5) 单击“默认”选项卡“绘图”面板中的“图案填充”按钮，打开“图案填充创建”选项卡。选择“SOLID”图案，单击“拾取点”按钮，对等腰三角形中未与圆重叠的部分进行填充，得到如图 13-83 所示的索引符号。

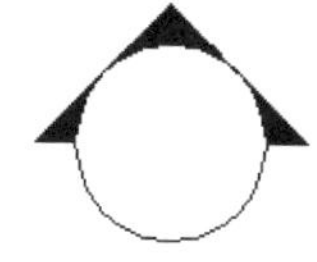
图 13-83　绘制方向索引符号

(6) 单击“默认”选项卡“块”面板中的“创建块”按钮，将所绘索引符号定义为图块，命名为“室内索引符号”。

(7) 单击“默认”选项卡“块”面板中的“插入”按钮，在平面图中插入索引符号，并根据需要调整符号角度。

(8) 单击“默认”选项卡“注释”面板中的“多行文字”按钮 A，在索引符号的圆内添加字母或数字进行标识。

13.3 客厅立面图 A 的绘制

Note

13-4

设计思路

客厅立面图的主要绘制思路如下：首先利用已绘制的客厅平面图生成墙体和楼板剖立面，然后利用图库中的图形模块绘制各种家具立面，最后对所绘制的客厅平面图进行尺寸标注和文字说明。

下面介绍绘制如图 13-84 所示的别墅客厅的立面图 A 的具体方法。

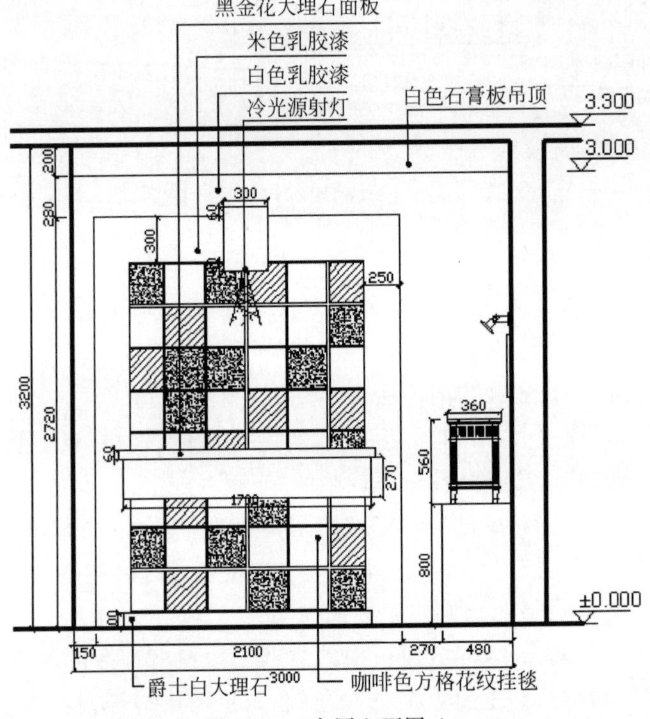

图 13-84　客厅立面图 A

操作步骤

13.3.1　设置绘图环境

1. 创建图形文件

打开已绘制的"客厅平面图. dwg"文件，单击"快速访问"工具栏中的"另存为"按钮，打开"图形另存为"对话框。在"文件名"下拉列表框中输入新的图形文件名称"客厅立面图 A. dwg"，单击"保存"按钮，建立图形文件。

2. 清理图形元素

(1) 单击"默认"选项卡"图层"面板中的"图层特性"按钮，打开"图层特性管理

器”选项板。关闭与绘制对象相关不大的图层，如“轴线”“轴线编号”图层等。

（2）单击“默认”选项卡“修改”面板中的“修剪”按钮，清理平面图中多余的家具和墙体线条。

清理后，所得平面图形如图 13-85 所示。

图 13-85　清理后的平面图形

Note

13.3.2　绘制地坪、楼板与墙体

在室内立面图中，被剖切的墙线和楼板线都用粗实线表示。

1. 绘制室内地坪

（1）单击“默认”选项卡“图层”面板中的“图层特性”按钮，打开“图层特性管理器”选项板。创建新图层，将新图层命名为“粗实线”，设置该图层线宽为 0.30mm，并将其设置为当前图层。

（2）单击“默认”选项卡“绘图”面板中的“直线”按钮，在平面图上方绘制长度为 4000mm 的室内地坪线，其标高为±0.000。

2. 绘制楼板线和梁线

（1）单击“默认”选项卡“修改”面板中的“偏移”按钮，将室内地坪线连续向上偏移两次，偏移量依次为 3200mm 和 100mm，得到楼板定位线。

（2）单击“默认”选项卡“图层”面板中的“图层特性”按钮，打开“图层特性管理器”选项板。创建新图层，将新图层命名为“细实线”，并将其设置为当前图层。

（3）单击“默认”选项卡“修改”面板中的“偏移”按钮，将室内地坪线向上偏移 3000mm，得到梁底位置。

（4）将所绘梁底定位线转移到“细实线”图层。

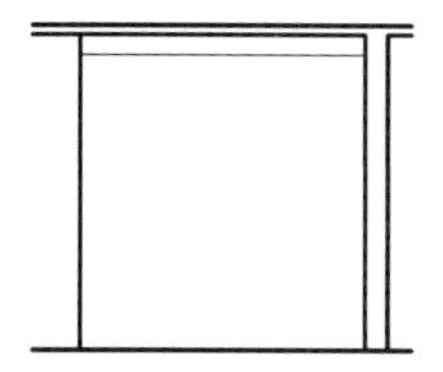

图 13-86　绘制地面和楼板

3. 绘制墙体

（1）单击“默认”选项卡“绘图”面板中的“直线”按钮，由平面图中的墙体位置，生成立面图中的墙体定位线。

（2）单击“默认”选项卡“绘图”面板中的“直线”按钮，对墙线、楼板线及梁底定位线进行修剪，如图 13-86 所示。

13.3.3　绘制文化墙

1. 绘制墙体

（1）单击“默认”选项卡“图层”面板中的“图层特性”按钮，打开“图层特性管理器”选项板，创建新图层。将新图层命名为“文化墙”，并将其设置为当前图层。

（2）单击“默认”选项卡“修改”面板中的“偏移”按钮，将左侧墙线向右偏移，偏移量为 150mm，得到文化墙左侧定位线。

（3）单击“默认”选项卡“绘图”面板中的“矩形”按钮，以定位线与室内地坪线交点为左下角点绘制“矩形 1”，尺寸为 2100mm×2720mm；单击“默认”选项卡“修改”

面板中的“删除”按钮，删除定位线。

（4）单击“默认”选项卡“绘图”面板中的“矩形”按钮，依次绘制“矩形 2”“矩形 3”“矩形 4”“矩形 5”“矩形 6”，各矩形尺寸依次为 1600mm×2420mm、1700mm×100mm、300mm×420mm、1760mm×60mm 和 1700mm×270mm，使得各矩形底边中点均与“矩形 1”底边中点重合。

Note

（5）单击“默认”选项卡“修改”面板中的“移动”按钮，依次向上移动“矩形 4”“矩形 5”“矩形 6”，移动距离分别为 2360mm、1120mm、850mm。

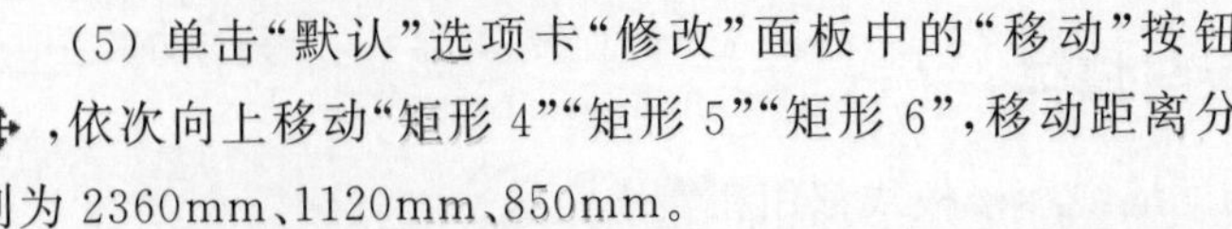

（6）单击“默认”选项卡“修改”面板中的“修剪”按钮，修剪多余线条，如图 13-87 所示。

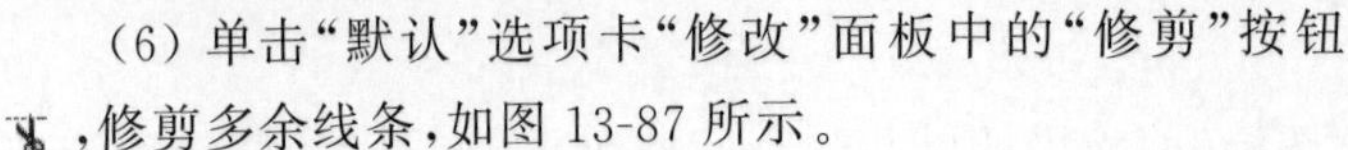

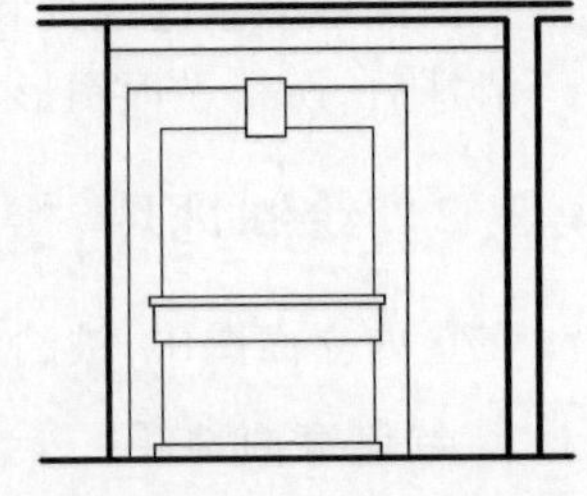

图 13-87　绘制文化墙墙体

2. 绘制装饰挂毯

（1）单击“快速访问”工具栏中的“打开”按钮，在打开的“选择文件”对话框中，找到随书电子资料中“源文件:\图库\CAD 图库.dwg”文件并将其打开。

（2）在“装饰”栏中，选择“挂毯”图形模块进行复制，如图 13-88 所示。

返回“客厅立面图 A”绘图界面，将复制的图形模块粘贴到立面图右侧空白区域。

（3）由于“挂毯”模块尺寸为 1134mm × 854mm，小于铺放挂毯的矩形区域（1600mm×2320mm），因此，有必要对挂毯模块进行重新编辑。

① 单击“默认”选项卡“修改”面板中的“分解”按钮，将“挂毯”图形模块进行分解。

② 单击“默认”选项卡“修改”面板中的“复制”按钮，以挂毯中的方格图形为单元，复制并拼贴成新的挂毯图形。

将编辑后的挂毯图形填充到文化墙中央矩形区域，绘制结果如图 13-89 所示。

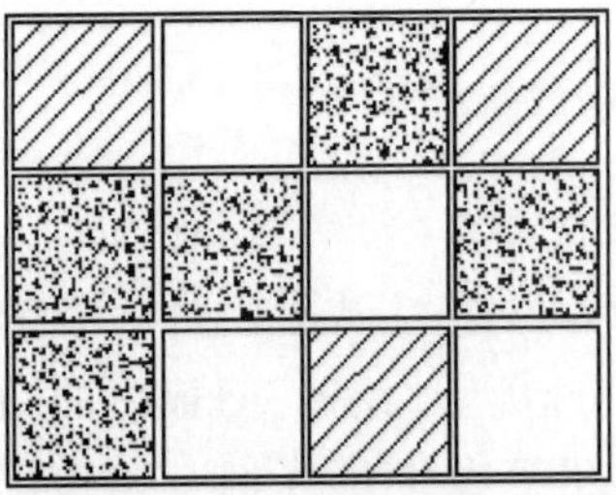

图 13-88　挂毯模块

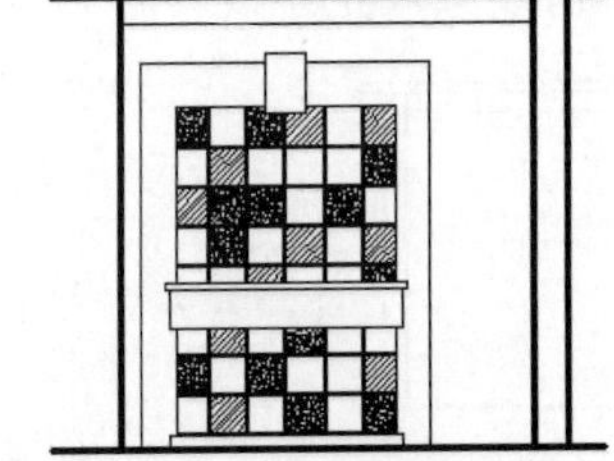

图 13-89　绘制装饰挂毯

3. 绘制筒灯

（1）单击“快速访问”工具栏中的“打开”按钮，在打开的“选择文件”对话框中，找到随书电子资料中“源文件:\图库\CAD 图库.dwg”文件并将其打开。

（2）在“灯具和电器”栏中，选择“筒灯 L”，如图 13-90 所示；选中该图形后，右击，在快捷菜单中选择“带基点复制”命令，单击筒灯图形上端顶点作为基点。

（3）返回“客厅立面图 A”绘图界面，将复制的“筒灯 L”模块，粘贴到文化墙中“矩形 4”的下方，如图 13-91 所示。

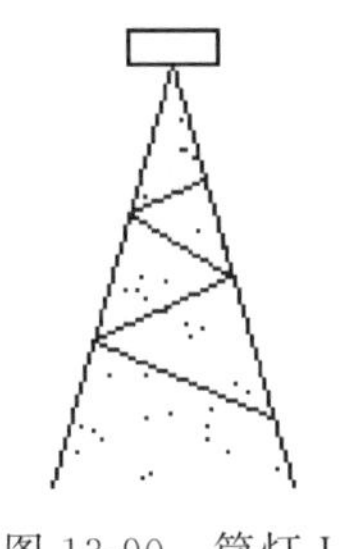

图 13-90　筒灯 L

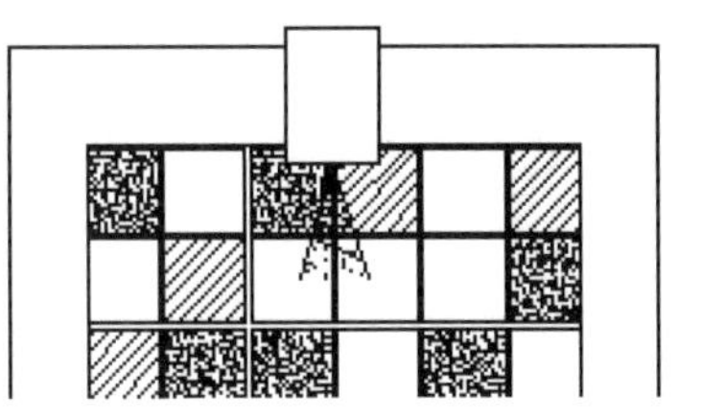

图 13-91　绘制筒灯

13.3.4　绘制家具

1. 绘制柜子底座

(1) 将“家具”图层设置为当前图层。

(2) 单击“默认”选项卡“绘图”面板中的“矩形”按钮 ，以右侧墙体的底部端点为矩形右下角点，绘制尺寸为 480mm× 800mm 的矩形。

2. 绘制装饰柜

(1) 单击“快速访问”工具栏中的“打开”按钮 ，在打开的“选择文件”对话框中，找到随书电子资料中“源文件:\图库\CAD 图库.dwg”文件并将其打开。

(2) 在“柜子”栏中，选择“柜子-01CL”，如图 13-92 所示；选中该图形，将其复制。

(3) 返回“客厅立面图 A”绘图界面，将复制的图形粘贴到已绘制的柜子底座上方。

3. 绘制射灯组

(1) 单击“默认”选项卡“修改”面板中的“偏移”按钮 ，将室内地坪线向上偏移，偏移量为 2000mm，得到射灯组定位线。

(2) 单击“快速访问”工具栏中的“打开”按钮 ，在打开的“选择文件”对话框中，找到随书电子资料中“源文件:\图库\CAD 图库.dwg”文件并将其打开。

(3) 在“灯具”栏中，选择“射灯组 CL”，如图 13-93 所示；选中该图形后，右击选择“复制”命令。

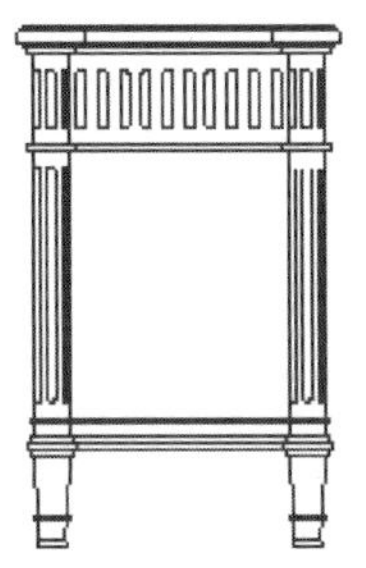

图 13-92　“柜子-01CL”图形模块

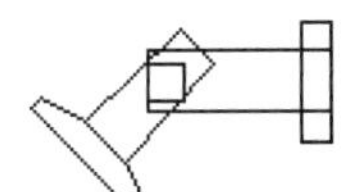

图 13-93　“射灯组 CL”图形模块

(4) 返回“客厅立面图 A”绘图界面，将复制的“射灯组 CL”模块粘贴到已绘制的定位线处。

(5) 单击“默认”选项卡“修改”面板中的“删除”按钮 ，删除定位线。

Note

4. 绘制装饰画

在装饰柜与射灯组之间的墙面上，挂有一幅裱框装饰画。从本图中，只能看到画框侧面，其立面可用相应大小的矩形表示。

(1) 单击"默认"选项卡"修改"面板中的"偏移"按钮 ，将室内地坪线向上偏移，偏移量为1500mm，得到画框底边定位线。

(2) 单击"默认"选项卡"绘图"面板中的"矩形"按钮 ，以定位线与墙线交点作为矩形右下角点，绘制尺寸为30mm×420mm的画框侧面。

(3) 单击"默认"选项卡"修改"面板中的"删除"按钮 ，删除定位线。

图13-94所示为以装饰柜为中心的家具组合立面。

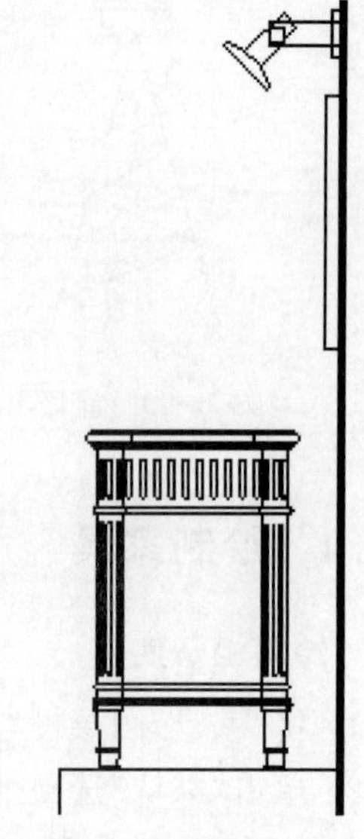

图13-94　以装饰柜为中心的家具组合

13.3.5 室内立面标注

1. 室内立面标高

(1) 将"标注"图层设置为当前图层。

(2) 单击"默认"选项卡"块"面板中的"插入"按钮 ，在立面图中的地坪、楼板和梁位置插入标高符号。

(3) 单击"默认"选项卡"注释"面板中的"多行文字"按钮 A ，在标高符号的长直线上方添加标高数值。

2. 尺寸标注

在室内立面图中，对家具的尺寸和空间位置关系都要使用"线性标注"命令进行标注。

(1) 将"标注"图层设置为当前图层。

(2) 单击"默认"选项卡"注释"面板中的"标注样式"按钮 ，打开"标注样式管理器"对话框，选择"室内标注"作为当前标注样式。

(3) 单击"默认"选项卡"注释"面板中的"线性"按钮 ，对家具的尺寸和空间位置关系进行标注。

3. 文字说明

在室内立面图中，通常用文字说明来表达各部位表面的装饰材料和装修做法。

(1) 将"文字"图层设置为当前图层。

(2) 选择菜单栏中的"标注"→"引线"命令，绘制标注引线。

(3) 单击"默认"选项卡"注释"面板中的"多行文字"按钮 A ，设置字体为"仿宋_GB2312"，文字"高度"为100，在引线一端添加文字说明。

标注的结果如图13-95所示。

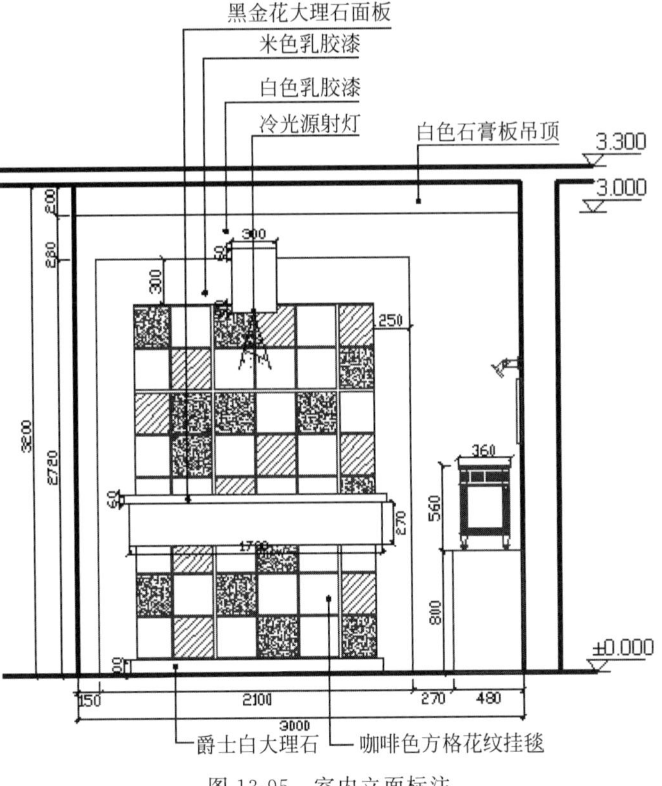

图 13-95　室内立面标注

13.4　客厅立面图 B 的绘制

设计思路

客厅立面图 B 的主要绘制思路如下：首先利用已绘制的客厅平面图生成墙体和楼板，然后利用图库中的图形模块绘制各种家具和墙面装饰，最后对所绘制的客厅平面图进行尺寸标注和文字说明。

下面介绍绘制如图 13-96 所示的别墅客厅的立面图 B 的具体方法。

操作步骤

13.4.1　设置绘图环境

13-5

1. 创建图形文件

打开“客厅平面图.dwg”文件，选择菜单栏中的“文件”→“另存为”命令，打开“图形另存为”对话框。在“文件名”下拉列表框中输入新的图形文件名称为“客厅立面图 B.dwg”，单击“保存”按钮，建立图形文件。

Note

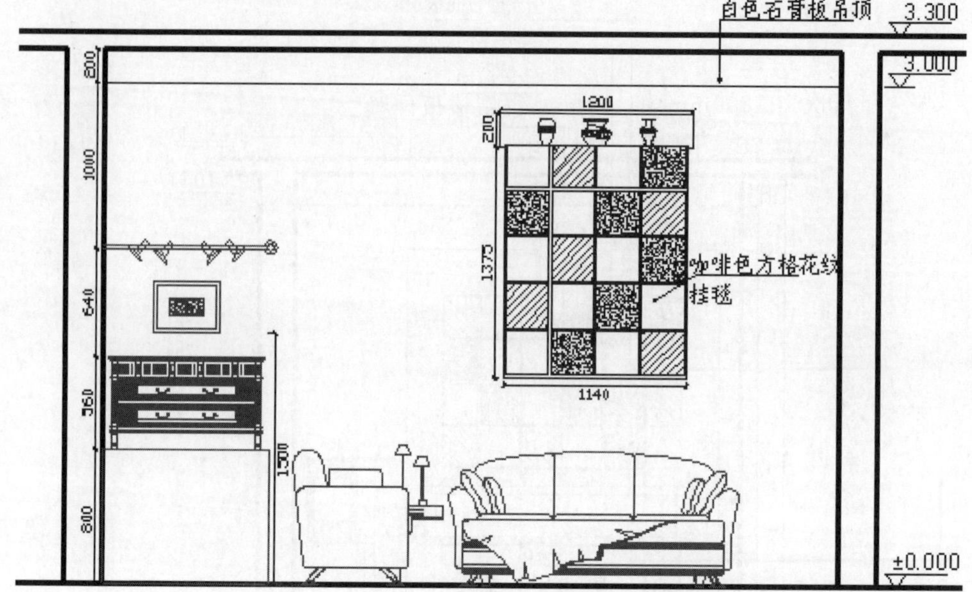

图 13-96　客厅立面图 B

2. 清理图形元素

(1) 单击"默认"选项卡"图层"面板中的"图层特性"按钮，打开"图层特性管理器"选项板。关闭与绘制对象相关不大的图层，如"轴线""轴线编号"图层等。

(2) 单击"默认"选项卡"修改"面板中的"旋转"按钮，将平面图进行旋转，旋转角度为 90°。

(3) 单击"默认"选项卡"修改"面板中的"删除"按钮和"修剪"按钮，清理平面图中多余的家具和墙体线条。

清理后，所得平面图形如图 13-97 所示。

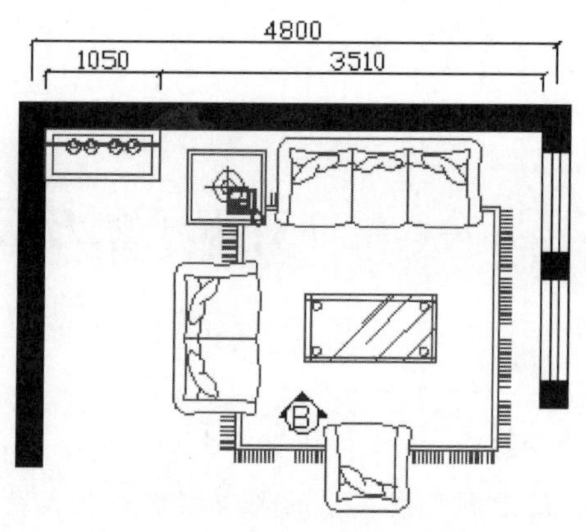

图 13-97　清理后的平面图形

13.4.2　绘制地面、楼板与墙体

13-6

1. 绘制室内地面

(1) 单击"默认"选项卡"图层"面板中的"图层特性"按钮，打开"图层特性管理器"选项板。创建新图层，图层名称为"粗实线"，设置图层线宽为 0.30mm，并将其设置为当前图层。

(2) 单击"默认"选项卡"绘图"面板中的"直线"按钮，在平面图上方绘制长度为 6000mm 的客厅室内地面，标高为±0.000。

2. 绘制楼板

(1) 单击“默认”选项卡“修改”面板中的“偏移”按钮 ⊆，将室内地面连续向上偏移两次，偏移量依次为 3200mm 和 100mm，得到楼板位置。

(2) 单击“默认”选项卡“图层”面板中的“图层特性”按钮，打开“图层特性管理器”选项板。创建新图层，将新图层命名为“细实线”，并将其设置为当前图层。

(3) 单击“默认”选项卡“修改”面板中的“偏移”按钮 ⊆，将室内地面向上偏移 3000mm，得到梁底位置。

(4) 将偏移得到的梁底定位线转移到“细实线”图层。

图 13-98　绘制墙体、楼板与梁的轮廓

3. 绘制墙体

(1) 单击“默认”选项卡“绘图”面板中的“直线”按钮 ╱，由平面图中的墙体位置，生成立面墙体定位线。

(2) 单击“默认”选项卡“修改”面板中的“修剪”按钮，对墙线和楼板线进行修剪，得到墙体、楼板和梁的轮廓线，如图 13-98 所示。

13.4.3　绘制家具

13-7

在立面图 B 中，需要着重绘制的是两个家具装饰组合：一个是以沙发为中心的家具组合，包括三人沙发、双人沙发、长茶几和位于沙发侧面用来摆放电话和台灯的小茶几；另一个是位于左侧的、以装饰柜为中心的家具组合，包括装饰柜及其底座、裱框装饰画和射灯组。

下面分别介绍这些家具及组合的绘制方法。

1. 绘制沙发与茶几

(1) 将“家具”图层设置为当前图层。

(2) 单击“快速访问”工具栏中的“打开”按钮，在打开的“选择文件”对话框中，找到随书电子资料中“源文件:\图库\CAD 图库.dwg”文件并将其打开。

(3) 在“沙发和茶几”栏中，选择“沙发-002B”“沙发-002C”“茶几-03L”“小茶几与台灯”这四个图形模块，分别对它们进行复制。

(4) 返回“客厅立面图 B”绘图界面，按照平面图中提供的各家具之间的位置关系，将复制的家具模块依次粘贴到立面图中相应位置，如图 13-99 所示。

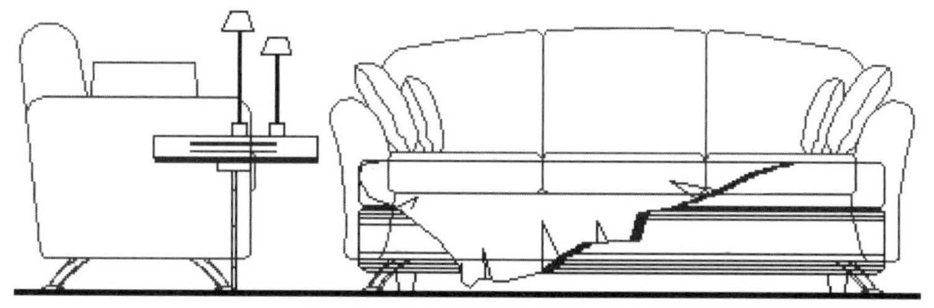

图 13-99　粘贴沙发和茶几图形模块

Note

(5) 由于各图形模块在此方向上的立面投影有交叉重合现象，因此有必要对这些家具进行重新组合。具体方法如下：

① 单击“默认”选项卡“修改”面板中的“分解”按钮，将图中的沙发和茶几图形模块分别进行分解。

② 根据平面图中反映的各家具间的位置关系，删去家具模块中被遮挡的线条，仅保留立面投影中可见的部分。

将编辑后的图形组合定义为块。

图 13-100 所示为绘制完成的以沙发为中心的家具组合。

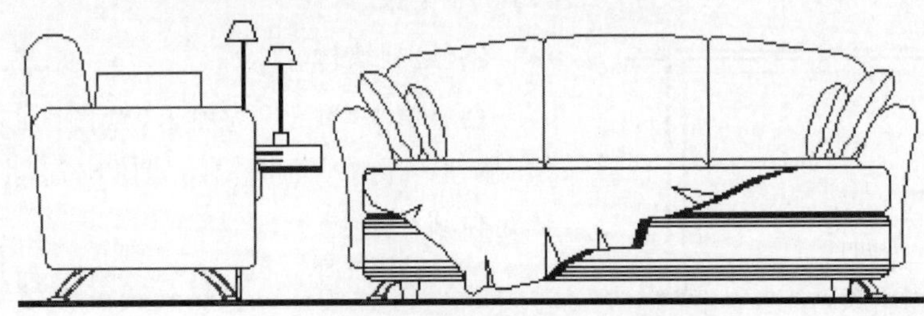

图 13-100　重新组合家具图形模块

注意： 在图库中，很多家具图形模块都是以个体为单元进行绘制的，因此，当多个家具模块被选取并插入同一室内立面图中时，由于投影位置的重叠，不同家具模块间难免会出现互相重叠和相交的情况，线条变得繁多且杂乱。对于这种情况，可以采用重新编辑模块的方法进行绘制，具体步骤如下：

首先，利用“分解”命令，将相交或重叠的家具模块分别进行分解；

然后，利用“修剪”和“删除”命令，根据家具立面图投影的前后次序，清除图形中被遮挡的线条，仅保留家具立面投影的可见部分；

最后，将编辑后得到的图形定义为块，避免因分解后的线条过于繁杂而影响图形的绘制。

2. 绘制装饰柜

(1) 单击“默认”选项卡“绘图”面板中的“矩形”按钮，以左侧墙体的底部端点为矩形左下角点，绘制尺寸为 1050mm×800mm 的矩形底座。

(2) 单击“快速访问”工具栏中的“打开”按钮，在打开的“选择文件”对话框中，找到随书电子资料中“源文件:\图库\CAD 图库. dwg”文件并将其打开。

(3) 在“装饰”栏中，选择“柜子-01ZL”，如图 13-101 所示；选中该图形模块进行复制。

(4) 返回“客厅立面图 B”绘图界面，将复制的图形模块粘贴到已绘制的柜子底座上方。

图 13-101　装饰柜正立面

3. 绘制射灯组与装饰画

(1) 单击“默认”选项卡“修改”面板中的

"偏移"按钮 ⊆，将室内地面向上偏移，偏移量为 2000mm，得到射灯组定位线。

(2) 单击"快速访问"工具栏中的"打开"按钮，在打开的"选择文件"对话框中，找到随书电子资料中"源文件:\图库\CAD 图库.dwg"文件并将其打开。

(3) 在"灯具和电器"栏中，选择"射灯组 ZL"，如图 13-102 所示；选中该图形模块进行复制。

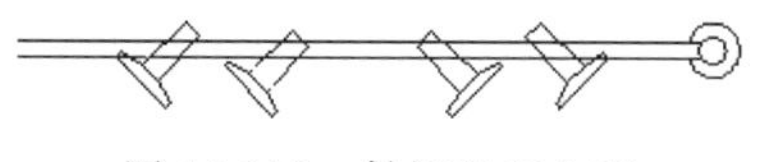

图 13-102　射灯组正立面

(4) 返回"客厅立面图 B"绘图界面，将复制的模块粘贴到已绘制的定位线处。

(5) 单击"默认"选项卡"修改"面板中的"删除"按钮，删除定位线。

(6) 打开图库文件，在"装饰"栏中，选择"装饰画 01"，如图 13-103 所示；对该模块进行"带基点复制"，复制基点为画框底边中点。

(7) 返回"客厅立面图 B"绘图界面，以装饰柜底座的底边中点为插入点，将复制的模块粘贴到立面图中。

(8) 单击"默认"选项卡"修改"面板中的"移动"按钮 ✥，将装饰画模块垂直向上移动，移动距离为 1500mm。

图 13-104 所示为绘制完成的以装饰柜为中心的家具组合。

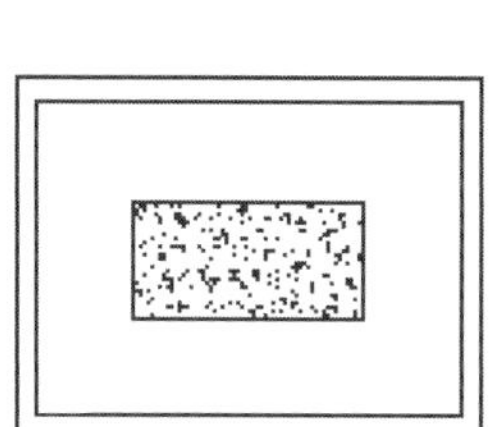

图 13-103　装饰画正立面

图 13-104　以装饰柜为中心的家具组合

13.4.4　绘制墙面装饰

13-8

1. 绘制条形壁龛

(1) 单击"默认"选项卡"图层"面板中的"图层特性"按钮，打开"图层特性管理器"选项板。创建新图层，命名为"墙面装饰"，并将其设置为当前图层。

(2) 单击"默认"选项卡"修改"面板中的"偏移"按钮 ⊆，将梁底面投影线向下偏移 180mm，得到"辅助线 1"；重复"偏移"命令，将右侧墙线向左偏移 900mm，得到"辅助线 2"。

(3) 单击"默认"选项卡"绘图"面板中的"矩形"按钮，以"辅助线 1"与"辅助线 2"的交点为矩形右上角点，绘制尺寸为 1200mm×200mm 的矩形壁龛。

(4) 单击"默认"选项卡"修改"面板中的"删除"按钮 ，删除两条辅助线。

2. 绘制挂毯

在壁龛下方，垂挂一条咖啡色挂毯作为墙面装饰。此处挂毯与立面图 A 中文化墙内的挂毯均为同一花纹样式，不同的是此处挂毯面积较小。因此，可以继续利用前面章节中介绍过的挂毯图形模块进行绘制。

(1) 重新编辑挂毯模块。将挂毯模块进行分解，然后以挂毯表面花纹方格为单元，重新编辑模块，得到规格为 4×6 的方格花纹挂毯模块(4、6 分别指方格的列数与行数)，如图 13-105 所示。

(2) 绘制挂毯垂挂效果。挂毯的垂挂方式是将挂毯上端伸入壁龛，用壁龛内侧的细木条将挂毯上端压实固定，并使其下端垂挂在壁龛下方墙面上。

单击"默认"选项卡"修改"面板中的"移动"按钮 ，将绘制好的新挂毯模块移动到条形壁龛下方，使其上侧边线中点与壁龛下侧边线中点重合。

单击"默认"选项卡"修改"面板中的"移动"按钮 ，将挂毯模块垂直向上移动 40mm。

单击"默认"选项卡"修改"面板中的"偏移"按钮 ，将壁龛下侧边线向上偏移，偏移量为 10mm。

单击"默认"选项卡"修改"面板中的"分解"按钮 ，将新挂毯模块进行分解。单击"默认"选项卡"修改"面板中的"修剪"按钮 和"删除"按钮 ，以偏移线为边界，修剪并删除挂毯上端的多余部分。

绘制结果如图 13-106 所示。

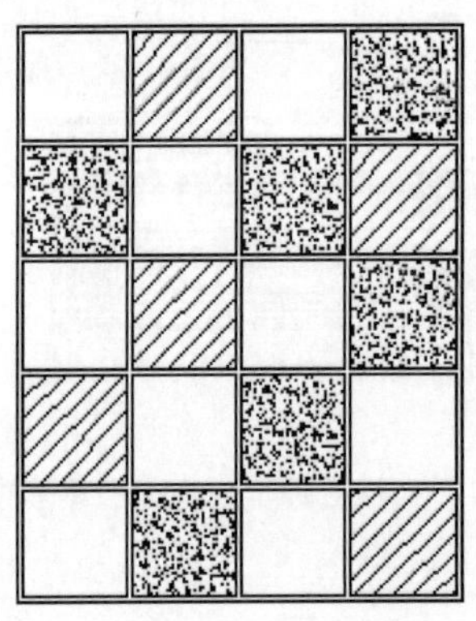

图 13-105 重新编辑挂毯模块

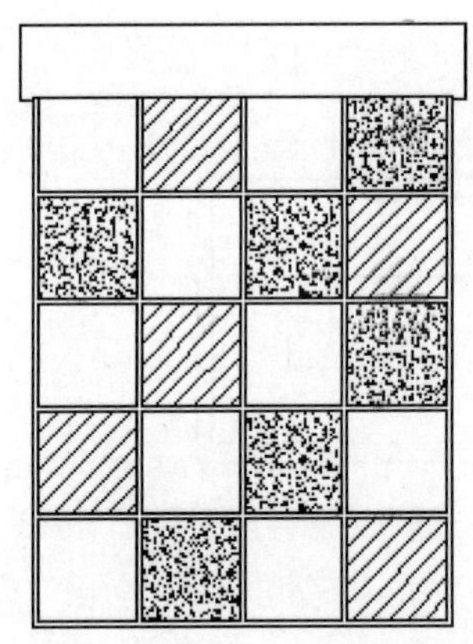

图 13-106 垂挂的挂毯

3. 绘制瓷器

(1) 将"墙面装饰"图层设置为当前图层。

(2) 单击"快速访问"工具栏中的"打开"按钮 ，在打开的"选择文件"对话框中，找到随书电子资料中"源文件：\图库\CAD 图库.dwg"文件并将其打开。

(3) 在"装饰"栏中，选择"陈列品 6""陈列品 7""陈列品 8"模块，对选中的图形模块进行复制，并将其粘贴到"客厅立面图 B"中。

(4) 根据壁龛的高度，分别对每个图形模块的尺寸比例进行适当调整，然后将它们

依次插入壁龛中,如图 13-107 所示。

图 13-107　绘制壁龛中的瓷器

13.4.5　立面标注

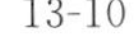

1. 室内立面标高

(1) 将"标注"图层设置为当前图层。

(2) 单击"默认"选项卡"块"面板中的"插入"按钮,在立面图中的地面、楼板和梁位置插入标高符号。

(3) 单击"默认"选项卡"注释"面板中的"多行文字"按钮 A,在标高符号的长直线上方添加标高数值。

2. 尺寸标注

在室内立面图中,家具的尺寸和空间位置关系都要使用"线性标注"命令进行标注。

(1) 将"标注"图层设置为当前图层。

(2) 单击"默认"选项卡"注释"面板中的"标注样式"按钮,打开"标注样式管理器"对话框,选择"室内标注"作为当前标注样式。

(3) 单击"默认"选项卡"注释"面板中的"线性"按钮,对家具的尺寸和空间位置关系进行标注。

3. 文字说明

在室内立面图中,通常用文字说明来表达各部位表面的装饰材料和装修做法。

(1) 将"文字"图层设置为当前图层。

(2) 选择菜单栏中的"标注"→"引线"命令,绘制标注引线。

(3) 单击"默认"选项卡"注释"面板中的"多行文字"按钮 A,设置字体为"仿宋_GB2312",文字"高度"为 100,在引线一端添加文字说明。

标注结果如图 13-96 所示。

13.5　别墅首层地面图的绘制

13-10

设计思路

别墅首层地面图的绘制思路如下:首先,由已知的首层平面图生成平面墙体轮廓;

其次，在各门窗洞口位置绘制投影线；再次，根据各房间地面材料的类型，选取适当的填充图案对各房间地面进行填充；最后，添加尺寸和文字标注。

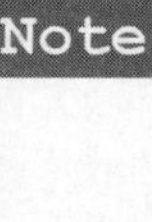
Note

下面介绍绘制如图 13-108 所示的别墅的首层地面图的具体方法。

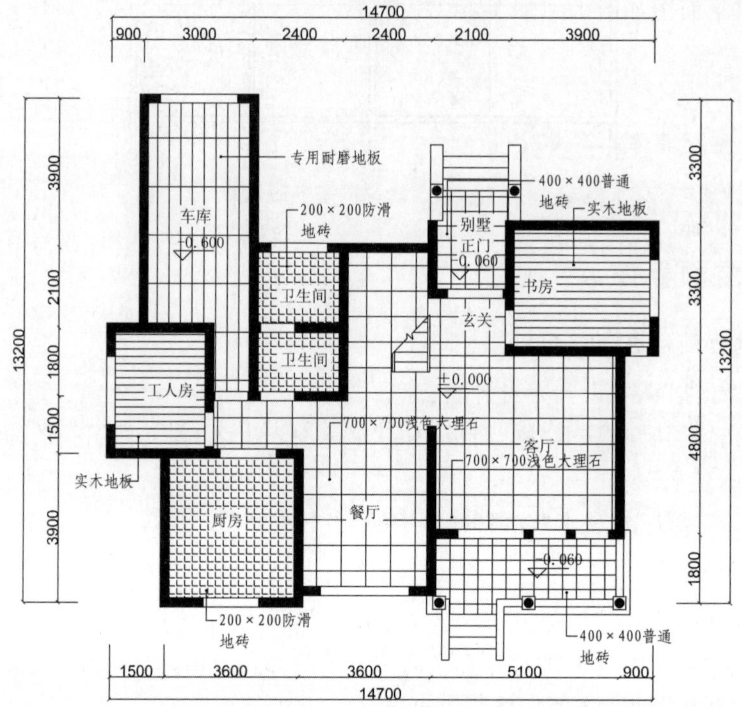

图 13-108　别墅首层地面图

操作步骤

13.5.1　设置绘图环境

1. 创建图形文件

打开已绘制的“别墅首层平面图.dwg”文件，在“文件”菜单中选择“另存为”命令，打开“图形另存为”对话框。在“文件名”下拉列表框中输入新的图形名称为“别墅首层地面图.dwg”，单击“保存”按钮，建立图形文件。

2. 清理图形元素

(1) 单击“默认”选项卡“图层”面板中的“图层特性”按钮，打开“图层特性管理器”选项板，关闭“轴线”“轴线编号”“标注”图层。

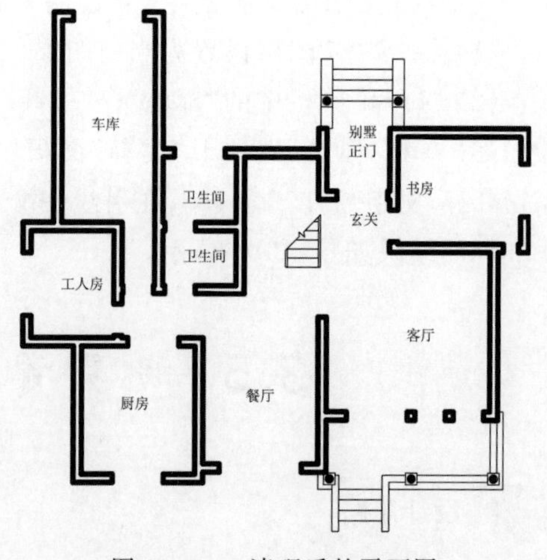

图 13-109　清理后的平面图

(2) 单击"默认"选项卡"修改"面板中的"删除"按钮，删除首层平面图中所有的家具和门窗图形。

(3) 选择菜单栏中"文件"→"图形实用工具"→"清理"命令，清理无用的图形元素。清理后，所得平面图如图 13-109 所示。

13.5.2　补充平面元素

1. 填充平面墙体

(1) 将"墙体"图层设置为当前图层。

(2) 单击"默认"选项卡"绘图"面板中的"图案填充"按钮，选择填充图案为"SOLID"。在绘图区域中拾取墙体内部点，选择墙体作为填充对象进行填充。

2. 绘制门窗投影线

(1) 将"门窗"图层设置为当前图层。

(2) 单击"默认"选项卡"绘图"面板中的"直线"按钮，在门窗洞口处绘制洞口平面投影线，如图 13-110 所示。

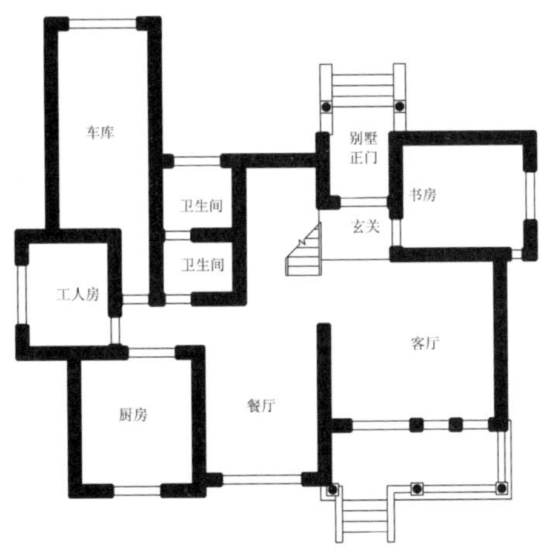

图 13-110　补充平面元素

13.5.3　绘制地板

1. 绘制木地板

在首层平面中，铺装木地板的房间包括工人房和书房。

(1) 单击"默认"选项卡"图层"面板中的"图层特性"按钮，打开"图层特性管理器"选项板。创建新图层，命名为"地面"，并将其设置为当前图层。

(2) 单击"默认"选项卡"绘图"面板中的"图案填充"按钮，打开"图案填充创建"选项卡，选择填充图案为"LINE"，并设置图案填充比例为 60；在绘图区域中依次选择工人房和书房平面作为填充对象，进行地板图案填充。图 13-111 所示为书房木地板绘制效果。

2. 绘制地砖

在本例中，使用的地砖种类主要有两种，即卫生间、厨房使用的防滑地砖和入口、阳

台等处地面使用的普通地砖。

(1) 绘制防滑地砖：在卫生间和厨房里，地面的铺装材料为200×200防滑地砖。

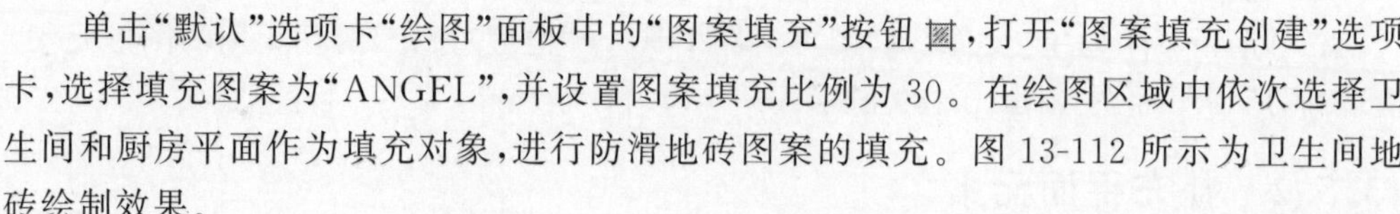

单击“默认”选项卡“绘图”面板中的“图案填充”按钮，打开“图案填充创建”选项卡，选择填充图案为“ANGEL”，并设置图案填充比例为30。在绘图区域中依次选择卫生间和厨房平面作为填充对象，进行防滑地砖图案的填充。图13-112所示为卫生间地砖绘制效果。

Note

(2) 绘制普通地砖：在别墅的入口和外廊处，地面铺装材料为400×400普通地砖。

单击“默认”选项卡“绘图”面板中的“图案填充”按钮，打开“图案填充创建”选项卡，选择填充图案为“NET”，并设置图案填充比例为120；在绘图区域中依次选择入口和外廊平面作为填充对象，进行普通地砖图案的填充。图13-113所示为别墅入口处地砖绘制效果。

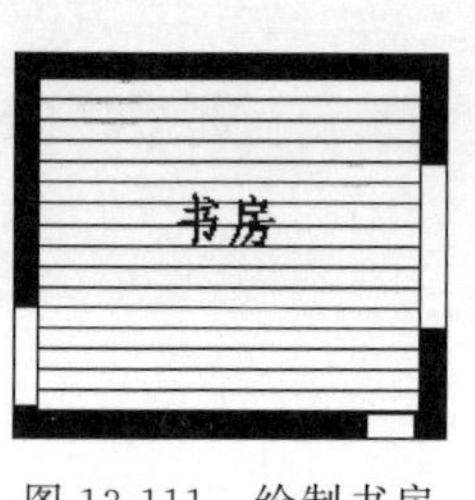

图13-111 绘制书房木地板

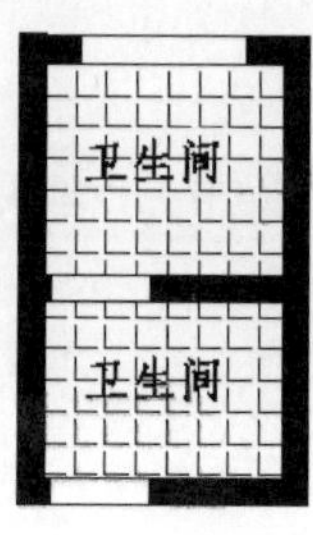

图13-112 绘制卫生间防滑地砖

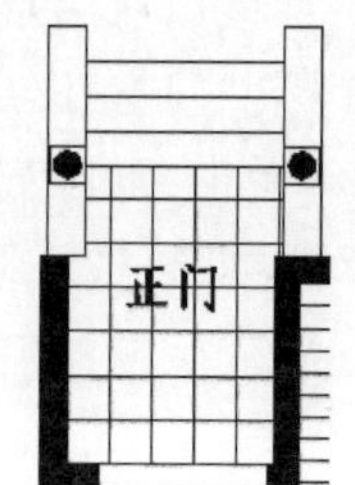

图13-113 绘制入口地砖

3. 绘制大理石地面

通常客厅和餐厅的地面材料可以有很多种选择，如普通地砖、耐磨木地板等。在本例中，设计者选择在客厅、餐厅和走廊地面铺装浅色大理石材料，因其光亮、易清洁而且耐磨损。

单击“默认”选项卡“绘图”面板中的“图案填充”按钮，打开“图案填充创建”选项卡，选择填充图案为“NET”，并设置图案填充比例为210。在绘图区域中依次选择客厅、餐厅和走廊平面作为填充对象，进行大理石地面图案的填充。图13-114所示为客厅大理石地面绘制效果。

4. 绘制车库地板

本例中车库地板材料采用的是车库专用耐磨地板。

单击“默认”选项卡“绘图”面板中的“图案填充”按钮，打开“图案填充创建”选项卡，选择填充图案为“GRATE”，设置图案填充角度为90°、比例为400。在绘图区域中选择车库平面作为填充对象，进行车库地面图案的填充，如图13-115所示。

13.5.4 尺寸标注与文字说明

1. 尺寸标注与标高

在本图中，尺寸标注和平面标高的内容及要求与平面图基本相同。由于本图是在已有首层平面图基础上绘制生成的，因此，本图中的尺寸标注可以直接沿用首层平面图的标注结果。

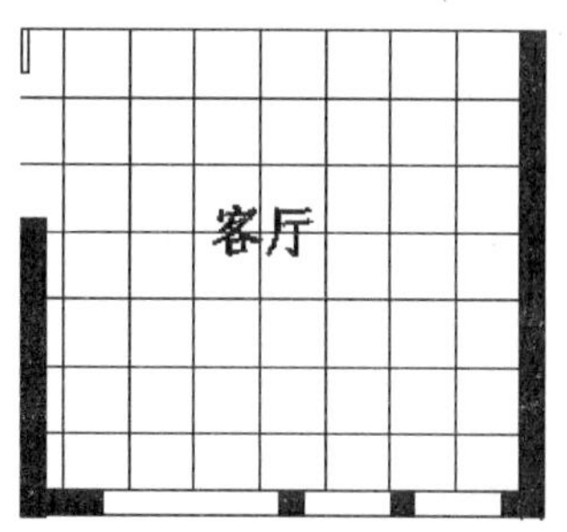

图 13-114　绘制客厅大理石地面

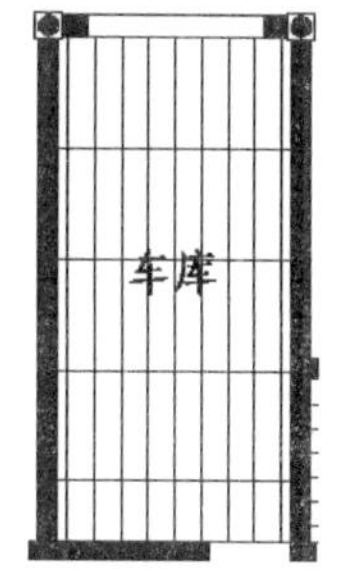

图 13-115　绘制车库地板

2. 文字说明

(1) 将“文字”图层设置为当前图层。

(2) 选择菜单栏中的“标注”→“引线”命令，并设置引线的箭头形式为“小点”，箭头大小为 60。

(3) 单击“默认”选项卡“注释”面板中的“多行文字”按钮 A ，设置字体为“仿宋_GB2312”，文字“高度”为 300，在引线一端添加文字说明，标明该房间地面的铺装材料和做法。

13.6　别墅首层顶棚图的绘制

13-11

设计思路

别墅首层顶棚图的主要绘制思路如下：首先，清理首层平面图，留下墙体轮廓，并在各门窗洞口位置绘制投影线；其次，绘制吊顶，并根据各房间选用的照明方式绘制灯具；最后，进行文字说明和尺寸标注。

下面介绍绘制如图 13-116 所示的别墅首层顶棚平面图的具体方法。

13.6.1　设置绘图环境

1. 创建图形文件

打开已绘制的“别墅首层平面图. dwg”文件，在“文件”菜单中选择“另存为”命令，打开“图形另存为”对话框。在“文件名”下拉列表框中输入新的图形文件名称为“别墅首层顶棚平面图. dwg”，单击“保存”按钮，建立图形文件。

2. 清理图形元素

(1) 单击“默认”选项卡“图层”面板中的“图层特性”按钮 ，打开“图层特性管理器”选项板，关闭“轴线”“轴线编号”“标注”图层。

(2) 单击“默认”选项卡“修改”面板中的“删除”按钮 ，删除首层平面图中的家具、门窗图形，以及所有文字。

(3) 选择菜单栏中的“文件”→“图形实用工具”→“清理”命令，清理无用的图层和其他图形元素。清理后，所得平面图如图 13-117 所示。

Note

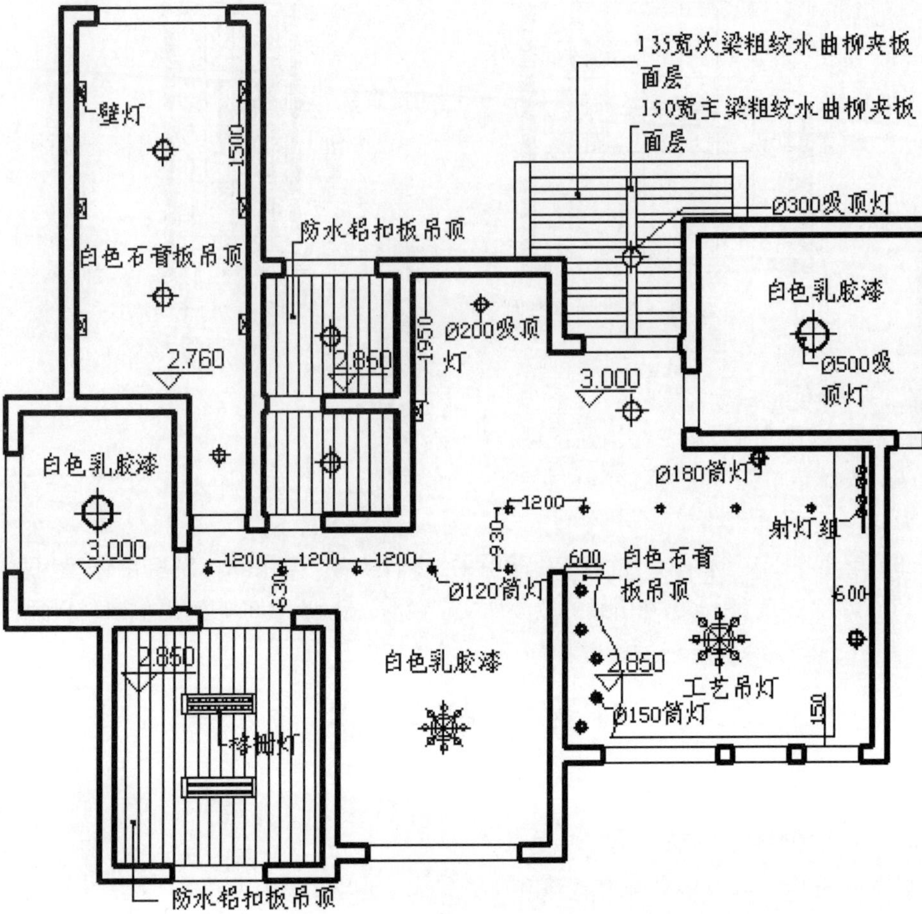

图 13-116　别墅首层顶棚平面图

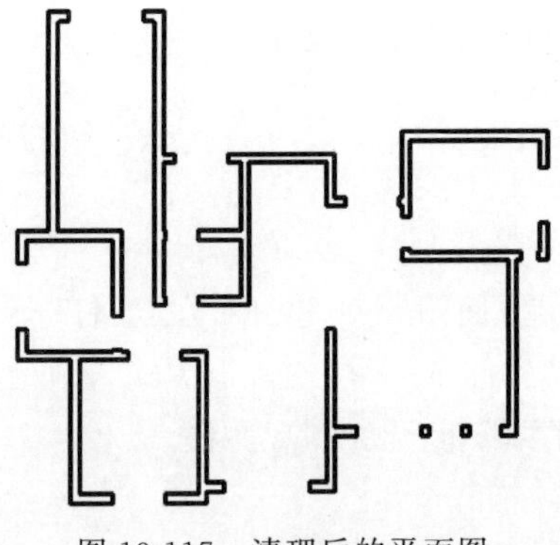

图 13-117　清理后的平面图

13.6.2　补绘平面轮廓

1. 绘制门窗投影线

（1）将“门窗”图层设置为当前图层。

（2）单击“默认”选项卡“绘图”面板中的“直线”按钮 ╱，在门窗洞口处绘制洞口投影线。

2. 绘制入口雨篷轮廓

(1) 单击“默认”选项卡“图层”面板中的“图层特性”按钮，打开“图层特性管理器”选项板。创建新图层，命名为“雨篷”，并将其设置为当前图层。

(2) 单击“默认”选项卡“绘图”面板中的“直线”按钮，以正门外侧投影线中点为起点向上绘制长度为2700mm的雨篷中心线；以中心线的上侧端点为中点，绘制长度为3660mm的水平边线。

(3) 单击“默认”选项卡“修改”面板中的“偏移”按钮，将屋顶中心线分别向两侧偏移，偏移量均为1830mm，得到屋顶两侧边线。

(4) 单击“默认”选项卡“修改”面板中的“偏移”按钮，将所有边线均向内偏移240mm，得到入口雨篷轮廓线，如图13-118所示。

经过补绘后的平面图如图13-119所示。

13.6.3　绘制吊顶

在别墅首层平面中，有三处要做吊顶设计，即卫生间、厨房和客厅。其中，卫生间和厨房是出于防水或防油烟的需要，安装铝扣板吊顶；在客厅上方局部设计石膏板吊顶，既美观大方，又为各种装饰性灯具的设置和安装提供了方便。下面分别介绍这三处吊顶的绘制方法。

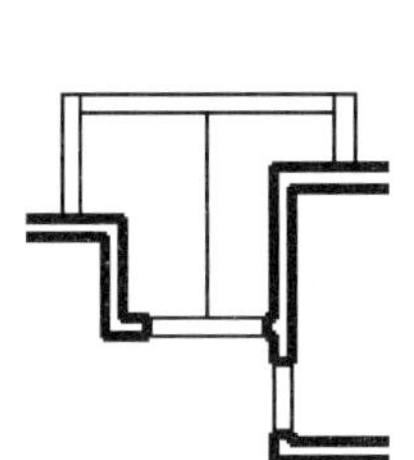

图13-118　绘制入口雨篷投影轮廓

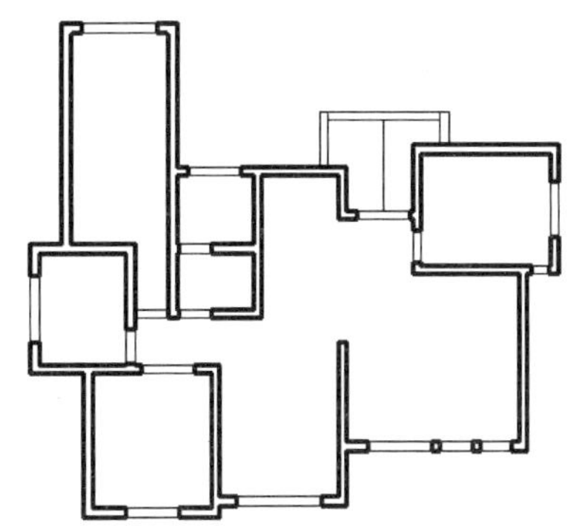

图13-119　补绘顶棚平面轮廓

1. 绘制卫生间吊顶

基于卫生间使用过程中的防水要求，在卫生间顶部安装铝扣板吊顶。

(1) 单击“默认”选项卡“图层”面板中的“图层特性”按钮，打开“图层特性管理器”选项板。创建新图层，命名为“吊顶”，并将其设置为当前图层。

(2) 单击“默认”选项卡“绘图”面板中的“图案填充”按钮，打开“图案填充创建”选项卡，选择填充图案为“LINE”，设置图案填充角度为90°、比例为60。在绘图区域中选择卫生间顶棚平面作为填充对象，进行图案填充，如图13-120所示。

2. 绘制厨房吊顶

基于厨房使用过程中的防水和防油的要求，在厨房顶部安装铝扣板吊顶。

(1) 将“吊顶”图层设置为当前图层。

Note

(2) 单击“默认”选项卡“绘图”面板中的“图案填充”按钮，打开“图案填充创建”选项卡，选择填充图案为“LINE”，设置图案填充角度为90°、比例为60。在绘图区域中选择厨房顶棚平面作为填充对象，进行图案填充，如图13-121所示。

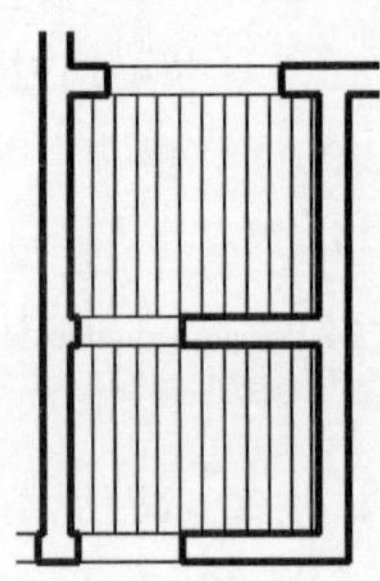

图13-120　绘制卫生间吊顶

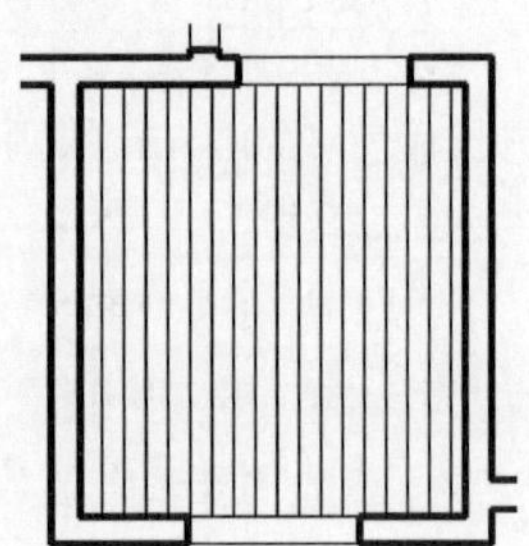

图13-121　绘制厨房吊顶

3. 绘制客厅吊顶

客厅吊顶的方式为周边式，不同于前面介绍的卫生间和厨房所采用的完全式吊顶。客厅吊顶的重点部位在西面电视墙的上方。

(1) 单击“默认”选项卡“修改”面板中的“偏移”按钮，将客厅顶棚东、南两个方向轮廓线向内偏移，偏移量分别为600mm和100mm，得到“轮廓线1”和“轮廓线2”。

(2) 单击“默认”选项卡“绘图”面板中的“样条曲线拟合”按钮，以客厅西侧墙线为基准线，绘制样条曲线，如图13-122所示。

(3) 单击“默认”选项卡“修改”面板中的“移动”按钮，将样条曲线水平向右移动，移动距离为600mm。

(4) 单击“默认”选项卡“绘图”面板中的“直线”按钮，连接样条曲线与墙线的端点。

(5) 单击“默认”选项卡“修改”面板中的“修剪”按钮，修剪吊顶轮廓线条，完成客厅吊顶的绘制，如图13-123所示。

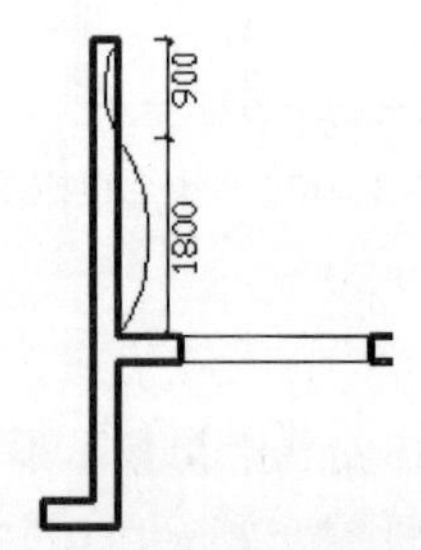

图13-122　绘制样条曲线

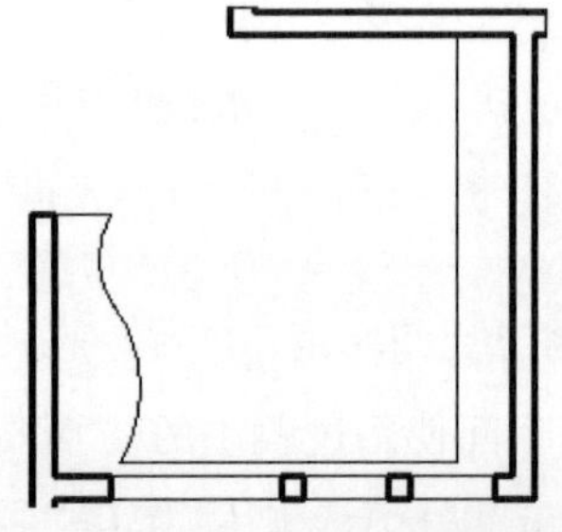

图13-123　客厅吊顶轮廓

13.6.4　绘制入口雨篷顶棚

别墅正门入口雨篷的顶棚由一条水平的主梁和两侧数条对称布置的次梁组成。

(1) 将“顶棚”图层设置为当前图层。

(2) 绘制主梁：单击“默认”选项卡“修改”面板中的“偏移”按钮，将雨篷中心线依次向左、右两侧进行偏移，偏移量均为75mm；单击“默认”选项卡“修改”面板中的

“删除”按钮，将原有中心线删除。

(3) 绘制次梁：单击“默认”选项卡“绘图”面板中的“图案填充”按钮，打开“图案填充创建”选项卡，选择填充图案为“STEEL”，设置图案填充角度为135°、比例为135。在绘图区域中选择中心线两侧矩形区域作为填充对象，进行图案填充，如图13-124所示。

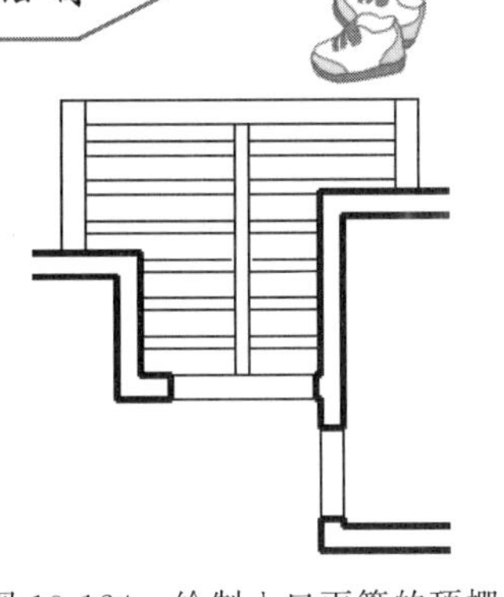

图13-124　绘制入口雨篷的顶棚

13.6.5　绘制灯具

不同种类的灯具由于材料和形状的差异，其平面图形也大有不同。在本别墅实例中，灯具种类主要包括工艺吊灯、吸顶灯、筒灯、射灯和壁灯等。在AutoCAD图纸中，并不需要详细描绘出各种灯具的具体式样，一般情况下，每种灯具都是用灯具图例来表示的。下面分别介绍几种灯具图例的绘制方法。

1. 绘制工艺吊灯

工艺吊灯仅在客厅和餐厅使用，与其他灯具相比，形状比较复杂。

(1) 单击“默认”选项卡“图层”面板中的“图层特性”按钮，打开“图层特性管理器”选项板。创建新图层，命名为“灯具”，并将其设置为当前图层。

(2) 单击“默认”选项卡“绘图”面板中的“圆”按钮，绘制两个同心圆，它们的半径分别为150mm和200mm。

(3) 单击“默认”选项卡“绘图”面板中的“直线”按钮，以圆心为端点，向右绘制一条长度为400mm的水平线段。

(4) 单击“默认”选项卡“绘图”面板中的“圆”按钮，以线段右端点为圆心，绘制一个较小的圆，其半径为50mm。

(5) 单击“默认”选项卡“修改”面板中的“移动”按钮，水平向左移动小圆，移动距离为100mm，如图13-125所示。

图13-125　绘制第一个吊灯单元

(6) 单击“默认”选项卡“修改”面板中的“环形阵列”按钮，输入“项目总数”为8、“填充角度”为360；选择同心圆圆心为阵列中心点；选择图13-125中的水平线段和右侧小圆为阵列对象。

生成的工艺吊灯图例如图13-126所示。

2. 绘制吸顶灯

在别墅首层平面中，使用最广泛的灯具是吸顶灯。别墅入口、卫生间和卧室的房间都使用吸顶灯来进行照明。

常用的吸顶灯图例有圆形和矩形两种，此处主要介绍圆形吸顶灯图例。

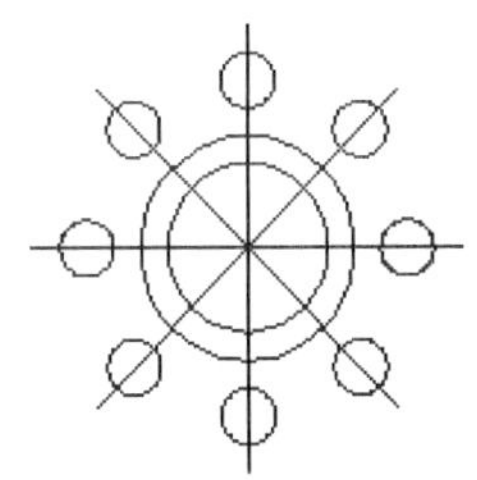

图13-126　工艺吊灯图例

(1) 单击“默认”选项卡“绘图”面板中的“圆”按钮，绘

Note

制两个同心圆,它们的半径分别为 90mm 和 120mm。

(2) 单击“默认”选项卡“绘图”面板中的“直线”按钮 ╱,绘制两条互相垂直的直径;激活已绘直径的两端点,将直径向两侧分别拉伸,每个端点处的拉伸量均为 40mm,得到一个正交“十”字。

(3) 单击“默认”选项卡“绘图”面板中的“图案填充”按钮 ▦,打开“图案填充创建”选项卡,选择填充图案为“SOLID”,对同心圆中的圆环部分进行填充。图 13-127 所示为绘制完成的吸顶灯图例。

3. 绘制格栅灯

在别墅中,格栅灯是专用于厨房的照明灯具。

(1) 单击“默认”选项卡“绘图”面板中的“矩形”按钮 ▭,绘制尺寸为 1200mm×300mm 的矩形格栅灯轮廓。

(2) 单击“默认”选项卡“修改”面板中的“分解”按钮 ,将矩形分解;单击“默认”选项卡“修改”面板中的“偏移”按钮 ⊆,将矩形两条短边分别向内偏移,偏移量均为 80mm。

(3) 单击“默认”选项卡“绘图”面板中的“矩形”按钮 ▭,绘制两个尺寸为 1040mm×45mm 的矩形灯管,两个灯管的平行间距为 70mm。

(4) 单击“默认”选项卡“绘图”面板中的“图案填充”按钮 ▦,打开“图案填充创建”选项卡,选择填充图案为“ANSI32”,设置填充比例为 10,对两矩形灯管区域进行填充。图 13-128 所示为绘制完成的格栅灯图例。

图 13-127　吸顶灯图例

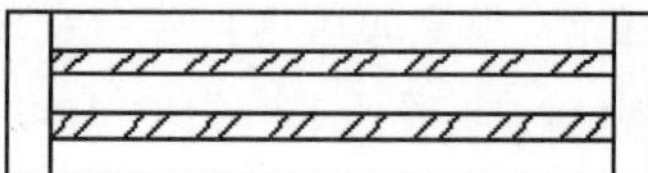

图 13-128　格栅灯图例

4. 绘制筒灯

筒灯体积较小,主要应用于室内装饰照明和走廊照明。

常见筒灯图例由两个同心圆和一个“十”字组成。

(1) 单击“默认”选项卡“绘图”面板中的“圆”按钮 ⊙,绘制两个同心圆,它们的半径分别为 45mm 和 60mm。

(2) 单击“默认”选项卡“绘图”面板中的“直线”按钮 ╱,绘制两条互相垂直的直径。激活已绘两条直径的所有端点,将两条直径分别向其两端方向拉伸,每个方向的拉伸量均为 20mm,得到正交的“十”字。图 13-129 所示为绘制完成的筒灯图例。

5. 绘制壁灯

在别墅中,车库和楼梯侧墙面都通过设置壁灯来辅助照明。本图中使用的壁灯图例由矩形及两条对角线组成。

(1) 单击“默认”选项卡“绘图”面板中的“矩形”按钮 ▭,绘制尺寸为 300mm×150mm 的矩形。

(2) 单击“默认”选项卡“绘图”面板中的“直线”按钮 ╱，绘制矩形的两条对角线。图 13-130 所示为绘制完成的壁灯图例。

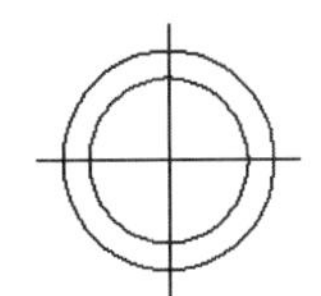

图 13-129　筒灯图例

图 13-130　壁灯图例

6. 绘制射灯组

射灯组的平面图例在绘制客厅平面图时已有介绍，具体绘制方法可参看前面章节内容。

7. 在顶棚图中插入灯具图例

(1) 单击“默认”选项卡“块”面板中的“创建块”按钮，将所绘制的各种灯具图例分别定义为图块。

(2) 单击“默认”选项卡“块”面板中的“插入”按钮，根据各房间或空间的功能，选择适合的灯具图例并根据需要设置图块比例，然后将其插入顶棚中相应位置。

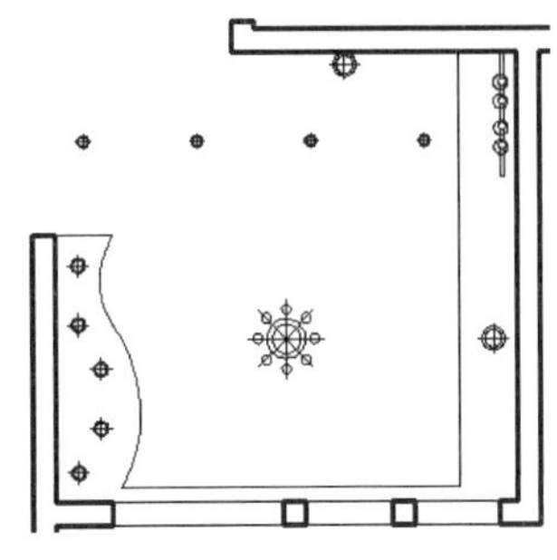

图 13-131　客厅顶棚灯具

图 13-131 所示为客厅顶棚灯具布置效果。

13.6.6　尺寸标注与文字说明

1. 尺寸标注

在顶棚图中，尺寸标注的内容主要包括灯具和吊顶的尺寸以及它们的水平位置。这里的尺寸标注与前面一样，是通过“线性标注”命令来完成的。

(1) 将“标注”图层设置为当前图层。

(2) 单击“默认”选项卡“注释”面板中的“标注样式”按钮，将“室内标注”设置为当前标注样式。

(3) 单击“默认”选项卡“注释”面板中的“线性”按钮，对顶棚图进行尺寸标注。

2. 标高标注

在顶棚图中，各房间顶棚的高度需要通过标高来表示。

(1) 单击“默认”选项卡“块”面板中的“插入”按钮，将标高符号插入各房间顶棚位置。

(2) 单击“默认”选项卡“注释”面板中的“多行文字”按钮 A，在标高符号的长直线上方添加相应的标高数值。标注结果如图 13-132 所示。

3. 文字说明

在顶棚图中，各房间的顶棚材料做法和灯具的类型都要通过文字说明来表达。

Note

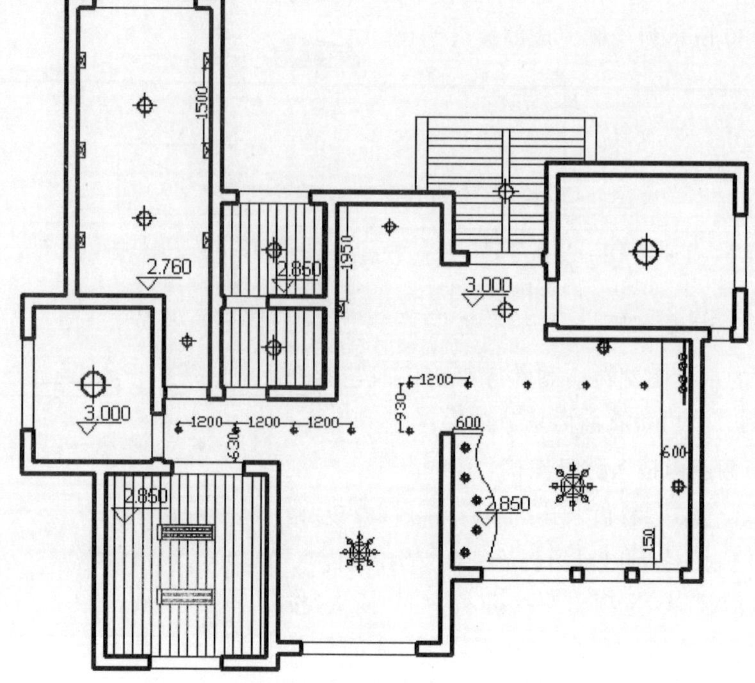

图 13-132 添加尺寸标注与标高

(1) 将“文字”图层设置为当前图层。

(2) 选择菜单栏中的“标注”→“多重引线”命令,并设置引线箭头大小为 60。

(3) 单击“默认”选项卡“注释”面板中的“多行文字”按钮 A ,设置字体为“仿宋_GB2312”,文字“高度”为 300,在引线的一端添加文字说明。

13.7 上机实验

13.7.1 实验 1 绘制别墅平面图

绘制如图 13-133 所示的别墅底层平面图。

操作提示

(1) 利用“直线”命令绘制轴线。

(2) 利用“图案填充”命令对平面图进行填充。

(3) 利用“插入块”命令对平面图进行布置。

(4) 利用“标注”命令对平面图进行尺寸标注。

13.7.2 实验 2 绘制别墅顶棚图

绘制如图 13-134 所示的别墅底层顶棚图。

底层平面图 1∶100

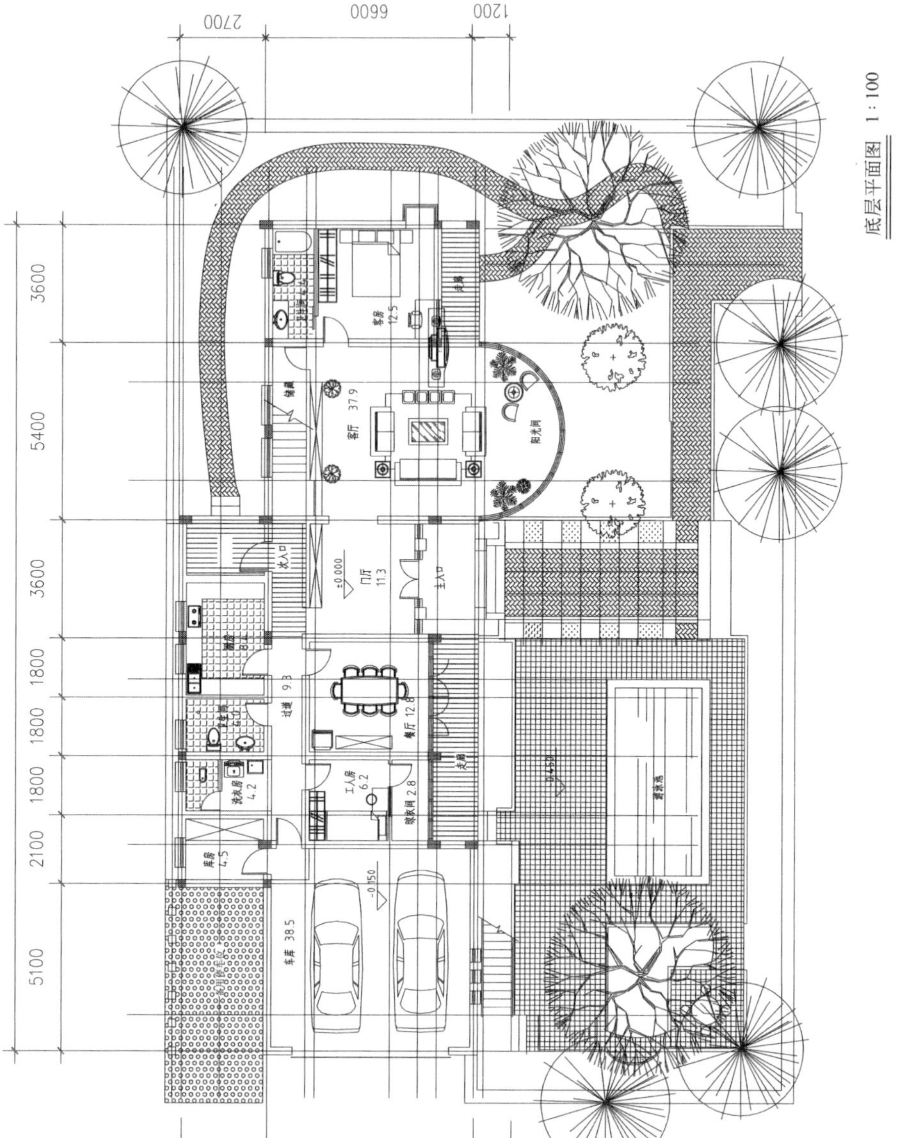

图 13-133　底层平面图

Note

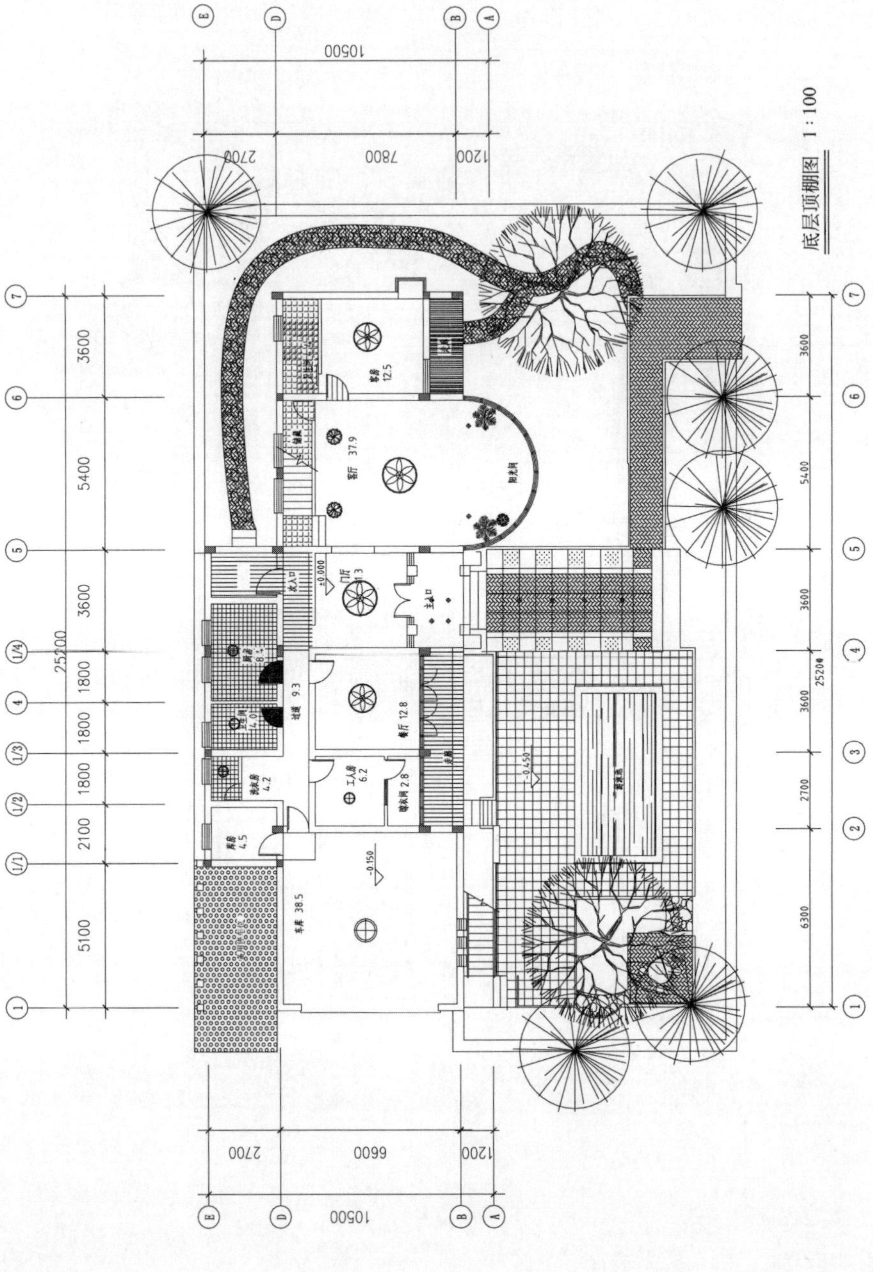

底层顶棚图 1:100

图 13-134 底层顶棚图

操作提示

（1）利用“直线”命令绘制轴线。
（2）利用“图案填充”命令对顶棚图进行填充。
（3）利用“插入块”命令对顶棚图进行布置。
（4）利用“多行文字”命令对顶棚图进行文字标注。
（5）利用“标注”命令对顶棚图进行尺寸标注。

二维码索引

Note